普通高等教育"十四五"规划教材
应用型本科食品科学与工程类专业系列教材

U0821075

畜产品工艺学

Animal Products Science and Technology

杨宝进　主编
双　全　主审

中国农业大学出版社
·北京·

内 容 简 介

本书包括3篇，第1篇为肉品工艺学部分，在介绍肉制品加工基础知识和基本技术的基础上，重点介绍了屠宰与分割肉加工技术、贮存保鲜技术、腌腊肉制品加工技术、干制肉制品加工技术、酱卤肉制品加工技术、中式灌制类制品加工技术、熏烧烤肉制品加工技术、发酵肉制品加工技术、西式肉制品加工技术、调理肉制品加工技术和肉类罐头加工技术，最后对超高压等新技术在肉制品加工中的应用及标准化生产和质量管理技术进行了简要介绍。第2篇为乳品工艺学部分，在详述乳品加工基础知识和乳品加工基本技术的基础上，重点介绍了原料乳的验收、预处理与杀菌乳加工技术、酸乳加工技术、含乳饮料加工技术、冷冻饮品加工技术和乳粉加工技术，最后对干酪等其他乳制品加工技术作了简单介绍。第3篇为蛋品工艺学部分，介绍了蛋品加工基础知识、禽蛋的品质鉴定和分级、禽蛋的贮藏保鲜，对再制蛋产品包括松花蛋加工、咸蛋加工、糟蛋加工进行了较为详细的介绍，对现代蛋制品加工如冰蛋、蛋粉、蛋黄酱以及功能性成分提取作了简要介绍。本书可供食品科学与工程、食品安全与管理专业的师生参考学习，也可供从事有关食品加工的工程技术人员参考使用。

图书在版编目（CIP）数据

畜产品工艺学 / 杨宝进主编. —北京：中国农业大学出版社，2021.9
ISBN 978-7-5655-2624-4

Ⅰ.①畜…　Ⅱ.①杨…　Ⅲ.①畜产品—食品加工—高等学校—教材　Ⅳ.①TS251

中国版本图书馆CIP数据核字（2021）第191395号

书　名　畜产品工艺学
作　者　杨宝进　主编

策划编辑　梁爱荣　赵　中　　**责任编辑**　梁爱荣
封面设计　郑　川
出版发行　中国农业大学出版社
社　址　北京市海淀区圆明园西路2号　　**邮政编码**　100193
电　话　发行部 010-62733489，1190　　读者服务部 010-62732336
　　　　编辑部 010-62732617，2618　　出　版　部 010-62733440
网　址　http://www.caupress.cn　　**E-mail**　cbsszs@cau.edu.cn
经　销　新华书店
印　刷　涿州市星河印刷有限公司
版　次　2021年12月第1版　2021年12月第1次印刷
规　格　889×1 194　16开本　23印张　620千字
定　价　76.00元

图书如有质量问题本社发行部负责调换

应用型本科食品科学与工程类专业系列教材 编审指导委员会委员

（按姓氏拼音排序）

编写人员

主　编　杨宝进　河南牧业经济学院

副主编　余小领　河南农业大学

曹志军　内蒙古农业大学

高雪琴　河南牧业经济学院

参　编（以姓氏拼音排序）

郭卫芸　许昌学院

马长明　河南麦瑞克食品科技有限公司

栗丽萍　内蒙古农业大学

王　宁　河南牧业经济学院

王保营　河南牧业经济学院

王小鹏　河南农业大学

许　瑞　河北科技师范学院

张秋会　河南农业大学

主　审　双　全　内蒙古农业大学

出版说明

随着世界人口增长、社会经济发展、生存环境改变，人类对食品供给、营养、健康、安全、美味、方便的关注不断加深。食品消费在现代社会早已成为经济发展、文明程度提高的主要标志。从全球看，食品工业已经超过了汽车、航空、信息等行业成为世界上的第一大产业。预计未来 20 年里，世界人口每年将增加超过 7300 万，对食品的需求量势必剧增。食品产业已经成为民生产业、健康产业、国民经济支柱产业，在可预期的未来更是朝阳产业。

在我国，食品消费是人生存权的最根本保障，食品工业的发展直接关系到人民生活、社会稳定和国家安全，在国民经济中的地位和作用日益突出。食品工业在发展我国经济、保障人们健康、提高人民生活水平方面发挥了越来越重要的作用。随着新时代我国工业化、城镇化建设和发展特别是全面建成小康社会带来的巨大的消费市场需求，食品产业的发展潜力巨大。

展望未来食品科学技术和相关产业的发展，有专家指出，食品营养健康的突破，将成为食品发展的新引擎；食品物性科学的进展，将成为食品制造的新源泉；食品危害物发现与控制的成果，将成为安全主动保障的新支撑；绿色制造技术的突破，将成为食品工业可持续发展的新驱动；食品加工智能化装备的革命，将成为食品工业升级的新动能；食品全链条技术的融合，将成为食品产业的新模式。

随着工农业的快速发展，环境污染的加剧，食品中各种化学性、生物性、物理性危害的风险不同程度地存在或增大，影响着人民群众的身体健康与生命安全以及国家的经济发展与社会稳定；同时，各种与食物有关的慢性疾病不断增长，对食品的营养、品质和安全提出了更高的要求。

鉴于以上食品科学与行业的发展状况，我国对食品科学与工程类的人才需求量必将不断增加，对食品类人才素质、知识、能力结构的要求必将不断提高，对食品类人才培养的层次与类型必将发生相应变化。

2015 年教育部 国家发展改革委 财政部发布《关于引导部分地方普通本科高校向应用型转变的指导意见》（教育部 国家发展改革委 财政部 2015 年 10 月 21 日 教发［2015］7 号。以下简称《转型指导意见》）。《转型指导意见》提出，培养应用型人才，确立应用型的类型定位和培养应用型技术技能型人才的职责使命，根据所服务区域、行业的发展需求，找准切入点、创新点、增长点。抓住新产业、新业态和新技术发展机遇，以服务新产业、新业态、新技术为突破口，形成一批服务产业转型升级和先进技术转移应用特色鲜明的应用技术大学、学院。建立紧密对接产业链、创新链的专业体系。按需重组人才培养结构和流程，围绕产业链、创新链调整专业设置，形成特色专业集群。通过改造传统专业、设立复合型新专业、建立课程超市等方式，大幅度提高复合型技术技能人才培养比重。创新应用型技术技能型人才培养模式，建立以提高实践能力为引领的人才培养流程和产教融合、协同育人的人才培养模式，实现专业链与产业链、课程内容与职业标准、教学过程与生产过程对接。

为了贯彻落实《转型指导意见》精神，更好地推动应用型高校建设进程，充分发挥教材在教育教学中的基础性作用，近年来中国农业大学出版社就全国高等教育食品科学类专业教材出版和使用情况深入相关院校和教学一线调查研究，先后 3 次召开教学研讨会，总计有 400 余人次近 200 名食品院校专家和老师参加。在深入学习《转型指导意见》《普通高等学校本科专业类教学质量国家标准》（以下简称《教学质量国家标准》）和《工程教育认证标准》（包括《通用标准》和食品科学与工程类专业《补充标准》）的基础上，出版社和相关院校形成高度共识，决定建设一套服务于全国应用型本科院校教学的食品科学与工程类专业系列教材，并拟定了具体建设计划。

历时 4 年，“应用型本科食品科学与工程类专业系列教材”终于与大家见面了。本系列教材具有以下几个特点：

1. 充分体现《转型指导意见》精神。坚持应用型的准确类型定位和培养应用型技术技能型人才的职责使命。教材的编写坚持以“四个转变”为指导，即把办学思路真正转到服务地方经济社会发展上来，转到产教融合、校企合作上来，转到培养应用型技术技能型人才上来，转到增强学生就业创业能力上来。强化“一个认识”，即知识是基础、能力是根本、思维是关键。坚持“三个对接”，即专业链与产业链对接、课程内容与职业标准对接、教学过程与生产过程对接，实现教材内容由学科学术体系向生产实际需要的突破和从“重理论、轻实践”向以提高实践能力为主转变。教材出版创新，要做到“两个突破”，即编写队伍突破清一色院校教师的格局，教材形态突破清一色的文本形式。

2. 以《教学质量国家标准》为依据。2018 年 1 月《普通高等学校本科专业类教学质量国家标准》正式公布（以下简称《标准》）。此套教材编写团队认真对照《标准》，以教材内容和要求不少于和低于《标准》规定为基本要求，全面体现《标准》提出的“专业培养目标”和“知识体系”，教学学时数适当高于《标准》规定，并在教材中以“学习目的和要求”“学习重点”“学习难点”等专栏标注细化体现《标准》各项要求。

3. 充分体现《工程教育认证标准》有关精神和要求。整套教材编写融入以学生为中心的理念、教学反向设计的理念、教学质量持续改进的理念，体现以学生为中心，以培养目标和毕业要求为导向，以保证课程教学效果为目标，审核确定每一门课程在整个教学体系中的地位与作用，细化教材内容和教学要求。

4. 整套教材遵循专业教学与思政教学同向同行。坚持以立德树人贯穿教学全过程，结合食品专业特点和课程重点将思想政治教育功能有机融合，通过专业课程教学培养学生树立正确的人生观、世界观和价值观，达到合力培养社会主义事业建设者和接班人的目的。

5. 在新形态教材建设上努力做出探索。按课程内容教学需要，按有益于学生学习、有益于教师教学的要求，将纸质主教材、教学资源、教学形式、在线课程等统筹规划，制定新形态教材建设工作计划，有力推动信息技术与教育教学深度融合，实现从形式的改变转变为方法的变革，从技术辅助手段转变为交织交融，从简单结合物理变化转变为发生化学反应。

6. 系列教材编写体例坚持因课制宜的原则，不做统一要求。与生产实际关系比较密切的课程教材倡导以项目式、案例式为主，坚持问题导向、生产导向、流程导向；基础理论课程教材，提倡紧密联系生产实践并为后续应用型课程打基础。各类教材均在引导式、讨论式教学方面做出新的尝试。

希望“应用型本科食品科学与工程类专业系列教材”的推出对推进全国本科院校应用型转型工作起到积极作用。毕竟是“转型”实践的初次探索，此套系列教材一定会存在许多缺点和不足，恳请广大师生在教材使用过程中及时将有关意见和建议反馈给我们，以便及时修正，并在修订时进一步提高质量。

中国农业大学出版社

2020 年 2 月

前　　言

畜产品工艺学是研究畜产品加工领域基础理论、工艺技术和产品质量变化规律的一门科学。广义上讲，包括所有的畜产品，如肉、乳、蛋、毛、皮、羽、内脏以及其副产品等。本书主要指畜产食品的工艺学，即肉、乳、蛋部分。

我国是畜产品生产和消费的大国，特别是近 20 年的发展非常迅速，畜产科学和加工技术取得了很大的发展，现代化的畜产品加工业体系基本健全，具有产业化生产规模，其发展也带动了相关产业的进步。虽然我国的畜产品加工业历史悠久、进步迅速，但现代化高质量发展仍在路上，有着众多的原材料需要处理、加工，有着大量的新技术需要吸收、创新，有着广阔的市场等待发展、开拓。随着人民生活水平的提高，畜产品的消费数量和质量也随之不断提高。为了提高食品科学与工程和食品质量与安全等有关专业学生及行业相关研究人员对畜产品相关知识的掌握程度、提高畜产品的加工水平、缩短与发达国家在科学研究和加工技术水平上的差距，我们组织在畜产食品加工方面有造诣的专家、老师在前人编写的基础上，补充新理论、新知识、新技术和新标准，重新编写了本书，供大家在教学科研中参考使用。

本书编写基本思路除了尊重学科的知识体系、学生的认知规律等逻辑关系外，主要的依据包括三个方面：一是培养目标，即培养高素质应用型人才。二是支撑工程专业认证的要求，包括：①工程知识。能够将畜产品加工的专业知识用于解决畜产食品加工中复杂工程技术问题。②问题分析。能够将畜产品加工学的基本原理，识别、表达并通过文献研究分析复杂工程问题，以获得有效结论。③设计/开发解决方案。能够设计针对畜产食品加工复杂问题的解决方案，设计满足特定需求的工艺流程，并能够在设计环节中体现创新意识。④研究。能够基于畜产食品加工原理并采用科学方法对复杂加工技术问题进行研究，包括设计实验、分析与解释数据并通过信息综合得到合理有效的结论。⑤职业规范。能够在工程实践中理解并遵守工程职业道德和规范，履行责任。三是支撑国家专业标准中提出的基本要求，包括：①系统地掌握畜产食品加工的基础理论、专业知识和基本技能；了解畜产品加工学的发展历史、学科前沿和发展趋势；认识在经济社会发展中的重要地位与作用；②掌握畜产食品加工研究的基本方法和手段，具备发现、提出、分析和解决问题的初步能力；③具有一定的创新创业意识和实践能力。

本书前言、第 2 章、第 14 章 1、2、3 节和第 24 章由杨宝进编写；第 1 章和第 4 章由余小领编写；第 3 章由马长明编写；第 5 章、第 7 章、第 10 章、第 12 章和第 14 章第 4、5、6、7、8、9 节由高雪琴编写；第 6 章和第 8 章由张秋会编写；第 9 章、第 11 章和第 29 章由郭卫芸编写；第 13 章由王保营编写；第 15 章、第 22 章和第 23 章由栗丽萍编写；第 16 章和第 17 章由王小鹏编写；第 18 章、第 19 章和第 20 章由许瑞编写；第 21 章和第 26 章由曹志军编写；第 25 章、第 27 章、第 28 章和第 30 章由王宁编写。全书由内蒙古农业大学双全教授主审。

感谢河南牧业经济学院郝修振教授、申晓琳教授一同参与最后的集中定稿。感谢双汇集团张晓辉、伊赛集团皇甫幼宇、河南花花牛乳业集团唐洪峰等同志对本书编写提出宝贵意见。

本书编写是在推进高等教育高质量发展的背景之下进行的，加之现代畜产食品加工业迅速发展，书中疏漏和不妥之处在所难免，敬请各位同仁与读者批评指正。

编　者

2021 年 8 月

目　录

第1篇　肉品工艺学

第3篇 蛋品工艺学

第 1 篇

肉品工艺学

HAPTER 1

第1章 肉品加工的基础知识

目标要求：

1. 了解原料肉的宏观结构和微观结构；
2. 掌握原料肉的化学组成以及主要组分的性质；
3. 掌握肌肉色泽、风味、保水性以及嫩度的影响因素、评定办法；
4. 了解动物屠宰以后发生的变化以及对肉质的影响；
5. 了解肌肉蛋白的主要功能特性。

1.1　肉的种类、形态学与化学组成

1.1.1　肉的种类

广义地讲，凡作为人类食物的动物体组织均可称为“肉”。几乎各种动物均可利用作为食肉，但大多数人类消费的肉来自家畜、家禽和水产动物，如猪、牛、马、羊、鸡、鸭、鹅和鱼虾等。狭义地讲，“肉”指动物的肌肉组织和脂肪组织以及附着于其中的结缔组织、微量的神经和血管。

肉有很多分类方法，有些是约定俗成的，如“瘦肉（精肉）”和“肥肉”。一些西方国家还把牛羊肉和猪肉称为“红肉”，而把禽肉和兔肉称为“白肉”。但中国食品科学技术学会副理事长、南京农业大学校长周光宏在2018年国际食品安全与健康大会上指出：“红肉和白肉的概念是令人混淆的，没有人能说清楚，是不科学的、错误的分类，建议不要再用红肉和白肉划分肉类了。”而本身以动物种类来区分，牛肉、猪肉、羊肉、禽肉等这种分类已经很清楚了，没有必要再划分成“红肉”或者“白肉”。

我国将家畜屠宰后的胴体称为“白条肉”，将屠宰过程中从动物体分离出来的内脏称为“下水”；鸡、鸭、鹅等禽类的肉统称为“禽肉”，野生动物的肉又可叫作“野味”。在肉品生产中，把刚屠宰不久的肉称为“鲜肉”，经过一段时间冷处理，使肉保持低温（0～4℃）而不冻结状态的肉称为“冷却肉”，经低温冻结后的肉称为“冷冻肉”；肉按不同部位分割包装称为“分割肉”，剔去骨头的称为“剔骨肉”；将肉进行适当加工处理，生产出来的产品称为“肉制品”。

1.1.2　肉的形态学

肉（胴体）由肌肉组织、脂肪组织、结缔组织和骨组织四大部分构成。这些组织的结构、性质直接影响肉品的质量、加工用途及其商品价值，它依据动物种类、品种、性别、年龄和营养状况等因素而有很大差异。就成年动物的胴体而言，骨组织含量比较恒定，约占20%；脂肪组织的变动幅度较大，低者仅为2%～5%，高者可达40%～50%，主要取决于育肥程度；肌肉组织占40%～60%；结缔组织占9%～13%。

1.1.2.1　肌肉组织

肌肉组织是胴体的主要组成部分，因此了解肌肉的结构、组成和功能对于掌握肌肉在宰杀后的变化、肉的食用品质及利用特性等具有重要意义。肌肉组织在组织学上可分为骨骼肌、平滑肌和心肌三种，占胴体的40%～60%，具有较高的食用价值和商品价值。骨骼肌附着于骨骼上；平滑肌存在于内脏器官；心肌存在于心脏。与肉品加工有关的主要是骨骼肌，所以这里重点介绍骨骼肌的构造。下面提到的肌肉均指骨骼肌。

1. 肌肉组织的宏观结构

畜体大约有600块形状、大小各异的肌肉，但其基本构造是一样的。肌肉是由许多肌纤维和少量结缔组织、脂肪组织、腱、血管、神经、淋巴等组成。从组织学上看，肌肉组织是由丝状的肌纤维集合而成，每50～150根肌纤维由一层薄膜所包围形成初级肌束。由数十个初级肌束集结并被稍厚的膜所包围，形成次级肌束。再由数个次级肌束集结，外表再被较厚的膜包围，就构成了肌肉。

2. 肌肉组织的微观结构

肌肉的基本构成单位是肌纤维，也叫肌纤维细胞。肌纤维细胞属于细长的多核的纤维细胞，长度由数毫米到20 cm，直径为10～100 μm。在显微镜下可看到肌纤维细胞沿细胞纵轴有平行的、有规则排列的明暗条纹，称横纹肌，其肌纤维由肌原纤维、肌浆、细胞核和肌鞘构成。

肌原纤维是构成肌纤维的主要组成部分，直径为0.5～3.0 μm。肌肉的收缩和伸长就是由肌原纤维的收缩和伸长所致。肌原纤维具有和肌纤维相同的横纹，横纹的结构按一定周期重复，横纹重复一个周期的单位叫肌节。肌节是肌肉收缩和舒张的最基本功能单位，静止时肌节长度约为2.3 μm。肌节两端呈细线状的暗线称为Z线，中间宽约1.5 μm的暗带称A带，A带和Z线之间是宽约0.4 μm的明带，称I带。在A带中央还有一宽约0.4 μm的宽纹区（稍明区），叫作H区。H区中央有薄膜，称M膜或M线。

肌浆是充满于肌原纤维之间的胶体溶液，呈

红色，含有大量的肌溶蛋白质及参与糖代谢的多种酶类。此外，还含有肌红蛋白。由于肌肉的功能不同，在肌浆中肌红蛋白的数量不同，使不同部位的肌肉颜色深浅不一。肌肉的宏观和微观结构如图 1-1 所示。

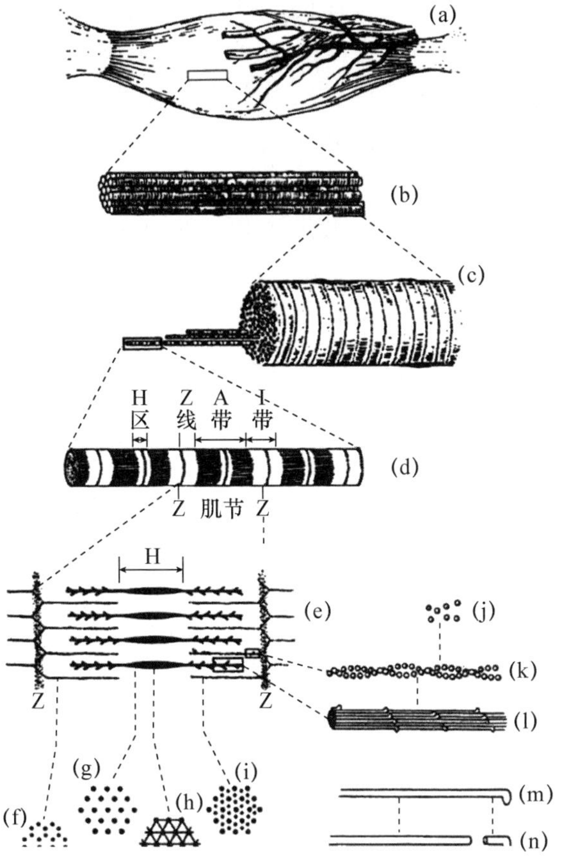

图 1-1　肌肉的宏观和微观结构（周光宏，2011）

注：(a) 肌肉；(b) 肌束；(c) 肌纤维；(d) 肌原纤维；(e) 肌丝；(f) (g) (h) (i) 分别为相应部位的横切面；(j) G-肌动蛋白分子；(k) F-肌动蛋白分子；(l) 肌球蛋白纤丝；(m) 肌球蛋白分子；(n) 肌球蛋白头部和尾部

1.1.2.2　脂肪组织

脂肪组织是胴体中仅次于肌肉组织的第二个重要组成部分，具有较高的食用价值。对于改善肉质、提高风味均有影响。脂肪在肉中的含量变动较大，主要取决于动物种类、品种、年龄、性别及育肥程度。

脂肪的构造单位是脂肪细胞，脂肪细胞单个或成群地借助于疏松结缔组织连在一起。细胞中心充满脂肪滴，细胞核被挤到周边。脂肪细胞外层有一层膜，膜是由胶状的原生质构成，细胞核即位于原生质中。脂肪细胞是动物体内的最大细胞，直径为 30～120 μm，最大的可达 250 μm，脂肪细胞愈大，则含有的脂肪滴愈多，出油率也愈高。脂肪细胞大小与畜禽的育肥程度及不同部位有关。如牛肾周围的脂肪细胞直径育肥牛为 90 μm，瘦牛为 50 μm；猪脂肪细胞的直径皮下脂肪为 152 μm，而腹腔脂肪为 100 μm。脂肪在体内的蓄积，因动物种类、品种、年龄、育肥程度不同而异。脂肪按动物种类，猪多蓄积在皮下、肾周围及大网膜；羊多蓄积在尾根、肋间；牛主要蓄积在肌肉内；鸡蓄积在皮下、腹腔及肠胃周围。脂肪蓄积在肌束内最为理想，肉呈大理石状，肉质较好。脂肪在活体组织内起着保护组织器官和提供能量的作用，在肉中是风味的前体物质之一。脂肪组织的成分中，脂肪占绝大部分，其次为水分和蛋白质以及少量的酶、色素和维生素等。

1.1.2.3　结缔组织

结缔组织是将动物体内不同部分联结和固定在一起的组织，分布于体内各个部位，构成器官、血管和淋巴管的支架；包围和支撑着肌肉、筋腱和神经束；将皮肤联结于机体。结缔组织是由少量的细胞和大量的细胞外基质构成，后者的性质变异很大，可以是柔软的胶体，也可以是坚韧的纤维。在软骨，它的质地如橡皮，在骨骼中因充满钙盐而变得非常坚硬。肉中的结缔组织是由基质、细胞和细胞外纤维组成，胶原纤维和弹性纤维都属于细胞外纤维。结缔组织中的细胞很少，占很大比例的是细胞外的基质和纤维。

1. 基质

基质由黏稠的蛋白多糖构成，还有结缔组织代谢产物和底物，如胶原蛋白和弹性蛋白的前体物。蛋白多糖是一类大分子化合物，含有许多氨基葡聚糖（黏多糖）。氨基葡聚糖中最典型的是透明质酸和硫酸软骨素。透明质酸非常黏稠，存在于关节和结缔组织纤维之间。硫酸软骨素则存在于软骨、筋腱和骨骼中。这两种物质及有关蛋白具有润滑和联结作用。

2. 纤维

(1) 胶原纤维　胶原纤维是结缔组织中最常见、分布最广的一种纤维，新鲜时呈白色，故又称白纤维。胶原纤维呈波纹状，分布于基质内。

纤维长度不定，粗细不等，直径1～12 μm，有韧性和弹性，每条纤维由更细的原胶原纤维和少量黏合物质粘连而成。每条原胶原纤维上有明暗交替的周期性横纹。胶原纤维的主要化学成分是胶原蛋白。

（2）弹性纤维　弹性纤维呈黄色，所以又称黄纤维，一般比胶原纤维少而细，有分支，互相交织成网状，弹性大，易拉长。弹性纤维由弹性蛋白（elastin）组成。

（3）网状纤维　网状纤维很细，有分支，相互交织成网状。网状纤维和胶原纤维的化学性质相似，主要成分是胶原蛋白，也有周期性横纹，而在原纤维上附有黏性蛋白多糖。

结缔组织的含量决定于年龄、性别、营养状况及运动等因素。老龄、公畜、消瘦及使役的动物其结缔组织含量高；同一动物不同部位也不同，一般来说，前躯由于支持沉重的头部，其结缔组织较后躯发达，下躯的结缔组织较上躯发达。

结缔组织属于硬性非全价蛋白质，营养价值低，不易被消化吸收，能增加肉的硬度，其含量和肉的嫩度有密切关系，并直接影响肉的质量和商品价格。结缔组织可以用来加工胶冻类食品。牛肉结缔组织的吸收率为25%，而肌肉的吸收率为69%。由于各部位的肌肉结缔组织含量不同，其硬度不同，剪切力值也不同。

肌肉中的肌外膜是由含胶原纤维的致密结缔组织和疏松结缔组织组成，还含有一定量的弹性纤维。背最长肌、腰大肌、腰小肌中胶原纤维、弹性纤维都不发达，肉质较嫩；半腱肌中这两种纤维都较发达，肉质较硬；股二头肌外侧弹性纤维发达而内侧不发达；颈部肌肉胶原纤维多而弹性纤维少。肉质的软硬不仅决定于结缔组织含量，还与结缔组织的性质有关。老龄家畜的胶原蛋白分子交联程度高，肉质硬。此外，弹性纤维含量高，肉质就硬。

1.1.2.4　骨组织

骨组织是肉的次要部分，食用价值和商品价值较低。成年动物骨骼的含量比较恒定，变动幅度较小。猪骨占胴体的5%～9%，牛骨占胴体的15%～20%，羊骨占胴体的8%～17%，鸡骨占胴体的8%～17%，兔骨占胴体的12%～15%。

骨由骨膜、骨质和骨髓构成。骨膜是由结缔组织包围在骨骼表面的一层硬膜，里面有神经、血管。骨质根据构造的致密程度分为骨密质和骨松质，骨的外层比较致密坚硬，内层较为疏松多孔。按形状又分为管状骨和扁平骨，管状骨骨密质层厚，扁平骨骨密质层薄。在管状骨的管骨腔及其他骨的松质层空隙内充满骨髓。骨髓分红骨髓和黄骨髓。红骨髓细胞较多，为造血器官，幼龄动物含量多。黄骨髓成分主要是脂肪，成年动物含量多。骨髓中水分占40%～50%，胶原蛋白占20%～30%，无机质约占20%。无机质的成分主要是钙和磷。

1.1.3　肉的化学组成

肉的化学组成主要有水分、蛋白质、脂肪、矿物质、浸出物和维生素六种成分。

1.1.3.1　水

水分是肉中含量最多的成分，不同组织水分含量差异很大，肌肉含水量为70%，皮肤为60%、骨骼为12%～15%，脂肪组织含水量甚少，所以动物愈肥，其胴体水分含量愈低。肉品中的水分含量及其持水性能直接影响到肉及肉制品的组织状态、品质，甚至风味。肉中的水分并非像纯水那样以游离的状态存在，其存在的形式大致可以分为以下三种：

（1）结合水　约占水分总量的5%，是由肌肉蛋白质亲水基所吸引的水分子形成紧密结合的水层。结合水通过本身的极性与蛋白质亲水基的极性而结合，水分子排列有序，不易受肌肉蛋白质结构或电荷变化的影响，甚至在施加外力条件下，也不能改变其与蛋白质分子紧密结合的状态。该水层无溶剂特性，冰点很低（－40℃）。

（2）不易流动水　肌肉中80%的水分是以不易流动水状态存在于纤丝、肌原纤维及肌细胞膜之间。此水层距离蛋白质亲水基较远，水分子虽然有一定朝向性，但排列不够有序。不易流动水容易受蛋白质结构和电荷变化的影响，肉的保水性能主要取决于肌肉对此类水的保持能力。不易流动水能溶解盐及溶质，在－1.5～0℃结冰。

（3）自由水　指存在于细胞外间隙中能自由

流动的水，它们不依电荷而定位排序，仅靠毛细管作用力而保持，自由水约占总水分的 15%。

1.1.3.2　蛋白质

肌肉中蛋白质约占 20%，分为三类：肌原纤维蛋白，占总蛋白质的 40%～60%；肌浆蛋白，占 20%～30%；结缔组织蛋白，约占 10%。这些蛋白质的含量因动物种类，解剖部位等不同而有一定差异。

1. 肌原纤维蛋白（myofibrillar protein）

肌原纤维蛋白是构成肌原纤维的蛋白质，支撑着肌纤维的形状，因此也称为结构蛋白或不溶性蛋白质。根据其在活体中的作用，肌原纤维蛋白又可分为收缩蛋白、调节蛋白和支架蛋白。收缩蛋白（包括肌球蛋白和肌动蛋白）直接参与肌肉收缩，构成肌原纤维。调节蛋白包括原肌球蛋白、肌原蛋白和其他小分子蛋白，参与肌肉收缩的启动和控制。支架蛋白包括伴肌球蛋白或肌联蛋白、C-蛋白、肌间线蛋白和一些其他小分子蛋白。顾名思义，支架蛋白起支撑作用。

（1）肌球蛋白（myosin）　肌球蛋白是肌肉中含量最高也是食品加工中最重要的蛋白质，约占肌肉总蛋白质的 1/3，占肌原纤维蛋白的 55%～60%。肌球蛋白构成粗肌丝，分子质量为 470～510 ku，形状很像“豆芽”，由两条肽链相互盘旋构成，全长约 160 nm，头部直径约 8 nm，尾部直径 1.5～2 nm。在胰蛋白酶的作用下，肌球蛋白裂解为两个部分（图 1-2），即由头部和一部分尾部构成的重酶解肌球蛋白（heavy meromyosin，HMM）和尾部的轻酶解肌球蛋白（light meromyosin，LMM）。在肌球蛋白的头部有 4 个轻链，分别为两个 LC-1、一个 LC-2 和一个 LC-3。肌球蛋白不溶于水或微溶于水，可溶解于离子强度为 0.3 以上的中性盐溶液中，等电点 5.4。肌球蛋白可形成具有立体网络结构的热诱导凝胶和高压诱导凝胶。肌球蛋白的溶解性和形成凝胶的能力与其所在溶液的 pH、离子强度、离子类型等有密切的关系。肌球蛋白形成热诱导凝胶是非常重要的工艺特性，直接影响碎肉或肉糜类制品的质地、保水性和感官品质等。

肌球蛋白在饱和的 NaCl 或 $(NH_4)_2SO_4$ 溶液中可盐析沉淀。肌球蛋白的头部有 ATP 酶活性，可以分解 ATP，并可与肌动蛋白结合形成肌动球蛋白。ATP 酶对肌球蛋白的变性和凝集程度很敏感，所以，可用 ATP 酶的活性大小指示肌球蛋白的变性程度。

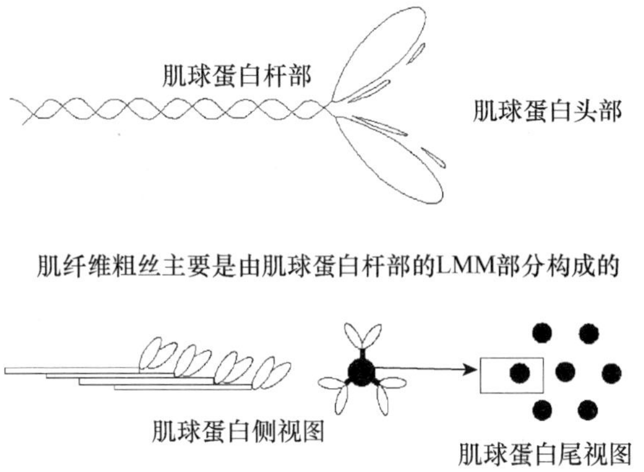

图 1-2　肌球蛋白结构示意图

（2）肌动蛋白（actin）　约占肌原纤维蛋白的 20%，是构成细肌丝的主要成分。肌动蛋白只有一条多肽链构成，其分子质量为 41.8～61 ku。肌动蛋白能溶于水及稀的盐溶液中，在半饱和的 $(NH_4)_2SO_4$ 溶液中可盐析沉淀，等电点 4.7。肌动蛋白单体为球形结构的蛋白分子，称为 G-肌动蛋白，分子质量为 43 ku。在磷酸盐和 ATP 的存在下，G-肌动蛋白聚合成 F-肌动蛋白，其形状像“串珠”，后者与原肌球蛋白等结合成细肌丝。肌动蛋白不具备凝胶形成能力。

（3）肌动球蛋白（actomyosin）　动物屠宰后，肌球蛋白与细肌丝或肌动蛋白紧紧结合，形成肌球蛋白和肌动蛋白复合物，即肌动球蛋白。肌动球蛋白的黏度很高，由于聚合度不同，其分子质量不定。肌动蛋白与肌球蛋白的结合比例为 1∶(2.5～4)。肌动球蛋白也具有 ATP 酶活性，但与肌球蛋白不同，Ca^{2+} 和 Mg^{2+} 都能激活。肌动球蛋白能形成热诱导凝胶，影响肉的加工特性。肉制品加工中，肌动球蛋白是主要的蛋白质，其浓度和性质决定着肉蛋白凝胶的性质。加工中，如果肌球蛋白变性不明显，可向肉糜中添加多聚磷酸盐化合物，使肌动球蛋白分解为肌球蛋白和肌动蛋白。

（4）原肌球蛋白（tropomyosin）　占肌原纤维

蛋白的4%～5%，形为杆状分子，构成细丝的支架。每1分子的原肌球蛋白结合7分子的肌动蛋白和1分子的肌钙蛋白，分子质量65～80 ku。

(5) 肌钙蛋白 (troponin) 又叫肌原蛋白，占肌原纤维蛋白的5%～6%。肌钙蛋白对Ca^{2+}有很高的敏感性，每一个蛋白分子具有4个Ca^{2+}结合位点。肌钙蛋白沿着细丝以38.5 nm的周期结合在原肌球蛋白分子上，分子质量为69～81 ku。肌原蛋白有3个亚基，各有自己的功能特性。它们是钙结合亚基，分子质量18～21 ku，是Ca^{2+}的结合部位；抑制亚基，分子质量20.5～24 ku，能高度抑制肌球蛋白中ATP酶的活性，从而阻止肌动蛋白与肌球蛋白结合；原肌球蛋白结合亚基，分子质量30～37 ku，能结合原肌球蛋白，起联结的作用。

(6) M蛋白 (myomesin) 占肌原纤维蛋白的2%～3%，分子质量160 ku，存在于M线上，其作用是将粗丝连接在一起，以维持粗丝的排列（稳定A带的格子结构）。

(7) C-蛋白 (C-protein) 约占肌原纤维蛋白的2%，分子质量135～140 ku。它是粗丝的一个组成部分，结合于LMM部分，按42.9～43.0 nm的周期结合在粗丝上。C-蛋白的功能是维持粗丝的稳定，并有调节横桥的功能。

(8) 肌动素 (actinin) 约占蛋白质的2.5%，分为α、β和γ三种类型。α-肌动素为Z线上的主要蛋白质，分子质量190～210 ku，由两条肽链组成，在Z线上起着固定邻近细丝的作用；β-肌动素分子质量62～71 ku，位于细丝的自由端上，有阻止肌动蛋白连接起来的作用，因而可能与控制细丝长度有关；γ-肌动素分子质量70～80 ku，能竞争与F-肌动蛋白结合，从而阻止G-肌动蛋白聚合成F-肌动蛋白。

(9) I-蛋白 (I-protein) 存在于A带，I-蛋白在肌动球蛋白缺乏Ca^{2+}时，会阻止Mg^{2+}激活ATP酶的活性，但若Ca^{2+}存在，则不会如此，因此，I-蛋白可以阻止休止状态的肌肉水解ATP。

(10) 肌联蛋白 (connectin) 分子质量0.7～1 ku，位于Z线以外的整个肌节，起联结作用。

(11) 肌间线蛋白 (desmin) 肌间线蛋白位于Z线以及Z线和肌细胞膜之间，直径为10 nm，是一种不溶性蛋白质，其亚基的分子质量约53 ku。肌间线蛋白的作用是维持肌原纤维的有序排列和肌细胞的完整性。肌间线蛋白在肉的排酸过程中发生降解。

(12) 伴肌球蛋白 (titin) 伴肌球蛋白不溶于水，分子长度大于1 μm，分子质量为2 800～3 000 ku，位于Z线和M线之间。在活体组织中伴肌球蛋白具有稳定粗丝，调节粗丝长度，保持肌节和肌细胞完整性等功能。伴肌球蛋白在肉的排酸过程中被钙激活中性蛋白酶降解，肌原纤维结构受到破坏。

(13) 伴肌动蛋白 (nebulin) 伴肌动蛋白难溶于水，分子质量为600～900 ku。伴肌动蛋白从Z线伸出，伴随细丝并延伸到细丝的自由端。在活体肌肉中它的作用是稳定细丝，控制和调节细丝的排列。伴肌动蛋白在肉的排酸过程中降解，其降解速度大于伴肌球蛋白。

2. 肌浆蛋白 (myogen)

肌浆是指在肌纤维中环绕并渗透到肌原纤维的液体和悬浮于其中的各种有机物、无机物以及亚细胞结构的细胞器等。通常把肌肉磨碎压榨便可挤出肌浆，肌浆蛋白是水溶性的，溶解于低离子强度的水溶液（离子强度0.05～0.15，pH 6.5～7.5），主要包括参与肌纤维代谢的酶类，其特点是分子质量较小，等电点和pH较高，绝大多数的肌浆蛋白质为球状。肌浆蛋白中主要包括肌溶蛋白、肌红蛋白、肌浆酶、肌粒蛋白、肌质网蛋白等，是肉中最容易提取的蛋白质，30～40℃凝固，黏度较低。

一般认为，肌浆蛋白的主要功能是参与肌细胞中的物质代谢。肌浆蛋白不参与肌肉蛋白质热诱导凝胶的形成，并且其结合水的能力也较弱，有可能对凝胶的形成产生影响。如肌浆蛋白中的一些蛋白酶能降解蛋白质，破坏蛋白质的结构，所以对肌原纤维蛋白的凝胶形成有不利影响。

(1) 肌红蛋白 (moglobin) 肌红蛋白是一种复合性的色素蛋白质，由1分子的珠蛋白和1个血色素结合而成，为肌肉呈现红色的主要成分，相对分子质量17 000，等电点6.78。

（2）肌浆酶　肌浆中还存在大量可溶性肌浆酶，其中糖酵解占 2/3 以上。白肌纤维中糖酵解酶含量比红肌纤维多 5 倍，这是因为白肌纤维主要依靠无氧的糖酵解产生能量，而红肌纤维则以氧化产生能量，所以红肌纤维糖酵解酶含量少，而红肌纤维中肌红蛋白、乳酸脱氢酶含量高。

（3）肌溶蛋白　是一种清蛋白，存在于肌原纤维中，因溶于水，故容易从肌肉中分离出来，肌溶蛋白在 52℃即凝固。

3. 结缔组织蛋白

结缔组织构成肌内膜、肌束膜、肌外膜和筋腱，其本身由有形成分和无形的基质组成，前者主要有 3 种，即胶原蛋白、弹性蛋白和网状蛋白，它们是结缔组织中的主要蛋白质；后者主要由黏稠的蛋白多糖构成，还有结缔组织代谢产物和底物。

（1）胶原蛋白　胶原蛋白在白色结缔组织中含量多，是构成胶原纤维的主要成分，约占胶原纤维固体物的 85%。胶原蛋白含有大量的甘氨酸、脯氨酸和羟脯氨酸，后两者为胶原蛋白所特有，其他蛋白质不含有或含量甚微。胶原蛋白是由原胶原（tropocollagen）聚合而成的，原胶原为纤维状蛋白，由 3 条螺旋状的肽链组成，3 条肽链再以螺旋状互相拧在一起，犹如 3 股拧起来的绳一样。

交联的程度：交联的程度随着年龄的增长而增加，交联程度越大，性质越稳定，这种交联的程度直接影响到肉的嫩度。胶原蛋白性质稳定，具有很强的延伸力，不溶于水及稀盐溶液，不易被一般蛋白酶水解，但可被胶原酶水解。胶原蛋白遇热会发生热收缩，当加热温度大于热缩温度时，胶原蛋白就会逐渐变为明胶（gelatin），变为明胶的过程并非水解的过程，而是原胶原分子的 3 条螺旋被解开，因而易溶于水中。明胶易被酶水解，也易消化。

（2）弹性蛋白　弹性蛋白在黄色结缔组织中含量多，为弹力纤维的主要成分，约占弹性纤维固形物的 75%，胶原纤维中也有，约占 7%。其氨基酸组成有 1/3 为甘氨酸，脯氨酸、缬氨酸占 40%～50%。不含色氨酸和羟脯氨酸。

弹性蛋白属硬蛋白，对酸、碱、盐都稳定，且煮沸不能分解。蛋白质不被胃蛋白酶、胰蛋白酶水解，可被弹性蛋白酶（存于胰腺中）水解。

（3）网状蛋白　在肌肉中，网状蛋白为构成肌内膜的主要蛋白，含有约 4%的结合糖类和 10%的结合脂类，其氨基酸组成与胶原蛋白相似，用胶原酶水解，可产生与胶原蛋白同样的肽类。

1.1.3.3　脂肪

脂肪是肉中仅次于肌肉的另一个重要组织，脂肪含量变化很大，少到 1%，多到 20%，这主要取决于畜禽的肥育程度。另外，品种和解剖部位、年龄等对其也有影响。肌肉中的脂肪含量与水分含量呈负相关，脂肪越多，水分越少，反之亦然。家畜的脂肪组织中 90%为中性脂肪，7%～8%为水分，蛋白质占 3%～4%，此外还有少量的磷脂和固醇脂。动物体不同部位脂肪的脂肪酸组成见表 1-1。肉类脂肪有 20 多种脂肪酸。其中饱和脂肪酸以硬脂酸和软脂酸居多；不饱和脂肪酸以油酸居多，其次是亚油酸。磷脂以及胆固醇所构成的脂肪酸酯类是能量来源之一，也是构成细胞的特殊成分。

脂肪对肉的食用品质影响甚大，肌肉内脂肪的多少直接影响肉的多汁性和嫩度，脂肪酸的组成在一定程度上决定了肉的风味。

表 1-1　动物体不同部位脂肪酸组成

来源	多不饱和脂肪酸/g					胆固醇/mg
	C18:2	C18:3	C20:3	C20:4	C22:5	
猪肉	7.4	0.9	微量	微量	微量	69
牛肉	2.0	1.3	微量	1.0	微量	59
羊肉	2.5	2.5	—	—	微量	79
猪肾	11.7	0.5	0.6	6.7	微量	410
牛肾	4.8	0.5	微量	2.6	—	400
羊肾	8.1	4.0	0.5	7.1	微量	400
猪肝	14.7	0.5	1.3	14.3	2.3	260
牛肝	7.4	2.5	4.6	6.4	5.6	270
羊肝	5.0	3.8	0.6	5.1	3.0	430

1.1.3.4　矿物质

矿物质是指一些无机盐类和微量元素，质量分数为 1.5%左右，肌肉中尤以钾、磷含量居多（表 1-2）。这些无机盐在肉中有的以游离状态存在，如镁、钙离子；有的以螯合状态存在，如肌红蛋白中含的铁，核蛋白中含的磷。肉中尚含有微量的锰、铜、锌、镍、硒等。

表 1-2　100 g 肉中矿物质的含量　　mg

名称	钠	钾	钙	镁	铁	磷	铜	锌
生牛肉	69	334	5	24.5	2.3	276	0.1	4.3
生羊肉	75	246	13	18.7	1.0	173	0.1	2.1
生猪肉	45	400	4	26.1	1.4	223	0.1	2.4

1.1.3.5　浸出物

浸出物是指除蛋白质、盐类、维生素外能溶于水的可浸出性物质，包括含氮浸出物和无氮浸出物。

1. 含氮浸出物

含氮浸出物为非蛋白质的含氮物质，如游离氨基酸、磷酸肌酸、核苷酸类及肌苷、尿素等。这些物质为肉滋味的主要来源，如 ATP 除供给肌肉收缩的能量外，逐级降解为肌苷酸，是肉鲜味的成分。又如磷酸肌酸分解成肌酸，肌酸在酸性条件下加热则为肌酐，可增强热肉的风味。

2. 无氮浸出物

无氮浸出物为不含氮的可浸出性有机化合物，包括碳水化合物和有机酸。

碳水化合物包括糖原、葡萄糖、核糖，有机酸主要是乳酸及少量的甲酸、乙酸、丁酸、延胡索酸等。

糖原主要存在于肝脏和肌肉中，肌肉中含 0.3%～0.8%，肝脏中含 2%～8%。肌肉中糖原含量的多少对宰后肌肉的 pH、持水性、色泽、风味和贮藏性等有明显影响，是导致肉品质变化的主要原因之一。动物应激反应和疲劳会降低肉中糖原含量。

1.1.3.6　维生素等

肉中维生素主要有维生素 A、维生素 B_1、维生素 B_2、维生素 PP、叶酸、维生素 C、维生素 D 等。其中脂溶性维生素较少，但水溶性 B 族维生素含量丰富。猪肉中维生素 B_1 的含量比其他肉类要高出许多，而牛肉中叶酸的含量则又比猪肉和羊肉高（表 1-3）。此外，在动物的肝脏中，几乎各种维生素含量都很高。

表 1-3　100 g 肉中维生素的含量

维生素	牛肉	小牛肉	猪肉	腌猪肉	羊肉
维生素 A/IU	微量	微量	微量	微量	微量
维生素 B_1/mg	0.07	0.1	1.0	0.4	0.15
维生素 B_2/mg	0.2	0.25	0.20	0.15	0.25
烟酸/mg	5.0	7.0	5.0	1.5	5.0
泛酸/μg	0.4	0.6	0.6	0.3	0.5
生物素/μg	3.0	5.0	4.0	7.0	3.0
叶酸/mg	10	5	3	0	3
维生素 B_6/mg	0.3	0.3	0.5	0.3	0.4
维生素 B_{12}/μg	2	0	2	0	2
抗坏血酸/mg	0	0	0	0	0
维生素 D/IU	微量	微量	微量	微量	微量

1.2　肉的物理性状与食用和加工品质

肉的物理性状主要指肉的体积质量、比热容、热导率和冰点等。肉的体积质量是指每立方米肉的质量（kg/m^3）。体积质量的大小与动物种类、育肥程度有关，脂肪含量多则体积质量小。如去掉脂肪的牛、羊、猪肉体积质量为 1 020～1 070 kg/m^3，猪肉的体积质量为 940～960 kg/m^3，牛肉的体积质量为 970～990 kg/m^3，猪脂肪的体积质量为 850 kg/m^3。肉的比热容是指 1 kg 肉升降 1℃所需的热量。它受肉的含水量和脂肪含量的影响，含水量多则比热容大，其冻结或溶化潜热增高，肉中脂肪含量多则正好相反。肉的热导率是指肉在一定温度下，每小时每米传导的热量，以千焦（kJ）计。热导率受肉的组织结构、部位及冻结状态等因素影响，很难准确地测定。肉的热导率大小决定肉冷却、冻结及解冻时温度升降的快慢。肉的热导率随温度下降而增大。因为冰的热导率比水大 4 倍，因此，冻肉比鲜肉更易导热。肉的冰点是指肉中水分开始结冰的温度，也叫冻结点。它取决于肉中盐类的浓度，浓度越高，冰点越低。纯水的冰点为 0℃，肉中水分含量在 60%～70%，并且有各种盐类，因此冰点低于水。一般猪肉、牛肉的冻结点为－1.2～－0.6℃。

肉质即肉的食用品质，主要指肉的色泽、风味、嫩度和保水性等。这些性质在肉的加工贮藏中直接影响肉品的质量。

1.2.1　肉的色泽

色泽是肉及肉制品的主要感官品质之一，肉的色泽对肉的营养价值和风味并无较大影响，但在某种程度上影响食欲和商品价值。色泽的重要意义在于它是肌肉的生理学、生物化学和微生物学变化的外部表现，因此可以通过感官给消费者以好或坏的影响。

1.2.1.1　肉中的色素物质

肉的色泽主要取决于肌肉中色素物质肌红蛋白和血红蛋白，如果放血充分，前者占肉中色素的 80%～90%，占主导地位。肉受肌红蛋白含量、氧化状态和表面光线反射能力的影响，不同动物、不同部位肌肉的色泽深浅不一，肉的色泽千变万化，从紫红色（肌红蛋白色泽）到鲜红色（氧合肌红蛋白色泽，消费者喜爱），从褐色到灰色，甚至出现绿色。

1. 肌红蛋白

肌肉中肌红蛋白含量受动物种类、肌肉部位、运动程度、年龄和性别的影响。一般来说，牛、羊肉深红，猪肉次之，兔肉几乎接近于白色。同种动物不同部位肌肉肌红蛋白含量差异很大，红肌纤维富含肌红蛋白，肉色较红，白肌纤维肌红蛋白含量较少，肉色较淡。最典型的是鸡的腿肉（红肌纤维）和胸脯肉（白肌纤维），前者肌红蛋白含量是后者的 5～10 倍，所以前者肉色红，后者肉色白。动物年龄越大，肌肉中肌红蛋白含量越多，肉色越红。据测定，5～7 月龄猪背最长肌肌红蛋白含量分别为 0.3、0.38 和 0.44 mg/g。运动多的动物或肌肉部位，肌红蛋白含量也高，肉色越红，这是因为运动消耗氧，而肌红蛋白的主要生理功能就是载氧。肌红蛋白是由单条含 153 个氨基酸残基的多肽链组成的一个球状蛋白质，即由一条多肽链构成的珠蛋白和一个血红素组成（图 1-3）。血红素是一种卟啉类化合物（图 1-4），卟啉环中心的 Fe^{2+} 含有 6 个配位部位，4 个配位部位分别与 4 个吡咯环上的氮原子配位结合，第 5 个和第 6 个配位部分，一个与珠蛋白分子上组氨酸残基的氮原子结合，另一个为自由结合位点，可以与其他能提供电子对的配体（如 O_2）结合。铁离子可处于还原态（Fe^{2+}）或氧化态（Fe^{3+}），处于还原态的铁离子能与 O_2 结合，氧化后则失去 O_2。因此，肌红蛋白是否结合配位体、其结合配位体的种类以及铁原子价位的不同均会影响肌肉色泽。

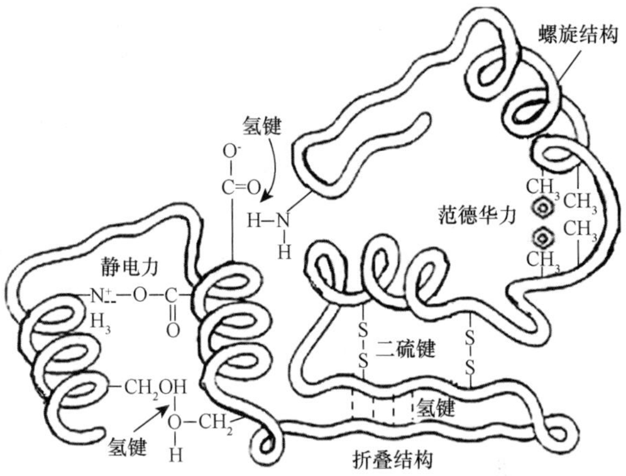

图 1-3　肌红蛋白构造图

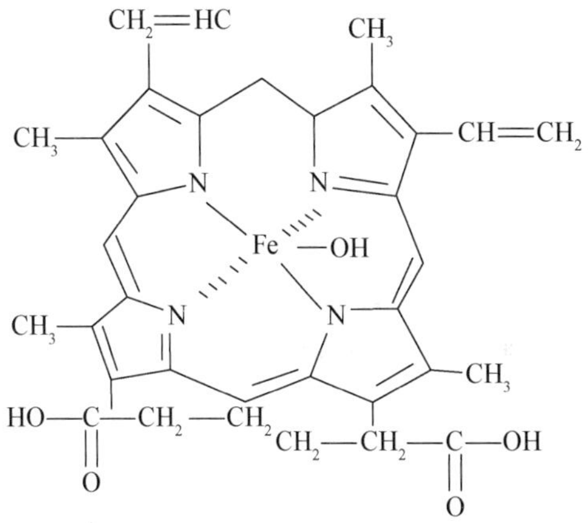

图 1-4　血红素分子结构图

肌红蛋白本身是紫红色，与氧结合可生成氧合肌红蛋白，为鲜红色，是新鲜肉的象征；肌红蛋白和氧合肌红蛋白均可以被氧化生成高铁肌红蛋白，呈褐色，使肉色变暗；有硫化物存在时，肌红蛋白可被氧化生成硫代肌红蛋白，呈绿色（异色）；肌红蛋白与亚硝酸盐反应可生成亚硝基肌红蛋白，呈粉红色，是腌肉的典型色泽；肌红蛋白加热后蛋白质变性形成球蛋白氯化血色原，呈灰褐色，是熟肉的典型色泽。图 1-5 是不同化学状态肌红蛋白之间的转化关系。氧合肌红蛋白和高铁肌红蛋白的形成和转化对肉色最为重要。刚屠宰肉直接暴露在空气中，先是由紫红色转变为鲜红色，再由鲜红色转变为褐色。前者变化将肉暴露在空气中 30 min 内就能发生，后者变化快者几个小时，慢者几天完成。当高铁肌红蛋白含量≤20%时，肉仍呈鲜红色，达 30%时肉显示出稍暗色泽，达 50%时肉呈红褐色，达到 70%时肉就变成褐色。因此，防止和减少高铁肌红蛋白的形成（即由鲜红色转为褐色）是保持肉色的关键所在。

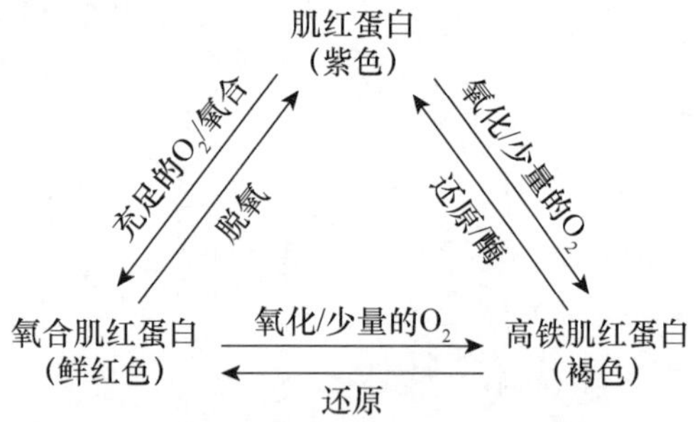

图 1-5　肌红蛋白、氧合肌红蛋白和高铁肌红蛋白之间的转化

2. 血红蛋白

血红蛋白是由 4 分子珠蛋白和 4 分子亚铁血红素组成的 4 条链（α2β2 结构）。珠蛋白约占 96%，血红素占 4%。每 1 条链有 1 个包含 1 个铁原子的环状血红素。氧含量高时，血红蛋白容易与氧结合；氧含量低时，血红蛋白容易与氧分离。

血红蛋白绝大部分存在于动脉、静脉和毛细血管中，约占肌肉色素的 20%。血红蛋白对肉颜色的影响要视放血的好坏而定。在肉中血液残留多，则血红蛋白含量亦多，肉色深。放血充分，肉色正常；放血不充分或不放血（冷宰）的肉色深且暗。因此，绝大多数血红蛋白在宰杀、放血过程中流失。从某种意义上说，肉及肉制品色泽主要取决于肉中肌红蛋白含量及其存在的化学状态。

3. 卟啉锌（zinc protoporphyrin，ZnPP）

卟啉锌最早在意大利火腿中发现其可以提高肉制品颜色，传统意大利火腿在腌制期间仅仅添加了食盐，并没有添加亚硝酸盐等显色物质，却呈现鲜红的色泽，且在加工过程中颜色稳定。日本学者通过高效液相色谱和电喷雾离子化高分辨率质谱测定，确定火腿中稳定的红色素是卟啉锌，而不是通常肉制品中存在的氧合肌红蛋白和亚硝基肌红蛋白等。

关于传统意大利火腿卟啉锌的合成假说，人们最初是通过研究生物体内的合成机制来判断的。大多数学者研究认为，肌肉中内源酶——锌离子螯合酶参与了卟啉锌的合成，是卟啉锌生成所必需的催化剂。该酶的最适温度为 37℃，最适 pH 为 5.5～6.0，0～80 g/L 的氯化钠对该酶活性均有不同的促进作用，原料肉内源性锌离子是该酶的激活剂。在该酶催化下，锌离子与卟啉环独立结合，而不是血红素中铁离子与锌离子直接互换。但也有少数学者研究认为，这种干腌火腿形成稳定、鲜艳的亮红色是由于火腿中形成锌-原卟啉Ⅸ复合体较大发色团的缘故。这种色素聚合被认为是锌在无须酶催化条件下即能比较容易地与卟啉环形成卟啉锌，随着加工过程延续，火腿肉中锌-原卟啉Ⅸ含量不断上升，在陈化成熟期火腿肉中锌-原卟啉Ⅸ含量上升最快，完全陈化成熟的火腿肉中锌-原卟啉Ⅸ含量达到最高。

1.2.1.2　肉色稳定性的影响因素

1. 氧分压

形成氧合肌红蛋白需要充足的氧气，氧气分压越高，越有利于氧合肌红蛋白的形成。而肌红蛋白氧化成高铁肌红蛋白（褐色）需要少量氧气。一般来说，氧分压越低，越有利于高铁肌红蛋白形成；氧分压越高，则越抑制高铁肌红蛋白的形成。已有试验证实，氧分压在 5～7 mmHg 时氧合肌红蛋白被氧化成高铁肌红蛋白的速度最快。

2. 微生物

微生物繁殖加速肉色的变化，特别是高铁肌红蛋白的形成。这是因为微生物消耗了氧气，使肉表面氧分压下降，有利于高铁肌红蛋白的生成。但当微生物繁殖到一定程度时（$>10^7$ CFU/g），大量微生物消耗了肉表面所有氧气，使肉表面成为缺氧层，高铁肌红蛋白又被还原，此时大量微生物污染肉面反而只有很少的高铁肌红蛋白。另外，在低氧（1%）和高 pH（>6.0）时，有的细菌会产生硫化氢，后者与肌红蛋白结合生成绿色的硫代肌红蛋白，使肉变绿等。

3. pH

动物肌肉 pH 在宰前呈中性为 7.2～7.4，宰后由于糖酵解作用使乳酸在肌肉中累积，pH 下降。一般而言，pH 均速下降，终 pH 为 5.6 左右，肉的色泽正常。pH 下降过快，会造成肌肉蛋白质变性，肌肉失水，肉色灰白，产生 PSE（pale，soft，exudative）肉，这种肉在猪肉较为常见；终 pH 一般是指成熟结束时肌肉的最终 pH，主要与动物屠宰时肌糖原含量有关。肌糖原含量过低时，肌肉终 pH 偏高（>6.0），肌肉呈深色（黑色），在牛肉中较为常见，如 DFD（dark，firm，dry）肉、黑切牛肉和牛胴体黑色斑纹等；肌糖原含量过高时，肌肉终 pH 偏低（<5.5），会产生酸肉或 RSE（red，soft，exudative）肉，这种肉的色泽正常，但质地和保水性较差。

肌肉 pH 对血红蛋白亲氧性有较大影响，低 pH 有利于氧合血红蛋白对 O_2 释放。试验表明，虽然 pH 对肌红蛋白氧合作用没有影响，但对其氧化有影响。低 pH 可减弱其血色素与结构蛋白的联系，加快其氧化。

4. 温度

温度升高有利于肉表面上细菌繁殖，加快肌红蛋白氧化。温度与高铁肌红蛋白的形成，即与肉色深浅呈正相关。据报道，在 −3～30℃，每提高 10℃，氧合肌红蛋白氧化成高铁肌红蛋白的速率提高 5 倍。此外，温度直接影响肌肉中酶的活性，影响动物宰后肌糖原降解速度和肌肉 pH 的下降速度，对肉色（如 PSE 肉）产生重要影响。

5. 熟制

对于熟肉颜色来说，肌红蛋白的氧化还原状态起到重要作用。据报道，氧合肌红蛋白、高铁肌红蛋白与脱氧肌红蛋白、碳氧肌红蛋白相比，热稳定性更差。具体表现在高氧气调包装的牛排在蒸煮中，将更早呈现出棕色状态；经注射的牛排用高氧气调包装 7 d 后，加热到 71.1℃时即呈现出棕褐色等。已有研究表明，提高加热终温和加热时间将降低蒸煮牛肉馅饼的红色。牛肉馅饼厚度和加热温度上升速率也会影响蒸煮颜色。

6. 腌制

由于氧气在食盐溶液中溶解度低，以食盐为主腌制剂会降低肌肉中氧气浓度，加速肌红蛋白氧化形成高铁肌红蛋白，对保持肉色不利。

腌制肉制品中常添加硝酸盐或亚硝酸盐，对腌肉制品产生粉红色起到决定性作用。硝酸盐或亚硝酸盐的发色机理大体上是通过一个歧化反应生成一氧化氮（NO），NO 与肌红蛋白结合，取代肌红蛋白中与铁离子相连的水分子，形成亚硝基肌红蛋白（NO-Mb），该物质与空气中氧气接触变成灰绿色，但加热后变为稳定的亚硝基血色原，呈粉红色。酸性环境、高温和还原剂（如葡萄糖、抗坏血酸或异抗坏血酸及其钠盐、烟酰胺等）有利于亚硝基肌红蛋白的形成，但磷酸盐会导致肌肉 pH 升高而降低硝酸盐或亚硝酸盐的发色效果。

1.2.1.3　肉色评定方法

1. 感官评定

肉色感官评定生产上主要采用比色板法，即用标准肉：1 分＝灰白色（异常肉色泽）；2 分＝轻度灰白（倾向异常肉色泽）；3 分＝正常鲜红色；4 分＝稍深红色（属于正常肉色泽）；5 分＝暗黑色（异常肉色泽）。一般大致操作步骤为：取屠宰后 1～2 h 内鲜肉样（胸腰椎接合处背最长肌肉的横断面），或宰后 24 h 在冰箱中存放的冷却肉样，切开肉样（厚度不得少于 1.5 cm），新鲜切面上覆盖透氧薄膜在 0～4℃条件下静置 1 h 使表面色素充分氧化，对照比色板给出肉色分值。要求在白天室内正常光度条件下现场测定，不要让阳光直射肉样，也不要在室内阴暗处评定。

2. 色差计法评定

将肉样放在菜案上压平，用利刀水平切去表层使表面平整，然后再用刀平行于肉的表面将肉切成厚度为 3 mm 左右、厚薄均匀的肉片，并根据色差计样品盒直径将肉片修成圆形，平整地放入样品盒中，备用。

按照色差计操作说明，先将色差计调整到 L^*、a^*、b^* 表色系统，用标准色度标板调整校准并调零后，根据色差计提示进行操作，将放好样品的样品盒放入机器进行测定，读取并记录各样品的 L^* 值（亮度值）、a^* 值（红度值）和 b^* 值（黄度值），根据色度值并结合 pH 等指标测定结果判断肉的色泽。

3. 化学测定法

采用分光光度计比色测定肉中肌红蛋白和血红蛋白含量，对肉的色泽进行评定。

1.2.2　肉的风味

肉的风味又称味质，指生鲜肉的气味和加热

后肉制品的香气和滋味。它是肉中固有成分经过复杂的生物化学变化，产生各种有机化合物所致。其特点是成分复杂多样，含量甚微，用一般方法很难测定，除少数成分外，多数无营养价值，不稳定，加热易破坏和挥发。呈味性能与其分子结构有关，呈味物质均有各种发香基团，如羟基（—OH）、羧基（—COOH）、醛基（—CHO）、羰基（—CO）、硫氢基（—SH）、酯基（—COOR）、胺基（$—NH_2$）、酰胺基（—CONH）、亚硝基（$—NO_2$）、苯基（$—C_6H_5$）。这些肉的味质是通过人的高度灵敏的嗅觉和味觉器官反映出来的。滋味的呈味物质是非挥发性的，主要靠人的舌面味蕾（味觉器官）感觉，经神经传导到大脑反映出味感。香气的呈味物质主要是挥发性的芳香物质，主要靠人的嗅觉细胞感受，经神经传导到大脑产生芳香感觉。

1. 滋味

肉的滋味（或味道），与肉及肉制品中的一些非挥发性物质有关，主要来源于蛋白质和核酸的降解产物、糖、有机酸、矿物盐类离子等，包括游离氨基酸、小肽、核苷酸、单糖、乳酸、磷酸、氯离子等，其中游离氨基酸和核苷酸是肉类中最主要的滋味呈味物质。

2. 香气

生肉不具备芳香性，烹调加热后一些芳香前体物质主要经过脂肪氧化、美拉德褐变反应和硫胺素降解产生挥发性物质 3 种途径赋予熟肉芳香性。与肉的香味有关的物质很多，至少有上千种化合物。近年来的研究发现对肉的香气起决定性作用的主要物质有十几种，如 2-甲基-3-呋喃硫醇、糠基硫醇、3-巯基-2-戊酮和甲硫丁氨醛，被认为是肉香气的基本物质。

影响肉制品风味的因素有很多，如 pH、温度、水分活度、遗传因素、脂肪含量、饲料、加工等，下面简单介绍几种影响因素。

（1）畜禽的遗传因素及饲养条件　不同类型的畜禽肉，各有其特殊风味。牛、羊、猪、鸡、鱼由于品种不同，其肉品的风味各异，这是遗传性能决定的。即使是同类畜禽，由于年龄、性别、用途不同，风味也有所不同。山羊肉比绵羊肉的膻味重，公母猪肉比肉猪肉的腥味大。一般情况下，老龄动物比幼龄动物的特殊味大。所以人们在选择肉食品时，应根据各自的口味要求选择肉的品种。在生产育肥肉用畜禽时，一定要做好公母畜禽的阉割工作，这样不但能提高畜禽的周转率和经济效益，更重要的是改善肉的风味品质。用不同的单一饲料，特别是一些气味浓烈的饲草、饲料长期喂养畜禽，结果必然影响肉的风味。据试验，给绵羊长期饲喂甜菜根，肉品带有肥皂味，长期喂食青萝，肉品有强烈的臭味，在盛产野葱、野蒜、野韭菜等地区饲养的羊肉味道特别好。因此，在饲养畜禽时，饲料一定要精心调配，品种多样化，这样才能改善肉的风味。

（2）肉的排酸成熟程度　屠宰后动物的胴体经过冷却、产酸、成熟后，肉的风味就会比较好。经证实，屠宰后的肉品没有经过冷却、产酸和成熟，直接烹调食用不会具有良好风味。

（3）温度　温度的增加有利于美拉德反应和脂类氧化。较高的温度不仅加速各种反应的速度，而且加速肉中游离氨基酸和其他风味前体物的释放速度。

（4）水分活度　生肉中本身含有大量水分，而肉香前体物质多数是水溶性的，因此水是肉制品香味形成的重要介质。据报道，煮肉和干加热产生的风味物质种类和量都有显著差异。有人加热 *L*-谷氨酸钠，*L*-抗坏血酸、硫胺素盐酸盐和胱氨酸的混合物时，发现不同水分活度对风味物质的种类和数量有很大的影响，当水分活度大于 0.4 时，主要产生煮肉香味，反之则主要产生烤肉香味。

1.2.3 肉的嫩度

肉的嫩度是指肉在食用时口感的老嫩，是肌肉中肌原纤维蛋白和结缔组织蛋白（胶原）物理以及生化状态的综合反映，是消费者最重视的食用品质之一。大量研究表明：肌纤维直径越小（肌纤维越细），肌节长度越长，肉质越嫩。

1.2.3.1 肉嫩度的影响因素

1. 宰前因素

影响肉嫩度的宰前因素很多，有动物品种、

年龄、性别、营养状况以及肌肉部位等。一般来说，动物年龄越小，肌纤维越细，结缔组织中成熟交联数量越少，肉质越嫩；随着年龄的增长，结缔组织成熟交联增加，肌纤维变粗，胶原蛋白溶解度和钙激活中性蛋白酶活性下降，肉的嫩度下降。运动越多、负荷越大的肌肉（腿部肌肉）有强壮致密的结缔组织（即成熟交联数量多）支持，肉质较老；畜禽体格越大，肌纤维越粗大，肉越老；经常使用的肌肉，如半膜肌和股二头肌，比不经常使用的肌肉（腰大肌）的弹性蛋白含量多。同一肌肉不同部位嫩度不同，猪背最长肌外侧比内侧要嫩，牛的半膜肌从近端到远端嫩度逐渐降低。营养良好的家畜，肌肉脂肪含量高，大理石花纹丰富，肉的嫩度好。

2. 宰后因素

动物被屠宰后，由有氧呼吸变为无氧酵解，肌细胞产能剧减，肌动球蛋白缺乏能量不能分解成肌球蛋白和肌动蛋白，肌肉自身的收缩和延伸性丧失，导致肌肉僵直，肉嫩度变差。

（1）尸僵和成熟　宰后尸僵发生时，肉的硬度会大大增加。因此肉的硬度又有固有硬度和尸僵硬度之分，前者为刚宰后和成熟时的硬度，而后者为尸僵发生时的硬度。肌肉发生异常尸僵时，如冷收缩和解冻僵直。肌肉发生强烈收缩，从而使硬度达到最大。一般肌肉收缩时，短缩度达到40%时，肉的硬度最大，而超过40%反而变柔软，这是由于肌动蛋白的细丝过度插入而引起Z线断裂所致，这种现象称为“超收缩”。僵直解除后，随着成熟的进行，硬度降低，嫩度随之提高，这是由于成熟期间尸僵硬度逐渐消失，Z线易于断裂造成的。

肌肉收缩程度与贮藏温度有很大关系。一般来说，在15℃以上，肌肉的收缩程度与贮藏温度呈正相关，温度越高，肌肉收缩越剧烈，肉质越老。在15℃以下，肌肉的收缩程度与贮藏温度呈负相关，也就是说，温度越低，收缩程度越大，肉质越老。所谓的冷收缩就是在低温条件下形成的肌肉收缩现象，经测定，在2℃条件下肌肉的收缩程度与40℃一样大。

经排酸后，肉中大多数微生物生长繁殖受到抑制，肌肉中内源酶在排酸过程中降解肌钙蛋白、T、Z线肌间蛋白，蛋白质交联弱化，破坏肌肉原有结构支持体系，结缔组织变得松散、纤维状细胞骨架分解、Z线断裂，肉质变嫩。但由于酶本身是一种蛋白质，所以在降解肌肉中其他蛋白质的同时也会发生自身降解，因此随着时间的延长，钙激活蛋白酶在肌肉中含量逐渐减少，对肉的嫩度影响作用逐渐降低。嫩化在一开始较为强烈，随着时间的延长，嫩化速度减弱。

（2）加热和烹调方式　一般来说，随着加热温度的升高，蛋白质发生变性，影响着肉的嫩度大小。在40～50℃，肉硬度随着温度增加而增大，这主要是变性肌动球蛋白凝聚所致。在60～75℃，胶原蛋白变性收缩导致剪切力第二次增加，肉硬度增大。以后随着温度继续升高，剪切力下降，肉硬度下降，这是由于肽键水解和变性，胶原蛋白交联破裂以及纤维蛋白降解的缘故；胶原蛋白纤维在持续加热下逐步降解，并部分转化为明胶，使肉嫩度得到改善。

烹调方式也影响肉的嫩度。一般来说，烤肉嫩度较好，而煮制肉的嫩度取决于煮制温度，以肉中心温度60～80℃时煮制肉的嫩度较好，随温度升高嫩度下降，但高温高压煮制时，由于完全破坏了肌肉纤维和结缔组织结构，肉的嫩度反而会大大提高。

1.2.3.2　肉的嫩化方法

肌肉嫩化方法包括物理、化学和酶嫩化法。目前越来越多的研究致力于在单一嫩化技术的基础上，进行多种技术的结合以达到更好的肌肉嫩化效果。

1. 物理嫩化法

生产上肌肉常见物理嫩化方法主要有：拉伸嫩化法、电刺激法、压力法、滚揉法等。

（1）拉伸嫩化法　一般来说，肌纤维的肌小节越长或断裂，肉质越嫩。拉伸嫩化是指把屠宰后的胴体吊挂起来，利用其本身重力作用，根据不同吊挂方式拉长相应部位的肌节，从而使肉得到嫩化。传统拉伸方式主要采用吊挂式，可使背最长肌、半腱肌和半膜肌的肌节拉长，腰大肌的肌节缩短。但肉体悬挂在冷藏条件下，且需要时间长，冷库费用较高，肉汁损失也较多，容易受嗜冷微生物的侵扰，往往会造成一定的经济损失。

（2）电刺激法　对牛胴体进行电刺激有利于加快排酸作用，加速嫩化过程，这主要是因为电刺激可使肌肉 ATP 降解，加快糖酵解速度，使肌肉僵直快速出现，进而避免冷收缩；引起 Z 线断裂，导致肌原纤维间结构松弛、更多水分被容纳进入；激活了酸性蛋白酶活性等多种缘故。

（3）压力法　给肉施加高压可以破坏肉的肌纤维中亚细胞结构，使大量 Ca^{2+} 释放，同时也释放组织蛋白酶，使得蛋白质水解活性增强，一些结构蛋白质被水解，从而导致肉的嫩化。

滚揉法在提高肌肉嫩度方面有显著作用，其作用机理在腌制技术一节中详述。

2. 化学嫩化法

肌肉化学嫩化方法主要有盐类嫩化法、有机酸嫩化法和碱嫩化法。

（1）盐类嫩化法　盐类嫩化法是指采用盐溶液（如钠盐、钾盐、镁盐和钙盐等）浸泡或注射畜禽胴体，通过缩短钙激活酶激活时间来达到嫩化肌肉的效果。这是由于盐溶液处理畜禽肌肉后能够提高肌肉离子强度和肌球蛋白溶解性，甚至能够使肌肉肌原纤维结构发生裂解，起到嫩化肌肉的效果。

（2）有机酸嫩化法　将肉在酸性（如柠檬酸、乳酸和醋酸等有机酸）溶液中浸泡可以改善肉的嫩度。这是由于低 pH 下有机酸不仅能够弱化肌束膜中的结缔组织，降低肌肉的机械抵抗力，加速肌肉内源性蛋白酶嫩化肌肉。利用酸性红酒和醋来浸泡肉的方法较为常见，可以改善嫩度，增加肉的风味，其中以溶液 pH 4.1～4.6 时嫩化效果最佳。

（3）碱嫩化法　用肉质量的 0.4%～1.2% 的碳酸氢钠或碳酸钠溶液对牛肉进行注射或浸泡腌制处理，可以显著提高 pH 和保水能力，降低烹饪损失，改善熟肉制品的色泽，使结缔组织的热变性提高，而使肌原纤维蛋白对热变性有较大的抗性，所以肉的嫩度提高。

3. 酶嫩化法

目前，用于肉类嫩化的酶类主要来源于植物提取和微生物培养。植物中提取酶类主要有木瓜蛋白酶、菠萝蛋白酶、无花果蛋白酶和生姜蛋白酶等，这类酶对结缔组织有较强的分解作用，嫩化效果显著。其中，木瓜蛋白酶和菠萝蛋白酶是目前商品酶类的主要种类。微生物培养的嫩化酶主要有蛋白酶、枯草杆菌蛋白酶、链霉蛋白酶和水解蛋白酶 D 等，这类酶主要具有分解肌纤维膜和肌原纤维蛋白质的作用。肉的酶嫩化处理通常是将肉浸泡在上述酶溶液中；或将含酶溶液直接泵入肌肉血管系统，通过微血管等使其溶入肉中，使用非常方便。

但目前所用的酶大多数具有广泛的底物专一性，易导致肉质过嫩或不均匀，空间结构塌陷，达不到理想风味，且增加生产成本，往往对肉质总体评价造成负面影响。

1.2.3.3　嫩度的评定

1. 感官评定

感官评定主要是通过视觉、嗅觉、触觉、味觉和听觉而感知产品感官特性的一种科学方法。感官评定在仪器的测量、定位和评估中非常有用，可以用来确定商品的价值，甚至它的可接受性，主要应用在质量控制、产品研究开发等多方面，它与仪器测定法相互补充。

肉嫩度的感官评定主要依靠人的咀嚼和舌与颊对肌肉的柔硬性、嚼碎容易性和可咽性等的综合感觉，是主观评定方法。柔软性即舌和颊接触肉时产生触觉，如嫩肉感觉软糊，老肉有木质化感觉；易碎性，指牙齿咬断肌纤维的容易程度，嫩度很好的肉对牙齿的抵抗力小，很容易被嚼碎；可咽性通过咀嚼后肉渣剩余的多少及吞咽的容易程度来衡量。肉的感官评定可以根据咀嚼次数（可正常吐咽程度时）、结缔组织的嫩度、对牙、舌和颊的柔软度和剩余残渣等项目进行打分。肉嫩度感官评定的优势是比较接近正常食用条件下对肉嫩度进行评定，且感官评定人员通常需要经过培训，并且由有经验的专业评审人员组成。

2. 仪器测定法

肌肉嫩度的仪器测定法主要借助特殊仪器（如嫩度计、物性测定仪）衡量切断力、穿透力、咬力、剁碎力、压缩力、弹力和拉力等指标，而最通用的是切断力，又称剪切力（shear force）。剪切力值越大，肉质越老；剪切力值越小，肉质越嫩。一般来说，剪切力值大于 4 kg 时肉就比较老了，难以被消费者接受。

用嫩度计测定肉嫩度的操作如下：

（1）用直径 1.27 cm 圆形取样器顺肌纤维平行方向切取被测试样。

（2）剔除肌肉表面附着的脂肪，80～85℃恒温水浴锅中加热至肌肉中心温度达到 70℃，维持约 30 min，取出后自然冷却至室温。

（3）先校准肌肉嫩度计置于零位置，调节刀高度，露出放样孔，将肉样放入刀孔，按动开关使刀移动，至肉样被完全切断时停止，记录最大剪切力数值。

$$相对剪切力=\frac{样品剪切力（kg）}{样品横截面积（cm^2）}$$

测定时，取肉样时间、部位、大小、加热方法等多种因素尽量采用国际通用方法和要求，如测试样品需按与肌纤维平行方向切取长方形，2～3 个样品，测定时切刀要与肉样垂直剪切，直至切断为止。只有这样，才能保证测定结果具有可比性。

1.2.4　肉的保水性

1.2.4.1　保水性的概念

肉的保水性即持水性、系水性，指肉在压榨、加热、冷冻、解冻、腌制、切碎、搅拌等外界因素的作用下，保持原有水分和添加水分的能力。它对肉的品质有重大影响，是肉质评定时的重要指标之一。保水性的高低可直接影响到肉的色泽、风味、质地、嫩度、凝结性等。

1.2.4.2　保水性的理化基础

肌肉中的水是以结合水、不易流动水和自由水 3 种形式存在的。其中不易流动水主要存在于细胞内、肌原纤维及膜之间，度量肌肉的保水性主要指的是这部分水，它取决于肌原纤维蛋白质的网状结构及蛋白质所带的静电荷的多少。蛋白质处于膨胀胶体状态时，网状空间大，保水性就高，反之，处于紧缩状态时，网状空间小，保水性就低。

1.2.4.3　影响保水性的因素

1. 动物因素

畜禽种类、年龄、性别、饲养条件、肌肉部位及屠宰前后的处理等，对肉的保水性都有影响。兔肉的保水性最佳，其后依次为牛肉、猪肉、鸡肉、马肉。就年龄和性别因素而论，肉的保水性表现为：去势牛＞成年牛＞母牛，幼龄牛＞老龄牛；成年牛随体重增加而保水性降低。试验表明：猪的冈上肌保水性最好，其后依次是胸锯肌、腰大肌、半膜肌、股二头肌、臀中肌、半腱肌和背最长肌。其他骨骼肌较平滑肌佳，颈肉和头肉比腹部肉、舌肉的保水性好。

2. 肉的 pH

蛋白质分子是由氨基酸组成的，氨基酸分子中含有氨基和羧基，它既能像酸一样解离，也能像碱一样解离，因此它是一种两性离子。当 pH 大于等电点时，氨基酸分子带负电荷；而当 pH 小于等电点时，氨基酸分子带正电荷。因此蛋白质分子也具备了这种两性性质。pH 对保水性的影响实质是蛋白质分子的静电荷效应。蛋白质分子所带的静电荷对蛋白质的保水性具有两方面的意义：首先，静电荷是蛋白质分子吸引水分子的强有力的中心；其次，静电荷增加蛋白质分子间的静电排斥力，因而可以使其结构松弛，增加保水效果。对肉来讲，静电荷如果增加，保水性就得以提高；静电荷减少，则保水性降低，当肌肉 pH 接近等电点（pH 5.0～5.4）时，静电荷数达到最低，这时肌肉的保水性最低。添加酸或碱来调节肌肉的 pH，并借加压方法测定其保水性时可知，保水性随 pH 的高低而发生变化。当 pH 在 5.0 左右时，保水性最低。保水性最低时的 pH 几乎与肌动球蛋白的等电点一致。稍稍改变 pH，就可引起保水性的很大变化。任何影响肉 pH 变化的因素或处理方法均可影响肉的保水性，尤以猪肉为甚。在肉制品加工中常用添加磷酸盐的方法来调节 pH 至 5.8 以上，以提高肉的保水性。

3. 尸僵和成熟

肌肉的保水性在宰后的尸僵和成熟期间会发生显著的变化。刚宰后的肌肉，保水性很高，但经过几小时后，就会开始逐渐下降，一般在 24～

28 h，过了这段时间保水性会逐渐回升。一种原因是蛋白质分子分解成较小的单位，从而引起肌肉纤维渗透压增高所致；另一种原因可能是引起蛋白质净电荷（实效电荷）增加及主要价键分裂的结果，使蛋白质结构疏松，并有助于蛋白质水合离子的形成，因而肉的保水性增加。

4. 无机盐

一定浓度的食盐具有提高肉保水性的作用。这主要是因为食盐能使肌原纤维发生膨胀。肌原纤维在一定浓度的食盐存在下，大量氯离子被束缚在肌原纤维间，增加了负电荷引起的静电斥力，导致肌原纤维膨胀，使系水力增强。另外，食盐腌肉使肉的离子强度增高，肌纤维蛋白质数量增多。在这些纤维状肌肉蛋白质加热变性的情况下，将水分和脂肪包裹起来凝固，使肉的保水性提高。通常肉制品中食盐含量在3%左右。磷酸盐能结合肌肉蛋白质中的 Ca^{2+}、Mg^{2+}，使蛋白质的羰基被解离出来。由于羰基间负电荷的相互排斥作用使蛋白质结构松弛，提高了肉的保水性。焦磷酸盐和三聚磷酸盐可将肌动球蛋白解离成肌球蛋白和肌动蛋白，使肉的保水性提高。肌球蛋白是决定肉的保水性的重要成分。但肌球蛋白对热不稳定，其凝固温度为42～51℃，在盐溶液中30℃就开始变性。肌球蛋白过早变性会使其保水能力降低。聚磷酸盐对肌球蛋白变性有一定的抑制作用，可使肌肉蛋白质的保水能力稳定。

5. 加热

肉加热时保水能力明显降低，加热程度越高保水能力下降越明显。这是由于蛋白质的热变性作用，使肌原纤维紧缩，能潴留不易流动水的空间变小，部分不易流动水变成自由水，在很低的压力下即可流出。同时，由于加热导致非极性氨基酸同周围的保护性半结晶水结构崩溃，继而形成疏水键，使保水性降低。当加热温度超过40℃后，保水性开始迅速下降，达到60～70℃时大多丧失。

影响肉保水性的因素很多，除上述因素外，在加工过程中还有许多影响保水性的因素，如滚揉按摩、斩拌、冷冻、添加乳化剂等。

6. 常用的添加剂对肉保水性的影响

常用的添加剂除前文提到的食盐和磷酸盐外，还有大豆蛋白和淀粉等。它们都有助于提高肉制品的保水性。

（1）大豆蛋白　大豆蛋白结构松弛，遇水膨胀，本身可吸收3～5倍的水，它与其他添加料和提取的蛋白质配成乳浊液时，遇热凝固而起到吸油和保水的作用。在肉制品中添加一定量的大豆蛋白（浓缩大豆蛋白、分离大豆蛋白）对于肉制品的保水性可以起到良好的效果，添加量以2%～12%（与肉的质量比）为宜。

（2）淀粉　淀粉是肉品加工中最常用的填充剂之一，加入淀粉对于肉制品的保水性具有良好的效果，这是由于在加热过程中，淀粉颗粒吸水膨胀、糊化的结果。当淀粉糊化时，肌肉蛋白质的变性作用已经基本完成并形成了网状结构，此时淀粉颗粒夺取存在于网状结构中不够紧密的水分，这部分水分被淀粉颗粒固定，因而保水性变好。

1.2.5 肉的乳化作用

肉的乳化物是个复杂的体系，在商业上通常称为“肉糊”，要形成一个肉的乳化物或者肉糊，需要将冷却绞碎的瘦肉和肥肉同水、盐、非肉类蛋白及各种其他成分进行混合、粉碎，再进行高速斩拌。斩拌过程会将脂肪破碎成小的球状粒子，同时将肌原纤维蛋白从破碎的细胞中萃取出来。可溶性肌原纤维蛋白分子部分展开，同少量的肌浆蛋白一起吸附在脂肪球表面，在脂肪球表面形成一个半刚性的膜或被膜，这样会显著降低水油间界面张力。肉类乳化过程中所萃取的蛋白质、纤维碎片、肌原纤维以及胶原纤丝之间会发生相互作用，从而形成一种高黏度的体系，脂肪球被固定在此体系中。由于脂肪球存在于蛋白质形成的乳化基质中不能移动，因此即使脂肪球处于熔化状态下，也不能相互结合。在加热煮制过程中，位于脂肪球膜界面上的蛋白质及黏性的基质蛋白质会结合成为一种半刚性的交互式的凝胶网状结构，从而增强对脂肪球移动的限制。一般来说，影响肉类乳化形成的因素也同样影响乳化物的稳定性，但是乳化物稳定性与特殊的加工过程以及添加成分有更大的关系，因为加工条件或添加成分会影响加热熟制过程中所形成的蛋白质凝胶的结构。加工过程中对乳化稳定性有重要影响的因素包括以下几点。

1. 脂肪及肉的斩拌条件对乳化稳定性有很大的影响

斩拌的时间要能保证形成最好的乳化结构和乳化稳定性，一般斩拌时间主要受脂肪类型、脂肪含量以及离子强度的影响。适当的斩拌时间可以提取出乳化脂肪所需要的足够量的盐溶性肌原纤维蛋白，斩拌时间过短，会使脂肪分布不均，而且也不能提取出足够的蛋白质；相反，过度斩拌会使脂肪过小，产生过大的表面积，可能导致没有足够的盐溶蛋白将脂肪球覆盖。肉在斩拌过程中会产生热量，使肉类乳化物的温度升高，而温度的升高会使动物的脂肪变软，而且会部分熔化，因此更容易分散；温度升高也会使蛋白质的黏度降低而使其更容易分散于水包油型乳化物脂肪球的界面。然而，如果温度过高，蛋白质就会发生变性，而且脂肪也会液化，完全熔化的脂肪会成为液状油滴，在通常的斩拌条件下很难形成稳定的乳化物。不同的脂肪熔化温度不同，一般肉类乳化物的最终温度为：家禽肉 15℃，猪肉 20℃，牛肉 25℃。

2. 加热煮制速度也会影响肉的乳化稳定性

一般来讲，慢速加热的产品比快速加热的产品具有更好的乳化稳定性。这是由于缓慢升温可以使伸展开的蛋白质有更长的时间定向排列，以形成规则的混合物，缓慢加热可使蛋白质吸附在分界面，有序地聚集在一起，而不是无规则地凝结在一起，结果就可以形成一个均匀稳定的乳化物，并且可防止脂肪的析出。

3. 添加非肉类成分的影响

在肉的乳化过程中，各种非肉类成分会影响肉类的乳化能力以及乳化物的稳定性。食盐、磷酸盐、亚硝酸盐以及腌制剂都可以应用于腌制的肉中，食盐和磷酸盐不会直接影响肉类乳化的稳定性，但是它们都可以促进肌原纤维蛋白的萃取而促进乳化过程和乳化稳定性，肌原纤维蛋白可以起到乳化和稳定的作用。

1.3　宰后肉的变化

家畜被屠宰后，肉尸发生了许多变化。了解这些变化过程，对于我们的身体健康有很大益处。一方面，有利于我们对肉类食品营养的有效吸收；另一方面，避免误食不可食用的肉类而给身体带来损害。家畜屠宰后主要经历以下变化过程。

1.3.1　尸僵

刚刚宰后的肌肉，其各种细胞内的生物化学等反应仍在继续进行，但是由于放血而导致体液平衡的破坏、供氧的停止，使整个细胞内很快变成无氧状态，进一步使葡萄糖及糖原的有氧分解很快变成无氧酵解而产生乳酸。在有氧的条件下每个葡萄糖分子可以产生 39 分子的 ATP，而无氧酵解则只能产生 3 分子的 ATP，从而使 ATP 的供应受阻，但体内（肌肉内）ATP 的消耗造成宰后肌肉内的 ATP 含量迅速下降。由于 ATP 含量的下降和乳酸浓度的提高（pH 降低），肌浆网钙泵的功能丧失，使肌浆网中 Ca^{2+} 逐渐释放而得不到回收，致使 Ca^{2+} 浓度升高，引起肌动蛋白沿着肌球蛋白的滑动收缩；此外，还引起肌球蛋白头部的 ATP 酶活化，加快 ATP 的分解并减少。由于 ATP 的分解并减少，同时由于 ATP 的丧失又促使肌动蛋白细丝和肌球蛋白粗丝之间交联的结合形成不可逆性的肌动球蛋白，从而引起肌肉的连续且不可逆的收缩。当收缩达到最大限度时，即形成了肌肉的宰后僵直，也称为尸僵。宰后僵直所需要的时间与动物的种类、肌肉的种类、肌肉的性质以及宰前状态等都有一定的关系。

达到宰后僵直时期的肌肉在进行加热等加工工艺的时候，肉会变硬、肉的保水性小、加热损失多、肉的风味差，因此不适合于肉制品的各类加工。但是，达到宰后僵直的肉如果继续贮藏，肌肉内仍将发生诸多的化学反应，导致肌肉的成分、结构发生变化，使肉变软，同时肉的保水性、风味等都将增加。

不同品种、不同类型的肌肉其僵直时间有很大的差异，它与肌肉中 ATP 的降解速度有密切的关系。肌肉从屠宰达到最大僵直的过程，根据其不同的表现可以分为3个阶段：僵直迟滞期、僵直急速形成期和僵直后期。在屠宰的初期，肌肉内ATP的含量虽然减少，但在一定时间内几乎恒定，因为肌肉中还含有另一种高能磷酸化合物——磷酸肌酸（CP），在磷酸激酶存在并作用下，磷酸肌酸将其能量转给ADP，再合成ATP，以补充减少的ATP。正是由于ATP的存在，使肌动蛋白细丝在一定程度上还能沿着肌球蛋白粗丝进行可逆性的收缩与松弛，从而使这一阶段的肌肉还保持一定的伸缩性和弹性，这一时期称为僵直迟滞期。随着宰后时间的延长，磷酸肌酸的能量耗尽，肌肉ATP的来源主要依靠葡萄糖的无氧酵解，致使ATP的含量下降，同时乳酸浓度增加，肌浆网中的Ca^{2+}被释放，从而快速引起肌肉的不可逆性收缩，使肌肉的弹性逐渐消失，肌肉的僵直进入急速形成期；当肌肉内的ATP的含量降到原含量的15%～20%时，肌肉的伸缩性几乎消失殆尽，从而进入僵直后期。进入僵直后期时的硬度要比僵直前增加10～40倍。

1.3.2 解僵与成熟

解僵是指肌肉在宰后僵直达到最大程度并维持一段时间后，其僵直缓慢解除，肉的质地变软的过程。解僵所需要的时间，因动物种类、肌肉种类、温度以及其他条件不同而不同。一般地，0～4℃条件下，鸡需要3～4 h，猪需要2～3 d，牛需要7～10 d。

成熟（aging或conditioning）是指尸僵完全的肉在冰点以上温度条件下放置一定时间，使其僵直解除，肌肉变软，系水力和风味等得到很大改善的过程。肉的成熟过程实际上包括肉的解僵过程，两者所发生的许多变化是一致的。成熟也称排酸，是指家畜经过尸僵过程后，肉质由坚硬状态，变得柔软，气味变得香浓，营养更利于吸收的过程，这一阶段也是肉嫩度提高的关键时期。

1.3.2.1 排酸（成熟）机制

肉的排酸是一个复杂的物理化学（包括pH和离子强度）和生物化学（细胞内蛋白质水解酶）过程，在这个过程中，肌原纤维结构会降解，细胞骨架会消失。肉类嫩度取决于骨骼肌纤维，特别是肌原纤维、肌间结缔组织以及肌内膜和肌束膜的结构和生化特性，因为这些蛋白质决定着肉类组织的变化。大量研究表明，动物宰后肉类在冷藏贮存过程中嫩度的增加，最主要的是由于肌原纤维的结构弱化，即肌原纤维蛋白的水解过程。肉的嫩度取决于几个因素，例如结缔组织的溶解度、肌节长度、僵直阶段肌小结的收缩、最终pH，其中宰后肌原纤维蛋白水解被视为最关键的因素。

研究发现宰后肉嫩化过程中，肌原纤维的Z线蛋白发生剧烈地降解。鉴于宰后肌肉蛋白质水解对肌原纤维超微结构的影响，伴肌球蛋白与肌间线蛋白（desmin）的降解很可能是决定肉嫩度的关键。目前已经进行了大量关于肌原纤维蛋白在宰后肉排酸过程中的变化规律的研究，以及这些变化规律与肉嫩化关系方面的研究。

经过多年的研究，排酸过程中肉的肌原纤维蛋白降解机制有了极大的发展：

（1）钙离子学说　1996年，Takahashi提出了“钙离子的肉品嫩化理论”，但是这个理论一直存在争议。

（2）钙蛋白酶calpain学说　大量研究表明，钙蛋白酶（calpain），又称为钙离子激活中性蛋白酶，在动物宰后排酸过程中的肌原纤维水解起着至关重要的作用。另外，普遍认为钙离子在此嫩化机制中有激活钙蛋白酶的作用。

（3）溶酶体酶和蛋白酶体系　已被证明除了钙蛋白酶，溶酶体酶（蛋白酶）和蛋白酶同样也在动物宰后排酸过程中的肌原纤维水解起着至关重要的作用。

1.3.2.2 排酸期间胴体的变化

1. 排酸期间胴体温度的变化

在肉的冷却排酸过程中，温度对于肉的品质影响至关重要，温度的高低不仅会引起肌肉发生不同程度的收缩，同时温度的变化也会影响酶的活性，会对蛋白质降解产生影响，进而会影响到肉的持水力等肉用品质。

一般来说，胴体不同部位肉温度变化的初始和最终温度差异不大，但是变化速率上表现为中部＞后部＞前部。排酸过程中较低的温度会造成酶活性下降，使肌原纤维蛋白降解减少，引起肉的嫩度降低。此外，胴体宰后温度是逐渐降低的过程，且其温度的降低受动物体型大小、脂肪厚度以及胖瘦等因素的影响，因此胴体同一块肌肉不同部位在由正常体温（37℃）降低至排酸环境温度的过程中所需的时间不同。有研究发现，牛胴体在低于 2℃ 排酸温度下，经历 24 h 后肉中心温度仍然高于 4℃。因此，在冷却排酸的过程中，宰后肌肉温度变化的不同会引起酶活性的差异性变化，从而影响肌原纤维蛋白降解，进一步影响牛肉的嫩度。

2. 糖蛋白结构变化

糖原贮存在肌肉中，占肌肉重量的 1% 左右，可以分解为葡萄糖。根据肌肉功能的途径，1 分子 1-磷酸葡萄糖通过糖酵解途径、三羧酸循环、电子传递链降解为 CO_2 和 H_2O。但是，运动缓慢或者在畜禽刚刚被宰杀的初期，有氧代谢所需要的氧气不足的时候，无氧代谢将在短时期内提供能量，无氧代谢的主要特征是乳酸的积累，当氧气供应不足时，糖酵解释放出 H^+，但是三羧酸循环无法及时地提供氧气与之结合。这样，它们就在肌肉中积累，过量的 H^+ 被用于将丙酮酸还原成乳酸，使糖酵解快速进行。每个葡萄糖分子在糖酵解中产生 3 个 ATP，所以，无氧代谢可以为肌肉功能提供能量。然而，无氧代谢能够提供的能量是有限的。乳酸堆积，从而使 pH 降低，达到极限 pH。这时候，糖酵解以及相应的 ATP 合成速率都会大幅度地降低，肌肉因为功能不足和酸度过高而不再收缩。

3. 排酸期间 pH 的变化

在所设定的 pH 条件下，温度升高都会导致肌浆蛋白的沉淀增加。在所有温度范围中，最大沉淀发生在 pH 为 4.8～5.2 时；但是在 37～45℃时，高极限 pH 肉中的肌浆蛋白也发生沉淀。达到极限 pH 后，肌浆蛋白的原有组分大都会发生变化。肌肉中的主要色素成分肌红蛋白也是一种肌浆蛋白。

正常极限 pH 时，肌浆蛋白变性导致的持水能力下降，不能通过高 pH 的缓冲能力重新恢复。因此，即使将低极限 pH 肌肉的 pH 调高，其持水能力增加，但仍比高极限 pH 肉低。也就是说，在极限 pH 时肌肉的持水能力最差，但是，在肉的排酸过程中，持水能力逐渐增加。这可能是由于蛋白质分子被分解成更小的亚基。pH 的改变伴随着离子和蛋白质关系的改变，有研究指出，肌肉蛋白的 Na^+、K^+ 被连续释放到肌浆中，K^+ 在 24 h 时被吸收。因为大量的 K^+ 被吸收到肌肉蛋白质上，肌肉蛋白质的静电荷增加，持水能力也随之增加。

1.3.2.3　肉的品质变化

1. 排酸期间保水性的变化

肉的保水性取决于肌肉细胞结构的完整性，以及蛋白质的空间结构。对于生鲜肉而言，通常宰后 24 h 内形成的汁液损失很小，可以忽略不计。而肌细胞膜的完整性受到破坏是导致肌肉保水性下降的一个根本原因，宰后排酸过程中细胞骨架蛋白的降解，破坏了细胞内部微结构之间的联系，当内部结构发生收缩时产生了较大的空隙，细胞内液被挤压在内部空隙中，游离性增大，容易外渗，造成汁液损失。

肉在排酸成熟时，保水性又有回升。因最大僵尸以后，pH 有所提高，成熟时 pH 偏离等电点，肌动球蛋白易解离，扩大了蛋白质空间结构和极性吸引，肉的持水能力增加，同时，降解的小分子物质开始增多，体系渗透压加大，肉汁液流失减少。

肌肉的 pH 接近蛋白质等电点（pH 5.4）的时候，正、负电荷基数接近，反应基数减少到最低值，这时肌肉的系水力也最低。而处于尸僵期的肉，pH 与肌肉蛋白质的等电点接近，因此保水性很差，不利于加工。

2. 排酸期间嫩度的变化

随着肉的排酸，肉的嫩度发生明显的改善。刚屠宰的肉其嫩度最好，极限 pH 时最差。肉的嫩度变化不仅是肉品科学家们非常关心的问题，同时也受到肉类企业的广泛关注。许多研究都致力于寻找影响肉嫩化的根本因素。嫩度迅速地增加主要是由于肌原纤维结构弱化，而缓慢的过程是由内膜和肌束膜的结构弱化为主。此外，有研究指出，肉嫩度的改善主要源于骨骼肌的结构和生化特性的变化，特别是肌原纤维、肌间结缔组织的中间纤维、肌内膜和肌束膜。但是也有学者认为，虽然结缔组织会对嫩度的改善起到一定的作用，但这些变化在动物宰后贮存过程中是非常有限的。

3. 排酸期间风味的变化

排酸过程改善肉的风味的物质主要有两类：一类是ATP的降解产物次黄嘌呤核苷酸（IMP），另一类是组织蛋白酶类的水解产物氨基酸。次黄嘌呤或其前体肌苷酸添加到肉中，肉的风味会增强。随着肉的排酸过程的进行，肉中的浸出物和游离氨基酸较多，特别是谷氨酸、精氨酸、亮氨酸、缬氨酸和甘氨酸较多，这些氨基酸有增加肉的滋味和改善肉的香气的作用。排酸过程中肌肉的蛋白质和脂肪会分解产生 H_2S、氨、乙醛、丙酮、二乙酰等物质，有助于风味的形成。但是，随着脂肪氧化，产生酸败，会对肉的风味产生负面影响。

4. 排酸期间加工特性的变化

肌肉的pH高的时候，有利于肌纤维蛋白质的提取，从尸僵前的肉中可以提取出50%以上的盐溶性蛋白，而盐溶性蛋白易于形成稳定的肉糊，所以尸僵前肉的乳化特性比尸僵后的肉要好。肌原纤维蛋白的凝胶强度随着蛋白质浓度的增加而增加，同时肌原纤维蛋白在pH 6.0的时候凝胶能力最佳，另外，Ca^{2+} 浓度也能一定程度上促进肌原纤维蛋白凝胶的形成，但是，内源蛋白酶（H、B、L等）可以使45～60℃加热后的蛋白质凝胶强度降低，所以宰后排酸时间对肌肉的凝胶特性有着重要的影响。

1.3.3 肉的腐败变质

肉的腐败变质（spoilage）是指肉在组织酶和微生物的作用下，肉的成分和感官性状发生变化，产生大量对人体有害的物质，并最终失去食用价值的过程。

1.3.3.1 肉的腐败

肉的腐败变质主要是由于蛋白质和脂肪的分解所导致的变色、发黏、腐臭味等一系列表观特征。

1. 色泽变化

腐败肉的色泽变化通常是某些细菌所分泌的黄、红、紫、绿、褐、黑等颜色的物质。最常见的是绿色，这是由于蛋白质分解产生的硫化氢与肉中的血红蛋白结合形成的硫化氢血红蛋白的缘故。另外，黏质赛氏杆菌在肉表面会产生红色的斑点，深蓝色假单胞菌产生蓝色斑点，黄杆菌产生黄色的斑点，而有些酵母菌则能产生白色、粉红色、灰色的斑点等。

2. 发黏

微生物在肉表面大量繁殖后，使肉体表面产生黏液状物质，拉出时如丝状，并产生较强的臭味，这是微生物繁殖后形成的菌落和微生物分解蛋白质的产物。发黏现象多出现于冷却肉，主要是由于吊挂冷却时肉体相互接触，温度下降较慢，通风不好，导致明串珠菌、微球菌、无色杆菌或假单胞菌的繁殖，在肉体表面产生黏液状物质。

3. 霉斑

肉体表面有霉菌生长时，往往形成霉斑，特别是一些干腌肉制品如金华火腿等更为常见。枝霉和刺霉在肉表面产生羽毛状菌丝，白色侧孢霉和白地霉产生白色霉斑，扩散青霉、草酸青霉产生绿色霉斑，蜡叶芽枝霉在冷冻肉上产生黑色斑点。

4. 变味

肉类腐败后往往伴随一些不正常或难闻的气味。最常见的是肉类中蛋白质被水解产生的恶臭味，在乳酸菌和酵母菌的作用下产生挥发性有机酸的酸味；霉菌生长繁殖也会产生霉味等。此外，环境条件控制不当还会导致酸败味的产生，空气中的氧、光线、过高的存放温度及金属离子的存在，都有可能促进脂肪氧化导致酸败味的产生。

1.3.3.2 控制肉类腐败的方法

肉的腐败主要是由微生物繁殖引起的，肉中的酶类也起到了一定的作用。因此，腐败的控制主要是抑制微生物的生长和降低酶的活性。

1. 温度

温度是决定微生物生长的重要因素，温度越高微生物的生长繁殖越快，因此成熟过程中常采用低温操作。

2. 防腐剂的使用

防腐剂的使用可以有效地抑制微生物的生长，目前常采用乳酸链球菌素（nisin）、乳酸钠等溶液的涂膜保鲜法，但这要符合国家相关法规的规定。

3. 辐照处理

辐照处理在食品保鲜中的应用使得保鲜非常方便、快捷，但也要符合国家相关法规和标准的规定。

4. 环境条件的控制

加工及贮藏环境以及工人的卫生状况均会影响肉的腐败变质，操作过程中应严格按照车间卫生操作规程进行。生产过程中应采用 HACCP 体系、GMP 体系等确保肉品质量的管理方法。

1.4 肉的品质管理

肉的品质主要包括肉的颜色、嫩度、保水性、风味、多汁性等指标，直接影响着消费者的购买欲。在肉类生产和加工过程中，各个环节都有多种因素影响肉的品质，对肉的品质进行管理需要建立一整套从肉类生产到餐桌的全程质量管理体系。肉的品质管理体系极为复杂，涉及动物品种、年龄、性别、营养、环境、宰前运输与管理、屠宰工艺、冷却与分割、成熟、烹饪等各个方面，其目的是通过关键点控制，确保肉的食用品质，为消费者提供便利。目前，澳大利亚和美国使用的 PACCP（palatability assurance critical control point）技术是可操作性很强的肉的食用品质管理体系。本节就以 PACCP 为例介绍肉的品质管理要点。

1.4.1 PACCP 的概念

所谓 PACCP，即食用品质保证关键控制点。PACCP 主要是为了提高肉的品质而对肉类生产和加工过程中影响肉的食用品质的因素进行分析，确定关键因素和限值，并进行控制的技术体系。

基于 PACCP 技术的澳大利亚牛肉分级技术是目前世界上最完善的牛肉分级技术。该技术不仅包括了胴体分级所涉及的指标（生理成熟度、大理石花纹、肉色、脂肪色），而且还包括牛的品种（基因型）、宰后处理方式（吊挂方式、成熟时间、分割部位、冷却方式——胴体 pH 和温度下降速度）等，是以 50 000 消费者对 35 000 块分割肉共 350 000 个肉样的品尝试验数据为基础建立起来的，具有广泛的代表性和可靠性，使用非常方便，用户只需输入必要的动物宰前、宰后资料（生理成熟度、大理石花纹、基因型等），即可知道产品的最终等级，准确率达 85%，消费者满意率为 85%。同时，该系统在一定范围内还兼有产品追溯功能，其最大优点是考虑全面，涉及肉类生产的产前、产中和产后，因此，具有非常广阔的前景。

1.4.2 食用品质管理要点

1. 品质和基因型

动物品种和基因型对肉的品质影响很大，为了确保肉的食用品质，需要限制一些品种或基因型。如携带氟烷基因的猪易导致 PSE 肉，携带 RN 基因的汉普夏猪产出 RSE 肉，携带 Callipage 基因的羊的肉嫩度较差等，这些基因型或品种都对肉的品质产生不良影响，应尽量避免这类不良基因出现。此外，动物的气质对肉的食用品质也会产生重要影响。如美国 Temple Grandin 的研究表明，性情温顺的牛很少发生黑切牛肉，而性情暴躁的牛在牵引过程中躁动不安，造成大量糖原消耗，并且可能引起其他牛发生躁动，导致黑切牛肉和高 pH 胴体发生率偏高。

MSA（Meat Standards Australia）研究表明，瘤牛品种和其他热带牛品种对牛肉分割肉块的食用品质有负面影响，其中对外脊、眼肉、里脊、上脑的影响较大，而对结缔组织含量较高的肉块，如胸肉、臀肉、大米龙、小米龙的影响较小。为此，澳大利亚在其牛肉分级模型中，将瘤牛的血统含量作为考虑因素之一。瘤牛血统含量对牛肉食用品质的影响，可通过胴体鬐甲高度与胴体重量之比来估计。在分级模型中，输入胴体的鬐甲高度就可算出瘤牛对食用品质的影响。如果瘤牛与黄牛杂交，则可以提高产品的合格率。通过加强饲养管理，采取育肥和补饲的方式，使牛在年龄较小时就能够达到理想的体重和膘情，将有助于提高肉的等级。此外，宰后处理（如盆骨吊挂或延长成熟时间等）也可提高瘤牛或其他热带牛分割肉的食用品质。

2. 动物年龄

随着动物年龄的增长，肉的生理成熟度增加，结缔组织和肌红蛋白含量增多，表现为肉中的胶原蛋白纤维之间形成的交联增加、增强，烹调时不易破坏，肉的嫩度下降，质地变差，颜色加深。其中牛、羊肉的表现特别明显。

动物年龄可以在骨质化程度和动物齿龄上反映出来，由于动物齿龄判定与动物胴体分级不同步，因此，在牛、羊肉分级和食用品质评定与控制中，通常用牛、羊的骨质化程度反映动物年龄、肉的成熟程度及食用品质。

在动物生长过程中，骨周围的软骨逐渐充血骨化，骨化过程与实际年龄基本一致，但也受营养状况影响。在澳大利亚和美国的牛肉分级标准中，主要判断荐椎、腰椎和胸椎棘突末端软骨的骨质化程度。荐椎共5根，位于胴体的最后面，腰椎共6根，位于荐椎的前面，胸椎共13根，位于腰椎的前面，与肋骨相连。随着动物年龄增加，骨质化由荐椎向腰椎和胸椎方向依次进行，牛的月龄与骨质化程度的关系见表1-4。

表1-4 牛的月龄与骨质化程度的关系

月龄	荐椎	腰椎	胸椎
9	未骨化	未骨化	未骨化
10	开始骨化	未骨化	未骨化
15	进一步骨化，仍然分离	未骨化	未骨化
20	完全骨化，软骨仍可见	未骨化	未骨化
24	完全骨化，荐椎闭合	明显骨化	未骨化
30	完全愈合	接近完全骨化	未骨化
42	完全愈合	完全骨化	部分骨化
72	完全愈合	完全骨化	接近完全骨化
96	完全愈合	完全骨化	完全骨化

骨质化程度与胴体重量也有一定关系，通常骨质化程度越高，则胴体重量越大。在胴体重量相同的情况下，骨质化程度越低，则胴体等级越高，肉的品质也越好。在年龄相近的情况下，牛的生长速度越快，其胴体越重，因此肉质也往往越好。

动物营养水平影响骨质化速度，营养不良时，骨质化速度加快，是造成骨质化个体差异的主要原因，可以通过加强管理减少这种差异。骨质化进程不可逆转，动物早期营养不良造成的骨质化加速，并不能通过后期提高营养水平进行弥补。

3. 宰前管理

宰前管理是影响肉类食用品质的重要因素，宰前管理不当，对动物产生应激则造成肉的食用品质下降。对猪而言，特别是携带氟烷基因和RN基因的猪，宰前强烈应激易导致PSE肉和RSE肉，肉的颜色、保水性和嫩度都变差；宰前长时间低刺激导致宰前猪过度疲劳，易发生DFD肉，肉的颜色和微生物安全性变差。对牛而言，宰前应激则主要形成DFD肉或黑切牛肉（DCB肉），嫩度和颜色变差。

宰前管理不当造成肉类食用品质下降，主要是通过影响肌糖原水平造成的。肌糖原是肌肉的能量储备，进食后肌糖原水平上升，应激或运动后肌糖原水平下降。屠宰后，肌糖原转变成乳酸，使得肌肉pH逐渐下降。胴体pH下降是不可逆的，持续下降，僵直时达到极限pH。牛肉的最佳极限pH为5.30～5.70。感官试验研究表明，牛肉极限pH高于5.7时，其食用品质明显下降。

动物肌糖原水平受宰前一个月内采食饲料量和饲料品质的影响。提高营养水平或供给优质牧草，可以提高肌糖原水平；相反，若限制饲喂或喂以劣质饲料，则肌糖原水平降低。

当动物接触陌生的环境、声音或动物时，就会出现应激，表现为抵抗或逃跑行为，造成肌糖原消耗。应激越强烈，则肌糖原消耗越多。糖原水平下降后，至少需要连续补饲优质饲料5 d以上，才能恢复到原来水平。在驱赶和运输过程中，如果对动物实施粗暴行为，如使用电刺激驱赶或用其他工具猛击动物等，会增加糖原消耗的速度。因此，减少运输至屠宰的间隔时间，同时做好待宰期间的管理，避免使用电棍或犬驱赶，保持环境安静，不正面接近动物等，这对提高肉的食用品质至关重要。

恶劣天气也会造成应激，增加糖原的消耗。天冷时，动物打寒战需要消耗一部分能量，同时维持体温又需要消耗相当多的能量，在运输和交易过程中应采取保暖措施，同时做好运输前的补饲工作。天热时，动物喘气和流汗也需要消耗大量的能量，要采取必要的降温措施，最好夜间运输，以减少热应激。暴风、雨、雪等恶劣天气对动物的影响更大，应避免在恶劣气候条件下运输动物。

4. 大理石花纹

大理石花纹，即肌内脂肪，分布于肌肉中的脂肪颗粒，是牛肉质量的重要指标。MSA研究表明，大理石花纹越好，许多分割肉的食用品质得分越高，其中以背腰肉（外脊和眼肉）最明显。

大理石花纹对某些分割肉块的食用品质有一定的正面作用，但不起决定性作用，是影响牛肉食用品质的众多因素之一。小牛的高档部位肉大理石花纹少，但食用品质很好；而有些牛肉的大理石花纹丰富，但因其他因素控制不好，其高档部位肉的食用品质仍较差。当然，在其他条件都相同时，大理石花纹越丰富，肉的食用品质就越好。

在动物生长过程中，脂肪在体内的沉积顺序依次为：皮下脂肪→肌间脂肪→肌内脂肪，肌内脂肪的沉积顺序为：颈部→尾部。当体内能量不足时，肌内脂肪最先被动用。因此，要获得尽可能多的大理石花纹，必须保持足够高的营养水平。饲喂高能量日粮、延长肥育时间都有助于提高大理石花纹等级，而使用生长促进剂则不利于大理石花纹沉积。宰前应激或禁食都会消耗肌内脂肪，导致大理石花纹得分降低。

在牛出生至出栏各饲养阶段，持续供给充足营养对大理石花纹的形成至关重要。CRC 研究表明，肌内脂肪的沉积能力受到早期生长状况的影响，如果早期生长受到限制，对肌内脂肪沉积有负面影响。因此建议，从牛出生至断奶阶段，生长速度要保持在 0.9 kg/d 以上，断奶至育肥阶段保持在 0.6 kg/d 以上。大理石花纹也与遗传有关，日本和牛比欧洲牛脂肪沉积能力强，英国牛品种介于两者之间，但品种内个体差异很大。大量研究表明，通过遗传改良可提高大理石花纹。

伴随着动物成熟和脂肪沉积，大理石花纹逐渐增加。一般来说，大理石花纹越丰富，背膘越厚。背膘厚度对肉的食用品质没有直接作用，但背膘较厚时可减小冷却过程中胴体背部肌肉的内外温差，从而使同一块肌肉内外颜色和食用品质保持一致。一般规定背膘厚度不低于 3 mm。当背膘厚度由 3 mm 增加到 18 mm 时，肉的食用品质变化很小。

一般采用胴体的第 10～11 肋或第 12～13 肋背最长肌横切面评价大理石花纹。按照 AUS-MEAT 胴体评级要求，应在背最长肌中心温度低于 12℃ 时进行评价。胴体温度越低时，肌内脂肪固化程度越好，越有利于大理石花纹的评价。

5. 肌肉 pH 和温度下降速度

前面已经述及极限 pH 对肉的食用品质影响很大，此外，胴体 pH 和温度的下降速度对牛肉的食用品质也有很大的影响。如果胴体温度下降过快，而 pH 下降慢，则胴体将会发生冷收缩，肉的嫩度会特别差，并且难以通过成熟改善；如果 pH 下降过快，而温度下降慢，将会发生热收缩，导致肉色变差，出水严重，质地坚硬、多汁性差，即使延长成熟时间，肉的质地也不会有很大的改善。这主要是由于在 pH 低、温度高的条件下，参与嫩化的酶发生变性所致。

除应激因素外，肌肉 pH 的下降速度与胴体大小和脂肪覆盖率也有密切联系，屠宰条件（从击晕到胴体进入预冷库的时间，屠宰间的温度、冷库的容量大小以及胴体密度）也会影响 pH 下降速度。胴体过大、脂肪厚度大及覆盖率高、车间温度过高、预冷推迟、冷却胴体密度过大等都会导致肉温下降速度减慢，pH 下降速度则会加速。因此，要根据胴体状况，严格控制屠宰车间温度、停留时间及冷却间温度等技术参数。

电刺激可加速胴体 pH 下降，对肉的食用品质有重要影响。不同屠宰场所用的电刺激条件不同。它本身不是嫩化过程，而是缩短了成熟进程。如果电刺激时间过长，则 pH 下降过快，可能会导致热收缩。

肌肉 pH 和温度下降速度受动物宰前的状态、屠宰过程中电流输入的类型和数量、屠宰链的速度、冷却条件、胴体重和脂肪沉积情况等多种因素的影响。为保证胴体 pH 和温度下降速度处于理想范围内，以获得最佳的食用品质，必须综合考虑各种因素的影响。

6. 肉的成熟

成熟是改善肉的食用品质的重要手段之一，特别是牛肉等容易出现嫩度较差状况的肉类。研究证明，成熟可提高牛肉的食用品质，成熟作用的大小因肌肉本身而异，成熟速度随着时间的延长而降低，成熟 21 d 时效果最佳。成熟有多种方式，如以胴体、带骨分割肉或真空包装形式进行成熟。在实践中，牛肉胴体一般成熟 5 d，如延长成熟时间，则需考虑冷却条件和食品安全。带骨分割肉块可成熟 14 d，但肉块的表面会发生腐败，需要进一步修整。剔骨后的分割肉经真空包装，去除了肉块周围的氧气，在冷藏条件下保存 12 周不会出现安全问题，继续延长时间，则会出现异味。

影响肉类食用品质的因素很多，因此，成熟速度和作用也不同。如采用盆骨吊挂的胴体，其成熟速度与其他吊挂方式的胴体的成熟速度不同。传统的胴体吊挂方式为跟腱吊挂，而盆骨吊挂是指通过盆骨闭孔或韧带将胴体吊挂的方式。吊挂可以防止肌肉收缩，加速成熟进程。研究表明，与跟腱吊挂成熟相比，盆骨吊挂可以显著提高成熟前 5 d 的成熟效果。虽然盆骨吊挂对里脊有一定的负面影响，但对其他后四分体部位肉有积极的作用，除眼肉外对前四分体部位肉几乎没有影响。对于 *Bos indicus* 血统比例高的牛，采用盆骨吊挂可提高分级的合格率。

7. 烹调方法

烹调方法不同，肉的食用品质也不同。不同动物的肉或同一动物不同部位的肉，其化学组成和结构存在一定差异，适宜的烹调方法也不同。如慢火炖肉可以破坏胶原蛋白和结缔组织，胶原蛋白和结缔组织含量高的腱子肉就适合慢火炖；而腰大肌中几乎不含胶原蛋白，肉质细嫩，不适合用慢火炖，而适合用平盘煎或明火烤；臀腰肉则更适合用炉烤、油煎或切成薄片等。因此，完善的肉类食用品质控制技术体系，应该包括不同肉块的烹调方法。

复习思考题

1. 肉有哪些种类？
2. 肌纤维如何构成一块完整的肌肉？肌原纤维又由哪些纤丝组成？
3. 肌肉蛋白质分几类？主要性质是什么？
4. 如何评价肌肉的颜色、风味、持水性和嫩度？
5. 什么叫肉的成熟？与肉的食用和加工品质有何关系？

HAPTER 2

第2章 肉品加工的基本技术

目标要求：

1. 掌握肉制品加工常用的辅料和添加剂的特点及分类；
2. 了解各种辅料的使用注意事项；
3. 掌握各种肉制品加工的一般原理及适用对象；
4. 掌握肉制品加工常用的设备。

2.1 辅料的使用

肉制品种类繁多、风味各异，但无论哪一类肉制品都离不开辅料的使用。它们既能赋予产品特有的风味和质地，增加营养，增加肉制品的花色品种，引起人们的食欲，又能提高产品的保藏性，改进产品质量等。正是由于各种辅料的不同功能和特性，才生产出许多各具风味和特色的肉制品。肉中常用的辅料大体上分为三类，即香辛料、调味料和添加剂。

2.1.1 香辛料

香辛料是指一类具有芳香和辛香等典型风味的天然物料，或从植物（花、叶、茎、根、果实或全草等）中提取的某些香精油，能改善和增强食品香味和滋味，包括的种类很多，诸如葱类、姜类、花椒、胡椒、八角、桂皮、丁香、肉豆蔻、大蒜等。很早以前人们就开始对香辛料加以利用。香辛料可赋予产品一定的风味，抑制和矫正食物不良气味，很多香辛料还有抗菌防腐、防止氧化、特殊生理药理功效等，但食品中应用香辛料的主要目的在于其香味。

中式肉制品十分讲究调味，总的调味特点偏向于浓醇鲜香，料味突出，使用的香辛料品种和数量较多，尤其是八角、小茴香、花椒、桂皮和丁香的使用较普遍。但使用应适当，过量不仅是一种浪费，而且由于香气过于浓烈，反而会产生一种烦腻冲鼻的恶味，应用时必须依据食品种类、所达到的目的不同而注意科学配用。应用时需注意相互效果，相乘作用提高，相抵效果减弱。

2.1.2 调味料

调味料主要包括咸味剂、甜味剂、甜味剂、酸味剂和鲜味剂。

肉品加工中常用的咸味剂有食盐、酱油、黄酱等，是肉类腌制最基本的成分，也是唯一不可缺少的腌制材料。

最常用的甜味调味料是砂糖，此外还有蜂蜜、葡萄糖、糖稀（麦芽糖）、饴糖、糖精等，在肉制品中使用有保色、提鲜、增色、适口和缓和咸味的作用。

肉品加工中常用的酸味剂包括醋和其他食用酸。食醋为中式糖醋类风味产品的重要调味料，如与糖按一定比例配合，可形成宜人的甜酸味。常用的食用酸有柠檬酸、乳酸、酒石酸、苹果酸、偏酒石酸、醋酸等。

鲜味剂亦称风味增强剂，指能增强食品风味的物质，主要是增强食品的鲜味，故又称为增味剂、鲜味料，其直接的代表性物质有谷氨酸钠和肌苷酸钠，它们可以适当的比例制成复合调味料。常用的鲜味剂有谷氨酸钠、肌苷酸钠（5′-IMP）、鸟苷酸钠（5′-GMP）和酒类。

2.1.3 添加剂

在肉制品常使用的添加剂主要包括发色剂和发色助剂、品质改良剂、增稠剂、乳化剂、抗氧化剂、防腐剂等。肉品中使用这些添加剂应按照《食品安全国家标准 食品添加剂使用标准》（GB 2760—2014），符合以下使用要求：①不应对人体产生任何健康危害；②不应掩盖肉品腐败变质；③不应以掩盖肉品本身或加工过程中的质量缺陷或以掺杂、掺假、伪造为目的而使用食品添加剂；④不应降低肉品本身的营养价值；⑤在达到预期目的前提下尽可能降低在肉品中的使用量。亚硝酸钠是食品添加剂中急性毒性较强的物质之一，用量要严格限制，极限用量一次为 0.3 g。由于其外观、口味均与食盐相似，所以必须防止误用而引起中毒。

2.2 腌制技术

肉类是一种易腐食品，早在 3 000 多年前，人们就开始使用食盐保藏肉类。现在，肉类腌制仍然被普遍使用，也是现代肉品生产关键技术之一，但今天的腌制目的已经不仅限于防腐贮藏，同时它还具有改善肉色、提升风味和质构的作用。

肉的腌制（curing）是用食盐或以食盐为主并添加硝酸钠（或钾）、亚硝酸钠、蔗糖和香辛料等腌制辅料处理原料肉的过程。常用的腌制剂主要包含硝酸盐（亚硝酸盐）、食盐、复合磷酸盐、糖类（蔗糖、葡萄糖、乳糖）、发色助剂（抗坏血酸、异抗坏血酸）等，腌制时根据其不同特性，按次序添加。

2.2.1　腌制对肉的作用与原理

2.2.1.1　食盐的作用及用量

1. 产生咸味

食盐是肉类腌制最基本的成分，也是唯一不可或缺的腌制剂。在肉制品中食盐的用量（按原料肉计算）一般为 1.8%～2.5%。

2. 产生鲜味

肉制品中含有大量的蛋白质、脂肪等成分，但其鲜味要在一定浓度的咸味下才能表现出来。同时，食盐是味精的助鲜剂，一般 1 g 食盐加入 0.1～0.15 g 味精鲜味效果最佳，二者具有相乘效应。

3. 溶解盐溶性蛋白

肌肉组织中含量最多的肌球蛋白是盐溶性的，在 4.5%～5.0%的盐浓度下溶解性最佳。肌球蛋白的溶出对肉制品的结构、凝胶性、保水性、保油性及嫩度、口感都具有十分重要的意义。

4. 防腐作用

腌制的防腐作用主要表现在以下几个方面。

（1）脱水作用　食盐溶液有较高的渗透压，能造成微生物细胞质壁分离，导致微生物细胞的脱水、变形，同时破坏水的代谢。

（2）影响细菌的酶活性　食盐与酶蛋白质的肽键结合，减少了微生物酶对蛋白质的作用，导致细菌酶活力下降或丧失。

（3）对微生物细胞的毒性作用　氯离子和钠离子均对微生物有毒害作用。食盐不能灭菌，但钠离子的迁移率小，钠离子与微生物细胞中的阴离子结合破坏微生物细胞的正常代谢。氯离子可以和细胞原生质结合，比其他阴离子（如溴离子）更具有抑制微生物活动的作用。

（4）离子水化作用　食盐溶解于水后即发生解离，减少了游离水分，破坏水的代谢，导致微生物难以生长。

（5）缺氧的影响　食盐的防腐作用还在于食盐溶液减少了氧的溶解度。

腌制时，食盐的用量以占产品重量的 1.8%～2.5%为宜，单独使用食盐，会使腌制的肉色泽发暗，质地发硬，仅有咸味，影响产品的可接受性，因此常用复合的腌制剂进行腌制。

2.2.1.2　硝酸盐和亚硝酸盐的作用及用量

在腌制时使用硝酸盐已经有几千年的历史，硝酸盐是通过还原性细菌或还原性物质生成亚硝酸盐而起作用的。主要体现在以下几方面。

1. 优良的呈色作用

肉在腌制时食盐会加速血红蛋白（Hb）和肌红蛋白（Mb）氧化，形成高铁血红蛋白（MHb）和高铁肌红蛋白（MMb），使肌肉丧失天然色泽，变成淡灰色。为避免颜色变化，在腌制时常添加发色剂即硝酸盐和亚硝酸盐，这主要是肌肉色素蛋白质能和 NO（一氧化氮）反应，形成 NO-肌红蛋白，这是构成腌肉颜色的主要成分，关于它的形成过程虽然有些理论解释，但还不完善。

NO 是由硝酸盐或亚硝酸盐，在腌制过程中经过复杂的变化而形成的。首先硝酸盐在酸性条件和还原性细菌（或还原物质）的作用下，还原成亚硝酸盐；然后与肉中的乳酸发生复分解反应而形成亚硝酸；亚硝酸在还原性物质作用下再分解产生 NO；NO 与肌肉纤维细胞中的肌红蛋白（或血红蛋白）结合而产生鲜红色的亚硝基肌红蛋白（Mb-NO）或亚硝基血红蛋白（Hb-NO），使肉具有鲜艳的玫瑰红色，具体反应机理如下：

$$NaNO_3 \xrightarrow[+2H^+]{\text{细菌还原作用}} NaNO_2 + H_2O$$

$$NaNO_2 + CH_3CH(OH)COOH \rightarrow$$
$$HNO_2 + CH_3CH(OH)COONa$$

亚硝酸很不稳定，即使在常温下也可分解产生亚硝基。

$$3HNO_2 \xrightarrow{\text{还原物质}} NO + 2NO_2 + H_2O$$

分解产生的亚硝基会很快地与肌红蛋白反应生成鲜艳的、亮红色的亚硝基肌红蛋白（也称一氧化氮肌红蛋白）。

$$NO + \text{肌红蛋白（血红蛋白）} \xrightarrow{\text{适宜条件}} \text{NO-Met-Mb}$$

一氧化氮高铁肌红蛋白

$$\text{NO-Met-Mb} \xrightarrow{\text{适宜条件}} \text{NO-肌红蛋白（血红蛋白）}$$

一氧化氮肌红蛋白

亚硝基肌红蛋白遇热后，释放出巯基（—SH）变成具有鲜红色的亚硝基血色原。

NO-肌红蛋白（血红蛋白）＋热＋烟熏→

NO-血色原（Fe^{2+}）

一氧化氮亚铁血色原（稳定粉红色）

发色时肉中的酸性环境主要是乳酸造成的，在肌肉中由于血液循环停止，供氧不足，肌肉中的糖原通过酵解作用分解产生乳酸，随着乳酸的积累，肌肉组织的 pH 从正常生理值（7.2～7.4）逐渐降低到 5.5～6.4，在这样的条件下促进亚硝酸盐生成亚硝酸。亚硝酸是一个非常不稳定的化合物，腌制过程中在还原性物质作用下，生成 NO。这是一个歧化反应，亚硝酸既被氧化也被还原。亚硝酸是提供 NO 的最主要来源。而 NO 的生成速度与介质的酸度、温度、亚硝的使用量以及是否有还原性物质存在有关，所以，形成 NO-肌红蛋白需要一定的时间。直接使用亚硝酸盐能使肉发色迅速，但呈色作用不稳定，适用于生产过程短而不需要长期贮藏的制品，对那些生产周期长和需长期保藏的制品，如干腌或半干腌灌肠制品，最好使用硝酸盐。

2. 防腐作用

硝酸盐和亚硝酸盐在 pH 4.5～6.0 可以抑制肉毒梭状芽孢杆菌的生长，也可以抑制金黄色葡萄球菌等其他类型腐败菌的生长。其主要作用机理在于 NO_2^- 与蛋白质生成一种复合物，从而阻止丙酮降解生成 ATP，抑制了细菌的生长繁殖；而且硝酸盐及亚硝酸盐在肉制品中形成 HNO_2 后，分解产生 NO_2^-，再继续分解成 NO^- 和 O_2，氧可抑制深层肉中严格厌氧的肉毒梭菌的繁殖，从而防止肉毒梭菌产生肉毒素而引起的食物中毒，起到了抑菌防腐的作用。

亚硝酸盐的防腐作用受 pH 的影响很大，腌肉的 pH 越低，食盐含量越高，硝酸盐和亚硝酸盐对肉毒梭菌的抑制作用就越大。

3. 抗氧化和改善风味作用

使用亚硝酸盐腌制的肉制品可以明显改善产品的风味，有助于腌肉独特风味的形成，防止二次加热腌制品产生蒸煮味。有人通过试验证明，不加亚硝酸盐的西式腌制火腿其风味和咸肉没有太大区别。亚硝酸盐能够改善风味的作用机理可能与其具有抗氧化作用有关。亚硝酸盐可以稳定细胞膜中的脂肪，从而抑制肉中过氧化物的生成。

亚硝酸是唯一能同时起上述几种作用的物质，特别是亚硝酸盐对肉毒梭状芽孢杆菌独特的抑制作用，当前国内外还没有发现有任何物质能完全取代它。

4. 亚硝酸盐的毒害作用及用量

硝酸盐和亚硝酸盐对人体具有毒性作用，人类亚硝酸盐的中毒量为 0.3～0.5 g，致死量为 3 g。当人体大量摄取亚硝酸盐（一次性摄入 0.3 g 以上）进入血液后，可使正常的血红蛋白（Fe^{2+}）变成高铁血红蛋白（Fe^{3+}），致使血红蛋白失去携氧的功能，导致组织缺氧，在 0.5～1 h 内，产生头晕、呕吐、全身乏力、心悸、皮肤发紫、严重时呼吸困难、血压下降甚至于昏迷、抽搐而衰竭死亡。硝酸盐或者亚硝酸盐的代谢产物亚硝酸根在肉中可以与蛋白质分解中间体二甲胺类物质结合形成二甲基亚硝胺，是一种强致癌物质，大剂量一次性使用或小剂量反复使用都能诱发癌症。因此在目前没有理想的替代物之前，硝酸盐和亚硝酸盐的使用量应尽可能降到最低限度，并严格规定其使用量和残留量。

经过腌制作用后残留的硝酸盐和亚硝酸盐大约不到 10%，大部分都发生了变化，转变成其他物质。所以，只要正常使用，不必过分担心其毒性问题。我国《食品安全国家标准 食品添加剂使用标准》（GB 2760—2014）规定，腌腊肉制品类（如咸肉、腊肉、板鸭、中式火腿、腊肠）、酱卤肉制品类、熏、烧、烤肉类、油炸肉类、西式火腿（熏烤、烟熏、蒸煮火腿）类、肉灌肠类、发酵肉制品类，硝酸钠（钾）和亚硝酸钠（钾）最大使用量分别为 0.50 和 0.15 g/kg。肉罐头类亚硝酸钠（钾）最大使用量为 0.15 g/kg。最大残留量［以亚硝酸钠（钾）计］，肉类罐头≤50 mg/kg，其他肉制品≤30 mg/kg。

2.2.1.3 糖的作用及用量

在腌制肉时要添加一定量的糖，一般可添加

原料肉的 1% 左右，主要有葡萄糖、蔗糖和乳糖。糖的主要作用如下。

1. 增加风味

糖可一定程度地缓和腌肉的咸味；另外，在加热肉制品时，糖和含硫氨基酸之间发生美拉德反应，产生醛类等羰基化合物以及硫化合物，并产生含硫化合物，增加肉的风味。

2. 促进发色

腌制时加还原糖的作用对于呈色具有很大意义，还原糖（葡萄糖）能吸收氧防止肉脱色。糖为硝酸盐还原菌提供碳源，使硝酸盐转变为亚硝酸盐，加速 NO 的形成，使发色效果更佳。在短期腌制时建议使用具有还原性的葡萄糖，它本身就具有还原性。而长时间腌制时可加蔗糖，它可以在微生物和酶的作用下转化为葡萄糖和果糖。

3. 增加持水性、增加嫩度、提高出品率

糖类的羟基均位于环状结构的外围，使整个结构呈现内部为疏水性，外部为亲水性，这样就提高了肉的保水性和出品率；另外，由于糖极易氧化成酸，使肉的酸度增加，利于胶原膨润和松软，增加肉的嫩度。

4. 促进发酵

糖可以降低介质的水分活度，所以可在一定程度上抑制微生物的生长，并借助渗透压导致细胞质壁分离。但一般的使用量达不到抑菌作用，低浓度的糖还能给微生物提供营养。因而在需发酵成熟的肉制品中添加糖，可有助于发酵的进行。

2.2.1.4　磷酸盐的作用及用量

肉制品中使用磷酸盐的主要目的是提高肉的持水能力，使肉在加工过程中仍能保持其水分，减少营养成分损失，增加黏着力，同时也保持了肉的柔嫩性，增加了出品率。常用的是焦磷酸盐、三聚磷酸盐和六偏磷酸盐，一般是它们的钠盐。磷酸盐提高肉持水性的作用机理如下。

1. 提高 pH

磷酸盐呈碱性反应，加入肉中可以提高肉的 pH，从而能增加肉的持水性。这一反应在低温下进行得较缓慢，但在烘烤和熏制时会急剧地加快。

2. 增加肉的离子强度

聚磷酸盐是多价阴离子化合物，即使在较低的浓度下也具有较高的离子强度。由于加入聚磷酸盐使肌肉的离子强度增加，从而使肌球蛋白溶解度显著增加（盐溶现象），有利于肌球蛋白从凝胶状态而达到溶胶状态，提高肉的持水性。

3. 螯合肉中金属离子

多聚磷酸盐具有与多价金属离子结合的性质，加入磷酸盐后，则原与肌肉的结构蛋白质结合的钙、镁离子，被聚磷酸盐螯合，肌肉蛋白质中的羟基游离，由于羧基之间静电力的相斥作用，使蛋白质结构松弛，吸收更多水分，提高肉的持水性。

4. 解离肌动球蛋白

焦磷酸盐和三聚磷酸盐有解离肌肉蛋白质中肌动球蛋白为肌球蛋白和肌动蛋白的特异作用。而肌球蛋白的持水能力强，因而提高了肉的持水能力。

5. 抑制肌球蛋白的热变性

肌球蛋白对热不稳定，焦磷酸盐对肌球蛋白的变性有一定的抑制作用，可以使肌肉蛋白质的持水能力更稳定。

由于各种磷酸盐的性质和作用不同，实际生产中常使用几种磷酸盐的混合物（复合磷酸盐），复合磷酸盐的添加量（按原料）一般在 0.1%～0.4%，最多不超过 5 g/kg，过量会影响肉色，并且使产品口感发涩。

磷酸盐在冷水中溶解性较差，因此在腌制特别是注射配制腌制液时，要先将磷酸盐在温水中充分溶解后再加入冰水降温，然后加入原料肉中，但如果在斩拌乳化时使用，可直接添加。此外，使用磷酸盐可能使腌制肉制品表面出现结晶，这是焦磷酸钠形成的，预防结晶的出现可以减少焦磷酸钠的使用量，或使产品存放在高湿度的环境中。

2.2.1.5　发色助剂的作用及用量

在肉的腌制中使用抗坏血酸钠和异抗坏血酸钠主要有以下几个目的：

（1）抗坏血酸盐可以同亚硝酸发生化学反应，增加一氧化氮的形成，加速发色过程。

$$2HNO_2+C_6H_8O_6 \rightarrow 2NO+2H_2O+C_6H_6O_6\text{（脱水抗坏血酸）}$$

如在法兰克福香肠中，使用抗坏血酸盐可使腌制时间减少 1/3。

(2) 抗坏血酸可以将高铁肌红蛋白还原成亚铁肌红蛋白，因而加速了腌制的速度。

(3) 抗坏血酸能起到抗氧化剂的作用，因而稳定腌肉的颜色和风味。

(4) 在一定程度下，抗坏血酸具有减少亚硝胺形成的作用。

抗坏血酸被广泛用于肉制品腌制中。研究表明，用 550 mg/kg 的抗坏血酸盐可以减少亚硝胺的形成，但确切的机理还未知。

通过向肉中注射 5%～10%的抗坏血酸盐能有效地减轻由于光线作用而使腌肉褪色现象。

此外，腌制剂中添加谷氨酸会增加抗坏血酸的稳定性；烟酰胺可与肌红蛋白结合生成稳定的且很难被氧化的烟酰胺肌红蛋白，可以防止肌红蛋白在从亚硝酸生成亚硝基期间的氧化变色，且烟酰胺对 pH 的变化不敏感，在肉类腌制中使用，可助于发色并防止褪色。据研究，同时使用抗坏血酸和烟酰胺助色效果好。

由于抗坏血酸不易保存，所以常用异抗坏血酸钠，其使用量（按原料）为 0.1%即可。

2.2.1.6 水

浸泡法腌制或盐水注射法腌制时，水可以作为一种腌制成分，使腌制配料分散到肉或肉制品中，补偿热加工（如烟熏、煮制）的水分损失，且使得制品柔软多汁。

2.2.2 腌制方法

肉的腌制方法很多，大致可分为干腌法、湿腌法、盐水注射法及混合腌制法四种。不同原料、不同产品对腌制方法有不同的要求，有的产品采用一种腌制法即可，有的产品则需要采用两种甚至两种以上的腌制法组合。不论采用何种方法，腌制时都要求腌制剂渗入食品内部深处，并均匀分布，腌制才基本完成。

2.2.2.1 干腌法

干腌法（dry cure）是利用食盐或混合盐涂擦肉块表面，然后层堆在腌制架上或层装在腌制容器里，各层之间再均匀地撒上盐，压实，依靠外渗汁液形成盐液进行腌制的方法，整个腌制期间没有加水，故称干腌法。在食盐的渗透压和吸湿性的作用下，使肉的内部渗出水分、可溶性蛋白质、矿物质等，形成食盐溶液，但盐水形成缓慢，盐分向肉内部渗透较慢，腌制时间较长，因而干腌是一种缓慢的腌制方法，但腌制品有独特的风味和质地，适合于大块原料肉的腌制。在腌制过程中，需要定期将上、下层肉品翻转，以保证腌制均匀，这个过程也称“翻缸”。翻缸的同时，还要加盐复腌，复腌的次数视产品的种类而定，一般 2～4 次。我国传统的金华火腿、咸肉、风干肉、烟熏肋肉等都采用此法。国外采用干腌法生产的比例很少，主要是一些带骨火腿，如乡村式火腿。

干腌的优点是操作简便，制品较干，营养成分流失少，风味较好。其缺点是盐分向肉品内部渗透较慢，腌制时间长，我国火腿的腌制时间一般在 1 个月以上，每千克肉的腌制时间为 4～5 d；由于腌制时间久，特别是对带骨火腿，微生物很容易沿着骨骼进入深层肌肉，而食盐进入深层的速度缓慢，因此很容易造成肉的内部变质。此外，干腌法失水较大，最终产品的得率低。腌制周期越长，用盐量越高，原料肉越瘦，腌制温度越高，产品失水越严重。这种方法腌制后，都要经过长时间的成熟过程，如金华火腿成熟时间为 5 个月，才有利于风味的形成。由于操作和设备简单，在小规模肉制品厂和农村多采用此法。

2.2.2.2 湿腌法

湿腌法（pickle cure）即盐水腌制法，就是将肉浸泡在预先配制好的食盐溶液中，并通过扩散和水分转移，让腌制剂渗入肉内部，分布比较均匀，直至它的浓度最终和盐液浓度相同的腌制方法，常用于腌制分割肉、肋部肉等。

湿腌时盐的浓度很高，一般在 15.3～17.7 波美度，硝石不低于 1%，也可将肉浸泡在饱和盐水中，腌制液可以重复利用，再次使用时需煮沸并补盐。

肉类在腌制时，腌制品内的盐分取决于腌制的盐液浓度。首先是食盐向肉内渗入而水分则向外扩散，扩散速度决定于盐液浓度和腌制温度。盐水的浓度是根据产品的种类、肉的肥度、温度、产品保藏的条件和腌制时间而定的。高浓度热盐液的扩散率大于低浓度冷盐液。硝酸盐也向肉内扩散，但速度比食盐要慢。瘦肉中可溶性物质则逐渐向盐液中扩散，这些物质包括可溶性蛋白质和各种无机盐类。为减少营养物质及风味的损失，一般采用老卤腌制。但如老卤用的次数太多，就会出现各种变化，并有微生物生长，糖液和水给酵母的生长提供了适宜的环境，可导致卤水变稠并使产品产生异味。

湿腌法的优点是渗透速度快，腌制均匀，盐水可重复使用，肉质较为柔软。不足之处是色泽和风味不及干腌制品，腌制时间长，所需劳动力比干腌法大，蛋白质流失 0.8%～0.9%，水分多不易保藏。

2.2.2.3 盐水注射法

无论采用干腌法还是湿腌法，都有一定的局限性，为了加快食盐的渗透，提高腌制效果，防止腌肉的腐败变质，目前广泛采用盐水注射法。注射腌制法最初出现的是单针头注射，后发展为动脉注射腌制，进而又发展了肌肉注射腌制法。

注射多采用专业设备，由于针头数量多，两针相距很近，因而注射至肉内的盐液分布较好。另外，为进一步加快腌制速度和盐液吸收程度，注射后通常采用按摩或滚揉操作，即利用机械作用促进盐溶性蛋白质抽提，以提高制品保水性，改善肉质。

1. 动脉注射腌制法

此法是用泵将盐水或腌制液经动脉系统压送入分割肉或腿肉内的腌制方法，因而能使配料尽可能均匀地分散在肉中。

将注射用的单一针头插入前后腿上的主动脉切口内，然后将盐水或腌制液用注射泵压入腿内各部位，使其重量增加 8%～10%。为了控制腿内含盐量，还可以根据腿重和盐水浓度，预先确定腿内应增加的重量，以便获得统一规格的产品。有时厚肉处须再补充注射，以免该部位腌制不足而腐败变质。这样可以显著地缩短腌制液全面分布时间。

动脉注射法的优点是腌制速度快，成品率比较高。缺点是只能腌制前后腿，且分割胴体时还要注意保证动脉系统的完整性；腌制的产品容易腐败变质，故需要在低温条件下加工、运输、贮藏。

2. 肌肉注射腌制法

此法有单针头和多针头注射法 2 种，肌肉注射用的针头大多为多孔的。单针头注射腌制法可用于各种分割肉而和动脉无关。一般每块肉注射 3～4 针，每针盐液注射量为 85 g 左右。盐水注射量可以根据盐液的浓度计算，一般增重 10%。多针头肌肉注射最适用于形状整齐而不带骨的肉类，用于腹部肉、肋条肉最为适宜。带骨或去骨肉均可采用此法。

用盐水注射法可以缩短操作时间，提高生产效率，提高产品得率，降低生产成本，但其成品质量不及干腌制品，风味略差，煮熟时肌肉收缩的程度也比较大。

2.2.2.4 滚揉腌制法

肉糜类采用静态的腌制，由于比表面积大，盐水容易渗透，容易达到腌制效果，但火腿类的肉块原料，如果采取静态腌制，必然造成渗透速度和腌制剂分布梯度问题。动态的滚揉腌制能加快腌制速度，而腌制前的盐水注射技术则解决了渗透速度和分布不均的问题。

1. 盐水注射

盐水注射常用盐水注射机，其外形和工作过程如图 2-1 所示。注射时，先把腌制剂及其他辅料按设计的配方，添加一定的冰水在制浆机中制成冰水，过滤后转移到注射机的盐水槽中。原料肉经修整后放入注射机的传动带上，传送带步进，将肉块传送到注射针板下停止，随即注射针板下降，注射针刺入肉中，在盐水泵的作用下将盐水注入肉块后，针板抬起，传送带前行，将注射好的肉块移出，未注射的到达针板下方注射，循环进行。

盐水注射时要注意以下工艺要求。

（1）腌制液的配制　腌制液（盐水）在配制时，一要根据肉制品加工的原则和国标规定的食品添加剂在最终产品中的最大允许量及产品的种类进行合理地计算并称重；二要确保各种添加剂的充分溶解：配制盐水时先将香辛料熬煮后过滤，冷却到 4℃以下，加入亚硝后，再加入难溶的磷酸盐、糖、味精，最后再溶入其他的添加剂。注意维生素 C 类的添加须在盐水制备将结束时才允许加入，否则它先和盐水中的亚硝反应，减少 NO^- 在盐水中的浓度，造成产品发色不好。

图 2-1 盐水注射机及其工作过程

(2) 控制盐水和原料肉的温度 配制盐水时一般加入冰屑，使盐水温度控制在－1～1℃，最高不能超过5℃。原料肉的温度控制在6℃以下。

(3) 注射压力和注射量的正确调整 注射压力的调整是根据产品的种类、肉块大小、出品率的高低来决定，在欧洲火腿类和培根类产品的注射一般采用小于0.3 MPa的低注射量的低压注射，因为注射压力过高会造成肉块组织结构的破坏，影响产品的质量。出品率高时，就要加大注射压力，有时甚至注射两遍。

(4) 合理的嫩化 利用嫩化机尖锐的齿片刀、针、锥或带有尖刺的拼辊，对注射盐水后的大块肉进行穿刺、切割、挤压，对肌肉组织进行一定程度的破坏，打开肌肉束腱，以破坏结缔组织的完整性；另外，增加肉块表面积，从而加速盐水的扩散和渗透，也有利于产品的结构。

2. 滚揉技术

1) 滚揉机构造

滚揉机的外形是一个卧式的滚筒，滚筒内部有螺旋状桨叶，经注射后的肉块在滚筒内随着滚筒的转动，桨叶把肉块带到上端，随即一部分肉块在重力的作用下摔下，与低处的肉互相撞击，同时，一部分沿着桨叶向位置低的一端滑去，就这样，肉块在滚揉机内与腌制液一起相互“摩擦、挤压、摔打”(立式按摩机只是在搅拌桨叶的作用下，肉块相互摩擦、挤压、按摩)，将纤维结缔组织“打开”。滚揉加速了盐水的渗透速度，提高了腌制效果，滚揉机如图2-2所示。

图 2-2 滚揉机

2) 滚揉的作用

通过滚揉腌制，可加速肉中腌制液渗透和吸收，缩短腌制时间；使肌肉松弛、膨胀，提高了原料的保水性能和出品率；促进了液体介质（盐水）的分布，改善了肉的嫩度和结构，确保切片美观。

3) 滚揉机的使用

操作时，可以连续滚揉，也可以正转、停止、反转、停止、正转，循环进行（俗称间歇滚揉）。有的设备还可以在转动时保持真空状态，在静止时释放真空保持常压或者冲入 N_2 加压（呼吸式滚揉）。呼吸式滚揉的效果要好于间歇滚揉，连续滚揉效果最差。一般0.5 kg大小的肉块在0～4℃的滚揉腌制间，滚揉8～10 h即可。滚揉结束，释放真空，打开盖子，放出原料。

4) 影响滚揉效果的因素

(1) 装载量 如果装载太多，肉块的下落和运动受到限制，肉块在滚揉桶内将形成“游泳状态”，起不到挤压，摔打的作用。装载太少，则肉块下落过多会被撕裂，导致滚揉过度，引起肉块太软和蛋白质变性，从而影响成品的质量。一般按容量计装载70%即可。

(2) 转速　转速越大，蛋白质溶解和抽提越快，但对肌肉的破坏程度也越大，滚揉速度控制肉块在滚揉机内的下落能力，一般设备出厂时，已设置为8～12 r/min。

(3) 滚揉时间　滚揉时间短，肉块还没完全松弛，盐水未完全吸收，蛋白质的萃取少，会出现色泽不均匀，结构不一致，黏合力和保水性都差，出品率也可能降低。滚揉时间过长，则可能导致萃出的可溶性蛋白质过多，肉块过于软化，并可能出现渗水现象，不利于后续加工。但不同的滚揉机，外径和转动速度不同，因此用小时来衡量滚揉时间是不科学的。

滚揉时间可用下式表示：

$$L=UNT$$

式中：U 为滚揉机的内周长（将内径乘以圆周率）；N 为滚揉机的转速，r/min；T 为滚揉机转动的总时间（间歇滚揉的时间不包括在内），s；L 为滚揉机转动的总距离。滚揉时间一般控制在周长转动12 000 m为宜。

(4) 滚揉方式　静置目的是使滚揉作用抽提的蛋白质充分吸收水分，若静置时间不充分，抽提的蛋白质还没来得及吸收水分就被挤回肌纤维内部，甚至阻止肌纤维内部的蛋白质向外渗出。因此，间歇滚揉（运转30 min，停止10 min）效果要好于连续滚揉，呼吸式滚揉好于间歇滚揉。

(5) 真空度　目前的滚揉机基本都是真空滚揉，通过对滚揉桶抽真空，能够排出肉品原料及其渗出物间的空气，有助于改善腌肉制品的外观颜色，在以后的热加工中也不致产生热膨现象破坏产品的结构；真空可以加速盐水向肉块中渗透的速度，加快腌制速度，提高腌制效果；真空还能使肉块膨胀，从而提高嫩度；真空还能抑制需氧微生物的生长和繁殖。所以，使用真空滚揉机的效果要好于常压滚揉机。

(6) 温度　滚揉产生的机械作用可使肉温升高，促进了微生物的繁殖，同时肌纤维蛋白质的最佳溶解和抽提温度为2～4℃，也要求温度不能过高。一般滚揉间温度控制在0～4℃，滚揉后原料温度控制在6～8℃。

2.2.2.5 混合腌制法

这是利用干腌和湿腌互补性的一种腌制方法。肉类腌制可先进行干腌而后放入容器内用盐水腌制，如南京板鸭、西式培根的加工。

干腌和湿腌相结合可增加制品贮藏时的稳定性，防止产品过度脱水，免于营养物质过度损失，另外，内部发酵或腐败也能被有效阻止。不足之处是操作较复杂。

无论是何种腌制方法，在某种程度上都需要一定的时间，要求有干净卫生的环境，需保持低温（0～4℃）。肉腌制时，肉块重量要大致相同，在干腌法中较大肉块放最低层并将脂肪面朝下，第二层的瘦肉面朝下，第三层又将脂肪面朝下，依此类推，但最上面一层要求脂肪面朝上，形成脂肪与脂肪、瘦肉与瘦肉相接触的腌渍形式。腌制液的量要没过肉表面，通常为肉量的50%～60%。腌制过程中，每隔一段时间要将所腌肉块的位置上下交换，以使腌渍均匀，其要领是先将肉块移至空槽内，然后倒入腌制液，腌制液损耗后要及时补充。

以上的腌制方法，原料肉基本保持静止不动，相对于滚揉腌制来说，是一种静态腌制的方法。

2.2.3 影响腌制效果的控制技术

肉类腌制的目的主要是防止其腐败变质，同时改善组织结构、增加风味。为了达到腌制的目的，就应该对腌制过程进行合理的控制，以保证腌制质量。

1. 食盐的纯度

食盐中除含NaCl外，尚含有$CaCl_2$、$MgCl_2$、Na_2SO_4等杂质，这些杂质在腌制过程中会影响食盐向肉品内部渗透的速度，如果过量，还可能带有苦涩的味道。食盐中不应有微量的铜、铁、铬存在，它们对腌肉制品中脂肪氧化酸败会产生严重影响。为此，腌制时要使用精制盐，要求NaCl含量在98%以上。

2. 食盐用量或盐水浓度

食盐的用量是根据腌制目的、环境条件、腌制品种类和消费者口味而添加的。扩散渗透理论也表明，扩散渗透速度随盐分浓度而异。干腌时用盐量越多或湿腌时盐水浓度越大，则渗透速度越快，食品中食盐的内渗透量越大。为达到完全防腐，要求肉中盐分浓度最少7%以上，这就要求盐水浓度最少在25%以上；腌制时温度低，用盐量可降低。提取盐溶性蛋白质的最佳食盐浓度是5%左右，但消费者能接受的最佳食盐浓度为1.8%～2.5%，这也是用盐量参考的标准。

3. 温度

温度越高，扩散渗透速度越迅速，反应的速度也越快，但微生物生长活动也就越迅速，易引起腐败菌大量生长造成原料变质。为防止在食盐渗入肉内之前就出现腐败变质现象，腌制应在低温环境条件（0～4℃）下进行。目前，肉制品加工企业基本都具有这样温度的腌制间。

4. 腌制方法

腌制过程要考虑盐水的渗透速度和分布的均匀性，对于现代肉制品加工企业来说，灌肠类的肉糜由于比表面积大，常采用静止的湿腌法；对于盐水火腿的肉块状原料，常采用滚揉腌制的动态腌制法。

5. 氧化

肉类腌制时，保持缺氧环境有利于稳定色泽，避免肉制品褪色。有时制品在避光的条件下贮藏也会褪色，这是由于NO-肌红蛋白单纯氧化所造成。当肉内缺少还原性物质时，肉中的色素氧合肌红蛋白和肌红蛋白就会被氧化成氧化肌红蛋白，从而导致暴露于空气中的肉表面的色素氧化，并出现褪色现象，进而影响产品的质量。所以滚揉腌制时，常采用真空滚揉机；肉糜静态腌制时，在腌制料上覆盖一层塑料薄膜，既能防止落上灰尘，又能使原料肉表面与空气隔断。

6. 腌制时间

在0～4℃下，充足的时间才能保证盐水渗透与生化反应的充分进行，因此，必须腌制一定的时间才能将原料肉腌透。不同的原料其腌制时间的长短也不一样，传统酱牛肉采取湿腌法，一般5～7 d可以腌透；灌肠用的肉糜一般腌制24 h即可；盐水火腿滚揉腌制需要滚揉桶的周长运行12 000 m即可。

2.3 熏制技术

烟熏是一种已沿用多年的传统肉制品加工方法，长期以来，世界各地人们对不同浓度的烟熏味均有一定的喜好。在肉制品加工生产中，许多肉制品都要经过烟熏这一工艺过程，特别是西式肉制品，如灌肠、火腿、培根、生熏腿、熟熏圆腿等，均需经过烟熏。

2.3.1 烟熏的目的

烟熏目的可归纳为3个，即使产品的颜色良好、赋予产品特殊的香味和使产品的贮藏性提高。此3种目的究竟以哪种目的为主，则因产品的种类而异。过去常以提高产品的贮藏性作为烟熏的主要目的，而目前则以提高香味为主要目的。

1. 烟熏对风味的作用

起改善风味作用的主要是有机酸（蚁酸和醋酸）、醛、乙醇、酯、酚类等，特别是酚类中的愈创木酚和4-甲基愈创木酚是最重要的风味物质。有资料指出，当以酚类0.81. 羰基类0.37、醛类0.32这种比例组合时，可以得到最佳风味，其中酚类占的比例大。

2. 烟熏对颜色的作用

一方面，木材烟熏时产生的羰基化合物，可以和蛋白质或其他含氮物中的游离胺基发生美拉德反应；另一方面，随着烟熏的进行，肉温提高，促进一些还原性细菌的生长，因而加速了一氧化血色原形成稳定的颜色。另外，肉品还会因受热有脂肪外渗，有润色作用。

3. 杀菌、防腐作用

使肉具有防腐性的成分主要是木材中的有机酸、醛和酚类3类物质。

有机酸可以与肉中的氨、胺等碱性物质中和，由于其本身的酸性而使肉向酸性方向发展。而腐败菌在酸性条件下一般不易繁殖，而在碱性条件下易于生长。醛类一般具有防腐性，特别是甲醛其作用更重要。甲醛不仅本身有防腐性，而且还能与蛋白质或氨基酸等含有的游离氨基结合，使碱性减弱，酸性增强，从而也增加肉的防腐作用。熏烟的杀菌作用较为明显，主要是在表层，经熏制后产品表面的微生物可减少1/10。大肠杆菌、变形杆菌、葡萄球菌对烟最为敏感，3 h即死亡。只有霉菌及细菌芽孢对烟的作用较稳定。

未经腌制处理的生肉，如仅烟熏则易迅速腐败。可见由烟熏产生的杀菌防腐作用是有限的。而烟熏前的腌制及熏烟过程中的干燥脱水作用，则赋予肉制品良好的贮藏性能。

4. 抗氧化作用

烟中许多成分具有抗氧化作用，因而经过烟熏后的制品其抗氧化性增强。有人曾用煮制的鱼油进行试验，通过对烟熏与未经过烟熏的产品进行比较，在夏季的室温下放置，经过12 d测定它们的过氧化物值，经烟熏的为2.5 mg/kg，而未经烟熏的为5 mg/kg，由此证明熏烟具有抗氧化能力，而其抗氧化物质主要是酚类，其中以邻苯二酚和邻苯三酚及其衍生物作用尤为显著。

2.3.2 烟熏材料的选择

烟熏肉制品是通过使熏烟附着在肉制品表面来产生作用的，而熏烟是通过燃烧可燃性材料来获取的。烟熏肉制品可采用多种材料来发烟，但最好选择树脂含量少、烟味好，而且防腐物质含量多的材料，一般多为硬木和竹类，而软木、松叶类因树脂含量多，燃烧时产生大量黑烟，使肉制品表面发黑，且熏烟气味不好，所以不宜采用。常用的熏材主要有白杨、白桦、山毛榉、核桃树、山核桃木、樱、赤杨、悬铃木、楸树等，个别国家也采用玉米芯，白糖、稻糠也可以发烟。此外，日本斋藤的试验结果表明稻壳和玉米秆也是很好的烟熏材料。最好的烟熏材料为枣木、山枣木，其次是其他果木，最次的是杨木等杂木，禁忌柏木、松木。

熏材的形态一般为木屑，也可使用薪材（木柴）、木片或干燥的小木粒等。熏制以干燥为主要目的时，往往直接使用较大块的木柴。熏材无论是刨花还是薪材都应该干燥贮存，且不含木材防腐剂。潮湿的材料会带有霉菌，熏烟容易将其带到肉制品上。木材防腐剂可能会产生有害烟雾，影响熏制品的食用安全。熏材的干湿程度应适宜，一般水分含量以20%～30%为佳。新鲜的锯屑含水量较高，一般需经晒干或风干后才能使用。但在使用时要添加水分，以利于发烟及烟雾有效成分的附着。

2.3.3 熏烟成分及其作用

熏烟是木材不完全燃烧产生的，是由水蒸气、其他气体、液体（树脂）和固体微粒组合而成的混合物。熏制的实质就是制品吸收木材分解产物的过程，因此木材的分解产物是烟熏作用的关键。

熏烟的成分很复杂，现已从木材产生的熏烟中分离出来200多种化合物，其中常见的化合物为酚类、醇类、类化合物、有机酸和烃类等。但并不意味着烟熏肉中存在所有化合物，有试验证明，对熏制品起作用的主要是酚类和羰基化合物。

1. 酚类

熏烟中酚类有20多种，其中有愈创木酚、4-甲基愈创木酚等。在烟熏中，酚类有4种作用：①抗氧化作用。②促进熏烟色泽的产生。③有利于熏烟风味的形成。和风味有关的酚类主要是愈创木酚、4-甲基愈创木酚、2,6-二甲氧基酚类等。单纯的酚类物质气味单调，与其他成分（羰基化合物、胺、吡咯等）共同作用呈味效果则好得多。④防腐作用。酚类具有较强的抑菌防腐作用。

酚及其衍生物是由木质素裂解产生的，温度为280～550℃时木质素分解旺盛，温度为400℃左右时分解最强烈。

2. 醇类

木材熏烟中醇的种类繁多，其中最常见和最简单的醇是甲醇（木醇），此外还有乙醇、丙烯醇、戊醇等，但它们常被氧化成相应的酸类。醇类的作用主要是作为挥发性物质的载体，其含量比较低。它的杀菌效果很弱，对风味、香气并不起主要作用。

3. 有机酸

熏烟中含有的有机酸为1～10个碳原子的简单有机酸。有机酸对熏烟制品的风味影响甚微，但可聚积在制品的表面，呈现微弱的防腐作用。酸有促使烟熏肉表面蛋白质凝固的作用，在生产去肠衣的肠制品时，将有助于肠衣剥除。

4．羰基化合物

熏烟中存在着大量的羰基化合物，主要是酮类和醛类。它们同有机酸一样存在于蒸气蒸馏组分中，也存在于熏烟的颗粒上。虽然绝大部分羰基化合物为非蒸气蒸馏性的，但蒸气蒸馏组分内有着非常典型的烟熏风味，而且还含有所有羰基化合物形成的色泽。因此，羰基化合物可使熏制品形成特有的熏烟风味和棕褐色。

5．烃类

从熏烟中能分离出许多环芳烃（简称 PAH），其中有苯并蒽、苯并芘、二苯并蒽及 4-甲基苯丙芘。在这些化合物中有害成分以 3，4-苯并芘为代表，它污染最广，含量最多，致癌性最强。如何减少熏烟成分中 3，4-苯并芘的含量是熏烤类肉制品行业极其关注的问题。

6．气体物质

熏烟中的气体物质，如 CO_2、CO、O_2、NO、N_2O、乙炔、乙烯、丙烯等，这些化合物对熏制的影响还不甚明了，大多数对熏制无关紧要。CO_2 和 CO 可被吸收到鲜肉的表面，产生一氧化碳肌红蛋白，而使产品产生亮红色；O_2 也可与肌红蛋白形成氧合肌红蛋白或高铁肌红蛋白，但还没有证据证明熏制过程会产生这些物质。气体成分中的 NO 可在熏制过程中形成亚硝胺，碱性条件下有利于亚硝胺的形成。

2.3.4 烟熏方式

肉制品加工中常见的烟熏方法很多，分类依据不同，种类也不同。

2.3.4.1 按制品的加工过程分类

1．熟熏

这是一种非常特殊的烟熏方法。它是指熏制温度为 90～120℃，甚至 140℃的烟熏方法。显然，在这种温度下的熏制品已完全熟化，无须再熟化加工。熟熏制品多为我国的传统熏制品，大多是在煮熟之后进行烟熏，如熏肘子、熏猪头、熏鸡、熏鸭及鸡、鸭的分割制品等。经过熏制加工后使产品呈金黄色的外观，表面干燥，形成烟熏的特有气味，可增加耐贮藏性。熟熏制品的加工技术一般包括原料选择、整理、预处理（腌制或蒸煮）、造型、卤制和熏制。

2．生熏

生熏是常见的熏制方法。它是指熏制温度为 30～60℃的烟熏方法。这种方法制得的产品，需进行蒸煮或炒制才能食用。生熏制品的种类很多，其中主要是熏腿和熏鸡，还有熏猪排、熏猪舌等。主要以猪的方肉、排骨等为原料，经过腌制、烟熏而成，具有较浓的烟熏气味。

2.3.4.2 按熏烟的生成方式分类

1．直接烟熏

这是一种原始的烟熏方法，在烟熏室内直接不完全燃烧熏材进行熏制，烟熏室下部燃烧木材、上部垂挂产品。根据在烟熏时所保持的温度范围不同，可分为冷熏、温熏、热熏、焙熏等方法。

2．间接烟熏

用发烟装置（熏烟发生器）将燃烧好的一定温度和湿度的熏烟送入熏烟室与产品接触后进行熏制，熏烟发生器和熏烟室是两个独立结构。这种方法不仅可以克服直接烟熏时熏烟的密度和温、湿度不均的问题，而且可以通过调节熏材燃烧的温度和湿度以及接触氧气的量，来控制烟气的成分，减少有害物质的产生，因而得到广泛的应用。就烟的发生方法和烟熏室内温度条件可分为湿热法、摩擦生烟法、燃烧法、炭化法、二步法等方法。

2.3.4.3 按熏制过程中的温度范围分类

1．冷熏法

冷熏是指在 15～30℃下进行较长时间（4～7 d）的烟熏。熏前原料需经过较长时间的腌渍。此法一般只用于火腿、培根、干燥香肠，特别是发酵香肠等的烟熏，制造不进行加热工序的制品。

2．温熏法

温熏法是指原料经过适当腌渍（有时还可加调味料）后，在温度为 30～50℃下进行的烟熏，用于培根、带骨火腿及通脊火腿。

3．热熏法

热熏即指原料经过适当腌渍（有时还可加调味料）后进行烟熏，温度在 50～80℃，多为 60℃，熏制时间不超过 5～6 h。在该温度范围内蛋白质几乎全部凝固。产品表面硬化度较高，但内部仍含有较多水分，有较好的弹性。本法在我国灌肠制品加工中应用最多。

4. 焙熏法

焙熏法的温度为90～120℃，是一种特殊的熏烤方法，包含蒸煮或烤熟的过程，应用于烤制品生产，常用于火腿、培根的生产。

2.3.4.4 其他烟熏方法

1. 电熏法

电熏法是应用静电进行烟熏的一种方法。将制品吊起，间隔5 cm排列，相互连上正负电极，在送烟同时通上15～20 kV高压直流电或交流电，使自体（制品）作为电极进行电晕放电，烟的粒子由于放电作用而带电荷，急速地吸附在制品表面并向内部渗透。目前应用很少。

2. 液熏法

用液态烟熏制剂代替烟熏的方法称为液熏法，又称无烟熏法。目前在国外已广泛使用，代表烟熏技术的发展方向。

烟熏液是将木材干馏过程中产生的烟雾冷凝，再将冷凝液进一步精馏以除掉有害物质和树脂后制成的一种液态熏烟制剂。将产生的烟雾引入吸收塔的水中，熏烟不断产生并反复循环被水吸收，直到达到理想的浓度。经过一段时间后，溶液中有关成分相互反应、聚合，焦油沉淀，过滤除去溶液中不溶性的烃类物质后，液态烟熏剂就基本制成了。这种液熏剂主要含有熏烟中的蒸气相成分，包括酯、有机酸、醇和羰基化合物。

液熏法有4种方式，即直接添加法、喷淋浸泡法、肠衣着色法和喷雾法，均在煮制前进行。采用烟熏液制成的肉制品的风味、色泽及贮存性能均比采用直接熏烟熏制的产品差。

2.3.5 烟熏设备

2.3.5.1 烟熏设备

烟熏方法虽有多种，但常用的还是温熏法。常用的烟熏设备有烟熏土炉、全自动烟熏炉。

1. 烟熏土炉

如图2-3所示，烟熏土炉采用混凝土或灰泥建造，烟熏室的顶部设有可调节温度、发烟、通风的百叶窗或烟囱，室内侧壁要用砖块水泥或瓷片制作。

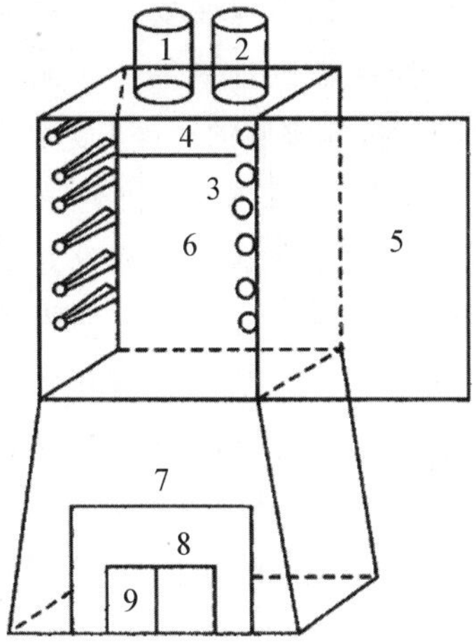

1. 烟筒 2. 调节风门 3. 搁架 4. 挂棒 5. 活门 6. 烟熏室 7. 火室 8、9. 火室调节门

图2-3 烟熏土炉

2. 全自动烟熏炉

全自动烟熏炉是目前最先进的肉制品烟熏设备，除具有干燥、烟熏、蒸煮的主要功能外，还具有自动喷淋、自动清洗的功能，适合于所有烟熏或不烟熏肉制品的干燥、烟熏和蒸煮工序。室外壁设有PLC电气控制板，用以控制烟熏浓度、烟熏速度、相对湿度、室温、物料中心温度及操作时间，并装有各种显示仪表。全自动烟熏炉的外观如图2-4所示。

图2-4 全自动烟熏炉

全自动烟熏炉按照容量可分为一门一车、一门两车、两门四车等型号。也可以前后开门，前门供装生料使用，朝向灌肠车间，后门供冷却、包装使用，朝向冷却和包装间，这样生熟分开，

有利于保证肉制品卫生。

将肉制品挂在架子车上，推入炉内，关好炉门，按加工肉制品工艺程序要求，把时间和温度数据输入操作控制盘的计算器上，启动控制盘操作按钮，电脑就按编排好的程序开始工作。

炉内安装排管式加热器，通过强制热对流传热，使加热室内空气升温。各蒸汽管路阀门由蒸汽电磁按指令开、关。在生产过程中蒸汽压力保持在 294～392 kPa，然后由搅拌风机把加热室中的热风输送到炉内，使热风透过产品之间缝隙进行热交换，产品受热脱水，达到烘烤目的。

烘烤时间、温度达到要求后，电脑发出指令，蒸汽电磁阀打开挡板，向炉内释放蒸汽，进行热加工。此时炉内自动保持要求温度，搅拌风机同时转动，使蒸汽在炉内扩散均匀，保持恒温，提高传热效率，避免制品在蒸煮时出现生熟不均现象。

蒸煮工序结束后，电脑自动发出指令，烟雾发生器开始工作，向炉内输送烟，对制品进行烟熏。为保持炉内恒温，加热器同时工作，把经加热的空气吹入炉内。

烟雾发生器工作是独立操作。当锯末倒入料斗后，烟雾发生器电热管开始加热锯末、发烟，但不会出现明火燃烧。锯末在锥形料斗内的搅拌器转动下，均匀散落在加热器上，并覆盖整个加热器，发出的烟由吹风机吹入管道，并经炉壁上的水过滤器进入炉内，这样可把烟内杂物除去，以保证烟熏制品的质量和卫生标准。

烟熏结束后，炉内需要一个冷却过程。冷却水管安装的电磁阀在电脑控制下打开，使冷水经过管路喷嘴向产品喷雾冷却。同时排潮风机自动启动向炉内排入冷空气，使炉内在较短的时间内降温。

2.3.5.2 烟雾发生器

1. 燃烧发烟装置

利用燃烧法产生烟雾就是指将木屑倒在电热燃烧器上使其燃烧，再通过风机送烟的方法。此法将发烟和熏制分两处进行。烟的生成温度与直接烟熏法相同，需通过减少空气量和控制木屑的湿度进行调节，但有时仍无法控制在 400℃以内。所产生的烟是靠送风机与空气一起送入烟熏室内的，所以烟熏室内的温度基本上由烟的温度和混入空气的温度所决定。这种方法是以空气的流动将烟尘附着在制品上，从发烟机到烟熏室的烟道越短，焦油成分附着越多。

2. 湿热分解装置

湿热分解法是将水蒸气和空气适当混合，加热到 300～400℃后，使热量通过木屑产生热分解。因为烟和水蒸气是同时流动的，因此变成潮湿的高温烟。一般送入烟熏室内的烟温度约 80℃，故在烟熏室内烟熏之前制品要进行冷却。冷却可使烟凝缩附着在制品上，因此也称凝缩法。湿热分解装置（也称蒸汽式烟熏发生器）见图 2-5。

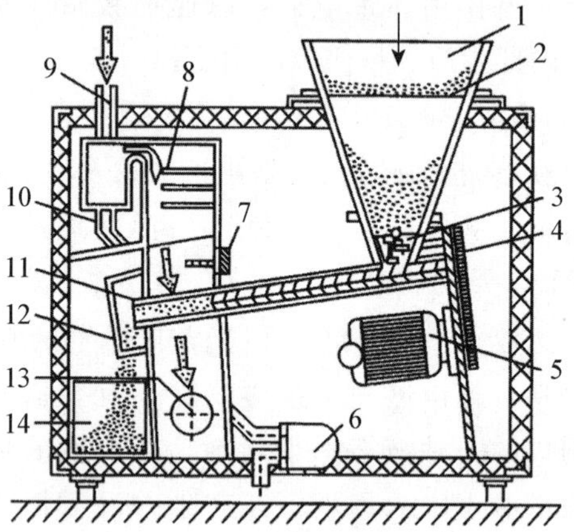

1. 木屑　2. 筛子　3. 搅拌器　4. 螺旋传送带　5. 电机
6. 排水装置　7. 温度计　8. 过热器　9. 蒸汽口　10. 凝缩管
11. 汽化室　12. 木屑挡板　13. 烟出口　14. 残渣容器

图 2-5　湿热分解装置

2.3.6 烟中有害物质控制技术

1. 控温法

从控制生烟温度来降低苯并芘的生成，因为苯并芘的生成需要较高的温度，只要适当控制烟熏室的供氧量，让木屑缓慢燃烧，降低火势，从控制温度着手，在一定程度上可以降低苯并芘的生成。对烟熏室条件下闷烧木屑进行测定，燃烧处温度接近 500℃，生烟处的温度大约为 400℃，一般认为以 340～350℃为宜。这样既可达到烟熏目的，又可降低有害物质。

2. 湿烟法

用机械的方法把高热的水蒸气和空气混合物强行通过木屑，使木屑产生烟雾，并把它引进烟熏室，同样能产生烟熏风味，来达到熏制目的而又不会产生苯并芘污染制品。

3. 隔离保护法

由于苯并芘分子比熏烟中其他物质的分子大得多，况且它大部分附着在固体微粒上，所以可采用过滤的方法，选择只让小分子物质穿过而不让苯并芘穿过的材料，这样既能达到熏制目的，又能减少苯并芘的污染。有效的措施是使用肠衣，如各种动物肠衣和人造纤维肠衣对苯并芘均有不同程度的阻隔作用。因此，灌制品表面苯并芘的含量比肉馅中的含量高得多，食用时应把肠衣剥去。

4. 外室生烟法

为了把熏烟中的苯并芘尽可能除去，或减少其含量，还可采用熏室和生烟室分开的办法，即在把熏烟引入熏室前，用棉花或淋雨等方法进行过滤，然后把熏烟通过管道送入熏室，这样可以大大降低苯并芘含量。

5. 液熏法

上面已讲了这种方法。近十多年来，一些先进国家致力于用人工配制的烟熏剂涂于制品表面，再渗透到内部来达到烟熏风味的目的。这种人工配制的烟熏液，经过特殊加工提炼，除去了焦油小滴和多环烃等有害物质。因此，液熏法的使用是目前的发展趋势。

2.4 干制技术

干肉制品是指将肉先经熟加工再成型干燥，或先成型再经热加工干燥制成的肉制品。这类肉制品可直接食用，成品呈小的片状、条状、粒状、团粒状、絮状。干肉制品主要包括肉干、肉脯、肉松三大类。我国干肉制品的加工方法对世界肉制品加工也有很大影响，亚洲很多国家干肉制品的加工方法和配方都起源于我国。近年来，随着远红外加热干燥和微波干燥加热设备的发展及食品营养学、卫生学的发展，丰富了干肉制品的加工工艺和配方，生产出人们需求的新型干肉制品。

在营养物质含量相同的情况下干肉制品具有重量低、体积小、便于携带、运输和贮藏等优点。干肉制品的缺点是在干制过程中某些芳香物质和挥发性成分会随着水分的蒸发而散到空气中，同时在非真空的条件下干燥时易发生氧化作用，在高温下更为严重。

2.4.1 干制的原理

1. 降低食品的水分活度

微生物经细胞壁从外界摄取营养物质并向外界排出代谢物时，都需要以水作为溶剂或媒介质，故水为微生物生长活动必需的物质。水分对微生物生长活动的影响，取决于有效水分，即水分活度。对食品中有关微生物需要的水分活度进行研究表明，各种微生物都有自己适宜的水分活度，水分活度下降，它们的生长速率也下降，水分活度还可以下降到微生物停止生长的水平。各种微生物保持生长所需的最低水分活度各不相同，大多数食品腐败细菌所需的最低水分活度都在0.9以上，但是肉毒杆菌则在水分活度低于0.95时就不能生长。芽孢的形成和发芽需要更高的水分活度。至于金黄色葡萄球菌，水分活度在0.86以上时虽然仍能生存，如稍降低，则产生肠毒素的能力就受到抑制。但是若在缺氧条件下，则它的适宜水分活度又可降低到0.8。某些嗜盐菌在水分活度降低至0.75时仍能生长。大多数酵母在水分活度为0.87时仍能生长，霉菌的耐旱性优于细菌，在水分活度为0.8时仍生长良好，如水分活度低于0.65，霉菌的生长完全受到抑制。大多数新鲜食品的水分活度在0.99以上，虽然这对各种微生物的生长都适宜，但最先导致牛乳、蛋、鱼、肉等食品腐败变质的微生物都是细菌，这类食品属于易腐食品。

食品在干制过程中，随着水分的丧失，水分活度下降，因而可被微生物利用的水分减少，抑制了其新陈代谢而不能生长繁殖，从而延长了其保藏期限。但干制并不能将微生物全部杀死，只能抑制它们的活动，环境条件一旦适宜，又会重新吸湿恢复活动。因此，干制品并非无菌，如遇温暖潮湿气候就会腐败变质。

不同微生物的耐干燥能力不同，例如，葡萄球菌、肠道杆菌、结核杆菌在干燥状态下能保持活力几周到几个月，乳酸菌能保持活力几个月到一年以上，干酵母保持活力可达两年，干制状态的细菌芽孢、菌核、原生孢子、分生孢子可存活一年以上。

2. 降低酶的活性

酶为食品所固有，它同样需要水分才具有活性。水分减少时，酶的活性也就降低，在低水分制品中，特别在它吸湿后，酶仍会慢慢地活动，从而引起食品品质恶化或变质。只有干制品水分降低到1%以下时，酶的活性才会完全消失。

酶在湿热条件下处理时易钝化，如在100℃时瞬间即能破坏它的活性。但在干热条件下酶难以钝化，如在干燥条件下，即使用104℃热处理，钝化效果也极其微弱。因此，为控制干制品中酶的活动，有必要在干制前对食品进行湿热或化学钝化处理，使酶失去活性。

2.4.2 干制方法

(1) 自然干燥　主要包括晒干、风干等，为古老的干制方法，要求设备简单、费用低，但受自然条件的限制，湿度条件很难控制，大规模的生产很难采用，只是作为某些产品的辅助工序。

(2) 烘炒干制　亦称热传导干制，靠间壁的导热将热量传给与壁面接触的物料，由于湿物料与加热的介质（载热体）不是直接接触，又称间接加热干燥。传热干燥的热源可以是水蒸气、热水、燃料、热空气等；可以在常压下干燥，亦可以在真空下进行。加工肉松都采用这种方法。

(3) 烘房干燥　亦称对流热风干燥。直接以高温的热空气为热源，对流传热将热量传给物料，故又称为直接加热干燥。热空气既是热载体又是湿载体。一般对流干燥多在常压下进行。因为在真空条件下，由于气相处于低压，热容量很小，不能直接以空气为热源，必须采用其他热源。对流干燥室中的气温调节比较方便，物料不会过热，但热空气离开干燥室时带走相当大的热能，因此对流干燥热能的利用率较低。

(4) 低温升华干燥　是指在低温下，一定真空封闭的容器中，物料中的水分直接以冰升华为蒸汽，使物料脱水干燥。它较上述3种干燥方法，不仅干燥速度快，而且最能保持产品原来的性质，加水后能迅速恢复原来产品的性质，保持原有的成分，很少发生蛋白质变性等。但该方法设备较复杂，投资大，费用高。

(5) 微波干燥　食品中有大量的带正负电的分子，它们在微波电场作用下，分子间因运动摩擦而产生热量，使物料得以干燥，而且这种效应在微波一旦接触到物料时就会在物料内外同时产生，而无须热传导、辐射、对流，在短时间内即可达到干燥的目的，且内外受热均匀，表面不易焦煳。但微波干燥设备投资费用高，产品的特征性风味和色泽不明显。

2.5 煮制技术

2.5.1 热处理对肉质的作用

煮制，即对产品实行热加工的过程，加热的方式有用水、蒸汽、油炸等，其目的是改善感官的性质，降低肉的硬度，使产品达到熟制目的，容易消化吸收。煮制是酱卤制品加工中主要的工艺环节，包括清煮和红烧。清煮在肉汤中不加任何调味料。红烧是加入各种调味料后进行煮制。一般来说，原料经初步修整后采取清煮工序是非常有必要的，它可以去除部分或大部分异味，杀灭附着在原料肉上的细菌，对产品色、香、味的形成也起着一定的积极作用。无论采用哪种加热方式，煮制过程中，原料肉及其辅料都要发生一系列的变化。

1. 物理性变化

肉类在煮制过程中最明显的变化是失去水分，重量减轻。为了减轻肉类在煮制时营养物质的损失，提高出品率，在原料加热前可先经过预煮。将小批原料放入沸水中经短时间预煮，使产品表面的蛋白质立即凝固，形成保护层，减少营养成分的损失。用150℃以上的高温油炸，亦可减少有效成分的流失。此外，肌肉中的肌浆蛋白质，在受热之后由于蛋白质的凝固作用而使肌肉组织收缩硬化，并失去黏性。但若继续加热，随着蛋白质的水解以及结缔组织中胶原蛋白水解成明胶等，则肉质又会变软。

2. 蛋白质的变化

(1) 肌肉蛋白质受热凝固　肉经加热煮制时，有大量的汁液分离，体积缩小，这是由于构成肌肉纤维的蛋白质因加热变性发生凝固而引起的。肌球蛋白的凝固温度是 45～50℃，当有盐类存在时，30℃即开始变性。肌肉中可溶性蛋白质的热凝固温度是 55～65℃，肌球蛋白由于变性凝固，再继续加热则发生收缩，肌肉中水分被挤出。当加热到 60～75℃时失水量较多，之后随温度的升高反而相对减少。这是因为肉煮制时随着温度的升高和煮制时间的延长，胶原蛋白转变成明胶，要吸收一部分水分，从而弥补了肌肉中所流失的水分。

(2) 肉保水性的变化　由于加热，肉的保水性降低，其变化幅度因加热的温度而不同。在 20～30℃时，保水性没有发生变化。30～40℃时则保水性开始逐渐降低，40℃开始急剧的下降，到 50～55℃大体停止，到 55℃以上又继续下降，但不像 40～50℃时那样迅速，到 60～70℃时大体结束。肉的 pH 也随着加热温度升高而增大。其 pH 的变化也可分为 40～50℃和 55℃以上 2 个阶段。在加热过程中随着加热温度的升高，酸性基团减少，其 pH 上升。肉的保水性最低点是在等电点时，等电点随着加热温度的升高而向碱性方向移动，这种现象表明肌肉蛋白质因加热而酸性基团减少。

(3) 蛋白质酸性和碱性基团变化　加热对肌肉蛋白质的碱性基团影响的研究结果表明，从 20～70℃的加热过程中，碱性基团的数量几乎没有什么变化。但酸性基团大约减少 2/3。酸性基团的减少同样表现为不同的变化阶段，从 40℃开始急速减少，50～55℃停止，55～60℃又继续减少，一直减少到 70℃，当 80℃以上时开始形成 H_2S。所以加热时由于酸性基团的减少，肉 pH 上升。显然，蛋白质受热变性时发生分子结构的变化，因此使蛋白质的某些性质发生根本改变，丧失了原来的可溶性，更易于受胰蛋白酶的分解，容易被消化吸收。

(4) 结缔组织中蛋白质的变化　肌肉中结缔组织含量多，肉质坚韧，但在 70℃以上长时间煮制，结缔组织多的反而比结缔组织少的肉质柔嫩，这是由于结缔组织受热软化的程度对肉的柔软起着更为突出的作用。结缔组织中的蛋白质主要是胶原蛋白和弹性蛋白，一般加热条件下弹性蛋白几乎不发生变化，主要是胶原蛋白的变化。

煮制过程中随着温度的升高，胶原蛋白吸水膨润而成为柔软状态，机械强度减低，逐渐分解为可溶性的明胶。但胶原蛋白转变成明胶的速度取决于胶原蛋白的性质、结缔组织的结构、热加工的时间和温度。如猪肉的结缔组织比牛、羊肉更容易被破坏转变成明胶。

(5) 脂肪的变化　加热时脂肪熔化，包围脂肪滴的结缔组织由于受热收缩使脂肪细胞受到较大的压力，细胞膜破裂，脂肪熔化流出。不同动物脂肪熔化所需要的温度不同，牛脂为 42～52℃，羊脂为 44～55℃，猪脂为 28～48℃，禽脂为 26～40℃。

随着脂肪的熔化，释放出某些与脂肪相关联的挥发性化合物，这些物质给肉和肉汤增加了香气。脂肪在加热过程中有一部分发生水解，生成脂肪酸，因而使酸价有所增高，同时还发生氧化作用，生成氧化物和过氧化物。

3. 风味的变化

生肉的香味是很弱的，但是加热之后，不同种类动物肉产生很强烈的特征风味。通常认为是由于加热导致肉中的水溶性成分和脂肪的变化造成的。加热肉中的风味成分，与氨、硫化氢、胺类、羰基化合物、低级脂肪酸等有关。就现阶段的认识，在肉的风味里有共同的成分，也有因肉的种类不同的特殊成分。共同成分主要是水溶性物质，如加热含脂肪很少的肌肉，对牛肉和猪肉所得到的风味物质大致相同，可能是氨基酸、肽和低分子的碳水化合物之间进行反应的一些生成物（美拉德反应）。特殊成分是因为不同种类的脂肪和脂溶性物质的不同，由加热所形成的特有风味，如羊肉的膻味是由辛酸和壬酸等饱和脂肪酸所致。

尽管肉的风味受许多因素的影响，但主要还是由肉的种类差别所决定，如由于牛、羊品种不同而影响肉的风味。通常认为老的动物肉比幼小的有更强的风味，例如，成年牛肉具有特有的滋味而小牛肉则不具备。另外，同一种动物不同部位的肌肉也有差异，如腰部肌肉不如膈肌风味好，牛的背最长肌不如半腱肌的风味良好。

4. 颜色的变化

肉加热时的颜色受加热的方法、时间、温度的影响。如肉温在60℃以下，肉的颜色几乎没有变化，仍呈鲜红色；而升高到60～70℃时，变为粉红色；再提高到70～80℃为淡灰色，这主要是由于肌肉中的色素肌红蛋白由于热变性而成为不溶于水的物质。肉类在煮制时，一般都以沸水下锅为好，一方面可使肉表面蛋白质迅速凝固，阻止了可溶性蛋白质溶入汤中；另一方面可以减少大量的肌红蛋白溶入汤中，保持肉汤的清澈。

5. 浸出物的变化

在加热过程中，由于蛋白质变性和脱水的结果，汁液从肉中分离出来，汁液中含有易溶于水的浸出物，易分解，并赋予煮熟肉特殊的风味。肌肉组织中含有的浸出物成分复杂，分为含氮浸出物和非含氮浸出物。

含氮浸出物有游离的氨基酸、二肽、尿素、胍的衍生物、嘌呤碱等，其中最有价值的是谷氨酸，具有特殊的香味，当浓度达万分之三时，即表现出特殊的肉香味。此外，丝氨酸、丙氨酸等都具有香味。但也有些氨基酸，如色氨酸，不但没有香味，还有苦味。

6. 维生素的变化

肌肉与脏器组织中含B族维生素多，主要是硫胺素、核黄素、烟酸、维生素B_6、泛酸、生物素、叶酸及维生素B_{12}等，脏器组织中还含一些维生素A和维生素C。在热加工过程中通常维生素的含量降低。丧失的量取决于处理的程度和维生素的敏感性。硫胺素对热不稳定，加热时在碱性环境中被破坏，但在酸性环境中比较稳定。如炖肉可损失60%～79%的硫胺素、26%～42%的核黄素。猪肉及牛肉在100℃水中煮沸1～2 h后，吡哆醇损失量多；在120℃灭菌1 h，猪肉吡哆醇损失61.5%，牛肉损失63%。

2.5.2 煮制技术

煮制在酱卤制品加工中包括清煮（也叫白烧）和红烧。清煮就是汤中不加任何调味料，只是清水煮制，红烧是在加入各种调味料的汤中进行煮制。无论是清煮还是红烧，对形成产品的色、香、味、形以及成品的化学成分的变化都有决定性的影响。肉的煮制有的在水中进行，有的在蒸汽中进行。

酱煮肉制品时，大部分采用料袋。料袋是用二层纱布制成的长型布袋，可根据锅的大小，缝制大小不同的料袋，将各种香料装入料袋，用粗线绳将袋口扎紧。最好在原料未入锅之前放入。将锅中的酱汤打捞干净，将料袋投入锅中煮沸，使料味在汤中串开以后，再投入原料酱煮。

火候的掌握在中式熟肉制品中，尤其在酱卤制品中显得尤为重要。煮制时以急火求韧，以慢火求烂，先急后慢求味美。这实际上是掌握火候大小的原则。以急火煮制的成品，吃起来比较有“劲”，耐咀嚼，但料味不易浸入，香气不足；以慢火煮制的成品，料味浓，香气足，入口酥软。如果先以急火煮开，过一段时间以后，再以文火慢煮，这样煮制出来的成品则各取所长，既味道好，又不过烂，如果煮制火候掌握不好，则会严重影响产品的质量。

2.6 油炸技术

油炸肉制品是指经过加工调味挂糊后的肉（包括生原料、半成品、熟制品）或只经过干制的生原料以食用油为加热介质，经过高温炸制或浇淋而制成的熟肉类制品。

2.6.1 油炸的作用

油炸制品加工时，将食物置于一定温度的热油中，油可以提供快速而均匀的传导热，食物表面温度迅速升高，水分汽化，表面出现一层干燥层，形成硬壳，然后，水分汽化层便向食物内部迁移，当食物表面温度升至热油的温度时，食物内部的温度慢慢趋向100℃，同时表面发生焦糖化反应及蛋白质变性，其他物质分解产生独特的油炸香味。

油炸传热的速率取决于油温与食物内部之间的温度差和食物的导热系数。在油炸热制过程中，食物表面干燥层具有多孔结构特点，其孔隙的大小不等，油炸过程中水和水蒸气首先从这些大孔隙中析出。由于油炸时食物表面硬化成壳，使其内部水蒸气蒸发受阻，形成一定的蒸汽压，水蒸气穿透作用增强，致使食物快速熟化，因此油炸肉制品具有外脆里嫩的特点。油炸还可以杀灭食品中的微生物，延长食品的货架期；同时，还可改善食品风味，提高食品营养价值，赋予食品特有的金黄色泽。

2.6.2　油炸用油及技术控制

炸制用油一般使用熔点低、过氧化物值低和饱和脂肪酸低的植物油。我国目前炸制用油主要是豆油、菜籽油和葵花籽油。油炸技术的关键是控制油温和油炸时间。油炸的有效温度一般控制在 100～230℃。油炸时应根据成品的质量要求和原料的性质、切块的大小、下锅数量的多少来确定合适的油炸温度和油炸时间。只有恰当的掌握油炸温度和油炸时间，才能生产出合格的产品，否则就会出现产品不熟、不脆不嫩、过焦等情况。为延长炸制油的寿命，除掌握适当油炸条件和添加抗氧化物外，最重要的是清除积聚的油炸物碎渣。碎渣的存在加速油的变质，并使制品附上黑色斑点，因此，炸制油应每天使用完过滤一次。

2.6.3　油炸对食品的影响

1. 油炸对食品感官品质的影响

油炸的主要目的是改善食品的色泽和风味。在油炸过程中，食品发生美拉德反应和部分成分的降解，使食品呈现金黄或棕黄色，并产生明显的炸制芳香风味。在油炸过程中，食物表面水分迅速受热蒸发，表面干燥形成一层硬壳。当持续高温油炸时，常产生挥发性的羰基化合物和羟基酸等，这些物质会产生不良风味，甚至出现焦煳味，导致油炸食品品质低劣，商品价值下降。

2. 油炸对食品营养价值的影响

油炸食品的营养价值与油炸工艺条件有关，油炸温度高，油炸时间短，食品表面形成干燥层，这层硬壳阻止了热量向食品内部传递和水蒸气外逸，因此，食品内部营养成分保存较好，含水量较高。油炸食品时，食物中的脂溶性维生素在油中的氧化会导致营养价值的降低，甚至丧失，维生素、类胡萝卜素、生育酚的变化会导致风味和颜色的变化。维生素 C 的氧化保护了油脂的氧化，即它起了油脂抗氧化剂的作用。油炸时食品成分变化最大的是水分。油炸对肉品蛋白质利用率的影响较小，其生理效价和净蛋白质利用率（NPN）几乎没有变化。油炸温度虽然很高，但是食品内部的温度一般不会超 100℃。因此，油炸加工对食品的营养成分的破坏较少，即油炸食品的营养价值没有显著的变化。

3. 油炸对食品安全性的影响

在油炸过程中，油的某些分解和聚合产物对人体是有毒害作用的，如油炸中产生的环状单聚体、二聚体及多聚体，会导致人体麻痹，产生肿瘤，引发癌症，因此炸制用油不宜长时间反复使用，否则将影响食品安全性，危害人体健康。

2.7　发酵技术

发酵肉制品是以畜禽肉为原料，在自然或人工控制的低温条件下进行腌制、发酵、干燥或熏制，产生具有特殊风味、色泽与质地，且具有较长保存期的一类肉制品。发酵肉制品在发酵、干燥过程中产生的酸、醇、非蛋白态含氮化合物、脂肪酸使发酵肉制品具有独特的风味。

我国发酵肉制品的生产具有悠久的历史，如享誉中外的金华火腿、宣威火腿、中式香肠和民间传统发酵型肉制品等，由于其具有良好的特殊风味，深受国内外广大消费者的青睐。在欧洲，发酵肉制品的生产可追溯到 2 000 年前，具有色香浓郁、工艺考究、风味独特等特点，深受消费者欢迎。而目前利用乳酸菌发酵剂制作适合中式风味的发酵肉制品，发展前景甚为广阔。

2.7.1 发酵中的微生物及其作用

2.7.1.1 微生物的作用

发酵肉制品中，常用的微生物有酵母菌、霉菌和细菌，且在生产加工中的作用各不相同。微生物在发酵肉制品中作用如下。

1. 降低pH，减少腐败菌的生长

原料肉在接种乳酸菌后，乳酸菌利用碳水化合物如葡萄糖发酵产生乳酸，从而可使肉品pH降至4.8～5.2。此外，乳酸可使香肠具有特殊的风味。由于pH接近于肌肉蛋白质等电点（5.2），肌肉蛋白质保水性减弱，可加快香肠干燥速度，降低水分活度，而且在酸性条件下病原菌及腐败菌的生长得以抑制。

2. 促进发色

肉制品的色泽是决定其品质的重要指标之一。肉品在发酵成熟过程中，微球菌可以将NO_3^-还原为NO_2^-，而乳酸菌在发酵成熟时利用碳水化合物产生乳酸，降低了pH，有利于NO_2^-分解为NO。NO与肌红蛋白结合生成亚硝基肌红蛋白，从而最终使肉品呈腌制后特有颜色。

3. 防止氧化变色

肉在腌制或发酵成熟期间，由于污染的异型发酵的乳酸菌会产生H_2O_2，与肌红蛋白形成胆绿肌红蛋白，而发生变绿现象。因此在肉制品中接种发酵剂，可利用优势菌抑制杂菌的生长或将其产生的H_2O_2还原为H_2O和O_2，防止氧化变色。

4. 减少亚硝胺的生成

亚硝胺为致癌物已得到公认。腌制肉中的亚硝胺由残留的NO_2^-与二级胺反应生成。如果在肉中加入乳酸菌，其产生乳酸降低pH，促使亚硝酸盐分解，则可减少残留的NO_2^-与二级胺作用生成亚硝胺。因此在肉中添加发酵剂可以提高肉制品的安全性。

5. 抑制病原微生物的生长及其毒素的产生

发酵香肠在制作中不经过加热，因此在自然发酵过程中如条件控制不当，则极易造成香肠发生腐败或因病原微生物的生长而导致食物中毒。许多研究结果表明，发酵作用可以控制发酵肉制品中的病原菌，如沙门氏菌（*Salmonella*）、金黄色葡萄球菌（*Staphylococcus aureus*）、肉毒杆菌（*Clostridium botulinum*）的生长和毒素的产生。

6. 对风味产生影响

研究表明接种木糖葡萄球菌和肉葡萄球菌的香肠有较香的气味，香气的主要成分是3-甲基丁醛（*L*-亮氨酸代谢物）、3-甲基丁酮、3-羟基丁醛。然而将接种木糖葡萄球菌的香肠和不接菌的香肠进行对照，发现前者可以产生一种水果味。葡萄球菌和微球菌还具有硝酸盐还原酶和触酶活性，可以抑制不良风味的形成。总之，乳酸菌和片球菌在香肠发酵和成熟的最初阶段起了重要的作用，然而，葡萄球菌和微球菌关系到最终产品的风味、香气和颜色的稳定性。

在发酵香肠生产中，常用的微生物种类有酵母菌、霉菌和细菌，且在生产加工中的作用也各不相同。作为发酵剂的微生物应具有以下特征：食盐耐受性；亚硝酸盐耐受性；能在27～43℃生长，最适温度为32℃；同型发酵；发酵副产物无异味；无致病性；在57～60℃灭活。

2.7.1.2 发酵中常用微生物

1. 酵母菌

酵母菌是加工干发酵香肠时发酵剂中常用的微生物，以汉逊氏德巴利酵母应用最多。这种酵母菌耐高盐，好气并具有较弱的发酵产酸能力，一般生长在肉品表面，也可生长在浅表层。法国有一种发酵香肠，将酵母菌直接接种于表面生长，使产品披上一层“白衣”，是很受当地人喜爱的地方风味产品。汉逊氏德巴利酵母本身没有还原硝酸盐的能力，但是会使肉中固有微生物菌群的硝酸盐还原能力减弱。这就要求酵母菌与其他菌种混合发酵，以提高产品质量。

酵母菌用作发酵剂时在香肠中的接种量是10^6 CFU/g，可使制品具有酵母味，有利于发色的稳定性，且对微球菌的硝酸盐还原性也有轻微抑制作用。根据近年研究，金华火腿中也存在酵母（10^3～10^5 CFU/g），但尚未进行具体的分类研究。酵母菌除能改善肉品的风味和颜色外，还对金黄色葡萄球菌有一定抑制作用。

2. 霉菌

霉菌在发酵肉制品中起着重要作用，主要是由于霉菌的酶系发达，代谢能力强，属好气型，在肉制品表面生长，形成一层“保护膜”。这层膜不但可以减少肉品感染杂菌的概率，还能很好地控制肉品水分蒸发，防止出现“硬壳”现象，同时也起到隔绝氧气的作用，防止酸败。霉菌能分解蛋白质和脂肪，产生特有的“霉菌香味”，所以霉菌肉制品具有独特的表面特性和风味。西班牙的“fuet”就是这种发酵香肠。

霉菌在肉品发酵过程中的作用有：形成特征的表面外观，并通过菌产生的蛋白酶和脂肪酶作用于肉品形成特殊风味；通过霉菌生长耗掉 O_2，防止氧化褪色；竞争性抑制有害微生物的生长。

3. 细菌

1）乳杆菌属（*Lactobacillus*）

乳酸菌是利用糖类产生乳酸的一类细菌。1940 年，美国人 L. B. Jenson 在专利中第一次描述了乳酸菌在发酵香肠中的应用，开始了使用纯培养微生物发酵剂的先河。乳酸菌耐酸性较强、产酸率高，对有害微生物有抑制作用，且有独特的生理功效，常在肉制品中使用。实际生产中常用的乳酸菌有乳酸杆菌属、链球菌属和片球菌属。

乳杆菌为革兰氏阳性菌，是最早从发酵肉制品中分离出来的微生物，在肉制品自然发酵过程中仍占主导地位。最适生长温度在 30～40℃，对食盐耐受能力较强，能发酵果糖、葡萄糖、麦芽糖、蔗糖、乳糖等产生乳酸，但不能分解蛋白质、脂肪，且不具有还原硝酸盐能力。干香肠的生产中常用由乳杆菌组成的肉用发酵剂，其发酵温度在 15.6～35℃，常用的有植物乳杆菌、干酪乳杆菌和发酵乳杆菌。

植物乳杆菌是欧洲最早采用的肉制品发酵剂，目前在工业上的应用也很广泛。植物乳杆菌的特定菌株（NRRL-B-5461）是另一种革兰氏阳性、大小在 0.6～0.8 μm、1～1.2 μm 和 6 μm 的不能运动的杆状菌，它以单个或短链存在，耐盐性强，在盐浓度大于 9%时仍能发育。该菌能发酵各种碳水化合物，包括葡萄糖、果糖、半乳糖、蔗糖、麦芽糖、乳糖、糊精、山梨醇、甘露糖和甘油等，不能发酵木糖、半乳糖醇和水杨苷。

近年来研究人员对肉制品乳酸发酵的理化特性变化研究表明，蛋白酶、脂肪酶的存在是风味产生的前提。据国外研究报道，主要的蛋白酶活性实际上来自肉自身的蛋白酶，而乳杆菌中所富含的脂肪酶，则对风味的产生有直接的影响。此外，在乳酸发酵中式香肠加工中应用发酵剂，可促进成品良好色泽的形成，并降低成品的亚硝酸盐残留量、总挥发性盐基氮（TVB-N）值和硫代巴比妥酸（TBA）值，其质量指标显著优于未接种发酵剂的传统中式香肠，并且产品的保质期较长。另外，乳酸菌中的清酒乳杆菌和弯曲乳杆菌可产生乳杆菌素，抑制许多有害菌生长，提高产品安全性。因此，那些能产生乳杆菌素的乳酸菌发酵剂还可用于肉制品生物防腐剂，如肉的保鲜、非发酵肉制品的保藏以及其他食品的保藏等方面。

2）片球菌属

片球菌在肉类工业中被广泛用作发酵剂，其中啤酒片球菌使用较早，为革兰氏阳性菌，分解可发酵的碳水化合物产生乳酸，不产生气体，不能分解蛋白质，不能还原硝酸盐。由于该菌生长快、抗冷冻能力强，适宜生长温度为 43～50℃，比发酵肉制品中污染杂菌的生长温度高，利用这一特性，可在夏季生产香肠，其发酵培养物具有乳酸片球菌和戊糖片球菌的共同特征，是最早用于肉类工业的发酵培养物。片球菌株主要是乳酸片球菌，在 26.7～48.9℃时发酵最有效。在发酵过程中代谢产物能使肉蛋白质发生特异性变化，使肉制品具有独特风味，这种风味是不能用化学试剂调配出来的。目前，片球菌已成为欧美国家发酵肉制品的主要发酵剂。链球菌属中的乳酸链球菌能产生一种细菌素 nisin，对腐败微生物有抑制作用，至今，nisin 已广泛用于食品防腐保鲜。

3）微球菌属和葡萄球菌属

微球菌属主要由 3 个种组成：藤黄微球菌、玫瑰色微球菌和变异微球菌。变异微球菌有良好的嗜冷性，藤黄微球菌和变异微球菌能产生黄色色素，玫瑰色微球菌能产生红色色素，这给产品的外观形态提供了多样选择。此外，还有橙色微球菌、亮白微球菌、表皮小球菌。微球菌在病理学和毒理学方面都是安全的，对消费者心理有良好影响。但微球菌在发酵过程中产酸速度较慢，因而将其同乳杆菌结合使用，利用其可以分解蛋白质和脂肪以及还原硝酸盐的能力，从而使产品形成腌制色泽和风味。

变异微球菌是目前唯一用于商业肉品发酵剂的微球菌种。它具有很强的硝酸盐还原能力，在较低的温度（5℃）和 pH＞5.4 时都表现出硝酸盐还原活性。微球菌常用作欧式干香肠的发酵剂培养物。微球菌成为初始发酵阶段的主导，以后其主导地位逐渐下降，让位于其他杆菌。微球菌除了具有硝酸盐和亚硝酸盐的还原能力外，还有分解蛋白质和脂肪的能力。通过分解肌肉蛋白质产生游离氨基酸来促进风味的形成。在香肠成熟期间，可溶性氮化合物的浓度增加达到肉中总氮的 25%。部分游离氨基酸的释放就是由于细菌蛋白酶作用的结果。微球菌具有强烈的脂肪分解特征，使大量脂肪酸释放出来，进一步转化形成甲基酮和醛，为肉制品提供了独特的风味。

商业发酵剂中常用的葡萄球菌有肉葡萄球菌、木糖葡萄球菌和拟葡萄球菌。实际上，除乳酸菌外，在肉制品发酵剂中，肉葡萄球菌是最重要的。国外研究发现 3 种葡萄球菌，即肉葡萄球菌、腐生葡萄球菌、维勒葡萄球菌是较佳的发酵菌。鉴于肉葡萄球菌的重要性，人们对其基因工程方面也进行了大量的研究工作。而木糖葡萄球菌在大量蛋白质存在的情况下，会使长期贮存的产品呈不好的味道。

4）其他细菌

在自然发酵肉品中发现了唯一的放线菌——灰色链霉菌（*Streptomyces griseus*）。据说此菌可以提高发酵肉制品的风味，但产品的特有风味是否得益于这一微生物的特异代谢活性，以及产生的香味成分是否源于此菌还不清楚。还有肠细菌中的气单胞菌也可作为肉品发酵菌种。此菌在发酵过程中没有任何致病菌和产毒能力，对香肠的风味还有益处。

4. 多菌种混合发酵特性

多菌种混合发酵可以增加产品的多样性，还可弥补单菌种发酵的单调性，使产品风味物质更丰富、质量更好，并扩大市场消费。但在实际应用中，要注意菌种之间的相互关系。对其中每一种微生物的基本要求是它们必须能较好地共生，或者最好具有协同作用。试验结果表明：大多数快速发酵菌株的混合培养都没有非常理想的结果。自然发酵肉制品就是多菌种混合发酵。如湘西侗族的“酸肉”经研究主要微生物菌群是乳酸菌、微球菌、葡萄球菌及酵母菌；金华火腿也主要是乳酸菌、酵母菌和霉菌共同作用的产物。菌种之间相互作用，形成独特的风味。

目前，采用纯培养菌种混合发酵的研究很多，其中植物乳杆菌与啤酒片球菌混合发酵最为普遍。这样有利于工厂化，产品的质量可以得到保证。有人研究将植物乳杆菌和嗜酸乳杆菌混合发酵，使两菌优势互补，开发了有利于人体健康的肉制品。

综上所述，肉制品发酵剂的研究主要集中于乳酸菌发酵香肠方面，且发酵肉制品特殊风味的形成不是单一菌种所能达到的，只能是合理的复合菌系共同作用的结果。总之，我们应综合应用基因工程、细菌工程、发酵工程、酶工程等生物工程技术，开发出既营养又保健且口味适合的发酵肉制品。

2.7.2 发酵质量控制

发酵肉制品在美国、德国、意大利等国家已成为一种传统发酵食品，它具有工艺考究、色香浓郁、风味独特的特点，深受消费者的欢迎。我国发酵肉制品的生产也已有相当长的历史，如各种中式火腿、风干腊肠等，都不同程度地经过发酵、干燥而制成。由于这些发酵肉制品大都不经过加热蒸煮，直接食用，因此，带来了一些有关食品安全性的问题。为保证产品的稳定性和安全性，须严格执行加工工艺的操作要点和关键控制措施。

2.8 杀菌技术

2.8.1 杀菌方式

肉制品的杀菌包括热力杀菌和非热力杀菌。

2.8.1.1　热力杀菌

将食品加热到某一高温并保持一段时间，使可导致食品腐败变质的微生物失去生命力，以保藏食品的过程称为热力杀菌。其主要目的是在杀灭有害微生物的同时使肉制品加热熟化，是肉制品加工企业产品质量安全控制的关键工序。理想的热力杀菌效果是将热力对食品品质的影响限制在最低程度的条件下，达到产品安全卫生指标的要求。

1. 沸水浴杀菌

沸水浴杀菌是设备最简单、费用最低的热力杀菌方法，常用于pH低于4.5的酸性罐藏食品的杀菌，如柑橘、苹果等水果罐头。酸性罐藏食品中的酸性内容物能抑制杀菌后残余微生物的生长繁殖，有利于杀菌后罐头的贮藏。因此，沸水浴杀菌能最大限度减少对酸性罐藏食品内营养成分的破坏。许多低温肉制品也采用沸水浴杀菌方式，因为杀菌后的成品在－18℃以下冷冻保藏基本能阻止微生物的进一步生长繁殖。肉制品的沸水浴杀菌过程又称蒸煮。实际操作过程中，要综合考虑产品煮熟的品质要求及产品的出品率、蒸煮隧道热分布的均匀性和是否存在冷点等因素。对不同规格产品进行热穿透测试，根据拟杀灭的目标致病菌及杀菌程度，综合考虑蒸煮后产品的感官质构数据，确定不同形态及规格产品蒸煮的关键限值。

2. 高温高压杀菌

高温高压杀菌是利用高压饱和蒸汽、过热水喷淋等手段杀灭微生物的方法，是热力杀菌中最有效、应用最广泛的杀菌方法。一般pH高于4.5的低酸性罐藏食品，如动物源性食品罐头等多采用此杀菌方式。以罐头食品为例，热力杀菌强度即温度和时间的组合，如121℃，30 min或118℃，42 min。

杀菌强度设计必须科学合理，主要取决于2个因素：①目标微生物的耐热性；②罐头食品的传热性。微生物的耐热性是制定杀菌强度的理论依据，它规定了罐头杀菌时必须达到的最低杀菌值。微生物的耐热性以 D 值、Z 值、F 值等杀菌参数进行界定。

D 值表示在一定温度下，杀死90％目标菌所需要的时间，亦称微生物杀灭率。在一定杀菌条件下，不同微生物具有不同的 D 值，同一微生物在不同杀菌条件下，D 值亦不相同。因此，D 值随微生物的种类、环境和灭菌温度变化而异。

Z 值表示热力致死时间呈1/10或10倍变化时，相对应的加热温度的变化。不同微生物的 Z 值不同，Z 值越大表明其耐热性越强。

F 值表示在一定温度下，杀死一定浓度的细菌或芽孢所需的时间，亦称杀菌致死值。F 值可用于比较不同杀菌过程的杀菌值，但只有当 Z 值相同时，各微生物的 F 值才可相互比较。温度和 Z 值不同，F 值也不同。通常在 F 值右侧上下分别注有 Z 值和致死温度，例如“F_{110}^{8}”表示致死温度为110℃时杀死 Z 值为8℃的一定量细菌所需要的热处理时间。低酸性食品的杀菌对象主要为肉毒杆菌，一般使用 Z 值为10℃，致死温度为121.1℃这样的基准，即用“$F_{121.1}^{10}$”表示，为简便起见，通常以“F_0”代表“$F_{121.1}^{10}$”，表示121℃下，杀灭产品中90％肉毒梭菌芽孢所需要的时间。实际热力杀菌操作中除了121℃恒温过程以外，还包括升温和降温时间，因此实际杀菌强度还包括这两个过程的杀菌强度换算。一般 F 值与 D 值关系可用 $F＝nD$ 表示，n 是不固定的，随工厂卫生条件、食品污染微生物的种类及其程度而变化。在《进出口罐头食品检验规程》(SN/T 0400.2—2015) 中明确规定：“热力杀菌工艺必须能够保证杀菌强度达到足以杀灭对象菌，其中低酸性罐头的杀菌强度不低于12D，酸性罐头及酸化罐头的杀菌强度不低于6D，如因保持产品特性需要而采用低于上述杀菌强度的杀菌工艺，企业应当提供科学证明”。低酸性罐头食品最低杀菌强度必须至少采用12D 值，才能基本上保证食品安全卫生。一般选定肉毒梭状芽孢杆菌作为热力杀菌的目标菌。试验表明，肉毒梭状芽孢杆菌在121.1℃下，其 D 值为0.204。最低杀菌强度 $F_0＝12D＝2.5$，也就是在121.1℃下加热2.5 min即可。但实际上目前很多罐头企业的热力杀菌强度往往采用121℃，30 min，比其理论最低杀菌值大很多。主要原因是根据肉毒梭状芽孢杆菌的耐热性来确定

罐头的 F_0 值，只是表明为满足杀死该微生物所应提供的热量，而如何根据所要求的最低杀菌强度来确定杀菌规程还需要依据罐头的传热特性等来确定，同时企业还在综合各种因素的基础上增加了很大的保险系数。

2.8.1.2 非热力杀菌

非热力杀菌技术是指利用非加热的方法杀灭食品中特定的致病微生物，使微生物的总量符合标准的杀菌技术。该技术具有产热低或不产热，有利于热敏感的制品杀菌，能最大限度地保持食品的香味、色泽和营养成分的特点，有效地避免了传统热力杀菌技术影响产品品质的缺点。目前应用较为广泛的非热力杀菌技术主要包括超高压杀菌、微波杀菌、高压脉冲电场杀菌以及辐照杀菌。

1. 超高压杀菌

超高压杀菌是依靠水或其他液体作为介质处理密闭于柔性容器内的食品，以达到杀菌的目的。一般采用 100 MPa 以上的压力处理。由于超高压杀菌对生产设备的要求高，生产成本也比较高，目前使用的企业比较少，具有一定的使用局限性。

在超高压环境下，微生物的细胞壁和细胞膜被破坏，微生物的生理功能部分或者全部丧失，最终导致微生物死亡，达到杀菌的目的。影响因素主要包括压力、加压时间、温度、微生物等。

高压条件下氢键受到的影响很小，因此肉中的营养物质、风味物质和维生素损失也比较小。

2. 微波杀菌

微波一般是指频率为 300～300 000 MHz（食品加工中一般为 915 MHz 和 2 450 MHz），波长从 1 mm 到 1 m 的电磁波。微波杀菌适用于导热性不良以及塑料、玻璃包装的食品等。目前，美国、日本等国家将微波杀菌广泛应用于肉品工业中。

微波杀菌包括非热力效应微波杀菌以及热效应微波杀菌。非热力效应指微波形成的电磁场使有害微生物体内的分子发生旋转，营养细胞死亡，从而进行杀菌。热效应指的是微生物内的分子受电场作用而剧烈震荡，分子间摩擦产热，从而使温度升高，达到杀菌的效果。影响微波杀菌的因素包括微波杀菌频率、食品含湿率、食品包装等。

微波杀菌速度快、效果好，在软包装产品中应用比较广泛。

3. 高压脉冲电场杀菌

高压脉冲电场杀菌技术是指将微生物置于反复作用的高电压脉冲电场中，使其死亡从而达到杀菌的一种技术。

主要原理是借助两个电极之间的瞬时高压电场作用于微生物，使微生物的细胞膜遭到破坏，因而达到杀菌的目的。现在高压脉冲电场杀菌技术杀菌相关的机制假说比较多，其中涵盖了黏弹性模型、细胞电穿孔理论、电解产物效应、电崩解理论和空穴理论等，细胞电穿孔理论和电崩解理论为绝大多数人所接受。影响杀菌的因素主要有处理菌的种类和数量、脉冲电场强度与波形、脉冲的数目频率与时间、样品的温度、pH 等。电场强度通常是影响最大的因素，电场强度同微生物存活率呈负相关。

4. 辐照杀菌

辐射杀菌是利用辐射源（通常为 ^{60}Co 或 ^{137}Cs）放出的射线辐射微生物，使其生理结构遭到破坏进行杀菌的方法。目前研究其机制认为主要有 3 个方面：破坏微生物细胞核，使其线粒体和染色体固化，导致其细胞死亡；抑制细胞的繁殖作用；γ 射线辐射微生物细胞，使原生质破裂，细胞死亡，以此进行杀菌。辐照杀菌不仅能杀死肉制品的表面微生物，同时对于内部微生物的杀菌效果也比较明显。

2.8.2 二次杀菌

为便于存放和延长保质期，一些使用透气性肠衣生产的肉制品在包装之后会进行二次杀菌。二次杀菌方式目前较多，应用于肉及肉制品中的既有传统热力杀菌，也包括各种非热力杀菌。研究发现真空包装后进行热力杀菌处理的产品，较非热力处理的产品具有更好的贮藏性。因此，为延长真空包装产品货架期而进行的二次加热杀菌尤为重要。但杀菌条件需严格设定，过度热处理包括加热温度过高或时间过长，均可能造成产品结构被破坏以致产生出油、出水等不良现象，且表面大量渗出的汁液极易成为细菌营养源，使产品保质期缩短，且品质特性下降，最终影响市场销售。

目前，不少学者已从风味、感官特性以及保水性等方面研究二次杀菌带给肉与肉制品品质的影响。持水性对于肉类产业是一个不容忽视的技术以及经济指标，水分子的存在形式和活性分布状态决定了蛋白质的保水能力，直接影响产品的硬度等质构特性。

复习思考题

1. 肉品加工中常用辅料有哪些？对制品主要产生什么作用？
2. 简述腌肉的呈色机理以及影响腌肉色泽的因素。
3. 试述肉在加工过程中所发生的变化。
4. 杀菌中 D 值、Z 值、F 值的含义是什么？
5. 如何进行熏烟中有害物质的控制？
6. 结合本章所学知识，设计一种绿色酱卤肉制品的生产工艺。

HAPTER 3

第3章 畜禽屠宰与分割肉加工

目标要求：

1. 了解动物宰前的检验与管理规程；
2. 了解猪牛羊禽的屠宰加工方法；
3. 了解肉的分级与分割肉加工方法。

屠宰加工是肉类生产的必需环节。优质肉品的获得很大程度上取决于肉用畜禽和屠宰加工的条件和方法。在肉类工业中，把肉用畜禽经过刺杀、放血和开膛去内脏，最后加工成胴体等一系列处理过程，称作屠宰加工，它是肉类深加工的前处理，因而也叫初步加工。胴体又称肉尸，商业上也称作白条肉。

3.1　畜禽屠宰

3.1.1　宰前管理与检验

畜禽的宰前管理与检验是保证肉品卫生质量的重要环节。通过宰前检查，可以初步确定待宰畜禽的健康状况，发现许多宰后难以发现的传染病，从而做到及早发现，减少损失，防止疫病传播。在畜禽的宰前管理与检验过程中，贯彻执行病、健隔离，病、健分宰，防止肉品污染，在提高肉品卫生质量方面起着重要作用。

3.1.1.1　宰前管理

1. 宰前休息

畜禽经过长途运输后，由于饥饿、疲劳、惊恐和圈舍环境改变等原因而产生应激反应，影响宰后胴体排酸，降低肉品质。宰前休息有利于放血，缓解应激反应，提高肉的商品价值。通常情况下，鸡运输卸载后及时屠宰，猪休息2～4 h后屠宰，牛休息3 h以上屠宰。待宰圈要根据待宰时间、动物品种不同，配备通风系统，保持适宜温度。待宰圈的大小要适宜，应能使所有动物同时站起、躺下和自由转身。一般对于待宰猪，以密度不超过2头/m^2为宜。

2. 宰前禁食、供水

宰前短时间禁食可以避免待宰畜禽呕吐以及体温过高，但禁食时间过长会造成动物的饥饿感及打斗数量增加，一般牛、羊宰前禁食24 h，猪12 h，家禽18～24 h。禁食期间，应供给足量的饮水，保证机体进行正常的生理活动。但在宰前2～4 h应停止给水，防止屠宰畜禽倒挂放血时胃内容物从食道流出污染胴体。

3. 宰前淋浴

根据季节不同，卸车后用20℃温水喷淋畜体2～20 min，清洗体表污物的同时降低体温，抑制兴奋，减少待宰时的热应激发生率和死亡率，提高屠宰时的放血质量。

3.1.1.2　宰前检验

当屠宰畜禽由产地运到屠宰加工企业后，在未卸下车船之前，兽医检验人员向押运员索阅当地兽医部门签发的检疫证明书，核对牲畜的种类和头数，了解产地有无疫情和途中病死情况。经过初步视检和调查了解，认为基本合格时，方可允许卸下赶入预检圈。病畜禽或疑似病畜禽赶入隔离圈，按《食品安全国家标准　畜禽屠宰加工卫生规范》（GB 12694—2016）中有关规定处理。

宰前一般采用群体检查和个体检查相结合的办法。其具体做法可归纳为动、静、食的观察3个环节和看、听、摸、检4个要领。一般对猪、羊、禽等的宰前检验都以群体检查为主，辅以个体检查；对牛、马等大家畜的宰前检验以个体检查为主，辅以群体检查。首先从大群中挑出有病或不正常的畜禽，然后逐头检查，必要时应用病原学诊断和免疫学诊断的方法加以验证和鉴别。

3.1.2　生猪屠宰加工技术

生猪的屠宰工艺流程见图3-1。

致昏→放血→浸烫→褪毛、去皮→去头脚→开膛→去内脏→劈半→胴体修整→检验入库

图3-1　生猪屠宰工艺流程图

工艺要点如下：

1. 致昏

致昏是指应用物理或化学方法，使家畜在宰杀前短时间内处于昏迷状态，也叫击晕。击晕的主要目的一方面是让动物在屠宰前失去知觉，减少屠宰时的痛苦；另一方面可避免动物在宰杀时因为挣扎而导致体内过多的糖原消耗，以保证肉质。常见的致昏方法有电击晕法、二氧化碳麻醉法、水浴电击晕法。

（1）电击晕法　通过电流麻痹动物中枢神经，使其晕倒。电击晕可导致肌肉强烈收缩，心跳加剧，导致动物短时间内失去知觉，便于放血。电击晕是目前广泛使用的致昏方法，分两点式和三

点式两种：两点式电击晕时，一般电极位置如图3-2所示；三点式电击晕时两个电极位于头部，第三个电极位于胸部。常用的电流强度、电压、频率以及作用时间列于表3-1。电击晕的缺点是对动物的内脏有一定损失。

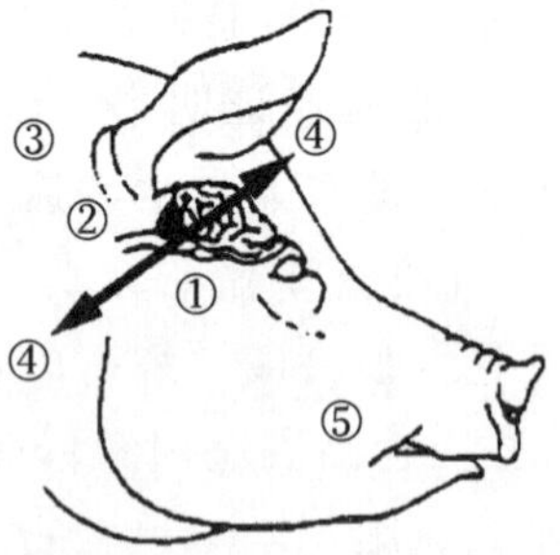

正确位置：①眼耳之间，②耳根，④头顶和头底对角线；
错误位置：③颈部，⑤口鼻和嘴角处

图3-2 电击晕时电极位置（Sparrey & Wotton.，1997）

表3-1 畜禽屠宰时的电击晕参数

种类	电压/V	电流强度/A	麻电时间/s
猪	70～100	0.5～1.0	1～4
牛	75～120	1.0～1.5	5～8
羊	90	0.2	3～4
兔	75	0.75	2～4
家禽	65～85	0.1～0.2	3～4

（2）二氧化碳麻醉法　动物在CO_2浓度为70%～90%的通道中经历15～30 s，即能被麻醉，2～3 min内完全失去知觉。采用此法致昏，动物无紧张感，可减少体内糖原消耗，减少骨折和出血现象，有利于保持良好的肉品质量，但此法成本高，目前主要用于猪和禽的致昏。二氧化碳致昏的缺点是因为内脏放血不全，致使色泽加深，降低脏器的商品价值。

（3）水浴电击晕法　此法常用于禽类屠宰，将待宰禽的头部浸入水中，再通入电流。

2. 放血

致昏后应立即放血，停留时间最好不超过30 s，以免动物苏醒挣扎引起肌肉出血，甚至造成人体伤害；放血必须充分。一般采用刺颈、切颈或从心脏放血。

3. 浸烫、褪毛或剥皮

猪放血后，在开膛前需要进行浸烫、褪毛或剥皮。放血后的猪由悬空轨道上卸入浸烫池浸烫，使毛根及周围毛囊的蛋白质受热变性，毛根和毛囊易于分离，表皮也出现分离，可达到脱毛的目的。胴体在浸烫池内浸烫约5 min，池内水温以70℃为宜。浸烫后的胴体即可进行褪毛、燎毛、清洗和检验。

不带皮的白条肉加工时采用剥皮工艺。先手工预剥，挑开腹部正中线皮层，挑开四肢内侧皮层，在四肢、头部和肛门处环切皮层，再开动剥皮机进行剥皮。

4. 去头脚、开膛、去内脏

一般畜类屠宰后要进行去头脚、分割处理。猪在第1颈椎或枕骨髁处将头去除。畜类通常沿腹中线切开腹壁，用刀劈开耻骨联合，锯开胸骨，取出白脏（胃、肠道等）和红脏（心脏、肝脏、肺脏等）。

5. 劈半及胴体修整

沿脊柱正中线将胴体锯成两半，剥离脊髓，用水冲洗胴体，去掉血迹及附着的污物，称重后送到冷却间冷却。

6. 检验入库

待检兽医检验后，盖章入库。

3.1.3 牛、羊屠宰加工技术

牛、羊的屠宰工艺流程如图3-3所示。

致昏→放血→去头蹄→去皮→开膛→去内脏→劈半→胴体修整→检验入库

图3-3 牛、羊屠宰工艺流程图

工艺要点与猪屠宰工艺类似，特殊要点如下。

1. 去头

牛、羊在枕骨和寰椎之间将头去除。

2. 去皮

牛、羊放血后先进行去头、蹄工序，在掌骨和腕骨间去除前蹄，跖骨和跗骨间去掉后蹄。剥皮时可采用手工剥皮、机械剥皮或二者相结合的方式，现代畜禽加工企业，为了保证卫生，多采用吊挂剥皮。将公畜的阴囊、阴茎及母畜的乳腺切下。剥皮后，剥离肛门，用塑料袋或橡皮筋扎住肛门口，以防止粪便等污物流出污染胴体。

3.1.4 家禽屠宰加工技术

家禽的屠宰工艺流程如图3-4所示。

致昏→放血→烫毛→脱毛→去绒毛→清洗→去头脚→净膛→检验入库

图 3-4　家禽屠宰工艺流程图

与猪屠宰工艺相比特殊要点如下：

1. 放血

家禽主要采用动脉放血法、三管切断法、口腔放血法，以及断颈放血法。

2. 烫毛、脱毛、去绒毛

禽类脱毛首先进行烫毛，然后机械脱毛，最后对残留的绒毛进行局部处理。烫毛有3种方法：

(1) 高温烫毛（71～82℃，30～60 s）　高温热水处理便于拔毛，减少禽体表面微生物数量，胴体呈黄色。但温度高易引起胸部肌肉收缩，使肉质变老，而且易导致皮下脂肪与水分的流失，故尽可能不采用高温处理。

(2) 中温烫毛（58～65℃，30～75 s）　国内烫鸡通常采用65℃，35 s，鸭60～62℃，120～150 s。中温处理羽毛较易去除，外表稍黏、潮湿，颜色均匀、光亮，适合冷冻处理，也适合裹浆、裹面炸禽。

(3) 低温烫毛（50～54℃，90～120 s）　这种处理方法羽毛不易去除，必须增加人工二次去毛，而且脖子、翅膀等部位需再经较高温（62～65℃）的热水处理。此种处理禽体外表完整，适合各种包装，而且适合冷冻处理。

烫毛有利于后期机械脱毛。禽类的机械脱毛主要是利用橡胶指束的拍打与摩擦作用脱除羽毛。因此，在脱毛时，必须调整好橡胶枝束与胴体之间的距离。距离过小，会因过度拍打胴体而导致骨折、禽皮破裂或翅尖出血；距离太大，可能导致脱毛不全，影响脱毛速度。另外，应掌握好脱毛时间。机械脱毛后，通过钳毛、石蜡拔毛、火焰喷射机烧毛3种方法，对胴体上残存的细微绒毛进行去除。

3. 去头脚

禽类是否去头、切脚要视市场需求而定。

4. 净膛

禽类内脏的取出形式有：全净膛，即将脏器全部取出；半净膛，仅拉出全部肠管、胆和胰脏。

3.2　分割肉加工

肉的分割是按不同国家、不同地区的分割标准将胴体进行分割，以便进一步加工或直接供给消费者。

3.2.1　猪肉分割技术

3.2.1.1　我国猪肉分割与分级

根据我国《猪肉分级》(SB/T 10656—2012)，具体如下：

1. 猪胴体分割

分割猪肉是指依据猪胴体形态结构和肌肉组织分布进行分割，得到的不同部位的肉块。对猪肉体进行了详细的部位划分，如前肘、后肘、前腿、后腿、大排、小排、肋排等。

2. 猪肉分级

将感官指标、胴体质量、瘦肉率、背膘厚度作为评定指标（其中瘦肉率、背膘厚度可由企业根据自身情况选择1项或2项），将胴体等级从高到低分为1、2、3、4、5、6六个级别。

猪胴体的4个部位肉包括：带皮带脂（或去皮带脂）前腿肌肉、带皮带脂（或去皮带脂）后腿肌肉、带皮带脂（或去皮带脂）大排肌肉、带皮带骨（或带皮去骨、去皮带骨、去皮去骨）中方肉。部位肉可以进行分级，并根据市场需求进行细分割，具体要求由企业结合市场自行确定。

3.2.1.2　国外猪肉分割与分级

1. 美国猪肉胴体分割与分级

美国猪胴体分割为颊肉、前腿肉、肩部肉、肋排、通脊、肋腹和后腿肉。

美国主要对阉公猪、小母猪和母猪进行分级，对公猪胴体不进行分级。美国猪胴体等级分为质量级和产量级。就质量级而言，4个优质切块（后腿肉、背腰肉、野餐肩肉和肩胛肉）的质量性状都合格的胴体才可参加评级（U.S.1～4级）；4个优质切块的质量性状不合格的胴体只能定为U.S.实用级。

2. 日本猪肉胴体分割与分级

日本将猪胴体分成7个部位：肩部、背部、腹部、臀腿部、肩背部、腰部、臀部，同时按照其质量及外观将每个部分分为上等和标准2个等级。

猪胴体分为带皮和剥皮半胴体 2 种等级。主要以半胴体重、第 9～13 胸椎处最薄的皮下脂肪厚度、外观和肉质 3 个方面作为判定要素，分为极好、好、中等、差 4 个等级。

3.2.2 牛肉分割技术

3.2.2.1 我国的牛肉分割方法

我国的牛胴体分割方法是在总结了国内不同分割方法的基础上，并考虑到与国际接轨而制定的。

将标准的牛胴体分割成里脊、外脊、眼肉、上脑、辣椒条、胸肉、臀肉、米龙、牛霖、大黄瓜条、小黄瓜条、腹肉、腱子肉 13 块不同的肉块［《牛胴体及鲜肉分割》(GB/T 27643—2011)］(图 3-5)。

(1) 里脊　取自牛肌体腰部内侧带有完整里脊头的净肉。

(2) 外脊　取自牛胴体第 6 腰椎外横截第 12～13 胸椎椎窝中间处垂直横截沿背最长肌下缘切开的净肉，主要是背最长肌。

(3) 眼肉　取自牛胴体第 6 胸椎到第 12～13 胸椎间的净肉。前端与上脑相连，后端与外脊相连，主要包括背后阔肌、背最长肌、肋间肌等。

(4) 上脑　取自牛胴体最后颈椎到第 6 胸椎间的净肉。前端在最后颈椎后缘，后端与眼肉相连，主要包括背最长肌、斜方肌等。

(5) 辣椒条　位于肩胛骨外侧，从肱骨头与肩胛骨结节处紧贴冈上窝取出的形如辣椒状的净肉，主要是冈上肌。

(6) 胸肉　位于胸部，主要包括胸深肌和胸横肌等。

(7) 臀肉　位于后腿外侧靠近股骨一端，主要包括臀中肌、臀深肌、股阔筋膜张肌等。

(8) 米龙　位于后腿外侧，主要包括半膜肌、股薄肌等。

(9) 牛霖　位于股骨前面及两侧，被阔筋膜张肌覆盖，主要是臀股四头肌。

(10) 大黄瓜条　位于后腿外侧，沿半腱肌股骨边缘取下的长而宽大的净肉，主要是臀股二头肌。

(11) 小黄瓜条　位于臀部，沿臀股二头肌边缘取下的形如管状的净肉，主要是半腱肌。

(12) 腹肉　主要包括肋间内肌、肋间外肌和腹外斜肌等。

(13) 腱子肉　腱子肉分前、后两部分，牛前腱取自牛前小腿肘关节至腕关节外净肉，包括腕桡侧伸肌、指总伸肌、指内侧伸肌、指外侧伸肌和腕尺侧伸肌等。后牛腱取自牛后小腿膝关节至跟腱外净肉，包括腓肠肌、趾伸肌和趾伸屈肌等。

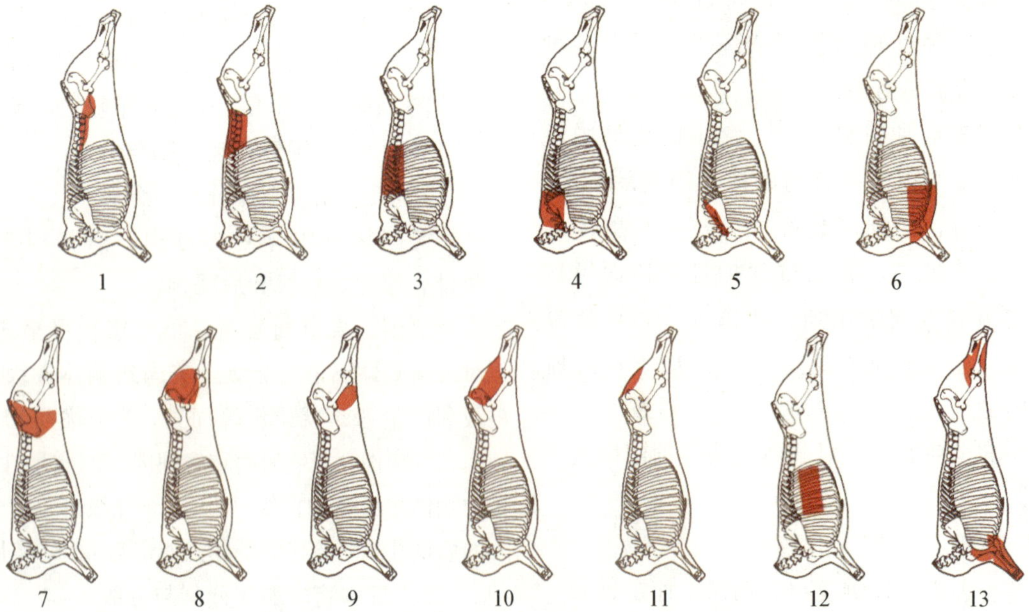

1.里脊　2.外脊　3.眼肉　4.上脑　5.辣椒条　6.胸肉　7.臀肉　8.米龙
9.牛霖　10.大黄瓜条 11.小黄瓜条　12.腹肉　13.腱子肉

图 3-5　我国牛肉分割图 (GB/T 27643—2011)

3.2.2.2 国外牛肉分割方法

1. 美国牛胴体的分割方法

美国将牛胴体分成以下几个部分：后腿肉、臀肉、后腰肉、前腰肉、肋肉、肩颈肉、前腿肉、胸肉、腹肉（图 3-6）。在此基础上再进行分割零售。

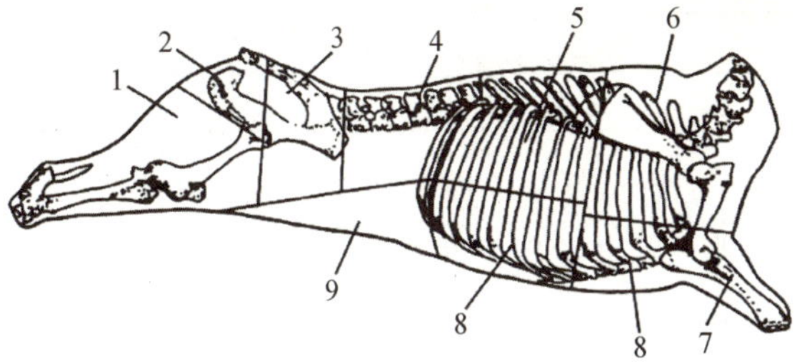

1. 后腿肉　2. 臀肉　3. 后腰肉　4. 前腰肉　5. 肋肉　6. 肩颈肉　7. 前腿肉　8. 胸肉　9. 腹肉

图 3-6　美国牛胴体分割图

2. 日本、法国、澳大利亚牛胴体的分割方法

日本牛胴体共分割为颈部、腕部、肩部牛排、肋排、背脊牛排、腹肋部、肩胸部、腰大肌、大腿里、大腿外及颈部等肉块。

法国牛胴体分割较细，主要包括：肩肉、颈肉、前背肉、肩下肉、肥厚胸肉、中部胸肉、前腿肉、腿端肉、上肋肉、膈柱肌、胸肉、胸肋肉、胸软排骨、上腰肋、腰肉、腹肉、腰腹细肉、臀肉、前臀肉、前臀端肉、股肉、大腿肉、腿后侧肉、肥腿肉、后胫肉、腿端肉等。

澳大利亚将牛胴体主要分割为背肩、肋肉、沙朗、腿心、胸肉、肚肉、外条、腓力、臀肉、腰肉、腰窝、刀头、腱子等部分。

3.2.2.3 牛肉分级

胴体的等级直接反映肉畜的产肉性能及肉的品质，无论对于生产还是消费都具有很好的规范作用，有利于形成优质优价的市场规则。

1. 我国牛肉分级

2003 年我国制定了第一个畜禽肉品质分级农业行业标准，即《牛肉质量分级》（NY/T 676—2003），开创了我国畜禽肉质量分级的先河。经过 7 年应用，该标准修订为《牛肉等级规格》（NY/T 676—2010）。随着经济社会和肉牛产业的发展和需求，2012 年我国颁布了牛肉分级国家标准，即《普通肉牛上脑、眼肉、外脊、里脊等级划分》（GB/T 29392—2012）。

牛肉等级评定非常复杂，往往受许多因素的影响，如牛龄、营养状况、肌内脂肪含量、肌肉和脂肪色泽、肉块大小等。常见的牛肉等级评定依据如下。

（1）大理石纹评分　反映横纹肌中肌内脂肪的含量和分布状况，大理石纹越丰富，牛肉的多汁性越好。商业上，通过评定肌肉横切面中脂肪颗粒的数量和大小，以及分布均匀状况进行感官评定，或借助机器视觉进行智能化评定。大理石花纹与等级的关系见图 3-7、图 3-8。大理石花纹等级对应的肌内脂肪含量见表 3-2。

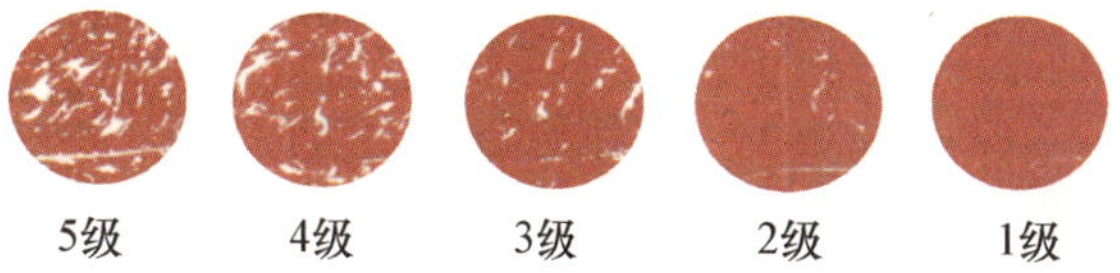

图 3-7　大理石花纹等级图（NY/T 676—2010）

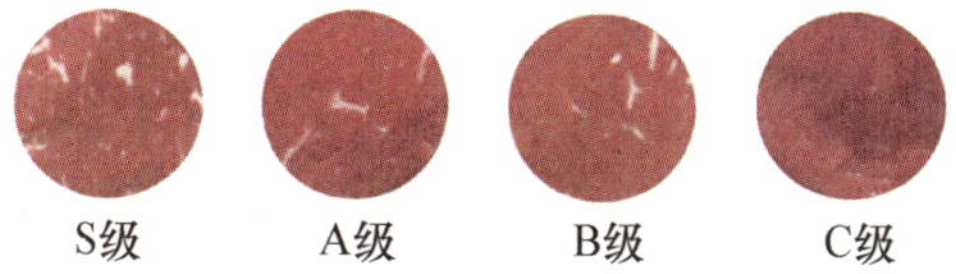

图 3-8　大理石花纹等级图（GB/T 29392—2012）

表 3-2　大理石花纹等级对应的肌内脂肪含量（GB/T 29392—2012）

大理石花纹等级	肌内脂肪含量
S 级	15%以上
A 级	10%～15%
B 级	5%～10%
C 级	5%以下

（2）年龄　年龄能够反映肉的嫩度，牛龄越大，牛肉的嫩度越差。商业上，可根据年龄或门齿黑窝磨灭状况或脊椎骨棘突末端软骨的骨质化程度来判断等级，年龄越大，级别越低；牛胴体质量等级与大理石花纹和年龄的关系见表 3-3。

（3）肌肉色　对照肉色等级图片（图 3-9），判断眼肌切面处颜色的等级。肌肉色按颜色深浅分为 8 个等级，其中 4、5 两级的肉色最好。

表 3-3 牛胴体质量等级与大理石花纹、年龄的关系

大理石花纹等级	A（12～24 月龄）无或出现第一对永久门齿	B（24～36 月龄）出现第二对永久门齿	C（36～48 月龄）出现第三对永久门齿	D（48～72 月龄）出现第四对永久门齿	E（72 月龄以上）永久门齿磨损较重
5 级（丰富）	特级				
4 级（较丰富）			优级		
3 级（中等）				良好级	
2 级（少量）					普通级
1 级（几乎没有）					

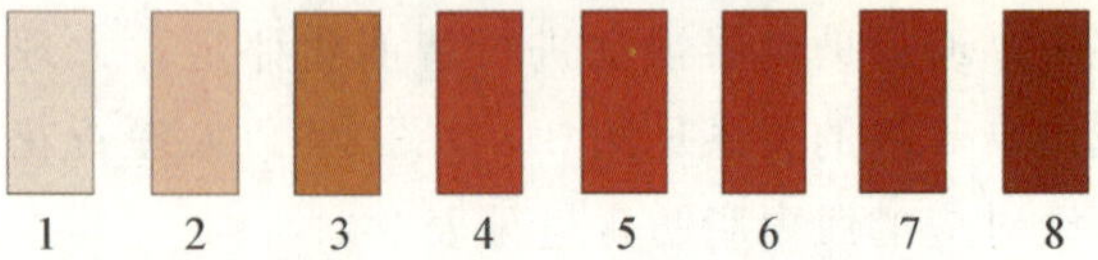

图 3-9 肌肉颜色等级图（NY/T 676—2010）

（4）脂肪色 对照脂肪色等级图片（图 3-10），判断眼肌横截面处背膘脂肪颜色的等级。脂肪色分为 8 个等级，其中 1、2 两级的脂肪色最好。

图 3-10 脂肪颜色等级图（NY/T 676—2010）

2. 国外牛肉分级

（1）美国牛胴体分级 美国牛肉分级采用质量级和产量级两种分级方法。

①质量级。阉牛、小母牛、母牛可分为 8 个级别；而母牛除了特等外，其他等级都适用；小公牛的质量级只有特等、优选、精选、标准和可用 5 个级别。

根据大理石花纹和生理成熟度（年龄）将牛肉分为：特优（prime）、优选（choice）、精选（select）、标准（standard）、商用（commercial）、可用（utility）、切碎（cutter）和制罐（canner）8 个级别。生理成熟度越小，肉质越嫩，级别越高。生理成熟度分为 A、B、C、D 和 E5 级。A 级为 9～30 月龄；B 级为 30～42 月龄；C 级为 42～72 月龄；D 级为 72～96 月龄；96 月龄以上为 E 级。

大理石花纹是决定牛肉品质的重要因素，与嫩度、多汁性和风味有密切关系。在第 12～13 肋骨间的眼肌横切面处评定大理石花纹等级，分为丰富、适量、适中、少、较少、微量和几乎没有 7 个级别。当生理成熟度和大理石花纹确定后就可判定其等级，年龄越小，大理石花纹越丰富，级别越高，反之则越低（表 3-4）。

表 3-4 美国牛胴体大理石花纹、生理成熟度与质量等级之间的关系（USDA，1997）

大理石花纹	生理成熟度 A	B	C	D	E
很丰富					
丰富	特	等			
较丰富				商售	
多量					
中等	优	选			
少量					
微量	精选			可用	
稀量	标	准			切碎
几乎没有					

②产量级。产量级以胴体出肉率为依据，后者定义为修整后去骨零售肉量与胴体的比例。出肉率与产量等级之间的关系见表 3-5。

表 3-5 美国牛胴体出肉率与产量级之间的关系（USDA，1997）

产量级	出肉率
1	52.3%以上
2	52.3%～50.0%
3	50.0%～47.7%
4	47.6%～45.4%
5	45.4%以下

（2）日本牛胴体分级 日本牛胴体分级标准也包括质量级和产量级别两方面，最后将二者结合起来得出最终等级。

①质量级。质量级包括大理石纹、肉的色泽、肉的质地和脂肪色泽4个指标。每个指标均分为5级，1级最差，5级最好，最终的质量等级要按照4个指标中最低的一个确定，如其他3个指标是5级，肉色为3级，则最终等级为3级。

②产量级。产量级别是以出肉率为衡量标准，可按下式计算：

$$产量百分数(\%)=67.37+0.13\times 眼肌面积(cm^2)+0.667\times 肋部肉厚(cm)-0.025\times 左半冷胴体重(kg)-0.896\times 皮下脂肪厚度(cm)$$

根据产量百分数将胴体产量级分为3级：A级在72%以上；B级在69%～72%；C级在69%以下。结合胴体质量级和产量级，最终牛胴体的等级标准见表3-6，共分15个等级，A5最高，C1最低。

表3-6　日本牛胴体最终等级的确定

产量评分	肉质评分				
	5	4	3	2	1
A	A5	A4	A3	A2	A1
B	B5	B4	B3	B2	B1
C	C5	C4	C3	C2	C1

3. 欧洲经济共同体牛胴体分级

欧洲经济共同体肉牛胴体的分级标准，是根据胴体的肥瘦、胴体的结构和肥度来划分的。根据肥度共7个等级，即1（最瘦）、2、3、4L、4H、5L、5H（最肥）。

4. 澳大利亚牛胴体分级

澳洲牛肉基本上分为9级，从背膘厚、风味、香味3个方面来决定，澳洲牛肉的背膘厚从4～12共分为9级，平均是6级，达到9级以上就是很高级的肉了，数字越高，表示牛肉的肥瘦越像大理石花纹，12级就是顶级了。澳洲牛肉M9级相当于日本的A3级，M12级相等于日本的A5级。

3.2.3 羊肉分割技术

3.2.3.1 我国羊肉分割与分级

1. 我国羊肉分割方法

分割羊肉是指鲜胴体羊肉、冷却胴体羊肉、冻胴体羊肉在特定环境下按部位分割，并在特定环境下贮存、运输和销售的带骨或去骨切块。羊肉分割方法如图3-11所示［《羊肉分割技术规范》(NY/T 1564—2007)］。

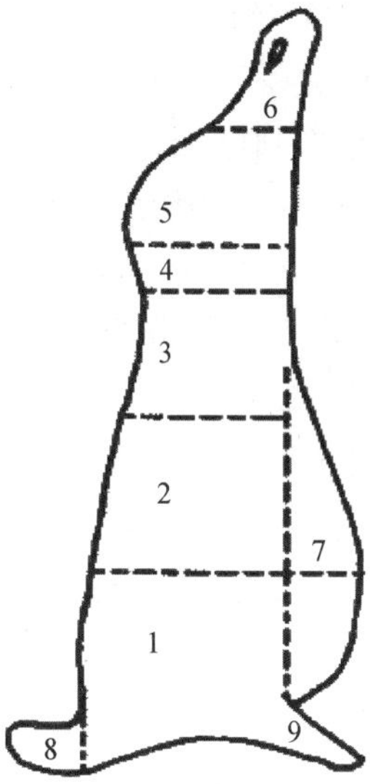

1.前1/4胴体　2.羊肋脊排　3.腰肉　4.臀腰肉　5.带臀腿　6.后腿腱　7.胸腹腩　8.羊颈　9.羊前腱

图3-11　羊肉分割图

2. 我国羊胴体分级

我国羊胴体分级标准主要根据羊的年龄分为大羊肉（12月龄以上）、羔羊肉（12月龄以内）和肥羔肉（4～6月龄），再根据胴体重量、肥度、肋肉厚度、肉脂硬度、肌肉发育程度、生理成熟度和肉脂色泽等指标分为特等级、优等级、良好级和可用级［《羊肉质量分级》(NY/T 630—2002)］。

3.2.3.2 国外羊肉分割与分级

1. 国外羊胴体分割

以美国羊胴体分割为代表进行介绍，美国羊胴体的分割方法为：羊胴体可被分割成腿部肉、腰部肉、腹部肉、胸部肉、肋部肉、前腿肉、颈部肉、肩部肉（图3-12）。

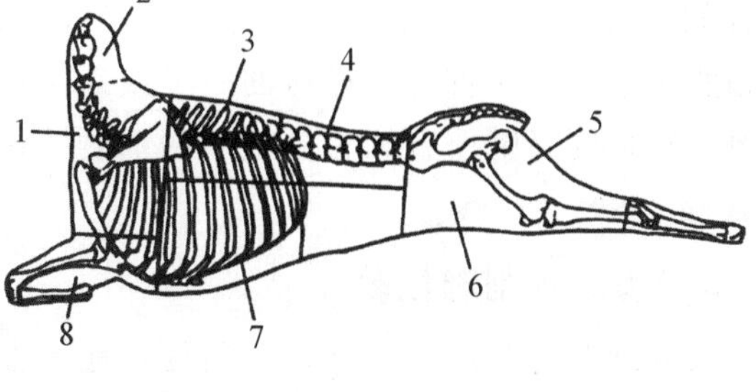

1.肩部肉　2.颈部肉　3.肋部肉　4.腰部肉　5.腿部肉　6.腹部肉　7.胸部肉　8.前腿肉

图3-12　美国羊胴体的分割图

2. 国外羊肉分级

1）美国羊肉分级标准

首先根据观察腹股沟或乳房部位是否有阴囊脂肪或乳腺脂肪来判断胴体的性别，然后对胴体进行评级。美国羊胴体等级分为质量级和产量级。

（1）质量级 根据生理成熟度、腹部夹层脂肪丰富度及硬度将羊胴体分为特选、优选、普通、可用、等外5级（USDA，2001）。

（2）产量级 根据零售肉切块（腿肉、腰肉、颈肉和肩肉）的产量分为1～5级（USDA，2001），主要通过第12～13肋骨眼肌处背膘厚度计算。

2）澳大利亚羊肉分级

澳大利亚主要根据羊的类别（羔羊肉、幼年羊肉、青年羊/成年羊）并以胴体重量确定分级，主要分为轻（L）、中（M）、重（H）和特重（X）4级。

3.2.4 禽肉分割技术

3.2.4.1 我国禽肉分割与分级

我国现有鸡胴体分割及质量分级标准中，分割鸡肉主要包括白条鸡类、翅类、胸肉类、腿肉类和副产品五大部分（GB/T 24684—2010）。

鸡胴体主要根据胴体完整程度、胴体胸部形态、胴体肤色、胴体皮下脂肪分布状态和羽毛残留状态等5项指标进行评价，分为1、2、3等；鸡分割肉根据分割肉形态、肉色、脂肪沉积程度分为1、2、3等（NY/T 631—2002）。

3.2.4.2 国外禽肉分割与分级

以美国为例，可以获得多种不同类型的分割肉：半胴体、1/4鸡胸肉、1/4鸡腿肉、鸡翅、鸡胸肉、鸡大腿、鸡小腿、翅根、翅中、整个鸡胸、龙骨架、脊肉、整个腿、鸡背肉或带骨鸡背肉、鸡胸的一半或前半部分、鸡腿的一半或后半段或脊肉。同时按照整个胴体和分割块的消费等级分为A级、B级、C级。

3.2.5 分割肉包装

包装是满足食品全球性、全国性、地区性配送发展的先决条件。随着肉制品的发展，产品范围会更广，更复杂。目前对于分割肉类制品的包装以真空包装和MAP包装（改善气调包装）为主。其中真空包装的分割肉可以用于冻藏制品的包装，MAP包装可用于冷藏类制品的包装。其流程如下。

3.2.5.1 预冷

将修整好的分割肉放在平盘中，送入冷却间内进行冷却。冷却间内的温度为－3～－2℃。在24 h内肉温降至0～4℃。

现在欧洲一些国家实行两段冷却法：第一段室温－10～－5℃，时间2～4 h，肉中心温度降到20℃左右；第二段室温2～4℃，时间14～18 h，肉中心温度冷却到4～6℃。这种方法的优点是外观良好，肉表面干燥，风味好，干耗比一次冷却少40%～50%。

3.2.5.2 包装

根据后期产品形式及流通要求选择合适的包装形式。包装间的温度要求为0～4℃，以保证冷却肉温度不回升。

3.2.5.3 冷藏、冻结与冻藏

非冻结类制品，包装后在冷藏库冷藏，一般库温要求在冰点以上，相对湿度控制在85%～90%，不同产品最适条件不同，如果温度低，湿度可以增大一些，以减少冷藏过程的干耗。应当注意，冷藏生肉类制品贮藏期较短，贮藏运输过程应尽量减少温度波动。

需冻结类制品一般是纸箱包装后进行冻结（严格来讲，应该冻结后再进行纸箱包装）。冻结室温度－25℃甚至更低，相对湿度控制在95%，空气流速2 m/s。铁盒包装的一般要求冻结时间不超过24 h，纸箱包装的一般要求不超过48 h；冻结终点肉中心温度不高于－15℃。冻藏库库温一般在－18℃，相对湿度控制在95%～98%，空气自然循环即可。

复习思考题

1. 畜禽屠宰前为什么要休息、禁食以及饮水？
2. 畜禽屠宰前击昏有什么益处？
3. 畜禽屠宰副产品有哪些？如何利用？
4. 简述畜禽胴体分割及分级的必要性。

HAPTER 4

第 4 章 肉的贮存保鲜

目标要求：

1. 了解肉的冷却方式与冷藏方法；
2. 了解肉的冻结方式与冻藏法；
3. 了解辐照保藏的基本原理；
4. 了解贮藏过程中肉品质发生的变化。

肉是易腐败食品，处理不当就会变质，为延长肉的货架期，不仅要改善原料肉的卫生状况，而且要采取控制措施阻止微生物生长繁殖。原料肉的贮藏保鲜方法正确与否直接影响肉品质量。

4.1 冷却贮藏

冷却保鲜是常用的肉和肉制品保存方法之一。这种方法将肉品冷却到0℃左右，并在此温度下进行短期贮藏，由于冷却保存耗能少，投资较低，适宜于保存在短期内加工的肉类和不宜冻藏的肉制品。

4.1.1 肉的冷却

刚屠宰完的胴体，其温度一般在38～41℃，这个温度范围正适合微生物生长繁殖和肉中酶的活性，对肉的保存很不利。肉的冷却目的就是在一定温度范围内使肉的温度迅速下降，使微生物在肉表面的生长繁殖减弱到最低程度，并在肉的表面形成一层皮膜；减弱酶的活性，延缓肉的成熟时间；减少肉内水分蒸发，延长肉的保存时间。肉的冷却通常也是肉的冻结过程的准备阶段。在此阶段，胴体或肉逐渐成熟。

目前，畜肉的冷却主要采用空气冷却，即通过各种类型的冷却设备，使室内温度保持在0～4℃。冷却时间决定于冷却室温度、湿度和空气流速，以及胴体大小、肥度、数量、胴体初温和终温等。禽肉可采用液体冷却法，即以冷水和冷盐水为介质进行冷却，亦可采用浸泡或喷洒的方法进行冷却，此法冷却速度快，但必须进行包装，否则肉中的可溶性物质会损失。冷却终温一般在0～4℃，牛肉多冷却至3～4℃，然后移到0～1℃冷藏室内，使肉温逐渐下降；分割胴体，先冷却至12～15℃，再进行分割，然后冷却到1～4℃。

4.1.1.1 冷却条件的选择

1. 冷却间温度

热鲜肉易腐败，为尽快抑制微生物生长繁殖和酶的活性，保证肉的质量、延长保存期，要尽快把肉温降低到一定范围。肉的冰点在－1℃左右，冷却终温以0℃左右为好。因而冷却间在进肉之前，应使空气温度保持在－4℃左右。在进肉结束之后，即使初始放热快，冷却间温度也不会很快升高，使冷却过程保持在0℃左右。对于牛肉、羊肉来说，在肉的pH尚未降到6.0以下时，肉温不得低于10℃，否则会发生冷收缩。

2. 冷却间相对湿度

冷却间的相对湿度对微生物的生长繁殖和肉的干耗（一般为胴体重的3%）起着十分重要的作用。湿度大，有利于降低肉的干耗，但微生物生长繁殖加快，且肉表面不易形成皮膜；湿度小，微生物活动减弱，有利于肉表面皮膜的形成，但肉的干耗大。在整个冷却过程中，水分不断蒸发，总水分蒸发量的50%以上是在冷却初期（最初1/4冷却时间内）完成的。因此在冷却初期，空气与胴体之间温差大，冷却速度快，相对湿度宜在95%以上，之后，宜维持在90%～95%，冷却后期相对湿度以维持在90%左右为宜。这种阶段性地选择相对湿度，不仅可缩短冷却时间，减少水分蒸发，抑制微生物大量繁殖，而且可使肉表面形成良好的皮膜，不致产生严重干耗，达到冷却目的。对于刚屠宰的胴体，由于肉温高，要先经冷晾，再进行冷却。

3. 空气流速

空气流速对干耗和冷却时间也极为重要。相对湿度高，空气流速低，虽然能使干耗降到最低程度，但容易使胴体长霉和发黏。为及时把由胴体表面转移到空气中的热量带走，并保持冷却间温度和相对湿度均匀分布，要保持一定速度的空气循环。冷却过程中，空气流速一般应控制在0.5～1 m/s，最高不超过2 m/s，否则会显著提高肉的干耗。

4.1.1.2 冷却方法

常用冷却方法有空气冷却、水冷却、冰冷却和真空冷却等。我国主要采用空气冷却法。进肉之前，冷却间温度降至－4～－2℃。进行冷却时，把经过冷晾的胴体沿吊轨推入冷却间，胴体间距保持3～5 cm，以利于空气循环和较快散热，当胴体最厚部位中心温度达到0～4℃时，冷却过程即可完成。冷却操作时要注意以下几点：胴体要经过修整、检验和分级；冷却间符合卫生要求；吊轨间的胴体按“品”字形排列；不同等级的肉，要根据其肥度和重量的不同，分别吊挂在不同位置。肥重的胴体应挂在靠近冷源和风口处。薄而轻的胴体挂在距排风口的远处；进出速度快，并应一次完成进肉；冷却过程中尽量减少人员进出冷却间，保持冷却条件稳定，减少微生物污染；在冷却间按每立方米平均 1 W 的功率安装紫外线灯，每昼夜连续或间隔照射 5 h；冷却终点的判定是胴体最厚部位中心温度达到 0～4℃，即达到冷却终点。

一般冷却条件下，牛半片胴体的冷却时间为 48 h，猪半片胴体为 24 h 左右，羊胴体约为 18 h。

4.1.2 肉的冷藏

经过冷却的肉类，一般存放在 −1～1℃ 的冷藏间（或排酸库），既可以完成肉的成熟（或排酸），也可以达到短期贮藏的目的。冷藏期间温度要保持相对稳定，以不超过上述范围为宜。进肉或出肉时温度不得超过 3℃，相对湿度保持在 90% 左右，空气流速保持自然循环。冷却肉的贮藏期见表 4-1。

表 4-1 冷却肉的贮藏条件和贮藏期

品名	温度/℃	相对湿度/%	贮藏期/d
牛肉	−1.5～0	90	28～35
小牛肉	−1～0	90	7～21
羊肉	−1～0	85～90	7～14
猪肉	−1.5～0	85～90	7～14
全净膛鸡	0	80～90	7～11
腊肉	−3～1	80～90	30
腌猪肉	−1～0	80～90	120～180

随着肉类工业现代化技术的应用、卫生条件的改进和节约能源等方面的考虑，猪胴体冷却工艺趋于向快速冷却和急速冷却方向发展。其指导性工艺参数见表 4-2。

表 4-2 猪胴体冷却工艺参数

工艺参数	快速冷却	急速冷却		超急速冷却	
		第一阶段	第二阶段	第一阶段	第二阶段
制冷功率/(W/m^3)	250	450	110	600	500
室温/℃	0～2	−10～−6	0～2	−30～−25	4～6
制冷风温/℃	−10	−20	−10	40	−5
风速/(m/s)	2～4	1～2	0.2～0.5	3	自然循环
冷却时间/h	12～20	1.5	8	1.5	8
胴体温度/℃	7～4	−7		7	
干耗/%	1.8（7℃）	0.95		0.95	

急速冷却采用两段冷却法，即在第一阶段采用低于肉冻结点的温度和较高的风速，时间为 1.5 h。第二阶段转入 0～2℃ 的冷却间，经过 8 h 使胴体温度均衡并最终降至 7℃ 以下。两段冷却法有利于抑制微生物的生长繁殖，冷却时间短，干耗小，但肉汁流失（drip-loss）较多。

改进冷却工艺须遵循的原则是：中心温度在 16～24 h 内降至 7℃（或 4℃）以下，尽可能降低干耗和肉汁流失，保持良好的肉品质量（色泽、质构），节约能源和人力。

冷却肉在贮藏期间常见的变化有干耗、表面发黏和长霉、变色、变软等。在良好卫生条件下屠宰的畜肉初始微生物总数为 10^3～10^4 CFU/cm^2，其中 1%～10% 能在 0～4℃ 下生长。贮藏期间发黏和长霉是常见的现象，先在表面形成块状灰色菌落，呈半透明状，然后逐渐扩大成片状，表面发黏，有异味。防止或延续肉表面长霉发黏的主要措施是尽量减少胴体最初污染程度和防止冷藏间温度升高。肉在贮藏期间一般都会发生色泽变化。红肉表面由于冷藏间空气温度、湿度、氧化等因素的影响，由紫红色逐渐变为褐色，存放时间越长，褐变肉的厚度越大；温度越高、湿度越低、空气流速越大，则褐变越快。此外，由于微生物的作用，肉表面有时会出现变绿、变黄、变青等现象。

4.2 冷冻贮藏

冷却肉由于其贮藏温度在肉的冰点以上，微生物和酶的活动只受到部分抑制，冷藏期短。当肉在冰点以下冷藏时，随着冻藏温度的降低，肌肉中冻结水的含量逐渐增加，使微生物的活动受到有效抑制。冻藏是现代原料肉贮藏的最佳方法之一，一般是指将肉置于－18℃的低温环境中冻结并保存的一种贮藏方法，这种方法能有效地抑制微生物的生命活动，延缓由酶、氧及热和光的作用而产生的化学和生物化学的变化过程，可以在较长时间内保持肉的食用品质，因而在肉类工业中得到了广泛的应用。

4.2.1 肉的冻结

肉的水分部分或全部变成冰的过程叫作肉的冻结。

4.2.1.1 肉的冻结理论

从物理化学的角度看，肉是充满组织液的蛋白质胶体系统，其初始冰点比纯水的冰点低（表4-3）。初始冻结后，肉所处的温度越低，冻结水越多。从而剩余的水相中溶质浓度越来越高。所以需要逐渐降低温度才能使剩余的水变成冰。

表 4-3 几种肉类食品的含水量和初始冰点

品名	含水量/%	初始冰点/℃
瘦肉	74	－1.5
腌肉（含3%食盐）	73	－4
瘦鱼肉	80	－1.1
肥鱼肉	65	－0.8
鸡肉	74	－1.5

一般对于瘦肉来说，初始冰点时肉中冻结水约占50%。而在－5℃时，冻结水的百分比约占80%。由此可见，从初始冰点到－5℃时，肉中约80%的水冻结成冰。从－30℃到－5℃，虽然温度下降很多，但由于溶质浓度的增加，其冰点相应地降低，冻结水的百分比只增加10%。因而，从初始冰点到－5℃这个大量形成冰结晶的温度范围叫作最大冰结晶生成带。肉在通过其最大冰晶生成带时，要放出大量的热量，因而需要的时间较长。

4.2.1.2 冻结速度

冻结速度对冻肉的质量影响很大，常用冻结时间和单位时间内形成冰层的厚度表示冻结速度。

1. 用冻结时间表示

食品中心温度通过最大冰晶生成带所需时间在30 min之内者，称快速冻结，在30 min以上者为缓慢冻结。冻结期间从肉的表面到中心，温度变化或温度下降极为不同（图4-1），单位时间内的温度变化（℃/h）难以描述确切的冻结过程。

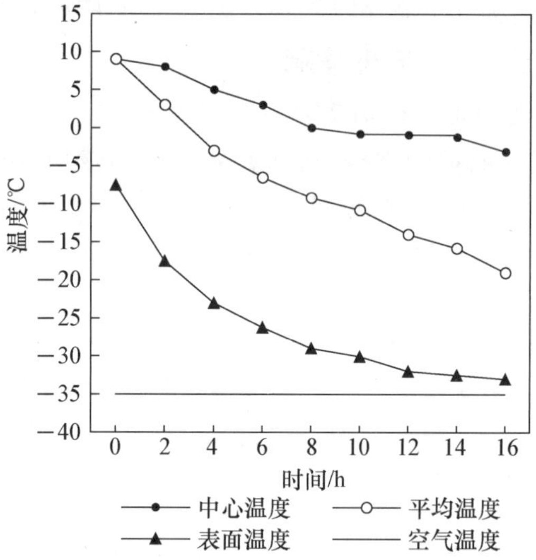

图 4-1 大块肉冻结期间的温度变化（周光宏，2011）

2. 用单位时间内形成冰层的厚度表示

因为产品的形状和大小差异很大，如牛胴体和鹌鹑胴体，比较其冻结时间没有实际意义。通常，把冻结速度表示为由肉品表面向热中心形成冰的平均速度。实践中，平均冻结速度可表示为由肉块表面向热中心形成的冰层厚度与冻结时间之比。国际制冷协会规定，冻结时间是产品温度从表面达到0℃开始，到中心温度达到－10℃所需的时间。冰层厚度和冰结时间的单位分别用cm和h表示，则冻结速度（V）为：

$$V\text{（cm/h）}=\text{冰层厚度/冻结时间}$$

冻结速度为10 cm/h以上者，称为超快速冻结，用液氮或液态CO_2冻结小块物品属于超快速冻结；5～10 cm/h为快速冻结，用平板式冻结机或流化床冻结机可实现快速冻结；1～5 cm/h为中速冻结，常见于大部分鼓风冻结装置；1 cm/h以下为慢速冻结，纸箱装肉品在鼓风冻结期间多处在缓慢冻结状态。

研究表明，冻结过程越快，所形成的冰晶越小。在肉冻结期间，冰结晶先在肌纤维之间形成，这是因为肌细胞外液的冰点比肌细胞内液的冰点较高。缓慢冻结时，冰结晶在肌细胞之间形成和生长，从而使肌细胞外液浓度增加。由于渗透压的作用，肌细胞会失去水分而发生脱水收缩，结果表明，在收缩了的细胞之间形成相对少而大的冰晶。快速冻结时，肉的热量散失很快，使得肌细胞来不及脱水便在细胞内形成了冰晶。换句话说，肉内冰层推进速度大于水移动速度。结果表明，在肌细胞内外形成了大量的小冰晶。冰晶在肉中的分布和大小是很重要的。缓慢冻结的肉类因为水分不能返回到其原来的位置，在解冻时会失去较多的肉汁，而快速冻结的肉类不会产生这样的问题，所以冻肉的质量高。此外，冰晶的形状有针状、棒状等不规则形状，冰晶大小为 10～800 μm。如果肉块较厚，冻向的表层和深层所形成的冰晶也不同，表层形成的冰晶体积小数量多，深层形成的冰晶少而大。

4.2.1.3　冻结方法

肉类的冻结方法多采用空气冻结法、间接接触冻结法和直接接触冻结法。

1. 空气冻结法

空气冻结法是最为常用的冻结方法。根据空气所处的状态和流速的不同，又分为静止空气冻结法和鼓风冻结法。

(1) 静止空气冻结法　这种冻结方法是把食品放入－30～－10℃的冻结室内，利用静止冷空气进行冻结。由于冻结室内自然对流的空气流速很低（0.03～0.12 m/s）和空气的导热系数小，肉类食品冻结时间一般在 1～3 d。因而这种方法属于缓慢冻结。当然冻结时间与食品的类型、包装大小、堆放方式等因素有关。

(2) 鼓风冻结法　工业生产上普遍使用的方法是在冻结室或隧道内安装鼓风设备，强制空气流动，加快冻结速度。鼓风冻结法常用的工艺条件是：空气流速一般为 2～10 m/s，冷空气温度为－40～－25℃，空气相对湿度为 90%左右。这是一种速冻方法，主要是利用低温和冷空气的高速流动，食品与冷空气密切接触，促使其快速散热。这种方法冻结速度快，冻结的肉类质量高。

2. 间接接触冻结法

间接接触冻结法是指把肉放在由制冷剂（或载冷剂）冷却的板、盘、带或其他冷壁上，与冷壁直接接触，但与制冷剂（或载冷剂）间接接触。最常见的为板式冻结法。

这种方法是把薄片状食品（如肉排、肉饼）装盘或直接与冻结室中的金属板架接触，冻结室温度为－30～－10℃。由于金属板直接作为蒸发器，传递热量，冻结速度比静止空气冻结法快、传热效率高、食品干耗少。

3. 直接接触冻结法

直接接触冻结法又称液体冻结法，它是用载冷剂或制冷剂直接喷淋或（和）浸泡需要冻结的物料，物料可以包装也可以不包装。对所用制冷剂或者载冷剂的要求是：无毒、纯净、无异味和异样气体、无外来色泽和漂白作用、不易燃、不易爆等，和食品原料接触后不会改变食品原料原有的成分和性质。

常用载冷剂有盐水、糖液和多元醇-水混合物等。常用的盐水通常是氯化钠或者氯化钙，应控制盐水的浓度，使其冻结点在－18℃以下，但也应该控制操作温度高于相应的最低冻结温度，比如氯化钠盐水的最低冻结温度是－21.13℃。盐水可能对未包装食品物料的风味有一定的影响，目前主要用于海鱼类的冻结。盐水有黏度小、比热容大和价格便宜等优点，但其腐蚀性大，使用时需要加入一定量的防腐剂。常用的防腐剂是重铬酸钠和氢氧化钠。常用的糖液是蔗糖溶液，但低温下黏度很高，传热效果差。常用的多元醇-水混合物是丙三醇-水混合物，但因其对物料风味可能有影响，一般不适合用于冻结未包装的食品物料。

常用制冷剂有液氮、液态二氧化碳和液态氟利昂等。采用制冷剂直接接触冻结时，由于制冷剂的温度都很低（如液氮的沸点为－196℃，液态二氧化碳的沸点为－78℃），冻结可以在很低的温度下进行，故又被称为低温冻结。该法的传热效率很高、冻结速率极快、冻结食品物料的质量高，干耗小，而且初期投资也很低，但运转费用较高。采用液态氟利昂还要注意对环境的影响。

4.2.2 肉的冻藏

冻肉冻藏的主要目的是阻止冻肉的各种变化，以达到长期贮藏的目的。冻肉品质的变化不仅与肉的状态、冻结工艺有关，与冻藏条件也有密切的关系。温度、相对湿度和空气流速是决定贮藏期和冻肉质量的重要因素。

4.2.2.1 冻藏条件及冻藏期

冻藏间的温度保持在－21～－18℃，温度波动不超过±1℃，冻结肉的中心温度保持在－15℃以下。为减少干耗，冻结间空气相对湿度保持在95%～98%。空气流速采用自然循环即可。

冻肉在冻藏室内的堆放方式也很重要。对于胴体肉，可堆叠成约 3 m 高的肉垛，其周围空气流畅，避免胴体直接与墙壁和地面接触。对于箱装的塑料袋小包装分割肉，堆放时也要保持周围有流动的空气。

因为冻藏条件、堆放方式和原料肉品质、包装方式都影响冻肉的冻藏期，很难确定准确的冻肉贮藏期。冻牛肉比冻猪肉的贮藏期长，脂肪含量高的鱼贮藏期短。各种肉类的冻藏条件和冻藏期如表 4-4 所示。

表 4-4 各种肉类的冻藏条件和冻藏期

类别	冻结点/℃	温度/℃	相对湿度/%	冻藏期/月
牛肉	－1.7	－23～－18	90～95	9～12
猪肉	－1.7	－23～－18	90～95	4～6
羊肉	－1.7	－23～－18	90～95	8～10
小牛肉	－1.7	－23～－18	90～95	8～10
兔肉	—	－23～－18	90～95	4～6

4.2.2.2 肉在冻结和冻藏期间的变化

各种肉类经过冻结和冻藏后，都会发生一些物理变化和化学变化，肉的品质受到影响。冻结肉的功能特性不如鲜肉。长期冻藏可使猪肉和牛肉的功能特性显著降低。

1. 物理变化

(1) 体积增大　水变成冰所引起的容积增加大约为 9%，而冻肉由于冰的形成所造成的体积增加约为 6%。肉的含水量越高，冻结率越大，则体积增加越多。在选择包装方法和包装材料时，要考虑到冻肉体积的增加。

(2) 干耗　肉在冻结、冻藏和解冻期间都会发生脱水现象。对于未包装的肉类，在冻结过程中，肉中水分减少 0.5%～2%，快速冻结可减少水分蒸发。同时，在冻藏期间重量也会减少。冻藏期间空气流速小，温度尽量保持不变，有利于减少水分蒸发。

(3) 冻结烧　在冻藏期间由于肉表层冰晶的升华，形成了较多的微细孔洞，增加了脂肪与空气中氧的接触机会，最终导致冻肉产生酸败味，肉表面发生黄褐色变化，表层组织结构粗糙，这就是所谓的冻结烧。冻结烧与肉的种类和冻藏温度的高低有密切关系。禽肉和鱼肉脂肪稳定性差，易发生冻结烧。猪肉脂肪在－8℃下贮藏 6 个月，表面有明显酸败味，且呈黄色。而在－18℃下贮藏 12 个月也无冻结烧发生。采用聚乙烯塑料薄膜密封包装，隔绝氧气，可有效地防止冻结烧。

(4) 重结晶　冻藏期间冻肉中冰晶的大小和形状会发生变化。特别是冻藏室内的温度高于－18℃，且温度波动的情况下，微细的冰晶不断减少或消失，形成大冰晶。实际上，冰晶的生长是不可避免的。经过几个月的冻藏，由于冰晶生长的原因，肌纤维受到机械损伤，组织结构受到破坏，解冻时引起大量肉汁损失，肉的质量下降。采用快速冻结，并在－18℃下贮藏，尽量减少波动次数和减小波动幅度，可使冰晶生长减慢。

2. 化学变化

速冻所引起的化学变化不大。而肉在冻藏期间会发生一些化学变化，从而引起肉的组织结构、外观、气味和营养价值的变化。

(1) 脂质氧化　冻结会改变肉的品质，组织中的水分以冰晶形式存在，使肉中脂质失去水膜的保护，水分发生升华后，空气填充因水分蒸发所留的空隙中致使脂肪与氧的接触面增大，因而发生氧化反应，随着时间的推移，而发生脂质的氧化酸败。脂肪的氧化可因库温过高，贮存时间过久而加剧，如库温高于−15℃，库房温度不稳定，忽高忽低；库内肉品经常大进大出，库门频繁开闭；肉品经多次转运；受温度、空气、阳光、风吹、雨淋等影响；冻肉解冻再冻结等。脂肪在上述条件下就易发生水解和氧化，其色泽变黄，气味刺鼻，滋味苦涩。在冻藏过程中，可通过镀冰衣、采用透湿性小的包装材料、提高冷库内空气的相对湿度、控制冷库内部的空气流速等方式来延缓肉的冻藏氧化。

(2) 蛋白质变性　与盐类电解质浓度的提高有关，冻结往往使鱼肉蛋白质尤其是肌球蛋白，发生一定程度的变性，从而导致韧化和脱水。牛肉和禽肉的肌球蛋白比鱼肉肌球蛋白稳定得多。

(3) 肌肉颜色　冻藏期间冻肉表面颜色逐渐变暗。同时，颜色变化与包装材料的透氧性有关。

(4) 风味和营养成分变化　大多数食品在冻藏期间会发生风味和味道的变化，尤其是脂肪含量高的食品。多不饱和脂肪酸经过一系列化学反应发生氧化而酸败，产生许多有机化合物，如醛类、酮类和醇类。醛类是使风味和味道异常的主要原因。冻结烧、Cu^{2+}、Fe^{2+}、血红蛋白也会使酸败加快。添加抗氧化剂或采用真空包装可防止酸败。对于未包装的腌肉来说，由于低温浓缩效应，即使低温腌制，也会发生酸败。

贮运过程中应尽量减少温度和湿度的波动。库温的波动会造成贮藏货物的干耗增大，因此商品在冻结时，库温应保持在设计时要求的最低温度，同时为了保证冷藏间的温度稳定，商品的冻结温度必须降低到库房温度加3℃范围内，然后再转库才较为合理。温度的波动会造成肉中冰晶的重结晶，使小冰晶减少，大冰晶逐渐增大，肌肉细胞发生机械损伤，解冻后加速汁液的流失。要求经常检查库房的密封性，保持合理的库内空气流速。冻藏库湿度也十分重要，一般湿度越高越好，维持在98%左右，将对冷冻干耗有所防止。

4.2.2.3　冻结肉的解冻

解冻是冻结的逆过程，使冻结肉中的冰晶溶化成水，肉恢复到冻前的新鲜状态，以便于加工。冻肉完全恢复到冻前状态是不可能的。随着温度的升高，肉会出现一系列变化。解冻方法有多种，如空气解冻、水或盐水解冻、真空解冻、微波解冻等。在肉类工业中大多采用空气解冻和水解冻。解冻的条件主要是控制温度、湿度和解冻速度。

4.3　辐照保藏技术

4.3.1　辐照保藏基本原理

辐射保鲜是利用原子能射线的辐射能量对食品进行杀菌处理的保存食品的一种物理方法，是一种安全卫生、经济有效的食品保存技术。肉类辐照保藏一般是利用放射性元素产生的γ射线或利用电子加速器产生的电子束或X射线，在一定剂量范围内辐照肉，杀灭其中的腐败菌、可能存在的病原菌和寄生虫，或抑制肉品中酶的生物活性和生理过程，从而达到保藏的目的。

4.3.2　辐照技术在肉品加工中的应用

辐照肉制品的加工和保藏工艺流程是：前处理→包装→辐照→检验→运输→保存。

1. 前处理

辐射保藏的原料肉必须新鲜、优质、卫生，这是辐射保鲜的基础。辐照前对肉品进行挑选和品质检查，要求质量合格，原始含菌量、含虫量低。

2. 包装

屠宰后的胴体必须剔骨，去掉不可食部分，然后进行包装。包装可采用真空或充入氮气。包装材料可选用金属罐或塑料袋。塑料袋一般选用薄膜复合结构．有时在中层夹铝箔效果更好。

3. 辐照

常用辐射源有^{60}Co、^{137}Cs和电子加速器3种，其中^{60}Co辐照源释放的γ射线穿透力强，设备较简单，因而多用于肉品辐照。辐照条件根据辐照肉品的要求而定，如为减少辐照过程中某些营养成分的损失，可采用高温辐照。在辐照方法上，为了提高辐照效果，经常使用复合处理的方法，如与红外线、微波等物理方法相结合。

4. 剂量的确定

辐照处理的剂量和处理后的保藏条件往往会直接影响其效果。辐照剂量越高，保存时间越长。各种肉类辐照剂量与保藏时间见表 4-5。

表 4-5　各种肉类辐照剂量与保藏时间

肉类	辐照剂量/Gy	保藏时间
鲜猪肉	^{60}Co γ射线 1 500	常温保存 2 个月
鸡肉	γ射线 200～700	延长保藏时间
牛肉	γ射线 500	3～4 周
	1 000～2 000	3～6 个月
羊肉	γ射线 4 700～5 300	灭菌保藏
猪肉肠	γ射线照射	减少亚硝酸盐用量
	4 700～5 300	灭菌保藏
腊肉罐头	^{60}Co γ射线 4 500～5 600	灭菌保藏

5. 辐照后的保藏

肉品辐照后可在常温下保藏。采用辐射耐贮杀菌法处理的肉类，结合低温保藏效果较好。

复习思考题

1. 肌肉冷却有哪些方式？
2. 常见的肉的冻结方法有哪些？冻结会对肉造成哪些变化？
3. 肉制品辐照保藏的基本原理是什么？

HAPTER 5

第 5 章 腌腊肉制品加工

目标要求：

1. 了解腌腊肉制品的种类及产品特点；
2. 了解并掌握典型腌腊肉制品的加工工艺、操作要点及质量控制措施；
3. 掌握典型腌腊肉制品的质量控制措施；
4. 了解并掌握腌腊肉制品加工的新技术及发展现状。

5.1 腌腊肉制品分类和特点

腌腊肉制品（cured meat product）是典型的中式肉制品代表，是我国传统的肉制品之一。所谓“腌腊”曾是指畜禽肉类通过加盐（或盐卤）和香料进行腌制，又经过了一个寒冬腊月，使其在较低的气温下，自然风干成熟，形成独特腌腊风味而得名。如今，腌腊早已不单是保藏防腐的一种方法，而成了肉制品加工的一种独特工艺。现指原料肉经预处理、腌制、脱水、保藏成熟而成的生肉制品。

尽管腌腊制品种类很多，但其加工原理基本相同。其加工的主要工艺为腌制（cure）和干燥成熟，直接关系着腌腊制品的产品质量。按加工工艺及产品特点的不同，腌腊肉制品可分为中式火腿（Chinese ham）、腊肉（cured meat）、咸肉（bacon）、风干肉（air-dried meat）、板鸭（dried salted duck）、中式腊肠（Chinese sausage）等。

5.1.1 腌腊制品分类

1. 中式火腿

中式火腿是指用鲜猪后腿经腌制、洗晒、整形、风干、发酵等工艺加工而成的具有独特风味的生的腌腊制品。其生产历史悠久，产品质量上乘，驰名世界。中式火腿是我国著名的传统腌腊肉制品，因产地、加工方法和调料不同而不同。产品色、香、味、形俱全，皮薄肉嫩、肉质红白鲜艳、肌肉呈玫瑰红色，具有独特的腌制风味，虽肥瘦兼具，但食而不腻，易于保藏。代表性的中式火腿有3种：南腿，以金华火腿为代表（浙江金华）；北腿，以如皋火腿为代表（江苏如皋）；云腿，以云南宣威火腿为代表（云南宣威）。南腿、北腿的划分以长江为界。

2. 腊肉类

腊肉是我国古老的腌腊肉制品之一，是以鲜肉为原料，用一定量的食盐配以其他风味辅料，经腌制后再经干燥（烘烤或日晒、熏制）等工艺加工而成的一类能耐贮藏，并具特殊风味的生肉制品，食用前需经熟化加工。

腊肉类的主要特点是成品金黄色或红棕色，产品整齐美观，具有腊香，味美可口。常见的有腊猪肉（四川腊肉、广式腊肉、湖南腊肉等）、腊鸭、腊鹅、板鸭、板鹅、腊鱼等。腊肉的种类很多，即使同一品种也因产地不同，其风味、形状等也各具特点。

3. 咸肉类

咸肉是以鲜肉为原料、经食盐和其他辅料腌制、加工而成的生肉制品，食用前需经熟制加工。咸肉又称腌肉，其主要特点是成品瘦肉呈玫瑰红色或红色，肥肉呈透明白色，具有独特的腌制风味，味稍咸。常见的有咸猪肉、咸水鸭、咸鸡等。

4. 风干肉类

风干肉是肉经腌制、洗晒、晾挂、干燥等工艺加工而成的生肉类制品，食用前需经熟化加工。风干肉类耐咀嚼，回味绵长。常见的有风干猪肉、风干牛肉、风干兔肉和风干鸡等。

5. 腊肠类

腊肠俗称香肠，是指以畜禽肉等肉为主要原料，经切碎或绞碎后按一定比例加入食盐、酒、白砂糖等辅料拌匀，腌制后充填入肠衣中，再经烘烤或晾晒或风干等工艺制成的生干肠制品。香肠是我国肉类制品中品种最多的一大类产品，也是我国著名的传统风味肉制品。传统中式香肠以猪肉为主要原料，瘦肉不经绞碎或斩拌，而是与肥膘都切成小肉丁，或用粗孔眼筛板绞成肉粒，原料不经长时间腌制，而是经过较长时间的晾挂或烘烤成熟过程，使肉组织中的蛋白质和脂肪在适宜的温度、湿度条件下受微生物作用自然发酵，产生独特的风味，辅料一般不用淀粉和玉果粉，成品有生、熟两种，以生制品为多，生干肠耐贮藏。

我国较有名的腊肠有广东腊肠、武汉香肠、哈尔滨风干肠等。由于原材料配制和产地不同，风味及命名不尽相同，但生产方法大致类似。

5.1.2 腌腊制品特点

腌腊肉制品具有肉质细致紧密，色泽红白分明，滋味咸鲜可口，风味独特，便于携运，耐贮藏等特点，至今尤为广大群众所喜爱。目前部分腌腊制品已实现工业化的规模生产。

5.2 典型腌腊肉制品生产工艺

5.2.1 中式传统火腿（以金华火腿为例）

中式火腿是用猪的前、后腿肉经腌制、洗晒、整形、发酵等加工而成的腌腊制品。其生产历史悠久，产品质量上乘，中式火腿以金华火腿最负盛名。金华火腿产于浙江省金华地区诸县。金华火腿肉色似火，形似琵琶，以色、香、味、形“四绝”为消费者所称誉。

1. 工艺流程

鲜腿的选择→截腿坯→修整→腌制→洗晒→整形→发酵→修整→落架和堆叠→成品

2. 操作要点及质量控制

1）鲜腿的选择

选择金华“两头乌”猪的鲜后腿。皮薄骨细，爪小，腿心饱满，精多肥少，膘厚适中，腿坯重5.5～7.0 kg为宜，膘厚2.5 cm左右且色要洁白。

2）截腿坯

(1) 后腿切线：先在最后一节腰椎骨处切断，然后沿大腿内斜向切下。

(2) 前腿切线：前段沿颈椎第2关节处将前颈肉切除，后端从第6肋骨处切下，最后将胸骨连同肋骨末端的软骨切下成方形，俗称方腿。

3）修整

金华火腿要先经过初步整形，俗称修割腿胚，再进入腌制工序。

(1) 整理　刮净腿皮上的细毛和脚趾间的细毛、黑皮、污垢等。

(2) 修骨　用刀削平腿部耻骨、股关节和脊椎骨。修后的荐椎仅留两节荐椎体的斜面，腰椎仅留椎孔侧沿与肉面水平，防止造成裂缝。

(3) 修整腿面　腿坯平置于案板上，使皮面向下，腿干向右，捋平腿皮，从膝关节中央起将疏松的腿皮割开一半圆形，前至后肋部，后至臂部。再平而轻地割下皮下结缔组织。切割方向应顺着肌纤维的方向进行。修后的腿面应光滑、平整。

(4) 修腿皮　用皮刀从臀部起弧形割除过多的皮下脂肪及皮，捋平腹肌，弧形割去腿前侧过多的皮肉。修后的腿坯形似竹叶，左右对称。用手指挤出股骨前、后及盆腔壁3个血管中的积血。鲜腿雏形即已形成。

4）腌制

腌制是加工火腿的主要工艺环节，也是决定火腿加工质量的重要过程。根据不同气温，恰当地控制时间、加盐数量、翻倒次数是加工火腿的技术关键。由于食盐溶解吸热一般要低于自然温度，大致在4～5℃，因此腌制火腿的最适宜温度应是腿温不低于0℃，室温不高于8℃。

在正常气温条件下，金华火腿在腌制过程中共上盐并翻倒7次。上盐主要是前3次，其余4次是根据火腿大小、气温差异和不同部位而控制盐量。根据金华火腿厂的经验，总用盐量占腿重的9%～10%。一般重量在6～10 kg的大火腿需腌制40 d左右或更长一些时间。

每次擦盐的数量：第一次用盐量占总用盐量的15%～20%，将鲜腿露出的全部肉面上均匀地撒上一薄层盐。上盐后若气温超过20℃，表面食盐在12 h左右就溶化时，必须立即补充擦盐。第二次上盐在第一次上盐24 h后进行，加盐的数量最多，占总用盐量的50%～60%。第二次上盐3 d后进行第三次上盐，根据火腿大小及三签处的余盐情况控制用盐量。火腿较大、脂肪层较厚，三签处余盐少者适当增加盐量，一般在15%左右。第三次上盐堆叠4～5 d后，进行第四次上盐（复四盐）。此次用盐量少，一般占总用盐量的5%左右。目的是经上下翻堆后调整腿质、温度，并检查三签处上盐溶化程度。如不够需再补盐，并抹去脚皮上黏附的盐，以防腿的皮色不光亮。当第五、六次上盐时，火腿腌制10～15 d，上盐部位更明显地收拢在三签头部位，露出更大的肉面。此时火腿大部分已腌透，只是脊椎骨下部肌肉处还要敷盐少许。火腿肌肉颜色由暗红色变成鲜艳的红色，小腿部变得坚硬呈橘黄色。大腿坯可进行第七次上盐。在翻倒几次后，经30～35 d即可结束腌制。

5）洗晒和整形

腌好的火腿要经过浸泡、洗刷、挂晒、印商

标、整形等过程。

浸泡和洗刷：将腌好的火腿放入清水中浸泡一定的时间，其目的是减少肉表面过多的盐分和污物，使火腿的含盐量适宜。浸泡的时间在10℃左右约为10 h。

浸泡后即进行洗刷。肉面的肌纤维由于洗刷而呈绒毛状，可防止晾晒时水分蒸发和内部盐分向外部的扩散，不致使火腿表面出现盐霜。

第二次浸泡时水温5～10℃，时间4 h左右。如果火腿浸泡后肌肉颜色发暗，说明火腿含盐量小，浸泡时间需相应缩短；如肌肉面颜色发白而且坚实，说明火腿含盐量较高，浸泡时间需酌情延长。如用流水浸泡，则应适当缩短时间。

晾晒和整形：浸泡洗刷后的火腿要进行吊挂晾晒。待皮面无水而微干后打印商标，再晾晒3～4 d即可开始整形。

整形是在晾晒过程中将火腿逐渐校成一定形状。将小腿骨校直，脚不弯曲，皮面压平，腿心丰满，使火腿外形美观，而且使肌肉经排压后更加紧缩，有利于贮藏发酵。

整形之后继续晾晒。气温在10℃左右时，晾晒3～4 d。在平均气温10～15℃条件下，晾晒80 h后减重26%是最好的晾晒程度。

6）发酵

经过腌制、洗晒和整形等工序的火腿，在外形、颜色、气味、坚实度等方面尚没有达到应有的要求，特别是没有产生火腿特有的芳香味，与一般咸肉相似。发酵鲜化就是将火腿贮藏一定时间，使其发生变化，形成火腿特有的颜色和芳香气味。

将晾晒好的火腿吊挂发酵2～3个月，到肉面上逐渐长出绿、白、黑、黄色霉菌时，这时火腿的正常发酵即完成。如毛霉生长较少，则表示时间不够。发酵过程中，这些霉菌分泌的酶使腿中蛋白质、脂肪发生分解作用，从而使火腿逐渐产生香味和鲜味。

7）修整

发酵完成后，腿部肌肉干燥而收缩，腿骨外露。为使腿形美观，要进一步修整，达到腿正直，两旁对称均匀，腿身成竹叶形的要求。

3. 中式火腿的贮藏

火腿在贮藏期间，发酵成熟过程并未完全结束，应在通风良好、无阳光的阴凉房间按级分别堆叠或悬挂贮藏，使其继续发酵，产生香味。

悬挂法易于通风和检查，但占用仓库较多，同时还会因干缩而增大损耗。

堆叠法是将火腿交错堆叠成垛。发酵好的火腿从架上取下来，进行堆叠，堆高不超过15层，堆叠用的腿床应距地面35 cm左右，采用肉面向上、皮面向下逐层堆放，并根据气温不同每隔10 d左右倒堆一次。在每次倒堆的同时将流出的油脂涂抹在肉面上，这样不仅可防止火腿的过分干燥，而且还可保持肉面油润有光泽。

5.2.2 南京板鸭

在我国，南京产的板鸭最负盛名，驰名中外。明清时代南京就流传着“古书院，琉璃塔，玄色缎子，咸板鸭”的民谣。板鸭又称“贡鸭”，是咸鸭的一种，是用盐卤腌制风干而成的产品，分腊板鸭和春板鸭2种。腊板鸭是指从大雪到冬至这段时间腌制的板鸭，品质最好。根据南京的传统习惯及气候条件，这段时间是腌制板鸭最理想的时间，所以大量腌制。这一期间腌制的板鸭成品可以保存到第2年不变质，像火腿中的冬腿一样。春板鸭则是指由立春到清明，从农历正月初到一月底制作的板鸭，这种板鸭加工制作方法虽与腊板鸭完全相同，但此期间生产的板鸭保存时间较短，经3～4个月就要滴油变味了。

人们评价和形容南京板鸭的外观：体肥、皮白、肉红，食用时具有香、酥、板（板的意义是指鸭肉细嫩紧密，像一块板似的，故名板鸭，南京俗称发板）、嫩的特点。下面以南京板鸭为例，说明其特点及加工工艺。

1. 生产工艺

1）原料鸭的选择

做板鸭的鸭子，应是健康无病、品种优良，体重在1.75 kg以上的鸭。选择鸭子的基本方法是先从外表形态上眼看和手摸，从两侧看，鸭体要深（深指胸部、腹部都要肥壮）而长，偏视时体宽（即背部、腰部都要肥壮）。鸭子的羽毛要平顺光滑，行动活泼，精神饱满。有的鸭子饲养在湖泊中，吃鱼虾较多，皮肤呈淡黄色或微红色，肉质细嫩致密，腌成板鸭，不易变味，但肉中微有腥味。

2）鸭的宰杀

做板鸭的鸭子，应施行短期催肥。南方板鸭中最优良的一种称“白油板鸭”，是板鸭的上品。即收购活鸭后，以稻谷饲养数周，使膘肥肉嫩（称稻膘活鸭），再宰杀腌制。在宰杀前一天应停食，不断给水，禁食时间一般为12～24 h。鸭的宰杀有颈部宰杀和口腔宰杀2种。

鸭宰杀后，在5 min内烫毛，便于煺毛，如时间过久，毛孔收缩，尸体发硬，难以烫毛和煺毛，以致造成次品。宰杀时在右翅下开一直口（与鸭身平行的），长约5 cm，因鸭的食道偏在右面，易于拉出食道。然后将右手指和中指伸入体内，取出全部内脏进行检验，合格者方能用于加工板鸭。

3）整理

把鸭子放在案桌上，背向下，腹朝上，头向里，尾朝外，用右掌与左掌放在胸骨部，用力向下压，压扁三叉骨，鸭身呈长方形。这样从前面和后面看，鸭体方正、肥大，外形好看，在腌制或入缸贮存时，也可节省地方。

清膛后将鸭体浸入冷水中浸泡3 h左右，以浸出体内余血，使鸭体肌肉洁白。

4）腌制

其步骤如下。

（1）擦盐　一般2 kg重的鸭子用炒盐125 g。先用95 g放入右翅下开口内，然后把鸭子放在案板上，左右转动，使腹腔内布满食盐。再把余下的30 g盐在鸭双腿下部用力向上抹一抹，使肌肉因受抹的压力，离腿骨向上收缩，这时取盐在大腿上再抹两下，盐从骨与肉分离处入内，使大腿肌肉能充分腌制。在颈部刀口处也应撒盐，最后把剩余的盐轻轻搓揉在胸部两侧肌肉上。腌鸭用的盐一般用食盐，炒干磨细，每100 kg食盐加入八角1.25 kg。

（2）抠卤　擦盐后的鸭子，逐只叠入缸中，经过一夜或12 h后，肌肉中的一部分水分、血液被盐液渗出存在腹腔内。为使这些卤水迅速流出，用右手提起鸭的右翅，再把左手的食指和中指插入肛门，即可放出盐卤。由于盐腌后肛门收缩，盐卤不易流出，需用手导出卤水，这一过程称“抠卤”。第一次抠卤后，鸭子再叠入缸中，8 h后再行第二次抠卤，目的是使鸭子腌透，拔出肌肉中剩余血水，使肌肉美观。

（3）复卤　抠卤后进行复卤，这一过程特别重要。复卤方法如下。

卤的制备与存放：卤有新老之分，新卤是用去内脏后泡洗鸭体的血水加盐制成。煮沸后成饱和溶液，撇出表面泡沫，澄清后倒入缸中，冷却后加压扁的鲜姜，完整的八角茴香和整棵的葱。每缸约入盐卤200 kg。用鲜姜60 g，八角31 g，葱100 g，使盐卤产生香味。新卤腌板鸭不如老卤好，卤越老越好。腌鸭后的新卤煮沸2～3次以上即称为老卤。盐卤须保持清洁，但腌一次后，一部分血液渗入卤内，使盐卤逐渐变为淡红色，所以要澄清盐卤，在腌鸭5～6次后，须煮沸一次。盐卤咸度保持在22～25波美度为宜。复卤时，使每只鸭子体腔内灌满盐卤，然后提起使鸭颈部也浸到盐卤中，再把鸭子放进卤缸，由直形口处再灌满盐卤，逐只平放在卤缸中。为防止鸭身上浮，应用竹箅盖上，放上木条及石块压紧压实。每缸盛卤200 kg，可容复卤鸭子70只左右，在卤缸内复卤24 h即可全腌透。但也要按鸭体大小、气候条件掌握复卤时间，复卤完的鸭子即可出缸。

5）出缸

出缸时仍要抠卤，使盐卤很快流出，然后悬挂在架上滴出卤水。

6）叠坯

将滴尽卤水的鸭子放在案板上，背向下，头向里，尾向外，用右手掌与左手手掌相互叠起，放在鸭的胸部，用力下压，则胸部的人字骨被压下，使鸭成扁形。这种操作前面已做过，由于鸭子被卤水浸泡后，“人”字骨又凸起，必须再次将鸭体压扁，把四肢排开，然后盘入缸中，头向缸中心，鸭身沿缸边，把鸭子逐只盘叠好，这个工作称“叠坯”。叠在缸中时间为2～4 d，此后就可出缸排坯。

7）排坯

把叠在缸中的鸭子取出，用清水把鸭身洗净，排在木档钉子上，用手把嗉口（颈部）排开，按平胸部，裆挑起（两腿间肛门部用手指挑成球形），再用清水冲洗，挂在通风良好处吹干。等鸭体上水滴完，皮吹干后，收回再排一次，加盖印章，转入仓库晾挂保管，这个工序称“排坯”，目的在于使鸭形肥大美观，同时也使鸭子内部通气。

8）晾挂

把排坯盖印后的鸭子悬挂在仓库内，库内必须四周通风，不受日晒雨淋。库房上空安设木挡，各木挡间距离 50 cm。木档两面钉上悬挂鸭子的钉子，钉与钉间的距离为 15 cm，每个钉可挂 2 只鸭，在鸭与鸭之间加上芦柴一根，从腰部隔开，悬挂鸭坯时，必须选择长短一致的鸭子挂在一起，芦柴全部隔在腰部，晾挂 2 周后（遇阴雨天，时间要适当延长），即为板鸭成品。

9）南京板鸭的规格标准

制成的板鸭成品，手拿时腿部肉有发硬感，竖直时全身干燥无水分，皮面光滑无皱纹，肌肉发板（即肉质细嫩紧密），“人”字骨压扁，胸骨与膛部凸起，颈骨外露，眼球落膛，全身呈扁圆形。

2. 成品卫生检查

（1）视觉检查　眼看鸭体外观、色泽、表面和深部的色调，正常的应是：无黏液、无霉斑、皮白、肌肉切面平而紧密，呈玫瑰红色，颜色一致。

（2）嗅觉检查　以鼻嗅板鸭的气味。检查板鸭深部时，可用竹签刺入内部，一般多刺于腿肌及胸肌部，拔出后立即进行嗅辨，正常的板鸭具有香味，无任何异味。

（3）味觉检查　口尝试板鸭味道，一般正常板鸭在 20～45℃具有特有的美味。

5.2.3 腊肉

腊肉是指用较少的食盐配以其他风味辅料腌制后再经干燥（烘烤或日晒、熏制）等工艺加工制成的一类能耐贮藏，并具特殊风味的肉制品。

腊肉的种类很多，即使同一品种也因产地不同，其风味、形状等各具特点，但加工工艺大同小异，下面以广东腊肉为例说明其特点和加工工艺。

广东腊肉亦称广式腊肉，刀工整齐，不带碎骨，无烟熏味及霉斑，每条重 150 g 左右，长 33～35 cm，宽 3～4 cm，无骨带皮。色泽金黄、香味浓郁、味鲜甜美、肉质细嫩、肥瘦适中，干爽性脆。

1. 加工工艺流程

原料选择→剔骨、切肉条→配料→腌制→烘烤→包装与贮藏→成品

2. 配方（单位：kg）

去骨肋条肉 100，白糖 3.75，食盐 1.9，硝酸钾 0.125，大曲酒 1.56，白酱油 6.25，麻油 1.5。

3. 操作要点及质量控制

（1）原料肉的选择　选择新鲜猪肉，精选符合卫生标准之无伤疤、膘肥肉满、肥瘦层次分明的、不带奶脯的肋条肉。修刮净皮上的残毛及污垢。

（2）剔骨、切肉条　剔去肋骨，修整边缘，按规格切成长 35～40 cm，宽 4～5 cm，每条重 180～200 g 的薄肉条，并在肉的上端用尖刀穿一小孔，系 15 cm 长的麻绳，以便于悬挂。将切条后的肋肉浸泡在 30℃左右的清水中漂洗 1～2 min，以除去肉条表面的浮油、污物，然后取出沥干水分。

（3）配料　按配方将各种辅料称量备用。

（4）腌制　一般采用干腌法和湿腌法。

干腌法是将辅料倒入缸或木盆内，使各种腌料充分混合拌匀，完全溶化后，把切好的肉条放进腌肉缸中翻动，使每根肉条均与腌液接触，腌制 8～10 h（每 3 h 翻缸一次），使配料完全被吸收后取出，挂在竹竿上。

湿腌法是按配方用含盐量 10% 清水溶解其他配料，倒入容器中，然后放入肉条，搅拌均匀。于 20℃下腌制 4～6 h，每 30 min 翻动 1 次缸。注意腌制温度越低，腌制时间越长。使肉条完全吸收配料，取出肉条，沥干水分，挂在竹竿上。

（5）烘烤　腊肉因肥膘较多，烘烤的温度不宜过高，一般将温度控制在 45～55℃，最初烘烤时温度可稍高些（55～60℃），烘烤时间为 1～3 d。传统烘房是三层式，肉烘烤之前，先在烘烤房内放上火盆（炉），使烘房温度上升到 50℃后用炭把

火压住，再将腌制好的肉悬挂在烘房的横竿上，注意间距。肉条挂完后，再将火盆中炭拨开，使其燃烧进行烘烤。烘烤时底层温度在 80℃左右，不宜太高，以免烤焦。但温度也不宜太低，以免水分蒸发不足。烘房内温度要求均一。也可白天在阳光下曝晒，晚上放入烘房或烘箱内烘烤。根据皮、肉颜色可判断，烘烤完成的腊肉皮干、瘦肉呈玫瑰红色，肥肉透明或呈乳白色。

(6) 包装与贮藏　冷却后的肉条即为腊肉的成品。用竹筐或麻板纸箱盛装，箱底以竹叶垫底，传统腊肉用防潮蜡纸包装，现多用抽真空包装。在 20℃下可保存 3～6 个月。

5.3 腌腊肉制品相关标准

我国腌腊肉制品种类繁多，国家在 2015 年 9 月发布了《食品安全国家标准　腌腊肉制品》(GB 2730—2015)，2016 年 9 月正式实施。此标准替代了《腌腊肉制品卫生标准》(GB 2730—2005)，详细描述了以鲜（冻）畜、禽肉或其可食副产品为原料，添加或不添加辅料，经腌制、烘干（或晒干、风干）等工艺加工而成的非即食肉制品，包括火腿、腊肉、咸肉、腊肠等腌腊产品，其要求主要体现在以下几方面。

1. 原料要求

原料应符合相应食品标准和有关规定。

2. 感官要求

感官应符合表 5-1 规定。

表 5-1　腌腊制品感官要求

项目	要求	检验方法
色泽	具有产品应有的色泽，无黏液、无霉点	取适量试样于白瓷盘中，在自然光下观察色泽和状态，闻其气味
气味	具有产品应有的气味，无异味、无酸败味	
状态	具有正常产品应有的组织性状，无正常视力可见外来异物	

3. 理化指标

理化指标应符合表 5-2 的规定。

表 5-2　腌腊制品理化指标

项目	要求	检验方法
过氧化值（以脂肪计）/（g/100 g）		
火腿、腊肉、咸肉、香（腊）肠	≤0.5	GB 5009.227
腌腊禽制品	≤1.5	
三甲胺氮/(mg/100 g)		
火腿	≤2.5	GB 5009.179

4. 污染物限量

污染物限量应符合 GB 2762 的规定。

5. 食品添加剂

食品添加剂的使用应符合 GB 2760 的规定。

复习思考题

1. 腌腊制品包括哪些？有哪些特点？
2. 传统金华火腿特有风味的形成与加工工艺有何关系？试分析之。
3. 如何加工高质量的板鸭？

HAPTER 6

第6章 干制肉制品加工

目标要求：

1. 了解干制品的分类及特点；
2. 了解干制品的质量标准；
3. 掌握肉松、肉干、肉脯的加工工艺及操作要点。

6.1　干制肉制品分类和特点

干制肉制品，又称干制肉品（dried meat product），是指肉经过预加工后再脱水干制而成的一类熟肉制品。干制是一种古老的肉类保藏方法，现代干肉制品加工的主要目的，除了保藏外，满足消费者的喜好非常重要。

随着肉类加工业的发展和生活水平的提高，消费者要求干肉制品向着组织较软、色淡、低糖、营养、健康的方向发展。研究人员在干肉制品原料、辅料配比、加工工艺条件、包装方式等方面上进行研究，提出了很多新的干肉制品加工方法。

6.1.1　干制品分类

干肉制品的种类很多，多呈片状、条状、粒状、团粒状、絮状；干肉制品的含水量一般在50%以下。根据产品的形态，干肉制品主要包括肉干（dried meat dice）、肉松（dried meat floss）和肉脯（dried meat slice）三大类；根据产品的干燥程度，干肉制品可分为干制品和半干制品，半干制品的水分含量一般在15%～50%，水分活度（A_w）为0.60～0.90，干制品的水分含量通常在15% 以下。大多数干肉制品属半干制品。

6.1.2　干制品特点

肉品经过干制后，水分含量低，产品耐贮藏；体积小，重量轻，便于运输和携带；蛋白质含量高，富有营养。另外，传统的干肉制品色泽美观、风味浓郁、回味悠长，是深受大众喜爱的休闲方便食品；新型干肉制品，肉质松软，花色多样，健康合理，更能满足不同消费者的需求。

干肉制品水分含量低，与同等重量的鲜肉相比具有更高的营养价值。新鲜牛肉与脱水牛肉的成分比较见表6-1。

表6-1　新鲜牛肉与脱水牛肉的成分比较　%

牛肉（肩部肉）成分	含量	
	新鲜牛肉	脱水牛肉
蛋白质	20	55
脂肪	10	30
糖类	1	1
水分	68	10
灰分	1	4

6.2　典型干制肉制品生产工艺

6.2.1　肉干

肉干类制品（dried meat dice）是以精选瘦肉为原料，经预煮、切丁（条、片、丝等）、调味、复煮、收汤、干燥等工艺加工而成的干、熟肉制品。由于原辅料、加工工艺、风味、形状、产地等的不同，肉干的种类很多。按原料分牛肉干、猪肉干、马肉干、驴肉干、兔肉干、鱼肉干等；按风味分五香、咖喱、麻辣、孜然味、果汁、蔬菜、耗油肉干等；按形状分为肉粒、肉片、肉条、肉丁、肉丝状肉干等；按加工工艺分发酵肉干等；按产地分更是名目繁多。

6.2.1.1　传统肉干加工

1. 工艺流程

原料选择→预处理→预煮与成型→复煮、收汁→脱水→冷却与包装→检验→成品

2. 工艺要点

（1）原料选择　肉干加工一般多用牛肉，但现在也用猪、羊、马、兔、鱼等。一般选用健康、育肥的牛肉为原料，选择新鲜的后腿及前腿瘦肉最佳，因为腿部肉蛋白质含量高、脂肪含量少、肉质好。

（2）原料预处理　将选好的原料肉剔骨，去脂肪、筋腱、淋巴、血管等不宜加工的部分，然后切成500 g左右大小的肉块，并用清水浸泡1 h左右，除去血水、污物，沥干后备用。

（3）预煮与成型　预煮的目的是通过煮制进一步挤出血水，并使肉块变硬以便切坯。预煮时以水盖过肉面为原则，一般不加任何辅料，但有时为了去除异味可加1%～2%的鲜姜。将切好的肉块投入温度90℃以上的水中预煮60 min，同时不断去除液面的浮沫。待肉块切开呈粉红色、无血水后即可捞出冷凉。肉块捞出后，汤汁过滤待用。肉块冷却后，然后按产品的规格要求切成均匀一致的形状。

（4）复煮、收汁　复煮是将切好的肉坯放在调味汤中煮制，目的是进一步熟化和入味。复煮时，取肉坯重20%～40%的过滤初煮汤，将配方

中部分溶解的辅料装袋入锅，煮沸后，加入其他辅料及肉坯，用大火煮制 30 min 左右后，用小火煮制，并不时轻轻翻动，待汤汁快收干时，把肉片（条、丁）取出沥干。配料因风味的不同而异，几种常见产品配方见表 6-2。

表 6-2　肉干加工配方　kg

名称	用量		
	五香风味	麻辣风味	咖喱风味
瘦肉	100	100	100
酱油	6	14	3.1
黄酒	1	0.5	—
白酒	—	—	2.0
香葱	0.25	0.2	—
食盐	2	1.2	3.0
白糖	8	0.4	12.0
生姜	0.25	0.2	—
味精	0.2	0.1	—
干草粉	0.25	0.36	—
辣椒粉	—	0.4	—
花椒粉	—	0.2	—
咖喱粉	—	—	0.5

（5）脱水　肉干常规的脱水方法有 3 种。烘烤法：将收汁后的肉坯铺在竹筛或铁丝网上，放入烘箱烘烤。烘烤温度前期可控制在 80～90℃，后期可控制在 50℃左右，一般需要 5～6 h 则可使含水量下降到 20%以下。在烘烤过程中要注意定时翻动。炒干法：收汁结束后，肉坯在原锅中文火加温，并不停搅翻，炒至肉块表面微微出现蓬松茸毛时，即可出锅，冷却后即为成品。油炸法：先将肉切条，用 2/3 的辅料（其中白酒、白糖、味精后放）与肉条拌匀。腌渍 10～20 min 后，投入 135～150℃的油锅中油炸。炸到肉块呈微黄色后，捞出并滤净油。再将酒、白糖、味精和剩余的 1/3 辅料混入拌匀即可。

在实际生产中，可以先烘干再上油衣。四川丰都生产的麻辣牛肉干，在烘干后用油炸酥起锅。

（6）冷却、包装　肉干烘好后，应冷却至室温进行包装。冷却以自然冷却、室内摊晾为常用。必要时可用机械排风，但不宜在冷库中冷却，否则易吸水返潮。目前产品先进行单体包装（糖果式包装），再进行大包装是发展趋势，有些产品直接进行大包装。包装材料以复合膜为好，尽量选用阻气、阻湿性能好的材料。

6.2.1.2　新型肉干加工

1. 工艺流程

原料选择、修整→腌制（或不腌制）→煮制→成型→复煮→晾晒、烘烤→冷却→包装→成品

2. 新配方

猪肉 100 kg，食盐 3 kg，白糖 4 kg，葡萄糖 4 kg，味精 0.3 kg，白酒 3 kg，麦芽糊精 3 kg，红曲红色素 0.015 kg，磷酸盐 0.25 kg，亚硝酸钠 0.01 kg，八角 0.3 kg，胡椒 0.15 kg，辣椒 1 kg，花椒 0.4 kg，姜粉 0.2 kg，肉桂 0.15 kg，猪肉香精 2 kg，食用丙二醇 3 kg，冰水适量。

3. 工艺要点

（1）挑选猪的前后腿肉，剔除碎骨、软骨、肥膘、瘀血等，清洗干净。将猪肉切块，块重 300～500 g。

（2）在切好的猪肉块中加入食盐、磷酸盐、亚硝酸盐和冰水，按一定的比例拌和均匀，一起置于低温（0～4℃）下腌制 24 h。

（3）煮制中心温度 60～65℃后，捞出，冷却，并切成 1 cm 大小左右的肉丁。

（4）将切好的肉丁加入老汤、盐、糖、麦芽糊精、色素进行翻动煮制，待卤汁至一半时加入香辛料、白酒，控制煮制温度 85～90℃，最后加味精等，搅拌均匀，至汤汁被肉块吸收完全为止，时间 1.5～2 h。将煮制好的肉丁出锅，均匀摊筛，置于烘房烘烤（70℃，3～4 h），其间翻动几次，使烘烤均匀；摊晾回潮 24 h，使肉丁里的水分向外渗透；再继续烘烤（100℃，2～3 h），烤到产品内外干燥，水分含量小于 20% 即可。烤制好的肉干放置到常温，即可包装为成品。

由于工艺配方中添加了葡萄糖、麦芽糊精、磷酸盐、食用丙二醇等保水成分，使得新型肉干较传统肉干不仅质地较软，口感大大改善，而且出品率提高。

6.2.2　肉松

肉松（dried meat floss）是我国著名的特产。肉松是指瘦肉经煮制、撇油、调味、收汤、炒松

干燥或加入食用植物油或谷物粉，炒制而成的肌肉纤维蓬松或团粒状的干熟肉制品。肉松可以按原料分为猪肉松、牛肉松、鸡肉松、鱼肉松等，也可以按形状分为绒状肉松和粉状（球状）肉松。猪肉松是大众最喜爱的一类产品，以太仓肉松和福建肉松最为著名，太仓肉松属于绒状肉松，福建肉松属于粉状肉松。

6.2.2.1　太仓肉松加工

1. 工艺流程

原料选择→预处理→煮制→炒压→炒松→搓松→跳松→拣松→包装

2. 工艺要点

（1）原料选择　肉松加工选用健康家畜的新鲜精瘦肉为原料。

（2）原料肉预处理　符合要求的原料肉，先剔除骨、皮、脂肪、筋腱、淋巴、血管等不宜加工的部分，然后顺着肌肉的纤维纹路方向切成 3 cm 左右宽的肉条，清洗干净，沥水备用。

（3）煮制　放入肉，加入与肉等量的水，煮沸，按配方加入香辛料，继续煮制，直到将肉煮烂，时间 2～3 h。在煮制的过程中，不断翻动并去浮油。煮制时的配料见表 6-3。

（4）炒压　肉块煮烂后，改用中火，加入酱油、酒，一边炒一边压碎肉块。然后加入白糖、味精，减小火力，收干肉汤，并用小火炒压肉丝至肌纤维松散时即可进行炒松。炒压是一个手工操作过程，在煮制后边炒边用铲子压碎肉块。

（5）炒松　炒松有人工炒和机炒两种，也可以结合使用。当汤汁全部收干后，用小火炒至肉略干，转入炒松机内继续炒至水分含量小于 20%，颜色由灰棕色变为金黄色，具有特殊香味时即可结束炒松。

（6）擦松　为了使炒好的松更加蓬松，可以利用滚筒式擦松机擦松，使肌纤维成绒丝松软状。

（7）跳松　利用机器跳动，使肉松从跳松机上面跳出，而肉粒则从下面落出，使肉松与肉粒分开。

（8）拣松　肉松凉透后便可拣松，即将肉松中焦块、肉块、粉粒等拣出。

（9）包装　肉松吸水性强，不宜散装。短期贮藏可选用复合膜包装，货架期 3 个月左右，长期贮藏多选用玻璃瓶或马口铁罐，货架期 6 个月左右。

表 6-3　肉松加工配方　kg

名称	用量		
	太仓肉松	福建肉松	江南肉松
瘦肉	100	100	100
白糖	3	8	3
食盐	2.5	3.1	2.2
酱油	10	8	11
料酒	1.5	0.5	4
生姜	0.5	0.1	1
小茴香	0.12	—	0.12
红糖	—	5	—
猪油	—	5	—

6.2.2.2　肉松加工新工艺

1. 工艺流程

原料选择→预处理→煮制、不收汁→烘烤→搓松→炒松→拣松→成品

2. 配方

可参考传统肉松加工配方。

3. 工艺要点

肉松加工新工艺不同于传统肉松加工工艺，主要是利用远红外线烤箱或者其他加热脱水设备替代传统工艺的精煮收汁，有利于控制工艺条件，产品质量稳定，有利于机械化生产。原料选择、预处理及搓松、炒松、拣松等工艺要点均同传统肉松加工工艺。

（1）煮制　煮制过程同传统肉松加工工艺，不需收汁，老汤可以循环利用，丰富产品风味。研究表明，煮制时间 2～4 h，初煮 2 h（便于剔骨处理），精煮 1.5 h，产品色泽金黄，味浓松长，且碎松少。

（2）烘烤　将煮制好的肉松坯放入红外线烤箱中，70℃烘烤 90 min 或者 80℃烘烤 60 min。当肉松坯脱水率为 50%时进行搓松。

6.2.3　肉脯

肉脯（dried meat slice）是指瘦肉经切片（或绞碎）、调味、腌制、摊筛、烘干、烤制等工艺制成的干、熟薄片型的肉制品。肉脯的种类很多，根据原料可分为猪肉脯、牛肉脯、鸡肉脯、兔肉脯等；根据原料的预处理方式，可分为肉片脯和

肉糜脯。

肉片脯为传统制品，是用纯瘦肉为原料，经冷冻（－5～－3℃）、切片（厚1～3 mm）、腌制（2～4℃，2～3 h）、烘烤、压片、切片、检验、包装等工艺加工制成的产品。肉糜脯为现代肉脯制品，是用碎肉为原料，经过绞碎、斩拌加工制成的产品，是一种重组肉制品。

肉片脯一般用腿肉生产，产品口感好，有嚼劲，但原料要求较高，局限于猪、牛、羊肉，且利用率较低。肉糜脯可充分利用肉类资源，成本低，调味更加方便，通过添加剂的使用及蛋白质凝胶形成的控制，其质构可达到或接近肉片脯的水平。现就肉脯传统加工工艺和新工艺进行介绍。

6.2.3.1 肉脯传统加工工艺

1. 工艺流程

原料选择→修整→冷冻→切片→解冻→腌制→摊筛→烘烤→烧烤→压平→切片成型→包装

2. 工艺要点

（1）原料与预处理　选用新鲜原料肉，去掉脂肪、结缔组织，顺肌纤维切成1 kg大小肉块，要求外形规则，边缘整齐，无碎肉和瘀血。

（2）冷冻　将修割整齐的肉块移入－20～－10℃的冷库中速冻，以便于切片。冷冻时间以肉块深层温度达－20～－3℃为宜。

（3）切片　将冻结后的肉块放入切片机中切片。切片时须顺肌纤维切片，以保证成品不易破碎。切片厚度控制在1～3 mm。

（4）拌肉、腌制　将粉末状辅料混匀后，与切好的肉片拌匀，在不超过10℃的冷库中腌制2 h左右。不同肉脯加工配方见表6-4。

（5）摊筛　在竹筛上涂刷食用植物油，将腌制好的肉片平铺在竹筛上，肉片之间彼此靠溶出的蛋白质粘连成片。

（6）烘烤　将摊放肉片的竹筛上架晾干水分后，放入远红外烘箱中脱水、熟化。烘烤温度55～75℃，前期烘烤温度可稍高。肉片厚度为2～3 mm时，烘烤时间为2～3 h。

（7）烧烤　烧烤可把半成品放在远红外空心烘炉的转动铁网上，200℃左右烧烤1～2 min至表面油润、色泽深红为止。

表6-4　肉脯加工配方　kg

名称	用量		
	猪肉脯	牛肉脯	鸡肉脯
原料肉	100	100	100
食盐	2.5	2	2
硝酸钠	0.05	—	0.05
白酱油	1	—	5
小苏打	0.01	—	—
蔗糖	1	5	10
高粱酒	2.5	—	1
味精	0.3	2	0.2
酱油	—	4	—
山梨酸钾	—	0.02	—
五香粉	—	0.3	
维生素C	—	0.02	0.05
复合磷酸盐	—	—	0.3
姜粉	—	—	0.3
白胡椒粉	—	—	0.3

（8）压平、成型、包装　烧烤结束后用压平机压平，按规格要求切成一定形状。冷却后及时包装。

6.2.3.2 肉脯加工新工艺

1. 工艺流程

原料检验→整理→配料→斩拌→成型→烘干→烘烤→压片→切片→包装

2. 配方

可参考传统肉脯加工配方。

3. 工艺要点

（1）原料肉检验　选用经过检验、达到一级鲜度标准的兔肉。

（2）整理　对符合要求的原料肉，先剔去剩余的碎骨、皮下脂肪、筋膜肌脏、淋巴、血污等，清洗干净，然后切成3～5 cm大小的小块备用。

（3）配料　按照原辅料的配方（如下）称重，某些辅料如亚硝酸钠等需先行溶解或处理，才能在斩拌或搅拌时加入原料肉中去。

兔肉100 kg，食盐3 kg，白糖4 kg，葡萄糖4 kg，鱼露0.5 kg，鸡蛋白2 kg，味精0.3 kg，

白酒3 kg，麦芽糊精3 kg，红曲红色素0.015 kg，磷酸盐 0.251 kg，亚硝酸钠 0.011 kg，八角 0.3 kg，胡椒0.151 kg，辣椒1 kg，花椒0.4 kg，姜粉0.2 kg，肉桂0.15 kg，食用丙二醇3 kg。

（4）斩拌　整理后的原料肉，应采用斩拌机尽快斩拌成肉糜，在斩拌的过程中加入各种配料，并加适量的冰水。斩拌肉糜要细腻，原辅料混合要均匀。

（5）成型　斩拌后的肉糜需先静置20 min左右，以使各种辅料渗透到肉组织中去。成型时先将肉铺成薄层，然后再用其他的器具将薄层均匀抹平，薄层的厚度为0.2 cm左右，太厚则不利于水分的蒸发和烘烤，太薄则不易成型。

（6）烘干　将成型的肉糜迅速送入已经升温至65～70℃的烘箱或烘房中，烘制2.5～4 h。烘制温度最初应适当提高，以加快脱水的速度，同时提高肉片的温度，避免微生物的大量繁殖。烘制的设备以烘箱或烘房为好，使用其他设备要能保证温度的稳定，避免温度的大幅度波动。待大部分水分蒸发，能顺利揭开肉片时，即可揭片翻边，进一步进行烘烤。等烘烤至肉片的水分含量降到18%～20%时，结束烘烤，取出肉片，自然冷却。

（7）烘烤、熟制　将第一次烘烤成的半成品送入170～200℃的远红外高温烘烤炉或高温烘烤箱内，进行高温烘烤，半成品经过高温预热、蒸发收缩、升温出油直到成熟。烘烤成熟的肉片呈棕黄色或棕红色，成熟后应立即从高温炉中取出，不然很容易焦煳。

（8）压片　出炉后肉片尽快用压平机压平，使肉片平整。烘烤后的肉片水分含量不超过13%～15%。

（9）切片　根据产品规格的要求，将大块的肉片切成小片。切片尺寸根据销售及包装要求而定，例如可以切成8 cm×12 cm或4 cm×6 cm的小片，每千克60～65片或120～130片。

（10）包装　将切好的肉脯放在无菌的冷却室内冷却1～2 h。冷却室的空气要经过净化及消毒杀菌处理。冷凉的肉脯经质量检验，采用真空包装，也可以采用听装包装。

6.3 干制肉制品相关标准

现行有效肉干、肉松、肉脯国家标准分别见GB/T 23969—2009、GB/T 23968—2009、GB/T 31406—2015。

6.3.1 肉干成品标准

1. 感官指标

肉干感官要求应符合表6-5的要求。

2. 理化指标

肉干理化指标见表6-6的要求。

表6-5　肉干感官指标（GB/T 23969—2009）

项目	指标	
	肉干	肉糜干
形态	呈片、条、粒状，同一品种大小基本均匀，表面可带有细小纤维或香辛料	呈片、粒状或其他规则形状，同一品种大小基本均匀
色泽	呈棕黄色、褐色、或黄褐色、色泽基本均匀	呈棕黄色、棕红色或棕褐色，色泽基本均匀
滋味与气味	具有该品种特有的香气和滋味，甜咸适中	
杂质	无肉眼可见杂质	

表6-6　肉干理化指标（GB/T 23969—2009）

项目	指标					
	肉干			肉糜干		
	牛肉干	猪肉干	其他肉干	牛肉糜干	猪肉糜干	其他肉糜干
水分/(g/100 g)	≤20					
脂肪/(g/100 g)	≤10	≤12	≤12	≤10	≤10	
蛋白质/(g/100 g)	≥30	≥28	≥26	≥23	≥20	

续表6-6

项目	指标					
	肉干			肉糜干		
	牛肉干	猪肉干	其他肉干	牛肉糜干	猪肉糜干	其他肉糜干
氯化物（以 NaCl 计）/(g/100 g)	≤5					
总糖（以蔗糖计）/(g/100 g)	≤35					
铅（Pb）/(mg/kg)	符合 GB 2726 的规定					
无机砷/(mg/kg)						
镉（Cd）/(mg/kg)						
总汞（以 Hg 计）/(mg/kg)						

3. 微生物指标

肉干微生物指标见表 6-7 的要求。

6.3.2 肉松成品标准

1. 感官指标

肉松感官要求应符合表 6-8 的要求。

2. 理化指标

肉松理化指标见表 6-9 的要求。

3. 微生物指标

肉松微生物指标见表 6-10 的要求。

表 6-7 肉干微生物指标（GB/T 23969—2009）

项目	指标
菌落总数/（CFU/g）	符合 GB 2726 的规定
大肠菌群/（MPN/100 g）	
致病菌（沙门氏菌、金黄色葡萄球菌、志贺氏菌）	

表 6-8 肉松感官指标（GB/T 23968—2009）

项目	指标	
	肉松	油酥肉松
形态	呈絮状，纤维柔软，允许有少量结头，无焦头	呈疏松颗粒状或短纤维状，无焦头
色泽	呈浅黄色或金黄色，色泽基本均匀	呈棕褐色或黄褐色，色泽基本均匀，稍有光泽
滋味与气味	味鲜美，甜咸适中，具有肉松固有的香味，无其他不良气味	具有酥、香特色，味鲜美，甜咸适中，油面而不腻，具有油酥肉松固有的香味，无其他不良气味
杂质	无肉眼可见杂质	

表 6-9 肉松理化指标（GB/T 23968—2009）

项目	指标	
	肉松	油酥肉松
水分/(g/100 g)	≤20	符合 GB 2726 的规定
脂肪/(g/100 g)	≤10	≤30
蛋白质/(g/100 g)	≥32	≥25
氯化物（以 NaCl 计）/(g/100 g)	≤7	
总糖（以蔗糖计）/(g/100 g)	≤35	
淀粉/(g/100 g)	≤2	
铅（Pb）/(mg/kg)	符合 GB 2726 的规定	
无机砷/(mg/kg)		
镉（Cd）/(mg/kg)		
总汞（以 Hg 计）/(mg/kg)		

表 6-10 肉松微生物指标（GB/T 23968—2009）

项目	指标	
	肉松	油酥肉松
菌落总数/(CFU/g)	符合 GB 2726 的规定	
大肠菌群/(MPN/100 g)		
致病菌（沙门氏菌、金黄色葡萄球菌、志贺氏菌）		

6.3.3 肉脯成品标准

1. 感官指标

肉脯感官要求应符合表 6-11 的要求。

2. 理化指标

肉脯理化指标见表 6-12 的要求。

3. 卫生指标

肉脯卫生指标应符合 GB 2726 的规定。

表 6-11　肉脯感官要求（GB/T 31406—2015）

项目	指标	
	肉脯	肉糜脯
形态	片形整齐，厚薄均匀，可见肌纹，无焦片、生片	片型整齐，厚薄均匀，允许有少量脂肪析出及微小空洞，无焦片、生片
色泽	呈棕红、深红、暗红色，色泽均匀，油润有光泽	
滋味与气味	滋味鲜美、醇厚，香味纯正，具有该产品特有的风味	
杂质	无肉眼可见杂质	

表 6-12　肉脯理化指标（GB/T 31406—2015）

项目	指标			
	肉脯			肉糜脯
	特级	优级	普通级	
蛋白质/(g/100 g)	≥35	≥30	≥28	≥25
脂肪/(g/100 g)	≤12	≤14	≤16	≤18
水分/(g/100 g)	≤18	≤20		≤20
氯化物（以 NaCl 计）/(g/100 g)	≤5			
总糖（以蔗糖计）/(g/100 g)	≤35	≤35		≤38

复习思考题

1. 肉品干制的目的是什么？
2. 干肉制品有哪些种类和特点？
3. 肉干、肉松、肉脯在加工工艺上有什么不同之处？

HAPTER 7

第7章 酱卤肉制品加工

目标要求：

1. 了解酱卤肉制品的种类及产品特点；
2. 掌握酱卤肉制品的加工工艺及操作要点；
3. 掌握酱卤肉制品加工的质量控制措施；
4. 了解酱卤肉制品加工的新技术及发展现状。

7.1 酱卤肉制品分类和特点

根据《酱卤肉制品》(GB/T 23586—2009),酱卤肉制品是以鲜(冻)畜禽肉和可食副产品放在加有食盐、酱油(或不加)、香辛料的水中,经预煮、浸泡、烧煮、酱制〈卤制〉等工艺加工而成的酱卤系列肉制品,是我国典型的传统熟肉制品。酱卤制品几乎在我国各地均有生产,但由于各地的消费习惯和加工过程中所用的配料、操作技术不同,形成了许多品种,有的已成为地方名特产,如苏州的酱汁肉、北京月盛斋的酱牛肉、河南的道口烧鸡、山东的德州扒鸡、无锡的糖醋排骨等。

近年来,随着对酱卤肉制品的传统加工工艺理论的研究以及先进加工设备的应用,一些酱卤肉制品的传统加工工艺得以改进,如用新的工艺加工的烧鸡、酱牛肉等产品更受人们的欢迎。另外,随着包装技术和食品加工技术的发展,酱卤制品也开始采用小包装,这种包装方式使得酱卤制品与传统的方便食品在食用的方便性上更接近了,同时也在一定程度上解决了酱卤制品防腐保鲜的问题。

7.1.1 酱卤肉制品分类

根据加工工艺不同酱卤肉制品可分为两大类:酱制品类、卤制品类。

酱制品类:以鲜(冻)畜、禽肉为主要原料,经清洗、修选后,配以香辛料等,去骨(或不去骨)、成型(或不成型),经烧煮、酱制等工序制作的熟肉制品。

卤制品类:以鲜(冻)畜、禽肉为主要原料,经清洗、修选后,配以香辛料等,去骨(或不去骨)、成型(或不成型),经烧煮、卤制等工序制作的熟肉制品。

酱和卤的加工方法有许多相似之处,习惯上,有时将两者并称为"酱卤"。其实,酱、卤在加工方法上还是有所差别的,主要表现在以下几点。

(1) 选料不同 卤制品可以选用动物性原料,如牛肉、鸡、鸭、内脏等,也可以选用植物性原料,如豆腐干、冬笋等,而酱制品则主要选用动物性原料,主要选用动物的肉、内脏、骨头、头、蹄、尾等。

(2) 加工过程中对汤汁的处理方式不同 卤制要保留卤汁,并且越是老卤卤出的东西味道越好,所以商品价值也越高;而酱制所用的酱汁则是现用现做,酱完原料要把酱汁收浓并浇在酱好的制品上。

(3) 两种烹调方式制成的成品不同 对于酱制品而言,加工过程中采用的香辛料偏多,因此酱味浓,调料味重,酱香味浓,成品色泽较深;而卤制品,主要使用盐水,因此,调味料和香辛料数量少,成品色泽较淡,主要突出的是原料原有的色、香、味。

(4) 在调味料的选择上不同 酱制品主要用酱油,卤制品主要用盐;此外,酱制品所用的酱汁,早期主要用豆酱、面酱等,现多改用酱油或加上糖色等,酱制成品色泽多成酱红或红褐色,一般为现制现用,不留陈汁,制品往往通过酱汁在锅中的自然收稠裹覆或人为地涂抹,而使制品外表粘裹一层糊状物。酱的烹调方法盛行于北方,而卤的烹调方法则盛行于南方,故有"南卤北酱"之说。

(5) 在煮制方法上不同 卤制品通常将各种辅料煮成清汤后,将肉块下锅以旺火煮制;酱制品则和各配料一起下锅,大火烧开,文火收汤,最终使汤形成肉汁。

根据《肉制品分类》(GB 26604—2011),酱卤制品包括白煮肉类、酱卤肉类、糟肉类以及肉冻类四大类。

1. 白煮肉类

白煮肉类是将原料肉经(或不经)腌制后,在水(或盐水)中煮制而成的熟肉类制品。白煮肉类可视为酱制品加工的一个特例,即其在加工过程中肉类未酱制或卤制;其主要特点是最大限度地保持了原料固有的色泽和风味,在食用时才调味。其代表品种有白斩鸡、白切肉、白切猪肚等。

2. 酱卤肉类

酱卤肉类是在水中加入食盐或酱油等调味料和香辛料一起煮制而成的熟肉制品。有的酱卤肉类的原料在加工时，先用清水预煮，一般预煮 5～25 min，然后用酱汁或卤汁煮制成熟，某些产品在酱制或卤制后，需再经烟熏等工序。酱卤肉类的主要特点是色泽鲜艳、味美、肉嫩，具有独特的风味。产品的色泽和风味主要取决于调味料和香辛料。酱卤肉类是酱卤肉制品中品种最多的一类熟肉制品，其风味各异，但主要制作工艺大同小异，只是在具体操作方法和配料的数量上有所不同。酱卤肉类包括酱肉、卤肉及肉类副产品、酱鸭、盐水鸭、扒鸡等肉类制品。其代表品种有道口烧鸡、德州扒鸡、苏州酱汁肉、糖醋排骨、蜜汁蹄髈等。

根据这些特点，酱卤肉类可划分为以下 5 种：

(1) 酱制品　亦称红烧或五香，是酱卤肉类中最广泛的一大类，也是酱卤肉类的典型产品。这类制品在制作中因使用了较多的酱油，以至制品色深、味浓，故称酱制品。又因煮汁的颜色和经过烧煮后制品的颜色都呈深红色，所以又称红烧制品。另外，由于酱制品在制作时使用了八角、桂皮、丁香、花椒、小茴香五种香料（或更多香料），故有些地区也称这类制品为五香制品，如烧鸡、酱牛肉等。

(2) 酱汁制品　以酱制为基础，加入红曲米使制品具有鲜艳的樱桃红色。酱汁制品使用的糖量较酱制品多，在锅内汤汁将干、肉开始酥烂准备出锅时，将糖熬成汁直接刷在肉上，或将糖散在肉上。酱汁制品色泽鲜艳喜人，口味咸中有甜。

(3) 蜜汁制品　蜜汁制品是在红烧的基础上使用红曲米作着色剂，产品为樱桃红色，颜色鲜艳，且在辅料中加入大量的糖分或添加适量的蜂蜜，产品色浓味甜。如苏州酱汁肉、蜜汁小排骨等。蜜汁制品的烧煮时间短，往往需油炸，其特点是块小，以带骨制品为多。蜜汁制品的制作方法有两种：一种是待锅内的肉块基本煮烂，汤汁煮至发稠，再将白糖和红曲米水加入锅内。待糖和红曲米水熬至起泡发稠，与肉块混匀，起锅即成。第二种是先将白糖与红曲米水熬成浓汁，浇在经过油炸的制品上即成（油炸制品多带骨，如大排、小排、肋排等）。蜜汁制品表面发亮，多为红色或红褐色，制品鲜香可口，蜜汁甜蜜浓稠。

(4) 糖醋制品　方法基本同酱制，配料中需加入糖和醋，使制品具有甜酸味。

(5) 卤制品　先调制好卤制汁或加入陈卤，然后将原料放入卤汁中。开始用大火，待卤汁煮沸后改用小火慢慢卤制，使卤汁逐渐浸入原料，直至酥烂即成。卤制品多使用老卤。每次卤制后，都需对卤汁进行清卤（撇油、过滤、加热、晾凉），然后保存。

3. 糟肉类

糟肉类则是用酒糟或陈年香糟代替酱制或卤制的一类产品。糟肉类是将原料经白煮后，再用香糟糟制的冷食熟肉类制品。其主要特点是保持原料肉固有的色泽和曲酒香气。糟制品由于需要冷藏保存，食用时又需添加冻汁，故较难保存，携带不便。因此受到一定的限制。我国著名的糟肉类有糟肉、糟鸡及糟鹅等。

4. 肉冻类

肉冻类主要包括肉皮冻、水晶肴肉等肉类制品。

7.1.2　酱卤肉制品的特点

酱卤肉制品主要特点是成品为熟制品，制作简单，操作方便，可以直接食用，不易包装贮藏，适于就地生产，就地销售；成品表面光亮，颜色鲜艳；并且由于重大料、重酱卤，煮制时间长，制品外部都粘有较浓的酱汁或糖汁。因此，制品具有肉烂皮酥、入口即化、浓郁的酱香味和糖香味等特点。

7.2　典型酱卤肉制品生产工艺

7.2.1　烧鸡

烧鸡是酱卤制品中的一大类熟禽制品，全国各地均有生产，因产品具有色艳、味美和肉嫩等特点，深受消费者喜爱。因原料、区域、口味等的不同，各地生产的烧鸡各具特色，除配料和造型有明显差别外，工艺流程基本一致。国内享有盛誉的烧鸡品种有安徽宿州符离集烧鸡、河南滑县道口烧鸡、山东德州扒鸡、辽宁沟帮子熏鸡。在汲取传统烧鸡生产精华的基础上，很多地方改进落后的作坊式生产工艺，科学合理地调制配方，不少企业的烧鸡生产已进入自动机械化流水线生产。

7.2.1.1 道口烧鸡

道口烧鸡产于河南滑县道口镇，创始人张丙，距今已有 300 多年历史，风味独特。道口烧鸡之所以广受好评，在于其用料。在道口烧鸡的煮制过程中必不可少的就是“八料”，八料就是陈皮、肉桂、豆蔻、良姜、丁香、砂仁、草果和白芷。经后人长期在加工技术中革新，已经成为我国著名的地方特产，广销四方，驰名中外，制品冷热食均可，属方便风味制品。

1. 工艺流程

原料鸡选择→宰杀开剖→撑鸡造型→浸饴糖→油炸上色→卤煮→出锅→冷却→包装→成品

2. 原料辅料

100 只鸡（重量 100～125 kg），食盐 2～3 kg，硝酸钠 18 g，桂皮 90 g，砂仁 15 g，草果 30 g，良姜 90 g，肉豆蔻 15 g，白芷 90 g，丁香 5 g，陈皮 30 g，蜂蜜或麦芽糖适量。

3. 操作要点及质量控制

（1）原料鸡选择　选择重量 1～1.25 kg 的当年健康土鸡。一般不用肉用仔鸡或老母鸡做原料，因为鸡龄太短或太长，其肉风味均欠佳。

（2）宰杀开剖　采用切断三管法放净血，刀口要小，放入 65℃左右的热水中浸烫 2～3 min，取出后迅速将毛褪净，切去鸡爪，从后腹部横开 7～8 cm 的切口，掏出内脏，洗净体腔和口腔。

（3）撑鸡造型　用尖刀从开膛切口伸入体腔，切断肋骨，切勿用力过大，以免破坏皮肤，用竹竿撑起腹腔，将两翅交叉插入口腔，使鸡体成为两头尖的半圆形。造型后，清洗鸡体，晾干。

（4）浸饴糖　在鸡体表面均匀涂上或喷淋上蜂蜜水或麦芽糖水（糖和水的比例是 3∶7），均匀与否直接影响油炸上色的效果，如涂膜不匀，造成油炸上色不匀，影响美观，涂抹后要将鸡挂起晾干表面水分。

（5）油炸上色　稍沥干后的鸡体放入 160℃左右的植物油中炸制 3～5 min，待鸡体呈金黄透红后捞出，沥干油。油炸的目的是使表面糖发生焦化和美拉德反应，产生焦糖色素，而使体表上色。油炸后放置时间不宜长，特别夏天应尽快煮制，以防变质。

（6）卤煮　把炸好的鸡平整放入锅内，加入老汤。用纱布包好香料放入鸡的中层，加水浸没鸡体，先用大火烧开，然后改用小火焖煮 2～3 h 即可出锅。

（7）出锅　待汤锅稍冷后，利用专用工具小心捞出鸡只，保持鸡身不破不散。

（8）冷却　出锅后的烧鸡经冷却后，可进行包装，即为成品。

4. 产品特点

成品色泽鲜艳，黄里带红，造型美观，鸡体完整，味香独特，肉质酥润，有浓郁的鸡香味。

7.2.1.2 符离集烧鸡

原产于安徽省符离集，最早可追溯到汉代，至今已有上千年历史，最早采用当地麻鸡作为原料精工制作而成。产品特点：体小形美、色艳、味香。

配方：原料鸡 50 kg，食盐 2～2.5 kg，白糖 0.5 kg，芫茴 150 g，三萘 35 g，小茴香 25 g，良姜 35 g，砂仁 10 g，肉蔻 25 g，白芷 40 g，花椒 5 g，桂皮 10 g，陈皮 10 g，丁香 10 g，辛夷 10 g，草果 25 g，硝酸钠 10 g。

7.2.1.3 德州扒鸡

原产山东德州，已有 70 多年的历史，是著名的地方特产，由于操作时扒烧慢焖而至烂熟，一抖即可脱骨，故名“扒鸡”。产品特点：色泽金黄，肉质粉白，皮色微红，鲜嫩如丝，香味透骨，熟烂异常。

配方：200 只鸡重约 150 kg，八角 100 g，桂皮 150 g，桂条 120 g，肉蔻 50 g，草果 50 g，丁香 25 g，白芷 125 g，三萘 75 g，陈皮 50 g，花椒 100 g，砂仁 10 g，小茴香 100 g，盐 3.5 kg，酱油 4 kg，生姜 250 g。

7.2.2 盐水鸭

南京盐水鸭是江苏省南京市传统的风味佳肴，是南京特产之一，至今已有 400 多年历史，加工制作不受季节限制，一年四季均可生产，腌制期短，可现作现售。

1. 工艺流程

原料选择→宰杀→整理、清洗、腌制→烘干→煮制→成品

2. 原料辅料

光鸭 10 只（约重 20 kg），食盐 300 g，八角 30 g，姜片 50 g，葱段 0.5 kg。

3. 操作要点及质量控制

(1) 原料的选择与宰杀　选用当年生长的健康樱桃谷瘦肉型仔鸭为原料，宰杀放血后，用热水浸烫并褪净毛，在右翅下开 6～7 cm 长的月牙形口子，取出全部内脏。

(2) 整理、清洗　斩去翅尖、脚爪。用清水洗净鸭体内外，放入冷水中浸泡拔血 1 h 左右，使肌肉洁白，然后吊钩沥干水分。

(3) 腌制　先干腌后湿腌。

干腌：又称抠卤，采用食盐和八角炒制的炒盐，每只光鸭用盐量为鸭重的 1/16，先取 3/4 的食盐，从右翅下刀口放入体腔、抹匀，将其余 1/4 食盐擦于鸭体表及颈部刀口处。把鸭坯逐只叠入缸内腌制，干腌时间 2～4 h，夏季时间短些。

湿腌：又称复卤，即干腌后的鸭胚经扣卤后，用老卤进行腌制。湿腌须先配制卤液。老卤是加入葱、姜、八角的过饱和盐水。新卤制备：食盐 5 kg，水 30 kg，姜、葱、八角、黄酒、味精各适量，将上述配料放在一起煮沸，冷却后即成卤液，卤液可循环使用。复卤时，将鸭体腔内灌满卤液，并把鸭腌浸在液面下，时间夏季为 2 h，冬季为 6 h，腌后取出沥干水分。

(4) 烘干　把腌好的鸭吊挂起来，送入烘炉房，温度控制在 45℃左右，时间约需 0.5 h，待鸭坯周身干燥起皱即可。经烘干的鸭在煮熟后皮脆而不韧。

(5) 煮制　取一根竹管插入肛门，将辅料（其中食盐 150 g）混合后平均分成 10 份，每只鸭 1 份，从右翅下刀口放入鸭体腔内。锅内加入清水，烧沸后，将鸭放入沸水中，用小火焖煮 20 min，然后提起鸭腿，把鸭腹腔的汤水控回锅里，再把鸭放入锅内，使鸭腹腔灌满汤汁，反复 2～3 次，再焖煮 10～20 min，锅中水温控制在 85～90℃，待鸭熟后即可出锅。出锅时拔出竹管，沥去汤汁，即为成品。

4. 产品特点

表皮洁白，肉质细嫩，口味清淡、鲜美，颇受消费者欢迎。

7.2.3 酱牛肉

牛肉营养价值很高，蛋白质含量多、脂肪含量却很少。中医认为牛肉有补中益气、滋养脾胃、强健筋骨、化痰息风、止渴止涎的功效。

酱牛肉是一种味道鲜美、营养丰富的酱肉制品，酱香浓郁、口感劲道、软烂适度、种类很多，深受消费者欢迎，尤以北京月盛斋的酱牛肉最为有名。

7.2.3.1 月盛斋牛肉

1. 配方（以精牛肉 100 kg 为标准）

精盐 6 kg，面酱 8 kg，白酒 800 g，葱（碎）1 kg，鲜姜末 1 kg，大蒜（去皮）1 kg，小茴香面 300 g，五香粉 400 g（包括桂皮、八角、砂仁、花椒、紫蔻）。

2. 加工工艺

(1) 切肉块　把精牛肉切成 0.5～1 kg 重的方块。

(2) 烫煮　把肉块放入 100℃的沸水锅中煮 1 h，为了除去腥膻味，可在水里加几块胡萝卜，到时把肉块捞出，放入清水中浸漂，清除血沫及胡萝卜块。

(3) 煮制　加入各种调料（即按上述配料标准）同漂洗过的牛肉块一齐入锅煮制，水温保持在 95℃左右（勿使沸腾），煮 2 h 后，将火力减弱，水温降低到 85℃左右，在这个温度继续煮 2 h 左右，这时肉已烂熟，立即出锅，放冷即为成品。酱牛肉块的出品率约在 60%。

7.2.3.2 软包装酱牛肉的加工

酱牛肉的传统加工方法煮制时间长、耗能多、产品出品率低。现代工艺加工酱牛肉多采用盐水注射、真空滚揉的快速腌制、低温熟制、真空包装、高温杀菌等方法，使制品肉质鲜嫩、风味独特、品质优良，且产品的出品率大大提高。

1. 工艺流程

原料肉的选择与处理→配制腌制液→盐水注射→滚揉腌制→煮制→冷却→真空包装→高温杀菌→冷却、检验→成品

2. 操作要点及质量控制

(1) 原料肉的选择与处理　选用经兽医卫生检验合格的优质牛肉，多选用牛腱子肉，除去血污、淋巴、脂肪后，将其切成 300～400 g 的肉块（按具体产品而定）。

(2) 配制腌制液　将适量的白胡椒、花椒、八角等香辛料放入水中熬制，然后冷至 30℃左右，加入食盐。另外，也可根据产品特点和不同消费需求添加其他配料或调味料，充分搅拌使完全溶化，过滤后备用。

(3) 盐水注射　用盐水注射机将配制好的注射液注入肉块中。

(4) 滚揉腌制　将注射后的牛肉块放入滚揉机中，以 8～10 r/min 的转速滚揉。滚揉时的温度应控制在 10℃以下，滚揉时间为 4～6 h。

(5) 煮制　煮制在夹层锅内进行。将香辛料装入双层纱布袋内包裹好，松紧适当。锅内加入清水和老汤，放入料包，沸水煮制 15～20 min 至风味浓郁即成卤汤；将滚揉后的牛肉块放入夹层锅内，并加入食盐、酱油、味精等，水中焖煮 30～40 min，将牛肉捞出沥干水分。

(6) 冷却、真空包装　煮制入味后的牛肉，经冷却后，进行真空包装。

(7) 高温杀菌　为提高产品的贮藏性，要对真空包装的牛肉进行高温杀菌。一般 121℃的条件下 40～50 min。

(8) 冷却、检验　杀菌后的产品经冷却后，要进行检验，合格的产品即可装箱，即为成品。

7.2.4 苏州酱汁肉

苏州酱汁肉是江苏省苏州市著名产品，为苏州的陆稿荐熟肉店所创造，历史悠久，享有盛名。其特点为酥润浓郁，入口即化，肥而不腻，色泽鲜艳，气味芳香。

酱汁肉的产销季节性很强，通常在每年的清明节（4 月 5 日前后）前几天开始供应，到夏至（6 月 22 日前后）结束。在这约两个半月的时间内，江南正值春末夏初，气候温暖，根据苏州的地方风俗，清明时节家家户户都有吃酱汁肉和青团子的习惯，由于肉呈红色，团子为青色，两种食品一红一绿，色泽艳丽美观，味道鲜美适口，颇受消费者欢迎，因此流传很广，为江南的特色食品。

1. 配料

猪肋条肉 100 g，绍兴酒 4～5 kg，白糖 5 kg，精盐 3～3.5 kg，红曲米 1.2 kg，桂皮 200 g，八角 200 g，葱 2 kg（捆成束），姜 200 g。

2. 加工工艺

(1) 原料整理　选用江南太湖流域地区产的太湖猪为原料，这种猪毛稀、皮薄、小头细脚，肉质鲜嫩，每只猪的重量以出净肉 35～40 kg 为宜，去前腿和后腿，取整块肋条肉（中段）为酱汁肉的原料。带皮猪肋条选好后，剔除脊椎骨，使肉块成带大排骨的整方肋条肉，之后切成肉条，俗称抽条子，宽约 4 cm，长度不限。肉条切好后再砍成 4 cm 见方的小块。尽量做到每千克切 20 块，排骨部分每千克 14 块左右。肉块切好后，把五花肉、硬膘肉分开。

(2) 酱制　按照原料规格，分批把肉块下锅用白水煮，用大火烧煮 1 h 左右，当锅内的汤沸腾时，即加入红曲米粉、绍兴酒和糖，转入中火，再煮 40 min 后出锅，平整摆放在搪瓷盘中。

(3) 制卤　酱汁肉的质量关键在于制卤，食用时还要在肉上泼卤汁，使肉色鲜艳，味道出现甜中带咸，甜味为主，好的卤汁黏稠、细腻、流汁而不带颗粒。卤汁制法是将余下的 1 kg 左右的白糖加入肉汤中，用小火煎熬，不断用锅铲翻动，防止烧焦和凝块，使汤汁逐步形成糨糊状。卤汁制备好后，舀出装在带盖的缸或钵内，用盖盖严，出售时应在酱肉上浇上卤汁。

7.2.5 五香猪蹄

猪蹄又叫猪手、猪脚，前蹄为猪手，后蹄为猪脚，是我国老百姓喜爱的传统美食。猪蹄中含有丰富的胶原蛋白，它在烹调过程中可转化成明胶。明胶具有网状空间结构，它能结合许多水，增强细胞生理代谢，有效地改善机体生理功能和皮肤组织细胞的储水功能，使细胞得到滋润，保持湿润状态，防止皮肤过早褶皱，延缓衰老。

1. 配料

猪蹄 20 kg、桂皮 10 g、花椒 14 g、八角 30 g、小茴香 20 g、良姜 20 g、白芷 10 g、大葱 0.1 kg、生姜 50 g、陈皮 30 g、尖椒 10 g、丁香 5 g、酱油 0.6 kg、盐 0.4 kg。

2. 工艺流程

(1) 清洗　清洗猪脚死皮，刮毛，用清水清洗干净；用刀把猪脚从中间劈开，用火焰进行燎毛，再次清洗，直到干净为止。

(2) 卤制　在锅里放 20 kg 水（猪蹄和水的比例为 1∶1），使用夹层锅，把配料装在布包里放在锅内（葱、姜、盐、酱油除外），大葱段、良姜切片放在锅里煮 20 min，猪蹄入锅，加盐和酱油。大火煮开 10 min，不能粘在锅底，改为小火煮 30 min（夹层锅 150℃），捞出降温。

(3) 烟熏　降至室温的猪蹄摆在架子上，推入烟熏炉中烟熏 10 min 至皮色红亮。

(4) 真空包装　把烟熏过的猪蹄两只一袋放在真空包装袋里，抽真空包装。

(5) 高压灭菌　把包装好的猪蹄放在高压灭菌锅里高温杀菌。

3. 产品特点

五香猪蹄是一道色香味俱全的传统名肴。该产品汁香味浓、油润化渣、汁水丰厚，五香味型，集口味、营养、食疗于一体，被誉为“美容食品”。

7.3 酱卤肉制品相关标准

《酱卤肉制品标准》(GB/T 23586—2009) 中规定了关于酱卤肉制品的质量要求，包括感官要求、理化指标、微生物指标等。

7.3.1 质量要求

1. 感官要求

感官要求应符合表 7-1 的要求，在正常光线下，利用目测、鼻嗅、品尝的方法评定。

表 7-1　酱卤肉制品感官要求

项目	指标
外观形态	外形整齐，无异物
色泽	酱制品表面为酱色或褐色，卤制品为该品种应有的正常色泽
口感风味	咸淡适中，具有酱卤制品特有的风味
组织形态	组织紧密
杂质	无肉眼可见的外来杂质

2. 理化指标

理化指标应符合表 7-2 的规定，检测方法按照国标的相关规定执行。

3. 微生物指标

微生物指标应符合 GB 2726 的规定。罐头工艺生产的酱卤肉制品应符合罐头食品商业无菌的要求。

4. 净含量

应符合《定量包装商品计量监督管理办法》。

表 7-2　酱卤肉制品理化指标

项目	指标		
	畜肉类	禽肉类	畜禽内脏、杂类[a]
蛋白质/(g/100 g)	≥20.0	≥15.0	≥8.0
水分/(g/100 g)	≤70		≤75
食盐/(以 NaCl 计)/(g/100 g)	≤4.0		
亚硝酸盐/(以 $NaNO_2$，计)/(mg/kg)	应符合 GB 2726 规定		
铅/ (Pb)/(mg/kg)			
无机砷/(mg/kg)			
镉/(mg/kg)			
总汞/(以 Hg 计)/(mg/kg)			
食品添加剂	应符合 GB 2760 规定		

[a]包括畜、禽类头颈、爪、蹄、尾等部分的制成品。

7.3.2　检验规则

1. 出厂检验

（1）检验项目　预包装酱卤肉制品每批出厂检验项目为感官要求、净含量、菌落总数、大肠菌群；罐头工艺生产的酱卤肉制品出厂检验项目为感官要求、净含量、商业无菌。水分、食盐、蛋白质等项目检验应不少于每 7 d 一次。

散装酱卤肉制品每批出厂检验项目为感官要求。水分、食盐、蛋白质、菌落总数、大肠菌群等项目检验应不少于每 7 d 一次。

（2）组批和抽样　同一批投料、同一生产线、同一班次生产的同一生产日期、同一规格的产品为一批。每批抽样数独立包装不应少于 8 个（不含净含量抽样），样品量总数不少于 2 kg，检样一式两份，供检验和复验备用.

（3）判定　出厂检验项目全部符合本标准要求时，判定为合格；检验结果不符合本标准要求时，使用备检样品对不合格项目进行复检（微生物指标不合格不得复检），如复检结果仍有 1 项不合格，则判该批产品为不合格品。

2. 型式检验

正常生产时应每 6 个月进行一次型式检验。此外，有下列情况之一时，亦应进行型式检验：①新产品试制鉴定时；②原料、生产工艺有较大改变，可能影响产品质量时；③产品停产半年以上，恢复生产时；④出厂检验结果与上一次型式检验结果有较大差异时；⑤国家质量监督机构提出要求时。

（1）检验项目　包括感官、理化、微生物、净含量的项目。

（2）抽样　随机抽取同一批次不少于 10 个独立包装的样品（不含净含量抽样），样品量总数不少于 3 kg，检样一式两份，供检验和复验备用。

（3）判定　检验项目全部符合本标准要求时，该批产品判定为合格；检验结果不符合本标准要求时，使用备检样品对不合格项目进行复检（微生物指标不合格时不得复检），复检结果符合本标准要求时则该批产品判定为合格；如复检结果仍有 1 项不合格，则该批产品判定为不合格。

3. 标志、包装、运输、贮存

（1）标签和标志　产品标签应符合 GB 7718—2011 的规定，包装运输标志应符合 GB/T 191—2008 的规定。

（2）包装　使用复合包装材料应符合 GB 9683—1988 和有关标准规定的要求，其他包装材料和容器必须符合相应国家标准和有关规定。

（3）运输　运输产品时应避免日晒、雨淋。不得与有毒、有异味或影响产品质量的物品混装运输。运输工具应保持清洁、干燥、无污染。散装销售产品的运输应符合《散装食品卫生管理规范》。

（4）贮存　高温灭菌预包装产品及罐头工艺生产的产品应在阴凉、干燥、通风处贮存；低温灭菌的产品应在 0～4℃冷藏库内贮存，库房内应有防尘、防蝇、防鼠等设施。不得与有毒、有异味或影响产品质量的物品共存放。产品贮存应离墙离地，分类堆放。散装销售产品的贮存应符合《散装食品卫生管理规范》。

复习思考题

1. 酱卤肉制品有哪些种类？
2. 酱卤肉制品的产品特点是什么？
3. 烧鸡的加工工艺和品质控制措施包括哪些？
4. 如何改进传统烧鸡的加工方法，从而生产出更健康、安全的烧鸡产品？

HAPTER 8

第8章 中式灌制类制品加工

目标要求：

1. 了解中式灌制类产品的种类及产品特点；
2. 掌握天然肠衣加工的操作要点；
3. 了解人造肠衣的种类及使用途径；
4. 熟练掌握中式香肠加工的基本技术。

8.1 灌制类产品的分类

8.1.1 灌制类产品种类

灌制类产品，也叫灌肠制品（sausage products），是以畜禽肉或鱼肉、谷物等为原料，经腌制（或不腌制）、斩拌或绞碎而使肉成为块状、丁状或肉糜状态，再配上其他辅料，经搅拌或滚揉后而灌入天然肠衣或人造肠衣内，经烘烤、熟制和熏烟等工艺而制成的灌制类制品（或不熟制）。

据记载，3 500 年以前，古代中国和巴比伦已经开始生产和消费灌制类产品。到了中世纪，各种灌制类产品风靡欧洲，由于各地地理和气候条件的差异，形成各种品种。气候温暖的意大利、西班牙南部、法国南部开始生产干制灌制产品，而气候比较寒冷的德国、丹麦等国家，开始生产生鲜和熟制灌制产品。由于人们对方便食品和即食食品的需求的增加，现代灌制产品的生产和消费，都有了很多发展。多数灌制产品实现了高度机械化和自动化，产品具有良好的组织状态，持水性、风味、颜色、保存期都很好。

灌制类产品种类繁多，仅法国就有 1 500 多个品种，我国各地生产的灌肠品种至少也有数百种。灌制类产品分类方法也有很多种，其中美国的分类方法较具有代表性，根据产品的加工工艺及产品特点分为生鲜灌制类、生熏灌制类、熟灌制类、熟熏灌制类、干制及半干制灌制类。

8.1.2 灌制类产品特点

灌制类产品是世界上产量最高、品种最多的肉制品，不同种类产品的特点见表 8-1。

表 8-1 灌制类产品特点

名称	主要特点
生鲜灌制产品	用新鲜原料肉，不经腌制，原料肉切碎后加入调味料，搅拌均匀后灌入肠衣内，冷冻贮藏，食用时熟制
生熏灌制类	用腌制或不腌制的原料肉，切碎，加入调味料，搅拌均匀，灌入肠衣，经烟熏，不熟制，食用前熟制
熟灌制类	用腌制或不腌制的原料肉，切碎，加入调味料，搅拌均匀，灌入肠衣，熟制而成
熟熏灌制类	用腌制或不腌制的原料肉，切碎，加入调味料，搅拌均匀，灌入肠衣，烘烤、熟制后熏烟而成
干制及半干制灌制类	肉经腌制、绞碎，加入调味料，搅拌均匀，灌入肠衣，可烟熏或不烟熏，然后干燥、发酵，除去大部分水分
特殊灌制类	用一些特殊原料（肉皮、麦片、肝、淀粉、血等），经搅拌，加入调味料后制成的产品
混合灌制类	以畜禽肉为主要原料，再加上鱼肉、禽肉或其他动物肉等制成的产品

8.2 肠衣分类与加工技术

8.2.1 肠衣分类

灌制类产品加工用肠衣可由多种材料制成，按制备肠衣材料来源分类可分为天然肠衣和人造肠衣两大类。

天然肠衣是指健康家畜的胃、肠、食管（牛）、膀胱等器官，经刮制等特殊加工，对保留的组织进行盐渍或干制而成的畜产品，是灌制类产品的衣膜。天然肠衣具有可食用，透明、透水、透气，韧性好、结实，收缩和膨胀性好等特性，但规格和形状不整齐，数量有限。

人造肠衣使用方便，安全卫生，标准规格，填充量固定，易印刷，价格便宜，损耗少。人造肠衣主要包括胶原蛋白肠衣、塑料肠衣、纤维素肠衣等。纤维素肠衣是用天然纤维如棉绒、木屑、亚麻和其他植物纤维制成的。纤维素肠衣不能食用，不能随肉馅收缩。胶原蛋白肠衣是用动物胶制成的，分为可食和不可食两类。塑料肠衣是用聚丙二氯乙烯、聚乙烯膜制成的，品种样式较多，只能蒸煮，不能食用。

8.2.2 天然肠衣

天然肠衣按畜别分有猪肠衣、羊肠衣和牛肠衣，按加工方法分有腌渍肠衣和干制肠衣两种，按部位分有大肠衣、小肠衣。对于猪腌渍肠衣来说，工业上按照肠衣口径粗细进行路分，24～26 mm 为一路，26～28 mm 为二路，28～30 mm

为三路、30～32 mm为四路、32～34 mm为五路、34～36 mm为六路、36～38 mm为七路、≥38 mm为八路；对于山羊、绵羊腌渍肠衣来说，分为12～14 mm（六路）、14～16 mm（五路）、16～18 mm（四路）、18～20 mm（三路）、20～22 mm（二路）、≥22 mm（一路）等不同的规格。

天然肠衣一般用猪肠的比较多。肠自内向外分成黏膜、黏膜下层、肌层和浆膜4层。根据畜别和加工成品的不同要求，对上面4层的处理也不一样。下面主要以盐渍猪小肠衣和干制猪小肠衣的加工为例。

8.2.2.1 盐渍猪小肠衣加工

1. 工艺流程

取肠、去油→排除肠内容物→灌水、冲洗→浸洗→刮制→灌水→腌肠→漂洗→扎把、成品

2. 操作要点

（1）取肠、去油　取出内脏后，将小肠一头割断（要求在未冷却前及时扯肠），随即一手抓住小肠，另一只手扭住油边慢慢将肠扯下，使油与小肠分开。要求不破不断，全肠完整。

（2）排除肠内容物　扯完油后，小肠尚有一定温度，不能堆积，堆积易发热变质，必须将肠内容物掏净。要保证全肠完整、无破损。

（3）灌水、冲洗　掏净内容物后，即用清水洗净，以免内容物遗留。

（4）浸洗　浸洗的目的是使组织松软，以便刮制。浸洗时间应根据气候、肠质等情况掌握，不能过长，以防发酵。去粪后的小肠，灌入清水，并在清水中浸泡18～24 h，清水温度，春秋季控制在28℃左右，冬季控制在33℃左右，夏季可用凉水。要及时浸洗，及时刮制。

（5）刮制　要求无破伤、少节头。将浸泡后的肠放在平滑的木板上，原肠从中间向两头或从小头向大头刮制。刮时持刀应平稳均匀，用力不得过轻或过重，遇有难刮之处不应强刮，而应反复轻刮，以免将肠壁刮破、刮伤。必要时可用刀背，在难刮之处轻击，使该部分组织软化后再刮。所有刮肠板必须平滑、坚硬而无节疤，以免刮出破洞或刮制不净；刮刀有竹制、胶制或铁制的，长约10 cm，宽约6 cm。刀刃不宜锋利，但应平齐。

（6）灌水　灌水不仅能检查肠衣的刮制质量，而且还可洗去余污杂质，对保持肠衣品质很重要。将已刮好的半成品逐根灌水检查，发现遗留物随即刮去，肠头割齐，破损部分以及不透明之处去除，凡遇破洞处应立即准确去除，以免浪费，色泽不佳者挑出。

（7）腌肠　把节头解开，用细盐擦腌，重新结扣，再将整把腌匀，防止并条。将整理好的肠衣，用精盐均匀腌渍约24 h。一般总长100 m左右的肠衣，用精盐0.6～0.7 kg。腌好后，扎成把，放在竹筛内，沥出盐水。经过12 h后，肠衣即呈半干半湿状态。

（8）漂洗　将盐渍后的肠衣，浸在清水中，反复换水漂洗，洗去肠衣内外的杂质。然后，再用清水漂浸。漂浸的时间，春秋季为2 h，夏季应缩短时间，冬季可适当延长，但不得过夜。漂洗时，还要再次灌水，检查有无破损漏洞。

（9）扎把、成品　将漂浸过的肠衣，按口径大小和长短进行分类，最后，再按每100 m左右肠衣用0.25 kg精盐腌上，待水分沥干，缠成把，一至五路猪肠衣每把不超过18节，六路每把不超过20节，每节不短于1 m。即为盐渍肠衣成品。

8.2.2.2 干制猪小肠衣加工

1. 工艺流程

猪肠→浸洗→去油脂→碱洗→漂洗→腌肠→水洗→吹气→干燥→压扁

2. 操作要点

（1）水洗　将洗干净的猪小肠浸于清水中，冬季一般1～2天，夏季8～10 h即可。

（2）去油脂、黏膜　将浸泡好的鲜肠放在板上，刮出肠内外的黏膜、油脂，肠黏膜可供提取肝素钠用，刮肠后冲洗干净。

（3）碱洗　将翻转洗净的原肠，以10根为一套，放入木盆或缸里，每70～80根用6%的烧碱溶液3 000 mL倒入盆中，迅速用竹棒搅拌肠子，可洗去肠上的油脂，如此碱洗20～30 min，就能使肠洁净，颜色变好。去脂时间夏季15～20 min，冷季稍长，但也不能超过30 min，否则肠就会被腐蚀而逐渐溶解成为废品。

(4) 漂洗　将去脂后的肠放入清水缸中浸漂，夏季 3 h，冬季约 24 h，常换水，将肠漂成白色(可加入少量过氧化氢)，以制成品质和色泽优良的干肠衣。

(5) 腌肠　腌制时一把肠衣每 10 m 用盐 1 kg，将肠衣放入缸中，加盐腌渍 12～24 h。夏季腌渍时间可缩短，冬季可延长。腌制的目的是使肠衣不会随意扩大。

(6) 吹气　先用水把盐汁漂洗干净，以不带盐味为佳。洗净后的肠衣，再用气筒吹气，使肠膨胀，然后置于清水中，检查有无漏洞，剔除有漏洞的肠备用。

(7) 干燥　将吹气后的肠衣，挂在通风良好处晾干，或放在干燥室（30～36℃）烘干。

(8) 压扁　将干燥的肠衣一头用针刺孔，使空气排出，然后均匀喷上水，用压肠机将肠衣压扁，包扎，装箱，即为成品。

8.2.2.3　天然肠衣品质标准

天然肠衣的色泽、实质品质标准分别见表 8-2 和表 8-3。盐渍肠衣要求无腐败气味及其他不应有的异味，干制肠衣要求无霉味及其他不应有的异味；其他品质要求应符合 GB/T 7740—2006 规定。

8.2.3　胶原蛋白肠衣

胶原蛋白肠衣是用家畜的皮、腱等为原料，经过预处理、挤出成型、固定干燥等工艺加工而成。胶原蛋白肠衣具有可食性、透气、美观、制作工艺简单等特点，而且具有强筋健骨、增强体质的功效。

1. 工艺流程

原料预处理→酸浸→制胶原团→酸溶胀→挤

表 8-2　肠衣色泽

名称	色泽
盐渍山羊肠衣	白色、青白色、黄白色、灰白色
盐渍猪大肠头（猪直肠）	白色、乳白色、淡粉红色、淡黄白色
盐渍猪肥肠	白色、乳白色、淡粉红色、淡黄白色
盐渍猪拐头	乳白色、淡粉红色、淡黄白色
盐渍羔羊胃	乳白色、淡粉红、淡黄白色
盐渍猪膀胱	乳白色、淡黄白色、淡灰白色
盐渍牛大肠	白色、乳白色、淡红色、黄白色、灰白色
盐渍牛肠衣	白色、乳白色、淡红色、黄白色、灰白色
干制牛肠衣	淡黄色、棕黄色
干制猪肠衣	黄色、银白色、淡黄色
干制羊肠衣	黄色、银白色、淡黄色
干制猪膀胱	淡粉红色、淡黄色
干制猪套管肠衣	乳白色、米黄色、黄色
干制猪套帕	乳白色、淡黄色、黄色
干制羊套帕	乳白色、米黄色、银白色

表 8-3　肠衣实质品质

名称	实质品质
盐渍猪肠衣	肠壁洁净、坚韧，在充满水时呈透明状，无显著筋络
盐渍绵羊肠衣 盐渍山羊肠衣	无明显腐蚀痕迹，无软洞，无破洞，每把硬洞不超过 2 个（在盐渍猪肠衣中，允许有直径 2 mm 以下的硬洞）
盐渍猪大肠头	洁净卫生，皮质新鲜有弹性，猪大肠头带有毛圈
盐渍猪肥肠	无刀伤，无严重红斑
盐渍猪膀胱	无刀伤，带颈管，洁净卫生
盐渍羔羊胃	肠壁洁净，去油脂，无洞，无刀伤
盐渍猪拐头	肠壁洁净，去油脂，无洞，无刀伤
盐渍牛大肠	肠壁洁净，去油脂，无洞，无刀伤
盐渍牛肠衣	肠壁洁净，去油脂，无洞，无刀伤
干肠衣类	肠壁坚韧，有光泽，无杂质，无破洞
干猪膀胱	膀胱带颈管，除去油脂

压成型→固定、干燥→成品

2. 操作要点

(1) 原料预处理　取未经鞣制的牛二层皮 100 kg 投入水池中流动水冲洗净，除去肉络，分割为（15±5）m^2 的皮块，用 180 kg 石灰乳腌渍 1 d，清洗后加入 100 kg 水，加入 2 000 g 的胃蛋白酶，在 30℃处理 6 h，结束后清洗干净皮块。

(2) 酸浸　将清洗干净的皮块投入浓度为 0.5 mol/L 的乳酸溶液中酸化，待皮块变半透明状，用清水洗净，送至冷库冷却至料温 5℃以下。

(3) 制胶原团　将 5℃以下物料用斩拌机斩拌成块状，经碾压机压成薄片，高压过滤提取丝状纤维，然后倒入搅拌机，一边搅拌，一边加入 3 000 g 微晶纤维素、1 200 g 油脂乳液，控制含水量在（90±2)%，pH 在 3.2±0.2，充分混合成胶原团，经过高压过滤后放到冷库中贮存。其中油脂乳液的制备方法为：将人造奶油加热成液体状，按 1∶1 比例加入水，再加热，胶体磨或均质机乳化即得。

(4) 挤压、干燥、固定　胶原团冷冻至 5℃以下，放进挤压机经 Φ20～25 mm 直喷式喷嘴（胶原纤维编织成 80°～90°排列管状物)、单旋转式喷嘴（胶原纤维编织成 60°～70°交叉排列管状物)、双旋转式喷嘴（胶原纤维编织成 30°～60°交叉排列管状物)，喷成管状物，进入干燥隧道（其主要是由起支撑肠衣作用的支架滚轮、带动肠衣走动的传动装置、热风干燥装置组成）干燥，干燥过程中不断喷洒浓度为 1%的 $NaHCO_3$ 水溶液和浓度为 10%的山梨醇溶液，干燥后压扁收卷，一部分先通过卷绕或套缩设备进行分段包装，然后放置 80℃熟化柜 30 h 得到成品，一部分先放置 75℃熟化柜 25 h 得到产品，再通过卷绕或套缩设备进行分段包装得成品。

3. 品质标准

胶原蛋白肠衣的品质标准可参考 GB 14967—2015、SB/T 10373—2012。形状方面，要求产品应呈无缝管状，无破孔、无粘连。色泽方面，原色肠衣呈灰白色至浅棕色，无其他色斑，不应有霉斑；着色肠衣具有着色剂相应的色泽，无其他色斑。气味方面，应具有胶原蛋白的特有气味，无异味。理化指标、微生物指标应符合 GB 14967—2015 的规定。

8.2.4 塑料肠衣

塑料肠衣是指使用的包装材料具有良好阻隔性可以高温蒸煮杀菌的材料的一种肠衣。塑料肠衣具有价格低廉，阻隔性更强，可印制图案美观，尺寸为 20～125 mm，使用方便等特点。塑料肠衣主要有聚偏二氯乙烯（PVDC)、聚酰胺肠衣膜（PA)、尼龙肠衣、尼龙复合肠衣及 EVAL（高阻隔性树脂）复合软包装材料等，广泛地应用于包装香肠、火腿肠、红肠、粉肠、三明治肠、蒜肠、肉糜肠等。

PVDC 肠衣膜是一种热收缩膜，不仅要求膜的平整度要好，还要防止油墨干燥时受热膜的收缩，为此，印刷时只吹冷风，并采用快干油墨；灌装时应留有余地，不能灌满，以防止高温蒸煮杀菌时内容物膨胀而破袋。杀菌在 121℃、30 min。PVDC 片状肠衣膜质量标准可以参考 GB/T 17030—2008。

目前市场上已经大量出现了可烟熏的尼龙肠衣。在受热情况下，肠衣的网状结构变得松散些，因此孔径变大，使烟和水分子可以透过，随着加工后期水浴降温，孔径缩小，又重新具有了阻隔性。这种通透性只有纤维素肠衣的 20%～60%。根据不同种类聚合物的使用和每层不同的厚度，可生产不同阻隔强度的肠衣。在生产过程中，肠衣喷出并被赋予了拉伸和收缩的性质。

8.2.5 纤维素肠衣

纤维素肠衣具有高度抗拉伸、抗破裂性质，能赋予产品良好的造型、均一的直径和光滑的表面，部分产品也具有阻湿性。

纤维素肠衣通常分为五类：①小口径纤维素肠衣，用来制造法兰克福和热狗肠。在出厂前通常都将肠衣剥去。②大口径纤维素肠衣，由于肠衣相对小口径更厚，所以通常可以做到 50 mm 的直径，在博洛尼亚（Bolognas）等乳化型产品中应用。可以赋予产品良好的造型和光滑的表面。③超大口径纤维素肠衣，这种肠衣壁非常厚实，主要用来生产有骨和无骨火腿。④加强型纤维素肠衣，通常也被称作纤维肠衣（fibrous）。这种肠衣是把纤维素浆同高强度纸张复合在一起，这种纸近似于制作茶叶包的纸质材料。纤维肠衣具有高度抗拉伸和抗破裂性质。因此带给大口径肉类制品均一的直径。⑤阻湿肠衣，这种肠衣是在纤维肠衣内或外壁涂抹上有机乳液，用来阻隔水蒸气的透过。这种产品价格较贵，但是由于阻湿性可以延长产品货架期。

小口径纤维素肠衣通常都是套缩形式，同胶原蛋白肠衣相同。但其更加有韧性和弹性，因此比胶原蛋白肠衣更加易于工业连续高速生产，而且成本更加便宜。纤维素对湿度敏感，因此制成肠衣后具有烟和水的通透性，可以在加工中进行烟熏和水蒸气加热，然后在出厂前剥皮。纤维素肠衣由于其强度很大，因此可以用来制作大口径产品，直径可达 200 mm。这种肠衣经过内壁处理后，在产品蒸煮后非常容易地剥皮。当然，所有的纤维素肠衣都是不可食用的，需要在出厂或食用前将肠衣剥去。在美国等地的热狗肠都是在出厂前剥皮，而在东南亚特别是菲律宾等国是带着肠衣销售，由消费者自己动手剥皮。

8.3　中式灌制类产品加工

8.3.1　中式香肠

中式香肠是指以畜禽等肉为主要原料，经切碎或绞碎后按一定比例加入食盐、酒、白砂糖等辅料拌匀，腌渍后充填入肠衣中，经烘焙或晾晒或风干等工艺制成的生干肠制品。传统中式香肠生产过程是在寒冬腊月于较低的温度下将原料肉进行腌制、灌制，然后经过自然风干和成熟过程加工成的一类产品。现代化香肠的生产已实现了工业化和规模化，实现了全天候常年化生产。

我国地域广阔，气候差异很大，由此在传统生产条件下形成了风味不同的众多肠制品，按照生产地域对香肠分类，如广东香肠（广东腊肠）、四川香肠、北京香肠、如泉香肠、哈尔滨香肠等；同一地区生产的香肠又依其风味特点和所用原料分成众多类，如广东香肠又细分为生抽猪肉肠、老抽猪肉肠、猪肝肠、鸭肝肠、玫瑰猪肉肠、猪心肠、牛肉肠、鸡肉肠等；按照产品外形，中式香肠又分为香肠、香肚（或小肚）、肉枣（或肉橄榄、肉葡萄）等。

8.3.1.1　中式香肠一般加工工艺

1. 工艺流程

原料肉选择与修整→切丁→配料、腌制→绞碎→灌制→漂洗→晾晒或烘烤→包装→成品

2. 操作要点

（1）原料肉选择与处理　主要选择新鲜猪肉为加工原料。瘦肉以腿臀肉最好，肥肉以背部硬膘为好，腿膘次之。原料肉经过修整，去掉筋腱、骨头和皮，切成 50～100 g 大小的肉块，然后瘦肉用绞肉机以孔直径 0.4～1.0 cm 的筛孔板绞碎，肥肉切成 0.6～1.0 cm 大小的肉丁。肥肉丁切好后用温水清洗 1 次，以除去浮油及杂质，沥干水分待用，肥、瘦肉要分别存放处理。与乳化肠相比，中式香肠原料肉粒度较大，自然风干后，肉与油粒分明可见，肉味香浓，干爽而油不沾唇。

随着消费习惯的不断变化，应用于香肠加工的原料越来越多，产品也不断丰富，如牛肉肠、鸡肉肠、兔肉肠等。

（2）配料　中式香肠种类很多，配方各不相同，但主要配料大同小异。常用的配料主要有食盐、糖、酱油、料酒、硝酸盐、亚硝酸盐；使用的调味料主要有八角、豆蔻、小茴香、桂皮、白芷、丁香、山萘、甘草等。中式香肠的配料中一般不用淀粉和玉果粉。

（3）腌制　按配料要求将原料肉和辅料混合均匀。拌料时可逐渐加入 20% 左右的温水，以调节黏度和硬度，使肉馅滑润致密。混合料于腌制室内腌制 1～2 h，当瘦肉变为内外一致的鲜红色，肉馅中有汁液渗出，手摸触感坚实、不绵软、表面有滑腻感时，即完成腌制。此时加入料酒拌匀，即可灌制。

（4）灌制　将肠衣套在灌装机灌嘴上，使肉馅均匀地灌入肠衣中。要掌握松紧程度，不能过紧或过松。用天然肠衣灌装时，干或盐渍肠衣要

在清水中浸泡柔软，洗去盐分后使用。

(5) 排气　用排气针扎刺湿肠，排出内部空气，以避免在晾晒或烘烤时产生爆肠现象。

(6) 捆线结扎　捆线结扎的长度依具体产品的规格而定。一般每隔 10～20 cm 用细线结扎一道。生产枣肠时，每隔 2～2.5 cm 用细棉线捆扎分节，挤出多余肉馅，使成枣形。

(7) 漂洗　将湿肠用 35℃左右的清水漂洗，除去表层油污，然后均匀地挂在晾晒或烘烤架上。

(8) 晾晒或烘烤　将悬挂好的香肠放在日光下晾晒 2～3 d。在日晒过程中，有胀气的部位应针刺排气。晚间送入房内烘烤，温度保持在 40～60℃。烘烤温度是很重要的加工参数，需要合理控制烘烤过程中的质、热传递速度，达到快速脱水目的。一般采用梯度升温程序，开始过程温度控制在较低状态，随生产过程的延续，逐渐升高温度。烘烤过程温度太高，易造成脂肪熔化，同时瘦肉也会烤熟，影响到产品的风味和质感，使色泽变暗，成品率降低；温度太低则难以达到脱水干燥的目的，易造成产品变质。一般经 72 h 的烘晒，然后将半成品挂到通风良好的场所风干 10～15 d，成熟后即为产品。

(9) 包装　中式产品有散装和小袋包装销售两种方式，可根据消费者的需求进行选择。利用小袋进行简易包装或进行真空、充气包装，可有效抑制产品销售过程中的脂肪氧化现象，提高产品的卫生品质。

8.3.1.2　典型中式香肠加工工艺

1. 广式香肠

1) 配料

猪瘦肉 35 kg，肥膘肉 15 kg，食盐 1.25 kg，白糖 2 kg，白酒（50°）1.5 kg，酱油 75 kg，鲜姜 500 g（剁碎挤汁），胡椒粉 50 g，味精 100 g，亚硝酸钠 3 g。

2) 加工过程

(1) 选料整理　选用卫生检验合格的生猪肉，瘦肉顺着肌肉纹络切成厚约 1.2 cm 的薄片，用冷水漂洗，消除腥味，并使肉色变淡。沥水后，用绞肉机绞碎，孔径要求 1～1.2 cm。肥膘肉切成 0.8～1 cm 的肥丁，并用温水漂洗，除掉表面污渍。

(2) 拌料　先在容器内加入少量温水，放入盐、糖、酱油、姜汁、胡椒面、味精、亚硝酸钠，拌和溶解后加入瘦肉和肥丁，搅拌均匀，最后加入白酒，制成肉馅。拌馅时，要严格掌握用水量，一般为 4～5 kg。

(3) 灌肠　先用温水将肠衣泡软，洗干净。用灌肠机或手工将肉馅灌入肠衣内。灌装时，要求均匀、结实，发现气泡用针刺排气。每隔 12 cm 为 1 节，进行结扎。然后用温水将灌好的香肠漂洗一遍，串挂在晾晒烘烤架上。

(4) 晾晒、烘烤　串挂好的香肠，放在阳光下晾晒（如遇天阴、大雾或雨天，直接送入烘房内烘烤），阳光强烈时 3 h 左右翻转一次，阳光不强时 4～5 h 翻转一次。晾晒 0.5～1 d 后，转入烘房烘烤。温度控制在 50～52℃，烘烤 24 h 左右，即为成品。出品率一般在 62%左右。若直接送入烘房烘烤，开始时温度可控制在 42～49℃，经 1 d 左右再将温度逐渐提高。

(5) 保藏　贮存方式以悬挂式最好，在 10℃以下可保存 3 个月以上。食用前进行煮制，放在沸水锅里，煮制 15 min 左右。

3) 产品特点

外观小巧玲珑，色泽红白相间，鲜明光亮。食之口感爽滑，香甜可口，余味绵绵。

2. 香肚

1) 配料

猪肉 100 kg，肥瘦比控制在 3∶7～4∶6，食盐 5 kg，一级白砂糖 5 kg，调味料（八角∶花椒∶桂皮＝4∶2∶1）92 g，硝酸钠 30 g。

2) 加工过程

(1) 制馅　将瘦肉切成细的长条，肥肉切成肉丁，然后将调味料混入搅拌均匀，放置 30 min 左右即可灌装。

(2) 灌装与扎口　根据肚的大小，将一定量肉馅装入其中，一般控制每个香肚 250 g 左右，装好后进行扎口。不论干膀胱还是盐渍膀胱，使用前均需浸泡、清洗，挤出、沥干水分备用。

(3) 晾晒　扎口的肚于通风处晾晒，冬季晾晒 3 d 左右，1～2 月晾晒 2 d 左右。晾晒的主要作用在于蒸发水分，使香肚外表干燥。晾晒后失重 15%左右。

（4）成熟　晾晒后的香肚，放在通风的库房内晾挂成熟，该过程约需 40 d。

（5）叠缸、贮藏　晾挂成熟后的产品除去表面霉菌，每 4 只扣在一起，分层摆放在缸中。传统工艺过程还在叠缸时每 100 只香肚浇麻油 1 kg，使每只香肚表面都涂满麻油，这样既可以防霉，还可以防止变味。香肚叠缸过程中可随时取用，保藏时间可达半年以上。

（6）煮制　香肚食用前要进行煮制。先将肚皮表面用水洗净，于冷水锅中加热至水沸，然后于 85～90℃保温 1 h，煮熟的香肚冷却后即可切片食用。

3）产品特点

香肚玲珑小巧，外衣虽薄，但弹力很强，不易破裂，能使内部肉质新鲜而不易霉变，便于保藏，存放过程不易变味。其口味酥嫩，香气独特，受人欢迎，是别具风味的传统食品。

8.3.1.3　中式香肠品质标准

中式香肠品质标准参考 GB/T 23493—2009 规定。其中感官指标见表 8-4，理化指标见表 8-5，其他品质要求应符合 GB 2760、GB 2730 等的规定。

表 8-4　中式香肠感官指标

项目	指标
色泽	要求瘦肉呈红色、枣红色，脂肪呈乳白色，外表有色泽
香气	腊香味纯正浓郁，具有中式香肠（腊肠）固有的风味
滋味	滋味鲜美，咸甜适中
外形	外形完整，均匀，表面干爽呈现收缩后的自然皱纹

表 8-5　中式香肠理化指标

项目	指标		
	特级	优级	普通级
水分/(g/100 g)	≤25	≤30	38
氯化物(以 NaCl 计)/(g/100 g)	≤8		
蛋白质/(g/100 g)	≥22	≥18	≥14
脂肪/(g/100 g)	≤35	≤45	55
总糖(以葡萄糖计)/(g/100 g)	≤22		
过氧化值(以脂肪计)/(g/100 g)	按 GB 2730 的规定执行		
亚硝酸盐(以 $NaNO_2$ 计)/(mg/kg)	按 GB 2760 的规定执行		

8.3.2　熏煮香肠

熏煮香肠是指以鲜（冻）畜禽产品、水产品为主要原料，经修整、绞制（或斩拌）、腌制（或不腌制）后，配以辅料及食品添加剂，再经搅拌（或滚揉、斩拌、乳化）、充填（或成型）、蒸煮（或不蒸煮）、干燥（或不干燥）、风干（或不风干）、烟熏（或不烟熏）、烤制（或不烤制）、杀菌（或不杀菌）、冷却（或冷冻）等工艺制作的香肠类熟肉制品。

熏煮香肠进入我国之初，主要以本国侨民为消费对象，根据其风味和质量要求，主要有俄式、德式、英美式 3 种类别。目前我国生产的熏煮香肠有几十种之多。根据我国的资源情况和各地风味特点，在原有西式风味的基础上，通过配料和制作工艺的改进，实现了产品的中式西合璧，使产品的风味和品质具有中国地方特色。该类产品营养丰富，风味各具特色，安全卫生，适合于规模化、工厂化大批量生产，保藏、携带、食用方便，是我国肉制品加工行业产量最多的产品之一。

8.3.2.1　熏煮香肠一般加工工艺

1. 工艺流程

原料肉选择与处理→腌制→绞碎→斩拌→灌制→烘烤→熟制

2. 操作要点

(1) 原料整理　所用原料范围广泛，可以是猪肉、牛肉、羊肉、兔肉、禽肉、鱼肉及其内脏。原料肉可以是新鲜肉、冷却肉或冻肉，原料肉均需通过兽医检验合格，无变质现象。原料肉经解冻、剔去骨、污物、筋腱及结缔组织，成为纯精肉，自然分开，切条备用。为了提高腌制的均匀性和可控性，原料整理过程中应将肥、瘦肉分开，瘦肉中所带肥膘不超过5%，肥肉中所带瘦肉不超过3%，瘦肉切成2 cm厚的薄片，肥肉切丁，分别放置。

(2) 腌制　瘦肉腌制时，将混合盐（主要成分有食盐、复合磷酸盐、硝酸盐、抗坏血酸等）与整理好的瘦肉均匀混合在一起，于2～4℃腌制1～3 d。肥肉只加入3%～4%的食盐腌制，于2～4℃腌制2～3 d 。原料肉腌制结束的标志是瘦猪肉呈现均匀粉红色、结实而富有弹性。

(3) 绞肉　将腌制的原料精肉和肥膘分别通过不同筛孔直径的绞肉机绞碎。绞肉过程产生较大的摩擦力和挤压力，造成肌细胞的破坏，同时肌球蛋白在一定的盐含量情况下溶出，与脂肪乳化，形成均一的香肠制品质构。

(4) 斩拌　斩拌操作是乳化肠加工过程中一个非常重要的工序，斩拌操作控制的好坏直接影响产品品质。斩拌时，首先将瘦肉放入斩拌机内，并均匀铺开，然后开动斩拌机，继而加入（冰）水，以利于斩拌。加（冰）水后，最初肉会失去黏性，变成分散的细离子状，但不久黏着性就会不断增强，最终形成一个整体，然后再添加调味料和香辛料，最后添加脂肪。在添加脂肪时，要一点一点地添加，使脂肪均匀分布。斩拌时，由于斩刀的高速旋转，肉料的升温是不可避免的，但过度升温会使肌肉蛋白质变性，降低其工艺特性，因此斩拌过程中应添加冰屑以降温。以猪肉、牛肉为原料肉时，斩拌的最终温度不应高于16℃，以鸡肉为原料时，斩拌的最终温度不得高于12℃，整个斩拌操作控制在6～8 min。

(5) 灌制　灌制又称充填，是将斩拌好的肉糜用灌肠机冲入肠衣的操作。若不利用真空斩拌机，充填前还需要进行真空搅拌，以脱除斩拌过程中混入肉糜中的气体。充填时要求松紧适度、均匀，充填后及时打卡或结扎。灌制所用的肠衣多为胶原蛋白肠衣、塑料肠衣、纤维素肠衣等。

(6) 烘烤　烘烤的效果及烘烤时间与肠衣的性质、状态、周围介质温度、湿度、空气与烟的混合物成分、浓度、在产品表面分布的均匀性有关。烘烤可使肠衣和贴近肠衣的肉糜层具有较高的机械强度，不易破损，同时使产品色泽均匀，表面呈现褐红色。采用塑料肠衣生产时一般不进行烘烤，而直接进行蒸煮。一般烘烤温度为70℃左右，烘烤时间根据香肠的直径不同而不同，一般为10～60 min。

(7) 蒸煮　蒸煮可使蛋白质变性凝固、破坏酶的活力及杀死微生物、促进风味形成。根据产品的类型和保藏要求，可进行高温蒸煮（高温杀菌）和低温蒸煮（巴氏杀菌）。进行高温蒸煮的产品如高温火腿肠可以常温下销售，而法兰克福香肠、哈尔滨大众红肠等低温蒸煮的产品则需要在冷藏条件下销售。高温蒸煮的产品其受热强度应使制品中的微生物几乎全被杀死，产品达到商业无菌要求。低温蒸煮的产品其肠中心温度应达到68～70℃，这样的加热强度只能破坏酶和微生物的营养体，而不能破坏芽孢菌。

(8) 烟熏　烟熏可以除去产品中的部分水分，肠衣也随之变干，肠衣表面产生光泽并使肉馅呈红褐色，通过烟熏可使产品具有特殊的香熏气味，增加产品的防腐能力。多数产品生产时，将烘烤、蒸煮和烟熏于熏蒸炉内按次序进行。进行烟熏的产品需用天然肠衣、胶原肠衣或纤维素肠衣灌装。

烟熏的温度和时间根据产品的种类、直径和消费者喜好而定。一般烟熏温度为50～80℃，时间为10 min至24 h。熏制完成后，用10～15℃冷水喷淋肠体10～20 min，使肠坯温度快速降至室温，然后送入0～7℃的冷库内，冷却至库温，包装后即为成品。低温蒸煮的香肠，为了延长其保质期，可在包装后进行二次杀菌。

8.3.2.2 典型熏煮香肠加工工艺和配方

1. 法兰克福肠

(1) 配料　普通产品：牛肉修整肉50 kg，普通猪碎肉 33 kg，冰屑 25 kg，盐 2.5 kg，玉米糖浆 1.6 kg，白胡椒 20 g，肉豆蔻 52 g，异抗坏血酸钠 44 g，亚硝酸钠 13 g。

加奶粉制品：普通猪碎肉 50 kg，猪碎肉（80% 瘦肉）15 kg，瘦牛肉 7 kg，冰屑 20 kg，脱脂奶粉 2 kg，盐 2 kg，胡椒 90 g，甜辣椒 90 g，辣椒素 45 g，肉豆蔻 45 g，异抗坏血酸钠 38 g，亚硝酸钠 ll g 。

（2）加工过程　充分冷却的原料肉（0～2℃）通过孔径 3 mm 孔板绞碎，加入斩拌机中斩拌，首先用低速斩拌，至肉有黏着性时，加入总量 2/3 的冰屑和辅料，快速斩拌至肉馅温度为 4～6℃，再加入剩余的冰屑快速斩拌至肉馅终温低于 12℃，充入肠衣（20～22 mm 羊肠衣），打结后于 45℃、相对湿度 95%烘烤 10～15 min，55℃、相对湿度 30%烘烤 5～10 min，58℃、相对湿度 30%熏制 10 min，68℃、相对湿度 40% 熏制 10 min，78℃、相对湿度 100%蒸煮至制品中心温度大于 67℃即为成品。

2. 哈尔滨大众红肠

（1）配料　猪瘦肉 40 kg，肥膘 10 kg，淀粉 3.5 kg，食盐 1.75～2.0 kg，水 12 kg，胡椒粉 50 g，味精 50 g，硝酸盐 25 g，大蒜粉 250 g。

（2）加工过程　原料清洗后剔除筋络，将肥肉和瘦肉分开，切成 100 g 左右的肉块。瘦肉加入食盐和硝酸盐，于 2～3℃腌制 2～3 d，腌好的肉切面呈鲜红色；肥膘加入食盐腌制 3～5 d，使脂肪坚硬，不绵软。将肥膘切成 1 cm 左右的方丁，瘦肉经绞肉机绞碎，然后进行拌馅。

拌馅时先将瘦肉和 3.5 kg 左右的水加入混料机，搅拌均匀后再加入调味料和 2.5 kg 左右的水分搅拌均匀。淀粉用 6～6.5 kg 的水调稀，均匀加入混料机中，最后放入肥肉丁，搅拌均匀后充填入直径 3 cm 的肠衣。结扎后，在肠衣上刺孔放气，然后烘烤 1 h 左右，使肉馅初露红润色泽，肠衣表面干爽。蒸煮锅水温达 95℃以上时将半成品放入锅中，保持水温不低于 85℃，煮 25 min 左右，用手捏肠体挺硬，弹力足，即可出锅，于 35～40℃熏制 12 h 左右出炉。冷却后经检验、包装即为成品。

哈尔滨大众红肠属俄式灌肠。其表皮呈枣红色，形状半弯，有皱纹，无裂痕，肠体干燥，肠馅紧密，肉丁分布均匀，略有蒜味，水分较少，易于保藏。

3. 小红肠

小红肠也称维也纳香肠。将小红肠夹在面包中就是著名的快餐食品——热狗。

（1）配料　牛肉 55 kg，猪精肉 20 kg，奶脯或白膘 5 kg，淀粉 5 kg，胡椒粉 190 g，玉果粉 130 g，食盐 3.5 kg，18～20 mm 羊肠衣，每根肠衣长 12～14 cm。

（2）加工过程　原料经腌制、绞碎、斩拌、灌肠（每节 45 cm 长）、烘烤（70～80℃、45 min）、熟制（90℃水浴 1.5 h）、冷却后即为成品。

4. 大红肠

大红肠又称茶肠，是欧洲人喝茶时食用的肉食品。

（1）配料　牛肉 45 kg，猪精肉 40 kg，白膘 5 kg，淀粉 5 kg，白胡椒粉 200 g，玉果粉 125 g，大蒜粉 200 g，食盐 3.5 kg，口径为 6～7 cm 的牛肠衣，每根肠衣长 12～14 cm。

（2）加工过程　原料经腌制、绞碎、斩拌、灌肠（每节 45 cm 长）、烘烤（70～80℃、45 min）、熟制（90℃水浴 1.5 h）、冷却后即为成品。

8.3.2.3　熏煮香肠品质标准

熏煮香肠品质标准参考 SB/T 10279—2017 规定，其中感官指标见表 8-6，理化指标见表 8-7，其他品质要求应符合 SB/T 10279—2017、GB 2762、GB 7626、GB 2760、GB 14880 等的规定。

表 8-6　熏煮香肠感官指标

项目	指标
外观	要求肠体均匀，不破损
色泽	具有产品固有颜色，有色泽
组织状态	组织致密，切片性能好，有弹性，无密集气孔
滋味	滋味鲜美，有产品应有的风味，无异味
杂质	无正常视力可见杂质

表 8-7 熏煮香肠理化指标

项目	指标			
	特级	优级	普通级	无淀粉级
蛋白质/(g/100 g)	≥16	≥14	≥10	≥14
淀粉/(g/100 g)	≤3	≤4	≤10	≤1
脂肪/(g/100 g)	≤35			
水分/(g/100 g)	≤75			

注：宣称无淀粉级的产品系指产品的配料中未加入任何淀粉类物质。

复习思考题

1. 灌制类肉制品的特点是什么？
2. 肠衣的分类和特点是什么？
3. 中式香肠加工的操作要点是什么？
4. 熏煮香肠加工的操作要点是什么？

HAPTER 9

第9章 熏烧烤肉制品加工

目标要求：

1. 了解熏烧烤肉制品加工的主要原理及其安全性控制方式；
2. 掌握熏烧烤肉制品加工的主要方式，对各种加工方式的应用特征有深刻认识；
3. 了解烤乳猪、叉烧肉、广式烤肉、北京烤鸭等典型熏烧烤肉制品的主要特征，掌握各种肉制品的主要加工工艺；
4. 对熏烧烤制品的产品和技术发展有一定了解。

9.1 熏烧烤肉制品加工原理及熏烧烤方式

9.1.1 熏烧烤基本原理

熏烟成分非常复杂，主要包括有机酸类（蚁酸、醋酸等）、醛、乙醇、酯、酚类等使肉制品产生香味。烟熏过程中，上述这些成分渗入肉的内部，结合烟气中所蕴含的热量对肉制品具有的加热作用，使肉制品产生独特的颜色、香气及风味，同时，烟气中的某些成分具有一定的杀菌及抑菌作用。

9.1.1.1 熏烟的作用

1. 上色

烟气中包含有一定量的焦油，这些焦油附着在肉品表面，使肉制品呈现茶褐色的外观；同时，烟气渗入肉制品内部，其中包含的酸及醛类能促进肉中NO-肌红蛋白的生成，从而发挥护色的效果，使肉制品内部呈现诱人的鲜红色或粉红色。

2. 风味

熏肉制品的挥发性风味物质主要有酚类物质、羰基类化合物、醇类、酯类、含氮和含硫化合物等，这些物质共同作用呈现出特色性的熏肉风味，其中，酚类物质是最重要的特色性烟熏风味物质。目前所使用的酚类香料大部分都具有烟熏香味，其中代表性的烟熏挥发性风味物质如苯酚、邻-甲酚赋予酚香味、4-甲基愈创木酚、4-乙基愈创木酚、愈创木酚赋予药香、木香及烟熏味，2，5-二甲基苯酚则增强熏肉制品的清甜香气及烟熏气味。

熏肉的风味物质来源主要有以下几种途径：第一是熏烟中的香气成分，主要来源于木屑产生的熏烟被肉吸附；第二是肉中糖类、蛋白质和脂肪之间发生反应及其降解所产生的物质，其中含硫氨基酸和糖类发生美拉德反应产生的含硫化合物是肉香味的主要香气来源；第三是香辛料及其与肉中的蛋白质、脂肪等结合产生的风味物质。肉制品的风味特征是由无数种不同物质相互达到一种平衡的局面形成的。

3. 保藏

熏烟内含有有机酸、醛和酚类物质，能增强肉的抑菌性能。其中有机酸与肉中蛋白质分解所产生的氨、胺类碱性物质发生中和反应，使肉制品偏向酸性，从而呈现一定的抑菌性。醛类，尤其是甲醛，不仅自身具有一定的抑菌性能，而且能与肉中的蛋白质或氨基酸等发生反应，使肉的酸性增强，从而增强肉的防腐作用。酚类也具有一定的防腐性能。此外，烟气中含有的酚类成分，对于肉中含有的油脂的氧化酸败具有一定的抑制效果。因这种氧化酸败可促进肉制品尤其是鱼肉制品产生氧化臭味及颜色劣变。

9.1.1.2 烧烤加工原理

烧烤是利用高热空气对制品进行高温火烤的热加工过程，是肉制品热加工的一种方法。烧烤能使肉制品产生诱人的香味，增强其表皮的酥脆性以及美观的色泽。

肉类经烧烤后之所以产生香味，是由于肉类中的蛋白质、糖、脂肪、盐和金属等物质，在加热过程中经过降解、氧化、脱水、脱羧等一系列变化，生成醛类、酮类、醚类、内酯、呋喃、吡嗪、硫化物、低级脂肪酸等化合物。例如，糖与氨基酸在高温下可发生美拉德反应，不但可以生成诱人的红棕色物质，使制品色泽鲜艳，而且可以产生大量的香气成分。例如，蛋白质分解产生谷氨酸或谷氨酸钠，对肉制品起到增鲜的效果。

另外，干燥烤制时，在热空气作用下，肉中含有的蛋白质会发生变性，从而变得酥脆，形成独特的烧烤口感。

9.1.1.3 熏烧烤制品安全性及控制

多环芳烃（polycyclic aromatic hydrocarbons，PAHs）是指由2个或2个以上苯环稠合在一起的芳香族化合物及其衍生物，是熏烧烤肉制品加工过程中极易产生的一类具有致癌和致突变性的有机物。美国环保署已将16种PAHs列入优先控制污染物名单，我国强制性食品安全标准GB 2762—2012《食品安全国家标准　食品中污染物限量》规定肉及肉制品（包括熏、烧、烤肉类）中苯并(a)芘的限量均为5 μg/kg。加工肉制品中的PAHs则主要来源于自然界天然存在、环境污染和加工过程，其中以加工过程中形成的PAHs居多。

在PAHs形成控制方面，首先，可通过优选熏制材料和优化加工工艺的方式对熏烧烤肉制品中的多环芳烃含量进行控制。有研究表明，苹果木和桤木熏制的肉制品中 PAHs 浓度相较云杉木低。用杨木和山胡桃木烟熏制的肉制品中 PAHs 的含量比用山毛榉熏制的低。也有研究发现采用甘蔗渣熏制的肉制品安全性要优于红木和合欢木。其次，可通过控制熏烧烤的温度、时间、肉制品与热源的距离及脂肪含量等方法降低 PAHs 的产生。有研究表明，在一定时间范围内，PAHs 的生成量随着加工温度的升高而增加；在相同加工温度条件下，处理时间的延长也使 PAHs 的生成量显著增加；适当增加肉制品与熏烟热源的距离也可以有效降低肉制品中 PAHs 的含量。脂肪含量是影响最终肉制品中 PAHs 含量的重要因素，一方面，脂质可以环化形成 PAHs；另一方面，由于脂质可以与 PAHs 混溶，容易形成 PAHs 富集体。再次，PAHs 具有易光解的特性，可以通过紫外照射处理降低熏烧烤肉制品中 PAHs 的含量。

9.1.2 熏烧烤方式

9.1.2.1 熏制方式

1. 冷熏法

冷熏一般采用低于 30℃ 的烟熏温度对肉品进行熏制，这种方法可使食品达到较长时间的保藏效果。冷熏结合干燥可使制品更长时间保藏。例如，日本冷熏加工工艺为先干燥 2～3 d，冷熏 1～2 d后，在 8～10℃的低温环境下风干 30～60 d。这种肉制品含水量在 20%～40%，可进行长期贮藏。然而，采用这种方法，肉制品经过干燥后质量有较大损失。这种熏制方法较适于在冬季时应用。

2. 温熏法

温熏法又称为热熏法，采用的熏制温度一般在 50℃左右，可分为中温熏制和高温熏制 2 种。

（1）高温熏制　烟熏温度控制在 50～80℃，多采用 60℃。由于烟熏温度较高，需要采用的烟熏时间较短，肉片熏制一般在 2～5 h 即可达到效果，火腿时间稍长，需要 6～10 h。

（2）中温熏制　烟熏温度多控制在 40～50℃，熏制时间稍长，肉片一般需要熏制 5～10 h，火腿需要 1～3 d。

3. 熏烤法

熏烤法指的是将熏制和烤制工艺相结合，利用燃料一边发烟，一边发热对肉制品进行熏制和烤制双重处理。一般熏制温度为 100℃左右，熏烤制时间 2～4 h。熏烤加工工艺一般为先进行高温熏烤，温度 115～120℃，时间 3～4 h，后温度降至 70～75℃，烟熏 12～14 h。这种方法获得的产品保藏性较差，因此适合短期贮藏或现制现售。

4. 烟熏液法

烟熏液是将熏烟成分配制成液体，一般是将烟熏房内的凝缩水、木醋酸、杂酚油、杜松油等混合后进行配制。将烟熏液倒入浅平的容器内，置于烟房内加热并使其蒸发，从而达到烟熏的效果。

5. 液熏法

采用含有熏烟成分的溶液浸渍原料肉，经一定的时间的渗透和吸收，熏烟成分附着于肉上而形成烟熏效果。这种溶液中一般包括木醋酸，杂酚油、酸、明矾、酒精、树皮、杜松油、肉桂油、硫黄、硝酸钾、色素、食盐、香料或调味料等。采用本方法可以使制品带有烟熏的风味，对于制品的外观和防腐性能提升不明显。

6. 电熏法

电熏法是指在高电压下实行电晕放电，使烟的微粒带电荷，在烟熏的过程中，带电荷的烟微粒可迅速地附着在带相反电荷的肉块上，从而加速烟熏效果的方法。

9.1.2.2 烧烤方式

烧烤的方法基本上有 2 种，即明炉烧烤法和挂炉烧烤法（暗炉烧烤法）。

1. 挂炉烧烤法

挂炉烧烤法也称暗炉烧烤法。采用可以关闭的烧烤炉，所采用的热源可以为电，也可是木炭。将腌制好的原料肉（鸭坯、鹅坯、鸡坯、猪坯或肉条）穿好挂在炉内，关上炉门再进行烤制。一般烤炉温度为 200～220℃，不同的原料烤制时间有差别，例如，叉烧肉需要 25～30 min，鹅、鸭制品需要 30～40 min，乳猪 50～60 min。挂炉烧烤法节约人工、绿色环保、加工量大，是一种广受欢迎的方法。但在应用的过程中，也要注意翻动，以解决火候不均匀的问题。

2. 明炉烧烤法

明炉烧烤法是现制现售常被采用的一种方法。例如，广东烤乳猪就是采用此烧烤方法制成，这种方法设备简单、操作灵活、火候均匀、成品质量较好，但花费人工较大。这种方法是采用铁制、不关闭的长方形烤炉，在炉内烧红木炭，然后把腌制的原料肉用一条烧烤用的长铁叉叉住，放在烤炉上进行烤制，烧烤过程中，要有专人将原料不断转动，方可使产品受热均匀、成熟一致。

9.2 著名烧烤产品

9.2.1 烤乳猪

烤乳猪是我国有名的地方特色名优产品，产自于我国广东省，因此又名广东烤乳猪，因其皮质焦脆，又被称为广东脆皮烤乳猪。它的特点是色泽鲜艳、皮脆肉香、入口松化。

工艺流程及操作要点如下：

选料→配料→预处理→烧烤→成品

1. 原料选择

选择身体丰满、皮薄，活体质量 6～8 kg 的仔猪，屠宰后，去干净所有的毛及污物，挖净内脏，洗净。

2. 配料

每头仔猪用五香粉 0.15 g，食盐 0.075 kg，白糖 0.15 kg，麻酱 0.0075 kg，干酱 0.05 kg，南味豆腐乳 0.05 kg，蒜、酒、麦芽糖等少许。

3. 预处理

把五香粉炒过，加入精盐拌匀，先放入胸、腹腔内擦匀，腌 10 min 左右，再将白糖、麻酱、干酱、南味豆腐乳以及蒜、酒等加入，然后用长铁叉把全猪从后腿穿到嘴角。用 70℃的热水淋猪皮面（使猪皮膨胀平直）后将麦芽糖溶液涂在皮上，挂在通风处，风干表皮。

4. 烧烤

烧烤的方法有 2 种，即明炉烧烤法和挂炉烧烤法。明炉烧烤法是把腌好的猪用长铁叉叉住，放在炉内烧烤，烧时要经常转动乳猪，并适当针刺猪皮和扫油，以提高质量。挂炉烧烤法是先将炉预热到 180～200℃的高温，再把乳猪挂入炉内，约烤 30 min，烧烤过程中同样要在猪皮开始变色时用针刺猪皮，且在猪身泄油时将油扫匀。生产中常采用明炉烧烤法。

9.2.2 叉烧肉

工艺流程及操作要点如下：

选料→切条→清洗→腌制→烧烤→成品

1. 原料的准备

用作叉烧肉的原料肉，多选前、后腿肉和肋肉，切成长 40 cm、宽 4 cm、厚 1.5 cm、约 0.35 kg 的长条肉。

2. 配料

猪瘦肉 100 kg，精盐 2 kg，酱油 5 kg，白糖 6.5 kg，五香粉 250 g，桂皮粉 500 g，砂仁面 200 g，绍酒 2 kg，姜 1 kg，糖稀或液体葡萄糖 5 kg，硝酸钠 50 g。依据各地区不同口味，配料可有所调整。

3. 腌制

将除糖稀和绍酒以外的其他配料混合，倒入拌料盆不断搅拌，以便使配料均匀地渗入，约浸腌 1 h，在浸腌过程中，每隔 20 min 将肉条翻动 1 次，最后把绍酒加入，并翻动混合。腌好的肉条穿在铁制的排环上或挂在铁钩上，排环每环穿 10 条，铁钩一钩一条，准备烤制。

4. 烤制

把穿在排环上的肉条移入温度为 200℃左右的烤炉内，进行烤制。经 15 min 后打开炉盖，转动肉条，使烤制均匀；再烤 30 min，出炉用麦芽糖水溶液上色，再入炉烤 3 min，出炉即为成品。

9.2.3 广式烤肉

上海广式烤肉是颇受消费者欢迎的一种熟肉烤制品，它香酥味美、肌肉带红、咸度适宜、爽脆洁白。加工方法与叉烧肉基本相同。

工艺流程及操作要点如下：

原料整理→配料→腌制→挂炉烧烤

1. 原料整理

选用皮薄、肉嫩、无头、无后腿的新鲜猪的半片肉，也可以选用新鲜的肋条肉。斩去脚爪和蹄髈，在前腿处割下肋排，除去肩胛骨和肱骨，不破坏肉皮。割去颈肉和奶脯，斩掉背部排骨上突出的骨和肉。在肉厚处，依照肉的组织纹理，每隔 2～3 cm 用刀纵向划开，便于腌制。

2. 配料

原料肉 50 kg，精盐 1.25 kg，白酱油 1.5 kg，饴糖 65 g，五香粉 30 g，食用红色素微量。

3. 腌制

先将精盐和五香粉拌匀。将猪肉皮朝下、肌肉向上，将混合好的配料均匀地搓擦在全部肌肉的表面及内部，浇上白酱油，用手揉擦均匀，使均匀渗入，腌制时间 10～20 min。用特制长铁钎从前腿肌肉（肱骨）处穿过胸膛，在对面肌肉处穿出。用双吊铁钩钩在料坯胸腔中部的铁钎上，把料坯挂牢后悬挂在木架上。用沸水浇烫猪背皮，并刮净皮上细毛及油污。晾干，将红色素和饴糖混合液涂在背皮上。

4. 挂炉烧烤

将料坯挂在炉中，肌肉对着热源。炉内温度升至 260℃时保温烤制 1～1.5 h，发现皮面上出现小泡时肌肉已基本烤熟。料胚取出后挂于木架上，用铁梳刺破皮面，以让火力达到内部，并防止出现皮面变形。修整焦斑后将肉坯翻转，208℃烤制 30 min 左右，待肉成枣红色、皮面金黄并布满细微小泡，即可出炉。

9.2.4 北京烤鸭

北京烤鸭历史悠久，在国内外享有盛名，是我国著名特产，产品的特点是外脆内嫩、肉质鲜酥、肥而不腻。

工艺流程及操作要点如下：

选料→宰杀造型→冲洗烫皮→浇挂糖色→灌汤、打色→挂炉烤制

1. 选料

烤鸭的原料必须是经过催肥的北京鸭，饲养期 55～65 日龄、活重 2.5 kg 以上。

2. 宰杀造型

填鸭经宰杀、放血、去毛后进行整形处理，打开气门向鸭体皮下脂肪与结缔组织之间充气，使它外形膨大壮实。腋下开膛，取出全部内脏。用 8～10 cm 长的秫秸（中空杆）由切口塞入膛内充实体腔，使鸭体造型美观。

3. 冲洗烫皮

通过翼下切口用清水冲洗胸腹腔。钩住鸭胸脯上端 4～5 cm 处的颈椎骨（从右侧下钩，左侧穿出），提起鸭坯，用沸水烫皮，使表皮蛋白质凝固。

4. 浇挂糖色

用麦芽糖 1 份、水 6 份，在锅内熬成棕红色，后浇淋在表皮，力求均匀。

5. 灌汤、打色

鸭坯先挂于阴凉通风处干燥，然后向腔内灌入 100℃汤水 70～100 mL，以实现外烤内蒸，从而达到外脆里嫩的效果。为弥补挂糖色不均的部位，鸭坯灌汤后要再淋 2～3 勺棕红色糖水，叫打色。

6. 挂炉烤制

鸭坯进炉后先挂于炉膛前梁上，右侧刀口向火，让炉温首先进入体腔，使内部汤水汽化。右侧鸭坯烤至橘黄色时，再左侧向火，烤到与右侧同色。用烤鸭杆挑起旋转鸭体，烘烤胸脯、下肢等，左右转侧，反复烘烤至全身颜色一致时送到烤炉，背向热源，继续烘烤，直到鸭的全身呈枣红色、熟透即可出炉。鸭坯在炉内的烤制时间一般为 30～40 min，重鸭 30～50 min。炉温在 230～250℃为宜。

9.2.5 熏烧烤制品新技术新进展

液熏法是近年来颇受业内重视的一种肉制品熏制方法，这种方法不但效果较好，而且有效地降低了产品中苯并芘的残留水平。烟熏液的制备及风味成分鉴定是该方法得以广泛应用的基础。有研究对荔枝木及龙眼木烟熏液的制备方法及风味成分进行鉴定后发现：在 400℃条件下对龙眼木进行干馏提取 6 h，冷凝后收集烟熏原液，通过沉降、过滤等方法除去焦油后所得的龙眼木烟熏液中共鉴定出 24 种风味成分，占烟熏液中化合物的相对含量为 95.66%，其中相对含量较高的有愈创木酚（31.79%）、4-甲氧基-3-甲基苯酚（11.29%）、4-乙基-2-甲氧基苯酚（8.01%）等酚类化合物以及糠醛（7.06%）等其他化合物，酚类化合物相对含量占比达到 73.41%以上。采用类似方法制备的荔枝木精制烟熏液中鉴定出挥发性成分 27 种，占烟熏液中化合物相对含量的

93.92%，主要包含12种酚类化合物、5种酮类化合物、3种醛类化合物和2种醇类化合物，酚类化合物相对含量为63.24%，醛类化合物相对含量为18.48%，酮类化合物相对含量为4.76%，小分子醇类化合物相对含量为0.66%。其中单体相对含量较高的有愈创木酚（25.59%）、4-甲氧基-3-甲基苯酚（16.45%）、4-乙基-2-甲氧基苯酚（9.01%）等酚类化合物以及糠醛（12.96%）等。以上2种烟熏液中均未检出苯并芘类化合物。

复习思考题

1. 熏烧烤有哪些方式？
2. 熏烧烤对制品产生哪些影响？
3. 如何加工出优质的北京烤鸭？
4. 熏烧烤技术近几年向哪些方向发展？

HAPTER 10

第 10 章 发酵肉制品加工

目标要求：

1. 掌握发酵肉制品的概念、特点；
2. 了解影响发酵肉制品品质的关键因素；
3. 掌握发酵香肠的生产工艺。

发酵肉制品是以畜禽肉为原料，在自然或人工控制的低温条件下进行腌制、发酵、干燥或熏制，产生具有特殊风味、色泽与质地，且具有较长保存期的一类肉制品。发酵肉制品因其较低的pH和较低的水分活度使其得以保藏。在发酵、干燥过程中产生的酸、醇、非蛋白态含氮化合物、脂肪酸使发酵肉制品具有独特的风味和营养成分。

我国发酵肉制品的生产具有悠久的历史，如享誉中外的金华火腿、宣威火腿、如皋火腿以及品质优良的中式香肠、腊肉和民间传统发酵型肉制品等，由于其具有良好的特殊风味，深受国内外广大消费者的青睐。在欧洲，发酵肉制品的生产可追溯到2 000年前，具有色香浓郁、工艺考究、风味独特等特点，深受消费者的欢迎。而目前利用乳酸菌发酵剂制作适合中式风味的发酵肉制品，其发展前景甚为广阔。

10.1 发酵肉制品种类和特点

10.1.1 发酵肉制品的种类

发酵肉制品分类常以酸性（pH）高低、原料形态（绞碎或不绞碎）、发酵方法（有无接种微生物或/和添加碳水化合物）、表面有无霉菌生长、脱水的程度，甚至以地名进行命名，产品主要以发酵香肠和发酵火腿为主。西式发酵香肠起源于260多年前的意大利，而后传入德国、匈牙利和美国等。早在2 000多年以前，罗马人就知道用碎肉加盐、糖和香辛料制作美味可口的香肠，而且这类产品具有较长的保质期。但当时的产品主要是通过自然发酵和成熟干燥制成的干香肠。近几十年来，随着肉品加工技术的不断改进和冷藏工艺的发展，欧美一些国家相继生产出不经干燥的香肠或只经部分干燥的半干香肠，典型产品有德国、丹麦、匈牙利的色拉米香肠Salami、意大利的Genoa、法国的Saucisson、美国的Summer sausage等。

发酵香肠（fermented sausage）亦称生香肠，是指将绞碎的肉（猪肉或牛肉）和动物脂肪同糖、盐、发酵剂和香辛料等混合后灌进肠衣，经过微生物发酵而制成的具有稳定的微生物特性和典型的发酵香味的肉制品。

发酵香肠在常温条件下贮存、运输，不经过熟制处理可直接食用。在发酵过程中，乳酸菌发酵碳水化合物形成乳酸，使香肠的最终pH降低到4.5～5.5，这一较低的pH使得肉中的盐溶性蛋白质变性，形成具有切片性的凝胶结构。较低的pH与由添加的食盐和干燥过程降低的水分活度共同作用，保证了产品的稳定性和安全性。

由于加工条件、产品组成及添加剂的不同，根据发酵香肠加工过程的长短、最终产品的水分活度和水分含量将发酵香肠分为涂抹型和切片型，详见表10-1。

表10-1 发酵香肠的分类

项目	涂抹型	短周期切片型	长周期切片型
加工周期	3～5 d	1～4周	12～14周
水分含量	34%～42%	30%～40%	20%～30%
水分活度	0.95～0.96	0.92～0.94	0.82～0.86
典型产品	德国的Mettwurst、Teewurstfrische	美国的Summer sausage	匈牙利、德国、丹麦的Salami

据发酵香肠的pH和干燥失重，将发酵香肠分为干香肠和半干香肠两大类。

(1) 半干制香肠　绞碎的肉在微生物的作用下，pH达到5.3以下，在热处理和烟熏过程中除去15%的水分，使产品中水分与蛋白质比例不超过3.7∶1的肠制品。

(2) 干制香肠　经过细菌的发酵作用，使肉馅pH达到5.3以下，然后干燥除去20%～50%的水分，使产品中水分与蛋白质比例不超过2.3∶1的肠制品。

10.1.2 发酵肉制品的特点

发酵肉制品在其生产过程中采用了微生物发酵技术，风味独特、营养丰富、保质期长是其主要特点，具体表现在以下几个方面。

1. 风味独特，具有营养性和保健性

在发酵过程中，由于微生物产生的酶能分解肉中的蛋白质，从而提高了游离氨基酸的含量和蛋白质的消化率，并且形成了醇类、酸类、氨基酸、杂环化合物和核苷酸等风味物质，使产品的营养价值和风味得到提升。

2. 货架期较长

发酵肉制品由于降低了水分含量和 pH，货架期一般较长。

3. 微生物安全性

发酵肉制品的水分活度较低，同时乳酸的生成也降低了 pH，从而抑制了肉中病原微生物的增殖。经过研究发现，香肠的 pH 小于 5.3，就能有效地控制金黄色葡萄球菌的繁殖。但在 pH 降至 5.3 的过程中，必须控制香肠肉馅放置在 15.6℃以上温度的时间。

4. 具有抗癌作用

经研究发现，食用有益微生物发酵成的肉制品，会使其有益菌在肠道中定植，减少致癌前体物质的含量，降低致癌物污染的危害。Fernandes 和 Shahani 发现，摄食乳酸杆菌和含活乳酸菌的食品会使乳酸菌定植到人的大肠内，继续发挥作用，从而形成不利于有害菌增殖的环境，有利于协调人体肠道内微生物菌群的平衡。乳酸杆菌能降低致癌前体物质的含量和（或）降低转化前体物生成致癌物质的酶活性，因此，可以减少致癌物质污染的危害。

5. 降低生物胺的形成

生物胺是由于酪氨酸与组氨酸被有害微生物中的氨基酸脱羧酶经催化作用而生成的，危害人体健康。应用有益发酵剂后，脱羧酶的活性降低，降低生物胺的形成。另外，发酵还可以改善肉制品的组织结构，促进其发色，降低亚硝酸盐在肉中的残留量，减少有害物质形成。

10.2 发酵肉制品的加工

10.2.1 工艺流程

所有的发酵香肠具有类似的基本加工工艺。发酵香肠基本工艺流程如图 10-1 所示。

10.2.2 操作要点及质量控制

1. 原料选择

1）原料肉

用于生产发酵香肠的肉糜中瘦肉含量为 50%～70%。各种肉均可以用作发酵香肠的原料，一般常用的是猪肉、牛肉和羊肉。意大利、匈牙利和法国的发酵香肠仅使用猪肉为原料，典型的德国发酵香肠常用 1/3 猪肉、1/3 牛肉和 1/3 猪背脂为原料。一般用于制作发酵香肠的原料猪肉的 pH 应为 5.6～5.8，有助于发酵的进行，并保证发酵过程中有适宜的 pH 降低速率。另外，原料肉还应当含有最低数量的初始细菌数，以降低发酵开始时微生物的竞争性，否则将会导致不均一的最终产品。

2）脂肪

脂肪是发酵香肠的一个重要组分，经干燥后脂肪的含量有时会达到 50%。发酵香肠，尤其是干发酵香肠，要求具有较长的保质期（至少 6 个月），因此要求使用不饱和脂肪酸含量低、熔点高的脂肪。牛脂和羊脂不适于作为发酵香肠的原料，色白而结实的猪背脂是生产发酵肠的最好原料。

3）碳水化合物

生产发酵香肠时常添加碳水化合物，目的是提供足够的微生物发酵底物，有利于乳酸菌的生长和乳酸的产生。添加碳水化合物的数量和种类，应当满足在建立有效的乳酸发酵的同时又避免 pH 的过度降低。碳水化合物的添加量一般为 0.3%～0.8%，较常添加的碳水化合物是葡萄糖和寡聚糖的混合物。

瘦肉＋脂肪→绞碎、混合→填充→发酵{干型→干燥→成熟
半干型→干燥→（烟熏）→成熟

图 10-1 发酵肉制品加工工艺流程

4）腌料

发酵香肠使用的腌料包括食盐、亚硝酸钠或硝酸钠、抗坏血酸钠等。

（1）食盐　食盐在发酵香肠中的添加量一般为2.5%～3.0%。

（2）亚硝酸钠和硝酸钠　干发酵香肠在腌制时一般使用硝酸钠，添加量为200～500 mg/kg。其他类型的发酵香肠在腌制时首先选用亚硝酸钠，可直接添加，最大添加量一般为150 mg/kg。腌制初期亚硝酸钠的浓度过高，会抑制对产生风味化合物或其前体物的有益微生物的活力。因此，用硝酸钠生产的香肠在风味上要优于直接添加亚硝酸钠的香肠。在美国通常将硝酸钠和亚硝酸钠混合使用，而在德国使用硝酸钠和亚硝酸钠的混合物是不允许的，且只有发酵时间超过4周的发酵香肠才允许添加硝酸钠。

（3）酸味剂　发酵香肠生产中，添加酸味剂的目的是确保在发酵开始早期，使肉馅的pH快速降低，这对于不添加发酵剂的发酵香肠的安全性尤其重要。在涂抹型发酵香肠生产中，酸味剂亦经常与发酵剂结合使用。其他制品中，由于发酵剂与酸味剂结合使用将会导致产品品质的降低，所以很少添加。常用的酸味剂有葡萄糖酸-δ-内酯，其添加量一般为0.5%左右。葡萄糖酸-δ-内酯能够在24 h内水解为葡萄糖酸，迅速降低肉的初始pH。对于干燥成熟初期有害的酸敏感细菌有抑制作用，但同时这也干扰了微生物还原硝酸盐的能力和芳香物质的形成，因此常用于半干发酵香肠的生产，一般不用于干发酵香肠的生产。

5）发酵剂

发酵剂是生产发酵香肠的关键。传统的发酵香肠是依靠原料中天然存在的乳酸菌与杂菌的竞争作用，使乳酸菌成为优势菌群来生产发酵香肠。1940年，美国人L. B. Jensen和L. S. Paddock在专利中第一次描述了乳酸菌在发酵香肠中的应用，从而开创了使用纯培养物生产发酵香肠的先河。此后，陆续从食品中分离发现许多微生物，如微球菌（*Micrococcus* M53）、片球菌（*Pediococcus cerevisiae*）、植物乳酸杆菌等。近年来，混合菌种发酵剂的研究与应用获得了快速发展。

6）其他辅料

发酵香肠中使用的香辛料种类繁多，其中包括胡椒、大蒜、辣椒、肉蔻等，香辛料的种类和数量视产品的类型和消费者的嗜好而定，一般为原料肉质量的0.2%～0.3%。香辛料在发酵香肠中发挥以下几方面的作用：赋予产品香味；刺激乳酸的生成，因为像胡椒、芥末、肉豆蔻等香辛料中锰的含量较高，而锰是乳酸菌生长和代谢中多种酶所必需的微量元素；抗脂肪氧化，大蒜、迷迭香等香辛料中含有抗氧化物质，能抑制脂肪的自动氧化作用，从而延长产品货架期。

一些国家还允许在发酵香肠中添加抗氧化剂、鲜味剂和肉类填充剂。最常用的就是大豆分离蛋白，但其添加量应控制在2%以内，这样不会给产品质量带来不良影响。大豆分离蛋白吸水性较强，在一定程度上可以降低氯化钠的使用量。

2. 绞肉

绞肉时要求原料精肉温度在0～4℃，脂肪处于−8℃的冷冻状态，以避免水的结合和脂肪的熔化。

3. 斩拌

先将精肉和脂肪倒入斩拌机中混匀，然后加入食盐、腌制剂、乳酸菌发酵剂和其他辅料斩拌混匀。斩拌时间因产品类型而定，一般要求脂肪颗粒直径1～2 mm或2～4 mm。乳酸菌发酵剂多为冻干菌，通常先在室温下复活18～24 h，接种量一般为10^6～10^7 CFU/g。

4. 灌肠

将斩拌好的肉馅用灌肠机灌入肠衣。灌制时要求充填均匀、松紧适度。整个灌制过程中肠馅的温度维持在0～1℃。为了避免气泡的混入，最好利用真空灌肠机灌制。生产发酵香肠的肠衣可以是天然肠衣，也可以是人造肠衣（纤维素肠衣、胶原蛋白肠衣）。肠衣的类型对霉菌发酵香肠的品质有重要的影响，利用天然肠衣灌制的发酵香肠具有较大的菌落并有助于酵母菌成长，成熟得更为均匀且风味较好。无论选用何种肠衣，其必须具有水分通透的能力，并在干燥过程中随肠馅的收缩而收缩。

5. 接种霉菌或酵母菌

肠衣外表面霉菌或酵母菌的生长不仅对于干香肠的食用品质具有非常重要的作用，而且能抑制其他杂种的生长，预防光和氧对产品的不利影响，预防产生过氧化氢酶。

常用的霉菌为纳地青霉和产黄青霉，常用的酵母菌为汉逊氏德巴利酵母和法马塔假丝酵母。霉菌和酵母菌发酵剂多为冻干菌种，使用时，将酵母菌和霉菌的冻干菌用水制成发酵剂菌液，然后将香肠浸入菌液中即可。但必须注意配制接种菌液的容器应当是无菌的，以避免二次污染。

6. 发酵

发酵温度和时间依产品类型而定。通常对于要求 pH 迅速降低的产品，所采用的发酵温度越高。一般发酵温度每升高 5℃，乳酸生成的速率将提高 1 倍。但提高温度也会带来致病菌特别是金黄色葡萄球菌生长的危险。

发酵温度对发酵终产物的组成也有影响，较高的发酵温度有利于乳酸的形成。发酵温度超高，发酵时间越短。一般涂抹型香肠的发酵温度为 22～30℃，最长发酵时间为 48 h；半干香肠的发酵温度为 30～37℃，发酵时间为 14～72 h；干发酵香肠的发酵温度为 15～27℃，发酵时间为 24～72 h。

在发酵过程中，相对湿度的控制对于干燥过程中避免香肠外层硬壳的形成和预防表面霉菌的过度生长也是非常重要的。高温短时发酵时，相对湿度应控制在 98%；较低温度发酵时，相对湿度应低于香肠内部湿度 5%～10%。

发酵结束时，半干香肠的 pH 应低于 5.0，干香肠的 pH 在 5.0～5.5。

7. 干燥和成熟

干燥的程度是影响产品的物理化学性质、食用品质和贮藏稳定性的主要因素。

在香肠的干燥过程中，控制香肠表面水分的蒸发速度，使其平衡于香肠内部的水分向香肠表面扩散是非常重要的。在半干香肠中，干燥损失低于其湿重的 20%，干燥温度在 37～66℃。温度高则干燥时间短，温度低则干燥时间长。高温干燥可以一次完成，也可以逐渐降低湿度分段完成。干香肠的干燥温度较低，一般为 12～15℃，干燥时间取决于香肠的直径。许多半干香肠和干香肠在干燥的同时进行烟熏。烟熏的目的主要是通过干燥和熏烟中酚类、低级酸等物质的沉积和渗透抑制霉菌的生长，同时提高香肠的适口性。干香肠的干燥过程也是成熟过程。干燥过程时间较短，而成熟则一直持续至被消费为止，成熟形成发酵香肠的特有风味。

8. 包装

成熟以后的香肠通常要进行包装，以便于运输和贮藏，保持产品的颜色和避免脂肪氧化。真空包装是最常用的包装方法，但是会造成水分向表面扩散，打开包装后，导致表面霉菌和酵母菌快速生长。

复习思考题

1. 发酵肉制品加工中常用的原辅料有哪些？
2. 试述发酵肉制品的加工工艺和操作要点。

HAPTER 11

第 11 章 西式肉制品加工

目标要求：

1. 了解西式肉制品的种类及产品特点；
2. 了解并掌握西式肉制品生产一般工艺原理；
3. 掌握西式火腿、西式香肠、培根等典型西式肉制品的加工工艺及操作要点。

11.1　西式肉制品分类和特点

11.1.1　西式肉制品的分类

西式肉制品种类繁多，目前尚无特别统一有效的分类方法。通常根据原料和加工工艺的不同粗分为西式火腿、西式香肠和培根等，有时也根据加工中熟制温度的不同粗分为低温肉制品和高温肉制品。

1. 西式火腿

西式火腿品种很多，包括以猪腿加工而成的整只火腿、用大块精肉制成的盐水里脊火腿及肩肉火腿以及用小块精肉和碎肉制成的压制火腿、灌肠火腿等。

2. 西式香肠

西式香肠又称西式灌肠，是指将腌制后的碎肉或肉糜添加各种辅料、调味料，拌和均匀或乳化后灌装入天然或人造肠衣中，经烟熏、蒸煮、干燥等工序加工制作而成的肠状熟肉制品。因原辅材料、加工工艺、风味的不同而形成众多以产地命名的产品，如法兰克福香肠、维也纳香肠、克拉科夫香肠等。

3. 培根（bacon）

培根是指用整块原料肉熏腌制成的大块生成肉制品。用猪助条五花肉（奶脯）烟熏而成的叫奶培根，用猪大排制成的叫排培根，也有用猪舌、牛舌等制成的杂类培根。培根是生制品，食用前需加热熟化。

11.1.2　西式肉制品的特点

西方与我国饮食习惯不同，以肉食为主，因此，实现规模化生产是西式肉制品加工的主要特征。西方肉制品的生产普遍具有以下特点：第一是生产趋于专门化、规模化、机械化，自动化程度日益提高，规模逐渐扩大；第二是以肉糜为主要原料，如灌肠、压缩火腿等，大多属于重组肉制品，这类产品的品质主要取决于肌肉蛋白质的功能特性，包括肌肉蛋白质的胶凝性、保水性、保脂性和乳化性等；第三是新技术、新工艺在产品加工中的应用较为普遍；第四是产品普遍口感细腻，风味鲜美，营养丰富，易于消化吸收；第五是产品质量较为规范，批次间产品品质一致性较高。

11.1.3　西式肉制品生产一般工艺原理

1. 乳化与持水性

肉制品中脂肪含量丰富，脂肪的存在不仅增加了肉制品的营养价值，而且使肉制品更柔嫩鲜香。但如果加工处理方式不当，常会使脂肪流失或离析，从而影响肉制品的风味和口感。为了保持肉制品的口感，常常需要进行乳化处理。乳化就是利用表面活性剂所具有的亲水、亲油基团双重结构的特性，使水与脂界面消失，形成单一相的乳浊状。肉中盐溶性的球蛋白就是一种优良的乳化剂，当用盐腌制，滚揉、斩拌等机械作用处理时，有效地将盐溶性蛋白质提出来，与水形成良好的溶胶，加热后即可形成封闭的网络结构，有效地保持着肉制品中水分和脂肪，因此保证了产品的口感。

乳化对于香肠类西式肉制品质量影响更加显著。这类产品的主要感官指标，包括弹性、嫩度、切片性、咀嚼性等都与肉的持水性、结着性密切相关，而乳化效果直接影响这些品质。一方面，腌制过程中食盐促使盐溶性蛋白质形成封闭性网络结构，使肉制品增加持水性及结着性，获得良好的弹性、嫩度；另一方面，腌液中磷酸盐对肉制品的持水性、结着性也有非常重要的作用。磷酸盐可提高肉的pH，使肉中蛋白质呈离子状态，增大与水结合的能力，对肉持水性的提高有显著作用，而且磷酸盐所具有的较高离子强度可使凝胶状态的球蛋白溶解度增加转变为溶胶状，从而提高肉的持水性。

2. 呈色

呈色作用主要是腌制过程中，硝酸盐或亚硝酸盐与肉中的肌红蛋白或血红蛋白结合，从而生产NO-肌红蛋白或NO-血红蛋白，再经加热处理后形成具有稳定鲜红色的亚硝基血色原。另外，西式肉制品加工过程中多采用的熏制工艺也可以令产品呈现外表红棕色的诱人色泽。

11.2　典型西式肉制品生产工艺

11.2.1　西式火腿

西式火腿除了生熏腿外形类似于中国火腿外，

其他均有很大的不同。大多数品种是去骨去皮的熟制品，故称之为蒸煮火腿或熟火腿。

11.2.1.1 西式火腿的基本工艺

1. 原料肉的选择与处理

西式火腿品质优异，多是以瘦肉块为主料的一类肉制品，所选用的原料肉必须符合卫生检验要求。除此之外，灰白、质软的 PSE 肉和色暗、干硬的 DFD 肉不能用于制作西式火腿。

除整火腿外，原料肉要预先冷却至－1～2℃，然后再进行剔骨、分割、选分，除去皮、膜、腱、淋巴结、脂肪等，并去除或尽可能破坏肌肉表面的结缔组织，以保证产品的品质。切成 1 kg 重或更小的肉块，整个操作过程中环境温度应保持在 10℃左右。

2. 腌制

腌制有干腌法、湿腌法、混合腌制法及注射法等。目前主要采用干腌法或注射法。腌制料一般由精盐、亚硝酸钠、复合磷酸盐、糖、维生素 C、大豆分离蛋白等组成。有些产品添加有淀粉、调味料、品质改良剂等辅料。不同的产品其配方各有不同。

注射盐水是用混合粉（含有精盐、亚硝酸钠，复合磷酸盐、葡萄糖，维生素 C 和品质改良成分）配制而成。注射法有单针头法和多针头法，生产中多采用多针头法，注入一定量（一般 15%～50%，甚至更高）腌制用盐水、短时滚揉 30 min 左右后，置于 0～4℃冷库中，大约经过 20 h 的腌制后，肌肉可吸收并分布均匀。注射法可大大缩短腌制时间，提高肉制品质量，增加产品的得率，改善产品质量。

也有企业采用湿腌法生产火腿，即将整理后的原料肉浸于腌制液中，在较低温度下（一般为 0～4℃）腌制 2 d 左右。腌制中通过数次翻倒，以达到腌制均匀的目的。湿腌法获得的产品柔软、多汁、味好，但是蛋白质等浸出物损失较大。干腌法是将腌料粉涂擦或拌和于原料肉中，在低温下操作，但这种方法腌制效果不均匀，需多次上盐或翻倒。

3. 嫩化与滚揉

嫩化与滚揉的目的都是促进腌制效果的快速完成，并提高产品的保水性和综合感官品质。嫩化是指在盐水注射前、后或同时，采用敲打、揉接、轧切、穿刺等机械处理，以疏松肌肉的纤维结构，软化筋键及结缔组织，以有利于盐溶性蛋白质的提取和筋腱中胶原蛋白的吸水，使产品达到软嫩可口的效果。滚揉是将腌制后的肉块置于滚揉机中，通过转动的圆筒或桨叶进行抛掷、撞击、碾压等物理加工过程。

通过滚揉，可以实现以下效果：①通过提高溶质的扩散速度和渗透的均匀性，加速腌制过程，并提高最终产品的均一性；②改善肉制品的色泽，并增加色泽的均匀性；③通过肌球蛋白和肌动蛋白的萃取，改善肉制品的黏结性和切片性；④降低蒸煮损失和蒸煮时间，提高产品的出品率；⑤通过小块肉或低品质的修整肉生产高附加值产品，并提高产品的品质。

通过嫩化和滚揉，肉中结缔组织吸水、肌纤维蛋白质疏松或破坏，部分盐溶性蛋白质溶出，有效地提高了水合性，显著地改善了肉制品的外观、颜色，肉块间的结着性和持水性。在加热时，蛋白质变性凝固，有较强的结合能力，从而大大提高了出品率。在滚揉加工过程中，一般采用间歇式真空滚揉，这样可以排出原料肉及其渗出物中的空气，不但可以避免热加工中空气膨胀造成的组织破坏，而且可以消除氧化影响，改善肉制品的颜色。

4. 充填装模

除了生腿及卷腿以外，压制型火腿和肠型火腿一般都需装入特制的模具、铁听或肠衣中成型。火腿模具多种多样，有长方体形、圆柱形、方形等，一般用铝合金制成，模盖带有弹簧，内料装入衬模后，抽真空加盖，利用弹簧施加一定压力，使产品组织密实，或用充填机将拌好的肉料灌入肠衣内，拉紧，打扣结扎，必要时可置入网袋内，通过施加压力使产品组织致密。

5. 烟熏蒸煮

生产烟熏风味制品时，可以用烟熏液调味，也可直接烟熏。需要熏制的产品，包装材料要有一定的透气性，以便熏烟成分能够进入制品内部，如采用动物肠衣或胶原蛋白肠衣、纤维肠衣等。

熏制过程需要保持一定的温度（50～60℃），以促使熏烟渗入。

西式肉制品大部分都是熟制品，因此蒸煮工艺非常重要。熟化才能形成肉制品特有的口感风味，杀灭微生物，便于保存。不同温度下的蒸煮熟化，所获得产品的保藏效果有较大差别：经121℃高温处理结合良好的包装效果，可以使产品在常温下长期保藏，这一类产品通常称为“高温肉制品”；熟化温度低于100℃（一般煮制水温70～75℃，蒸制温度80℃，制品中心温度达到65℃以上）的产品被称为“低温肉制品”，这类产品的嫩度、弹性、咀嚼性等感官特性均较好，但由于较低温度下的杀菌效果不是很理想，产品需要在低温下贮藏。

6. 冷却

目前采用的多为二段式冷却方式，第一段在操作间用符合卫生要求的冷却水冲淋或浸浴产品30～50 min，使之降至室温，第二段在冷库中使肉制品中心温度降至0～4℃。

7. 包装与贮藏

利用模具生产的肉制品在冷却后即可脱模、包装，包装车间应特别注意防止污染，生产环境必须符合卫生要求，保藏温度最好控制在0～4℃，不可有较大的温度波动。

11.2.1.2 整熏西式火腿生产工艺

整熏西式火腿用整块腿肉制作，是西餐中的高级菜肴，其有带骨、带皮或不带骨、不带皮的不同品种，其加工工艺与中式发酵火腿不同，有其独特之处。

1. 原料处理

选用猪后腿或前腿。先将合格的坯料进行修整、排血以增强肉的防腐性和黏结性。排血一般采用渗透法，一般取肉重3.5%～5%的精盐和0.2%～0.3%的硝石混匀，先取一半均匀涂擦腿肉表面，肉面朝上逐层堆叠，置于0～4℃冷库中进行排血，第2天将剩下的硝盐再涂擦一遍，倒堆，放置1 d。

2. 腌制

按配方将精盐、糖、硝石、调味料等配成腌料，采用干腌、湿腌或注射等方法将肉坯腌透，腌制结束后，还需将坯料在水中进行浸泡，以清除附于肉块表面及肉中过量的盐分。

3. 整理

腌制后，带骨火腿整理成平整的琵琶形，去骨火腿可卷成圆柱状，外边用布包裹，再用绳扎紧，然后烟熏，煮制。去骨火腿也可装入特制金属方模或圆模内，加盖加压，煮制后烟熏。

4. 熏制

先进行干燥处理，以利于烟气的渗入。此工序在干燥室进行，温度保持在60～80℃，处理20 min左右，也有在40～80℃缓慢干燥1 d。熏制时根据产品要求，采用冷熏、温熏或热熏等方法处理。

5. 煮制

除带骨火腿以外，其他火腿都要蒸煮熟制，以便直接食用。水煮温度为75℃左右，必须使制品中心温度达到72℃，保持30 min。煮制后，由于肉会发生收缩以及脂肪的溶出等，捆扎可能会发生松弛，需要进行重新捆紧火腿。若为模装产品，需要重新拧紧模盖，使产品组织密实，提高其切片性。

6. 冷却、包装

煮制后火腿先用冷水初步降温，再挂入冷库冷却。包装一般采用真空包装，以提高产品的保藏性。

11.2.1.3 盐水火腿生产工艺

盐水火腿属于压制火腿，是将大块猪精肉去除脂肪、筋腱，经过腌制并添加多种辅料进行机械嫩化、滚揉、按摩，充填入金属罐或施压的模具内或大口径肠衣内，经（或不经）烟熏、蒸煮而成的低温熟制肉制品。其产品品质好、口感鲜嫩、肌肉纹理清楚、切片性好且成品率高，目前已成为欧美和日本蒸煮火腿的主要代表。目前我国市场上主要品种有方罐听装、模压成形切片真空包装、包装压制成形及大口径人造肠衣包装等不同形式的产品。

1. 原料整理

选择检验合格的腿肉、肩肉、脊肉等为原料，排血后冷却至0℃左右，剔除皮、骨、筋、脂肪等，对块大的原料可沿肌纤维平行方向剖开，背脊肉可整条使用。

2. 腌制

将配好的盐水溶解过滤，降温至10℃以下，按配方要求的注射量均匀注入肉内，滚揉30 min左右后置0～4℃冷库内腌制1 d。

3. 嫩化、滚揉

将原料置于滚揉机内在真空环境中通过棒打、翻滚、挤压、揉搓等一系列机械处理，促进腌制液的扩散、渗透，这个过程一般采用间歇式操作方法。同时可添加一定量的大豆分离蛋白、复合粉、淀粉、调味料，还可添加10%左右经腌制斩拌的肉糜，以提高结着性和出品率。一般需要10 h左右的操作时间。

4. 装模

不同产品可选用不同形状及材质的模具材料。应尽量采用真空压力机充填，用真空封罐机密封。模具形状有矩形、方形、椭圆形等，底、盖可拆卸，利用模盖弹簧作用对肉块施加压力，蒸煮冷却后，深型模需用出模机脱模后包装。

方形、梨形浅模常用铸铝制成，用塑料薄膜隔离，装模后真空脱气，加盖加压，煮制冷却后脱模包装。肠状盐水火腿是利用特殊充填机将肉料装入大直径人造纤维或PVDC肠衣中，拉紧打扣结扎。

5. 蒸煮

盐水火腿属低温熟肉制品，一般使用75℃恒温或梯度调节升温等方式进行煮制，中心温度达到68～70℃维持30 min左右即可，也可采用中心温度82℃，20 min煮制的产品，安全性更好一些。

6. 冷却

一般采用两步法冷却：先用冷水喷淋至室温左右，重新拧紧盒盖，移入0～4℃冷库进一步降温，约经10 h或更长一些时间，制品完全冷却后即可脱模包装。此类产品操作一定要注意卫生，且产品必须在0～4℃下保藏、运输、销售。

11.2.1.4 成型火腿生产工艺

选用猪的前后腿肉及肩部、腰部的肉，还可加其他部位的肉或其他畜禽如牛、马、兔、鸡肉等，经腌制后加入辅料，装入包装袋或容器中成型、水煮后则可制成成型火腿，这类火腿又称为压缩火腿。

1. 成型火腿的种类

成型火腿的种类可根据原料肉种类、原料肉切碎程度、杀菌熟化方式、成型形状以及包装材料的不同进行分类。

根据原料肉的种类，成型火腿可分为猪肉火腿、牛肉火腿、鱼肉火腿、鸡肉火腿、混合肉火腿等；根据对肉切碎程度的不同，成型火腿可分为肉块火腿、肉粒火腿、肉糜火腿等；根据杀菌熟化的方式不同，成型火腿可分为低温长时杀菌火腿和高温短时杀菌火腿；根据成型形状不同，成型火腿可分为方火腿、圆火腿、长火腿、短火腿等；根据包装材料的不同，成型火腿可分为马口铁灌装的听装火腿、耐高温高压的复合膜包装的常温下可作长期保藏的火腿肠及普通塑料膜包装的在低温下作短期保藏的各类成型火腿。

2. 成型火腿的加工原理及工艺

成型火腿是目前国内外肉制品中发展最为迅速的肉制品，这类肉制品虽然种类繁多，加工原理是相同的，加工工艺也基本一致，产品的品质主要依据原料的种类、部位、等级及肥瘦肉比例等来确定。

1）成型火腿的加工原理

成型火腿是以精瘦肉为主要原料，经腌制提取盐溶性蛋白质，经机械嫩化和滚揉破坏肌肉组织结构，装模成型后蒸煮而成。使肉块、肉粒或肉糜加工后黏结为整体的黏结力来源于两个方面：一方面，经过腌制尽可能促使肌肉组织中的盐溶性蛋白质溶出；另一方面，在加工过程中加入适量的添加剂，如卡拉胶、植物蛋白、淀粉及改性淀粉。这些手段较好地保证了产品的成型性、切片性、适宜的弹性。在制作过程中，成型火腿须经机械切割嫩化处理以及滚揉，从而促使肌纤维彼此之间变得疏松，以保证成型火腿的鲜嫩特点。肌肉中盐溶性蛋白质的提取、复合磷酸盐的加入、pH的改变以及肌纤维间的疏松状都有利于提高成型火腿的保水性，因而提高了出品率并保证了成型火腿的独特产品风格。

2）成型火腿的加工工艺

原料肉预处理→盐水注射（切块→湿腌）→

腌制、滚揉→切块→添加辅料→（搅碎或斩拌）→滚揉→装模→蒸煮（高压灭菌）→冷却→检验→成品

(1) 原料肉的选择　品质较好的成型火腿最好选用除去结缔组织和脂肪组织且结着力强的背肌及腿肉，但在实际生产中，为了更好地利用原料，多选用生产带骨和去骨火腿时剔下的碎肉以及其他畜禽（如牛肉、马肉，兔肉、鸡肉等）和鱼肉。所用的原料必须新鲜，否则结着力下降，影响成品质量。

(2) 原料肉处理　胴体应先冲洗掉瘀血和骨屑，并经剔骨、剥皮、去脂肪后，还要去除筋、膜等结缔组织。若后续工艺采用湿腌法腌制时，需将肉块切成 2～3 cm（20～50 g）的方块。为了增加制品的香味，可根据原料肉结着力的强弱，酌加 10%～30%的猪脂肪，并将脂肪切成 1～2 cm 方块。

(3) 腌制　肉块较小时，一般采用湿腌的方法，肉块较大时可采用盐水注射法。腌制液中的主要成分为水、食盐、硝酸盐、亚硝酸盐、磷酸盐、抗坏血酸、羰基血红蛋白、大豆分离蛋白、淀粉等，其中盐与糖在腌制液中的含量取决于消费者的口味，而硝酸盐及亚硝酸盐、磷酸盐、抗坏血酸等添加剂的量应符合国家食品安全标准。一般来说，各种成分在最终产品中的含量在下列范围内变化：盐 2.0%～2.5%，糖 1.0%～2.0%，磷酸盐≤0.5%（以 P_2O_5 计）。

如果是采用湿腌法，称取过滤冷却后的腌制液与预处理后的原料肉混匀，若采用注射法，则应将肉均匀摆放在注射机的传送系统上，保持注射的连续性。通过调节每分钟注射的次数和腌制液的压力准确控制注射量。一般通过称量肉在注射前后质量的变化了解注射量。注射时流失在盘中的注射液，必须经过过滤后方能再用。

(4) 嫩化　所谓嫩化是利用嫩化机在肉的表面切开许多 15 mm 左右深的刀痕，肉内部的组织被切开，减少蒸煮时的损失，使得加热而造成的筋腱组织收缩不致影响产品的结着性。同时，肉的表面积增加，使肌肉纤维组织中的蛋白质在滚揉时释放出来，增加肉的结着性。湿腌的小块肉则可无须嫩化。

(5) 滚揉　滚揉程序包括滚揉和间歇两个过程。间歇可减少机械对肉组织的损伤，使产品保持良好的外观和口感。一般盐水注射量在 25%的情况下，需要一个 16 h 的滚揉程序，在每 1 h 中，滚揉 20 min，间歇 40 min。也就是说在 16 h 内，滚揉时间为 5 h 左右。在实际生产中，滚揉程序随盐水注射量的增加而适当调整。用于该工艺的设备有真空滚揉机和开放式按摩机两种。真空滚揉机可以使肉得到均匀地机械处理，无死角而避免由于死角而使肉温升高，同时可以破坏肉块表面微小气泡，防止蒸煮时气泡增大而造成蒸煮损失，延长保存期。

(6) 装模　滚揉以后的肉料，通过真空火腿压模机压入模具中成型。一般充填压模成型要抽真空，其目的在于避免肉料内藏有气泡，容易造成损失或产品切片时出现气孔。火腿压模成型，一般包括塑料膜压膜成型和人造肠衣成型两类。人造肠衣成型是将肉料用充填机灌入人造肠衣内，用手工或机器封口，再经熟制成型，塑料膜压模成型是将肉料充入塑料膜内再装入模具内，压上盖，蒸煮成型，冷却后脱膜，再包装而成。

(7) 蒸煮　火腿的加热方式一般有水煮和蒸汽加热两种方式。金属模具火腿多用水煮法加热，充入肠衣内的火腿多在全自动烟熏室内完成熟制。为了保持火腿的颜色、风味、组织形态和切片性能，火腿的熟制和热杀菌过程一般采用低温巴氏杀菌法，即火腿中心温度达到 68～72℃即可。若肉的卫生品质偏低时，温度可稍高，以不超过 80℃为宜。

(8) 冷却　蒸煮后的火腿应立即进行冷却。可用流动水冷却，亦可用喷淋冷却水冷却。冷却到中心温度 40℃以下。

11.2.1.5 牛肉盐水火腿

1. 工艺流程

原料肉解冻→修整→盐水注射、嫩化→滚揉腌制→充填→蒸煮→冷却→包装

2. 工艺要点

1) 原料肉解冻

选用健康状况良好、宰前宰后经兽医检验合

格的鲜冻牛肉，采用自然解冻法，解冻温度12～16℃，解冻时间为8～12 h。解冻结束后，牛肉内部温度应控制在0～4℃。

2）修整

将解冻好的牛肉修去筋腱、脂肪、肌膜、碎骨等，切成1 kg左右的肉块。

3）盐水注射

（1）盐水配制　按100 kg原料肉注射盐水量25 kg计算：水100 kg，精盐13 kg，白糖5 kg，三聚磷酸钠0.5 kg，焦磷酸钠0.5 kg，香辛料0.3 kg，亚硝酸钠15 g，异抗坏血酸钠45 g，烟酸胺45 g，嫩肉粉100 g。

（2）盐水注射　盐水注射机上配装嫩化切筋装置，盐水注射量达不到25％时，需重复注射。注射时室温控制在10℃以下，盐水温度控制在3℃以下。

4）腌制、滚揉

在4～6℃条件下，腌制滚揉24～36 h，在腌制结束前加肉质量3％～5％的大豆分离蛋白和5％的淀粉，再滚揉1 h后充填。

5）充填

充填时应尽量将腌肉压紧。如成品中出现空隙，可在滚揉时添加10％～15％的肉糜。

6）蒸煮

蒸煮温度80～82℃，时间约3 h，当火腿中心温度达到78℃时，保持25 min。

11.2.2　西式香肠

西式香肠是肉类加工的一种古老形式，由于其要使用动物肠衣，故我国称之为灌肠或香肠。我国灌肠技术是由国外传入的，我国最早的灌肠品种是小红肠和大红肠。

11.2.2.1　香肠制品的种类

肠类制品（sausage products）是以畜禽肉为原料，经细切、斩拌或绞碎而使肉成为块状、丁状或肉糜状态，添加调味料、香辛料或填充料，经搅拌或滚揉后而灌入天然肠衣或人造肠衣内，再经烘烤、蒸煮、烟熏等加工而成的肉制品。

香肠制品品种繁多，配料及制备方法各异，因此各具风格，例如德国的法兰克福肠（Frankfurters）、波洛尼亚肠（Bologna），意大利的撒拉米肠（Solani），中国的哈尔滨红肠、北京蛋清肠、天津火腿肠、广东香肠等。肠类制品是世界上产量最高、品种最多的肉制品。法国有1 500多个品种，我国各地生产的香肠品种也有数百种。

比较有代表性的香肠分类方法是美国的分类方法，将香肠制品分为生鲜香肠、生熏肠、熟肠、干制和半干制香肠四大类。

（1）生鲜香肠（fresh sausage）　原料肉（主要是新鲜猪肉，有时添加适量牛肉）不经腌制，绞碎后加入香辛料和调味料充入肠衣内而成。这类肠制品需在冷藏条件下贮存，食用前需经加热处理，如意大利的鲜香肠（Italian sausage）、德国的Bratwurst香肠等，目前国内这类香肠制品的生产量很少。

（2）生熏肠（uncooked smoked sausage）　这类制品可以采用腌制或未经腌制的原料，加工工艺中要经过烟熏处理但不进行熟制加工，消费者在食用前要进行熟制处理。

（3）熟熏肠（cooked and smoked sausage）　经过腌制的原料肉绞碎、搅拌后充入肠衣，再经熟制、烟熏处理而成。我国这种香肠的生产量最大。

（4）干制和半干制香肠（dry and semi-dry sausage）　半干香肠最早起源于北欧，属德国发酵香肠，它含有猪肉和牛肉，采用传统的熏制和蒸煮技术制成。其定义为绞碎的肉，在微生物的作用下，pH达到5.3以下，在热处理和过程中（一般均经烟熏处理）除去15％水分，使产品中水分与蛋白质的比例不超过3.7∶1的肠制品。干香肠起源于欧洲的南部，属意大利发酵香肠，主要是由猪肉制成，不经熏制或煮制。其定义为，经过细菌的发酵作用，使肠馅的pH达到5.3以下，然后干燥除去20％～50％的水分，使产品中的水分与蛋白质比例不超过2.3∶1的肠制品。

11.2.2.2　香肠制品加工

1. 原辅料

1）原料肉

香肠的原料肉选择面较宽，只要符合兽医卫生检验的大多数可食动物肉均可。肥肉只用猪的脂肪。在精肉中加入其他动物的精肉，可提高产品质量，改善制品色泽，提高肉的保水性和得率，并使制品增加弹性，提高肉馅的黏着力和成品切片性。

（1）猪肉　要求肌内有光泽，呈淡红色，纹理清细，肉质柔软，脂肪白，质地紧密。

（2）牛肉　牛肉色泽比猪肉深，鲜红色有光，纹理结构较猪肉明显，保水性好。

（3）羊肉　羊肉由于带有一定的膻味，价格较贵，作为加工原料受到一定的限制，近年来由于加工工艺的改进，膻味已得到了解决，所以也用来加工香肠制品。

（4）兔肉　结着力好，肉细，脂肪少，保水性强，是加工香肠制品的最好原料。

（5）鸡肉　脂肪熔点低，结着力强，具有特殊的肉味，一般作香肠的添加料使用，但现在也有鸡肉香肠生产。

（6）鱼肉　沿海地区因鱼的产量高，所以近年来用鱼肉做香肠制品，既适合于消费者的口味，也丰富了肉制品的市场。

（7）其他肉类　随着人民生活水平的提高，膳食结构不断发生变化，香肠制品也不断扩大原料肉的范围，近年来又推出各种野味香肠，如山鸡肉、黄羊肉、野猪肉香肠等。

2）肠衣

肠衣（ castle）是香肠制品的特殊包装物，主要分为两大类，即天然肠衣和人造肠衣。

（1）天然肠衣　即牛、羊的大肠、小肠、盲肠、食管（牛）和膀胱等。因加工方法不同，分干制和盐渍两类。天然肠衣弹性好，保水性强，可食用。但规格和性状不整齐，数量有限。

（2）人造肠衣　人造肠衣使用方便，安全卫生，标准规格，填充量固定，易印刷，价格便宜，损耗少。人造肠衣包括以下几种。

①纤维素肠衣：用天然纤维如棉绒、木屑、亚麻和其他植物纤维制成。此肠衣不能食用，不能随肉馅收缩，可作大红肠、小红肠以及熏圆腿包装之用。

②胶原蛋白肠衣：用动物胶制成，分可食和不可食两类，使用时保持相对湿度 40％～50％。

③塑料肠衣：用聚丙二氯乙烯、聚乙烯膜制成，品种样式较多，只能蒸煮，不能食用。

2. 香肠的加工

1）工艺流程

原料肉的选择与初加工→腌制→绞碎→斩拌→罐制→烘烤→熟制→烟熏、冷却

2）工艺说明

（1）原料肉的选择与初加工　生产香肠的原料范围很广，主要有猪肉和牛肉，另外羊肉、兔肉、禽肉、鱼肉及其内脏均可作为香肠的原料。生产香肠所用的原料肉必须是健康的，并经兽医检验确认是新鲜卫生的肉。原料肉经修整，去碎骨、污物、筋、腱及结缔组织膜，使其成为纯精肉，然后按肌肉组织的自然块形分开，并切成长条或肉块备用。

（2）腌制　腌制的目的是使原料肉呈现均匀的粉红色，使肉含有一定量的食盐以保证产品具有适宜的咸味，同时提高制品的保水性和风味。根据不同产品的配方将瘦肉加食盐、亚硝酸钠、多聚磷酸盐等添加剂混合均匀，送入（2±2)℃的冷库内腌制 24～72 h。肥膘只加食盐进行腌制。原料肉腌制结束的标志是瘦肉呈现均匀粉红色，结实而富有弹性。

（3）绞碎　将腌制的原料精肉和肥肉分别通过不同筛孔直径的绞肉机绞碎。绞肉时投料量不宜过大，否则会造成肉温上升，对肉的黏着性产生不良影响。

（4）斩拌　斩拌操作是乳化肠加工过程中一个非常重要的工序，斩拌操作控制得好与坏，直接影响产品品质。斩拌时，首先将瘦肉放入新拌机内，并均匀铺开，然后开动斩拌机，继而加入（冰）水，以利于斩拌。加（冰）水后，最初肉会失去黏性，变成分散的细粒子状，但不久黏着性就会不断增强，最终形成一个整体，然后再添加调料和香辛料，最后添加脂肪。在添加脂肪时，要陆续、少量添加，以使脂肪均匀分布。斩拌时，随着斩刀的高速旋转，肉料的升温是不可避免的，但过度升温会使肌肉蛋白质变性，降低其工艺特性，因此斩拌过程中应添加冰用以降温。以猪肉、牛肉为原料肉时，斩拌的最终温度不应高于 16℃，

以鸡肉为原料时斩拌的最终温度不得高于 12℃，整个斩拌操作控制在 6～8 min。

（5）罐制　灌制又称充填，是将斩拌好的肉馅用香肠机充入肠衣内的操作。罐制时应做到肉馅密而无间，防止装得过紧或过松。过松会造成馅脱节或不饱满，在成品中有空隙或空洞，过紧则会在蒸煮时使肠衣胀破。灌制所用的肠衣多为 PVDC 肠衣、尼龙肠衣、纤维素肠等。灌好后的香肠每隔一定的距离进行打结。选用真空定量灌肠系统可提高制品质量和工作效率。

（6）烘烤　烘烤是用动物肠衣灌制的香肠必要的加工工序，传统的方法是用未完全燃烧的木材的烟火来烤，目前用烟炉烘烤，是由空气加热器循环的热空气烘烤的。烘烤的目的主要是使肠衣蛋白质变性凝固，增加肠衣的坚实性；烘烤时肠馅温度提高，促进发色反应。一般烘烤的温度为 70℃左右，烘烤时间依香肠的直径而异，为 10～60 min。

（7）熟制　目前国内应用的煮制方法有两种，一种是蒸汽煮制，适于大型企业；另一种为水浴煮制，适于中、小型企业。无论哪种煮制方法，均要求煮制温度在 80～85℃，煮制结束时制品的中心温度大于 72℃。

（8）烟熏、冷却　烟熏主要是赋予制品特有的烟熏风味，改善制品的色泽，并通过脱水作用和熏烟成分的杀菌作用增强制品的保藏性。烟熏的温度和时间依产品的种类、产品的直径和消费者的喜好而定。一般的烟熏温度为 50～80℃，时间为 10 min～24 h。

熏制完成后，用 10～15℃的冷水喷淋肠体 10～20 min，使肠坯温度快速降至室温，然后送入 0～7℃的冷库内，冷却至库温，贴标签再进行包装即为成品。

3．火腿肠的加工

1）火腿肠的概念

以鲜或冻的畜肉、鱼肉为主要原料，经腌制、斩拌、灌入肠衣、高温杀菌加工而成的乳化型香肠叫作火腿肠。

2）工艺流程

原料肉的处理→绞肉→斩拌→填充→灭菌

3）加工工艺

（1）原料肉的处理　选择经兽医检验合格的热鲜肉或冷冻肉，经修整处理去除筋、腱、碎骨与污物，用切肉机切成 5～7 cm 宽的长条后，按配方要求将辅料与肉拌匀，送入 0～4℃的冷库内腌制至终点。

（2）绞肉　将腌制好的原料肉送入绞肉机，用筛孔直径为 3 mm 的筛板绞碎。

（3）斩拌　将绞碎的原料肉倒入斩拌机的料盘内，开动斩拌机用搅拌速度转动几圈后，加入冰屑的 2/3，高速斩拌至肉馅温度 4～6℃，然后添加剩余数量的冰屑斩拌，直到肉馅温度低于 14℃，最后再用搅拌速度转几圈，以排出肉馅内的气体，斩拌时间视肉馅黏度而定。斩拌过度和不足都将影响制品质量。

（4）填充　将斩拌好的肉馅倒入充填机料斗，按照预定充填的质量，充入 PVDC 肠衣内，并自动打卡结扎。

（5）灭菌　填充完毕经过检查的肠坯（无破袋、夹肉、弯曲等）排放在灭菌车内，顺序推入灭菌锅进行灭菌处理。

灭菌处理后的火腿肠，经充分冷却，贴标签后，按出产日期和品种规格装箱，并入库或发货。

11.2.3　培根

11.2.3.1　培根的种类和规格

1．种类

培根制品一般包括大小培根、奶培根、排培根、熏猪排、熏猪舌、熏牛舌等，另外，猪心、猪肠、猪脾经过整形烟熏也可以制成各种烟熏制品，其风味独特，也不失为理想的西餐菜肴。

2．原料与规格

不同种类的原料选用猪、牛的不同部位，分述如下。

（1）大培根　以猪的第 3 肋骨至第 1 节骑马骨处，半片猪胴体中的中段肉为原料，去骨整形后，经腌制、烟熏而成，每片质量 7～10 kg。

（2）奶培根　以去奶、排骨的猪方肉为原料，经整形、腌制、烟熏而成。成品肉质一层肥、一层瘦，为半制品，分带皮、无皮、无硬骨制品。

皮不带毛，呈金棕色，肉色鲜艳，味香可口。带皮制品重 2～4 kg，得率 83%～86.5%；去皮制品重 2～2.5 kg，得率 81%～83%。

(3) 排培根　以猪大排为原料，去骨整形后，经腌制、烟熏而成。成品为半制品，分带皮和无皮两种。制品无硬骨，肉质细嫩，色泽鲜艳，皮呈金棕色，味香鲜美可口，无焦味，是培根中质量最高的一种。带皮制品每块重 2～4 kg，得率 82%～83%；无皮制品每块重 2～3 kg，得率在 81%～82%。

(4) 熏猪排　以猪的大排骨为原料，带骨带皮经整形、腌制、烟熏而成，是西餐菜肴的原料，食用时需斩切成块。

(5) 熏猪舌　以整只舌为原料，经整形、腌制、烟熏而成，制品色泽红褐、肉质红润、不带油烟味，有香味。制品为半成品，是高档菜肴之一，成品得率 64%左右。

(6) 熏牛舌　以整只牛舌为原料，用途、加工方法同熏猪舌。

11.2.3.2　培根加工工艺

加工工艺与生熏火腿相似。

1. 原料整理

培根原料肥肉较火腿多，精肉占 60%，肥膘占 40%。对于无皮培根，若肥膘过多，可修去部分。

2. 挤血、腌制

生坯用混合盐干腌法腌制 12 h 以上，将血挤出。混合盐的用量和配比按肉重为食盐 4%～5%，砂糖 1%～3%，硝石 0.02%～0.03%，香辛料 0.5%～1.0%。然后，将原料放入浓度为 15～16 波美度的盐水中进行腌制，时间为 12 d，温度为 0～4℃，中途翻缸 1 次，使盐水均匀渗透至生坯里面，肉色全部红透为止，盐水可反复使用。但在用前要煮沸并调整浓度，培根也可采用盐水注射，这样可缩短腌制时间，提高质量。

3. 整修

腌制结束后在清水中浸渍 2～3 h，使盐卤溶化后，再清洗刮净表皮之毛，修去边缘不整齐的肉膘，再用麻绳吊挂，以便烟熏。

4. 熏烤

烟熏温度为 60～70℃，时间为 10 h。在自然通风式烟熏室内烟熏无皮培根时，须在坯料下面拉一层纱布，以防木屑灰尘污染。在全自动烟熏室内对培根的烘烤、烟熏、冷却，可按全自动程序完成。

复习思考题

1. 西式肉制品有几类？产品有何特点？
2. 在加工方形火腿时，使肉块、肉粒或肉糜加工后黏结为一体的黏结力来源于哪里？
3. 什么是肉的嫩化？简述嫩化的作用。
4. 在加工成型火腿之前，对原料肉进行滚揉的目的是什么？滚揉操作如何实施？
5. 加工高质量盐水火腿，应掌握哪些关键环节？

CHAPTER 12

第 12 章 调理肉制品加工

目标要求：

1. 掌握调理肉制品的概念、特点及分类；
2. 了解国内外调理肉制品的加工概况；
3. 了解并掌握调理肉制品的质量要求；
4. 熟练掌握几种常见调理肉制品的加工工艺及操作要点。

12.1　调理肉制品的概念、分类与特点

12.1.1　调理肉制品的概念

调理肉制品一般指以肉为主，经工业化预制的预包装食品。一直以来调理肉制品没有一个准确的范畴。根据《调理肉制品加工技术规范》(NY/T 2073—2011)，调理肉制品是以畜禽肉为主要原料，绞制或切碎后添加调味料、蔬菜等辅料，经滚揉、搅拌、成型等预调制加工过程，或经蒸煮、油炸等预加热工艺加工而成，需在冷藏(0～4℃)或冷冻(−18℃以下)条件下贮藏、运输及销售，食用前需二次加工的非即食肉制品，又称为预制肉制品。预制就是指在原料肉中加入调味料、蔬菜等辅料，以及滚揉、搅拌、成型等加工过程；预加热是指原料预制后，经蒸煮或油炸等工艺，使之成型或部分熟化的加工过程；冷藏是指调理肉制品经快速冷却后，在0～4℃下贮存；冷冻是指调理肉制品经速冻后，在−18℃以下贮存。

12.1.2　调理肉制品的分类

12.1.2.1　按加热工艺的不同

调理肉制品分为预制调理肉制品和预加热调理肉制品两类。

1. 预制调理肉制品

预制调理肉制品是指用人工或机器预处理好的肉块（肉片、肉条、肉馅等），经过浸渍或滚揉入味后，不经熟制即行冷冻的肉制品，食用前必须进行加热熟制。该类产品食用方便，风味独特，品种多样，加工方法简单，消费者可根据自己的喜好进行熟制，特别适合现代人快节奏的生活，而且不同的口感和风味受到广大消费者的喜爱。

2. 预加热调理肉制品

预加热调理肉制品是指调理肉制品在冷冻前，经过加热简单熟制，食用前再经油炸、煎制或蒸制的一类肉制品。该类产品由于经过初步熟制，食用前加工更简单，更方便。

12.1.2.2　按贮藏方式的不同

调理肉制品分为冷藏调理肉制品和冷冻调理肉制品两类。

1. 冷藏调理肉制品

冷藏调理肉制品是采用新鲜原料，经一系列的调理加工后真空封装于塑料或复合材料包装物中，经巴氏杀菌、快速冷却，再低温冷藏的新型方便肉制品。由于杀菌温度低，可最大限度地保持肉制品的色、香、味、营养成分和组织质地，使产品具有良好的鲜嫩度和口感。另外，包装形式为真空封装，可有效地控制肉制品成分的氧化和好氧微生物的生长繁殖；先包装后杀菌，避免了二次污染；而且杀菌后快速冷却，低温保存和流通，能够较好地保证产品的品质和安全性。

2. 冷冻调理肉制品

人工制冷技术的问世催生了冷冻调理肉制品，各种冷冻调理肉制品给人们的生活带来了极大的方便，现多为速冻调理肉制品。该类产品加工后立即速冻，在−18℃的条件下贮运、销售，风味和品质都得到很好的保持；调理方式更灵活，但生产过程中易被微生物污染，存在着卫生安全方面的隐患。

12.1.3　调理肉制品的特点和质量控制

12.1.3.1　调理肉制品的特点

调理肉制品其实质是一种方便肉制品，有一定的保质期，其内容物预先经过了不同程度和方式的调理，食用非常方便，且具有附加值高、营养均衡、包装精美和小容量化的特点，深受消费者喜爱，现已成为国内城市人群和发达国家的主要消费肉制品之一。

随着人们生活水平和肉食消费观念的提高以及全程冷链的不断完善，调理肉制品的消费量逐步增加，成为当今世界上发展速度最快的食品类别之一。在美、日、欧等发达国家和地区，调理肉制品在调理食品中占有重要比重，不仅是快餐业、饭店、企业及高校食堂的重要原料，而且已经成为大众家庭消费不可缺少的部分。由于市场需求量大，加工企业重视产品加工技术研发，已经形成规范化大规模发展趋势。

目前调理肉制品正越来越多地渗入中国大众的家庭消费，市场发展潜力巨大。伴随着冷藏

链、冰箱、微波炉的普及，调理肉制品不仅满足了消费者的饮食需求，而且大大缩短了消费者备餐时间。目前市场上常见的调理肉制品主要有肉排、肉丸、肉串等，其中以禽肉调理肉制品占的比例最大。其他还有油炸类如炸鱼排、炸大虾、炸鸡块等；烧烤类如炭烤腿肉串、烤牛肉串、川香烤鸡翅等；菜肴类如鱼香肉丝、宫保鸡丁、酸菜鱼等；乳化类如鱼肉丸、羊肉丸、鸡肉丸等；汤羹类如滋补鸡汤、羊肉汤、鱼汤等；肉酱类如酱香鸡肉酱、羊肉酱、香菇肉酱等。

国外最先出现的调理食品就是罐头食品，而后出现了速冻调理食品，到 20 世纪 70 年代末 80 年代初，开发了真空调理食品，其最大特点是先包装后加热蒸煮，这样防止了二次污染，减少了氧化作用，降低了营养成分的损失，抑制了微生物的生长繁殖，且非高温杀菌，最大限度地保持了食品的色香味。20 世纪 90 年代，新含气调理食品在日本研制成功，将食品原料预处理后，用高阻断性包装材料包装，并充入惰性气体，然后采用多阶段升温、两阶段冷却的杀菌锅进行温和式灭菌，这样食品的品质和营养成分得到良好的保持，原有的色、香、味、形、口感几乎不发生改变，并可在常温下保存 12 个月。

12.1.3.2 调理肉制品的质量控制

调理肉制品加工工艺简单，尤其是预制调理肉制品加工过程中不经加热处理，要保证产品的品质和安全，加工过程中，如绞制或切制、搅拌、腌制等加工操作应符合《肉类制品企业良好操作规范》(GB/T 20940—2007)，还必须构建配套完善的冷链流通系统，才能保证产品品质和经济效益。

1. 环境卫生控制

操作环境的管理是为了减少开始阶段的微生物污染，已清洁的原料要从这一阶段开始保证不再被污染，为此，操作人员必须要有一定的基础知识和经验，要具有能进行感官上的新鲜度判断能力和熟练的操作技术，要认识到选择环境、整理环境的意义。

操作环境管理包括：给排水、换气的检查、室温、水温、原材料的保管状态和保藏室的温度检查；对于操作台、货架、水槽、砧板、炊具和刀具等其他操作使用器具和容器的卫生检查。

2. 原辅料的控制

生产调理肉制品的所有原辅料应符合国家标准、行业标准的规定。

3. 原料肉的存放与解冻控制

生鲜肉进入加工车间后，若 6 h 内不能进行加工，应冷藏或冻藏。冷藏时间不应超过 3 d。冷冻肉解冻后的中心温度应不高于 5℃。

4. 加工工艺控制

预制车间温度应不高于 15℃，预制过程中调理肉制品中心温度应不高于 12℃。蒸煮、油炸等预加热过程中，蒸煮温度应不高于 100℃，油炸温度应不高于烟点温度。

5. 冷藏、冻藏的控制

冷却时，应在 0～4℃下进行冷却处理，使产品中心温度降到 4℃以下。冷冻时，应在－23℃以下进行冻结处理，使产品中心温度降到－18℃以下。

6. 贮存、运输和销售的控制

冷藏类调理肉制品应贮存在 0～4℃，冷冻类调理肉制品应贮存在－18℃以下，冷库温度在±1℃以内。运输冷藏类调理肉制品的车辆厢内温度应控制在 0～4℃，运输冷冻类调理肉制品的车辆厢内温度应控制在－10℃以下。冷藏类调理肉制品应在冷藏柜中销售，冷藏柜温度应控制在 12℃以下；冷冻类调理肉制品应在冷冻柜中销售，冷冻柜温度应控制在－10℃以下。

7. 调理肉制品的质量安全标准

预制类调理肉制品中细菌总数应不高于 1×10^6 CFU/g，预加热类调理肉制品中细菌总数应不高于 1×10^3 CFU/g，致病菌不得检出。

12.2 调理肉制品的加工工艺

12.2.1 牛排

牛排也称为牛扒，是块状的牛肉，是西餐中最常见的食物之一。牛排的烹调方法以煎和烧烤为主。清末小说中已出现牛排、猪排等西菜菜名，可能是因形似上海大排（猪丁骨），故名

“排”。在上海话里，“排”发“ba”音，广东又作牛扒。

12.2.1.1　分类

1. 按来源分类

牛排的种类非常多，常见的有菲力、肉眼牛排、西冷牛排、T 骨牛排以及一种特殊顶级牛排品种——干式熟成牛排。

（1）菲力　菲力又称为嫩牛柳、牛里脊，是牛脊上最嫩的肉，瘦肉较多，高蛋白质，几乎不含肥膘，因此很受广大消费者尤其是肥胖消费者的青睐。由于肉质鲜嫩，煎成 3 成熟、5 成熟和 7 成熟皆宜。

（2）肉眼牛排　肉眼牛排一般指取自牛身中间的无骨部分，“眼”是指肌肉的圆形横切面，由于这个部分的肌肉不会经常活动，因此肉质十分柔软、多汁，并且均匀地布满雪花纹脂肪。由于含一定量的肥膘，这种肉煎烤味道比较香。肉眼牛排不要煎得过熟，3 成熟最好。

（3）西冷牛排　西冷牛排又称为沙朗牛排，是牛外脊部位的肉。西冷牛排含一定肥油，在肉的外延带一圈呈白色的肉筋，总体口感韧度强，肉质硬，有嚼头，适合年轻人和牙口好的人吃。制作时连筋带肉一起切，不要煎得过熟。

（4）T 骨牛排　T 骨牛排又称为丁骨，呈“T”字形或“丁”字形，是牛背上的脊骨肉。T 骨两侧一边量多一边量少，量多的是西冷，量稍小的便是菲力。吃 T 骨牛排既可以尝到菲力牛排的鲜嫩，又可以感受到西冷牛排的芳香，一举两得。

（5）干式熟成牛排　干式熟成牛排（dry aged beef，DA）制作起源于美国，是一种保持牛肉品质与口感最佳的保存方法。简单地说，是将新鲜牛肉从牛身体切割下来后，立即进行分割去除杂部，甚至在牛肉还有余温的时候放入无尘室。温度必须保持在−1～0℃，湿度保持在 75%～80%。为了满足世界各地饕餮客对于牛肉口感品质的要求，才研制出干式熟成的独特制法，干式熟成牛排可谓是牛排中的饕餮。

2. 按成熟度分类

（1）近生牛排　正反两面在高温铁板上各加热 30～60 s，以锁住牛排内水分，使外部肉质和内部生肉产生口感差，外层便于挂汁，内层生肉保持原始肉味，而视觉效果不会像吃生肉那么难接受。

（2）一分熟牛排　牛排内部为血红色，且内部各处保持一定温度，同时有生熟部分。

（3）三分熟牛排　大部分肉接受热量渗透传至中心，但还未产生大变化，切开后上下两侧熟肉呈棕色，向中心处转为粉色，再向中心为鲜肉色，伴随刀切有血渗出。

（4）五分熟牛排　牛排内部为区域粉红，夹杂着熟肉的浅灰和棕褐色，整个牛排温度口感均衡。

（5）七分熟牛排　牛排内部大部分为浅灰棕褐色，夹杂着少量粉红色，质感偏厚重，有咀嚼感。

（6）全熟牛排　牛排通体为熟肉褐色，牛肉整体已经烹熟，口感厚重。

12.2.1.2　牛排加工

1. 工艺流程

原料肉的选择与处理→切片→解冻→滚揉→腌制→摆盘→速冻→真空包装→金属探测→装盒、装箱→入库

2. 操作要点

（1）原、辅料验收　原、辅料质量必须达到原、辅材料采购及验收标准要求。

（2）切片　冻品原料出冻库后无须解冻，折去包装后，用切割锯锯成片，按要求确定切片厚度、重量。

（3）解冻　解冻环境温度控制在 12～15℃，解冻时间 2～6 h，解冻后原料中心温度控制在 0～6℃。

（4）滚揉　根据配料表所示配比称量辅料，再将液体辅料和粉状辅料分别预先混合后依次加入冰水中配制成腌制液。原料入滚揉机按比例加入配制好腌制液，进行真空滚揉，按要求设定滚揉速度、时间、真空度，滚揉间温度 0～5℃，原料肉出机温度≤8℃。

（5）腌制　腌制间温度 0～5℃，静腌 10 h。

（6）摆盘　摆入铺有薄膜的冻盘中。

(7) 速冻　入－35℃速冻库，至产品中心温度－18℃以下。

(8) 装袋　按照 1 片/袋进行装袋，抽真空封口。

(9) 金属检测　装袋后产品通过金属检测仪，排查是否有金属异物。

(10) 装盒、装箱　按规格要求二次包装，装盒前将生产日期等信息喷到专用盒子正面，1 袋/盒，并配置酱包和油包，再将包装盒装入箱中，在箱子侧面勾上相应的产品，打印生产日期。

(11) 入库　入－18℃以下冷库贮存。入库后产品要标识准确，符合库房管理规定。

12.2.2 肉丸

肉丸泛指以切碎了的肉类为主而做成的球形食品，通常由薄皮包裹肉质馅料通过蒸煮烹制而成，通过薄皮包裹，更好锁住肉的营养和美味，让肉质更加鲜嫩可口。

12.2.2.1 速冻鸡肉丸

我国肉鸡资源丰富，以鸡肉为主要原料生产鸡肉丸，不仅可以开发鸡肉深加工、精加工产品，占领国际市场，而且可以增加鸡肉的附加值。

1. 工艺流程

原料肉→预处理和配料→混合、制馅→成型→熟制（油炸或水煮）→小煮→冻结→检验→包装和卫检→冷藏

2. 配方

鸡肉 60 kg，猪肉 40 kg，大葱 28 kg，大豆蛋白 2 kg，鸡蛋 3 kg，淀粉 6 kg，食盐 1 kg，大蒜 1 kg，生姜 0.5 kg，磷酸盐 0.15 kg，味精 0.1 kg，白胡椒粉 0.15 kg，水适量。

3. 操作要点

(1) 原料肉的选择　选择来自非疫区的经兽医检验合格的新鲜（冻）去骨鸡肉和适量的瘦猪肉作为原料肉。由于鸡肉的含脂率太低，为提高产品口感和嫩度，混合适量的含脂率较高的猪肉是必要的。解冻后的鸡肉需进一步修净鸡皮、去净碎骨，猪肉也需进一步剔除软骨、筋膜等。

(2) 原辅材料的处理　品质优良的新鲜大葱洗净后切成米粒大小，生姜去皮，洗净用绞肉机粗绞后备用；大豆蛋白加水用搅拌机搅拌均匀；鸡蛋打在清洁容器里；解冻后的鸡肉、猪肉切成条块状，低温下绞成肉末。处理后的原辅材料随即加工使用，避免长时间存放。

(3) 混合与成型　把准确称量的原料肉的肉末倒在搅拌机里，先添加食盐和适量的水，充分搅拌均匀，再添加磷酸盐、鸡蛋、大豆蛋白和洋葱等辅料继续搅拌混合，最后添加淀粉并搅拌均匀。整个搅拌过程的温度要控制在 4℃以下。肉丸的成型由成型机完成，使用旋转桶式、充填量可调的成型机。

(4) 熟制（油炸或水煮）

①油炸鸡肉丸：成型机出来的肉丸随即入沸腾的油锅里油炸，形成一层漂亮的浅棕色或黄褐色的外壳以固定形状。肉丸从油锅里捞出，适当冷却后入沸水锅中煮熟。

②水煮鸡肉丸：肉丸成型后随即入沸水锅中煮熟。为保证煮熟并达到杀菌效果，要使产品的中心温度达 72℃，并维持 1 min 以上，煮沸时间不宜过长，否则会导致产品出油而影响风味和口感。

(5) 预冷和冻结　煮熟后的肉丸立即进入预冷室预冷，预冷温度要求为 0～4℃，预冷室空气需用清洁的空气机强制冷却，冷却到肉丸中心温度 8℃以下，要求预冷间清洁卫生且排湿良好。预冷后入速冻库冻结，速冻库温－30℃甚至更低，速冻 20～35 min，使产品温度迅速降至－15℃以下。

(6) 检验和包装　产品重量、形状、色泽、味道等感官指标必须经检查合格。薄膜小袋包装，再按要求装若干小袋为一箱。

(7) 检验冷藏　根据规定的指标进行检验，合格产品在－18℃以下的冷库冻藏，贮存期一般为 10 个月。

12.2.2.2 牛肉丸

牛肉丸是一种较高档的速冻食品，主要销售区为福建、广东、香港、浙江、上海等南方地区，多用于火锅、汤类；北方以火锅涮食为主。

1. 工艺流程

原料处理→绞肉→调味→冷藏→成型→浸水→煮制→浸凉、沥水

2. 配方

鲜精牛肉 5 kg，干淀粉 750 g，精盐 120 g，鸡精 50 g，味精 50 g，白糖 200 g，食粉 10 g，胡椒粉 25 g，陈皮末 7 g。

3. 操作要点

(1) 原料处理、绞肉　精牛肉洗净后剔净筋膜，用绞肉机绞 3 遍，装盆。

(2) 调味、冷藏　加入精盐、食粉、味精、鸡精、白糖、胡椒粉，并搅打至起胶。干淀粉用 1200 g 清水调匀，然后分数次倒入牛肉盆中搅匀，接着搅打至起胶且用手摸到有弹性时，加盖放入冰箱中冷藏一夜。

(3) 成型、浸水　将冷藏的牛肉糁取出来，加入陈皮末拌匀，然后用手挤成重约 15 g 的丸子，放入清水盆中浸 15 min。

(4) 煮制　炒锅上火并加入清水，下入浸好的牛肉丸，以小火煮至成熟再捞出，放入清水盆中浸凉后，捞出沥水即成。

(5) 预冷和冻结　煮熟后的肉丸进入预冷室预冷，预冷温度 0～4℃。预冷后入速冻库冻结，使产品温度迅速降至－15℃以下。

(6) 检验和包装　产品检查合格后，薄膜小袋包装，再按要求装若干小袋为一箱。

(7) 检验冷藏　根据规定的指标进行检验，合格产品在－18℃以下的冷库中冷藏。

12.2.3　肉串（羊肉串）

随着人们对健康的重视和对环保意识的加强，街头吃烧烤的少了，而包装精美的羊肉串产品走进千万个家庭，在家里就可以吃上羊肉串，不仅味道鲜美，而且环保卫生。

12.2.3.1　工艺流程

羊腿肉丁（冻品）→解冻→切丁→（加入香辛料，冰水）真空滚揉→腌渍→穿串→速冻→包装→入库

12.2.3.2　配方

羊腿肉丁 70 kg，冰水 20 kg，羊油丁 5 kg，食盐 1.3 kg，白砂糖 0.6 kg，复合磷酸盐 0.25 kg，味精 0.3 kg，I+G [肌苷酸二钠（IMP）和鸟苷酸二钠（GMP）以比例 1∶1 的混合物] 0.03 kg，白胡椒粉 0.16 kg，孜然粉 1 kg，孜然精油 0.2 kg，羊肉香精（S5001）0.15%，花椒精油 0.2 kg，辣椒粉 0.5 kg 等。

12.2.3.3　操作要点

1. 解冻

将经兽医检验合格的羊腿肉，拆去外包装纸箱及内包装塑料袋，放在解冻室不锈钢案板上自然解冻至肉中心温度－2℃。

2. 切丁

将羊肉切成 3 g 大小的肉丁。

3. 真空滚揉腌制

将羊腿肉丁、香辛料和冰水放在滚肉机里，盖好盖子，抽真空（压力 0.08 MPa），正转 20 min，反转 20 min，共 40 min。在 0～4℃的冷藏间静止放置 12 h，以利于肌肉对盐水的充分吸收入味。

4. 插签

将羊肉丁用竹签依次串连起来，要求规格在 30 g，把羊肥油丁穿在倒数第一个肉丁上，保持形状整齐完美。

5. 速冻

羊肉串平铺在不锈钢盘上，注意不要积压和重叠，放进速冻机中速冻。速冻机温度－35℃，时间 30 min。要求速冻后的中心温度在－8℃以下，包装入库。

12.2.4　其他调理肉制品的加工

12.2.4.1　鸡柳

鸡柳是一种采用鲜鸡胸肉为原料，经过腌渍、穿签速冻的鸡肉调理肉制品。根据消费者的需求，口味多以香辣为主，食用时采用 170℃的油温油炸 3～5 min 即可，食用方便，外表呈鲜艳辣椒色，口感鲜香有筋道。另外，鸡柳具有加工方便、设备投资少、保质期长、低温冷藏可达 12 个月、提高鸡肉的附加值 10%～40%等优点。

1. 工艺流程

鸡胸肉（冻品）→解冻→切丁→切条→（加入香辛料、冰水）真空滚揉、腌制→上浆、裹屑→油炸（可省）→速冻→包装→入库

2. 基本配方

鸡胸肉（冻品）100 kg，冰水 20 kg，食盐 1.5 kg，白砂糖 0.6 kg，复合磷酸盐 0.2 kg，味精

0.3 kg，I+G 0.03 kg，白胡椒粉 0.16 kg，蒜粉 0.05 kg，其他香辛料 0.8 kg，鸡肉香精 0.2 kg。其他风味可在这个风味的基础上做调整，如香辣风味加辣椒粉 0.5 kg，孜然味加入孜然粉 0.8 kg，咖喱味加入咖喱粉 0.5 kg。

3. 操作要点

(1) 原辅料　原料采用整片鸡小胸，必须是经检疫、检验合格的产品，要求无血污、无碎骨、无毛等杂质。将鸡小胸边缘修平滑，整片呈现叶子状，并且每片重量在（32±1）g，要求修整完成肉温≤10℃，也可根据市场需求选择规格大小，脂肪含量应在10%以下。辅料有食盐、味精、白砂糖、鸡肉香精、香辛料、小麦粉、复合磷酸盐等。

(2) 解冻　将鸡胸肉放置在解冻间不锈钢案板上自然解冻至肉中心温度−2～2℃即可，表面温度8℃以下，解冻时间不得超过18 h。解冻间温度18℃，解冻率夏天50%，冬天70%。

(3) 真空滚揉腌制　将鸡小胸、香辛料和冰水放在滚肉机里，盖好盖子，抽真空（压力0.08 Mpa），正转20 min，反转20 min，共40 min。在0～4℃的冷藏间静止放置12 h，以利于肌肉对盐水的充分吸收入味。

(4) 上浆、裹屑　将切好的鸡肉块放在上浆机的传送带上给鸡肉块均匀地上浆。浆液配比为粉：水=1：1.6，在打浆机中打浆3 min，使浆液黏度均匀。采用专用的裹粉，在不锈钢盘中，先放入适量的裹粉，然后胸肉条沥去部分腌制液放入裹粉中，用手工对上浆后的鸡肉条均匀地上屑后轻轻按压，使裹粉均匀，最后放入塑料网框中，轻轻抖动，抖掉表面的附屑。

(5) 油炸　首先将油炸机预热到185℃，使裹好的鸡肉块依次通过油层，采用起酥油或棕榈油，油炸时间25 s。也可不采用油炸步骤。根据加工的条件来调整工艺的要求。

(6) 速冻　将无骨鸡柳平铺于不锈钢盘中，注意不要积压和重叠，放入速冻机中速冻。速冻机温度−35℃，时间30 min，至川香鸡柳成为硬块，要求速冻后中心温度在−18℃以下。

(7) 包装入库　速冻好的川香鸡柳入包装间迅速进行包装。采用塑料包装袋，封口机密封后打印生产日期、重量，包装后即时送入−18℃冷库保存，产品自包装至入库时间不得超过30 min，包装间要求环境温度≤18℃。

(8) 入库　在−18℃冷库中贮存。

4. 川香鸡柳产品标准

产品必须具有该产品应有的色泽，色泽良好，不变色；符合该产品应有的组织要求；烹饪、加热后具有该产品特有的香气，无异味；无毛发、甲壳、碎骨、金属等杂质混入。

12.2.4.2　骨肉相连串的加工

骨肉相连是将新鲜的鸡腿肉加上鸡胸部的脆嫩软骨用特别的香辣调料腌制，滚揉后串上竹签，一串上有多块软骨、多块鸡肉，再经速冻而成。其味道辣中带甜。

1. 加工工艺流程

选料→解冻→修整→切块→滚揉、腌制→成串→速冻→包装→贮存

2. 操作要点

(1) 选料　原料采用冻或鲜鸡腿肉和鸡胸软骨，原料应来自非疫区，必须是经动检检疫和品控人员检验合格的产品，要求无血污、无碎骨、无毛等杂质。

(2) 解冻　18℃解冻间内自然解冻，解冻率夏天50%，冬天70%，要求产品中心温度在−2～2℃，表面温度8℃以下，解冻时间不得超过18 h。也可采用流水解冻的方式，流水温度应低于15℃，同时浸出肉体内的瘀血及软骨上的杂质。将解冻好的鸡腿肉和软骨用清水冲洗干净备用。

(3) 修整　鸡胸软骨切块，每整块鸡胸软骨视其大小切为2～3小块，要求每小块重量大致相同。鸡肉切块时，要求肉纤维方向作为肉块的长度方向，且每片厚度≤5 mm、宽度≤15 mm，要求修整完成肉温≤10℃。也可将鸡腿肉和软骨切成3 cm左右的小块。

(4) 调味　取容器放入所有调料，调料配方（以1 kg鸡肉配制）：HP酱45 mL、番茄酱30 mL、小茴香粉3 g，白胡椒粉10 g，姜粉5 g、辣椒粉10 g，盐5 g、白砂糖15 g。将以上调料充分混合均匀。

(5) 滚揉、腌制　将修整好的鸡肉、鸡胸软骨、水、腌制辅料一同放入滚揉机内，采用真空滚揉，真空度 0.08 MPa，可确保盐水快速向肉块渗透，有助于清除肉块中的气泡。滚揉方式为间歇滚揉，转速为低速，一般为 8～10 r/min，滚揉 10 min 停 10 min，滚揉时间共计 50 min。滚揉完毕后，将鸡腿肉和软骨放入腌制容器内腌制。腌制间内 0～4℃，静腌 2 h。使料液在鸡腿肉内逐步渗透均匀，使鸡腿肉和软骨达到入味、嫩化的目的。

(6) 成串　成串用竹签须先行用沸水煮制 5 min消毒后方可进行穿串。将腌好的鸡腿肉和软骨全取出来，将鸡肉块和鸡胸软骨块相间着穿到竹签上，每块鸡胸软骨必须夹在两块鸡肉中间，不可穿于竹签的头尾位置，整个肉串要求前不露签头，如是刀把签则应串至刀把处，如是普通竹签则应保留 35～50 mm 的签尾外露。穿好的骨肉相连分层放置于盘中，每盘不得超过 2 层，每层之间以塑料布隔开，同一层内骨肉相连要求统一方向进行放置，并不得相互挤挨。

(7) 速冻　将装盘好的骨肉相连放入速冻库进行速冻，－30℃速冻至骨肉相连成为硬块、中心温度≤－18℃时结束速冻。

(8) 包装　速冻好的骨肉相连入包装间迅速进行包装，对使用过的塑料布要待其解冻后进行冲洗干净方可再次使用，产品包装袋日期打印规范、清晰准确。产品无须进行抽真空处理。包装间内积压时间不得超过 0.5 h，不能及时包装完毕的产品务必放回速冻库以保持温度，包装间要求环境温度≤ 18℃。

(9) 贮存　在－18℃冷库中贮存。

3. 产品质量标准

产品外表为橙红色，光润鲜亮、表面可见黑胡椒碎粒；骨和肉连得很紧，肌肉切面有光泽；肉质鲜嫩多汁，有软骨的脆、腿肉的香嫩，集香味、甜味、辣味于一体，无异味。

复习思考题

1. 什么是调理肉制品？
2. 我国调理肉制品有哪些种类？各有什么特点？
3. 简答牛排的加工工艺及操作要点。
4. 简答肉丸的加工工艺及操作要点。
5. 阐明我国调理肉制品发展现状及存在问题。
6. 低温调理肉制品常见的质量问题包括哪些方面？

HAPTER 13

第 13 章 肉类罐头加工

目标要求：

1. 掌握肉类罐头制品的概念、特点及分类；
2. 了解肉类罐头制品常用的包装材料和分类；
3. 了解并掌握肉类罐头制品的质量要求；
4. 熟练掌握典型肉类罐头制品的加工工艺和操作要点。

罐头是指采用罐藏技术，将食品密封在特制的容器中，再进一步通过高温处理，使绝大部分微生物被杀灭，并在防止外界微生物再次侵入的条件下，使食品得以在常温下长期保藏的罐装食品。食品的罐藏技术是科学地保藏食品的一种有效的方法，已经成为当前保藏食品的一种重要手段。

罐头最初起源于法国，1795 年法国拿破仑出于战争中士兵的营养需要，悬赏 12 000 法郎重金征求食品的长期保存方法。1804 年，法国烹调师 Nichols Apppert 经过多年研究，终于成功发明了食品的罐藏技术，当时称为 Apppert 加工法。他先将食物预先加热，再放入玻璃瓶内，然后置于热水中加热至瓶中的食物沸腾 30～60 min，取出趁热用软木塞塞紧瓶口，并用涂蜡密封，可将食品在室温下保存 2 个月，这就是最早的罐头食品。1809 年 Apppert 进一步把他的研究成果写成论文，并在次年出版了《动植物物质的永久保存法》一书，Apppert 因此被人们称为罐头工业之父。1810 年，英国人彼得·杜兰德（Peter Du. Rand）采用镀锡薄钢板罐进行了类似试验，并获得了使用马口铁罐的专利，但此时还是人工制罐。到 1823 年马口铁罐已开始大量生产，日产量可达 1 500 罐。1849 年发明了冲盖机，1876 年开始用机械制罐，1879 年采用了卷封封罐机，此时制罐技术已大为改进，罐身的焊接和卷边技术达到了较为完备的程度。

伴随着制罐技术的发展，罐头的杀菌技术也由最初的煮沸杀菌 30～60 min，改进为用氯化钙或氯化钠溶液煮沸杀菌，杀菌温度也可提高到了 115℃，相应的肉类罐头的杀菌时间也从 6 h 缩短到 1 h 左右。1851 年人们进一步发明了高压杀菌锅，但安全性较差。1862 年，法国生物学家巴斯德（Pasteur）发现了微生物与食物腐败之间的关系，并阐明了防止食物腐败变质的方法，从而使罐头的杀菌原理在理论上有了科学的依据。1874 年，美国马里兰州巴尔的 Shriver 发明了蒸汽高压杀菌锅，罐头的杀菌才达到快速安全的水平。

19 世纪末到 20 世纪初期，随着罐藏技术的深入研究，罐头食品的生产技术得到了迅速发展，从机器设备、容器消毒、原料处理以及罐头生产的一系列过程，均实现了机械化生产，罐头工业也更加现代化。

我国的罐头食品在 19 世纪由欧美传入，最初主要在沿海各省先后兴建罐头厂，但产业非常落后，产量很小，新中国成立后我国罐头工业才得到重视和发展。经过半个多世纪的发展，我国罐头行业的技术工业、市场规模都有了长足的发展。据统计，2017 年全世界罐头食品种类达 2 500 多种，总产量近 5 000 万 t，而 2017 年我国罐头食品产量为 1 239.56 万 t，全球占比达 24.79%，我国已成为世界上最大的罐头生产国，2017 年我国罐头出口 435.36 万 t，出口品种达 70 多种，罐头行业销售收入为 1 806.90 亿元。随着国民生活水平的不断提高，罐头食品安全、营养、便捷的特性也越来越受到消费者的青睐，罐头需求量和销售规模均呈现稳健上升趋势。

罐藏容器是罐头食品生产中的关键，按罐头产品的包装容器和规格分类，可以将罐头分为听装罐头、玻璃瓶罐头、软罐头三大类。听装罐头是以金属罐为容器进行装罐和包装的罐头，目前常用的金属材料有镀锡薄钢板、涂料铁、铝板及镀铬薄钢板等。玻璃瓶罐头是最早的罐头容器形式，具有化学稳定和透明的特点，但质量较重，且机械性能很差。软罐头是近年来发展起来的新型罐藏容器，它采用现代的复合塑料薄膜袋，具有质轻、体积小、易开启、携带方便的特点，近年发展十分迅速。

罐头对罐藏容器材料也有明确的要求，为保证罐头能够长期贮存，保持食物原有的营养价值，符合食品卫生要求，并且保持一定的色香味，同时又适应工业化生产，罐藏容器材料一般应符合以下几点要求：材料无毒无害、良好的密封性、良好的耐腐蚀性能、便于工业化生产。

13.1　包装材料

如图 13-1 所示，一般按照罐藏容器材料的性质，大体上可以分为金属罐和非金属罐两类。非金属罐中以玻璃罐应用较为普遍，目前所占比重较大，其他还有复合材料罐以及塑料复合薄膜蒸煮袋等。金属罐中目前使用较广的是镀锡薄板罐（又称马口铁罐）和涂料的镀锡薄板罐（又称涂料铁罐），此外还有铝合金罐、镀铬铁罐等。

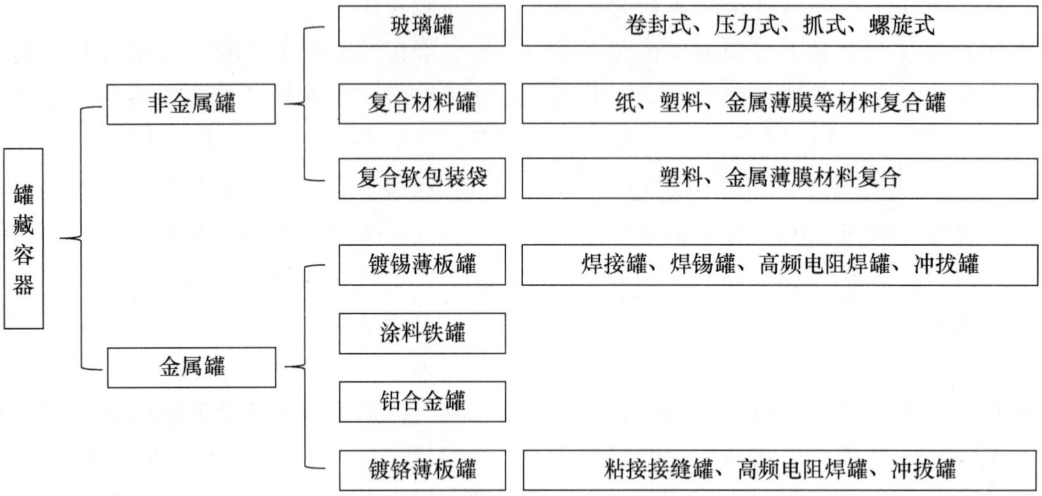

图 13-1　肉类罐头的包装材料

另外，金属罐藏容器按不同的制罐方式还可分为二片罐和三片罐，二片罐是指由罐盖和一体成型的罐筒两个部分组成的容器，也称为冲底罐。它有浅冲和深冲之分，其中，浅冲罐指普通冲压罐，而深冲罐指薄壁拉伸罐。三片罐是指由罐盖、罐底和罐身三部分组成的容器，三部分间相互焊接，罐身有接缝，又称为接缝罐。同时，根据接缝方式的不同，又可进一步细分为焊锡接缝罐（锡焊罐）、电阻焊接缝罐（电焊罐）和粘接接缝罐（粘接罐）等。按罐型分类，金属罐藏容器可分为圆罐、椭圆罐、方罐、梯形罐、马蹄形罐等，除圆罐外，其他形状的罐藏容器人们统称为异形罐。

13.1.1　玻璃罐

玻璃罐是在罐头工业中使用最早、应用得也较广泛的一种罐藏容器，目前使用量仅次于马口铁罐。玻璃罐具有透明、安全卫生、无毒无味、化学性能稳定、耐腐蚀性强等特点，它一般不与食品发生作用，可以较好地保持食品原有风味。玻璃罐可制成多种不同的形式，造型美观，罐体透明，可以使消费者看到罐内的包装物，便于检查和商品挑选。同时，玻璃原料充足，容器可回收多次使用，成本低廉。但玻璃罐自身重量较重，是同等体积的铁皮罐的四倍左右，而且玻璃质地很脆，机械性差，在运输过程中容易引起破碎，因而运输成本较高。玻璃罐自身导热性能差，不能承受骤冷和骤热的变化，当温差超过 60℃ 时极易发生碎裂，因此杀菌时所需要的升温及杀菌时间就比较长，所需要的冷却时间也较长。另外，玻璃罐透明的罐体能透过紫外线，会引起内容物特别是罐内食品某些营养成分的破坏，因此玻璃罐很少用于肉类食品的罐藏。同时，玻璃罐也不利于罐藏食品的长期贮藏。

玻璃罐的主要成分为硅酸盐，它是由石英砂、纯碱以及石灰石等按一定的比例配合后在 1 000℃ 以上的高温下熔融后，经缓慢冷却后成型铸成的。在冷却成型时采用不同的模具就制成了各种不同体积、不同形状的玻璃罐。在后期一般为了提高它的热稳定性，成型的玻璃罐还需再经过一次加热退火工序，以满足罐头生产需要，玻璃罐的制造流程大致如下：

原料磨细→过筛→配料→混合→高温熔融→冷却成型→退火→检查

制造好的玻璃空罐应为透明、无色或稍显青色，整个罐身平整光滑，厚薄均匀，罐口圆而平整，底部平坦，罐身不得出现严重气泡、石屑或裂纹，能承受正常的加热加压杀菌条件而不破裂。

根据密封形式和使用罐盖的不同，可以将罐头生产中常用的玻璃罐分为如下几种。

1. 卷封式

玻璃罐的罐盖一般由镀锡薄板或涂料铁制成，密封面在瓶口上端，盖边内嵌橡胶垫圈，卷封时把镀锡薄板盖置于瓶口向下压边，利用辊轮的推压作用而将盖子与罐口密封。这种封口方式，密封性能好，便于密封后的加热和加压杀菌，但开启困难，多用于食品罐头封口，造型仍需改进。

2. 螺旋式

这是一种使用较广的封口方式，这种玻璃罐的罐口外缘刻有螺纹，罐盖也有螺纹，罐盖可用镀锡薄板、薄铝板、塑料等制成，盖内衬以橡胶片或塑料圈密封垫，使用时，将罐盖拧在罐口上即可进行密封。这种密封方式，使用和开启与密封都十分方便，因而应用广泛。另外，还有一种快旋螺纹封口方式，它的罐口外缘刻有 3～6 条螺纹线，盖子内侧有与罐颈螺纹相吻合的 3～6 个爪，瓶盖可用镀锡薄板、塑料制成，内垫塑料溶胶。使用时，旋转半圈左右即可启闭，十分方便。这样的封口方式有时又叫作旋转式。

3. 抓式

这种玻璃罐的盖上没有螺纹，盖子的圆边部分在数处可以向内侧钩合，盖子可用铝板或铁皮制成，盖内填料为塑料溶胶，加盖后在上面加压使罐盖的钩合部分与罐颈进行钩合密封，这种封口方式开启方便，一般用来装果蔬类罐头。

除了以上常见的几种玻璃罐外，还有撬开式、套压式、扣带式等，但国内一般不常见。

13.1.2　金属罐

13.1.2.1　罐体材料

制造金属罐最常用的材料是镀锡薄钢板以及涂料铁，此外铝及铝合金薄板、镀铬薄钢板等也可用来制造罐藏容器。

1. 镀锡薄钢板（马口铁）

镀锡薄钢板是一种表面镀有锡层的薄钢板，简称为镀锡板，俗称马口铁，它具有良好的耐腐蚀性能、展延性、刚性和加工性能，目前广泛应用于罐藏容器的生产。

金属锡在室温下性质稳定，将其镀到钢板上制成镀锡板，可起到对钢基的保护作用。如果直接采用薄钢板制成罐藏容器来生产罐头食品的话，由于食品和铁罐直接接触，就会有部分的铁溶解析出到食品中去，结果就会改变食品的风味，同时罐头容器也易生锈和发生腐蚀。而经镀锡后，由于镀锡层对铁基钢板的保护作用，基本上就可避免这些问题，大大减少铁的溶出和腐蚀，也更容易进行涂料，即使有微量的锡溶解而混入食品，也不会对人体产生毒害作用。

在实际的生产过程中，通常要综合考虑实际罐品种、罐型大小、内容物腐蚀情况、杀菌条件等因素并结合不同镀锡薄板的性能，选用合适的镀锡薄板。一般情况下，对于较大罐型的罐头可以使用较厚的镀锡薄板，而较小罐型的则选用较薄的镀锡薄板，大多数罐头可采用调质度 T-2 $\frac{1}{2}$、T-3 和 T-4 的镀锡薄板，冲拔罐可采用调质度 T-1、T-2 等延展性较好的镀锡薄板。

2. 涂料镀锡薄钢板（涂料铁）

镀锡薄板虽然具有一定的抗腐蚀性，但当用它来装某些酸性食品时，仍容易产生腐蚀的现象，这样就会导致锡的溶出，从而影响罐头食品品质。对于一些含蛋白质或含硫比较高的食品，装入镀锡薄板罐后由于释放出含硫的化合物，它们与罐表面的锡接触时，就会产生褐色甚至黑色的硫化锡或硫化铁，这样就易造成食品污染。为此，通常采用在罐头内壁进行涂料的办法避免以上问题的发生，即在镀锡板与食品接触的一面涂上涂料，并加以干燥成膜，便制成了涂料铁。

对于一些肉类罐头，如午餐肉、火腿等很容易产生粘罐现象，也需要采用一定的防粘涂料（脱模涂料），这样可以使内容物容易倒出，保持食品完整的外形。有时，在镀锡板进行涂料，还可以清除由于镀锡量少而在罐壁上遗留的孔隙点，防止铁离子溶出。

3. 镀铬薄钢板

由于锡资源比较紧缺，为减少锡的用量，20 世纪 60 年代初发展了镀铬板作为镀锡板的一种代用材料，镀铬薄板是在低碳薄钢板的表面镀上一层有铬和铬的氧化物，它的结构类似于马口铁，主体是钢基板，其上是金属铬层，铬层上为无定形的水合氧化铬层和油膜组成。

镀铬薄板极易锈蚀，通常须经涂料后使用，而且焊接困难，不能使用通常的焊锡方法焊接罐身，通常采用粘接和熔焊的方法接合。经两面涂料后的镀铬薄板可以用于一般食品罐头的底盖和冲拔罐，也可经黏合或熔接的方法制造罐身，但它的封口处及外壁较易生锈。

4. 铝合金薄板

铝合金薄板是采用铝镁、铝锰等合金经铸造、热轧、冷轧、退火和矫平等工艺制成的薄板。它具有轻便、美观、不生锈的特点，经涂料或钝化处理后，具有良好的耐腐蚀性能。铝合金薄板压延性优良，一般用于制造小型冲底罐和深拉冲拔罐，常用于制作易开盖，但铝合金薄板存在价格较贵、焊接困难、对酸和盐的耐腐蚀性较差等缺点。

13.1.2.2 金属罐的分类和制造

根据所用的制罐材料，目前罐头生产使用的金属罐藏容器主要有镀锡薄板罐、涂料铁罐和铝罐，镀铬薄板罐生产较少。按不同的制造方法可分为接缝焊锡罐（三片罐）和冲底罐（二片罐）两个大类。各类不同的罐型按内径、外高的不同，均设有详细的分类编号，可以参考相关的标准。

1. 镀锡薄板罐和涂料铁罐

目前我国罐头生产中采用的金属罐藏容器大多是接缝焊锡圆罐，大多数食品罐头也都采用这种包装容器。焊锡圆罐的生产分为罐身、底、盖的制造几个部分，待分别制造完成后，再将罐底与罐身进行卷封，对于涂料铁罐，还要进行补涂工艺，最后才制成空罐。

除镀锡薄板圆罐外，还有一些其他的异形罐，如方罐，常用于午餐肉罐头，其生产流程和圆罐大致相似，只是成圆工艺稍有不同。另外，还有一类卷开罐，它是在罐身进行划线，顺着划破的线条拉开就能食用的罐头容器，为便于拉开，在划线一般设有一小长条伸出的镀锡薄板，叫作舌头，因此其在制罐过程中还多加有冲舌、划线等工艺。

2. 镀铬薄板罐

镀铬薄板罐可分为二片罐和三片罐，二片罐即为普通的冲压罐。三片罐的制备工艺与镀锡板罐基本相同，但由于镀铬薄板罐不能采用焊锡，所以其罐身接缝只能采用搭接形式，然后再加以电阻焊或黏合剂连接。

3. 铝合金罐

铝合金罐目前主要为冲底罐，即二片罐，它是由薄板直接冲压而成，罐身和罐底为一体结构。根据冲压深度与容器直径比例的大小，可以分为浅冲罐和深冲罐，浅冲罐为冲压深度不超过容器直径的普通冲压罐，而罐高与罐径之比在 1.5∶1 以上一般称之为深冲罐。

铝合金罐通常采用易开式罐盖，这与接缝圆盖在制造工艺上有一定差异，它一般要先冲制拉环并在罐盖上冲制铆钉，然后在罐盖上压铆钉组扣并进行压线，以使罐盖可以沿压线拉开，最后将拉环铆接在罐盖的空心钉上，即完成了易开罐盖的生产。

13.1.3 复合袋

复合袋主要是指采用聚酯、铝箔、聚烯烃、聚酰胺及黏合剂等材料经一定的复合工艺而制成的包装袋，它具有高的阻隔性、包装持久、贮藏稳定、适宜于充填多种食品，可热熔封口，并能耐高温高湿热杀菌处理等特点，目前可用来替代部分镀锡板或涂料铁作为罐头容器。采用复合袋包装制成的罐头也称为软罐头。

13.1.3.1 复合袋的组成与分类

生产软罐头用的复合袋通常由各种薄膜组成，常用的薄膜有聚酯（以 PET 为主）、AL（以铝箔为主）、聚酰胺 PA（以 BOPA 为主）、聚丙烯 PP（以 RCPP 和 SCPP 为主）等，各不同复合袋采用的薄膜材料和结构取决于包装食品的种类、外观形态（透明与否）及杀菌温度等因素。在结构上，复合袋通常由外层（保护层、印刷层）、中层（阻隔层）、内层（保护层、热封层）三类功能层组成。如对于典型的三层共挤复合膜袋，常见的有 PET/Al/CPP、PET/PA/CPP 等，其中 PET 为外层，要求有良好的机械强度或印刷性能；中间层为铝箔或 PA，要求有较好的阻隔性能；内层一般由聚烯烃组成，起热封作用。

复合袋按其耐热温度可分为普通蒸煮袋（100～121℃）、高温杀菌蒸煮袋（121～135℃）和超高温杀菌蒸煮袋（135～150℃）。另外，还可以根据复合袋透明与否，分为透明型和非透明型两种。由于铝箔不透光，透明型复合袋中间层一般由特殊的阻隔材料组成。

13.1.3.2 复合袋的制造工艺

一般可将复合袋的制造粗略地分为复合、印刷、制袋、检查等几个工艺过程，常用的复合工艺有挤出复合、干式复合、挤出涂布等，在复合过程中要保证设备清洁，薄膜无褶皱，如采用挤出涂布复合，要注意涂胶量的控制。在印刷工艺要注意选择合适的油墨，保证使油墨溶剂残留量最小。制袋通常在三边制袋机上通过切割、折叠、热封等步骤完成，为便于使用，成品一般有撕裂口，袋角还要进行修边制成圆角，以免尖角刺伤袋子，影响密封性。最后制成的复合袋还要进一步进行检查，无起皱、脱层、漏气等问题时才可投入使用。

13.2 典型肉类罐头加工工艺

肉类罐头的加工是指将肉类食品按一定工艺装入各种罐藏容器中，并经排气、密封、杀菌等过程制成罐头食品的过程。由于肉类食品原料和想要制成的肉类罐头的品种不同，各种肉类罐头的生产工艺上稍有不同，但基本原理相似，一般包括以下工序：

材料准备→装罐→预封→排气→密封→
杀菌→冷却→检查→包装

13.2.1 材料准备

13.2.1.1 罐藏容器的预处理

首先要根据食品的种类、特性、产品的规格要求及有关规定等选定合适的容器，再进行清洗、消毒、罐盖打印等处理。由于空罐在加工、运输和贮存过程中常吸附有灰尘、微生物等污物，罐藏容器在装罐前必须要清洗干净，以保证容器的卫生。常用的清洗方法有人工清洗和清洗机清洗，玻璃罐清洗比较困难，目前多采用人工清洗，人工清洗一般先在热水中刷洗而后再在沸水中消毒 30～60 s。对于回收的玻璃罐，通常先用碱液（2%～3%的 NaOH 溶液）在 40～50℃下浸泡 5～10 min，以去除油污。大企业多用清洗机清洗，使用沸水或蒸汽进行消毒。清洗和消毒完成后的罐藏容器，按照我国原轻工部《罐头产品代号打印办法》的规定，凡是正式生产的各种罐头产品，都必须在罐盖上打印代号。它是以简单的英文字母或阿拉伯数字标明罐头厂家所在的省（自治区、直辖市）、罐头工厂名称、罐头产品名称代号、生产日期和生产班次，以供检查、管理查用，打印通常采用机械的方法打出凸形代号，现在也可用不褪色的印字液戳印或电脑喷码等新的打印方法。

13.2.1.2 原料肉的预处理

1. 原料肉的挑选、成熟与解冻

原料肉应来自非疫区健康的畜（禽），肉尸放血良好，表面应有坚固干燥的硬皮，无血液、破碎组织、内脏残留物、胃肠内容物等污物。原料肉在进入生产之前，要经兽医检查并进行严格挑选和分级，除去不可食部分和剔除不合格的原料。对于鲜肉，要先经过成熟处理方能加工使用，对于冷库运来的冻肉，要先进行解冻，解冻时要严格控制工艺条件，防止肉汁和养分的流失，通常采用流水解冻和室温自然解冻两种方式。

2. 原料肉的预处理

经过成熟或解冻的原料肉需经过一定的预处理，即洗涤、去骨、去皮、去淋巴、修割等切除不宜加工的部分后，才能加工使用。原料肉要先用清水清洗干净，除净表面的污物，砍去腿圈，并进行分段。对分段后的原料肉还需进行剔骨去皮，依次剔除肉中的脊椎骨、腿及其他部位的硬骨和软骨等，剔骨时刀要锋利，注意切割的位置和深度，以保证肉的完整，避免碎肉及碎骨，若要做排骨、元蹄、肘子、扣肉等罐头的原料，则在剔骨时还要按特定的部位选取，切下留存。去皮时要求刀面尽量贴近皮，皮上不带肥肉、肉上不留皮。然后再依次按原料规格要求去除粗筋膜、血管、淋巴、颈部刀口肉等。经预处理后，原料肉要达到安全卫生、便于后续的加工等要求，同时在处理过程中，要保证肉品品质，防止肉汁流失或肌肉吸水，避免营养成分的流失。

3. 原料肉的预煮和油炸

原料肉经预处理后，按工艺要求，有的需要预煮和油炸，如对于红烧肉产品，预煮和油炸是加工工艺中的主要环节。预煮前，可将产品按要求切成大小不同的形状，预煮时，肌肉中的蛋白质受热变性，肌浆中的各种蛋白质发生不可逆的变化，而生成不溶性的物质。随着蛋白质的凝固，肌肉组织失去持水能力而脱水，并逐渐变成紧密而硬的肉块，这有利于肉品的切条、切块。同时肌肉脱水后，各种调味料液能渗入肌肉内，使成品的固形物含量增加并赋予产品特殊的风味。另外，预煮对杀灭肌肉表面的微生物也有一定的作用，有助于提高杀菌效率。预煮时一般是将原料投入夹层锅中用沸水预煮，水与肉的比例约为1.5∶1，以淹没肉块为准，预煮时间随产品的品种、形状和嫩度而异，为30～60 min。在肉类罐头的原料预煮过程中，预煮的汤汁可连续使用。为了减少养分的流失，可用少量原料分批投入沸水的办法，以加快原料表面蛋白质的凝固，形成保护层而减少损失，另外，还可以适当缩短预煮时间避免养分的流失。

原料肉预煮后，即可油炸，油炸不但能达到预煮的目的，而且能使产品脱水上色，增加产品风味。一般采用开口锅放入植物油加热熬熟，温度160～180℃，然后再根据锅的容量将切块后的原料分批入锅油炸。油炸时间随原料肉的组织密度、形状、大小、油炸温度和成品质量要求等有所不同，油炸时间为1～5 min。油炸时，由于水分蒸发，肉重量减少28%～38%，部分产品在油炸前都要求涂上焦糖色液，油炸后产品表面将呈现诱人的酱黄色或酱红色色泽，这也可作为判断油炸时间是否合适的一个标志。

13.2.2 装罐

原料肉经预处理、腌制、预煮、油炸后，要迅速装罐密封。装罐的方法有人工装罐和机械装罐两种，对于经不起机械摩擦，需要合理搭配和排列整齐的鱼、肉、禽肉罐头等须采用人工装罐。这种装罐法适用于多种罐型、简单易行、适用范围广，但劳动效率低，不适宜连续生产。对于颗粒体、半固体或液体食品如午餐肉常采用机械装罐，如肉糜装罐机等。机械装罐速度快，分量均匀，可大大提高生产效率。在装罐过程中，要满足以下工艺要求。

1. 要迅速及时装罐

经预处理合格的半成品要迅速及时装罐，不得长时间堆积，停放时间一般不宜超过2 h，否则易被微生物污染。装罐要迅速及时，可趁热装罐排气，有良好的排气效果和杀菌效果。

2. 必须留有适当的顶隙

顶隙是指罐内食品表面层或液面与罐盖之间的空隙，顶隙的大小对维持罐内真空度、罐内食品的容量和排气效果均具有重要影响。装罐时顶隙过小，即内容物装填过多，罐内食品杀菌时受热膨胀，而造成罐内压力增大，容易引起罐形膨胀并损害罐缝的严密度；顶隙过大，内容物装填不足，罐头杀菌冷却后罐身将自行凹陷，在排气不充分情况下，罐内残留空气将腐蚀罐内壁，并使内容物氧化、变色等。因此，装罐量必须根据罐头的重量要求、食品的状态、操作过程的损耗等加以适当控制，通常罐内空隙不超过10%。

3. 食品品质、质量应基本一致

各种肉禽类、鱼类等因部位不同，肉类品质有所区别，在装罐时必须注意质量搭配，使罐头内容物的色泽、形态、大小、块数等基本一致，保证产品有良好的品质和外观。罐头的净重和固形物含量必须达到要求，不能过多或过少。净重是指罐头食品重量减去容器重量后所得的重量，装罐要求每罐净重公差为±3%以内。固形物含量是指固态食品在净重中所占的百分比，固形物含量一般要求达到45%～65%，常见的为55%～60%。

4. 原料要合理搭配，排列整齐

原料合理搭配和整齐排列可以改善成品品质，提高原料利用率，降低成本。对于装罐时有一定式样或定型要求的，要按照形式要求进行装罐，如凤尾鱼罐头一定要按次序排列整齐。对于含蒸煮类的食品，要控制好肥瘦、汤汁的比例、不同部位的搭配等。

5. 保持罐口清洁，防止杂物混入罐内

装罐时要清洁卫生，保持内容物和罐口的清洁，不得有小工具、碎块等杂物混入罐内或残留在罐口边缘，否则影响卷边的密封性。

装罐完成后有时要加入一定量的肉汤，即注液，注液不但可以增进食品风味，还有利于杀菌时的热传导，提高杀菌效率，同时还有助于排除罐内空气，降低罐内压力，防止内容物的氧化变质。

13.2.3　预封

在装罐后和排气之前有些产品要进行预封。预封是用封口机将罐盖的盖钩与罐身翻边进行初步的勾连，其松紧度以能使罐盖沿罐身手动旋转而又不会脱落为宜。预封不仅可以预防排气时水蒸气落入罐内污染食品，避免罐内处于表层的食品直接受高温蒸汽的影响而损失，更重要的是可以保持罐内顶隙温度，避免外界冷空气的侵入，保证罐头可以在较高温度时封罐，从而提高罐头的真空度，此外，还可防止受热后食品由于过度膨胀引起汁液外溢，以及防止采用高速封罐机封罐时罐盖的脱落。预封机有多种不同的类型，如手扳式、J 形、阿斯托里亚型等，预封时，为防止因转速太快而造成汤汁外溢，预封速度一般不超过 100 罐/min。

13.2.4　排气

罐头在进行预封后须迅速排气并进行密封，才能使罐内保证一定的真空度。所谓排气，是指利用外力驱除食品装罐后罐内顶隙间留存的、装罐时带入的和原料组织细胞内的空气，使罐头在密封、杀菌冷却后形成部分真空的过程。

13.2.4.1　排气的目的

1. 减少内容物中维生素和其他营养成分的损失

罐头在杀菌过程中，当温度在 100℃ 以上时，如果罐头食品未经排气或排气不完全，罐内将存有一定量的氧气，此时维生素、色素、与风味有关的其他物质等很容易被氧化分解和破坏，从而导致罐头的色香味变差。

2. 防止或减轻罐头容器的变形或损坏

未经排气或排气不充分的罐头，在高温杀菌时，罐内食品、空气、水蒸气受热均会发生膨胀，使罐内的压力急剧增高。如一些排骨罐头，在加热杀菌时，骨髓组织中的气体就会大量排出，使罐内压力迅速升高，如果罐内压力超过罐外压力即杀菌锅蒸汽的压力时，罐头底、盖就会外凸，冷却后也不能消除，从而导致容器变形。同时，压力过高时，还有可能使罐头产生漏气，玻璃罐产生“跳盖”等现象，使产品报废。

3. 防止和抑制罐内需氧菌或其他杂菌的繁殖

罐头在杀菌后，仍有少量微生物残留，从罐头中所检验出来的微生物看，大多为好氧性芽孢菌，这种细菌的生长繁殖需要一定量的氧气，而在缺氧状态下则不易生长，充分排出罐内空气，可抑制它们的生长，从而延长罐头的贮存期。

4. 减轻对罐壁的腐蚀

罐内食品与罐壁在长期的贮存过程中会发生缓慢的腐蚀作用，如有空气存在时，氧气会进一步促进这种腐蚀作用，特别是一些汁液中的酸对罐壁的腐蚀作用，而罐内缺氧时就不易发生腐蚀作用。

13.2.4.2　排气的方法

目前罐头厂常用的排气方法主要有 3 类：热力排气法、真空封罐排气法和蒸汽排气法。热力排气法是使用最早，也是最基本的排气法。真空封罐排气法是后来发展起来的，正普遍被采用。蒸汽排气法近几年才发展起来，国内有不少罐头厂已开始采用。

1. 热力排气法

热力排气法是利用空气、水和食品受热膨胀的原理，而将罐内空气排除掉的方法。它通过对装罐后的罐头进行加热，罐内水分受热汽化，罐内蒸汽分压升高，部分水蒸气溢出罐外，在密封杀菌冷却后罐内水蒸气再次冷凝而获得一定的真空度。根据产品的具体情况，还可以分为热装罐排气法和加热排气法。

(1) 热装罐排气法　是指先将食品加热到一定的温度（70～75℃）后立即装罐密封的方法，热装罐排气法操作时一定要趁热装罐、密封，不能让食品温度下降。此法只能应用于部分流体或半流体产品，采用此法时，要及时杀菌，防止嗜热性细菌的生长繁殖引起食品的变质。

(2) 加热排气法　这种方法是指食品装罐后，

将覆有罐盖的罐头送入排气箱内，通过蒸汽或热水进行加热，在设定的排气温度（一般为 82～100℃）下经一定时间的加热处理，使罐内中心温度升高到 70～90℃，并使食品内部气体受热充分外逸，然后立即封罐的排气方法。加热排气法能排出肉品骨组织中的大部分气体，同时也能利用热胀冷缩来获得一定的真空度，并在一定程度上对肉类和水产类罐头有脱臭作用，但热力排气法生产能力较低，占用车间面积较大，增加了热处理工序，对产品质量也会有一定的影响。

2. 抽真空排气法

抽真空排汽法是指借助于真空封罐机，利用真空泵抽出密封室内的气体，在密封室内真空环境下进行排气封罐的方法。密封室内真空度一般为 $(3.2\sim7.4)\times10^4$ Pa，当罐头进入封罐机的密封室时，罐内部的空气会在真空条件下立即逸出，随后立即封罐，用这种方法可使罐内真空度达 $(3.2\sim4.0)\times10^4$ Pa。这种方法操作简单，占地面积小，生产效率高，但由于真空封罐机内罐头排气时间很短，所以只能排出顶隙内的空气和罐头食品中的一部分气体。另外，顶隙的大小、封罐机密封室内的真空度、食品温度等在操作时要做好控制，以防止排气时液体外溢，出现真空度不稳的现象。

3. 蒸汽排气法

这种方法是在罐头密封时，向罐内顶隙内部喷射蒸汽，用蒸汽将顶隙内空气赶出而后密封，顶隙内水蒸气冷凝后，形成一定的真空度。喷射蒸汽装置安装在加盖并送罐的转盘内部或封罐压头的周围，当罐头送入封罐位置时，蒸汽向罐内顶隙喷射，将顶隙内的空气带走，并在罐盖和罐身接合处周围维持一个大气压的蒸汽，以防止外界空气进入罐内，然后再将罐盖密封。蒸汽排气时，顶隙的大小直接影响罐头的真空度，顶隙过小，密封冷却后几乎得不到真空度，一般要获得合理真空度，顶隙约在 8 mm 以上。蒸汽排气法排气时间很短，因此不适合空气含量较多的食品。

13.2.5 密封

密封是使食品与外界隔绝，保证罐头杀菌后能长期保存，是完全依赖容器的密封性而不受到外界空气及微生物的污染而引起腐败的重要条件，因此严格控制密封操作十分重要。罐头食品生产过程中主要使用封罐机进行密封，封罐机按罐头容器的材质可分为金属罐封罐机、玻璃罐封口设备；按封口作业的方式可分为罐身回旋型封口设备和罐身不转型封罐设备；按操作方式可分为手动、半自动和全自动封罐机等。

金属罐的密封设备有罐身回转型封罐机和罐身不转型封罐机两大类。罐身回转型封罐机封罐时，卷封滚轮仅做径向进给运动，而罐身与罐盖绕罐轴自转从而实现卷边密封的效果；罐身不转型封罐机封罐时罐身固定不动，通过卷封滚轮绕罐身旋转，同时通过机头的进给机构产生进给运动，实现封罐的卷封作业，广泛应用于各种异型罐装罐后的卷封。对于玻璃瓶罐封口设备，可大致分为广口瓶罐封口设备、旋开瓶罐封口设备和压封旋开瓶罐封口设备三大类。

正常密封的罐头要求卷边叠接度（身钩和盖钩的相互重叠程度）高，罐身与罐盖结合紧密，无假封、卷边过松、大塌边、牙齿、锐边、快口、卷边碎裂等问题。

13.2.6 杀菌

罐头杀菌是通过一定的杀菌处理工艺，使罐头食品中所污染的致病菌、产毒菌或腐败菌被杀灭，并使食品中的酶发生钝化的过程。罐头杀菌并不是医学上严格意义上的无菌，罐头杀菌后允许残留有部分微生物或芽孢，只是它们在罐藏环境和贮藏时期内，不会引起食品腐败变质。

13.2.6.1 杀菌的目的

1. 抑制微生物的生长

罐头食品在生产过程中不可避免地要受到微生物的污染，若罐头密封后不及时杀菌，微生物就会使食品分解变质，从而失去食用价值。通过杀菌，可以杀死致病菌、产毒菌和腐败菌，使罐内食品在一般的贮存条件下不发生腐败变质。

2. 抑制酶的活性

罐头贮藏过程中，食品中酶的活动也能引起罐头的变质。通过加热可以使酶钝化，破坏酶的活性，减少酶对食品的作用。

3. 对罐内食品有蒸熟或调味作用

热力杀菌时，食品受热，可使食品由生到熟，杀菌的同时也起到了调味作用。

13.2.6.2　影响罐头杀菌效果的主要因素

1. 微生物的耐热性

微生物的耐热性与罐头食品的杀菌条件有直接的联系，不同微生物对热的敏感性一般受以下几种因素的影响。

（1）种类　不同种类的微生物其耐热性差别很大，即使是同一菌种，不同的菌株或不同的生长周期时它们的耐热性也不一样。一般不同微生物的耐热性有以下顺序：嗜热菌芽孢＞厌氧菌芽孢＞需氧菌芽孢。肉毒杆菌是一种耐热性非常强的产芽孢菌，罐头的杀菌常常将其作为主要的对象菌。

（2）数量　和食品的受污染程度有关，通常原始菌数越多，所需全部死亡的时间越长。

（3）食品酸度　罐头生产中以 pH＝4.6 为界，pH＝4.6 以上的为低酸性食品，pH＝4.6 以下的为酸性食品或高酸性食品。对于酸度高的食品，可适当地降低杀菌温度，缩短杀菌时间，而对于酸度低的食品，杀菌时要提高杀菌温度。

（4）食品成分　食品的其他化学成分如蛋白质、脂肪、糖、盐等也能对微生物的耐热性产生影响，如油脂对细菌芽孢具有保护作用，糖液可增强芽孢的耐热性等。

2. 罐头食品杀菌时的传热情况

罐头食品的传热方式主要有导热、对流和导热对流结合型传热 3 种形式，不同罐头食品杀菌时的传热情况主要受罐型、大小、罐内食品状态和初温（罐头杀菌前的罐内中心温度）等因素的影响。

（1）罐型　罐头容器的传热形式全部为导热传热，一般来说，复合袋的导热性大于金属罐，金属罐的导热性又大于玻璃罐，另外，不同罐壁厚、大小的容器其传热也不相同。

（2）罐内食品状态　罐内为液体食品时，可以通过对流传热，传热速度较快，当为固体或高黏度液体时，将以传导方式传热，速度较慢。

（3）初温　对于传导方式传热的情况，初温对传热情况影响较大，初温低时，达到一定杀菌温度时所需的时间就较长。

（4）杀菌设备的类型　不同的杀菌设备由于采用的加热方式、运动方式不同，也会影响传热效果，如采用转动式杀菌设备，可以缩短含液体罐头的加热时间。

13.2.6.3　杀菌条件的推算及 *F* 值的确定

罐头杀菌条件主要指杀菌温度和杀菌时间，将能使细菌致死的温度称为热力致死温度，而将在热力致死温度下杀灭一定量的细菌所需的时间称为热力致死时间。由影响罐头杀菌效果的主要因素可知，杀菌效果在很大程度上取决于微生物的耐热性和罐头传热情况，在研究杀菌条件时，可用 D 值、Z 值和 F 值等表征主要微生物耐热性。

1. D 值

D 值的定义就是在一定热力温度下杀死 90% 的对象菌所需的时间。如果选定某一对象菌，在一定的温度下测定不同时间下其残存细菌的数目，以残存细菌的数目的对数为纵坐标，以时间为横坐标作图，即可得热致死曲线，则 D 值就是该热致死曲线的斜率，它表征了细菌的耐热性，D 值越大，细菌的耐热性越强，杀灭 90% 的微生物所需的时间就越长。D 值与温度有关，一般在其右下标注明加热温度（℃），如 $D_{121.1℃}=5$ min，即表示在 121.1℃加热温度下的 D 值为 5 min。

2. Z 值

D 值可在一个侧面反映出细菌的热力致死时间，但由于 D 值随加热温度不同而不同，为了表征热力致死时间与热力致死温度的关系，如果以 D 值的对数为纵坐标，以加热温度为横坐标，则形成的 D 值与温度的关系曲线称为热致死时间曲线。在热致死时间曲线上，把 D 值跨过一个对数周期（D 值变化 1/10）所对应的温度差称为 Z 值，即 Z 值表示 D 值变化 10 倍时所需的温度变化值。

3. F 值的计算

F 值表示在 121℃（或 100℃）为杀菌温度时的热力致死时间，F 值的计算包括安全杀菌 F 值的估算和实际杀菌条件下 F 值的计算两种。如果已知某罐头食品杀菌时所选对象菌的 D 值（即有确切的对象菌），则其安全杀菌 F 值满足下式：

$$F_{安}=D_T(\lg a-\lg b)$$

式中：$F_{安}$为安全杀菌 F 值；D_T 为热致死温度下的 D 值；a 杀菌前对象菌的数量；b 为罐头所允许的腐败率。

上述计算的 $F_{安}$值是在瞬时升温、瞬时降温冷却的理想条件下估算的，但实际生产中，每种产品都有一个升温、恒温和降温的过程，要计算实际的 F 值，就需要了解实际的升降温过程，并测得罐头中心的温度变化和微生物致死率（即一定热力致死温度下，单位时间内杀死微生物的数值）。罐头中心温度一般采用热电偶温度计，通过测得罐头中心的温度后，再根据温度进行计算或查 $F_{121℃}=1$，$Z=10$ 表确定其相应的致死率值。由相应的致死率值即可计算其 F 值。

13.2.6.4 杀菌工艺条件

由于实际的杀菌操作过程中都有一个升温、恒温和降温的过程，而且杀菌操作过程中的杀菌工艺条件主要是温度、时间和反压 3 个主要因素组成，因此，为了明确地表示杀菌工艺条件，人们常用杀菌公式表示对杀菌操作的工艺要求，杀菌公式如下：

$$\frac{t_1-t_2-t_3}{T}p$$

式中：T 为杀菌锅的杀菌温度，℃；t_1 为杀菌锅加热升压时间，min；t_2 为杀菌锅内杀菌温度保持恒定不变的时间，min；t_3 为杀菌锅内降温降压时间，min；p 为杀菌加热或冷却时杀菌锅内使用反压的压力，Pa。

为保证杀菌锅内空气充分排出和恒温杀菌时蒸汽压和温度一致，升温时间不得过短；在恒温阶段，为保证杀菌效果和罐头内的传热，也需要一定的时间；另外，降温阶段由于在降温时罐内温度下降缓慢，内压较高，在外压突然降低时经常会出现爆罐现象，为防止罐头爆裂或变形，在降温时需外加一定的压力，即反压，这样才能保证以较快的速度降温。

13.2.6.5 杀菌方法与设备

1. 常压沸水杀菌

对于杀菌温度在 100℃以下时，可采用常压沸水杀菌，它一般适用于酸性罐头食品的杀菌，其基本的杀菌过程是：先将一定量的水注入杀菌锅内，以保证水浸没罐头为宜，然后通入蒸汽使水沸腾，待水沸腾后加入罐头铁笼，使水温再次升高到预定的杀菌温度开始计时，达到预定的时间后，杀菌结束，将罐头取出冷却。根据操作方式的不同，有间歇式和连续式之分，其设备主要为杀菌锅。

2. 加压蒸汽杀菌

加压蒸汽杀菌是一种传统的杀菌方式，它将罐头置于密封的受压容器（一般为杀菌锅）以内，然后迅速通入高压的水蒸气，水蒸气可充分的排出锅内的空气并使锅内温度升至 100℃以上，待锅内达到预定的温度和压力后，即可开始计时，杀菌完成后，通过调节进气阀和泄气阀进行放气并使温度降低。这种杀菌设备结构简单，操作维修方便，通常用于一些低酸性食品的杀菌。

3. 加压水杀菌

加压水杀菌即将罐头置于水中进行加压杀菌，它先将罐头铁笼放入杀菌锅内，然后向锅内加入水，使水位没过罐头铁笼，加入完毕后，通入压缩空气进行加压，一般要比相应杀菌温度的饱和蒸汽压高 21～27 kPa，然后进行加热升温到预定的杀菌温度并开始计时，杀菌完成后，排出压缩空气并用冷水进行冷却。此法易于平衡罐内外的压力，适于玻璃罐装和扁罐罐头的杀菌。

13.2.7 冷却

罐头食品杀菌后，罐内仍保持很高的温度，应迅速冷却，使其内部温度降低到适当温度，以保证产品质量。如果罐头冷却不当，不仅会导致食品中维生素损失，色香味变差，而且食品的组织结构也会受到影响，同时还容易使一些嗜热性细菌残留和生长繁殖。

罐头生产中使用的冷却方法有冷水冷却法和空气冷却法。冷水冷却法较普遍，一般冷却至 38～40℃为宜，冷却温度不宜过低，否则罐面会附着水分，导致生锈而影响罐头质量。采用加压杀菌时，要综合考虑到食品的性质、容器的大小、形状、温度等因素，掌握好冷却速度和压力，防止冷却时因外压的迅速下降而造成容器膨胀或破裂，可采用加压冷却。对于玻璃罐，一般应采用逐步冷却，以防温度急剧变化时引起破裂。

13.2.8 检验和包装

13.2.8.1 检验

罐头在完成杀菌冷却后，为保证产品质量，必须要进行检验，检验可衡量产品是否符合标准和卫生要求，挑出次品和废品。主要的检查项目和检查的方法有以下内容。

1. 保温检验

主要是检验罐头在杀菌后能否保证达到在规定的贮存期而不变质。对于肉类罐头，一般将罐头放入（37±2）℃下的保温间，保温 7 个昼夜。由于腐败菌在保温时能产生气体而使罐头膨胀，因此保温后应仔细检查罐头，凡是膨胀的罐头都已经变质腐败。

2. 外观检验

主要是观察和记录罐头二重卷边是否完整，外形有无机械损伤、锈蚀、裂缝、漏气等情况，质量良好的罐头由于罐内有一定的真空度，罐底、罐盖呈内凹状态。

3. 敲音检验

敲音检验也称打检，检查时用木棒（打检棒）轻轻敲打罐盖或罐底，通过发声音的清浊和传到手上的感觉来断定内容物的充实程度以及好坏。一般质量好的罐头呈叮叮声，发清脆音，质量差的罐头发浊音，呈噗噗声。

4. 真空度的测定

正常的罐头一般应具有 27～50 kPa 的真空度，常采用真空表进行测定。

5. 开罐检验

对部分罐头样品，为充分了解罐内状态变化，还要进行开罐检验，开罐检验的主要内容有：食品净量、汁液重、固体物重、感官检查、罐内壁的检查、化学成分检查及微生物检查等。

13.2.8.2 包装

罐头经过检验合格后，即可进行产品的包装，包装主要包括粘贴商标和装箱。在包装前要先用毛巾、布等将罐头表面的灰尘污物擦净。为了防止罐头在运输贮存过程中，条件不良或罐头表面锡层的损伤引起罐体生锈，在包装前罐头表面还要涂一层防锈油，常用液状石蜡、凡士林等。

罐头商标应信息完整、简洁清晰，能反映出所装罐头食品的品种和特色。商标粘贴方法有手工粘贴和机械粘贴，对于异形罐，大部分仍为手工粘贴。罐头的装箱主要为木板箱和纸箱，目前以纸箱居多，装箱时要按品种和生产日期分装，防止混装、错装，对于玻璃罐要做好包装防护，尽量避免撞伤。

装箱后的罐头应整齐存放于专门的仓库中贮藏，仓库应通风良好、光线明亮、温湿度控制良好，罐头贮藏的最适温度为 0～10℃，此温度下罐头食品的质量变化较小。如果贮藏温度过高，罐内残留的细菌芽孢就会生长繁殖，引起食品变质，此外，贮藏温度高还会加速食品对铁罐的腐蚀，产生斑点或穿孔；如果贮藏温度过低，在低于 0℃时，易发生冻结而影响食品的组织结构并使之变味。罐头贮藏时温度和湿度要比较稳定，相对湿度一般不超过 80%。在雨季时要做好防潮、防锈、防霉等工作。

复习思考题

1. 罐头加工常用哪些包装材料？分别适用于哪些产品？
2. 为什么罐头加工中要进行排气？常用哪些方法？
3. D 值、Z 值、F 值各代表什么含义？如何计算 F 值？
4. 罐头加工的杀菌式中各数据代表什么含义？

HAPTER 14

第14章 新技术在肉制品加工中的应用

目标要求：

1. 了解肉制品加工中常用的新技术；
2. 熟悉常用新技术的原理及应用范围和注意事项。

14.1 超高压技术

超高压技术是指利用 100 MPa 以上压力，在常温或较低的温度下，使食品中的酶、蛋白质、核糖核酸和淀粉等生物大分子改变活性、变性或糊化，同时杀死微生物以灭菌保鲜，而食品的天然味道、风味和营养价值不受或很少受影响，低能耗、高效率、无毒素产生的一种加工方法。其作为一种非热杀菌技术，在食品行业具有广阔的发展前景。超高压技术不仅可以抵制微生物的生长，延长货架期，还会影响肉制品的色泽和组织结构。

美国已经将超高压食品列为 21 世纪食品加工、保藏的主要研究项目，并已有小规模工业化生产。超高压技术在我国还处于理论、研究阶段。其使用受到制约的因素主要有：超高压食品加工设备造价昂贵、技术复杂；我国食品法规规定的是以热加工为基础的标准参数，这就限制了以压力为基础的食品的推广；目前关于超高压的理论体系还不完善。

超高压处理食品的可行性：根据帕斯卡原理，超高压加工食品将受到均一的处理，压力传递速度快，不存在压力梯度（热加工不具备此优点），其加工效果与食品的几何形状、尺寸、体积等无关；食品物系是多成分的分散系，以水或油作为分散介质，它在物系中是连通的，故称为连续相，水等液体既是分散介质，又是压力的均衡传递介质。

超高压处理的原理：液体（水）在超高压作用下被压缩，而受压食品介质中的酶、蛋白质、核糖核酸和淀粉等生物大分子产生压力变性而被压缩，生物物质的高分子立体结构中非共价键结合部分发生变化，即物质结构发生变化，其结果是食品中的蛋白质呈凝固状变性、淀粉呈胶凝状糊化、酶失活、微生物死亡，或使之产生一些新物料改性和改变物料某些新理化反应速度，故可长期保存而不变质。

超高压处理食品的特点有：营养成分损失小，原料的利用率较高；产生新的组织结构，获得新型食品；超高压杀菌可以保持食品原有风味，且灭菌均匀、高效、瞬时、能耗低；不需向食品中加入化学物质，菌体不产生抗体，杀菌效果稳定；改善食品质构和风味；可广泛应用于各种食品的加工，如植物蛋白的组织化、淀粉的糊化、肉类品质的改善、动物蛋白的变性处理、乳制品的加工处理、食品的高压速冻、酒类的催陈等。

超高压对食品组成成分的结构和功能特性有一定影响。蛋白质的一级结构是由肽链的氨基酸决定，两个氨基酸脱水缩合形成一个肽键，且为共价键，对压力不敏感，需要很高的压力才能使肽键断裂，改变氨基酸序列。目前使用超高压对蛋白质进行改性的压力范围在 0.1～900 MPa，主要是影响改变蛋白质的二级、三级和四级结构。

蛋白质二级结构主要包括 α-螺旋、β-折叠、β-转角和无规则卷曲，这些结构是肽链主链的局部构象排布，由骨架上的羰基和酰胺基团之间形成的氢键维持。研究认为高铁肌红蛋白在 600 MPa 以上压力处理时，α-螺旋随着氢键迁移而展开。油菜籽蛋白随着压力的升高，其 α-螺旋的含量先上升后下降，β-折叠和无规则卷曲的含量先下降后上升，β-转角含量上升。菠萝蛋白酶在高压处理下其 α-螺旋、β-折叠的含量也会因压力的上升呈先上升后下降的趋势。超高压处理蛋白质二级结构变化不一致，可能是因为蛋白质的种类及自身结构特性不同，但是通过超高压技术处理均会导致蛋白质二级结构的变化。

蛋白质三级结构是由一条多肽链在二级结构或超二级结构甚至结构域基础上进一步盘绕、折叠，通过侧链氨基酸残基间的非共价键维持固定的特定空间结构。蛋白质四级结构是多肽亚基的空间分布和排列，是单肽通过非共价键作用而形成的。蛋白质本身具有一定的荧光性，当外界环境改变导致蛋白质三级结构发生变化时，使得蛋白质的一些荧光发射基团位置发生改变（暴露或藏于分子内部），导致蛋白质固有的荧光性发生改变，荧光度的变化由蛋白质的种类及固有发光基团的数目和位置相关。研究报道经高压处理后，大豆种子铁蛋白的荧光强度会发生显著变化。在适度高压处理可使蛋白质的四级结构发生变化，有研究报道 150 MPa 高压处理可使四聚体的尿酸氧化酶的四级结构发生不可逆的变化并发生聚合反应，酶活性在 200 MPa 下完全被破坏。

蛋白质溶解性主要与二硫键、氢键和疏水键有关，对于大豆和金枪鱼鱼糜蛋白的研究表明蛋白质在较低压力处理下溶解性下降之后随着压力的上升，蛋白质的溶解性会上升。超高压引起蛋白质变性进而形成聚合物，大多是由于二硫键的形成造成的。较高压力处理会使蛋白质分子伸展，压力消除后，伸展的蛋白质分子重新形成二、三级结构，会对蛋白质溶解性产生影响，使一些蛋白质可溶。

蛋白质的乳化性和乳化稳定性对食品品质极为重要，经超高压处理的大豆分离蛋白、红薯蛋白的乳化性及乳化稳定性均增加。超高压处理后，蛋白质分子伸展，与水作用的极性或离子基团增多，同时，蛋白质分子内部的疏水基团也暴露出来，使亲水、亲油性达到很好的平衡，使乳化性和稳定性提高。

蛋白质凝胶是液体蛋白质分子规律交联后所形成的占据原来液体空间的三维空间网络结构。

凝胶性是食品蛋白质的主要功能特性之一。超高压处理可使肌纤维蛋白质具有很高的持水性和凝胶强度。超高压处理可以促进大豆蛋白的凝胶化。超高压处理过程中，凝胶强度与疏水性、二硫键及自由巯基变化相关。

14.2 新型热处理和非热处理技术

食品热处理是食品加工与保藏中用于改善食品品质、延长食品贮藏期的最重要的处理方法之一。食品工业中采用的热处理有不同的方式和工艺，不同种类的热处理所达到的主要目的和作用也有不同，但热处理过程对微生物、酶和食品成分的作用以及传热的原理和规律却有相同或相近之处。

正面作用：①杀死微生物，主要是致病菌和其他有害的微生物；②钝化酶，主要是过氧化物酶、抗坏血酸酶等；③破坏食品中不需要或有害的成分或因子，如大豆中的胰蛋白酶抑制因子；④改善食品的品质与特性，如产生特别的色泽、风味和组织状态等；⑤提高食品中营养成分的可利用率、可消化性等。

负面作用：①食品中的营养成分，特别是热敏性成分有一定损失；②食品的品质和特性产生不良的变化，如色泽、口感等；③消耗的能量较大。

尽管热处理是目前最常用的食品加工技术，食品热处理技术能够杀灭食品中的微生物并且能够使酶失活，同时食品热处理所使用的设备也相对容易管理，因此食品热处理技术得到广泛的发展和应用。然而，在某些极端条件下，热处理过程会引起食品发生化学及物理上的变化，从而影响食品的感官特性、减少食品中一些营养物质的活性成分含量及活性成分利用率，甚至在某些加工条件下产生对人体有潜在危害、引起人类慢性病的有害成分如丙烯酰胺、呋喃、5-羟甲基糠醛等。因此，需要进一步开发新的温和的食品加工技术，以获得高质量、高营养、新鲜甚至改善食品品质及功能的食品。

非热处理技术能够最优化食品的生物及感官品质特性并且能够避免热处理过程中产生的危害物质。因此，非热处理技术得到了深入的研究。新兴的食品非热处理技术包括超高压、辐射、脉冲电场、微波、超声波技术等，绝大多数的非热处理技术可以获得保持新鲜品质、营养安全的食品而得到普遍的认可。非热处理技术不仅能够起到杀菌、钝酶的作用，而且可以改善食品的功能营养成分，成为近些年来食品领域的研究热点。

“非热处理”是与“热处理”相对应的概念，是一类技术的统称，其特点是不加热，在加工过程中食品温度低，产热少。非热处理技术可以避免使用高温来杀灭微生物，进而减少高温加热对食品功能成分、色泽、风味和新鲜度的破坏。

1. 超高压技术

关于超高压的详细介绍前面已经讲过，超高压技术对食品天然的颜色、风味、口感、质地的影响较小，对维生素等小分子物质没有影响，是一种相对于热加工更为有利的处理方法。

2. 超声波技术

超声波是一种频率超过人类听觉范围的机械波（>16 kHz）。根据超声波的频率和产能的大小，超声波可以分为低频率高场强（频率为 16～100 kHz，场强为 10～1 000 W/cm^2）和高频率低场强（频率为 100 kHz～1 MHz，场强<1 W/cm^2）两种范围。高频率低场强的超声波主要应用于食品物理化学性质的分析技术，以测得如食品的硬度、糖含量、酸度等。低频率高场强的超声波可以产生空穴效应，通过在介质中传播时产生的强大的压力、剪切力改变食品物料物理及化学的特性，从而对食品的品质产生影响，在近些年中引起国内外学者的关注。

3. 微波技术

微波是一种频率为 300 MHz～300 GHz 的电磁波，微波加热是由食品材料吸收微波的能量并转变为热量。在高频电磁场中，偏振的极性分子发生高频的重新排列，引起分子内摩擦而产热。另外，食品中离子的振荡迁移也是微波加热食品的机制之一。微波技术在食品加工中已获得广泛应用，主要有微波干燥、微波杀菌、微波烘焙食品等。微波作为新型的加热技术具有极高的加热效率，极大地缩短了加热时间，相对于传统加热技术，微波加热能够较小地改变食品的营养品质和风味，因此得到广泛的研究和应用。

4. 辐照技术

辐照一般分为电离辐射和非电离辐射两种。电离辐射包括 γ-射线、高能电子束和 X-射线等，非电离辐射包括紫外线、红外线等。食品辐照技术是利用电离或非电离辐射处理食品，以起到杀灭细菌、病毒以及杀虫的作用，是一种延长食品贮藏时间和改善品质的食品处理技术。允许用于食品加工过程的电离辐射源能量有一定的限量，由放射性元素 ^{60}Coγ 射线能量为 1.17 MeV、1.33 MeV，^{137}Csγ-射线能量为 0.662 MeV，高能电子束能量为 4～10 MeV，X-射线的最大能量为 5 MeV。食品辐照处理除能够起到除虫灭菌的作用之外，其对食品成分的物理化学性质及食品品质的影响也引起了国内外研究者的重视。

14.3　追踪溯源技术

近年来，由于食品安全（食物中毒、疯牛病、口蹄疫、禽流感等畜禽疾病以及严重农产品残药等）危机频繁发生，严重影响了人们的身体健康，引起了全世界的广泛关注，如何对食品有效跟踪和追溯，已成为一个极为迫切的全球性课题。“食品质量安全追溯系统”是一个能够连接生产、检验、监管和消费各个环节，让消费者了解符合卫生安全的生产和流通过程，提高消费者放心程度的信息管理系统。

目前，我国谷物、水果、肉类、禽蛋和水产品等主要食品产量居世界第一位，为了确保人民群众的食品安全，有效控制食源性疾病的爆发，以及排除我国食品的出口面对进口国食品跟踪与追溯法律法规的限制，在我国建立食品跟踪与追溯的工作将对食品行业的发展产生巨大的影响。但当前我国在整个食品生产过程中应用自动追溯系统的实例仍寥寥无几，国内食品行业追溯目前还仅仅是在零售结算环节，远未在食品供应链的全过程应用，全程可跟踪供应链尚未形成。

射频识别（radio frequency identification，RFID），又称无线射频识别，是一种通信技术，俗称电子标签，广泛应用于食品安全溯源系统。食品追溯管理系统就是利用 RFID 并依托网络技术及数据库技术，实现信息融合、查询、监控，为每一个生产阶段以及分销到最终消费领域的过程中提供针对每件货品安全性、食品成分来源及库存控制的合理决策，实现食品安全预警机制。RFID 技术贯穿于食品安全始终，包括生产、加工、流通、消费各环节，全过程严格控制，建立了一个完整产业链的食品安全控制体系，形成各类食品企业生产销售的闭环生产，以保证向社会提供优质的放心食品，并可确保供应链的高质量数据交流，让食品行业彻底实施食品的源头追踪以及在食品供应链中提供完全透明度的能力。

通过食品追溯系统的建设，解决了因为油污、潮湿等原因造成的对条码的损坏而不能准确读出数据的问题，不仅可以追溯养殖与加工业的疫病与污染问题，还可以追溯养殖过程中滥用药、加工过程中超范围超限量使用添加剂，改变以往对食品质量安全管理只侧重于生产后的控制，而忽视生产中预防控制的现象，完善食品加工技术规程、卫生规范以及生产中认证的标准，带动行业的整体进步，全面提升我国食品行业的水平。

RFID 食品追溯管理系统可以保障食品安全及可全程追溯，规范食品生产、加工、流通和消费四个环节，给大米、面粉、油、肉、奶制品等食品都颁发一个“电子身份证”——全部加贴 RFID 电子标签，并建立食品安全数据库，从食品种植养殖及生产加工环节开始加贴，实现“从农田到餐桌”全过程的跟踪和追溯，包括运输、包装、分装、销售等流转过程中的全部信息，如生产基地、加工企业、配送企业等都能通过电子标签在数据库中查到。

RFID 食品追溯管理系统包括以下几个部分。

（1）三个层次结构　网络资源系统、公用服务系统和应用服务系统。

（2）二级节点　由食品供应链及安全生产监管数据中心和食品产业链中各关键监测节点组成。数据中心为海量的食品追溯与安全监测数据提供充足的存储空间，保证信息共享的开放性、资源共享及安全性，实现食品追踪与安全监测管理功能。各关键监测节点包括种植养殖场节点、生产与加工线节点、仓储与配送节点、消费节点，实现各节点的数据采集和信息链的连接，并使各环节可视。

（3）一个数据中心与基础架构平台　一个中心为食品供应链及安全生产监管数据管理中心，本中心是构建于基础支撑平台 ezRFID 之上的管理平台。ezRFID 为 RFID 中间件，是 RFID 运作的中枢，为硬件和应用程序间的中介角色，将实现不同节点不同追溯环节上的各种不同的 RFID 设备和软件顺畅地协同运行。包含的功能不仅是传递信息，还包括解译数据、安全性、数据广播、错误恢复、定位网络资源、找出符合成本的路径、消息与要求的优先次序等服务。它的作用主要体现在两个方面，一是操纵控制 RFID 读写设备按照预定的方式工作，保证不同读写设备之间配合协调；二是按照一定规则过滤数据，筛除绝大部分冗余数据，将真正有效的数据传送给后台信息系统。该框架包括了 RFID 边缘件和 RFID 集成中间件两大部分。

如图 14-1 所示，在生猪或牛出生后将被打上 RFID 电子耳标，耳标里有此头生猪或牛的唯一标识号，此号码将贯穿所有节点，并和各环节的相关管理和监测信息关联，以达到追溯目的。RFID 食品追溯管理系统由以下各系统组成：中心数据库系统、种植养殖安全管理系统、安全生产与加工管理系统、食品供应链管理系统、监控系统、食品安全基础信息服务系统等组成，通过种植养殖生产、加工生产、流通、消费的信息化建立起来的信息链接，实现了企业内部生产过程的安全控制和对流通环节的实时监控，达到食品追溯与召回。

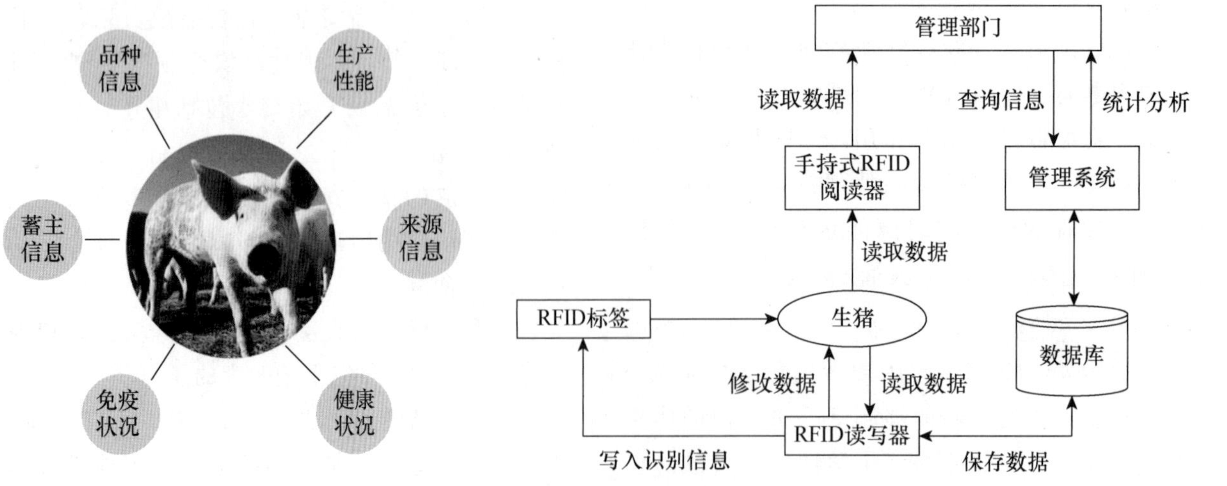

图 14-1　生猪溯源系统架构

14.4　微生物预测技术

14.4.1　预测微生物学

预测微生物学（predictive microbiology）是建立于计算机基础上的对食品中微生物的生长、残存和死亡进行量化的预测方法，它将食品微生物学、统计学等学科结合在一起，建立环境因素和食品微生物之间关系的数学模型。预测微生物学是将特定条件下的食品微生物生长、繁殖、残存和死亡等反应进行细化，并结合计算机技术、数理统计和微生物知识，客观地评价食品在加工、流通和贮藏等条件下的食品质量安全和货架期。相比其他传统微生物对食品质量和货架期影响的检测指标，微生物预测学对食品和微生物间关系分析更加透彻。根据不同食品的加工、流通和贮藏情况，结合食品所处的外界特征及条件，能够在不进行微生物检测的情况下更快速地对食品的安全性和货架期进行预测，从而对食品的质量和安全做出快速反应和预测。预测微生物学的产生为保证食品质量和安全性提供了量化的依据。在预测微生物学创始之初，国内外对预测微生物学的主要研究对象为食品致病微生物，随着食品企业对食品自身的品质关注度增大，预测微生物模型逐渐发展到食品腐败微生物。由于微生物预测模型误差小于微生物实验室所带来的误差，这也使得微生物预测模型在食品工业和食品检测领域应用更加广泛。

14.4.2　微生物预测模型的分类及发展

微生物预测模型有多种分类方法。依据描述微生物的情况，分为描述微生物生长的数学模型和描述微生物失活的数学模型；依据基础数学建立的模型，分为概率型模型和动力学模型。Buchanan 基于变量类型把模型分为 3 个层次：初级模型（primary level model）指在特定培养条件下，微生物生长/存活与时间的反应；二级模型（secondary level model）指参数与环境变量对微生物生长/存活特性的关系；三级模型（tertiary level model）指将初级模型和二级模型通过计算机软件形式合并的模型形式。

14.4.3　微生物预测模型在食品工业中的应用

微生物预测模型的构建是从两个方向上发展的，即基于引起食品腐败的特定腐败微生物的预测模型和基于食品致病微生物生长因素的预测模型。前者的研究主要为食品货架期预报和监控，而后者的研究主要为食品致病微生物的安全监测和管理。

14.4.3.1　食品腐败微生物预测模型在食品工业的应用

食品加工流通过程中可能会受到其他微生物的侵染，然而在一定贮藏条件下，特定腐败微生物会在增殖过程中占领优势地位。同时，相同地域的同类产品中，特定腐败微生物往往包括一种或几种。通过对特定腐败微生物的生长趋势进行分析就可以预测该产品的货架期。郭全友等基于大黄鱼腐败指数，对冷藏条件下大黄鱼的货架期进行分析。结果发现，0、5 和 10℃条件下冷藏大黄鱼的货架期分别为（17.8±2.5）d、（9.3±1.1）d 和（5.4±1.3）d，在此条件下相对误差为−6.1%～4.6%，可以有效快速的预测冷藏条件下大黄鱼的货架期。许钟等运用 Gompertz 方程构建波动温度条件下罗非鱼的货架期，相对误差为−9.1%～5.9%，这都有效地评价了产品在特定条件下的货架期。食品腐败微生物预测模型的构建大大增加了产品货架预测的可信度，有利于产品质量的控制与监测，同时对产品开发过程中的工艺参数改良也起到一定的指导作用。然而，食品腐败微生物预测模型仍存在一定的问题。例如，目前对特定腐败菌的预测模型及其相关研究是针对嗜冷菌和中温菌，货架期模型也只限于鱼类产品，不适于更多产品的推广。另外，模型的构建对试验数据从量到质都存在依赖。试验中，对特定腐败微生物感官拒绝点的控制较为主观，这也使得对特定腐败微生物的腐败能力的界定存在不确定因素。加之试验繁琐，工作量大，而且大量数据仅以普通培养基获得，这就可能造成微生物的真实生长数据出现偏差，使得货架期的预测出现滞后性。这些问题都是今后食品腐败微生物预测模型急需解决的。

14.4.3.2 食品致病微生物预测模型在食品工业的应用

良好操作规范（GMP）及危害分析与关键控制点（HACCP）条款中明确规定食品加工过程中的可能产生的危害及其控制方法或限量实施，从而确保食品质量安全。食品致病微生物预测模型的构建对食品风险分析及食品质量安全管理发挥重要作用。通过分析食品致病微生物在不同条件下的生长、存活及消亡变化，从而降低鸡肉引起的疾病风险。食品致病微生物预测模型的构建可以准确地评估加工过程对食品安全的影响程度，从而制定相应的 HACCP 体系管理标准；也可以为病原菌在食品中的分布及消费者的摄入量做出风险描述，从而对食品安全性进行定量评价。然而，目前的食品致病微生物预测模型只涵盖了特定操作条件下的模型，未将整个食品过程进行模拟，这就无法了解甚至解决食品安全问题。另外，目前的加工手段无法保证产品质量的均一性，这就造成微弱的灭菌效果容易使食品存在安全隐患，从而影响食品致病微生物预测模型的准确与发展。

14.4.4 微生物预测技术的发展趋势

微生物预测模型的构建对食品加工过程的规范控制与食品货架期的评估是一种重要的工具。微生物预测模型的魅力在于运用已知数据去预测未来的发展趋势，对实际生产和流通进行监控。近年来对微生物预测模型技术的研究取得一些进展，特别是在冷藏养殖鱼类和冷藏肉类货架期的预测上取得一定的成果。但是还存在如下诸多问题：目前的研究方式仍很原始，微生物培养方式、微生物检测方式和数据采集方式仍不能完全满足模型的准确评估；对多因素条件下的微生物预测效果不理想，延滞期系数预测不准确；在特定条件下，对微生物间的竞争及抑制关系考虑不准确，相关研究文献介绍较少；对未完全热力失活/致死的微生物残存的分布及积累形式掌握不明确；食品生产过程中特定腐败微生物和致病微生物估计偏差较大等。这些问题都使得微生物预测模型在评估和建立时可能导致参数饱和或拟合情况不理想，这也是微生物预测模型未来的发展方向和研究重点。

微生物预测模型是新型的量化微生物生长的评估工具。较传统的检测方法相比，预测模型的构建可以节约大量时间和成本。微生物预测模型可以有效地预测食品加工和流通过程中的质量安全并做出合理的判断，为提高食品的货架期和消费者对食品质量安全信心提供有力的依据。同时，微生物预测模型也可以为产品开发和配方制定提供合理的工艺参数。

14.5 胴体分级技术

随着机器视觉和图像处理技术的发展，利用机器视觉系统对肉品品质进行自动检测和分级的技术在国内外已有很多的研究和应用。

美国最早将机器视觉技术引入牛体检测的研究中，美国农业部 RMS 公司 VIAScan 系统是用来对牛胴体进行质量等级和产量等级评定的图像分析系统，它由两个摄像系统组成，一个摄像系统采集牛胴体的整体轮廓图像，经计算分析后用来预测牛胴体的产量等级，另一个摄像系统采集牛胴体第 12～13 肋骨处眼肌切面的图像，经过计算分析肉色和脂肪色、背膘厚度、眼肌面积、大理石花纹等指标用来预测牛肉质量等级。1999 年，Cannell 等研究了 ViAScan 牛肉分级系统的实际使用效果，试验结果表明 VIAScan 系统的分级准确率远高于人工评级。

在国内，将机器视觉技术和图像处理技术应用于牛肉分级的研究起步较晚，但也取得了一定的研究成果。赵杰文等利用数学形态学的方法对牛胴体眼肌切面图像中背长肌区域进行分割，并提取大理石花纹信息，取得了很好的效果。张海亮等利用图像处理技术，对肉牛形体参数检测技术进行了研究，结果表明使用机器视觉技术测量肉牛形体参数是可行的。李志运用机器视觉和图像处理的技术对牛胴体眼肌切面分级信息的自动化检测进行了研究，实现了在牛胴体分割线上对眼肌切面信息进行自动提取，并经过检验具有很好的处理效果。

牛肉品质自动分级系统由牛胴体分级信息自动检测系统、眼肌面分级信息自动检测系统、肉牛产业链信息系统和牛肉分级系统组成，使用数据库来实现信息的协同操作和分级信息共享。其中牛胴体分级信息自动检测系统安装于屠宰线上自动采集牛胴体整体图像，研发有效的图像处理算法，自动检测牛胴体分级信息，并将该信息保存至数据库；眼肌切面分级信息自动检测系统安装于牛肉分割线上，自动采集牛胴体四分体第12～13肋眼肌切面图像，并使用有效的图像处理算法自动检测眼肌切面分级信息，并将该信息保存至数据库。自动检测牛胴体分级信息和眼肌切面分级信息后，融合活牛信息和屠宰信息，通过建立合理有效的牛肉分级模型实现牛肉品质评定。

吉林农业大学王樊静运用图像处理的方法自动提取牛胴体图像中胴体区域面积、胴体长、胴体宽、体表脂肪覆盖率等 4 个牛胴体分级信息指标，首先用光线补偿、图像增强算法对原始图像进行预处理，然后运用背景颜色模型去除图像背景，并运用边缘检测法、轮廓跟踪法准确分割牛胴体区域，最后提取牛胴体分级信息，并以此为基点自动提取胴体长、胴体宽、胴体区域面积指标，再利用迭代阈值分割法提取体表脂肪覆盖率指标。试验结果表明该图像处理法可以有效地提取牛胴体分级信息，牛胴体分级信息自动检测系统可以在 1～6 s 内完成单个牛胴体分级信息的检测，并将胴体重、胴体长、胴体宽、背膘厚度指标作为自变量，将胴体产肉率作为因变量，建立回归方程模型，该模型的预测准确率为 80%。

14.6　快速检测技术

14.6.1　快速检测技术概述

食品安全关乎着人们的健康，所以食品检测十分重要。就目前食品检测情况来看，我国的食品检测速度还不够快速，食品的质量不能得到保证。有些不法商家为了追求自身利益，而不顾消费者的安全，在食品中添加一些有害物质。因此，快速检测食品安全刻不容缓。

食品检测中的快速检测技术主要有 3 个方面，分别是实验室快速检测技术、现场快速检测技术以及在线快速检测技术。我国的检测技术发展比较晚，很多地方还需要不断地改进和完善。实验室快速检测技术的基础是实验室中的相关仪器，这些仪器可以对待检测的食品进行全面的分析，确保检验结果能快速地被检测出来。之所以称之为快速检测技术，就是因为其在食品微生物的检测和酶联免疫法的检测中所用的时间很短，能很快地提高食品检测的速率。而现场快速检测法则是对现场的资源进行检测，并且最快地得到初步地分析。现如今在现场进行快速检测的方式主要有以下几种：核磁共振谱法、拉曼光谱法和近红外光谱法。这些方法在现场检测中不需要实验室中的仪器就可以进行食品检测，十分便捷。在线快速检测技术指的是在进行食品检测过程中，通过最新型的技术和设备，对食品安全进行实时的检测，一旦发现食品生产中出现问题，就能及时制止，这样的方式能有效地提高食品的安全。

14.6.2　快速检测技术在食品检测中的实际应用

食品安全检测主要检测的是食品中微生物的含量、添加剂的使用以及食品中的农药残留等，从而确保制品检测结果能准确有效。

14.6.2.1　快速检测片技术

当前，快速检测片技术具有相对突出的技术优势，在食品微生物检测领域中的应用范围逐渐扩大，且应用效果良好。例如，在检测食品中细菌数量时，就可以使用快速检测片技术，检测片的材质可以是凝胶也可以是滤纸，二者的检测方式大同小异。确定检测样本之后，将样品放置在检测片上，发生反应之后进行观察，结合检测片中的细菌菌落数量，判定被检测的食品是否符合安全标准。在应用快速检测片进行检测的过程中，初步判断的理论依据是载体颜色的具体变化情况，该检测方法便捷、高效。将细菌菌落总数作为检测对象的检测片技术，可被用于多种环境的食品检测中，例如大肠杆菌检测片经常被用于餐饮消毒中的微生物监测。笔者通过对食品安全检测市场进行调研发现，当前业内对于快速检测片技术是非常认可的，很多业内人士认为这种技术方便、易操作，能够快速得出检测结果，检测周期较短，且能保证检测结果的准确性。在实际检测过程中，这种技术被多数政府食品安全检测实验室、第三方检测机构、合资食品企业或大型外资食品企业以及食品质检机构等使用。目前这种技术没有被完全普及的主要原因是检测成本较高，且国内自主研发的此类检测产品比较稀缺。国内相关食品安全检测部门还需持续努力，加大研发力度，尽早达成在国内大范围推广该技术的目标。

14.6.2.2 免疫技术

在食品微生物检测领域常见的免疫技术主要有2种：免疫层析技术和酶联免疫吸附技术。其中，免疫层析技术的工作原理是，把特异性抗体固定在硝酸纤维素膜的区带中，当其一端浸入待测样品中时，整个试样会随着膜的方向向前移动，直到进入有抗体的部分，此时抗体与抗原会发生特异性结合反应，加入适当的染色剂就可以发生显色反应，通过观察颜色变化确定检测结果。当前我国食品安全检测部门通过使用该技术，成功实现了食品中霍乱弧菌菌种以及金黄葡萄球菌等菌种的检测。酶联免疫吸附技术是在免疫酶技术的基础上衍生出的一种新型食品微生物检测技术。这种技术的原理是将酶复合物以及抗体联合，使其发生化学显色反应，通过观察颜色变化确定检测结果，常用于检测食物中的沙门氏菌以及大肠杆菌等菌种，能快速判断出目标物是否存在有害菌以及菌落数量，检测结果比较准确。

14.6.2.3 生物传感器技术

生物传感器技术在食品安全检测中的应用频率较高，该技术能检测食物中的枯草芽孢杆菌以及病原性微生物，例如大肠杆菌。与此同时，还可对食物中的藻类或毒性真菌进行检测。经调查可知，当前国内使用的生物传感器设备能有效辅助食品安全检测工作，该设备便于灵活操作，检测结果也非常准确。此外，该技术能准确鉴定、快速识别食物中的腐败菌种以及毒性细胞素，但由于此检测工作尚不成熟，还需不断完善。

14.6.2.4 分子生物学技术

在分子生物学技术中，最常见的食品检测技术是基因芯片技术，该技术当前在食品微生物检测领域中已经相对普及，是一种比较成熟的技术。当前，相关食品检测部门已能够借助基因芯片，对食物中的致病微生物，如金黄色葡萄球菌、沙门氏菌等菌种进行检测。检测流程比较简单，检测结果便于观察。此外，聚合酶链式反应技术也是一种常用的分子生物学技术，应用这种技术，能在短期内实现基因的扩增，此技术在食物致病微生物的检测中有非常突出的效果，能快速检测出沙门氏菌、金黄葡萄球菌等常规菌种，还能检测出大肠杆菌、肉毒杆菌和乳酸菌等。

14.6.2.5 酶抑制分析检测技术

与其他检测技术相比，此技术准确率高且成本低。但是，酶抑制法也存在一定的技术局限性，例如，在进行微生物检测时，由于农药残留，部分蔬菜会呈现出假阳性状态，混淆检测结果，影响判断。

14.6.2.6 光学分析快速检测技术

1. 表面增强拉曼光谱技术

表面增强拉曼光谱技术是一种表征分子结构监测技术，该技术的检测目标主要是物质中化学分子键的实际振动状态，根据其振动模式了解分子的准确结构。当前激光技术处于快速发展阶段，很多新型拉曼光谱技术面世，这种检测方式能够有效控制检测成本，并且可以快速得出准确的检测结果。

2. 化学比色技术

化学比色技术是一种比较经典的检测手段，检测原理是使检测物质发生化学反应，然后通过肉眼观察比较其颜色，判断其中的具体成分，这种方式不需要复杂的检测仪器装备，方便快捷，结果不会出现较大误差。但是这种检测方式一般情况下只能对可发生显色反应的物质进行检测。近年来，技术人员为了提升比色技术检测结果的精准度，加入了集束式冷光源，使检测过程更稳定，检测效率显著提升。

3. 生物荧光检测技术

此技术主要的检测目标是具有刚性结构或平面结构的物质，此类物质受到光能量的刺激之后，会发生荧光反应，产生相应的光谱。如果体系共轭度逐渐增加，荧光反应会更强烈，光谱也会随之改变。与其他类型的光谱相比，这种荧光光谱更便于筛选和判断，能满足痕量分析的实际需求。但这种检测技术的局限性在于，并非所有参与检测的物质都具有荧光性质，虽然某些物质能使用化学衍生的方式出现荧光反应，但技术难度较大，不太容易实现。一般来说，食物中的部分有害物具有此性质，其结构通常为芳香环或杂环结构，可使用生物荧光检测技术检测。

14.7　物流保鲜技术

近年来，我国农产品电商快速发展，各种物流保鲜技术层出不穷，但在很大程度上均须依靠冷链物流实现。所谓冷链（cold chain），是指将易腐、生鲜食品在生产、贮藏、运输、销售直到消费前的各个环节中始终处于规定的低温环境条件下，以减少食品损耗、防止污染、保证质量安全的特殊供应链系统，是具有高科技含量的一项低温系统工程。食品冷链物流以低温技术的运用为手段，以保证易腐、生鲜食品的品质为目的。要形成鲜活农产品和食物的冷链，要求其在流通、贮藏、运输和销售的一系列过程中都要处于适宜的低温保藏环境之中，这主要包括预冷、冷藏、冷藏运输、冷藏批发和销售以及家庭冷藏等几个环节。肉品工业常用的物流保鲜技术包括：低温贮藏保鲜技术、气调贮藏保鲜技术、化学保鲜技术等，整个过程是智能化、互联网和物联网技术的综合应用。

14.7.1　食品低温贮藏保鲜技术

所谓的食品低温贮藏，简单来说，就是将食品保持在低温的状态下，对食品的质量进行控制，达到延长食品的保质期，延缓食品腐坏的速度的目的。采用低温保藏技术对食品进行保藏，一方面能够将新鲜食品的保质期延长，为消费者提供更加方便的食品供应；另一方面还能够给食品加工工业带来便利，减少半成品的浪费，使半成品贮藏成为可能。

在对食品进行低温贮藏中要解决两大关键问题：一是保鲜；二是防腐。食品在低温下不易变质的原因主要有以下几个方面：①低温对水分活度的影响；②低温对微生物的影响；③低温对酶的影响。因此，对食品低温贮藏的处理应该按照先对食品进行加工前处理，再进行冷冻和冷藏，最后再解冻的过程。这一过程依据的原理主要是当低温达到食品冷藏的冰点时，食品中的微生物活动会减慢，延缓食品腐坏的速度，而当低温保持在食品的冰点之下时，大部分的微生物的活动都会停止。

原始的冷藏方法，有着简便、成本低等优点，但是受环境的影响很大，不能够满足人们日益增长的需求。18 世纪人们开始尝试人造冰，著名的爱丁堡学者布拉克对融化与气化现象进行了本质的解释，对潜热这一概念进行了阐述，同时研发了冰量热器，成为现代制冷技术开始的标志。随后，出现了人工冷源，给冷冻保藏技术的发展创造了更大的可能。首先，在美国产生了压缩式制冷，基于压缩式制冷的原理，德国人发现了吸收式制冷的原理，英国人发明了世界上第一部实用的压缩式冷冻机，美国制成世界上第一台制冷和空调用的空气制冷机，取得了冷库设计的第一个美国专利。其次，法国人制造了第一台氨水吸收式制冷机，德国人林德（Linde）设计成功氨制冷机，被称为制冷机的始祖。

冷鲜保藏技术发展到 20 世纪 70 年代，出现了液态氮和液态二氧化碳作为冷媒的制冷技术。这种技术的工艺原理是将液态氮和液态二氧化碳直接喷洒在食品的表面，不但能够使食品快速的冷冻，同时还能够进行更加深度的冷藏。

直到近代，我国成云制冷公司联合日本科学家共同研发了 DENBA 保鲜技术。DENBA 工作原理包括以下两点：首先是共振原理。$DENBA^+$ 通过放电板放出低频率（50～60 Hz）的静电波，通过静电波对水分子施加影响，使水分子产生共振，并且令水分子团变得细小化。其次是静电板放电原理。存在于地球上的大多数物质电气是中性的，过剩的状态叫作负离子化。DENBA$^+$提供空间电子能，因此可以氧化还原，延长食物保鲜时间。

14.7.2 冷冻保鲜技术

食品的低温贮藏保鲜可以分为冷冻保鲜和冷藏保鲜两种方式。前者要将保藏的食品温度降至冰点以下，使一部分或全部水分冻结，动物性食品常用这种方法。后者无冻结过程，是将温度降低到接近食品的冰点但不冻结的一种加工方法，新鲜果蔬常用这种方法。随着制冷设备的不断改进，冷冻保鲜技术得到了不断的发展，首先，冷藏食品的包装方式不断加以改善，由原始的整体包装和大包装逐渐转向小型化和单一化的包装形式，使食品的冷冻速度和冷冻质量得到了很大的提升。其次，在冷冻方式上也实现了突破，吹风式冻结、可连续冻结和流态化冻结等方式逐渐成为食品冷藏的主要方式，不仅使食品的冻结温度更加一致，同时还在很大程度上提高了食品冻结的效率。再次，制冷装置技术也不断得到提升，采用液态氮、二氧化碳、DENBA保鲜设备对食品直接进行冷冻的装置使食品的冻结温度大幅度降低，并且冻结速度也有了很大进步。尤其是近年来推出的环保冷酶-DENBA保鲜设备，给保鲜技术带来了新的动力。除此之外，伴随着冷藏技术的发展，逐渐形成了一体化的冷藏链，将食品冷冻-冷藏-运输-销售等环节有机的联系成一个整体，使冷藏食品的生产、流通和销售之间更加完整。

14.7.3 肉食食品低温保藏技术

对肉食食品进行低温保藏是消费者对保鲜食品需求中的重要部分，而对肉食食品进行低温保藏的难度相对于素食食品的保藏是比较难的，这主要是由于肉食食品中微生物和酶的活动是比较活跃的，常温状态下的肉食食品很容易变质腐坏。将肉食食品的保藏温度控制在冰点之下，使肉食食品中的水分凝结成冰，对微生物和酶的活动进行控制，就会有效地延长肉食食品的保质期限，使食品维持在新鲜的状态下。

14.7.4 气调保鲜技术

气调保鲜技术是指在密封性能好的材料中装进食品，然后注入特殊的气体或混合气体，再进行密封，使其与外界隔绝，抑制微生物生长，抑制腐败，从而达到延长货架期的目的。气调包装和真空包装相比，并不会比真空包装货架期长，但会减少产品受压和血水渗出，并能使产品保持良好色泽。

目前气调包装已成为一种应用广泛的食品保存方法，其特点是能有效地保持食品新鲜而产生较小的副作用。英法两国在肉类及肉制品的气调包装方面居于领先地位。在挪威，气调包装平均延长了鱼类、鱼制品和贝类的保藏期达1.5倍，在超级市场中就可以买到用气调包装的新鲜鲑鱼。美国的超级市场和食品店中十分流行方便的半成品和可直接食用的新鲜食品、面食和沙拉，现在大多数都用气调包装。气调包装正在影响肉类、鱼露、鱼、禽肉和其他新鲜和预制食品的包装以及这些食品在全球市场的销售。

气调包装所用气体主要为氮气、氧气、二氧化碳。正常大气中的空气是几种气体的混合物，其中氮气占空气体积约78%，氧气约21%，二氧化碳约0.03%，氩气等稀有气体约0.94%，其余则为蒸汽。氧气的性质活泼，容易与其他物质发生氧化作用，氮气则惰性很高，性质稳定，二氧化碳对于嗜低温菌有抑制作用。所谓包装内部气体成分的控制，是指调整鲜肉周围的气体成分，使其与正常的空气组成成分不同，以达到延长产品保藏期的目的。

14.7.5 化学保鲜技术

(1) 新型薄膜保鲜　在冷链运输物流中有一种叫化学保鲜技术，它是利用化学药物保持食品鲜度的方法，这是日本研制开发出的一种一次性消费的吸湿保鲜新型塑料包装膜，它是由两片具有较强透水性的半透明尼龙膜组成，并在膜之间装有天然糊料和渗透压高的砂糖糖浆，能缓慢地吸收从蔬菜、果实、肉表面渗出的水分，达到保鲜目的。

(2) 减压保鲜法　这是一种新兴的果蔬贮存法，减压保鲜法有很好的保鲜效果，且具有管理方便、操作简单、成本不高等优点，目前英、美、德、法等一些国家已研制出了具有标准规格的低压集装箱，已广泛应用于果蔬长途运输中。

(3) 陶瓷保鲜袋　这是由日本一家公司研制的一种具有远红外线效果的陶瓷果蔬保鲜袋，主要在袋的内侧涂上一层极薄的陶瓷物质，通过陶瓷所释放出来的红外线就能与果蔬中所含的水分发生强烈的运动，从而达到果蔬保鲜的效果。

(4) 可食用的果蔬保鲜剂　这是由英国一食品协会所研制的可食用的果蔬保鲜剂，它是采用可食用的蔗糖、淀粉、脂肪酸和聚合物配制成的一种半透明乳液，既可喷雾，又可涂刷，还可浸泡覆盖于西瓜、番茄、甜椒、茄子、黄瓜、苹果、香蕉等表面，其保鲜期可长达 200 d 以上。这是由于这种保鲜剂在果蔬表面形成一层“密封薄膜”，完全阻止了氧气进入果蔬内部，从而达到延长果蔬熟化过程，增强保鲜效果的目的。

(5) 烃类混合物保鲜法　这是英国塞姆培生物工艺公司研制出的一种能使番茄、辣椒、梨、葡萄等果蔬贮藏寿命延长 1 倍的“天然可食保鲜剂”。它采用一种复杂的烃类混合物，在使用时，将其溶于水中成溶液状态，然后将需保鲜的果蔬浸泡在溶液中，使果蔬表面很均匀地涂上一层液剂，这样就大大降低了氧的吸收，使果蔬所产生的二氧化碳几乎全部排出。保鲜剂酷似给果蔬施了“麻醉剂”，使其处于休眠状态。

为了提高食品物流保鲜的效果，目前出现了一些新兴的物流保鲜技术。例如，临界低温高湿保鲜技术，将食品贮藏在 0℃至各自冰点的范围内，属于非冻结保藏，是继冷藏、气调保鲜之后的第三代保鲜技术；碳酸休眠技术，一种无水保活的方法，使鱼类在无水低氧的情况下处于休眠状态，延长存活时间，从而达到保活保鲜的目的；臭氧保鲜技术，经过臭氧处理，可引起微生物细胞活性物质的氧化、变性、失活，从而起到杀菌作用。

我国农产品保鲜物流发展历史较短，与发达国家相比存在诸多问题。尽管我国十分支持农业生产投入，但在保鲜技术开发上的投入显然不足。这导致农产品物流产业链较短，农产品附加值低。根据相关数据，我国仅有一成肉制品、二成海鲜产品进入保鲜系统，而在这方面欧美国家则达到 85%。同时，我国个体运输经营者较多，难以形成规模经济。这归根结底则是我国政策倾斜力度不够，缺乏对保鲜物流业如降税补贴等优惠举措。此外，由于我国农产品物流发展历史较短，产业基础较薄弱，与之相关理论体系没有建立起来，缺乏从事保鲜物流管理的专家。农产品保鲜物流基础设施薄弱，安全检验缺乏标准化；政府资金投入、政策扶持力度不足；物流人才缺乏，农产品保鲜物流法律体系不完善；社会化、市场化程度低，农产品保鲜物流模式单一，信息化建设落后等。

节能技术、预冷技术、速冻技术、冷库安全技术、冷藏运输技术、物流信息化技术是我国冷链物流行业亟待改善的几个方面，流态冰式/真空式蓄冷预冷技术、超低温冷库技术、流量控制技术、超低温冷库和节能技术、亚临界二氧化碳循环制冷技术、冲击隧道式/自堆积螺旋式速冻技术、涉氨冷库安全技术等前沿问题应深入探讨。

今后的发展趋势应从以下几方面入手：实时了解生鲜食品的生产、加工、贮藏信息；掌握供应链中冷藏冷冻产品的数量和位置；对物流过程进行全面的动态监控；为食品安全审查提供可溯源性的信息支持。

14.8　标准化生产和质量管理技术

14.8.1　标准化生产

从肉类生产和流通的全过程看，在养殖、屠宰加工、贮藏、运输、销售等各个环节都应该实现标准化生产。其中，包括养殖场、屠宰加工场、分割车间、冷库、运输车辆、销售场所的环境管理；包括饲料、生产设施及设备、屠宰加工设施及设备、包装物料、运销设施及设备等生产资料的管理；包括各个环节生产经营行为的规范化管理等，实现全程质量管理。加强肉与肉制品标准的制定和修订工作，完善肉与肉制品标准体系，有利于通过标准化手段提升肉及肉制品的质量安全水平，从而保障消费者的消费安全。

2015 年 4 月 24 日颁布实施的《食品安全法》

则明确规定了食品安全标准是强制执行的标准，除食品安全标准外，不得制定其他的食品强制性标准。自2010年以来，我国陆续颁布了一些肉与肉制品方面的食品安全国家标准。目前，我国已初步形成了以强制性标准（食品安全国家标准）体系为核心，以推荐性标准（行业标准、地方标准、企业标准）体系为主体的肉与肉制品标准体系（图14-2），保障了肉与肉制品的质量安全，也促进了肉与肉制品的生产和加工。

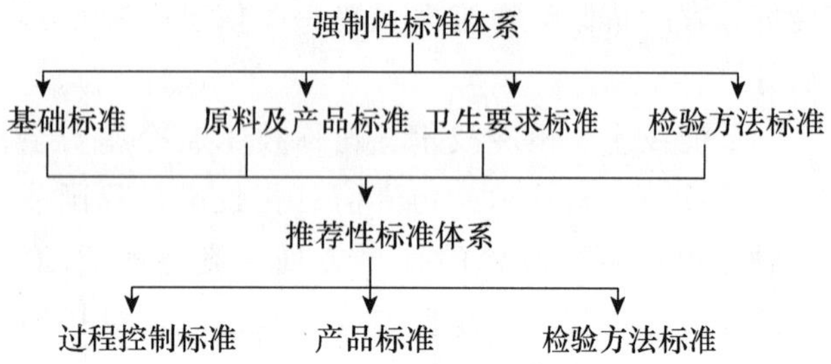

图 14-2　肉与肉制品的标准体系

14.8.2　存在问题和对策建议

1. 存在问题

随着国家食品安全方面的法律法规陆续颁布及社会经济的发展和科学技术的进步，我国肉与肉制品标准体系建设取得了良好的成果，标准已基本覆盖“从农田到餐桌”的各环节，但仍存在一些问题，主要表现在以下几方面。

（1）标准体系覆盖环节不够全面，关键标准存在缺失　无论是强制性标准体系还是推荐性标准体系，肉与肉制品标准大都以产品标准和检验方法标准为主，而在过程控制标准上比较欠缺，如畜禽屠宰后的贮藏、保鲜、运输以及追溯等标准还不很健全，流通过程控制的标准也比较少，这都会影响肉与肉制品的质量安全，因此急需在屠宰和流通等过程控制关键环节加强标准的制定。

（2）标准存在交叉重复，执行混乱　目前我国肉与肉制品标准交叉重复问题依然存在，如农业部、商务部、国家质检总局等均制定了相关的检验检疫标准，标准主体多样且部分内容交叉重复，其结果就是标准“执行难”，难以保证肉与肉制品的质量安全，也会影响消费者的身体健康。

（3）部分标准标龄过长，标准更新缓慢　在肉与肉制品标准体系中，有部分标准的标龄在10年以上，存在内容不完善、技术指标落后等问题，不能适应我国肉与肉制品生产和消费的实际需要，需要尽快复审更新。目前我国的国家标准和行业标准大多由政府主导制定，70%为一般性产品和服务标准，制定和修订这些标准所需的时间较长，不能适应生产和技术的发展需求。此外，我国企业团体标准制定才刚起步，快速反映需求的标准不能得到有效的供给，企业也缺乏创新和竞争力。

2. 对策建议

根据国内外科学技术的发展水平、食品安全工作及对外贸易的发展等方面要求，应对现行的肉与肉制品标准体系进行系统性、科学性、实用性、先进性和协调性的评价，加强我国肉与肉制品法律法规和标准的基础研究工作，积极与各国相关机构交流合作，借鉴和采用国际标准和国外先进标准，构建科学完善的肉与肉制品标准体系，才能更好地保障肉与肉制品的质量安全。为此，提出如下对策建议。

（1）以全程控制理念为指导，尽快完善肉与肉制品标准体系　以“从农田到餐桌”的全程控制理念为指导，积极借鉴国际经验，构建适合我国国情的肉与肉制品标准体系。可以从3个维度来构建标准体系：按生产过程分为养殖环节、屠宰环节、加工环节、流通环节和追溯环节；按产品的种类分为肉与肉制品；按标准层次分为基础标准、通用标准和专用标准。

（2）重点制定、修订屠宰与流通环节标准　鉴于目前我国肉与肉制品屠宰和流通环节标准缺乏的现状，应重点制定屠宰后冷藏保鲜、冷链、包装运输等方面的标准。通过对全过程各环节要素标准的完善，实现对肉与肉制品各个关键环节和关键因素的有效控制，从根本上保证和提高肉与肉制品的质量安全水平。

（3）优化完善推荐性标准体系　进一步优化推荐性标准体系，合理界定推荐性标准的制定范围，整合国家标准和各行业标准中重复交叉的内容，重点制定和修订与强制性国家标准配套的推荐性标准，重点制定和修订肉与肉制品中重要产品、加工技术和行业管理方面的标准。

(4) 提高企业参与标准制定的积极性　由政府主导的标准制定方式向企业积极参与标准制定的方式转变，构建以国家标准、行业标准为基础，企业标准、团体标准为核心的肉与肉制品标准体系，引导肉类企业积极采用国际标准，打破我国肉类产品出口的技术壁垒。

14.8.3 质量管理技术

14.8.3.1 HACCP 产生与发展

HACCP 即危害分析与关键控制点系统，是以科学为基础，通过系统研究确定具体的危害及其控制措施，以保证食品的安全性。HACCP 是一个评估危害并建立控制系统的工具，其控制系统是侧重于预防监控而不是依靠终产品的检验来保证食品的安全，它是迄今人们发现的最有效的保障食品安全的管理方法。HACCP 是目前世界上最有权威的食品安全质量保护体系，是用来保护食品在整个生产过程中免受可能发生的生物、化学、物理因素的危害。其宗旨是将这些可能发生的食品安全危害消除在生产过程中，而不是靠事后检验来保证产品的可靠性。

1959 年美国皮尔斯柏利（Pillsbury）公司与美国航空和航天局（NASA）纳蒂克（Naic）实验室在联合开发航天食品时形成了 HACCP 食品质量管理体系。1971 年皮尔斯柏利公司在美国食品保护会议（National Conference on Food Protection）上首次提出 HACCP，几年后美国食品与药物管理局（FDA）采纳并作为酸性与低酸性罐头食品法规的制定基础。1974 年以后，HACCP 概念已大量出现在科技文献中。自 HACCP 应用于食品工业后，美国国家海产品部（National Marine Fisheries Service，FSS）、食品药物管理局（FDA）、纳蒂克研究与发展中心等 4 个部门请求国家研究委员会（National Research Council）组织专家制定应用于食品微生物控制的基本法规。HACCP 经过 30 多年的发展和完善，已是食品界公认的确保食品安全的较佳的管理方案。

14.8.3.2 HACCP 基本原理

HACCP 是一个确认、分析、控制生产过程中可能发生的生物、化学、物理危害的系统方法，是一种新的质量保证系统，它不同于传统的质量检查（即终产品检查），是一种生产过程各环节的控制。从 HACCP 名称可以明确看出，它主要包括 HA，即危害分析（hazard analysis），以及 CCP，即关键控制点（critical control point）。HACCP 原理经过实际应用和修改已被联合国食品法规委员会（CAC）确认，由以下 7 个基本原理组成。

1. 危害分析

危害是指一切可能造成食品不安全消费，引起消费者疾病和伤害的生物的、化学的和物理特性的污染。确定与食品生产各阶段有关的潜在危害性，它包括原材料生产、食品加工制造过程、产品贮运、消费等各环节。危害分析不仅要分析其可能发生的危害及危害的程度，也要涉及有防护措施来控制这种危害。

2. 确定关键控制点（CCP）

CCP 是可以被控制的点、步骤或方法，经过控制可以使食品潜在的危害得以防止、去除或降至可接受的水平。HACCP 被认为是保证食品安全的最佳方法，对 CCP 进行控制和监控对食品安全有最佳效果。CCP 可以是食品生产制造的任意步骤，包括原材料及其收购或其生产、收获、运输、产品配方及加工贮运各步骤。

3. 确定关键限值，保证 CCP 受控制

在 CCP 确定关键限值是 HACCP 计划中最重要的步骤之一。对每个 CCP 需要确定一个标准值，以确保每个 CCP 限值在安全值以内。这些关键限值常是一些保藏手段的参数，如温度、时间、物理性能、水分、水分活度、pH 及有效氯活度等。

4. 确定监控 CCP 的措施

监控是有计划、有顺序地观察或测定以判断 CCP 是在控制中，并有准确地记录，可用于未来的评估。应尽可能通过各种物理及化学方法对 CCP 进行连续的监控，或有足够的间歇频率来观察测定 CCP 的变化特征，以确保 CCP 是在控制中。

5. 确立纠偏措施

当监控显示出现偏离关键限值时，要采取纠偏措施。虽然 HACCP 系统已有计划防止偏差，但从总的保护措施来说，应在每一个 CCP 上都有合适的纠偏计划，以便万一发生偏差时能有适当的

手段来恢复或纠正出现的问题，并有维持纠偏动作的记录。

6. 确立有效的记录保持秩序

要求把列有确定的危害性质、CCP、关键限值的书面 HACCP 计划的准备、执行、监控、记录保持和其他措施等与执行 HACCP 计划有关的信息、数据记录文件完整地保存下来。保存的记录和文件确认了执行 HACCP 系统过程中所采用的方法、程序、试验等是否和 HACCP 计划一致。

7. 建立审核程序

审核程序是验证应用的方法、程序、试验、评估和监控的科学性、合理性，审核关键限值能否控制确定的危害，保证 HACCP 计划正常执行。

14.9 肉品中应用的其他高新技术

14.9.1 生物阻抗技术

生物阻抗是生物组织的一个基本的物理参数，反映生物组织、器官、细胞或整个生物机体的电学性质。近年来，阻抗谱分析方法作为一种快速和非破坏性的方法，相关理论和技术已逐渐形成。研究人员探索地将阻抗谱分析方法应用于分析肉品新鲜度以及肉品中水分、蛋白质、肌原纤维等的含量，针对猪肉样品新鲜程度，设计试验并用自制肉品阻抗谱检测仪器对其进行检测，结果表明，随着肉品组织新鲜度的变化，肉品组织复阻抗以及复阻抗实部和虚部值都在发生规律性变化，其中复阻抗虚部特征频率点处表现出来的规律尤为明显，通过分析特征频率点处的复阻抗值可以分辨出肉品在短时间内的新鲜度变化。

14.9.2 分子吸收光谱技术

光谱分析法是基于物质对不同波长光的吸收、发射等现象而建立起来的一类光学分析法。光谱是光的不同波长成分及其强度分布按波长或波数次序排列的记录，它描述了物质吸收或发射光的特征，可以给出物质的组成、含量以及有关分子、原子的结构信息。由分子吸收或发光所形成的光谱称为分子光谱（molecular spectrum），分子光谱是带状光谱。

（1）红外吸收光谱分析　红外吸收光谱（infrared absorption spectroscopy，IR）又称为分子振动-转动光谱。习惯上按红外线波长将红外光谱分成 3 个区域，即近红外区、中红外区和远红外区，但在肉类研究中应用最多的是近红外光谱。近红外光谱是介于可见光谱区和中红外光谱区之间的电磁波，其波长范围为 700～2 500 nm。近红外光谱为分子振动光谱的倍频和组合频谱带，主要指含氢基团（C—H，O—H，N—H，S—H）的吸收，包含了绝大多数类型有机物组成和分子结构的丰富信息。由于不同的基团或同一基团在不同化学环境中的吸收波长有明显差别，因此可以作为获取有机化合物组成或性质信息的有效载体。

近红外定量分析的方法因其快速、准确已被列入世界谷物化学科技标准协会和美国谷物化学协会的标准，成为世界视频分析标准的检测方法之一。近红外光谱分析技术在食品分析中有很多经典的应用，特别是对切碎或细的肉中脂肪含量的测定。这种方法非常适合连续的肉糜制品，在胴体上也有应用。该方法可用于预测加工肉制品的功能性质以及检测冷冻前的肉制品。

（2）紫外-可见吸收光谱分析　紫外-可见吸收光谱（ultraviolet and visible spectros-copy，UV-VIS）统称为电子光谱，它是利用某些物质的分子吸收 200～800 nm 光谱区的辐射来进行肉品成分分析。它的基本原理是：决定肌肉颜色的物质主要是肌红蛋白和血红蛋白的各种变构体等。肌（血）红蛋白是由珠蛋白和铁卟啉构成，具有能溶于水和在一定条件下保持原有结构的特性，其各种色蛋白（红色）的最大吸收峰较接近，均在 540 nm 左右，因此，利用组织浸提液提取肌（血）红蛋白的各种变构体，并在 540 nm 波长处测定其吸光度。由于此吸光度是肌肉组织中各种色素成分的总和，因而用肌肉总色素表示。有研究表明，分光光度法比肉眼感官评分法评定肉色更加准确、可靠、误差更小。

紫外分光光度法还可以用于肉糜制品功能性质的评估。猪肉脂肪组织和带少量结缔组织的牛肌肉的混合物样品，在波长 1 000 nm 下的反射率与脂肪含量有关（$R^2=0.99$），在波长 930 nm 下的反射率与离心液体损失有关（$R^2=0.7$），在波长 1 000 nm 下的反射率与烹饪损失有关（$R^2=0.99$），在波长 690 nm 下的反射率与离心液体损失有关（$R^2=0.74$），在波长 710 nm 下的反射率与烹饪损失有关（$P^2=0.63$）。功能性质与峰值相关，而峰值受波长的影响很大。在上面给的第一相关性中，脂肪含量是主要的变量，通过红外光谱法获得相关性。光谱分析技术发展很快，但目前还存在一些问题。

14.9.3 超声波检测技术

根据声波在猪肉中传播时的反射、散射、透射及吸收特性，以及衰减系数和传播速度等特性对其品质进行检测，常用低能量超声波（频率大于 200 kHz），其方向性好，穿透能力强，易于获得较集中的声能，且不会影响检测对象的性质，获得的信息分为超声波谱和超声成像。最早的研究是将超声应用在肥瘦肉中，根据其在肥瘦肉中传播速度及不同介质交互面上的反射的差异来检测胴体的肥瘦肉厚度及肥瘦比，国外已有应用于商业的超声波检测胴体分级系统，如 Ultracom 300（SK，丹麦）、Autolom（SFK，丹麦）、CVT-2（AUS，美国），有些已经被规定为标准的检测设备。其中 Autofor（SFK，丹麦）检测系统采用间隔 25 mm 的 16 个超声波传感器，呈 U 形分布环绕包围着猪胴体背部区域，在胴体被拖动过程中采集 3 200 个点、120 nm 深的超声波信息，获得猪肉胴体的三维超声波图像，对其肥瘦肉厚度和瘦肉率进行预测，肥肉厚度预测的标准残差（residual standard deviation，RSD）为 1.24%，瘦肉厚度预测 RSD 为 2.90 nm，瘦肉率预测 RSD 为 1.84%，可实现 1 150 头猪的在线自动检测。该系统克服了单点或径向多点探测时由于胴体不同部位肥瘦分布不一致而引起的误差，实现了胴体背部的精确全面检测，但系统组成复杂，成本较高。改进的方法是对猪肉胴体采用超声波扫描获得眼肌切面的结构图像，结合光学成像技术获得猪肉背面和侧面的二维图像、结构和三维重建图像，计算猪胴体的体积、背面面积、侧面面积等多个特征，建立猪胴体瘦肉率的预测模型。该模型因为融合了超声波图像特征和光学图像特征，较超声波检测的模型复杂，但硬件系统相对简单，其预测结果也较好，预测（R^2）为 0.82，RSD 为 1.68%。

利用声音传播速度取决于介质的体积弹性模量和密度的性质，可以应用超声波对嫩度、弹性等与猪肉组织结构相关的品质进行检测。肌内脂肪（intramuscular fat，IMF）含量关系到肉的大理石花纹、嫩度、多汁性与风味等食用品质，是影响消费者购买的关键因素之一。其量不同，肌肉结构组织也不同，对超声波谱的振幅、散射与衰减特性也不同。对猪肉胴体眼肌的超声波反射波谱应用偏最小二乘回归（partial least-squares regression regress，PLSR）等数学计量法建立 IMF 预测模型，预测均方根误差（root mean square error of prediction，RMSEP）为 0.36%。

14.9.4 电子鼻技术与核磁共振技术在评定肉类品质上的应用

根据检测对象的气体信息，利用气敏化学传感器阵列结合模式识别及相关支持、处理部件对其品质进行检测称为电子鼻技术，在肉品品质检测中主要用于新鲜度的检测和风味物质检测。1998 年 Armold 等通过电子鼻分析肉制品加工过程中微生物种类和数量的变化，从而判断肉制品的新鲜程度。2004 年 Santos 等通过电子鼻分析伊比利亚火腿原料肉种类和成熟时间。但电子鼻存在采集时间长及要进行封闭式采样等缺点，使之很难直接应用于开放空间的在线检测；另外，气味主要用于肉制品风味的评估和贮藏肉新鲜度的检测，在鲜肉品质综合评价中所占权重较小。

有磁矩的原子核（^{1}H、^{13}C、^{15}N、^{31}P 等）在磁场作用下会发生能级分裂，在有相应的电磁波作用时，在核能级之间会发生共振跃迁，即核磁共振（nuclear magnetic resonance，NMR），该技术可以定性和定量检测猪肉中各种含磷化合物，如 ATP、无机磷、磷酸肌酸等，并对它们进行动态跟踪，能够在分子水平上阐明宰后肉的能量变化与肉的食用品质的关系，以及添加到肌肉中磷酸盐的变化过程，以确定最佳的屠宰方式和后续加工工艺。NMR 能获得物质中水分子的结构信息，水分的结合力越强，核磁共振谱的横向弛豫时间越低，由此可检测猪肉系水力特性。

复习思考题

1. 现代肉制品加工业常用的高新技术有哪些？
2. 超高压技术的原理是什么？有哪些应用？
3. HACCP 的原理是什么？有什么优势？
4. 微生物预报技术有哪些应用？
5. 试述各种先进技术在肉品加工和检测中的应用。

第 2 篇
乳品工艺学

HAPTER 15

第 15 章 乳品加工基础知识

目标要求：

1. 了解乳的化学成分，掌握乳中蛋白质、脂肪、乳糖的特性；
2. 掌握乳的物理性质，重点掌握酸度、相对密度、冰点等特性；
3. 了解异常乳的分类及产生原因。

15.1 乳的概念及组成

15.1.1 乳的概念

乳是雌性哺乳动物分娩后由乳腺分泌的一种白色或微黄色的不透明液体。它含有丰富的营养成分，是哺乳动物出生后最适合且易于消化吸收的食物。目前工业化生产利用的乳类主要为牛（乳牛、水牛）、羊（山羊、绵羊）、马等动物的乳，牛乳是工业加工量最大的乳类。本书所提到的乳类除特别说明外，一般指牛乳。

乳的化学成分十分复杂，牛乳中至少有上百种化学成分。牛乳主要成分由水分、蛋白质、脂肪、乳糖、维生素、矿物质以及一些其他的活性物质（酶、激素、微量元素、免疫体等）、气体组成。牛乳中的乳糖和部分可溶性盐类形成真溶液，其微粒直径小于1 nm；蛋白质与不溶性的无机盐形成胶体悬浮液，其微粒直径为1～100 nm；脂肪以脂肪球形式形成乳浊液，脂肪球的直径为0.1～20 μm，绝大部分为2～5 μm。牛乳是由上述3种体系组成的均匀、稳定的胶体性液体。

15.1.2 乳的化学组成与性质

将牛乳干燥到恒重时所得到的残余物叫作乳的干物质。正常乳中除水以外的乳的干物质（TS）含量为11%～13%。乳中干物质的数量随乳成分的百分含量而异，尤其是乳脂肪，在乳中是一个不太稳定的成分，对干物质数值有很大的影响。干物质中除去脂肪以外的各组分总称为非脂干物质，即非脂乳固体（SNF）。因此在实际中常用非脂乳固体（无脂干物质）作为指标衡量乳的品质。

15.1.2.1 水分

水是牛乳的主要成分之一，占87%～89%。乳中水分有3种存在形式，分别是游离水、结合水、结晶水。

（1）游离水　占绝大部分，是乳汁的分散剂，它能溶解各种物质（有机物、无机盐和气体等），许多理化过程和生物学过程均与游离水有关。

（2）结合水　这部分水含量较少，占2%～3%，它与乳中的蛋白质、乳糖以及某些盐类结合存在，不具有溶解其他物质的作用。在水结冰的温度下不冻结（通常在−40℃以下才结冰），乳粉生产中也不能脱掉该部分水。

由于结合水的存在，在乳粉生产中是无法得到绝干产品的，因此乳粉中通常含有3%左右的水分。要想去除这些水分，只有长时间保持在100～105℃的恒温下才能实现。但乳粉若受长时间高温处理，则会出现蛋白质变性、溶解度降低、乳糖焦糖化、脂肪氧化等现象。

（3）结晶水　存在结晶性水合物中，水是结构成分。这种结合最为稳定，在乳糖、乳粉及炼乳生产中，可以看到含有1个分子结晶水的乳糖晶粒。

15.1.2.2 乳蛋白质

乳蛋白质是乳中最有价值的部分，为全价蛋白质，几乎含有全部的必需氨基酸。从含氮量来分析，牛乳中含有2.8%～3.8%含氮化合物，其中95%为乳蛋白质，5%为非蛋白态氮。乳中主要的蛋白质是酪蛋白，还有乳清蛋白及少量的脂肪球膜蛋白。

1. 酪蛋白

1）酪蛋白的组成及存在形式

酪蛋白是在20℃调节脱脂乳的pH至4.6时沉淀的一类蛋白质，大约占乳中蛋白质总量的80%。酪蛋白不是单一的蛋白质，而是由α-酪蛋白、β-酪蛋白、κ-酪蛋白组成。其中α-酪蛋白的含量最高，约占酪蛋白总量的50%，β-酪蛋白约占酪蛋白总量的30%。

牛乳中的酪蛋白与钙结合成酪蛋白酸钙，再与胶粒状的磷酸钙结合形成酪蛋白酸钙-磷酸钙复合体，以微胶粒的形式存在于乳中。κ-酪蛋白覆盖层对胶体起保护作用，使牛乳中酪蛋白酸钙-磷酸钙复合体胶粒能保持相对稳定的胶体悬浮状态。酪蛋白胶粒基本形成直径为30～300 nm的球状，其中以80～120 nm居多，每毫升乳中有（5～15）×10^{12}个胶粒。

2）酪蛋白的化学性质

（1）酸凝固　酪蛋白胶粒对pH的变化很敏感。当降低脱脂乳的pH时，酪蛋白微胶粒中的钙与磷酸盐就逐渐游离出来；当pH达到酪蛋白的等电点 4.6 时，就会使酪蛋白凝固。干酪素生产就是依据这个原理。用盐酸作凝固剂，如果加酸不足或酪蛋白胶粒稳定性不好，则得到的干酪素不太纯净，往往包含一部分的钙盐。硫酸也能很好地沉淀乳中的酪蛋白，但由于硫酸钙不能溶解，会使产品杂质增多。

此外，牛乳中的乳糖在乳酸菌的作用下可生成乳酸，乳酸也可以将酪蛋白酸钙中的钙分离而形成可溶的乳酸钙，同时使酪蛋白形成硬的凝块，这一特点在生产酸乳制品上很重要。

（2）酶促凝固　牛乳中的酪蛋白在凝乳酶的作用下会发生凝固，工业上生产干酪就是利用此原理。酪蛋白在凝乳酶的作用下变为副酪蛋白，在钙离子存在下形成不溶性的凝块，这种凝块叫作副酪蛋白钙。

（3）盐类及离子对酪蛋白稳定性的影响　乳中的酪蛋白酸钙-磷酸钙胶粒容易在氯化钠或硫酸铵等盐类饱和溶液或半饱和溶液中形成沉淀，这种沉淀是由于电荷的抵消与胶粒脱水而产生的。

酪蛋白酸钙-磷酸钙胶粒对其体系内二价阳离子含量的变化很敏感。钙或镁离子能与酪蛋白结合，使粒子发生凝集作用，故钙离子与镁离子的浓度影响着胶粒的稳定性。当乳中加入氯化钙时，这种平衡状态被破坏，在加热时酪蛋白发生凝固。试验证明，在 90℃ 时加入 0.12%～0.15% 的 $CaCl_2$，即可使乳凝固。

（4）酪蛋白与糖的反应　具有还原性羰基的糖可与酪蛋白作用变成氨基糖而产生芳香味及颜色。

蛋白质和乳糖的反应在乳品工业中有特殊意义：乳品（如乳粉、乳蛋白粉和其他乳制品）在长期贮存中，由于乳糖与酪蛋白发生反应而使其颜色、风味及营养价值发生改变。

2. 乳清蛋白

乳清蛋白是指牛乳在 20℃、pH 4.6 时沉淀酪蛋白后分离出的乳清中的蛋白质的统称，占乳蛋白质的 18%～20%。乳清蛋白可分为热不稳定性和热稳定性乳清蛋白两部分。

1）热不稳定性乳清蛋白

调节乳清 pH 至 4.6～4.7，煮沸 20 min，发生沉淀的一类蛋白质为热不稳定性乳清蛋白，约占乳清蛋白的 81%。包括乳白蛋白和乳球蛋白两类。

（1）乳白蛋白　是指在中性乳清中，加饱和硫酸铵或饱和硫酸镁盐析时，呈溶解状态而不析出的蛋白质。乳白蛋白约占乳清蛋白的 68%。乳白蛋白又包括 α-乳白蛋白、β-乳球蛋白和血清白蛋白，分别约占乳清蛋白的 20%、43%和 5%。乳白蛋白中最主要的是 α-乳白蛋白，它以 1.5～5.0 μm 直径的微粒分散在乳中，对酪蛋白胶体起保护作用。这类蛋白在常温下不能用酸凝固，但在弱酸性时加热即能凝固。

（2）乳球蛋白　中性乳清加饱和硫酸铵或饱和硫酸镁盐析时，能析出但不呈溶解状态的乳清蛋白即为乳球蛋白，约占乳清蛋白的 13%。乳球蛋白具有抗体作用，故又称为免疫球蛋白。在初乳中的免疫球蛋白含量高达 2%～15%，而常乳中仅有 0.1%。

2）热稳定性乳清蛋白

这类蛋白包括蛋白𬒈和蛋白胨，约占乳清蛋白的 19%。

此外，还有一些脂肪球膜蛋白质，是吸附于脂肪球表面的蛋白质与酶的混合物，其中含有脂蛋白、碱性磷酸酶和黄嘌呤氧化酶等。这些蛋白质可以用洗涤的方法将其分离出来。脂肪球膜蛋白由于受细菌性酶的作用而产生的分解现象，是奶油在贮藏时风味变劣的原因之一。

15.1.2.3 乳脂质

乳脂质是乳中主要的能量物质和重要营养成分，是迄今为止已知的组成和结构最复杂的脂类。乳脂质是乳中脂肪和类脂的总称，其中有 97%～99%的成分是乳脂肪，还有约 1%的磷脂和少量甾醇、游离脂肪酸、脂溶性维生素等。牛乳中的类脂主要是磷脂，即磷脂酰胆碱（卵磷脂）、磷脂酰乙醇胺（脑磷脂）和神经磷脂，可作为体内一些生理活性物质的前体，具有生理活性。

1. 乳脂肪

乳脂肪属中性脂肪，具有良好的风味和消化性，在牛乳中含量为 3%～5%，是牛乳的主要成分之一，对牛乳风味起着重要的作用，是由 1 个甘油分子和3个相同或不同脂肪酸所组成的多种甘油三酸酯的混合物。

1）脂肪球的构造

乳脂肪不溶于水，以脂肪球的形式存在于乳中，呈一种水包油型乳浊液状态，乳脂肪直径为0.1～20 μm，以2～5 μm居多。脂肪球的直径越大，上浮的速度就越快。1 mL牛乳中含有20亿～40亿个脂肪球。脂肪球呈球形或椭球形，球表面有一层膜叫脂肪球膜，它的主要作用是防止脂肪球相互聚结，使乳脂肪球处于独立的相对稳定的分散状态，保护乳浊液的稳定性，其厚度为5～10 nm。在机械搅拌或化学物质的作用下，脂肪球膜遭到破坏后，脂肪球就会互相聚集在一起。因此，可以利用这一原理生产奶油。

2）乳脂肪的化学性质

（1）自动氧化　由于乳脂肪中不饱和脂肪酸含量多，与空气接触则易发生自动氧化作用，形成氢过氧化物。氢过氧化物不稳定，经过一定的积累后会慢慢分解，从而产生脂肪氧化味。光、氧、热、金属离子（Cu^{2+}、Fe^{3+}）能催化脂肪自动氧化。

（2）水解　乳脂肪易在解脂酶及微生物作用下发生水解，使酸度升高，产生的低级脂肪酸可导致牛乳产生不愉快的刺激性气味，即所谓的脂肪分解味。不过，通过添加特别的解脂酶和微生物可产生具有独特风味的干酪产品。

2. 磷脂

磷脂含量占脂类的1%，牛乳中含磷脂0.03%，60%磷脂集中在脂肪球膜。乳中含有3种磷脂，即卵磷脂、脑磷脂和神经磷脂，比例为48∶37∶15，其中卵磷脂是构成脂肪球膜脂蛋白络合物的主要成分，卵磷脂的胆碱残基具有亲水性，脂肪酸残基具有亲油性，因此卵磷脂能以一定方向排列在两相界面上，致使脂肪球在乳中保持乳浊液的稳定性。

磷脂在动物机体磷代谢方面，特别对婴儿的脑发育有重要作用，一定量的磷脂可组成一定的风味，磷脂还是理想的营养剂和乳化剂。根据卵磷脂既具有亲水性又具有亲油性的特点，可采用在乳粉颗粒表面喷涂卵磷脂的工艺生产速溶奶粉。卵磷脂在细菌性酶的作用下会形成带有鱼腥味的三甲胺而被破坏。

15.1.2.4　乳糖

乳糖是哺乳动物乳腺分泌的一种特有的碳水化合物。牛乳中99.8%的碳水化合物为乳糖，还有少量的果糖、葡萄糖、半乳糖。牛乳中含有4.6%～4.7%的乳糖，甜度相当于蔗糖的1/6～1/5。乳糖是一种双糖，是由1分子葡萄糖和1分子半乳糖通过β-1，4-糖苷键连接而成，又称为1，4-半乳糖苷葡萄糖，属还原糖。

乳糖有α-乳糖和β-乳糖2种异构体，α-乳糖很容易与1分子结晶水结合，变为α-乳糖水合物，所以乳糖实际上有3种构型。甜炼乳中的乳糖大部分呈结晶状态，结晶的大小直接影响炼乳的口感，而结晶的大小可根据乳糖的溶解度与温度的关系加以控制。

乳糖在人的肠道内是乳酸菌良好的培养基，当它被细菌分解成乳酸，使肠道内呈弱酸性，可抑制某些有害菌类的生长和繁殖，阻碍和减少有害代谢产物的产生。乳糖还可促进婴幼儿对钙的吸收，有助于骨骼和牙齿等的正常发育，减少佝偻病的发病率，提高健康水平。

乳糖不能被人体直接吸收，有些人由于肠道内缺乏乳糖分解酶，饮用牛乳后出现腹胀、腹痛、呕吐、腹泻等症状，被称为乳糖不耐症。对于乳糖不耐症的人来说，可通过饮用发酵乳制品、在乳及乳制品中直接添加乳糖酶及口服乳糖酶片剂等方法解决乳糖不耐症的问题。

15.1.2.5　无机物和盐类

1. 无机物

无机物也称为矿物质，通常以灰分的量来表示牛乳中无机物的量，但严格来讲无机物、矿物质和灰分是不同的。牛乳中灰分的含量相对稳定，为0.7%～0.8%。牛乳中主要的无机物有磷、钙、镁、氯、钠、钾、铁、硫、钾等，此外还含有近20种微量元素，包括铜、锰、碘、锌、铝、氟、硅、溴等。

乳中最重要的无机物是钙，钙含量丰富，生物活性高，牛乳是人体最理想的钙源。牛乳中20%的钙与酪蛋白结合，50%的钙是胶态无机钙，剩余 30%形成钙离子溶液。牛乳中的钙主要以磷酸盐、柠檬酸盐形式存在，大约 30%是可溶性的，不溶性的钙主要是与酪蛋白结合。

2. 盐类

乳中的无机物大部分以可溶性的盐类存在，主要包括钾、钠、钙、镁的磷酸盐、柠檬酸盐、盐酸盐、硫酸盐、碳酸盐和碳酸氢盐，其中最主要的是以无机磷酸盐及有机柠檬酸盐的状态存在。

乳中无机成分的含量虽然很少，但在牛乳加工上，特别是对于乳的热凝固方面起重要的作用。牛乳中钙、镁与磷酸盐、柠檬酸盐之间保持适当的平衡，对于牛乳的稳定性具有非常重要的意义。当牛乳因季节、饲料、生理或病理等方面原因打破上述平衡关系时，对乳的热稳定性影响很大。有时在比较低的温度下牛乳发生凝固，是因为钙、镁过剩，可以通过向牛乳中添加磷酸盐或柠檬酸盐（通常为柠檬酸钠、磷酸氢二钠）以达到稳定作用，防止发生凝固现象。在牛乳中 Ca^{2+} 增高时，在与酒精混合时易发生凝固，造成有时原料乳的酸度合格而酒精试验不合格（呈阳性），即所谓"低酸度酒精阳性乳"。

15.1.2.6 维生素

牛乳中含有人体所必需的各种维生素，种类比较齐全。乳中维生素的含量受多种因素影响，包括营养、遗传、哺乳阶段、季节等，其中营养因素是最主要的，即维生素主要从乳牛的饲料中转移而来。同时，乳中维生素也受乳牛的饲养管理、杀菌以及其他加工处理的影响，乳制品中的维生素在贮存、运输、销售等环节中也会受包装、环境、光照等因素的影响而损失。

15.1.2.7 酶类

牛乳中的酶类主要分为内源酶（固有酶）和外源酶。乳中的内源酶有 60 多种，主要来源于乳腺组织、乳浆及白细胞。乳与乳制品中微生物代谢产生的酶属于外源酶。牛乳中的酶种类很多，但与乳制品生产密切相关的主要为水解酶类和氧化还原酶类两大类。

1. 水解酶类

（1）脂酶　脂酶是将脂肪分解为甘油及脂肪酸的酶（最适 pH 为 9.0～9.2，最适温度为 37℃）。脂酶有两种，一种是吸附于脂肪球膜界面间的膜脂酶，一种是存在于脱脂乳中与酪蛋白结合的乳浆脂酶。膜脂酶在常乳中不存在，在异常乳（末乳、乳腺炎乳）中存在。乳浆脂酶在对牛乳进行均质、搅拌工艺处理时被激活，其活性提高并吸附于脂肪球，分解脂肪而产生一些游离脂肪酸，使乳制品有一些脂肪分解臭。

乳脂肪对脂酶的热稳定性有保护作用，热处理时，乳的脂肪率增高则脂酶的钝化程度降低。在 62～65℃保持 30 min 低温长时间杀菌，脂酶依然存在，故钝化脂酶需采用至少为 80～95℃的高温短时或超高温瞬时处理。同时还要控制原料乳的质量，避免使用异常乳，并防止微生物的再污染。

（2）磷酸酶　磷酸酶能水解复杂的有机磷酸酯。牛乳中的磷酸酶主要是碱性磷酸酶（吸附于脂肪球膜上），还有少量酸性磷酸酶（存在于乳清中）。

碱性磷酸酶的最适 pH 为 7.6～7.8，经 63℃、30 min 或 71～75℃、15～30 s 加热后钝化，其钝化所需的温度、时间与生产液态乳的巴氏杀菌法所要求的温度、时间基本相同，通过测定碱性磷酸酶的有无可证明杀菌程度是否完全，是否符合要求以及是否污染未经消毒的生乳。

（3）蛋白酶　牛乳中的蛋白酶分别来自乳本身和污染的微生物。乳中蛋白酶多为细菌性酶，细菌性蛋白酶使蛋白质水解后形成蛋白胨、多肽及氨基酸。其中由乳酸菌形成的蛋白酶在乳中，特别是在干酪生产中具有非常重要的意义。蛋白酶在 75～80℃及以上时即被破坏；在 70℃以下时，可以耐受长时间的加热；在 37～42℃时，这种酶在弱碱性环境中作用最大，中性及酸性环境中作用减弱。

2. 氧化还原酶类

（1）过氧化氢酶　牛乳中过氧化氢酶主要来自白细胞的细胞成分，特别是在初乳和乳腺炎乳中含量多。经 65℃、30 min 加热，95%的过氧化氢酶会被钝化；经 75～80℃、20 min 加热可使酶全部钝化。过氧化氢酶试验可作为检验乳腺炎乳的手段之一。

(2) 过氧化物酶 过氧化物酶是乳中最耐热的酶类之一，主要来自白细胞的细胞成分，是乳中固有的酶。过氧化物酶作用的最适温度为25℃，最适 pH 是 6.8，钝化温度和时间为 76℃、20 min，77～78℃、5 min，85℃、10 s。通过测定过氧化物酶的活力可以判断牛乳是否经过热处理或判断热处理的程度。当乳中有过氧化物酶存在时，说明是生乳；无过氧化物酶存在，即为合格巴氏杀菌乳。

(3) 还原酶 还原酶是微生物代谢产生的，能使甲基蓝还原为无色，随着乳中细菌数的增加还原酶也增加，根据这个原理可判定牛乳的新鲜程度，称为还原酶试验。此试验根据甲基蓝褪色所需时间来断定细菌的数量，通常在 20 mL 乳中加入 1 mL 甲基蓝溶液，并置于 (37±0.5)℃恒温箱中进行培养。

15.1.2.8 其他成分

除上述成分外，乳中还有少量的有机酸、细胞成分、气体、色素、风味成分及激素等。

1. 有机酸

牛乳中的有机酸主要是柠檬酸，乳中含柠檬酸 0.07%～0.40%，平均为 0.18%。柠檬酸对于牛乳的盐类平衡、热稳定性、冷冻稳定性、酒精不稳定性、奶油芳香风味的形成以及干酪质量等方面都具有重要作用。

2. 细胞成分

乳中所含细胞成分主要是白细胞、少量红细胞和乳房分泌组织的上皮细胞。牛乳中的细胞含量的多少是衡量乳房健康状况及牛乳卫生质量的标志之一。一般正常乳中细胞数不超过 50 万个/mL。

3. 气体

牛乳中含有微量的气体，主要为二氧化碳、氧气及氮气，其中二氧化碳最多，氧气最少。牛乳在贮存与处理中二氧化碳由于逸出而减少，而氧气及氮气则因与空气接触而增多，乳中的气体对乳的相对密度和酸度有影响。因此，在测定乳的相对密度和酸度时，要求将乳样放置一定时间，待气体达到平衡后再测定。

15.1.3 乳中常见微生物

牛乳是乳制品加工的主要原料，富含多种营养素，是营养价值很高的食品，同时也是微生物生长的良好培养基。如果在挤乳及加工过程中受到微生物的污染，这些微生物在适宜条件下就会迅速繁殖，降低乳及乳制品的质量。

15.1.3.1 微生物的来源

1. 内源性污染

内源性污染是指污染微生物来自牛体内部，即牛体乳腺患病或污染有菌体、乳牛患有某种传染性疾病或局部感染而使病原体通过泌乳排出到乳中造成的污染，如布氏杆菌、结核杆菌、口蹄疫病毒等病原体。

乳牛的乳房内不是处于无菌状态，即使是健康的乳牛，在其乳房内的乳汁中含有的细菌数为 500～1 000 个/mL。许多细菌可通过乳头管栖生于乳池下部，这些细菌从乳头端部侵入乳房，由于细菌本身的繁殖和乳房的物理蠕动而进入乳房内部，因此，第一股乳流中微生物的数量最多，所以在挤乳时最初挤出的乳应单独存放，另行处理。

2. 外源性污染

(1) 牛体的污染 挤乳时鲜乳受乳房周围和牛体其他部分污染的机会很多。因为牛舍空气、垫草、尘土以及牛本身的排泄物中的细菌大量附着在乳房的周围，当挤乳时侵入牛乳中。这些污染菌中，多数属于带芽孢的杆菌和大肠杆菌等。所以在挤乳时，应用温水严格清洗乳房和腹部，并用清洁的毛巾擦干。

(2) 空气的污染 挤乳及收乳过程中，鲜乳若暴露于空气中，受空气中微生物污染的机会就会增加。牛舍内的空气含有很多的细菌，尤其是在含灰尘较大的空气中，以带芽孢的杆菌和球菌属居多，霉菌的孢子也很多。现代化的挤乳站采用机械化挤乳，管道封闭运输，可减少来自空气的污染。

(3) 挤乳器具的污染 挤乳时所用的桶、挤乳机、过滤布、洗乳房用布等，如果不事先进行清洗杀菌，通过这些器具也会使鲜乳受到污染。各种器具中所存在的细菌多数为耐热的球菌属，所以这类器具的杀菌对防止微生物的污染有重要意义。

(4) 工作人员的污染 工作人员本身的卫生

状况和健康状况也会影响鲜乳中微生物的数量。操作工人的手、工作服不清洁，都会将微生物带入乳液中；如果工作人员是病原菌的携带者，会将病原菌传播到乳液中，造成更大的危害。所以，要定期对工作人员进行卫生及健康检查。

乳制品的加工应尽可能采用自动化封闭系统，使鲜乳进入加工系统后不与外界接触，从而减少微生物的污染机会。

15.1.3.2 微生物的种类及其性质

乳中常见的微生物主要是细菌，其次是酵母菌和霉菌，较少见的为病毒。这些微生物一般可分为三类：第一类是病原微生物，它一般不改变乳与乳制品的性质，但对人、畜有害，可通过乳传播流行病；第二类是有害微生物，又称为腐败菌，可引起乳及乳制品的腐败变质；第三类是乳品生产中的有益微生物。

1．细菌

（1）产酸菌　主要为乳酸菌，指能分解乳糖产生乳酸的细菌。在乳和乳制品中主要有乳球菌科和乳杆菌科，包括链球菌属、明串珠菌属和乳杆菌属。

（2）产气菌　这类菌在牛乳中生长时能产生酸和气体。例如，大肠杆菌和产气杆菌是常出现于牛乳中的产气菌。产气杆菌能在低温下增殖，是低温贮藏时使牛乳酸败的主要菌种。另外，可从牛乳和干酪中分离得到费氏丙酸杆菌和谢氏丙酸杆菌，它们的生长温度范围为 15～40℃。用丙酸菌生产干酪时，可使产品具有气孔和特有的风味。

（3）肠道杆菌　肠道杆菌是一群寄生在肠道内的革兰氏阴性短杆菌。在乳制品生产中是评定乳制品污染程度的指标之一。其中主要有大肠菌群和沙门菌族。

（4）芽孢菌　该菌因能形成耐热性芽孢，经杀菌处理后仍残存在乳中，可分为好气性杆菌属和嫌气性梭状菌属两种。

（5）球菌类　一般为好气性细菌，能产生色素。牛乳中常出现的有微球菌属和葡萄球菌属。

（6）低温菌　在 7℃以下能生长繁殖的细菌称为低温菌；在 20℃以下能生长繁殖的细菌称为嗜冷菌。乳品中常见的低温菌属有假单孢菌属和醋酸杆菌属。这些菌在低温下生长良好，能使乳中蛋白质分解引起牛乳胨化、分解脂肪使牛乳产生哈喇味，引起乳制品腐败变质。

一般来说，巴氏消毒乳和超高温灭菌乳的保质期质量受其中蛋白酶、脂酶活动的影响。当原料乳在超高温杀菌前乳中的嗜冷菌数量达到 10^6 CFU/mL 时，杀菌后不出 20 周即发生凝胶化。若菌数在 10^7 CFU/mL，将在 2～10 周发生凝胶化，并逐渐产生不新鲜风味或产生苦味。

干酪受到蛋白酶和脂酶的影响，会降低质量，出现风味缺陷、酸败、肥皂味等现象。通常原料乳中嗜冷菌数在 10^7～10^8 CFU/mL 时即可产生以上缺陷。

奶油受到耐热脂酶的作用也会产生水解酸败，其结果是由于奶油水相中假单孢菌生长而产生酸败或腐败气味。由于高脂肪含量和脂酶易于进入奶油相，因此，奶油对嗜冷菌脂酶敏感。嗜冷菌在奶油中繁殖是导致风味不良的主要原因。

由嗜冷菌污染严重的原料乳生产的酸牛乳和发酵乳制品会出现苦味、不洁味、水果味等质量缺陷。

（7）高温菌和耐热性细菌　高温菌或耐热性细菌是指在 40℃以上能生长繁殖的菌群。如乳酸菌中的嗜热链球菌、保加利亚乳杆菌、好气性芽孢菌（如嗜热脂肪芽孢杆菌）、嫌气性芽孢杆菌（如好热纤维梭状芽孢杆菌）和放线菌等。特别是嗜热脂肪芽孢杆菌，最适生长温度为 60～70℃。

耐热性细菌在生产上是指低温杀菌（63℃、30 min）条件下还能存活的细菌，如部分乳酸菌、耐热性大肠菌群、部分放线菌和球菌等，此外，芽孢杆菌耐热性也较强。但用超高温瞬时杀菌可杀死上述耐热菌及芽孢。

（8）蛋白质分解菌和脂肪分解菌　蛋白质分解菌指能产生蛋白酶而将蛋白质分解的菌群。生产发酵乳制品时产生的大部分乳酸菌能使乳中蛋白质分解，这部分细菌属于有益菌；也有属于腐败性的蛋白质分解菌，能使蛋白质分解形成氨和胺类，可使牛乳产生黏性、碱性。

脂肪分解菌指能使甘油酯分解成甘油和脂肪酸的菌群。脂肪分解菌中，除一部分在干酪生产方面有用外，一般都是使牛乳和乳制品变质的细菌，尤其对稀奶油和奶油危害更大。

2. 酵母

乳与乳制品中常见的酵母有脆壁酵母、汉逊酵母、圆酵母属及假丝酵母属等。

脆壁酵母能使乳糖形成酒精和二氧化碳。该酵母是生产牛乳酒、酸马奶酒的珍贵菌种。乳清进行酒精发酵时常用此菌。汉逊酵母多存在于干酪及乳腺炎乳中。圆酵母属是无孢子酵母的代表，能使乳糖发酵。污染有此酵母的乳和乳制品会产生酵母味，并能使干酪和炼乳罐头膨胀。假丝酵母属的氧化分解能力很强，能使乳酸分解形成二氧化碳和水。由于其酒精发酵能力很高，因此，也用于开菲尔乳和酒精发酵。

3. 霉菌

牛乳及乳制品中存在的霉菌主要有根霉、毛霉、曲霉、青霉、串珠霉等，大多数属于有害菌。与乳品有关的主要有白地霉、毛霉及根霉属等，生产卡门培尔干酪、罗奎福特干酪和青纹干酪时需要依靠霉菌。

4. 噬菌体

噬菌体是侵入微生物中的病毒的总称，也称细菌病毒。它只能生长于宿主菌内，并在宿主菌内裂解，导致宿主的破裂。当乳品发酵剂受噬菌体污染后，就会导致发酵失败，是干酪、酸乳生产中必须注意的问题。

15.2 乳的物理性质

乳的物理性质包括乳的色泽、滋味、气味、酸度、相对密度、冰点、沸点、比热容、热导率、电导率、黏度与表面张力等，这些性质不仅在辨别乳的质量及掺假方面有用，同时对于选择正确的工艺条件也有重要的意义。

15.2.1 色泽

正常新鲜的牛乳是一种白色或稍带黄色的不透明液体。白色是由乳中的脂肪球、酪蛋白酸钙-磷酸钙胶粒等微粒对光的不规则反射和折射所产生。黄色是由核黄素（乳清中）、叶黄素和胡萝卜素（乳脂肪中）等所引起。胡萝卜素是一种天然色素，主要来源于青饲料中，它溶于脂肪而不溶于水，是牛乳带有微黄色的原因。

牛乳分离出稀奶油或由稀奶油制成奶油时，胡萝卜素即随脂肪进入稀奶油或奶油中，因此使稀奶油略带黄色。冬季饲料中胡萝卜素含量低，所以生产的奶油颜色也较浅。牛乳中胡萝卜素含量的多少与牛的品种也有很大的关系。

15.2.2 滋味与气味

1. 滋味

正常新鲜牛乳稍带甜味，这是由于乳中含有乳糖。乳中由于含有 Cl^-，所以稍带咸味。常乳中的咸味因受乳糖、脂肪、蛋白质等所调和而不易觉察，但异常乳如乳腺炎乳中 Cl^- 含量较高，故有浓厚的咸味。乳中的苦味来自 Mg^{2+}、Ca^{2+}，而酸味是由柠檬酸及磷酸所产生。

2. 气味

乳中挥发性脂肪酸及其他挥发性物质，是构成牛乳气味的主要成分。乳的香味随温度升高而加强，因此牛乳经加热后香味明显，冷却后减弱。乳中羰基化合物，如乙醛、丙酮、甲醛等均与牛乳风味有关。牛乳除了原有的香味之外，很容易吸收外界的各种气味。

15.2.3 酸度

酸度是反映牛乳新鲜度和热稳定性的重要指标。酸度高的牛乳，新鲜度低，热稳定性差；反之，酸度低（在正常范围内）表明牛乳新鲜度高，热稳定性也高。

1. pH

正常乳的 pH 一般为 6.5～6.7，酸败乳和初乳的 pH 在 6.5 以下，乳腺炎乳和低酸度乳 pH 在 6.7 以上。滴定酸度可以及时反映出乳酸产生的程度，而 pH 则不呈现规律性的关系，因此在生产中广泛采用测定滴定酸度来间接掌握乳的新鲜度。

2. 酸度

乳的酸度由两部分组成：一部分是由乳中的酸性物质（如蛋白质、柠檬酸盐、磷酸盐及 CO_2 等）产生的，称为自然酸度或固有酸度；另一部分是在微生物作用下由乳糖发酵产生乳酸，导致乳的酸度升高，由于发酵产酸而升高的这部分酸度称为发酵酸度。固有酸度和发酵酸度之和称为总酸度。一般情况下，乳品生产中测定的酸度就是总酸度。乳品工业中酸度是指以标准碱液用滴定法测定的滴定酸度。滴定酸度有多种测定方法和表示形式。我国通常用吉尔涅尔度（°T）和乳酸度（乳酸含量）来表示滴定酸度。

（1）吉尔涅尔度　取 100 mL 牛乳（生产单位为了节省原料乳，取 10 mL 来滴定，这时需将碱液的消耗量乘以 10），用酚酞做指示剂，以 0.1 mol/L 的 NaOH 来滴定，按所消耗的 NaOH 毫升数来表示，消耗 1 mL 为 1°T。正常牛乳的酸度通常为 16～18°T。

（2）乳酸度　按照上述方法滴定，滴定后用下列公式计算即可：

$$\text{乳酸度}=\frac{0.1\ \text{mol/L NaOH 毫升数}\times 0.009}{\text{供试牛乳质量（毫升数}\times\text{相对密度）}}\times 100\%$$

新鲜牛乳的滴定酸度用乳酸度表示为 0.13%～0.18%，一般为 0.15%～0.16%。

15.2.4　密度与相对密度

乳的密度是指一定温度下单位体积的质量。乳的相对密度主要有两种表示方法：一是指在 15℃ 时，一定体积牛乳的质量与同容积同温度水的质量之比，通常表示为 d_{15}^{15}，正常牛乳 $d_{15}^{15}=1.032$；二是指乳在 20℃时的质量与同容积水在 4℃时的质量比，我国很多乳品工厂也都采用这一标准，通常表示为 d_4^{20}，正常牛乳 $d_4^{20}=1.030$。

在同温度下两种比值的绝对值差异很小，因为测定的温度不同，两者之间约相差 0.001 9（简化为 0.002）。即：$d_{15}^{15}=d_4^{20}+0.002$。

乳中无脂干物质含量越多则密度越大；乳中脂肪含量越高则密度越小。乳中加水时密度会减小，每增加 10%的水，密度约降低 0.003。

可用乳稠计测定乳的密度或相对密度。乳稠计有两种规格，即 20℃/4℃的乳稠计和 15℃/15℃的乳稠计。

测定时乳样的温度并非必须是标准温度值，在 10～25℃均可测定。另外，温度对密度测定值影响较大，温度每升高 1℃，则乳稠计的刻度值降低 0.2 个刻度，每下降 1℃则乳稠计的刻度值升高 0.2 个刻度，其原因是热胀冷缩。因此可按如下公式来校正因温度差异造成的测定误差。

$$\text{乳的相对密度（或密度）}=1+\frac{\text{乳稠计刻度计数}+(\text{乳样温度}-\text{标准温度})\times 0.2}{1\,000}$$

15.2.5　热力学性质

1. 冰点

牛乳的冰点一般为 −0.525～−0.565℃，平均为 −0.540℃。牛乳中由于含有乳糖及可溶性盐类，故使冰点降至 0℃以下。正常乳中由于乳糖及盐类的含量变化较小，因此冰点也很稳定。牛乳中如加入水时，冰点即发生变化，因此可以根据冰点的变化来检测大致的加水量。牛乳中加入 1%的水时，冰点约上升 0.005 4℃。将测得的冰点代入下式即可算出加水量。

$$W=\frac{T-T'}{T}\times 100\%$$

式中：W 为加水量，%；T 为正常乳的冰点，℃；T' 为被检乳的冰点，℃。

酸败乳的冰点会降低，因此测定冰点时要求牛乳的酸度必须在 20°T 以内。

2. 沸点

牛乳的沸点在 101.33 kPa 下为 100.55℃。沸点受固形物含量的影响，总固形物含量高，沸点也会稍上升，因此牛乳越浓缩沸点越上升。

15.2.6　电导率

牛乳并不是电的良导体，由于牛乳中溶有盐类，因此具有导电性。通常电导率依乳中离子数量而定，但离子的数量决定于乳的盐类及离子形成物质。因此乳中盐类受到任何破坏，都会影响电导率。乳中与电导率关系最密切的离子为 Na^+、K^+、Cl^- 等。正常牛乳的电导率在 25℃ 时为 0.004～0.005 S/m。

脱脂乳中由于妨碍离子运动的脂肪已被除去，因此电导率比全脂乳增加。将牛乳煮沸时，由于 CO_2 消失，而且磷酸钙沉淀，因此电导率减低。

当牛乳酸败产生乳酸，或患乳房疾病而使乳中食盐含量增加时，电导率增加。一般电导率超过0.006 S/m，即可认为是病牛乳，故可利用电导率来检验乳腺炎乳。乳在蒸发过程中，干物质含量在36%～40%时电导率增高，此后又逐渐降低。因此，在生产中可以利用电导率来检测乳的蒸发程度及调节真空蒸发器的运行。

15.3 异常乳

原料乳的质量是乳制品生产的关键因素之一，乳品生产中很多质量问题的根源就在于原料乳的质量。因此控制与改善原料乳的品质，对于保证乳制品的质量具有极其重要的意义。成分与性质正常的乳称为常乳。乳牛产犊7 d后至干奶期前所产的乳，其性质与成分基本稳定。在泌乳期中由于生理、病理或其他因素的影响，乳的成分与性质发生了变化的乳，称为异常乳。一般情况下，异常乳是不宜于加工使用的。异常乳可分为生理异常乳、化学异常乳、病理异常乳和微生物污染乳等几大类。

15.3.1 生理异常乳

1. 初乳

乳牛产犊后1周内所产的乳称之为初乳。其物理特性是色泽呈黄褐色、有异臭、苦味、黏度大，特别是3 d之内的乳，初乳特征更为显著。化学成分中脂肪、蛋白质，特别是乳清蛋白质含量高，乳糖含量低，灰分含量高。初乳中含铁量为常乳的3～5倍，铜含量约为常乳的6倍。初乳中还含有大量的免疫球蛋白，为幼儿生长所必需。由于初乳的成分与常乳显著不同，因而其物理性质也与常乳差别很大，故不适于作为一般乳制品生产用的原料乳。但其营养丰富、含有大量免疫体和活性物质，可作为特殊乳制品的原料。

2. 末乳

末乳是指乳牛干乳期前1周左右所分泌的乳。末乳中各种成分的含量除脂肪外，其他均较常乳高。末乳具有苦而微咸的味道，因乳中脂肪酶活性较高，常带有油脂氧化味，且末乳中微生物数量比常乳高，因此不宜作为加工原料乳。

3. 营养不良乳

饲料不足、营养不良的乳牛所产生的乳皱胃酶作用几乎不凝固，所以这种乳不能制造干酪。当喂以充足的饲料、加强营养之后，牛乳即可恢复对皱胃酶的凝固特性。

15.3.2 化学异常乳

化学异常乳包括酒精阳性乳、低成分乳、混入异物乳及风味异常乳，它们的成分或理化性质都发生了异常变化。

15.3.2.1 酒精阳性乳

乳品厂检验原料乳时，一般用68%或72%的酒精与等量乳混合，凡产生絮状凝块的乳称为酒精阳性乳。酒精阳性乳主要包括高酸度酒精阳性乳、低酸度酒精阳性乳和冻结乳。

1. 高酸度酒精阳性乳

挤乳后鲜乳的贮存温度太高时，或鲜乳未经冷却而远距离运输时，途中会造成乳中的乳酸菌大量生长繁殖，产生乳酸和其他有机酸，导致牛乳酸度升高而呈酒精试验阳性。一般酸度在24°T以上的乳酒精试验均为阳性。挤乳时的卫生条件不合格也会造成酸度升高。因此，要预防高酸度酒精阳性乳，必须注意挤乳时的卫生条件并将挤出的鲜乳及时冷却，以免造成微生物污染和繁殖。

2. 低酸度酒精阳性乳

低酸度酒精阳性乳是指牛乳滴定酸度在低于16°T时，加70%等量酒精可产生细小凝块的乳。这种乳加热后不出现凝固现象，其特征是刚刚从乳房内挤出后即表现为酒精阳性。

低酸度酒精阳性乳与正常牛乳相比，其钙、氯、镁以及乳酸含量高，尤其以钙含量增高明显，钠较少；蛋白质、脂肪以及乳糖等含量与正常乳几乎没有差别，但蛋白质成分差异大，尤其是α_s-酪蛋白含量增高，蛋白质不稳定，从而导致乳的稳定性降低；在温度超过120℃时易发生凝固。这种乳在用片式杀菌器进行超高温杀菌时，会在加热片上形成乳石，用它生产的乳粉溶解度也较低。

低酸度酒精阳性乳产生的原因有以下几种。

(1) 环境的影响　一般来说，春季发生较多，到采食青草时自然消失。开始舍饲的初冬，气温变化剧烈，或者夏季盛暑期也易发生。年龄在 6 岁以上的奶牛产低酸度酒精阳性乳的居多。另外，卫生管理越差发生的越多。因此，采用日光浴、放牧、改进换气设施等使环境条件改善具有一定的效果。

(2) 饲养管理的影响　饲喂腐败饲料或者喂量不足，长期饲喂单一饲料或过量喂给食盐而发生低酸度酒精阳性乳的情况很多。挤乳过度而热能供给不足时，容易发生耐热性低的酒精阳性乳。产乳旺盛时单靠供给饲料不足以维持，所以分娩前必须给予充分的营养。因饲料骤变或维生素不足而引起时，可喂根菜类原料。

(3) 生理机能的影响　乳腺的发育、乳汁的生成是受各种内分泌机能所支配。内分泌中特别是发情激素、甲状腺素、副肾皮质激素等与阳性乳的产生有密切关系。而这些情况一般与肝脏机能障碍、乳腺炎、软骨症、酮体过剩等并发。

3. 冻结乳

冬季因气候和运输的影响，鲜乳产生冻结现象，这时乳中一部分酪蛋白变性。同时，在处理时因温度和时间的影响，酸度相应升高，以致表现为酒精阳性。但这种酒精阳性乳的耐热性要比其他原因的酒精阳性乳高。

15.3.2.2　低成分乳

低成分乳是指由于其他因素影响，而使其中营养成分低于常乳。形成低成分乳的影响因素主要是品种、饲养管理、营养配比、环境温度、疾病等。

15.3.2.3　混入异物乳

乳中含有随摄取饲料而经机体转移到乳中的污染物质或有意识地掺杂到原料乳中的物质。关于经机体转移到乳中的污染物质问题，其潜在的影响是应予以注意的，需要依靠卫生管理与三废控制进行综合防治；至于其他异物混杂问题，只要加强乳品与卫生管理工作，是容易解决的。

1. 偶然混入的异物

由于牛舍不清洁、牛体管理不良、挤乳用具洗涤不彻底、工作人员不卫生而引起的异物混入。来源于牛舍环境的异物有昆虫、杂草、饲料、土壤、污水等；来源于牛体的异物有乳牛皮肤、粪便等；来源于挤乳操作过程中的异物有头发、衣服片、金属、纸、洗涤剂、杀菌剂等。

2. 人为混入的异物

人为混入的异物包括为了增加质量而掺的水、为了中和高酸度乳而添加的中和剂、为了保持新鲜度而添加的防腐剂、非法增加含脂率和无脂干物质含量而添加的异种成分（异种脂肪、异种蛋白）等。

3. 经牛体污染的异物

出现该种情况是由于为治疗疾病，对乳牛使用激素和抗生素；乳牛采食被农药或放射性物质污染的饲料和水。这些激素、抗生素、放射性物质和农药会通过牛机体进入牛乳中，对牛乳造成污染。这些异物对人体健康的危害更大。试验证明，即使乳中含有微量的抗生素，也可成为人对抗生素产生过敏或增加抗药性的原因，因此有害于大众健康，同时影响发酵乳制品的生产。

15.3.2.4　风味异常乳

影响牛乳风味的因素很多。风味异常主要有通过机体转移或挤乳后从外界污染或吸收而来的异味、由酶作用而产生的脂肪分解臭等。克兰茨（1967 年）曾以美国 19 000 个试样进行风味试验，结果发现饲料臭的出现率最高（88.4%），其次是涩味（12.7%）及牛体臭（11.0%）。为解决风味异常问题，应改善牛舍与牛体卫生，保持空气新鲜畅通，注意防止微生物等的污染。风味异常主要包括生理异常风味、脂肪分解味、氧化味、日光味、蒸煮味、苦味、杂菌污染产生的麦芽味以及不洁味、机械设备清洗不严格产生的石蜡味及肥皂味和消毒味等。

(1) 脂肪分解味　由于乳脂肪被脂酶水解，乳中游离的低级挥发性脂肪酸多而产生。

(2) 氧化味　乳脂肪氧化而产生的不良风味。产生氧化味的主要原因为重金属、抗坏血酸、光线、氧、贮藏温度以及饲料、牛乳处理和季节等，其中尤以铜的影响最大。

(3) 苦味　乳长时间冷藏可产生苦味。其原因是低温菌或某种酵母使牛乳产生脂肽化合物，或者是解脂酶使牛乳产生游离脂肪所形成。

(4) 蒸煮味　乳清蛋白中的β-乳球蛋白，因加热而产生硫氢基，致使牛乳产生蒸煮味。例如牛乳在74～76℃、3 min加热或70～72℃、30 min加热均可使牛乳产生蒸煮味。

(5) 日光味　日光味类似焦臭味和毛烧焦味。这是由于乳清蛋白受阳光照射而产生乳蛋白质-维生素 B_2 的复合体，牛乳在阳光下照射10 min，可检出日光味。日光味的强度与维生素 B_2 和色氨酸的破坏有关。

(6) 生理异常味　由于脂肪没有完全代谢，使牛乳中的酮体类物质过多增加而引起的乳牛味；因冬季、春季牧草减少而以人工饲养时产生的饲料味。产生饲料味的饲料主要是各种青贮料、芜菁、卷心菜、甜菜等；杂草味主要由大蒜、韭菜、苦艾、猪杂草、甘菊等产生。

15.3.3 病理异常乳

15.3.3.1 乳腺炎乳

乳腺炎是由致病菌通过乳导管进入乳腺，在乳头或乳腺上皮组织中反应引起的。这时乳房所分泌的乳，其成分和性质都发生了变化，乳糖含量降低，氯含量增加及球蛋白含量升高，酪蛋白含量下降，并且细胞数量多，以致无脂干物质含量较常乳少。乳腺炎乳的关键特征是白细胞数量增加。

乳房的健康对牛乳的质量和加工性质有很显著的影响。广泛使用的乳房健康指标是体细胞数(SCC)。世界上许多牛乳加工厂都将体细胞数作为衡量生乳质量的关键指标。较高的体细胞数往往预示着乳腺炎的存在。

造成乳腺炎的原因主要是乳牛体表和牛舍环境卫生不合乎卫生要求；挤乳方法不合理，尤其是使用挤乳机时；使用不合理或不彻底清洗杀菌，使乳腺炎发病率升高。

15.3.3.2 其他病牛乳

其他病牛乳主要是指由患口蹄疫、布氏杆菌病等的乳牛所产的乳，乳的质量变化大致与乳腺炎乳相类似。另外，患酮体过剩、肝机能障碍、繁殖障碍等的乳牛，易分泌酒精阳性乳。

15.3.4 微生物污染乳

由于挤乳前后的污染、不及时冷却和器具的洗涤杀菌不彻底等原因，使鲜乳被微生物污染，鲜乳中的细菌数大幅度增加，以致不能用作加工乳制品的原料，这种乳称为微生物污染乳。

15.3.4.1 原料乳的微生物污染状况

原料乳从挤乳开始到运送至工厂，每个过程都容易受到微生物的污染。刚挤下来的鲜乳，如果挤乳时的卫生条件较好，则乳中的细菌数为500～1 000个/mL。最初挤出的乳细菌数高，随着挤乳的进行，细菌数逐渐减少。因此，最初挤出的一、二把乳应该分别处理，这样对提高鲜乳的质量有较好的效果。挤出后的鲜乳，因受挤乳用具、容器和牛舍空气等的污染，运到收乳站或工厂的过程中，微生物数量会大幅度增加。为了防止微生物的繁殖，挤出后的鲜乳至少要维持在10℃以下，并尽可能降至4℃左右。

挤出后的鲜乳保存期间，在一定时间内细菌数反而减少，这是由于牛乳本身含有抑菌物质。鲜乳继自身杀菌阶段以后，接着乳酸菌、蛋白质分解菌或大肠杆菌开始繁殖，以致产生酸败、碱化、胨化、产气等现象。其过程是首先乳酸菌繁殖，分解乳糖产生乳酸使乳产生凝固；接着乳酸菌因酸度升高受到抑制，而耐酸的丙酸杆菌、孢子形成菌、酵母、霉菌等大量生长而消耗乳酸；最后由于孢子形成菌和腐败菌的作用，出现腐败现象。

15.3.4.2 微生物污染乳种类

酸败乳是由乳酸菌、丙酸菌、大肠杆菌、微球菌等造成，常导致牛乳酸度增加，稳定性降低；黏质乳是由嗜冷菌、明串珠菌等造成，常导致牛乳黏质化，蛋白质分解；着色乳是由嗜冷菌、球菌、红色酵母引起，使乳色泽变黄、变红、变蓝；异常凝固分解乳是由蛋白质分解菌、脂肪分解菌、嗜冷菌、芽孢杆菌引起，导致乳胨化、碱化和脂肪分解臭及苦味的产生；细菌性异常风味乳是由蛋白质分解菌、脂肪分解菌、产酸菌、嗜冷菌、大肠杆菌引起，导致乳产生异臭和异味。

复习思考题

1. 牛乳中主要有哪些成分？
2. 牛乳中蛋白质分为哪两类？酪蛋白的存在形式是什么？
3. 牛乳酸度的表示方法有哪几种？
4. 简述异常乳的种类和特性，如何对异常乳进行合理利用？
5. 什么叫初乳和末乳？什么叫酒精阳性乳？
6. 牛乳的物理性质有哪些？如何利用乳的物理性质对乳的新鲜度进行判断？

HAPTER 16

第 16 章 乳品加工基本技术

目标要求：

1. 了解热处理对乳性质的影响；掌握乳品加工中常用的杀菌方法；
2. 了解真空浓缩和喷雾干燥的原理，掌握喷雾干燥的特点；
3. 了解乳品常用发酵剂种类，掌握发酵剂制备技术。

16.1 杀菌技术

热处理是乳品工业化生产中不可或缺的一个环节，目的是杀灭乳中的微生物，钝化、失活乳中的酶类，延缓脂肪自动氧化，以此来保证乳品安全，延长货架期；但热处理也会使乳发生一系列物理、化学变化，影响乳的加工特性和营养价值。乳品种类和贮藏要求不同，热处理的方式和强度也存在较大差异。

16.1.1 热处理对乳的影响

乳的成分十分复杂，含有多种化学成分，是由蛋白质、脂肪、乳糖、矿物质、维生素分散在水中形成的复杂的分散体系，任何强度的热处理均会对乳成分及乳品性质产生影响。

16.1.1.1 对乳性质的影响

1. 风味变化

生乳中的挥发性风味物质主要有两大类：①醛、酮、酸、酯等简单化合物；②呋喃、噻吩及其衍生物等杂环化合物。目前已分离出的风味成分有 50 多种，以酸类物质居多。热处理后，乳中的挥发性成分发生明显变化：①乳中原有的风味物质或分解或聚合，形成新的挥发性成分；②乳中的脂肪酸脱水，氧化分解形成 γ-内脂、δ-内脂、醛类等；③氨基酸和乳糖发生美拉德反应生成氨基呋喃、吡嗪、吡啶等风味中间产物；④β-乳球蛋白和脂肪球膜蛋白加热变性产生游离巯基（—SH），最终生成挥发性的硫化物。有研究发现，经过超高温处理后，乳中可检测到的挥发性成分增加到 80 多种，其中酯类和酮类物质的增幅明显。热处理赋予了乳制品特有的加工风味，但剧烈的热处理会导致“蒸煮味”的发生。

2. 色泽变化

乳中含有少量核黄素和胡萝卜素，色泽呈现为乳白色、微淡黄色。热处理初期，在热和光的共同作用下，乳中的色素类物质发生光敏氧化褪色，乳的色泽变白。但随着热处理强度进一步增加，乳的色泽逐渐加深。一般认为，乳在加热过程中色泽变深，是由于热处理导致乳蛋白质和乳中的还原糖（主要为乳糖）发生了美拉德反应，生成了美拉德反应末期阶段产物类黑精（melanoidins），导致乳的色泽发灰，直至褐色。理论上讲，乳糖焦糖化反应也会有褐色物质-焦糖素的生成，但焦糖化反应的温度需要达到 150～170℃及以上，加上乳中乳糖浓度相对较低，使得该反应难以在液态乳乃至炼乳生产过程中发生。乳中的脂类物质、微量的尿素、葡萄糖、半乳糖会加速美拉德反应的发生。目前市场上流行的褐色饮料就是将原奶长时间循环加热，并添加葡萄糖等单糖加快美拉德反应速度，使乳呈现褐色；37℃慢发酵 48 h，经配料、均质、冷却等工艺制成的发酵型乳酸菌饮料。

3. 质地变化

在静置或不流动的情况下，乳受热后（40℃以上），气液界面的水分蒸发，乳中蛋白质、脂肪会在乳表面形成薄膜层，这层薄膜中含有 70% 以上的脂肪和 20%～25% 的蛋白质；随着加热时间的延长和/或加热温度的提高，被蒸发的水分量增加，薄膜层逐渐变厚。此外，热处理还会导致蛋白质变性、蛋白质-脂类聚集而导致黏度上升。

在工业化生产中，为了避免原料乳因局部过热导致质地变化，在加热过程中通过不间断的搅拌，使乳受热均匀，预防薄膜的形成，使用的主要设备为旋桨式搅拌器或侧入式搅拌器；或者在密闭管道中，通过离心泵/转子泵的输送，使乳流动起来，均匀受热。

16.1.1.2 对乳成分的影响

1. 乳蛋白质的变化

热处理会使乳蛋白分子伸展变性，或分子间相互作用而聚集，这种作用不破坏乳蛋白质分子的一级结构，只发生空间结构变化。乳蛋白质种类不同，其构象差异很大，热稳定性也不相同。

（1）酪蛋白的变化　酪蛋白中结构松散，二级结构元件少；同时，还含有较多的脯氨酸，阻止氢键的形成，因此，酪蛋白对热稳定性高，不易变性。100℃以下加热时，酪蛋白几乎不发生结构变化；120℃加热 30 min 以上时，γ-酪蛋白和 β-酪蛋白会发生部分水解、脱磷酸和聚集；140℃以上加热时，开始凝固变性。牛乳中的离子浓度和离子平衡，尤其是 Ca^{2+} 浓度会影响酪蛋白的热稳定性。

（2）乳清蛋白的变化　乳清蛋白具有高度的二、三级结构，分子间存在着的各种作用力很容易被其他因素所破坏。不同的乳清蛋白稳定性不同，同样加热条件下，热稳定性表现为 α-乳白蛋白＞β-乳球蛋白＞血清白蛋白＞免疫球蛋白。受热后，α-乳白蛋白和 β-乳球蛋白之间会发生相互作用，然后和 κ-酪蛋白形成复合体，加速乳蛋白质变性，并出现凝固、沉淀现象。当加热温度超过 75℃时，乳清蛋白尤其是 β-乳球蛋白会暴露出更多的含硫氨基酸残基，产生—SH 甚至生成挥发性的硫化氢、硫醇等物质，产生“蒸煮味”。

（3）其他乳蛋白质的变化　脂肪球膜蛋白对热极为敏感，且含有大量含硫氨基酸残基，70～75℃瞬间加热，就有—SH 游离，生成含硫挥发性化合物，脂肪球膜蛋白是导致乳制品产生“蒸煮味”的重要因素。牛乳中还含有很多种具有生物活性的蛋白质，如乳铁蛋白、金属结合蛋白、维生素结合蛋白、抗菌蛋白、生长因子和激素等，这些蛋白质大部分具有热敏特性，较高的热处理温度会使其几乎全部失活，这些活性成分的热损失在婴幼儿配方食品加工中尤为值得关注。

（4）酶类的变化　钝化失活酶类是乳制品进行热处理的主要目的之一，常规热处理就能使大部分酶类结构改变、活性丧失。乳中存在的对热稳定的活化因子，或者酶的自身特性导致部分钝化后的酶可能会重新活化，这也是长保质期乳制品品质劣变的一个重要原因。

2. 乳脂肪的变化

乳脂肪对热稳定，100℃以上加热时，乳脂肪也不会发生明显的化学变化。但在加热过程中，乳脂肪的物理性质会发生明显改变，如 65～70℃加热时，稀奶油不容易分离。高温长时间加热时，多不饱和脂肪酸的亚甲基容易转变为共轭双键，甚至生成内酯、亚甲基酮等产物。

3. 乳糖的变化

乳加热过程中，乳糖的变化对乳品的风味、颜色、营养价值及 pH 会产生重要影响，主要体现在两个方面：乳糖的异构化和美拉德反应。

（1）异构化反应　在加热条件下，乳糖可异构化为乳甘露糖和乳果糖，同时也可以分解为半乳糖和六碳糖；乳果糖可分解为半乳糖、甲酸和五碳糖；半乳糖可异构化为塔格糖，也可分解为甲酸和五碳糖。

（2）美拉德反应　热处理甚至常温条件下，乳中蛋白质的氨基和还原糖（主要为乳糖）的羰基发生羰氨缩合反应，即美拉德反应，该反应几乎存在于所有乳制品中，对乳品品质影响极大。乳制品中的美拉德反应主要发生在初级阶段，产物为阿姆德瑞重排产物——乳果糖基赖氨酸（lactulosyllysine）；随着热处理强度增加，美拉德反应高级阶段产物、末期阶段产物也随之增加，例如典型的美拉德反应高级阶段产物 N^{ε}-carboxymethyl-*L*-lysine（CML），在巴氏杀菌乳中的含量约为 16.3 mg/kg 蛋白质，在超高温灭菌乳中约为 34.1 mg/kg 蛋白质，在婴幼儿配方奶粉中约为 60.1 mg/kg 蛋白质。

乳中含有的其他糖类，如葡萄糖（4.08～7.58 mg/100 mL）、半乳糖（2 mg/100 mL）、果糖等在热处理条件下，参与美拉德反应的速率更快，使乳中的美拉德反应体系更为复杂。

4. 维生素的变化

维生素 A、维生素 D、维生素 E、维生素 B_2、泛酸、生物素和烟酸对热相对稳定，只有长时间加热时才有所降低，减少的主要原因是被氧化剂氧化；维生素 B_1、维生素 B_6、维生素 B_{12}、叶酸和抗坏血酸对热不稳定，受热后容易损失。

5. 盐类的变化

受热会导致乳中可溶性钙和磷的含量减少，经过 63～85℃热处理后，乳中可溶性钙含量降低 0.4%～9.8%，可溶性磷含量降低 0.8%～9.5%。其原因一方面是部分可溶性的钙和磷酸盐变的不可溶；另一方面是磷酸钙的溶解度变化规律和多数化合物不同，它随温度的升高而降低；此外，生成的磷酸钙附着在酪蛋白胶束上也进一步降低了可溶性钙和磷的含量。

16.1.2 杀菌技术

从杀死微生物和钝化酶的观点看，乳的热处理强度越强越好；然而，强烈的热处理对乳的色泽、风味和营养价值会产生不良影响；同时，还要考虑工业化生产中的经济效益问题。热处理强度主要涉及加热温度和加热时间 2 个参数，基于热处理强度可对热杀菌工艺进行分类，见表 16-1。

表 16-1　乳品生产中典型的热杀菌工艺

名称	温度	时间	适用产品
预巴氏杀菌	60～69℃	15～20 s	原料乳
低温长时间巴氏杀菌	63℃	30 min	消毒牛奶、发酵乳、乳饮料
高温短时杀菌	72～75℃ 85℃	15～20 s 5～20 s	消毒牛奶、发酵乳、乳饮料
超高温瞬时灭菌	132～140℃	2～4 s	纯牛奶、调制奶、乳饮料
二次灭菌	85℃；120℃	300 s；20～30 min	瓶装/袋装乳饮料

1. 预巴氏杀菌

原料乳进厂后通常会进行 60～69℃、15 s 的低强度巴氏杀菌处理，以杀死原料乳中的嗜冷菌，减少存放过程中细菌代谢产生耐热脂酶和蛋白酶的数量。预巴氏杀菌能够杀死原料乳中一定数量的活菌，对乳的化学性质和物理特性几乎没有影响。

2. 低温长时间巴氏杀菌

典型的巴氏杀菌参数组合为 63℃、30 min，可以杀死乳中几乎全部病原菌和真菌，使碱性磷酸酶失活，但无法杀死乳中缓慢生长的微杆菌。低温长时间巴氏杀菌不影响乳的风味，乳清蛋白极少或不变性，不影响乳的抑菌特性。但该杀菌方式需间歇式进行，杀菌时间长，无法满足工业化大生产要求，目前很少采用。

3. 高温短时杀菌

高温短时杀菌采用的杀菌强度为 72～75℃、15～20 s 或者 85℃、5～20 s，可杀死乳中除芽孢外的几乎所有细菌；除乳蛋白酶、细菌蛋白酶、脂酶外，大部分酶被钝化失活；部分乳清蛋白变性，抑菌特性大部分丧失；维生素 C 损失，有蒸煮味出现，但营养价值没有明显改变。

4. 超高温瞬时灭菌

超高温灭菌是指将乳在封闭系统中加热到 132℃以上，并保持很短时间后迅速冷却至室温的一种杀菌方法，目的是实现乳制品常温下保存。工业生产中，根据含乳量及产品种类的不同，一般采用 135～140℃保持 2～4 s 的杀菌强度。需要指出的是，超高温灭菌并非仅含有超高温处理阶段，它包含物料阶梯升温、超高温处理和降温冷却 3 个阶段。超高温灭菌处理后，乳成分化学变化较小，但会有轻微的蒸煮味和水溶性维生素损失；但该处理方式无法灭活全部的酶类，如纤溶酶和微生物代谢的脂酶、蛋白酶等。

5. 二次灭菌

二次灭菌是将调配后的半成品升温至 85～95℃，保持 300 s，随后灌装到耐高温的蒸煮膜/瓶中；随后将经过初次杀菌的产品装入间歇式或连续式杀菌釜中进行二次灭菌，通常采用的工艺为 115～120℃保持 20～30 min。二次灭菌对设备、环境要求低，投资小，产品安全性较高，可杀灭乳中几乎全部的微生物，灭活所有酶类，但不能完全灭活微生物产生的酯酶和蛋白酶。然而，由于热处理时间长，二次灭菌处理使乳中维生素含量大幅降低，乳成分（包含酪蛋白）发生改变，美拉德反应末期产物较多，乳色泽变深，产品出现蒸煮味。目前，二次灭菌技术多用于含乳饮料的生产。

16.1.3　杀菌新技术

由于热处理对乳制品品质的不良影响，科学界一直在探索新型的乳品杀菌工艺，利用其他杀菌机理杀灭微生物，如辐照杀菌、超高压灭菌、膜过滤、超声波杀菌、脉冲电场杀菌等，其中，膜过滤技术和超高压杀菌技术尤为受到关注。

16.1.3.1　膜过滤除菌

膜过滤除菌是目前乳品行业唯一应用于工业化生产的非热杀菌技术。膜过滤技术是利用高分子膜的选择透过性，以浓度差梯度、压力梯度或电势梯度作为推动力，在膜相际之间进行传质，以达到物理除菌的目的。根据膜对不同组分的截留能力，可以将膜过滤分为反渗透（RO）、纳米过滤（NF）、超滤（UF）、微滤（MF）。膜过滤过程中，物质不发生相变，分离系数较大，可在室温下进行，因此，膜过滤技术在食品加工领域有其独特的实用性。微孔过滤膜孔尺寸的选择非常关键，合适的膜孔尺寸应该既能对细菌和孢子具有极高的截留率，同时又能让原料乳中的酪蛋白有尽可能高的通透率。乳品生产中合适的膜孔尺寸为 0.6～0.7 μm，压力为 30～40 kPa，温度为 50℃。

由于乳中脂肪含量高，脂肪球与细菌直径相似，故直接过滤时脂肪球会与细菌一同被截留，无法有效除菌，并容易造成膜堵塞；为此，牛乳在过滤之前应先分离脂肪，以提高蛋白质的过滤速度，获得良好的浓缩比。

工业化生产中，膜过滤除菌通常和热杀菌方式联合使用，首先是通过微孔过滤截留脱脂乳中的细菌和芽孢，其次对微孔过滤截留下来富含各种微生物及芽孢的浓缩相及第一步分离出的乳脂肪进行高温瞬时灭菌。典型的工艺过程为：乳脂分离、脱脂乳的微孔过滤、浓缩相的高温瞬时灭菌、混合乳的巴氏消毒。膜过滤-热杀菌工艺成品乳中细菌降低程度见表 16-2。

表 16-2　膜过滤-热杀菌工艺成品乳中细菌降低程度

项目	原料乳/(CFU/mL)	成品乳/(CFU/mL)	细菌降低/%
细菌总数	1.5×10^4	<1～16	99.99
蜡样芽孢杆菌	1.5×10^4	<1	99.95
嗜冷厌氧芽孢	4.5×10^3	<3	99.3

16.1.3.2　超高压杀菌

超高压杀菌技术主要是通过破坏菌体蛋白质中的非共价键，从而破坏蛋白质的高级结构，致使蛋白质凝固，从而达到杀菌的效果。在常温下，利用超高压杀菌，不仅能够最大限度地保留食物本身的营养及口感，也能够延长食品的保质期，是一种十分有效的杀菌技术。

乳品加工中，超高压杀菌所采用的压力范围一般为 300～600 MPa，处理时长为 5～30 min，杀菌压力越大，作用时间越长，杀菌效果越显著；但达到一定强度后，再提高压力或延长时间，杀菌效果变化并不明显。有研究发现，25℃、300 MPa、30 min 的条件下可以使牛乳中的沙门氏菌、大肠杆菌和金黄色葡萄球菌失活，当压力增加到 600 MPa 时，超高压杀菌的作用效果整体优于巴氏杀菌。

超高压杀菌技术能够保持乳品的理化特性稳定和营养成分不被破坏，抑制乳脂肪上浮，是一种有着广阔应用前景的冷杀菌技术。但是要真正实现规模化生产，仍有较多问题需深入研究，比如设备成本、加压容器大小、运行维护费用等问题。此外，超高压处理也会对乳品品质带来一些不利影响：超高压处理会使牛奶中酪蛋白的胶束破裂，酪蛋白胶粒直径减小，导致牛乳的透光性增加和浊度降低；超高压处理无法有效钝化碱性磷酸酶活性，给乳品的安全保藏带来隐患。

16.1.4　杀菌过程中的质量控制

在乳制品生产加工过程中，杀菌工艺是保证乳品质量最核心的环节，杀菌工艺的选择和质量控制直接影响着最终成品的货架期和产品安全性。

1. 控制原料乳卫生状况，选择合适的杀菌工艺

根据蛋白质变性反应、酶钝化反应和微生物热致死动力学描述，一定热处理强度下，微生物的杀灭率只能无限接近 100%，无法实现绝对无菌；考虑到基质差异、微生物的热抗性不同、微生物营养细胞和芽孢的关系，实际生产中细菌、芽孢的杀灭会与理想反应动力学出现偏差；过度的热处理强度会导致乳制品发生褐变、异味及营养损失。因此，在工业生产中，会严格控制原料乳的卫生状况，以乳中微生物数量为指标，确定该批次原料乳的用途及后续的热处理工艺，卫生状况差的原料奶，可用于乳饮料类生产，采用较高的热处理工艺，如超高温或二次灭菌处理。此外，乳制品在配料过程中，人员、设备、空间环

境均需保持清洁，减少微生物污染半成品。

2. 关注杀菌参数变化

蒸汽压力变化、管道结垢、流量变化均会引起杀菌温度波动，当杀菌温度低于最低限值时，就会因杀菌不彻底而出现批量质量事故。杀菌强度不足，尤其是温度瞬间波动造成的质量事故是现代乳品企业最不愿意出现的问题，一旦发生，除给企业带来较大直接经济损失外，产品往往需要从市场上召回，给企业带来极其恶劣的社会影响。因此，几乎所有乳品加工企业都会将杀菌强度作为生产过程的关键控制点（CCP 点）之一，重点监控。目前，国内大型乳品企业多采用利乐、基伊埃、斯托克等国际一线品牌杀菌机，这些设备几乎全部具有自动记录、低温报警和自动回流功能，极大地降低了因杀菌不足带来的质量隐患。

3. 预防二次污染

杀菌过程中可能出现的二次污染主要有 3 种情况：①生乳或者热处理强度不够的乳混入热处理后的牛乳中，出现这种情况多因为物料管道错连或杀菌机杀菌温度波动；②热处理后的牛乳被外界空气污染，当物料输送管道和灭菌乳暂存罐密封不严或出现泄漏时，灭菌后的物料和外界空气联通，导致物料二次污染；③牛乳中混入杀菌介质，目前杀菌机主要有盘管式和板片式两类，杀菌介质均为水或蒸汽，当盘管或板片发生内漏时，尽管管（片）内外两侧压力不同，但仍会有部分介质混入牛乳中，造成牛乳污染。

4. 定期清洗、消毒

杀菌设备定期清洗、消毒是设备正常运行和保证产品安全的重要环节。为避免牛乳温度变化过于剧烈，影响产品质量，杀菌设备均含有低温预热、主杀菌和冷却等 3 个温度区间，各温度区间可再次细分，如 3 段式、5 段式杀菌机。杀菌设备长时间运行后，低温段容易出现细菌聚集、增殖；高温段容易出现结垢，影响换热效率，能耗增加，并造成杀菌效果下降。因此，杀菌设备要定期清洗、消毒。工业生产中，杀菌机一般要求每 10 h 清洗一次，最长不超过 18 h；物料特性和杀菌温度不同，杀菌机的清洗间隔也有差异，如乳饮料生产中时的清洗频次低于纯牛乳和调制乳。

16.2 干燥技术

16.2.1 原料乳浓缩

热蒸发浓缩是目前乳品工业中常用浓缩方式。当溶液中溶质的挥发性小，溶剂挥发性较大时，可以利用加热的方式使溶剂汽化，进而实现溶质浓度增加的目的，这就是蒸发。为维持气相和液相之间水分的化学势，实现蒸发过程的连续性，蒸发过程必须满足两个基本条件：一是热能的连续不断供给，实现低、高温物质的热交换，二是产生的二次蒸汽不断的移除，保持界面的化学势。

乳品生产中，为提高乳中固形物含量，通常会对原料乳进行浓缩处理。所谓浓缩，就是利用加热方式，使乳中的一部分水分汽化，并将汽化产生的蒸汽不断排出，从而使乳的浓度不断提高的处理过程。乳品加工中，浓缩经常在负压条件下进行，又称为真空浓缩。

16.2.1.1 真空浓缩的目的

真空浓缩的目的主要有：①除去原料乳中的部分水分，提高原料乳中的干物质含量，尤其是乳蛋白质含量，生产浓缩乳制品。②浓缩是生产乳粉、炼乳等乳制品的重要环节，将原料乳浓缩到一定浓度后，进入干燥工序。③奶酪生产中的副产物乳清，经超滤得到乳清蛋白后，可通过浓缩工序，结晶生产乳糖。

16.2.1.2 真空浓缩的特点

1. 乳受热强度低，乳品品质影响小

负压条件下，原料乳沸点降低，真空度为 20 kPa 时，乳的沸点为 56.7℃；真空浓缩过程中，原料乳在降膜蒸发管中停留时间短，浓缩时间一般低于 1 min。较低的受热温度和较短的受热时间，使得乳中营养成分、理化指标变化小，对后续产品营养、色泽、风味包括溶解度都有益处。

2. 浓缩效率高，节约能源

真空浓缩时，牛乳的沸点降低，提高了加热介质（蒸汽）与物料的温差。常压下浓缩，牛乳的沸点为 100.55℃，蒸汽温度为 120℃，温差为 20℃；在真空浓缩条件下，牛乳沸点为 50℃，蒸汽温度同样为 120℃，温差为 70℃。较大的温差增加了热交换速率，提高了浓缩效率。

相对于常压浓缩，真空浓缩更加节约能源。常温浓缩时，牛乳中每蒸发 1 kg 水分需要消耗蒸汽 3～5 kg；真空浓缩时，每蒸发 1 kg 水分，蒸汽的消耗量仅为 1.1 kg，现在工业化生成中多利用多效蒸发器，蒸汽的消耗量更低。

3. 密闭设备中进行，产品安全性高

真空浓缩整个过程，时刻监控真空度的变化，物料均在密闭管道中进行，设备密闭程度高，避免了外界对物料的污染。

16.2.1.3 浓缩引起的变化

1. 乳成分结晶

牛乳的浓缩程度可用浓缩比（Q）来表示，即浓缩物中的干物质含量与原溶液中干物质含量之比；浓缩过程中，当一些物质处于过饱和状态，结晶后就会析出沉淀。例如，乳中磷酸钙浓缩后呈过饱和状态，导致缔合在酪蛋白胶束上的磷酸钙增加；乳中乳糖含量相对较高，室温条件下，当原料乳的 $Q \approx 2.8$ 时，乳糖接近过饱和状态，容易结晶。乳成分结晶析出会引起设备快速结垢。

2. 乳蛋白质变性

乳浓缩过程中，乳的离子强度、pH、盐类平衡等发生变化，蛋白质构象也随之发生改变；当热处理温度较高时，乳清蛋白尤其是免疫球蛋白和β-乳球蛋白首先发生变性；变性后的乳清蛋白与κ-酪蛋白通过巯基-二硫键形成络合物，并附在酪蛋白表面，加速酪蛋白的聚集。真空浓缩过程一般不发生酪蛋白分子变性。

3. 脂肪球变小

降膜蒸发过程中，乳中的脂肪球会破裂变小，当干物质含量达到 50% 时，乳脂肪球的平均直径从 3.8 μm 降低到 2.4 μm，同时发生黏附聚集现象，后续加工需进行均质处理。

4. 美拉德反应

乳浓缩后，乳糖、蛋白质浓度增加，更易发生美拉德反应。

5. 风味变化

乳在浓缩过程，随着水分的蒸发，一些挥发性物质和溶解的气体随水蒸气排出；部分性质稳定的风味物质和乳脂肪浓度增加，风味发生改变。

6. 细菌增长

尽管在进入降膜蒸发管浓缩之前，乳会经过巴氏杀菌处理，但由于真空浓缩过程乳的温度相对较低，某些微生物仍能在乳中和浓缩设备低温区域，如分离器、布膜器表面聚集生长；低温区容易滋生细菌，而高温区域容易结垢，因此，设备连续工作 18 h 后需对系统进行系统的清洗、消毒。

7. 黏度增加

随着乳浓度的增加，乳的黏度随之增加；乳在高度浓缩的情况下，浓缩温度高、温差大、流动速度慢，则容易在降膜管和分配盘内表面结垢。乳适度预热，减少乳与蒸汽之间的温差可预防结垢。

8. 理化性质变化

浓缩乳的 pH 下降、冰点下降、扩散系数降低、沸点升高，电导率、密度和折光率增加，热导性降低。

16.2.1.4 浓缩工艺

1. 闪蒸

闪蒸设备的核心组件为闪蒸器，它连有真空泵，可通过调整真空度的大小，控制闪蒸温度。从杀菌器出来的高温牛乳进入闪蒸器后，牛乳的温度高于闪蒸器的蒸发温度，一部分显热迅速转化为蒸发器所需的潜热，牛乳中的部分水分瞬间蒸发，干物质质量分数提高。

闪蒸工艺在液体乳生产中使用广泛，它可以调整因季节变化带来的生乳干物质含量波动，保持乳品品质全年稳定；此外，闪蒸还可以脱去乳中的不良气味，使人们对液体乳更容易接受。

2. 升膜蒸发

升膜蒸发设备主要由预热器、冷凝器、蒸发器、分离器、真空泵等部分组成。蒸发器是长柱型直立容器，内部有多个平行直立的加热管；牛奶从加热管底部进入，在加热管内部向上运动，高压蒸汽在加热管外壁同向运动，加热使加热管内的物料沸腾，水分迅速汽化，形成的水蒸气高速上升，形成气泡拖曳物料成薄膜状沿管壁向上运动；上升的薄膜增加了蒸发面积，提高了蒸发效率。

3. 降膜蒸发

降膜蒸发设备和升膜蒸发设备构造类似，只是杀菌后的物料从蒸发器顶部的布膜器进入加热管，在重力的作用下沿加热管内壁呈膜状向下运动，所以称为降膜式。由于物料向下流动，克服的压头阻力比升膜小，沸点升高也小，加热蒸汽和物料的温差大，传热效果较好。目前，乳品加工企业所用的蒸发设备多为降膜式蒸发器。

根据加热蒸汽被利用的次数，可分为单效蒸发和多效蒸发：单效蒸发指蒸汽在加热物料过程中仅利用一次，随即通过分离室排出，返回蒸汽发生装置（锅炉房），这类工艺设备蒸汽利用率低，实际生产中很少采用；多效蒸发指蒸汽在加热物料过程中重复利用，二效的热能来源于一效的二次蒸汽，三效热能来自二效的二次蒸汽，依次利用，多效蒸发热能利用效率高，但体积、占地面积大，电耗也随效数的增加而增大。考虑到成本和热能损失，三效、四效降膜蒸发器在工业生产中较为常见。

原料乳浓缩除热蒸发浓缩外，膜分离浓缩技术也逐渐应用于了实际生产中。反渗透几乎能够截留原料乳中的所有干物质，节约能源，又不会影响乳中的营养物质含量，可用于全乳、脱脂乳的预浓缩；反渗透法也可用于乳清浓缩，生成浓缩乳清制品。超滤法在原料乳浓缩中也有应用，先利用超滤法分出脂肪和蛋白质，然后将超滤液进行反渗透处理，得到乳清浓缩液，将两者混合即得到浓缩乳，此法可将原料乳预浓缩 2～2.5 倍，较真空浓缩法经济。

16.2.2 喷雾干燥

干燥是指将液体、半固体或固体中的水分蒸干，直至转化为含水量极低的固体产品的过程。乳及乳制品的干燥方法有冷冻干燥和加热干燥，冷冻干燥产品质量好，但能耗太高，无法普遍推广，目前乳制品的干燥多通过喷雾干燥来实现。

16.2.2.1 喷雾干燥的原理

在密闭的干燥室内，浓缩乳在压力或离心力的作用下，通过雾化器分散成细小的雾滴，使其表面积大幅度的增加，热空气与雾状乳滴均匀混合，浓缩乳滴中的水分在极短时间内蒸发完毕，粉粒在重力作用下落入干燥室底部。整个过程分为三个过程：雾化、干燥、粉粒回收。

干燥过程中，粉粒温度变化经历 2 个阶段：①恒速干燥阶段。干燥初期，水分蒸发的动力是周围热空气和液滴之间的温度差，水分蒸发在液滴表面进行，直至乳滴中水分扩散速度不能使乳滴表面水分保持饱和状态为止，在此阶段，液滴中的绝大部分自由水被蒸发除去，但液滴仍然是流体。②降速干燥阶段。当液滴中的水分扩散速度不能使液滴表面水分保持饱和状态时，水分蒸发发生在液滴内部的某一界面上开始蒸发液滴内部的结合水部分，液滴温度升高到周围热空气的湿球温度以上，乳滴中剩余水分的沸点和乳滴的蒸发温度逐渐升高，最终和排风温度一致，液滴中的水分不再减少，即为喷雾干燥的极限水分。

16.2.2.2 喷雾干燥的特点

（1）物料干燥速度快，受热时间短　浓缩乳经雾化后，比表面积大，每升料液可被分散成 146 亿个直径 50 μm 的雾滴，与热风接触后，水分迅速汽化，整个干燥过程仅需 10～30 s。

（2）干燥温度低，营养成分损失少　干燥过程中，尽管干燥室内热风温度高，但乳粉颗粒的表面温度低，一般不超过干燥空气的湿球温度（50～60℃），可减少乳中热敏成分的损失，从而使制品有良好的分散性和溶解性。

（3）产品质量容易控制　整个干燥过程均在密闭容器中进行，进风和排风温度高，产品不易受到外界的污染，质量容易控制；此外，可通过调整雾滴大小、进排风温度、干燥塔正压值来控制成品粉粒的大小、容重、含水量及冲调性、溶解性等指标。

（4）可连续化、自动化生产　设备操作简单，机械化、自动化水平高，劳动强度低，生产能力大，可连续化和自动化生产。

喷雾干燥也存在一些缺点：设备体积大，占用面积空间大，造价高，投资大；热能消耗量大，热效率低，每蒸发 1 kg 水需要蒸汽 3.0～3.3 kg，热效率仅为 30%～35%；清粉、扫粉工作量大。

16.2.2.3 喷雾干燥的方式

喷雾干燥根据雾化器的结构不同，可分为压

力式喷雾干燥和离心式喷雾干燥。

1. 压力式喷雾干燥

压力式喷雾干燥是利用高压泵的压力，将浓乳高速送入雾化室，旋转加速后通过狭小的喷嘴高速喷出，物料分散成细小的雾滴进入干燥室。

压力式喷雾干燥设备简单，仅喷嘴为易损件，更换和检修方便；改变喷嘴孔径大小及结构，即能获得不同喷雾形状，方便调整乳粉粒度大小。其主要缺点是喷嘴孔径很小，极易堵塞，喷嘴容易磨损，不适宜高黏度物料。

影响压力式喷雾干燥液滴尺寸的因素：进喷嘴时浓缩乳的流量、喷雾角度、高压泵压力、料液的黏度、液滴的表面张力、喷嘴孔径、液滴尺寸分布等。

2. 离心式喷雾干燥

离心式喷雾干燥是利用在水平方向上做高速旋转运动（10 000～40 000 r/min）的圆盘上注入物料，料液在离心力的作用下高速甩向四周，料液受到重力作用和高速旋转空气的摩擦、阻碍和撕裂等作用分散成细小的雾滴，从而达到料液雾化的目的。

离心式喷雾干燥设备结构简单、易拆洗、无死角；高黏度下仍然可实现雾化，适宜生产高温下易结垢物料；进料量波动时（±25%），对产品质量影响不大，生产过程灵活。其缺点为对雾化器的材质和装配精度要求高；高速离心条件下，需要配套更大尺寸的干燥室，增加了基建和设备成本。

16.3 灌装技术

液体乳经过杀菌/灭菌后，需要立即进行灌装。产品灌装的目的有 3 个：①防止杀菌后物料被微生物污染，避免外界杂质混入成品中，保持物料洁净；②通过合适的包装材料，使物料处于密封状态，避光、阻氧，保持风味，延长产品货架期；③采用不同的包装形式，满足市场需求，便于销售。

物料经泵送达灌装机后，首先进入平衡罐，平衡罐内安装有高、低液位传感器，维持灌装过程中物料恒定供应。随后，物料按照设定参数，经流量计精准计量后，灌注到成型后的包装容器中，封合、切断，完成灌装过程。

16.3.1 巴氏杀菌乳灌装

根据市场需求和产品定位，不同企业的巴氏杀菌乳产品形式有较大差异。产品形式不同，所选用的灌装容器也不同，相应的灌装设备也有较大区别。目前，市场上巴氏杀菌乳的灌装容器主要有复合膜、玻璃瓶、塑杯/纸杯、塑瓶、八连杯等，通过配套相应的灌装设备，完成产品灌装。

16.3.1.1 复合膜产品（袋装产品）灌装

复合膜产品通常被称为袋装产品，在巴氏杀菌乳中生产中应用较广泛，它是由聚乙烯/聚丙烯添加一定比例的白色母料吹膜而成，采用多层共挤方式，是一种高性能复合膜，具有安全、有韧性、易封合、容量轻、运输成本低等优点。但复合膜产品容易出现封合不严、漏包、坏包现象，此外，复合膜的材质为聚乙烯/聚丙烯，难以降解。

复合膜类产品灌装多采用侧封全自动液体灌装机。目前，用于巴氏杀菌乳袋装产品的灌装机已经与超高温百利包灌装机非常类似，包装材料同样经过过氧化氢杀菌，灌注管同样经过高温蒸汽、过氧化氢喷雾、紫外线灯杀菌处理；不同的是，巴氏杀菌乳灌装机没有蒸汽障、使用的过氧化氢浓度低于超高温设备。复合膜类产品灌装的基本流程为：成卷的复合膜装在膜仓内，膜经过氧化氢杀菌后输送至无菌仓中（非严格无菌；仓内装有紫外线灯，无菌空气保持正压状态）。在无菌仓中，复合膜经成型器中间对折，竖封封合成筒状，包在灌注管外围。通过气缸运动，定量灌注物料后，由气刀热封封口、切断，完成产品灌装过程。

16.3.1.2 玻璃瓶产品灌装

玻璃瓶多用于消毒牛奶和发酵乳生产，产品主要供应家政订奶、小吃店、便利店等渠道，以便于玻璃瓶回收。玻璃瓶作为包装容器的主要特点有：无毒、无味、透明、美观、阻隔性好、不透气，并且可以多次周转使用，具有耐热、耐压、耐清洗的优点，既可高温杀菌，也可低温贮藏。

但是玻璃瓶也有着一些缺点：自重大、易破损、运输费用高，易受日光照射影响产生不良风味；此外，需要配套专门的清洗消毒设备，容易出现清洗不彻底，产品有异物等问题。

玻璃瓶类产品灌装多采用负压式灌装。进瓶轨道上有专门的红外传感器，当瓶子达到一定数量时，自动将后面的瓶子卡住，待前面的瓶子灌装完毕，又自动放行，无瓶不灌装。玻璃瓶通过分瓶螺杆进入分瓶盘，旋转进入灌装机，通过轨道提升瓶子顶起灌装嘴，抽空瓶内空气进行灌装，灌装后扣盖压紧，完成灌装过程。

16.3.1.3　纸杯/塑杯产品灌装

近年来，纸杯在乳品中的应用越来越广泛。与玻璃瓶相比，纸杯的质量轻、成本低、具有较好的遮光性，可与多种材料复合，提高保护功能，便于印刷，外观效果好；此外，纸杯可回收利用，节约资源。

塑杯的韧性和强度均高于纸杯，产品密封性更好，便于长途运输；但塑杯多为聚丙烯或聚乙烯材质，不利于回收利用。

口径高度一致的纸杯和塑杯可用同一套灌装设备，预制杯经落杯装置进入输送链条上的模具中，光电传感器探测后，通过灌注头将物料灌注到纸杯中。封口膜覆盖纸杯，热封压合、切断，产品经传送带送至包装区。

此外，八连杯/六连杯灌装采用在线冲压制杯、灌注、封合；塑料瓶灌装采用先灌注后旋盖密封；保鲜屋灌装是包材在灌装设备上先折叠成型后灌装、热封。

16.3.2　超高温灭菌乳灌装

超高温灭菌乳灌装主要通过无菌灌装机实现。无菌灌装机启动后，通过高温蒸汽在无菌仓内形成无菌环境；通过过氧化氢、紫外光等将包装材料杀菌，随后包材送入无菌仓中成型；通过气缸运动，物料定量灌注，随后封合切断，完成灌装过程。

超高温灭菌乳的灌装容器主要有三层或五层共挤包装膜、利乐砖包材、利乐枕包材、康美包包材、无菌杯包材等。主要的灌装设备有三类：以法国百利（PrePak）、芬兰伊莱克斯得（Elester）为代表的袋装无菌灌装机；以瑞典利乐（Tetra Pak）、瑞士康美公司（SIG）为代表的无菌砖、枕灌装机；以法国埃卡杯（Erca）为代表的无菌杯灌装机。近年来，我国装备制造业发展迅速，山东碧海包装材料有限公司、上海普丽盛包装股份有限公司的无菌纸盒灌装机和无菌包装材料已经接近或达到国际领先水平，受到中外广大用户的好评和信赖，其产品畅销全国各地并出口 40 多个国家。

超高温灌装技术类似，下面以 Tetra Pak 无菌灌装机（TBA/19）（图 16-1）为例，介绍无菌砖灌装机的工艺流程和基本原理。

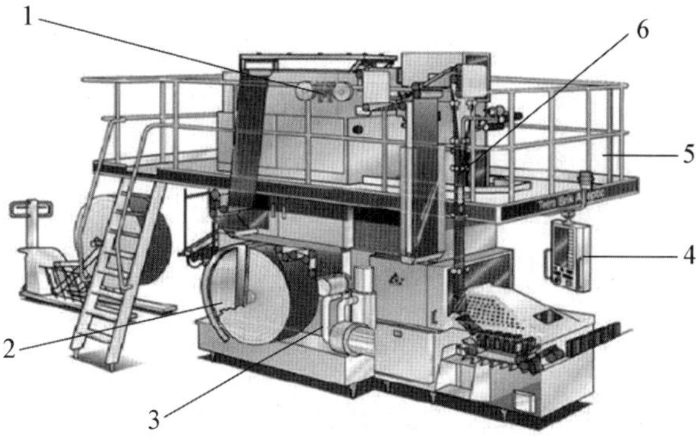

1. LS 封条附贴器　2. 卷轴　3. 伺服单元
4. 控制台　5. 平台　6. 充填系统

图 16-1　Tetra Pak 无菌灌装机（TBA/19）

16.3.2.1　无菌灌装机的工艺流程

卷状包装材料经纸仓向上供送，一侧粘贴纵封贴条（PP 条）后进入过氧化氢浴槽浸泡，灭菌后进入无菌室。在无菌室中，包装材料干燥、成型（圆筒状），产品灌装后，横封封合，送出无菌室。随后进入终端成型器，折角折翼成形，经传送带进入包装工段。

16.3.2.2　无菌灌装的基本原理

1. 无菌环境的创造、保持

无菌系统是封闭的无菌循环单元，包括过氧化氢槽系统、无菌室、水循环式压缩机、洗擦器、水分离器、热交换器、超高温加热器、过氧化氢雾化系统、无菌空气阀、气刀（无菌空气喷射器）等。设备开始灌装前，首先将空气加热至 400℃，在过氧化氢雾化器内与 125 mL、35％的过氧化氢形成雾化气体，一起喷入无菌室，将无菌室灭菌；随后，主加热器降至 360℃，向无菌室内喷入无菌热空气，将过氧化氢蒸发、烘干，保持无菌仓无菌状态。无菌空气同时保证无菌室正压，防止外界微生物入侵。此时，设备进入待机灌装状态。

2. 包装材料灭菌

包装材料采用过氧化氢浸泡式灭菌，H_2O_2 浓度 30%～50%，温度 70～80℃，灭菌后用挤压辊轮除去多余 H_2O_2；包材进入无菌室后，气刀向包材内表面喷射 125℃无菌空气，将其干燥，随后包材被卷成纸管，等待物料灌装。无菌空气干燥包材时，由于 H_2O_2 在温度较高时容易蒸发，所以生产过程需检验 H_2O_2 浓度，及时添加 H_2O_2。

3. 产品灌装封合

TBA/19 无菌灌装机的密封包括纵向封合和横向封合。纵向封合使用纵封贴条（PP 条）将纸板两侧粘接形成纸管，纵封由两步完成：一是位于机器上部的纵封贴条敷贴器，加热纸板一侧内层聚乙烯，将 PP 条贴于纸板一侧；二是在无菌室内通过成型环包材弯曲成管状，再由纵封加热器将纸板另一侧内层聚乙烯熔化，滚轮挤压贴合 PP 条，卷材两侧黏合后形成筒状纸管。横向封合位于机器正面，灌注管下方，由两对横封夹爪组成，通过 200 ms 的高频脉冲电流给横封加热，横封夹爪给予包装材料一定的压力进行切断及黏合，横封每次作用产生两个封合线，分别是上一包的顶封和下一包的底封，因此利乐砖包装的顶封和底封封合方式一样。通过纵向封合和横向封合，借助热、压力和 PP 条，完成产品灌装封合。

16.4 凝冻技术

凝冻是冰激凌生产中最重要的工序之一，它是将配料、杀菌、均质、老化后的混合物料强制性快速搅拌，使空气以极微小的气泡均匀地进入混合物料中；混合物料中的水分在快速冷却条件下形成微细的冰结晶。这些冰结晶的产生和形成对于冰激凌质地的光滑、硬度、可口性及膨胀率来说都具有重要作用。

16.4.1 凝冻的原理

老化处理后的冰激凌混合物料进入凝冻筒时即处于剧烈、不间断的搅拌状态，在制冷剂的作用下，料液中的水分在凝冻筒壁冻结成细微的冰结晶，冰结晶不断被匀速旋转的刮刀刮下，形成微粒状的冰晶进入冰激凌混合料中。同时，专门的空气输入装置连续不断地加入空气，在刮刀的搅拌下形成极小的气泡均匀地分布在冰激凌混合物料中，使冰激凌的体积增大，处于膨胀状态。当冰激凌中的冰晶和微小空气泡达到一定的比例时，就形成了有一定膨胀率的、组织细腻均匀的冰激凌，随后进入包装、硬化程序。图 16-2 为凝冻器工作原理示意图。

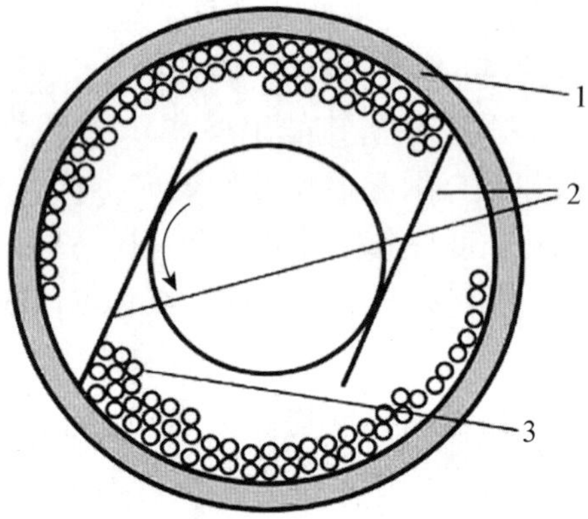

1. 制冷剂　2. 凝冻刮刀　3. 冰晶被切削并与气体混合

图 16-2　凝冻器工作原理

16.4.2 凝冻的目的

1. 使物料混合更均匀

在冰激凌生产中，均质后的混合料还需要添加香精、色素等。在凝冻过程中，搅拌器不断搅拌，可以使混合料中各组分进一步混合均匀。

2. 使冰激凌组织更加细腻

凝冻在 −6～−2℃的低温下进行，此时料液中的水分会结冰。但由于不断搅拌，水分只能形成 4～10 μm 的均匀小结晶，使冰激凌的组织更加细腻、光滑。

3. 使冰激凌获得适当的膨胀率

在凝冻搅拌过程中，空气的混入可使冰激凌的体积增加，质地变得松软，适口性得到改善。

4. 使冰激凌稳定性提高

凝冻中引入的空气是热的不良导体，使产品的抗融化作用增强。

5. 可加速硬化成型进程

由于搅拌凝冻是在低温下操作，因而能使冰

激凌料液冻结成为具有一定硬度的凝结体，即凝冻状态，经包装后可较快硬化成型。

16.4.3 凝冻的过程

冰激凌的凝冻过程可分为以下 3 个阶段。

1. 液态阶段

料液经过凝冻机凝冻搅拌一段时间（2～3 min）后，料液的温度从进料时的 4℃降低到 2℃。由于此时料液温度尚高，未达到使空气混入的条件，呈现为液体状态，故称这个阶段为液态阶段。

2. 半固态阶段

继续将料液凝冻搅拌 2～3 min，此时料液的温度降至－2～－1℃，料液的黏度显著提高。由于料液黏度提高，空气得以大量混入，料液开始变得浓厚而体积膨胀，呈现为半固体状态，故称这个阶段为半固态阶段。

3. 固态阶段

此阶段为料液即将形成软冰激凌的最后阶段。经过半固态阶段以后，继续凝冻搅拌料液 3～4 min，此时料液的温度已降低到－6～－4℃。在温度降低的同时，空气继续混入，并不断被料液层层包围，这时冰激凌料液内的空气含量已接近饱和。整个料液体积的不断膨胀，料液最终成为浓厚、体积胀大的固态物质，故称此阶段为固态阶段。

16.4.4 影响凝冻的因素

凝冻是冰激凌生产的核心环节，凝冻的好坏决定着冰激凌的质量。影响凝冻的因素主要有以下几点。

1. 物料的含糖量

物料的含糖量是影响凝冻的主要因素，随着凝冻的进行，水分逐渐冻结，剩余液体中糖的浓度越来越高，完成凝冻所需的冰点就越来越低。冰激凌物料每降低 1℃，其硬化所需的时间就可缩短 10%～20%。但凝冻温度也不能无限降低，当凝冻温度低于－6℃时，因为温度太低会造成冰激凌不易从凝冻机内放出。因此，物料中的含糖量要保持适当含量，当物料中含糖量较低时，硬化较困难；含糖量过高时，会影响冰激凌的生产连续性。

2. 凝冻温度

当凝冻温度过低时，空气不易混入，导致冰激凌膨胀率较低，或者空气混合不匀，组织不够疏松，产品形态及持久性较差。当凝冻温度过高时，会使凝冻时间过长，出现组织状态粗糙并有脂肪粒存在，或使冰激凌组织发生收缩。

3. 凝冻设备

连续式凝冻机性能稳定，可连续工作，故比间歇式凝冻机凝冻速度快；当搅刮器速度快时，产生较大的离心力可以使混合物料触及凝冻筒四壁，凝冻速度加快；搅刮器的锋利程度及其与凝冻筒壁的间距都会影响凝冻速度。此外，乳化剂的添加量、均质程度、老化程度、老化后出料温度等也会对凝冻效果产生影响。

16.4.5 凝冻过程中的变化

1. 空气混入

混合物料进入凝冻机前，空气同时混入其中，由于搅拌器的转动，空气被分散成小的空气泡。冰激凌中一般含有 50%的空气，空气分布均匀就会形成光滑的质构、奶油的口感和温和的食用特性。而且，分布均匀的空气泡还能增加冰激凌的抗融性和贮藏稳定性。

2. 水冻结成冰

在凝冻过程中，混合物料中的热量被迅速转移，物料中大约有 50%的水被冻结成细小的冰晶。但冰晶只在热量快速移走时才能形成，在随后的硬化过程中，水分仅仅凝结在产品中的冰晶表面上，不会有新的冰晶生成。因而，如果在凝冻过程中形成的冰晶多，最终产品中的冰晶就会少些，质构就会更加光滑，贮藏中形成冰屑的趋势就会大大减小。因此，降低出料温度，有利于提升冰激凌品质。

16.4.6 凝冻设备

冰激凌混合料通过装有进气调节阀的混合泵和空气一同泵入冰激凌机的凝冻筒内，由其中的搅刮器进行混合，同时凝冻筒夹套内的制冷剂对混合料进行冷冻，冻结在凝冻筒内壁上的细小冰晶被搅刮器上的不锈钢刀片不停地刮削下来，物料在快速搅拌过程中不断混入空气，温度逐渐降低并变得黏稠，最终经过可调恒压阀成为具有一定膨胀率、组织细腻的冰激凌产品。

凝冻机包括送料装置、刮刀装置、搅拌装置、空气输入装置和凝冻筒等构件。根据工作的连续性可分为间歇式凝冻机和连续式凝冻机。按冷却介质不同，可分为盐水凝冻机、液氨凝冻机和氟利昂 R12/R22 凝冻机等。

16.5 发酵技术

16.5.1 发酵剂分类

16.5.1.1 发酵剂的概念

发酵剂是生产发酵乳或乳酸菌制剂时，所使用的能促进乳的酸化过程，含有高浓度特定微生物培养物的产品。

16.5.1.2 发酵剂的作用

发酵剂的作用主要有：利用乳糖代谢产生乳酸，降低乳的 pH，使酪蛋白凝固，形成发酵乳特有的质地；产生丁二酮、乙醛等小分子风味物质，使发酵乳产生典型的风味；代谢产生的一些酶类，使乳中的蛋白质、脂肪等大分子物质水解，易于消化吸收；酸乳较低的 pH，抑制部分致病菌的增殖。

16.5.1.3 发酵剂的分类

1. 按制备过程分类

根据发酵剂的制备过程，可将发酵剂分为 3 类：乳酸菌纯培养物（一级菌种）、母发酵剂和生产发酵剂。

(1) 一级菌种　一般多接种在脱脂乳、乳清或其他培养基中，冻干后制成的菌苗。

(2) 母发酵剂　一级菌种活化扩培，是生产发酵剂的基础。

(3) 生产发酵剂　母发酵剂扩培后用于实际生产的发酵剂。

2. 按使用目的分类

1) 单一发酵剂

这一类型的发酵剂一般是将每一种菌株单独活化，生产时再将各菌株混合在一起。其优点在于：单一菌种容易传代培养，容易更换菌株，杆菌和球菌比例容易调整，单一菌株易于保存等。

2) 混合发酵剂

通常，这一类型的发酵剂是由保加利亚乳杆菌和嗜热链球菌按 1∶1 或 1∶2 比例混合后制成的酸奶发酵剂，且两种比例的改变越小越好。

3) 补充发酵剂

为了改善酸奶的黏稠度、风味和提高产品的功能性，可以选择下列菌种作为补充发酵剂。

(1) 产黏发酵剂　此类发酵剂多可产生胞外多糖，可使发酵乳黏度增加，并提高乳制品的稳定性；但要防止产黏发酵菌株的过度增殖，通常情况下，此类发酵剂和保加利亚乳杆菌和嗜热链球菌分开培养。

(2) 产香发酵剂　当生产的自然型纯酸奶的香味不足时，可考虑加入特殊产香的保加利亚乳杆菌菌株或嗜热链球菌以及丁二酮产香菌株。

(3) 干酪乳杆菌　日本非常有名的发酵乳"养乐多"（Yakult）的发酵剂是由嗜酸乳杆菌、干酪乳杆菌和双歧乳杆菌组合而成的。

(4) 双歧杆菌　双歧杆菌作为一种生理性有益菌，具有免疫增强、改善胃肠道功能、抗衰老等生理功能。但双歧杆菌会产生口感不舒服的乙酸，因此，双歧杆菌通常单独培养，生产前与保加利亚乳杆菌和嗜热链球菌一起接种于乳中。

16.5.2 发酵剂的选择

发酵乳品种、口味及消费者的需求不同，产品中所使用的发酵剂往往也不相同。产香性、产黏性、产酸性及蛋白质水解能力通常作为发酵剂的选择依据。

16.5.2.1 产酸能力

发酵剂不同，其产酸能力也不同，发酵剂的产酸能力可通过酸度检测和绘制产酸曲线来判断。酸度测定就是常用的活力测定方法；产酸曲线绘制是在同样条件下，测得酸度随发酵时间的变化关系，绘制产酸曲线，从中确定哪一种发酵剂产酸能力强。

通常在发酵过程中，产酸能力强的发酵剂会导致过度酸化和强的后酸化过程（即在冷却和冷藏时继续产酸），一般情况下，生产中应选择产酸能力中等或弱的发酵剂。

16.5.2.2　后酸化

后酸化是指发酵乳终止发酵后，进入冷却和冷藏阶段仍继续产酸的现象，一般可分为 3 个阶段：①从发酵终点（42℃）降温至 19～20℃时的酸度增加；②从 19～20℃冷却到 10～12℃时的酸度增加；③在 0～4℃冷藏时的酸度增加。后酸化现象很大程度上受到菌株的遗传特性影响，并与发酵终点的 pH、降温过程控制、最终贮藏温度及贮藏温度波动等因素有关。

尽管各大乳品加工企业均投入了大量资源进行冷链建设，但发酵乳制品从工厂到餐桌的过程中，仍经常发生脱冷现象。为稳定产品质量，适应市场需求，选择产酸温和的发酵剂尤为重要。从后酸化来看，发酵剂应符合：①发酵结束到冷却时产酸强度弱；②在冷藏过程中产酸（后酸化）弱；③冷链中断时（10～15℃）弱产酸。

16.5.2.3　风味物质的产生

良好的滋味、气味和芳香味是发酵乳制品的重要卖点之一，不同的发酵剂在发酵过程中产生的风味物质不同。乙醛、丁二酮、3-羟基丁酮和挥发性酸是发酵乳制品重要的风味物质，从风味物质生成上评估发酵剂的方法有以下几种。

（1）感官评估　感官评估操作简单、快捷，通常为首选的评估方法，采用此方法需考虑温度、酸度、存放时间等因素对评估准确性的影响。品尝时样品温度应为常温，低温通常对味觉有限制作用；发酵乳的酸度不宜过高，高酸度对口腔黏膜有刺激作用，会掩盖发酵乳的香味；样品应新鲜，一般选用 24～48 h 内生产的发酵乳，因为这段时间是发酵乳的滋味、气味和芳香味的形成阶段（或熟化阶段）。

（2）挥发性酸的量检测　挥发性酸是发酵乳制品呈现良好滋味、气味和芳香味的重要物质。通过测定发酵乳中挥发性酸的量来判断发酵剂发酵过程中芳香味物质的生成量，挥发性酸含量高就意味着产生的芳香化合物含量高。

（3）乙醛的生成　酸奶的典型风味主要是由保加利亚乳杆菌产生的乙醛形成的。通常情况下，发酵乳中的乙醛、丙酮和 3-羟基丁酮的比例在 5∶1∶1 时，所获得的发酵乳或酸奶的风味最佳。

16.5.2.4　黏性物质的产生

发酵剂在发酵过程中产生胞外多糖类黏性物质，胞外多糖属于异质性多糖，本身呈现为黏稠状或带有荚膜。胞外多糖类物质有助于改善酸奶的组织状态和黏稠度，特别在干物质含量不太高时显得尤为重要。生产上可以选择产黏发酵剂来改善发酵乳制品的组织状态，但产黏发酵剂发酵的产品风味稍差，通常将产黏发酵剂作补充发酵剂使用。

16.5.2.5　蛋白质的水解性

酸奶发酵剂中的嗜热链球菌在发酵过程中表现出很弱的蛋白质水解性，而保加利亚乳杆菌表现出较高的活性，能将乳中的蛋白质水解为游离氨基酸和多肽。影响蛋白质水解的主要因素有以下几个。

（1）生产工艺　与先经过 42℃发酵 1 h，然后在 30～32℃继续发酵 5～6 h 制得的发酵乳相比，经过 42℃、2～3 h 制得的发酵乳的氨基酸含量略高。

（2）球菌与杆菌的比例　由于保加利亚乳杆菌的发酵产物表现出很高的蛋白酶活性，所以，发酵剂中杆菌与球菌的比例越高，发酵乳中的氨基酸含量就越高。

（3）温度　蛋白质的水解主要是由于发酵剂发酵过程中产生的蛋白酶所致，因而影响微生物代谢活性和蛋白酶活性的温度变化能够改变蛋白质的水解度，低温（0～4℃）冷藏时蛋白质的水解程度低；贮藏温度越高，游离氨基酸含量越高。

（4）pH　不同的蛋白酶具有不同的最适 pH，pH 过高易造成蛋白质水解的中间产物积累而导致发酵乳出现苦味。

（5）贮藏时间　发酵乳中蛋白质的水解活动直接影响了产品质量，虽然部分蛋白质水解增加了酸奶的可消化性，但也带来了产品黏度下降、酸乳后酸化增加等不利影响。长保质期的发酵乳制品，应选择蛋白质水解能力弱的发酵菌株。

16.5.3　发酵剂制备

发酵剂的制备是酸乳和发酵乳制品加工过程中的关键环节。在规模化生产中，一旦出现发酵剂污染事件，企业的损失巨大。此外，发酵剂的质量稳定，对实现产品品质标准化，维持产品质地、口感一致性具有重要作用。

酸奶发酵剂是由嗜热链球菌和保加利亚乳杆菌两种菌种组成，由于两者之间存在共生作用，常搭配在一起用于酸奶生产。这些发酵剂以高纯度、高活性保存，即所谓的商品发酵剂。当这些商品发酵剂用于实际生产时，需要一系列的传代培养过程（即扩培过程）使其恢复活力，并扩大到一定的数量。例如：生产 20 000 L 酸奶，按 3% 的接种量计算，需要工作发酵剂 600 L。

16.5.3.1 培养基的选择和制备

1. 母发酵剂、中间发酵剂的培养基

母发酵剂、中间发酵剂的培养基一般选用高质量、成分稳定的脱脂乳粉，按照 10%～12% 的干物质制成再制脱脂乳，121℃保持 15 min 灭菌处理。

2. 工作发酵剂的培养基

工作发酵剂可使用高质量的脱脂乳粉、全脂乳粉，配成复原乳灭菌后使用；也可将精选鲜奶杀菌后使用。

16.5.3.2 发酵剂的制备

1. 乳酸菌纯培养物（一级菌种）的活化

从供应商购入传代菌种，无菌条件下接种至灭菌脱脂乳培养基中，置于 42℃恒温培养箱中培养至乳凝固（约 4 h）。从凝固后的培养物中取 1%～3% 再接种于灭菌培养中，依次反复活化数次。活化后的菌种 0 ～4℃保存，每周转接一次。为防止菌种退化、老化和污染，活化后的菌种还应进行不定期的纯化处理，以除去污染菌，提升菌种活力。

2. 母发酵剂和中间发酵剂

充分活化后的菌种，在无菌条件下接种至脱脂乳培养基中，接种量为 1%～2%，混匀后置于 42℃恒温培养箱中培养，凝固后再次接种至灭菌脱脂乳中，反复 2～3 次，使乳酸菌保持活性。根据生产量和工作发酵剂用量，核算是否需要利用母发酵剂扩大培养中间发酵剂。

3. 工作发酵剂

为了使菌种的生活环境不发生剧烈变化，工作发酵剂所用的培养基一般与半成品原料（鲜奶）相同。调制时，将一定量优质鲜奶泵入生产发酵剂的容器中，90～95℃杀菌 5～15 min，然后冷却至菌种的最适温度，加入工作发酵剂总量 3%～5% 的中间发酵剂，充分搅拌使其混合均匀，在所需温度下静止培养，达到所需酸度后降温冷藏待用。

16.5.3.3 发酵剂的活力测定

发酵剂的活力指发酵剂菌种的产酸能力，活力可以用乳酸菌在单位时间内产酸的多少来评定。生产实际中发酵剂的活力一般采用酸度测定法评定：经灭菌后的脱脂乳中加入 3% 的发酵剂，并在 37～38℃的恒温箱内培养 3.5 h，然后用 0.1 mol/L NaOH 溶液测定其酸度。如酸度达 0.7% 以上，则认为活力良好，并以酸度的数值来表示活力。

目前，多数乳品企业在发酵乳生产过程中采用直投式发酵剂，以降低发酵剂制备过程中的风险，实现产品质量、质地、口感的稳定性。直投式发酵剂是指供应商提供高度浓缩和标准化的冷冻或冷冻干燥发酵剂菌种，供生产企业直接加入热处理后的原料乳中进行发酵，而无须对其进行活化、扩培等其他预处理工作的发酵剂。它可以单独使用，也可以混合使用，使产品获得理想的特性。

16.5.3.4 发酵剂的质量控制

发酵剂的制备是乳品生产中的较为复杂、风险较高的工艺过程，大多数企业将发酵剂的制备列为关键控制点。生产厂家必须慎重选择一级菌种的供应商，控制母发酵剂和中间发酵剂制备过程中的卫生条件，确保接触设备、器具洁净无菌，注意操作人员的个人卫生，尽量减少霉菌、酵母菌和噬菌体的污染，最好是在具备空气净化和正压装置的洁净间中操作。发酵剂的质量控制有如下方法。

1. 感官检验

液态发酵剂凝块应有适当的硬度，组织均匀细腻，富有弹性，表面光滑无皱纹和龟裂；品尝酸味与风味，看其有无苦味和异味等。

2. 发酵剂品质检查

（1）检查形态与比例　使用革兰氏染色或其他染色方法对发酵剂进行涂片染色，并用高倍光学显微镜（带油镜头）观察乳酸菌形态正常与否以及杆菌与球菌的比例等。

（2）检查污染程度　乳酸菌菌种催化酶试验应呈阴性反应，阳性反应是污染所致，乳酸菌发酵剂中不许出现酵母或霉菌。

3. 活力检查

使用前应对发酵剂的活力进行检查，好的酸奶发酵剂活力一般在 0.8%以上；按规定方法接种后，在规定时间内产生凝固，无延长凝固现象。

4. 卫生检查

每日对发酵剂设备、容器进行涂抹检验，对空间环境进行空气沉降试验，以此来判定清洗效果和车间的卫生状况。

16.5.4　发酵过程中的变化

在发酵剂的作用下，发酵乳中的乳糖被利用，pH 降低；蛋白质、脂肪被分解为小分子物质更易于消化吸收；产生醛、酮等挥发性成分，使发酵乳具有特殊的风味。

1. 碳水化合物的代谢

除能量外，乳酸菌代谢葡萄糖形成的最终产物主要是乳酸和一些还原性物质，其代谢途径可分为同型乳酸发酵和异型乳酸发酵。

（1）同型乳酸菌发酵　链球菌、片球菌和乳杆菌的一部分菌种能够产生同型乳酸发酵。葡萄糖经糖酵解途径降解成为丙酮酸，丙酮酸直接作为受氢体被还原成乳酸。

（2）异型乳酸发酵　异型乳酸发酵是由 6-磷酸葡萄糖酸形成 5-磷酸核糖，5-磷酸核糖经异构化形成 5-磷酸木酮糖，5-磷酸木酮糖裂解为 3-磷酸甘油醛和乙酰磷酸，随后生成乳酸和乙醇。

（3）乳酸菌作用下乳糖的分解代谢　乳酸菌转移乳糖的方式可以分为：磷酸烯醇式丙酮酸模式、磷酸转移酶系统模式和乳糖透过酶模式。多数嗜温、同型发酵的乳酸菌，特别是乳酸球菌采用前一种模式，而其他的乳酸菌、嗜热链球菌和乳杆菌则采用透过酶系统运输乳糖。乳糖经半乳糖苷透性酶或磷酸转移酶的作用而进入细胞，然后，由 β-半乳糖苷酶水解为葡萄糖和半乳糖；葡萄糖进入同型发酵和异型发酵途径进行分解；半乳糖不能直接发酵，而是经半乳糖异构酶转化为葡萄糖，再进入糖酵解途径。

2. 蛋白质的代谢

乳酸菌能够利用酪蛋白作为氮源生长，乳酸菌的水解蛋白系统由 3 个部分构成：先是水解酪蛋白来形成大量的肽类物质；然后借助运输系统将肽类物质转移到细胞内；进入细胞后，肽将被细胞中丰富的肽酶进一步水解成自由氨基酸，获得氮源。尽管乳酸菌的蛋白酶活性较弱，但对酸奶的成熟、发酵乳制品的芳香成分以及口感等有重要的影响。一般说来，乳杆菌的蛋白酶活性比乳球菌要高。在牛乳培养时，乳杆菌可产生大量的游离氨基酸，促进乳球菌的生长。

3. 脂肪的代谢

在酸乳的生产和贮藏期间，脂肪的水解也随之发生。乳酸菌主要水解长链的三酰甘油。与嗜热链球菌相比，保加利亚乳杆菌能产生更多的脂肪酸。但嗜热性发酵剂分解脂肪的能力是微弱的，酸奶中绝大多数挥发性酸主要来自其他化合物的水解。

4. 胞外多糖的产生

发酵剂产生的胞外多糖能够提高发酵乳的黏度和胶体稳定性，改善发酵乳的品质和稳定性，日益受到人们的关注。一些乳酸菌菌株能利用培养基的碳水化合物产生胞外多糖，例如，嗜热性链球菌产生的胞外多糖是由半乳糖与葡萄糖按 1∶1 的比例组成，此外，还含有少量的木糖、阿拉伯糖、鼠李糖和甘露糖；而保加利亚乳杆菌产生的胞外多糖是由葡萄糖和果糖按 1∶2 的比例组成。

5. 风味物质的形成

优质的酸奶具有良好的滋味、气味和芳香味，是由发酵剂在生长过程中产生的风味物质形成的，这些风味物质主要分为 3 个类别：①挥发性酸（乳酸、丙酮酸、草酸、琥珀酸）；②羰基化合物（乙醛、丙酮、3-羟基丁酮、双乙酰）；③各种氨基酸以及热变性的蛋白质、脂肪、乳糖形成的成分。

复习思考题

1. 简述热处理对乳制品风味的影响？

2. 热处理过程中，乳中主要蛋白质会发生什么变化？

3. 乳品生产中常用的杀菌工艺有哪些？各适合于什么产品？

4. 相对于常规杀菌，膜过滤除菌和高压杀菌有什么优缺点？

5. 试述真空浓缩的特点，以及乳品在真空浓缩过程中发生的变化。

6. 简述降膜蒸发的工艺特点。

7. 简述喷雾干燥的原理及特点。

8. 如何选择合适的酸奶发酵剂？

9. 试述发酵乳在发酵过程中的变化。

HAPTER 17

第 17 章 原料乳的验收、预处理与杀菌乳加工

目标要求：

1. 了解原料乳的验收标准，掌握原料乳的常规检验方法；
2. 了解原料乳预处理的意义，熟悉原料乳预处理的操作单元；
3. 掌握巴氏杀菌乳和超高温灭菌乳加工技术的特点和工艺差别。

原料乳的质量直接影响乳制品的品质，优质的原料乳是生产高品质乳制品的基础。在养殖环节，牛奶经自动挤奶机挤出后，由牧场进行初步检测、预冷和暂存，通过保温奶槽车迅速运至乳品加工企业；乳品企业参照国家标准（或企业内控标准）对原料乳进行检验，合格的原料乳经过计量、净化、冷却、标准化等预处理环节，进入贮奶罐待用；企业根据市场需求，对预处理后的原料乳进行不同强度的热处理，采用不同的灌装设备进行灌装后，包装入库；成品检验合格后，供应市场。

17.1 原料乳的验收

原料乳送到乳品加工企业后，企业按照国家标准（或企业内控标准）进行验收，符合接收标准的原料奶会根据理化、微生物等指标按质计价；检验内容主要包括感官指标、理化指标、微生物指标等。

17.1.1 原料乳标准

原料乳（生乳）指从符合国家有关要求的健康奶畜乳房中挤出的无任何成分改变的常乳，产犊后 7 d 的初乳、应用抗生素期间和休药期间的乳汁、变质乳不应用作生乳。我国现行的生乳收购标准执行为《食品安全国家标准　生乳》（GB 19302—2010）《食品安全国家标准　食品中真菌毒素限量》（GB 2761—2017）《食品安全国家标准　食品中污染物限量》（GB 2762—2017）和《食品安全国家标准　食品中农药最大残留限量》（GB 2763—2021）等。上述标准适合于乳品企业对生乳的收购和评级。

1. 感官要求

生乳的感官指标应符合表 17-1 的规定。

2. 理化指标

生乳的理化指标应符合表 17-2 的要求。

3. 微生物限量

生乳的微生物限量应符合表 17-3 的要求。

4. 其他指标检测

（1）污染物限量　应符合 GB 2762—2017 的规定。

（2）真菌毒素限量　应符合 GB 2761—2017 的规定。

表 17-1　感官要求

项目	要求	检验方法
色泽	呈乳白色或淡黄色	取适量试样置于 50 mL 烧杯中，在自然光下观察色泽和组织状态。闻其气味，用温开水漱口，品尝滋味
滋味、气味	具有乳固有的香味，无异味	
组织状态	呈均匀一致液体，无凝块、无沉淀、无正常视力可见异物	

表 17-2　理化指标

项目	指标	检验方法
冰点[a,b]/℃	−0.560～−0.500	GB 5413.38—2016
相对密度/(20℃/4℃) ≥	1.027	GB 5413.33—2010
蛋白质/(g/100 g) ≥	2.8	GB 5009.5—2016
脂肪/(g/100 g) ≥	3.1	GB 5413.3—2010
杂质度/(mg/kg) ≤	4.0	GB 5413.30—2016
非脂乳固体/(g/100 g) ≥	8.1	GB 5413.39—2010
酸度/°T		
牛乳[b]	12～18	GB 5413.34—2010
羊乳	6～13	

a 挤出 3 h 后检测。
b 仅适用于荷斯坦奶牛。

表 17-3　微生物限量

项目	限量/[CFU/g(mL)]	检验方法
菌落总数	2×10^6	GB 4789.2—2016

(3) 农药残留量　应符合 GB 2763—2021 及国家有关规定和公告。

(4) 兽药残留量　应符合国家有关规定和公告。

17.1.2　原料乳检验

为保证乳制品的质量安全和货架期，维护企业的品牌形象，乳品加工企业在生乳收购时会进行严格检测，主要检测指标如下。

17.1.2.1　感官检测

生乳的感官检验主要是进行滋味、气味、色泽和组织状态的鉴定。

(1) 滋味和气味　具有乳固有的香味，无苦、涩、咸的滋味和饲料、青贮、霉等异味。有明显滋气味缺陷的生乳，乳品厂会直接拒收。

(2) 色泽及组织状态　乳的正常色泽为乳白色，微带黄色；生乳不得有红、绿等异色，组织状态均匀一致，无凝块、无沉淀、不得有肉眼可见异物。

17.1.2.2　酒精检验

酒精试验是生乳收购中广泛采用的一种方法，通过酒精的脱水作用，分析乳中酪蛋白的稳定性，进而确定生乳的抗热性能。生乳存放过久或者贮存条件不当时，乳中微生物生长繁殖加速，一方面，这些微生物利用乳糖发酵产生乳酸；另一方面，微生物代谢产生的酶类使蛋白质、脂肪水解，导致乳的酸度逐渐升高。生乳的酸度升高，胶体不稳定性增加，酒精作用下乳易出现凝块。因此，酒精试验可以近似判断生乳的酸度，生乳的酸度越高，对酒精越敏感。

酒精试验与酒精浓度有关，一般以 72%的酒精和生乳等体积混合，摇匀后无沉淀生成作为标准，正常生乳用 75%的酒精或双倍酒精试验亦不会出现凝块。在实际生产中，生乳蛋白质稳定性的影响因素较多，例如，当乳中钙盐浓度较高时，酪蛋白胶束因酒精脱水失去水化层后，容易与钙盐结合，生成酪蛋白酸钙沉淀。酒精试验操作便捷，设备简单，可以快速检测出初乳、末乳、盐类不平衡乳、细菌产生凝乳酶的乳及乳腺炎乳等，是乳品企业最常用的生乳质量鉴定方法之一。

17.1.2.3　滴定酸度

滴定酸度通常采用 0.1 mol/L 的 NaOH 溶液中和生乳中的酸性物质，根据碱的用量确定生乳的酸度和热稳定性。新鲜牛乳的滴定酸度通常为 16～18°T，生乳的酸度影响其加工特性，对最终成品稳定性的影响较大。超高温灭菌乳、淡炼乳加工必须使用 16～18°T 正常酸度的生乳；高于 18°T、低于 20°T 的原料乳可用于制造淡奶粉；酸度不高过 22°T 的原料乳尚可用于制造奶油，但风味较差。酸度超过 22°T 的原料乳只能用于生产干酪素、乳糖等的工业原料。

17.1.2.4　相对密度

牛乳的相对密度主要有 2 种表示方法：一是指在 15℃时，一定体积牛乳的质量与同容积同温度水的质量之比，正常牛乳 $d_{15}^{15}=1.032$；二是指乳在 20℃时的质量与同容积水在 4℃时的质量比，正常牛乳 $d_{4}^{20}=1.030$，我国很多乳品加工企业采用这一标准。

相对密度可作为评定生乳成分是否正常的一个指标，但需综合脂肪、蛋白质、风味检测数据，共同判断生乳是否经过了浓缩或者加水。牛乳的相对密度随乳中非脂乳固体含量的增加而增加，随脂肪含量的增加而下降；温度升高、牛乳中含有泡沫、牛乳加水，均会导致牛乳的相对密度降低。

17.1.2.5　微生物数、体细胞数

收购生乳时，需要对其微生物数、体细胞数进行检测，以判定该批次鲜乳是否可以收购、收购等级及用途。

1. 微生物数

(1) 亚甲蓝还原试验　亚甲蓝还原试验是用来判断生乳新鲜程度的一种色素还原试验。生乳加入亚甲基蓝后被染为蓝色，如生乳被大量微生物污染，代谢产生的还原酶使颜色逐渐变淡，直至无色。通过测定颜色变化速度，可以初步推断生乳中的细菌数，评价生乳的污染程度。

(2) 平板计数法　取待测生乳10倍梯度稀释后，接种于琼脂培养基上，(36±1)℃培养(48±2) h后，选取菌落数在30～300 CFU、无蔓延菌落生长的平板计数菌落总数（低于30 CFU的平板记录具体菌落数，大于300 CFU的可记录为多不可计），并根据稀释倍数确定样品中的菌落总数。

(3) 直接镜检法　是利用显微镜直接观察生乳中微生物数量的一种方法。取一定量的乳样，适当稀释后，在特定载玻片（计数板）上涂抹一定的面积，干燥、染色、晾干，显微镜视野下计数，计算生乳中的菌落总数。

镜检法比平板计数法方便、快捷，并能够根据细菌形态，推断出细菌增加的原因；但镜检法观察到的是菌落总数（活菌+死菌），此外，镜检法的准确度没有平板计数法高。

2. 体细胞数

生乳体细胞数是指每毫升生乳中的细胞总数，体细胞数能够反映生乳质量及泌乳牛的健康状况。常用的检测方法有如下几种。

(1) 直接镜检法（同细菌检验）

(2) 加利福尼亚细胞数测定法（CMT法）　CMT法原理是生乳中的体细胞接触表面活性试剂，如溴甲酚红紫、烷基芳硫酸盐、烷基芳磺酸等，能够使细胞收缩凝固，同时释放脱氧核糖核酸，并发生凝聚；细胞越多，凝集状态越强，出现的聚集块越多，对这些凝聚块进行统计就能够估算体细胞的数量。

(3) 体细胞分析仪法　目前，规模以上乳品企业多采用体细胞分析仪对生乳中的体细胞数进行检测。体细胞分析仪将待测样品进行荧光染色，制成单细胞悬液，在鞘液的包被下单行排列，依次通过观察室检测区域；在激光照射下，被染色的细胞散射荧光信号，经处理器处理，计算出样品中的体细胞数目。体细胞分析仪能够快捷、准确地定量检测原料乳中的体细胞数，可为原料奶收购和评级提供翔实的数据参考。

17.1.2.6　抗生物质检验

1. 嗜热链球菌抑制法

生乳经过80℃杀菌处理，冷却到37℃添加嗜热链球菌液，培养2 h后，嗜热链球菌开始增殖，这时候加入代谢底物2,3,5-氯化三苯四氮唑(TTC)，若样品中不含有抗生素或抗生素浓度低于检测限，嗜热链球菌继续增殖，还原TTC为红色；相反，如果样品中含有高于检测限的抑制剂，则嗜热链球菌受到抑制，因此指示剂TTC不被还原，仍保持原色。

2. 嗜热脂肪芽孢杆菌抑制法

培养基预先混合嗜热脂肪芽孢杆菌芽孢，并含有pH指示剂（溴甲酚紫），加入生乳65℃孵育后，若该样品中不含有抗生素或抗生素浓度低于检测限，细菌芽孢将在培养基中生长并利用乳糖产酸，pH指示剂的紫色变为黄色；相反，如果样品中含有高于检测限的抗生素，则细菌芽孢不会生长，pH指示剂的颜色保持不变，仍为紫色（图17-1）。

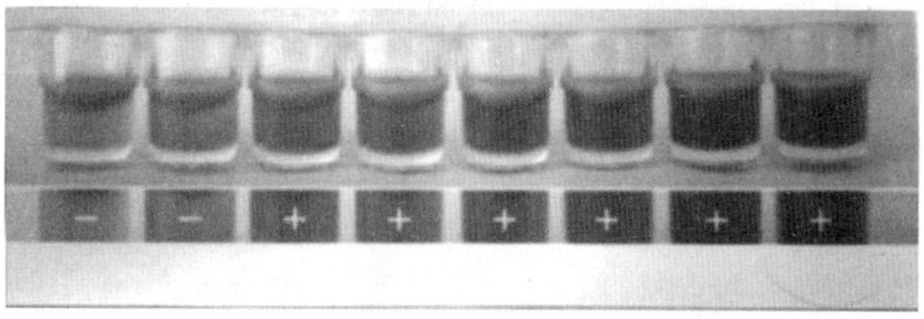

图17-1　嗜热脂肪芽孢杆菌抑制法抗生素检测颜色判读

3. 纸片法

将指示菌接种到琼脂培养基上，然后将浸过待测乳样的纸片放入培养基上进行培养。如果待测乳样中有抗生物质残留，会向纸片四周扩散，阻止指示菌的生长，在纸片的周围形成透明的阻止带，根据阻止带的直径，可以判断生乳中抗生物质的残留量。

4. 快速检测试剂盒法

利用竞争性受体-配体免疫法，可快速检测原料乳中β-内酰胺类抗生素残留。试纸条的结合区有标记了胶体金颗粒的受体，生乳在吸附作用下流动。如样品中没有β-内酰胺，胶体金复合物经过检测线(T)时，胶体金会与检测线区包被的配体结合，形成色带。如样品中有β-内酰胺，在经过结合区时，受体会预先和样品中的目标抗原结合，经过检测线区时抑制和配体结合，影响检测线(T)形成色带。图17-2为β-内酰胺类抗生素快速检测示意图。

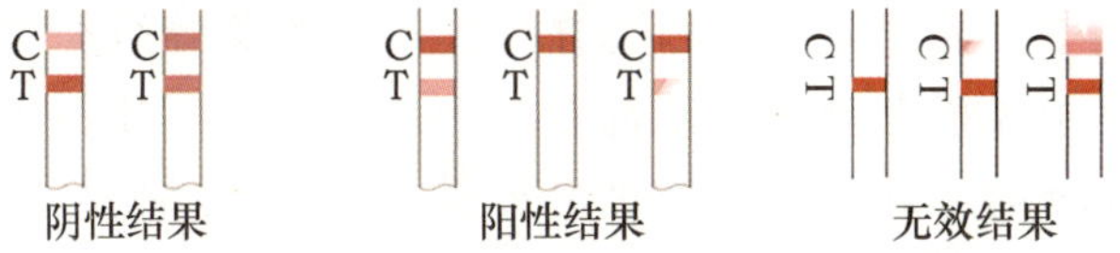

图 17-2　β-内酰胺类抗生素快速检测示意图

17.1.2.7　乳成分测定

随着科学技术的快速发展，生乳理化检测方面涌现出众多高效率的检验技术和仪器，能够多指标、快捷、准确地检测生乳中的脂肪、蛋白质、乳糖、非脂乳固体等指标。

1. 微波干燥法测总干物质

通过 2 450 MHz 的微波干燥牛乳，自动称量、记录生鲜乳中总干物质的含量。

2. 红外线乳成分分析仪

利用傅立叶红外全光谱透射技术，并在分析仪内置各种乳制品数据库曲线，可以快速、准确的检测乳中的脂肪、蛋白质、全乳固体、非脂乳固体、冰点、密度、酸度等指标。为保证仪器的准确性，定期用国标方法对牛乳成分分析仪的各产品模块进行考核校正，并每天用标样跟踪仪器。

17.1.2.8　掺杂异物检验

1. 三聚氰胺检测

1）快速检测

三聚氰胺快速检测卡利用竞争性抑制免疫层析原理制成。生乳经简单前处理，取上清液滴入检测卡的样品孔中，若样品为阴性，在测试区（T区）出现一条紫红色条带；若样品为阳性，则 T 区不会出现紫红色条带。无论样品中有无三聚氰胺存在，控制区（C 区）都会出现紫红色条带（图 17-3）。三聚氰胺快速检测卡具有方便、快速、灵敏等特点，适用于现场大批量样品检测。

图 17-3　三聚氰胺快速检测示意图

2）液相色谱法检测

GB/T 22388—2008 中规定了检测生乳、乳制品和含乳制品中三聚氰胺含量的 3 种方法，其中较为常用的是液相色谱法。液相色谱法是利用乙腈作为原料乳中的蛋白质沉淀剂和三聚氰胺提取剂，强阳离子交换色谱分离，高效液相色谱-紫外检测器检测，采用外标定量法定量。

此外，GB/T 22388—2008 中的另外两种方法液相色谱-质谱/质谱法和气相色谱-质谱法（气相色谱-质谱/质谱法）。由于质谱仪设备昂贵，原料预处理复杂，乳品加工企业在生乳收购中较少采用质谱法检测三聚氰胺含量。不同方法的定量限不同，质谱法检测精度显著高于液相色谱法：液相色谱法为 2 mg/kg 待测样品；液相色谱-质谱/质谱法为 0.01 mg/kg 待测样品；气相色谱-质谱法为 0.05 mg/kg 待测样品（气相色谱-质谱/质谱法为 0.005 mg/kg 待测样品）。

2. 掺假检验

生乳检验除根据国标要求进行常规检验项目外，为防止掺假，乳品企业通常会增加一些掺假检验项目。例如，用淀粉碘化钾溶液或抑菌试纸条检测，防止生乳中添加抑菌剂（过氧化氢、二氧化氯）；用硝酸汞和饱和苦味酸检测，防止生乳中添加皮革水解物；用邻二氮菲溶液检测，防止生乳中添加豆浆、豆饼水；用玫瑰红酸法检测，防止生乳中掺碱等。

17.1.2.9　农药、兽药残留、重金属的检验

1. 黄曲霉毒素 M_1 检测

动物摄入被黄曲霉毒素 B_1 污染的饲料后，黄曲霉毒素 B_1 在动物肝脏微粒体氧化酶的催化下，形成的烃化代谢产物黄曲霉毒素 M_1。黄曲霉毒素 M_1 毒性较大，1993 年世界卫生组织将其归为Ⅰ类致癌物。

黄曲霉毒素 M_1 多采用酶联免疫法检测，在检测微孔条上预包被偶联抗体，样本中的残留物黄曲霉毒素 M_1 和预包被的抗黄曲霉毒素 M_1 抗体结合后，用四甲基联苯胺（TMB）底物显色，样本吸光值与其所含残留物黄曲霉毒素 M_1 的含量呈负相关，与标准曲线比较即可得出相应残留物黄曲霉毒素 M_1 的含量。

2. 农药残留和重金属检测

滴滴涕、六六六、林丹等农药残留及铅、总汞、总砷等重金属的检测参照《食品卫生检验方法理化标准汇编》（GB/T 5009—2008）执行。

3. 兽药残留

氯霉素、地塞米松、磺胺类等兽药残留量采用胶体金免疫层析方法检测。

17.2 原料乳的预处理

17.2.1 原料乳的运输

原料乳（生乳）运输是乳品生产中的重要环节，运输方式不当，会造成生乳酸度升高、微生物超标、杂质度超标等，使生乳的收购等级降低，甚至被拒收，给奶牛养殖户和养殖企业造成巨大的经济损失。此外，生乳运输环节监控不力时，可能出现在运输过程中非法添加非乳成分的风险。

1. 原料乳运输要求

原料乳的运输必需遵守《乳品质量安全监督管理条例》及有关部委的各项规定，运输车辆应取得县级以上畜牧主管部门核发的生乳准运证明，并随车携带生乳交接单。交接单应当载明生乳收购站的名称、生乳数量、交接时间，并由生乳收购站经手人、押运员、司机、收奶员共同签字。

原料乳运输多采用双层奶罐车，罐车罐体或贮运奶容器应选用光滑、无毒、耐腐蚀、保温、隔热的不锈钢材质；生乳起运前罐体加铅封，并记录铅封编号，严禁在运输过程中向原料奶中添加任何物质。

奶罐车运输生乳具有诸多优势：罐体单位表面积小，生乳升温慢；罐体容积大，运输成本和管理成本低；罐体可分为若干个单独间隔，适用于同时运输不同品质的生乳；可通过乳品加工企业的CIP工作站进行清洗，降低劳动强度，不留死角。目前规模以上养殖企业和乳品加工企业均使用奶罐车进行生乳运输。

2. 原料乳运输注意事项

原料乳运输需注意以下几点：①生乳在运输过程中应合理安排路线，尽量缩短停留时间，挤出的生乳应在48 h内送至乳品加工企业或生乳收购站；防止生乳在运输途中升温，夏季时避免日光长时间照射，确保原料奶收购时夏季奶温≤8℃，冬季奶温≤6℃。②生乳按照初选级别分仓存放，不能混装，以免降低优质乳收购等级；病牛乳不能和健康牛乳混合，含抗生素的牛乳不能和正常牛乳混合。③奶罐车尽量装满，避免在运输过程中，因生乳在容器中剧烈晃动混入大量空气，影响收购时的计量准确性和后续的生产加工。但冬天温度较低时，容器不能装得太满，避免因冻结而使容器破裂。④生乳运输容器必须保持清洁卫生，使用后立即进行严格的清洗、消毒，做到无奶垢、无不良气味。

17.2.2 原料乳的净化

原料乳净化的目的是除去乳中的杂质，并减少乳中微生物的数量。根据净化设备不同，原料乳的净化可分为过滤法和离心法。

17.2.2.1 过滤净化

牧场新挤出的生乳，容易被粪屑、饲料、垫草、牛毛及空气中的漂浮物污染，因此必须及时进行过滤。过滤的方法可分为常压过滤、减压过滤和加压过滤，常用的过滤材料有粗纱布、金属滤网和人造纤维等。

牧场最常用的净化是加压粗纱布过滤。由于生乳杂质度高，要特别注意保持滤布的清洁，否则，不清洁的纱布不仅失去过滤功能，反而会使过滤出来的杂质重新混入待过滤的乳中。牧场的过滤纱布清洗频次较高，一般过滤50 kg生乳即更换一次，更换的过滤布要及时用温水清洗，再用0.5% NaOH溶液洗涤，清水冲洗后煮沸10～20 min，晾干待用。

生乳收购过程中也经常用到纱布过滤，在收奶槽上铺上多层纱布或在收奶输送管道上加装双联过滤器；纱布过滤器价格便宜，易于更换，缺点是强度低，容易变形，清洗费时费力。目前，企业收奶过程中多采用金属过滤器对生乳进行过滤净化，金属过滤器可实现CIP在线清洗，自身强度高，能承受较大压力，不易发生堵塞，缺点是成本相对较高。

17.2.2.2 离心净化

原料乳经过多次过滤后，牛乳中的悬浮异物和大颗粒杂质被除去，但微小杂质、体细胞和某些微生物仍需要进一步去除，离心净化是乳品加工中常用的净乳方法。

离心机由一组装在转鼓内的圆锥形碟片组成，在电机的带动下，碟片高速旋转，利用离心力的作用将乳中不同组分分开：不溶性杂质由于密度较大，被甩到机壳壁，通过排渣孔排出；净化后的乳向上运动，从转鼓顶部出口排出。

离心净乳机和离心分离机主体结构类似，不同的是，离心分离机转速较高，分离碟片上有分配孔，上端有两个排出口，稀奶油通过转动轴附近的稀奶油出口排出，密度稍大的脱脂乳通过碟片分配孔移动至碟片组空间，通过脱脂乳出口排出；离心净乳机转速低，分配碟片没有分配孔，上端只有一个净化乳的出口。

离心净化时，原料乳先升温至 40～50℃，净乳过程中防止气泡的大量产生。现在乳品加工企业采用的离心机多具有自动排渣功能，以保证生产的连续性。

17.2.3　原料乳的脱气

刚挤出的生乳中含有 5.5%～7%的气体，经过收集和运输后，气体含量上升至 10%左右。这些气体会对乳的风味和加工特性产生一定的影响：①生乳中的牛体味、青贮味等会影响乳制品最终的风味；②影响生乳收购时计量的准确性；③混入的氧气会加速乳脂肪氧化；④杀菌过程中，使杀菌机中的奶垢快速增加，增加清洗频次；⑤影响后续乳的标准化，加速乳中脂肪球的聚集。

为了降低乳中的空气含量，在牧场的挤奶、原料奶运输、乳品预处理等环节均包含脱气工艺。在牧场内，挤出的生乳立即进行冷却、脱气处理，随后泵入暂存罐中存放；在生乳运输车辆和收奶流量计之间加装脱气设备，以降低生乳中的空气影响计量器械的准确性。但上述脱气方式对乳中细小分散气泡的脱气作用有限，原料奶中的大部分气体在预处理工序脱去。乳品企业利用真空脱气设备，降低乳中的空气、异味成分及溶解氧含量，保证产品最终的风味和质量。

脱气过程中，原料乳预热至 65～70℃后进入真空脱气罐，真空脱气罐内呈负压状态，原料乳中的空气、异味成分、易挥发风味物质及部分水分会蒸发至罐顶部，遇到冷凝器后，蒸发的牛乳冷凝回流到罐底，空气及一些不凝的气体（异味成分）由真空循环泵抽出。脱气处理可以提高乳中的固形物含量，去除乳中的空气和不良气味，同时有利于后续的均质、标准化等操作。

17.2.4　原料乳的冷却

17.2.4.1　冷却的作用

挤奶后，乳的温度约为 36℃，是大部分微生物生长繁殖的最适温度，在牧场内应迅速冷却至 4～6℃，以抑制微生物的增殖。原料乳运输时，多采用双层不锈钢罐体，罐体表面覆有保温层，乳的温度不会快速升高；乳品加工企业接收生乳后，通过板式换热器将乳的温度降至 4℃左右，随后泵入带冰水循环系统的收奶仓，存贮待用。

刚挤出的牛乳，其微生物不会迅速上升，会出现一段时间的抑制期，甚至在前 6～12 h 还有下降趋势，这主要是因为乳中含有天然的抑菌成分，如乳过氧化物酶系统、乳铁蛋白、免疫球蛋白、溶菌酶等。抑菌期的长短和生乳的贮存温度直接相关，生乳温度较低时，其抑菌特性可以保持较长时间，生乳温度较高时，抑制期显著缩短。生乳的冷却温度和细菌总数的关系如表 17-4 所示。

生乳的保存时间还受初始菌落总数的影响，生乳污染越严重，菌落总数越高，抑菌作用时间越短。例如，生乳温度为 10℃时，严格执行卫生制度的乳样，其抑菌时长约为未严格执行卫生制度乳样的 2 倍。

17.2.4.2　冷却的方法

1. 直冷式奶罐冷却

目前，养殖场挤出的生乳及乳品企业收购的原料乳贮存，多使用直冷式奶罐。冷却罐体采用一定强度的双层不锈钢制成，外面包裹有聚氨酯

表 17-4　乳的冷却与乳中细菌总数的关系　　CFU/mL

贮存时间	刚挤出	3 h	6 h	12 h	24 h
冷却乳（4℃）	11 500	11 500	8 000	7 800	62 000
未冷却乳（室温）	11 500	11 800	102 000	114 000	1 300 000

发泡保温层，夹层可以通冰水等冷却介质，对罐内贮存的原料乳进行冷却。直冷式奶罐带有自动搅拌装置，可使原料乳均匀冷却，同时防止乳脂肪上浮。

2. 板式热交换设备冷却

板式热交换设备（冷排）冷却是乳品加工企业常用的冷却方式。冷排是以冲压成型的传热板片为传热面的高效间壁换热器，主要由传热板片、密封垫片、分界板、固定板、压紧螺杆、压紧板和框架等组成。冰水和原料奶分别从支架或中间分配板上的管接头，经由板片角孔进入板片的两边，冷热两种流体间隔进入封闭流道中，在板片的两边逆向流动，实现原料乳的热交换。

冷排结构简单、价格低廉，冷却效率高；原料乳在板片内部流动，不与外界环境接触，安全性高；乳品加工企业多用盐水做冷却介质，可以快速将原料奶的温度降到 4℃左右。

17.2.5 原料乳标准化

牛乳中蛋白质和脂肪含量会随着季节、饲喂条件等因素的变化而发生改变。为保持产品质量的稳定性和一致性，有必要对原料乳进行成分（主要是蛋白质和脂肪）标准化处理。脂肪含量的标准化是通过部分去除原料乳中的稀奶油，或者添加稀奶油、全脂乳粉的方式调整原料乳中的脂肪含量；蛋白质含量的标准化主要通过在原料乳中添加脱脂乳粉来实现。

17.2.5.1 脂肪标准化的原理

乳脂肪的标准化通常采用方格法计算，如图 17-4 所示，A 稀奶油的脂肪含量为 42%，B 脱脂乳的脂肪含量为 0.05%，C 终产品的脂肪含量为 3.3%；斜对角线脂肪含量相减 C－B＝3.25，以及 A－C＝38.7；那么，将 3.25 kg 42%的稀奶油和 38.7 kg 0.05% 的脱脂乳混合，就可以得到 41.95 kg 脂肪含量为 3.3%的终产品。通过方格法，可以很快地计算出多少千克脂肪含量为 A%的稀奶油和多少千克脂肪含量为 C%的脱脂乳混合，就能得到多少千克脂肪含量为 C%的混合物。

17.2.5.2 在线标准化

乳的标准化有两种基本的操作方式，一种是根据原料乳的理化检测结果，结合计划达到的指

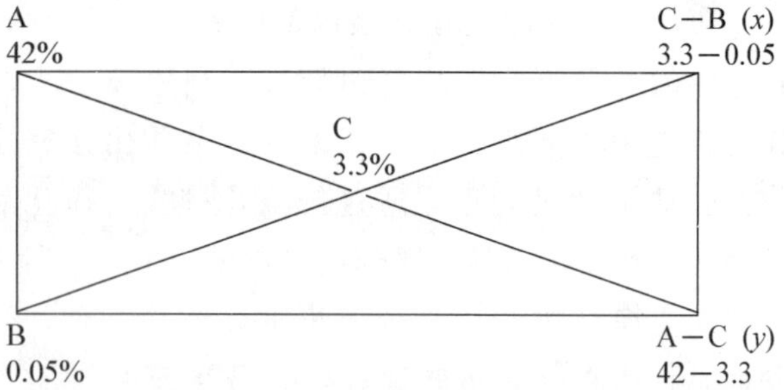

图 17-4 方格法标准化计算实例

标值，将全脂乳、脱脂乳、乳清粉、稀奶油等按照一定比例，直接添加到原料乳中，实现原料乳的标准化；另一种是利用成套的标准化设备，对原料乳指标进行自动计算、自动添加或脱去某些成分，实现原料乳的指标统一。目前，规模乳品加工企业多采用在线标准化，以实现精准控制，降低劳动强度，减少产品污染风险。

1. 脂肪在线标准化

脂肪在线标准化首先通过离心分离机将原料乳中的乳脂肪分离，形成脱脂乳和稀奶油两部分；检测设备在线检测脱脂乳和稀奶油中的脂肪含量，并将检测数据实时反馈至中央处理器；根据乳制品中脂肪含量要求（预先设定），中央处理器控制稀奶油回加到脱脂乳中的数量，多余的稀奶油存贮于奶油罐中。如果原料乳中脂肪含量较低，奶油罐中会预先加入一定量的稀奶油，通过在线检测设备计算后，自动控制加入。

2. 蛋白质和脂肪同时标准化

现代化的乳品工厂中，通常会采用离心分离和超滤技术，对原料乳中的脂肪和蛋白质同时进行标准化处理。原料乳首先通过离心分离机进行脂肪分离，分离后的脱脂乳经三通阀分成两部分：一部分去和稀奶油混合，另一部分去进行超滤处理。进行超滤处理的脱脂乳，经超滤脱去的蛋白质，会通过传感器在线连续检测和中央处理器控制，部分/全部回添到脱脂乳中，这部分脱脂乳和添加稀奶油的另一部分脱脂乳混合，实现产品的标准化。

17.2.6 原料乳的均质

牛乳静置一段时间后，会发生“脂肪上浮”现象，原因主要是乳脂肪的相对密度小、直径大，具有运动性和不均一性，容易发生聚集、聚结和

上浮等现象。脂肪上浮影响乳的感官质量和产品稳定性，所以原料乳经过验收、净化、冷却、标准化后，必须进行均质处理。

均质是在机械作用下（16～20 MPa），将乳中大的脂肪球破碎成小的脂肪球，均匀一致地分散在乳中的过程。均质的作用力包括高速剪切作用、高速流动产生的涡流作用、高频震动形成的空穴作用、压力突然降低产生的喷射撞击作用等，经过均质后脂肪球直径可控制在 1 μm 左右。

均质处理使牛乳发生一系列的物理、化学变化，产生诸多优点：脂肪分布均匀，没有乳脂层，色泽更白，更易于消化吸收；均质后黏度增加，改善牛乳的稀薄口感。但均质也会给牛乳带来些不利的影响：高压均质后会产生更多泡沫，吸附更多的空气；对阳光、解酯酶等更敏感，有时会产生日晒味、氧化味等缺陷；导致乳蛋白质的热稳定性降低等。

均质效果可以通过显微镜、离心和静置等方法检验：①显微镜检镜法。一般采用 100 倍的显微镜镜检，直接观察均质后乳脂肪球的大小和均匀程度，镜检简便、快速，但只能定性。②均质指数法。均质乳样 4～6℃下保持 48 h，然后将上层 1/10 乳吸出，并将下层 9/10 的乳混匀，分别测定上层及下层的脂肪含量。均质指数＝(上层脂肪含量－下层脂肪含量)×100/上层脂肪含量，一般均质指数为 1～10。该方法可定量检测均质效果，但需时间较长且精确度不太高。

17.3 消毒乳加工

17.3.1 巴氏杀菌乳

我国消毒乳市场以超高温灭菌乳为主，而欧美等乳业发达国家液态奶中巴氏杀菌乳的市场份额超过 90%。巴氏杀菌乳杀菌强度低，在保证安全性的同时，能最大限度地保留乳中的营养成分和活性物质，在冷藏条件（2～6℃）下货架期一般为 7 d。目前，国家大力倡导“优质乳工程”，推动鲜乳分级，通过严格的奶源管控、快捷的鲜奶运输、低强度的热处理工艺，最大限度地保存乳中的生物活性成分，提升我国巴氏杀菌乳的整体质量水平，截至 2020 年底，我国已经有 29 家乳制品加工企业通过“优质乳工程”认证，产品指标达到国际先进水平。

17.3.1.1　生产工艺

巴氏杀菌乳的生产工艺流程：

原料乳的验收→预处理→巴氏杀菌→灌装→包装→低温冷库

17.3.1.2　生产技术要求

1. 原料乳的验收与预处理

1）原料乳的验收

原料乳（生乳）的质量决定着巴氏杀菌乳的质量，《食品安全国家标准 生乳》（GB 19302—2010）中规定了原料乳的验收指标。欧盟规定原料乳细菌总数≤1×10^5 CFU/mL，德国规定原料乳细菌总数≤5×10^5 CFU/mL。当原料乳中微生物达到一定数量，特别是超过 1×10^6 CFU/mL 时，不适合做巴氏杀菌乳，因为一些芽孢杆菌如巨大芽孢杆菌、嗜热脂肪芽孢杆菌等在巴氏杀菌过程中不能被完全杀灭，贮存过程中容易被激活，导致产品变质。

《生鲜牛乳中体细胞测定方法》（NY/T 800—2004）规定了牛乳中体细胞数的检测方法。一般用于巴氏杀菌乳的原料乳，其体细胞数应≤5×10^5 个/mL。为降低乳中的体细胞数和细菌总数，牧场要选育优良奶牛品种，控制胎次，注重饲喂管理和季节变化，挤奶后，原料乳要及时冷却，送到乳品厂时温度不得超过 10℃。

2）原料乳的净化

原料乳验收后，必须净化，以除去乳中的杂质并减少微生物数量。收奶系统装配有在线过滤器，能够除去原料乳中大部分杂质；在线过滤器多采用不锈钢材质，两个过滤器交替使用，中央 CIP 工作站对其进行清洗消毒。

为进一步除去乳中的微小杂质，乳品加工企业通常采用离心式净乳机对原料乳进行净化。离心式净乳机可以显著提高净化效果，将乳中相对密度大的尘埃、脱落细胞、白细胞、红细胞及一些细菌除去。其中，大肠杆菌、枯草芽孢杆菌等大型菌去除率为 90%，乳酸菌的去除率为 15%～16%。

3）原料乳的冷却

刚挤下的乳温度在36℃左右，是微生物生长最适宜的温度，如果不及时冷却，侵入乳中的微生物大量繁殖，酸度迅速增高，降低乳的质量，影响牛乳的加工特性。所以，生乳挤出后应迅速冷却，以抑制乳中微生物的繁殖，保持乳的新鲜度。

4）原料乳的贮存

为了保证生产的连续性，乳品加工企业必须有一定的原料奶贮存能力。原料乳一般贮存于大型立式贮乳罐中，贮存量应为生产能力的50%～100%，贮乳罐容量一般为30、50、100 t不等，多安装在室外；贮乳罐需具有良好的绝热保温特性，保证贮存的原料乳24 h后温度上升小于3℃；贮奶罐配有CIP清洗喷头、搅拌系统、温度传感器、吨位（液位）传感器等，通过CIP工作站自动清洗，并定时搅动乳液，防止乳脂肪上浮。

5）真空脱气

牛乳经过贮存、运输和收购后，一般其气体含量在10%以上，而且绝大多数为非结合的分散气体，通过真空脱气罐，以除去原料奶中细小的分散气泡和溶解氧。

6）标准化

标准化的目的是为了保证巴氏杀菌乳中含有规定的脂肪、蛋白质含量，以满足不同消费者的需求。我国全脂巴氏杀菌乳的脂肪含量≥3.1%；部分脱脂巴氏杀菌乳的脂肪含量为1.0%～2.0%；脱脂巴氏杀菌乳脂肪含量≤0.5%，但是不同国家有不同的规定。在标准化时，脂肪不足就要添加稀奶油，或用标准化设备除去一部分脱脂乳以提高其含脂率。如果原料乳脂肪含量过高时，则要除去一部分稀奶油，或添加一些脱脂乳。

7）均质

巴氏杀菌乳一般采用二级均质，第一级均质使用较高的压力（16.7～20.6 MPa），目的是破碎脂肪球；第二级均质压力较低（3～5 MPa），目的是为一级均质的乳提供有效的反作用力，将一级均质后重新聚集在一起的小脂肪球分开。通常，标准化设备配套的均质多采用部分均质，即仅对分离出的稀奶油均质，随后和脱脂乳混合；而杀菌工序的均质为全部均质，均质一般发生在预热后、杀菌前，均质的温度为55～65℃。

2. 巴氏杀菌

巴氏杀菌的温度和持续时间是关系到牛乳质量和保质期的重要因素，巴氏杀菌乳的温度通常为75℃、15～20 s或80～85℃、10～15 s。如果巴氏杀菌强度太剧烈，牛乳中活性物质就会被破坏，甚至产生蒸煮味和焦煳味。

均质破坏了脂肪球膜，使乳脂肪暴露，当与未加热的脱脂乳（含活性的脂肪酶）重新混合后，缺少保护的脂肪更容易被脂肪酶侵袭，因此，均质后的牛乳必须立即进行巴氏杀菌处理。

3. 巴氏杀菌乳的灌装

巴氏杀菌乳的灌装主要有一次性容器（乳纸盒、塑料袋等）和玻璃瓶。从产品安全性方面考虑，灌装过程应高度重视卫生条件，理想的是无菌灌装，目前大多数乳品厂均严格控制巴氏杀菌乳的灌装环境，提高巴氏杀菌乳的质量安全。在巴氏杀菌乳的灌装过程中，应严格质量管控，避免二次污染，如包装环境、包装材料及包装设备的污染；在使用可回收玻璃瓶时，要进行充分的清洗、灭菌，并防止异物混入。

4. 巴氏杀菌乳的货架期

货架期是指在一定温度条件下，产品能够被保存而不出现任何不良变化的时间。巴氏杀菌乳贮藏过程中的变化有：①乳中细菌生长造成的如产酸、蛋白质降解和脂肪水解；②乳中的酶或细菌的胞外酶分解；③化学反应引起的氧化或日晒味；④物理化学变化，如脂肪上浮、絮凝和形成凝胶。

多数情况下，由于细菌生长造成的变化在细菌数量达到1×10^6 CFU/mL之前都不会被察觉，这在一定程度上取决于细菌的种类。如果蜡样芽孢杆菌是乳品腐败的主要根源，限量为1×10^6 CFU/mL，在消费者购买产品时，其中的细菌数不应达到这样的数量级。巴氏杀菌乳在冷藏条件下可以保存7～10 d。

巴氏杀菌乳的化学变化主要由光照引起。日晒味起源于乳蛋白质中的甲硫氨酸生成甲巯基丙醛，甲巯基丙醛具有典型的日晒味道。这种风味改变在均质后灭菌乳中不会发生，可能是因为维生素 C 热处理后降解，和乳清蛋白中的含巯基化合物发生了化学变化。

巴氏杀菌乳的变质主要是由于微生物生长引起的，由以下因素决定：①贮存温度。巴氏杀菌乳不能做到完全无菌，贮藏温度越高，细菌的世代间隔越短，变质速度越快，巴氏杀菌乳要求全程冷链配送、销售。②贮存时间。在适宜的保存条件下，保质期内巴氏杀菌乳不会发生明显的品质改变。③二次污染。巴氏杀菌乳容易在包装过程中被二次污染，大肠杆菌检出是二次污染的一个很好指标，已被二次污染的乳因嗜温乳酸菌生长变酸，蛋白质和脂肪水解产生腐臭和哈喇味，可通过严格的卫生管控来预防二次污染的发生。④原料乳中蜡样芽孢杆菌的芽孢数量。巴氏杀菌后乳中的总菌数通常为 500～1 000 CFU/mL，如果没有发生二次污染，巴氏杀菌乳变质主要是由于蜡样芽孢杆菌引起的"低酸度下凝结"所导致。

17.3.1.3　巴氏杀菌乳生产线范例

巴氏杀菌乳的加工工艺因各国法规不同而有所差别，不同的乳品厂也有不同的规定。例如，脂肪的标准化可采用前标准化、后标准化或直接标准化，均质可采用全部均质或部分均质。典型的巴氏杀菌乳生产流程如图 17-5 所示。

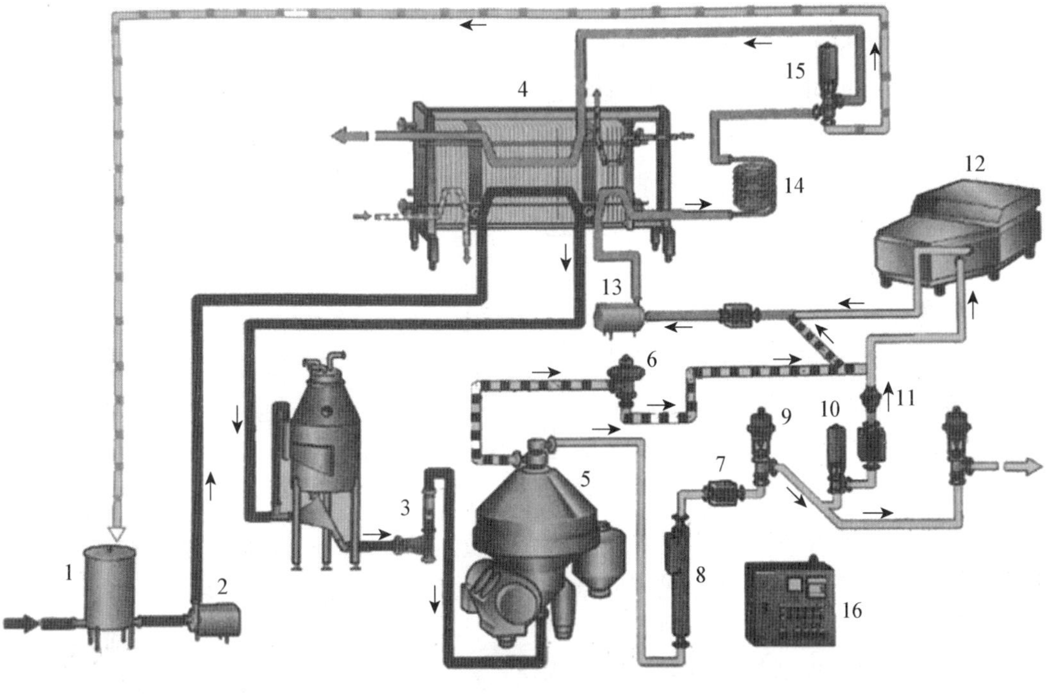

1. 平衡槽　2. 供料泵　3. 流量控制器　4. 板式换热器　5. 分离机　6. 稳压阀　7. 流量传感器　8. 密度传感器
9. 调节阀　10. 截止阀　11. 检查阀　12. 均质机　13. 增压泵　14. 保温管　15. 转向阀　16. 控制盘

图 17-5　巴氏杀菌乳生产流程示意图

验收合格的原料乳通过平衡槽 1，经进料泵 2 送至板式热交换器 4，预热后，通过流量控制器 3 至分离机 5，分离为脱脂乳和稀奶油两部分。稀奶油的脂肪含量通过流量传感器 7、密度传感器 8 和调节阀 9 计算和确定，截止阀 10、检查阀 11 将稀奶油分为两个分支：一部分和脱脂乳混合，保证产品的脂肪含量，多余的稀奶油输送到奶油罐暂存。稀奶油与适量脱脂乳混合，经均质机 12 均质后再和其余脱脂乳混合，送至板式巴氏杀菌机（板式热交换器）4 和保温管 14 进行杀菌。增压泵 13 使杀菌后的巴氏杀菌乳在杀菌机内保持正压，避免渗漏的冷却介质或未杀菌物料对其污染。当杀菌温度低于设定值时，温度传感器控制转向阀 15 使物料回流，重复杀菌过程。巴氏杀菌后，杀菌乳通过换热段与刚流入的未经处理的乳（4～6℃）进行热交换，将乳预热，自身进行第一阶段降温；然后进入冷却段，用冰水进行第二阶段降温，冷却到 4℃后，进入灌装机上的缓冲罐，等待灌装。

17.3.1.4 延长货架期的巴氏杀菌乳（ESL 乳）

由于冷链不够完善、原料乳质量不高、加工及灌装工艺不合理等原因，液态乳的稳定性及货架期在很多地区都存在着较大的问题。传统的巴氏杀菌乳货架期在 4～6℃冷藏条件下只有 1 周左右，产品的运输、销售区域就会受到很大的限制。在这一需求下，出现了延长货架期的巴氏杀菌乳。ESL 乳生产采用的杀菌温度要高于传统的巴氏杀菌法，但低于超高温杀菌，称为超巴氏杀菌。

生产 ESL 乳，需要注意以下事项：①选取细菌总数≤5×10^5 CFU/mL、芽孢数≤5×10^3 个/mL 的优质原料乳。②采用超巴氏杀菌法，超巴氏杀菌参数的制订不仅要考虑可显著减少乳中微生物的数量来延长产品的货架期，又要最大限度地减轻由于热处理造成的产品感官质量的变化。典型的超巴氏杀菌条件为 125～130℃、2～4 s。③超巴氏杀菌产品并非无菌灌装，应尽量避免产品在加工和包装过程中的二次污染。二次污染的途径有很多，包括空气、管道、包装材料、与产品接触的其他设备表面等。④选用低透光的包装材料。为减少包装材料的污染，包装材料在灌装之前也要经过杀菌处理，另外，包装材料还应有很好的抗氧渗透性和阻光性，防止因为氧化反应导致乳中脂肪和维生素氧化，产生不良风味和降低营养价值。⑤ESL 乳本质上还属于巴氏杀菌乳，完善的冷链系统对其保存和销售都极其重要，低温能够抑制细菌的生长，增加产品的货架期。在美国和加拿大等国，ESL 乳的货架期都很长，已经逐渐成为主流产品。

目前，一些新技术、新工艺也应用到了 ESL 乳的生产中，如离心除菌技术、Pure-Lac™ 系统应用、微滤和巴氏杀菌相结合、CO_2 填充、超高压杀菌等。

17.3.2 超高温灭菌乳

超高温灭菌乳指以新鲜牛乳（羊乳）为原料，经净化、均质，135℃以上超高温瞬时灭菌，然后在无菌状态下灌装于无菌包装容器中，能够常温保存 1 个月以上的产品。

超高温灭菌的目的是杀死乳中所有的微生物，包括细菌和芽孢，从而使包装后的产品在常温下能够长期保存，而不发生微生物引起的腐败变质。但灭菌乳不是真正意义上的无菌，只是产品能够在保质期内保持质量稳定和良好的商业价值，可以在非冷藏条件下贮存、销售。

17.3.2.1 生产工艺

超高温灭菌乳生产工艺流程：

原料乳的验收→预处理→超高温灭菌→无菌灌装→常温仓库

17.3.2.2 生产技术要求

1. 原料乳的验收和预处理

超高温灭菌乳生产用原料乳的验收和预处理技术要求参照巴氏杀菌乳。

此外，由于超高温灭菌乳热处理强度高，保质期长，为保证产品稳定性，对原料乳有更高的要求。

1）乳蛋白质的稳定性要求更高

乳蛋白质的热稳定性直接影响灭菌乳的加工过程和产品特性，生产超高温灭菌乳产品的原料乳，要通过 75%浓度的酒精试验。

2）异常乳不能用于生产超高温灭菌乳

乳腺炎乳中含有大量的蛋白酶，部分蛋白酶在高温条件下不变性，从而使产品在贮存期内变质，形成凝块；此外，盐不平衡乳蛋白质的耐热性差，不适合用于灭菌乳生产。

3）原料乳微生物种类及数量要求更严格

（1）芽孢数　枯草芽孢杆菌、环状芽孢杆菌、凝结芽孢杆菌、嗜热脂肪芽孢比较耐热，容易出现杀菌不彻底导致的产品变质，因此，耐热芽孢含量高的原料乳不适合做超高温灭菌乳。

（2）细菌数　绝大多数细菌不耐热，在超高温杀菌强度下可以做到无菌；但当原料乳中含有过高细菌，其代谢产生的各种脂肪酶和蛋白酶、耐热的酶类会分解蛋白质和脂肪而产生一系列非微生物的质量缺陷，如凝块、脂肪上浮等。

（3）体细胞数　体细胞数应小于 3.0×10^5 个/mL。

2. 超高温灭菌方法

超高温瞬时灭菌法是利用高温蒸汽将牛乳升

温到 135℃或以上（主加热段），并保持 2～4 s，以杀灭乳中的微生物和芽孢，钝化乳中的酶类，具有灭菌效率高、受热时间短，乳成分改变小等特点。目前超高温灭菌有两种形式：直接加热法和间接加热法。

（1）直接加热法　牛乳直接与蒸汽接触被加热，或者将蒸汽喷进牛乳中，或者将牛乳喷入饱和蒸汽的容器中。2019 年，君乐宝推出的“悦鲜活”系列产品，即采用了蒸汽喷射加热方法（INF 0.09 s 超瞬时杀菌技术），杀菌仅用 0.09 s，最大限度地减轻了热处理对牛奶营养成分的影响。

（2）间接加热法　加热介质（多为高温蒸汽）通过热交换器壁将热能传导给牛乳，使牛乳短时间内实现高温灭菌。间接加热法可分为板式加热法、管式加热法和刮板加热法，板式加热法和管式加热法是目前乳品企业常用的超高温灭菌方法，代表性设备有荷兰 STORK 管式超高温灭菌机和瑞典 Tetra Pak 的板式超高温灭菌机。

3. 超高温灭菌乳的灌装

超高温灭菌乳通常采用无菌灌装。无菌灌装是指在无菌条件下，将灭菌后的产品灌装入无菌容器中，实现产品常温存放的操作过程。超高温灭菌乳的无菌灌装过程主要包含 4 个方面：①灌装车间通常被做成 10 万级甚至 30 万级净化车间，控制物料灌装的外部环境；②灭菌后的物料在密闭管道中输送至无菌灌装机，确保待灌装的半成品无菌；③无菌灌装机融合多项安全保障措施和软硬件支撑，保证灌装过程无菌；④包装材料在无菌灌装机中经进一步灭菌处理，确保包材无菌。通过综合控制，实现产品的无菌灌装和常温存放。

1）灌装车间的卫生要求

灌装车间良好的卫生状况是超高温灭菌乳生产的基础，一般要求达到 10 万级甚至更高的空气洁净度。灌装间内空气流速 0.2～0.3 m/s；正压 20～40 Pa；换气次数 10～15 次/h；温度 20～25℃；空降实验细菌数≤10 CFU/皿，30 min，霉菌/酵母≤10 CFU/皿，30 min；人员严格按照 SSOP 卫生标准操作规范要求管理；灌装间设置二次更衣；定期对设备、人员、地面、墙壁进行涂抹试验。

2）半成品的无菌输送

经过超高温灭菌的半成品在管道中密封输送，严禁出现从超高温灭菌机到灌装机的输送管线漏奶、清洗不彻底等问题。为了补偿灭菌机和灌装机生产能力差额，或应对灌装机故障停机的不平衡状况，可在灭菌机和灌装机之间配制一个无菌罐。除此之外，超高温系统和灌装系统之间尽量简化，降低微生物污染风险，减少故障排除难度。

3）产品无菌灌装

无菌灌装主要依靠无菌灌装机来实现，它是超高温灭菌乳生产的核心设备之一。无菌灌装机的主要功能有三部分：创造并维持无菌环境、对包装材料进行灭菌、产品灌装封合。无菌灌装机将超高温灭菌后的半成品物料，无菌条件下灌装至灭菌后的包装容器中，实现产品无菌，产品可常温保存。

4）超高温灭菌乳包装材料的处理

超高温灭菌乳的包装材料在制造过程中，要严格控制生成环境，尽量降低包材上的微生物残留；包材出厂后基本处于封闭状态；进入乳品加工企业后，包材的存放环境要求通风、干燥，包材进灌装间时要脱去最外层包装，内包装表明喷涂 75%乙醇；包材在接触产品以前，还要经过无菌灌装机的灭菌处理，包材的主要灭菌方式如下。

（1）饱和蒸汽灭菌　饱和蒸汽灭菌是一种比较可靠、安全的灭菌方法。饱和蒸汽灭菌在无菌灌装机的压力室中进行，容器通过阀门联动进入和离开压力室。生产过程中要及时去除压力室内由容器带入的空气，以防止空气沉积于压力室内影响传热（灌装机自动操作）。

（2）过氧化氢灭菌　过氧化氢具有良好的杀菌（包括芽孢）效果，现在多采用过氧化氢与热处理相结合的灭菌方法，主要分为两种：一种是将过氧化氢加热到一定温度，在过氧化氢水槽内中对包装盒或包装卷材进行灭菌；另一种是将过氧化氢均匀的涂布于包装材料表面，然后通过电加热器、辐射或热空气加热蒸发过氧化氢，从而完成杀菌过程。实际生产中，过氧化氢的浓度一般为30%～35%。

(3) 紫外线辐射灭菌　紫外线的灭菌原理是一定波长的紫外线破坏微生物机体细胞中的脱氧核糖核酸（DNA）或核糖核酸（RNA）的分子结构，造成生长性细胞死亡和（或）再生性细胞死亡，达到杀菌消毒的效果，最适合致死微生物的紫外线的波长是250 nm。

(4) 过氧化氢和紫外线联合灭菌　目前，无菌灌装机所采用的包装材料灭菌方法多为过氧化氢、加热和紫外线联合灭菌的方法。加热过氧化氢不仅能提高反应速度，还能促进过氧化氢的分解，提高灭菌效率，配合紫外线杀菌，可降低过氧化氢的使用浓度（＜5%），减少产品中过氧化氢残留，降低环境污染。

5. 超高温处理对牛乳的影响

超高温灭菌的温度一般超过135℃，高温处理对乳中的微生物、牛乳成分、感官特性、理化特性均会造成一定影响。

(1) 对微生物的影响　当原料乳中的细菌仅以营养细胞形式存在时，易通过加热或其他方式致死；而当细菌以芽孢形式存在时，则很难被杀灭。通常原料乳中含有细菌营养体和芽孢的混合菌丛，超高温处理需要杀灭原料乳中所有的微生物，但是在实际生成过程中，往往仍然有少量的耐热芽孢并未被完全杀灭，这些耐热性细菌可能会造成灭菌乳的变质。其中，嗜热脂肪芽孢杆菌和枯草芽孢杆菌耐热能力较强，通常被作为检测超高温杀菌设备灭菌效率的试验微生物。

(2) 对牛乳成分的影响　超高温处理对牛乳成分的影响如表17-5所示。从表中可以看出，超高温处理对脂肪、矿物质的营养价值影响较小，但蛋白质和维生素有一定的改变。

在超高温灭菌乳中，脂溶性维生素损失不大，水溶性维生素含量大幅降低，贮藏时间越长，维生素含量越低。长期贮存的超高温灭菌乳中，除维生素 B_1 外（损失≤3%），其他水溶性维生素如维生素 B_6、维生素 B_{12}、叶酸和维生素C的损失率高达100%，这些水溶性维生素的损失主要发生在贮藏期间，是由于乳中或包装中含氧量高，贮藏过程中发生氧化造成的。

(3) 对色泽、风味的影响　牛乳高温处理会引起色泽变化，一方面是蛋白质变性聚集导致牛乳中反射性粒子增加，以及均质导致的牛乳逸光性降低；另一方面是美拉德反应的发生。因此，实际生产过程要选择正确的杀菌强度组合，使芽孢失活达到满意的程度，而乳中的化学变化保持在最低水平。

刚经过超高温处理的牛乳通常呈现出蒸煮味、超高温酮味和灭菌焦糖化风味，这些不良风味很可能是产品中巯基释放的结果。随着这些基团的氧化，产品风味会有显著改善，改善速度与产品中氧的含量有较大关系。

(4) 老化胶凝化　老化胶凝化是超高温灭菌乳最常见的问题，它是一个纯粹的物理-化学凝聚过程，即使产品形成凝块，仍可能处于无菌状态。凝胶化反应最快可在产品生产2～3周后发生，反应开始的时间很大程度上取决于贮藏的温度。贮藏温度为4℃时，胶凝化几乎不发生；15℃时，胶凝化反应明显提高；在27℃时，胶凝化反应的发生速度最快；当贮藏温度升高到40℃以上时，胶凝化反应会被阻止，但产品会有严重的褐变现象发生。

17.3.2.3　超高温灭菌乳生产线范例

目前超高温灭菌乳生产多采用间接加热法，又以管式加热设备最为常见。典型的超高温灭菌乳生产流程如图17-6。

原料乳（4～6℃）由平衡槽1通过物料泵2流至管式热交换器3的预热段（3a段），在预热至75℃时去均质机4均质，均质后的产品进入主加热段（3c段），140℃保温4 s，高温牛乳随后和循环

表17-5　超高温处理对牛乳成分的影响

成分	脂肪	蛋白质	乳糖	矿物质	维生素
变化情况	无变化	部分变性	临界变化	部分变为不溶	水溶性大量损失

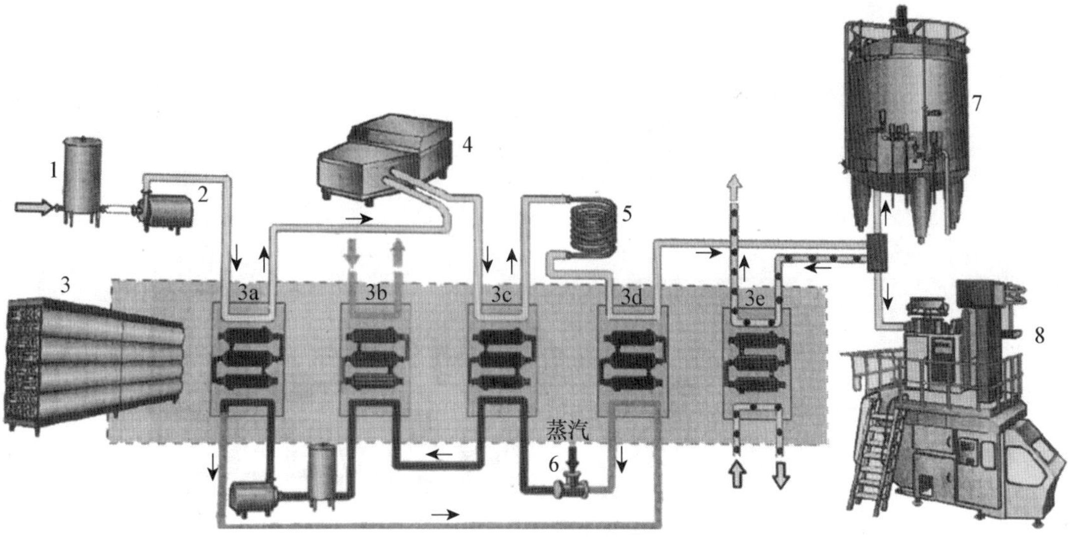

1. 平衡槽　2. 供料泵　3. 管式换热器(3a. 预热段　3b. 中间冷却段　3c. 主加热段　3d. 热回收冷却段　3e. 冰水冷却段)
4. 均质机　5. UHT 灭菌保持管　6. 蒸汽阀　7. 无菌罐　8. 无菌灌装机

图 17-6　UHT 灭菌乳生产工艺流程图

水进行热交换，自身温度初步降低，完成热能回收；在板式换热器的末端是冰水循环系统（3e 段），将牛乳温度降低至 4～6℃，降温后的牛乳进入无菌罐 7 暂存，经无菌灌装机 8 灌装。

在管式换热器中，同时存在热水循环回路：循环热水经高压蒸气加热后，在主加热段对牛乳杀菌（超高温杀菌）；热回收冷却段 3d 进行水-乳热交换，热水温度降低，随后，热水和进入杀菌器的原料乳（4～6℃）进行再次水-乳热交换，温度降至最低；随后进入升温阶段，通过中间冷却段 3b 进行水-水热交换，经蒸汽阀 6 高压蒸汽加热，随后进入下一循环。热水循环使用提高了热利用率，降低了能耗，节省了大量能源。

复习思考题

1. 生乳收购中为什么要进行酒精检验？
2. 生乳收购过程中为什么要检测三聚氰胺？基本的检验方法有哪些？
3. 生乳运输过程中应注意哪些问题？
4. 试述脂肪标准化的基本原理。
5. 简述巴氏杀菌乳的工艺流程，巴氏杀菌乳为什么必须要求低温保存？
6. 超高温灭菌乳是如何实现常温条件下保存的？
7. 和超高温灭菌乳相比，巴氏杀菌乳有哪些优势和不足？

HAPTER 18

第 18 章 酸乳加工

目标要求：

1. 了解酸乳的种类，了解菌种的选择；
2. 掌握凝固型、搅拌型酸乳的加工技术；
3. 掌握酸乳加工中质量控制技术。

18.1 酸乳生产概述

18.1.1 概念

（1）发酵乳（fermented milk） 以生牛（羊）乳或乳粉为原料，经杀菌、发酵后制成的 pH 降低的产品。

（2）酸乳（yoghurt） 以生牛（羊）乳或乳粉为原料，经杀菌、接种嗜热链球菌和保加利亚乳杆菌（德氏乳杆菌保加利亚亚种）发酵制成的产品。

（3）风味发酵乳（flavored fermented milk） 以 80%以上生牛（羊）乳或乳粉为原料，添加其他原料，经杀菌、发酵后 pH 降低，发酵前或后添加或不添加食品添加剂、营养强化剂、果蔬、谷物等制成的产品。

（4）风味酸乳（flavored yoghurt） 以 80%以上生牛（羊）乳或乳粉为原料，添加其他原料，经杀菌、接种嗜热链球菌和保加利亚乳杆菌（德氏乳杆菌保加利亚亚种）发酵前或后添加或不添加食品添加剂、营养强化剂、果蔬、谷物等制成的产品。韩国、法国、西班牙等国规定，酸乳成品中的活性特征菌数必须$\geq 10^7$ CFU/mL，我国的国家标准规定活性特征菌数必须$\geq 10^6$ CFU/mL。

18.1.2 分类

乳品行业内习惯根据成品的组织状态、口感风味、原料中脂肪和蛋白质含量、加工工艺和菌种的组成等把酸乳分成不同类别。

1. 按成品的组织状态分类

按成品的组织状态分类，酸乳可分为凝固型酸乳和搅拌型酸乳。

（1）凝固型酸乳 先灌装后发酵，其发酵过程是在产品的零售包装容器中进行的，从而使成品发酵成凝固状态，并保留原有的发酵风味。

（2）搅拌型酸乳 先在发酵罐里发酵，发酵后的凝乳在灌装前搅拌成黏稠状态，然后再灌装到产品的零售包装容器中。

2. 按成品的口感风味分类

按成品的口感风味分类，酸乳可分为纯酸乳、加糖酸乳、调味酸乳、果料酸乳和复合型或营养健康型酸乳。

（1）纯酸乳 也叫作天然酸乳，只以乳或复原乳为原料，经脱脂、部分脱脂或不脱脂制成的产品，不含任何辅料和添加剂。这种产品只有发酵乳原有的酸香味而没有甜味。糖尿病人适宜喝这种产品。

（2）加糖酸乳 在原料乳中加入白砂糖（或甜味剂）和菌种发酵而成。现在我国市面上常见的就是这种产品，酸甜适口。白砂糖的添加量较低，一般为 3%～8%，同时可以适当添加甜味剂。

（3）调味酸乳 向加糖酸乳中加入各种香料而成。可以制成多种口味，这类产品可以加 20%的纯净水，但与乳饮料是不同的。

（4）果料酸乳 向加糖酸乳中加入各种果料、果浆、果汁和相应的香料混合而成。这种产品现在比较流行，改善了酸乳传统的口感和风味，还增加了维生素的含量，价格相对较高一些。这类产品酸乳比例不少于 80%。

（5）复合型或营养健康型酸乳 通常是在酸乳中强化不同的营养素（维生素或微量元素等）或在酸乳中混入不同的辅料（如谷物、干果、菜汁等）而成。

3. 按原料中脂肪和蛋白质含量分类

不同的国家对酸乳中的脂肪和蛋白质含量都有不同的规定。国家标准《发酸乳》（GB 19302—2010）中将发酵乳分为发酵乳和风味发酵乳，有如下规定：发酵乳脂肪含量≥3.1%、蛋白质含量≥2.9%；风味发酵乳脂肪含量≥2.5%、蛋白质含量≥2.3%。

4. 按发酵后的加工工艺分类

按发酵后的加工工艺分类，酸乳可分为浓缩酸乳、冷冻酸乳和酸乳粉。

（1）浓缩酸乳 将纯酸乳或加糖酸乳中的部分乳清除去而得到的浓缩产品。因其除去乳清的方式与加工干酪方式类似，也称为酸乳干酪。

（2）冷冻酸乳 在加糖酸乳中加入果料、增稠剂或乳化剂，然后将其进行冷冻处理而制成的产品。

（3）酸乳粉 通常是使用冷冻干燥法或喷雾

干燥法将酸乳中约95%的水分除去而制成的产品。

18.1.3 菌种类型与选择

菌种的选择对发酵剂的质量有重要影响，生产中应根据不同的生产目的选择适当的菌种。目前常用的菌种有嗜热链球菌、保加利亚乳杆菌、双歧杆菌和嗜酸乳杆菌。

1. 嗜热链球菌

嗜热链球菌属革兰氏阳性菌，微需氧菌群。其细胞呈椭圆形，直径0.7～0.9 μm，呈对或链状排列，无运动性，受培养基和培养温度影响较大。最适生长温度为40～45℃，最低生长温度为20℃，10℃时不能生长，最高生长温度为50℃，最适宜生长的培养基是乳。

嗜热链球菌对生长抑制物，特别是对抗生素非常敏感，每毫升乳中有0.01 IU青霉素或5 μg链霉素就容易受到抑制。

嗜热链球菌的某些菌株在乳中能形成荚膜和黏质物，荚膜和黏质物对维持发酵乳的硬度有重要作用，分解乳糖产生乳酸，还能产生少量的甲酸、乙酸、乙醇、3-羟二丁酮、丁二酮等物质，但在乳中显示极弱的蛋白质分解活性。

嗜热链球菌能与保加利亚乳杆菌形成很好的共生关系，对许多微生物有拮抗作用。

2. 保加利亚乳杆菌

保加利亚乳杆菌是革兰氏阳性菌，微厌氧。细杆状，两端钝圆，成单或成链，频繁传代易变形，在乳中保加利亚乳杆菌的大小平均是（0.8～1.0）μm×（4.0～6.0）μm，无运动性。受培养基和培养温度影响较大。

保加利亚乳杆菌最适生长温度为40～43℃，最低生长温度为22℃，最高生长温度为52.5℃。对抗生素不如嗜热链球菌敏感，每毫升乳中有0.3～0.6 IU青霉素才受到抑制。

保加利亚乳杆菌分解乳糖产生乳酸，还能产生乙醛，产量是副产物中最多的，其次还有丙酮、2-丁醇和少量的挥发酸类，还能分解脂肪产生一些脂肪酸。在乳中显示缓和的蛋白质分解活性，可积蓄较多的多种氨基酸。保加利亚乳杆菌对许多腐败菌和致病菌有拮抗作用，对肿瘤细胞的抑制作用比嗜热链球菌强。

将嗜热链球菌和保加利亚乳杆菌混合培养，两者的生长情况都比各自单独培养时要好，40～45℃培养，凝固时间只需2～3 h，而单一培养需要的时间要长得多。这是因为保加利亚乳杆菌分解酪蛋白，游离出多种氨基酸为嗜热链球菌的生长提供了营养物质，这些氨基酸中最重要的是缬氨酸。而嗜热链球菌产生的甲酸，能促进保加利亚乳杆菌的生长。嗜热链球菌和保加利亚乳杆菌的最佳比率是1∶1～2∶1。在培养的初期阶段，保加利亚乳杆菌从酪蛋白中游离出许多氨基酸，促进嗜热链球菌的生长。在第二阶段，嗜热链球菌的生长受到乳酸的作用而变慢，而由于嗜热链球菌的促进作用，保加利亚乳杆菌的生长速度大大加快。

3. 双歧杆菌

双歧杆菌是革兰氏阳性多形性杆菌，呈Y字形、V字形、弯曲状、勺状、棍棒状等。不同菌种，其形态也不同。形态受培养条件的影响，若进行传代培养就变成直杆状或弯曲状杆菌，最适生长温度为37℃。初代培养必须在厌氧条件下进行，但由于多次继代培养，在好气平板上也有缓慢微弱的生长，不产芽孢，无运动性。菌体着色不规则，偶尔有两个或更多个颗粒可被次甲基蓝着色，而其余部分不着色。长时间培养，呈革兰氏染色阴性反应。

双歧杆菌具有很强的保健作用，近几十年来各国都对这类菌进行开发应用研究。但由于这类菌是专性厌氧菌，营养要求较复杂，抗酸性弱等原因，给生产应用带来不少麻烦，产品中的存活量较少，存活期较短。近些年来，通过研究在克服这些不利因素方面取得了很大成绩。耐氧型双歧杆菌的分离培育是在20世纪60年代初开始的，现在耐氧型菌株已经应用于实践中。近十年来，关于促进双歧杆菌繁殖和存活的专利已发表了多项，对解决双歧杆菌难以繁殖和存活的问题起到有益的作用。

4. 嗜酸乳杆菌

嗜酸乳杆菌是和保加利亚乳杆菌同属于一个菌属的菌。其个体形态为杆状，两端钝圆，大小通常为（0.6～0.9）μm×（0.5～6.0）μm，排列方式是成单、双或短链，无鞭毛，不运动。嗜酸乳杆菌在 15℃时不生长，最适生长温度是 35～38℃，45℃时能生长。最适生长 pH 是 5.5～6.0。

嗜酸乳杆菌对人体的有益生理作用已被大量的研究所证实。近十几年来，人们对许多微生物能否在消化道内存活，并起积极有益的作用做了大量的研究工作。结果表明，乳品工业中应用的大部分微生物通过胃以后不能活着进入肠道中。主要原因是胃酸液对微生物的杀死作用很强，另外，胆汁中的脱氧胆酸对许多微生物的杀死作用也很强。但嗜酸乳杆菌和双歧杆菌抵抗胃酸和脱氧胆酸的能力较强，能适应机体中的环境条件。

18.2　凝固型酸乳加工

18.2.1　工艺流程

鲜乳→净化→配料与标准化→预热→均质→杀菌→冷却→接种→灌装→发酵→冷藏后熟→检验、成品

18.2.2　工艺要点

1. 原料乳的净化

原料乳需进行净化。用净乳机净乳效果最好，也可以采用双联过滤器和管道过滤器同时使用，保证原料乳干净卫生。

2. 配料与标准化

生产酸乳都要加蔗糖，无甜味的酸乳是很难被接受的，一般蔗糖的加入量为 3%～8%。适当的蔗糖对菌株产酸是有益的，但蔗糖浓度过高，会抑制乳酸菌产酸，而且还要增加生产成本。所以，生产企业都选择添加一部分蔗糖再添加一部分甜味剂，只要选择优质的甜味剂，并且限量使用，效果还是很好的。

如果用 100%的鲜乳生产酸乳，不需要添加稳定剂和乳化剂，因为原汁乳会自然形成具有高黏度的、结实的、稳定的胶体。如果用 80%的鲜乳或 80%的复原乳生产风味酸乳，就需要添加稳定剂和乳化剂，少量的稳定剂和乳化剂可增加制品的凝固性，防止乳清的析出，改善酸乳的口感。酸乳生产中最常用的稳定剂有羧甲基纤维素钠(CMC)、果胶、变性淀粉、琼脂等，用量为 0.1%～0.5%。

对不易溶于水的稳定剂与蔗糖混合投料效果较好。进入配料罐前，最好用胶体磨将这些添加剂加一定量的 80℃热水混溶为均匀的胶体状，不能结团，罐底不能有沉料，否则影响产品的凝固性和稳定性。

乳标准化的目的也就是通过调配使原料乳的蛋白质和脂肪达到标准要求，以保证产品的蛋白质和脂肪达到 GB 19302—2010 所规定的标准。如果所用的原料乳都是鲜牛乳，只需挑选蛋白质和脂肪达到要求的鲜牛乳，还可以将高指标的生鲜乳和低指标的生鲜乳按适当的比例混合，以使混合生鲜乳的蛋白质和脂肪含量达到生产需要。也可以将指标低的生鲜乳进行蒸发浓缩、反渗透浓缩或超滤浓缩，使其达到生产要求。

如果所使用的原料乳是复原乳或部分复原乳，一般是向原料乳中添加某些原料和几种原料混合的办法。

(1) 向原料乳中添加某些原料　通过在原料乳中直接加混全脂或脱脂乳粉或强化原料乳中的乳成分（如加入乳清粉、酪蛋白粉、奶油、浓缩乳等）来达到原料乳标准化的目的。

(2) 几种原料混合　以脱脂乳粉、全脂乳粉、无水奶油等为原料，根据所需原料乳的化学组成，用水来配制成标准原料乳。如果奶源受限制，无法用鲜牛乳做原料，可采用这种方法，但产品没有鲜牛乳做原料生产出的产品质量好。

3. 预热均质

均质就是通过均质机的机械挤压作用把原料乳中粗大的脂肪球和酪蛋白颗粒打碎，可使原料充分混匀，有利于提高酸乳的稳定性、黏稠度和凝固状态，使酸乳质地细腻，口感良好；防止脂肪上浮；减少和防止乳清分离。与未均质原料相比，均质影响光的反射和脂肪球的分散，均质处理后的原料外观更白更浓。

均质常用两级均质，一级和二级均质压力分别为 15～20 MPa 和 4～5 MPa。原料的温度在 60～65℃范围内均质效果最好。均质后脂肪球的大小取决于均质压力，压力越高，脂肪球越小。

一般应根据原料中脂肪含量来调节均质压力。脂肪含量低时，采用较高压力；反之选用较低压力。均质压力太低，微粒脂肪球会减少，这样就会减少脂肪蛋白质复合物，从而导致最终产品黏稠度下降。如果均质压力过高，会使脂肪球膜破坏，液化脂肪释放出来，阻碍脂肪与蛋白质的相互作用，还会对酪蛋白产生影响，在后面的加热杀菌时会产生凝聚沉淀。

均质既可以放在杀菌前也可以放在杀菌后，在杀菌前进行均质，破坏了乳中的细菌，使热处理杀菌效果更好。杀菌后均质比杀菌前均质成品的黏度好，但有重被细菌污染的危险。

4. 杀菌

(1) 杀菌的目的　杀菌处理是发酵乳加工过程中又一关键加工工序。杀菌不仅能够杀灭牛乳中的致病菌，还能杀灭其他大部分微生物而提高产品保质期。杀菌的目的在于杀灭原料乳中的杂菌，确保乳酸菌的正常生长和繁殖，钝化原料乳中对乳酸菌有抑制作用的天然抑制物。同时使乳清蛋白变性，乳清蛋白的变性会对蛋白质的亲水性产生良好影响，参与形成酪蛋白网状结构，乳清蛋白进入凝块网状结构后可增强其持水能力，乳清蛋白变性后亲水键展开可吸水，这可以减少乳清析出，可改善酸乳的硬度和黏度，阻止乳清分离。通常所要生产酸乳的类型不同，要求乳清蛋白变性的程度也不一样。对原料乳适当的热处理，在凝固过程中通过酪蛋白和乳清蛋白的相互作用，使游离的乳清蛋白得以充分利用。如热处理温度太低，乳清蛋白未能完全变性而失去功能作用。但加热温度太高，乳清蛋白会过度变性而失去持水功能。

(2) 杀菌方法　一般乳清蛋白变性率为80%～85%，加热杀菌处理可以得到硬度很好的酸乳产品，95℃、5 min或80～85℃、20～30 min的加热处理就能达到这个效果。

实际生产中，可以用不同的方法对原料乳进行杀菌处理：如果使用热交换器，可以采取温度为90℃条件下维持5 min，或在95℃条件下维持3 min进行杀菌；如果采用巴氏杀菌法，则在65℃条件下维持30 min；或对原料乳进行超高温处理，在135～150℃维持2～4 s。

关于加热对蛋白质的影响是一个两阶段的过程：首先，蛋白质结构改变引起变性；其次，出现聚集产生凝固。这主要取决于加热的程度和持续的时间。

5. 冷却

杀菌后的冷却主要是接种的需要。由于嗜热链球菌和保加利亚乳杆菌共生时的最佳温度一般在42～43℃，所以经过热处理的牛乳需要冷却到一个适宜的接种温度，此温度一般应控制在42～45℃内。冷却可以在板式换热器的热回收段里完成。

6. 接种

冷却或调香后，要立即接种发酵剂。发酵剂活力弱或接种量太少会造成酸乳的凝固性下降。接种量根据菌种活力、发酵方法、加工时间的安排和混合菌种配比而定。如使用传统继代式发酵剂，接种前应将生产发酵剂充分搅拌，使凝乳完全破坏。根据发酵剂菌种的活力以适当比例加入，一般为3%～5%。如使用直投式发酵剂，加入量按产品标注的活力而定，菌粉应用少量无菌水或杀菌后的牛乳充分溶解，再加入原料乳中。

接种是造成酸乳受微生物污染的主要环节之一，因此应严格注意操作卫生，防止霉菌、酵母、细菌和其他有害微生物的污染。发酵剂加入后，要充分搅拌10 min，使菌体能与杀菌冷却后的牛乳完全混合，还要注意保持乳温。

7. 灌装

灌装容器可根据市场需要选择玻璃瓶或塑料杯等容器，不管是哪一种容器，必须保证容器的材料是食品级的，无毒无味、化学性质稳定、密封性能好，有一定的机械强度。在灌装前需对容器进行清洗和蒸汽灭菌。对于有些灌装容器上残留的洗涤剂和杀菌剂须清洗干净，以免影响菌种活力，确保酸乳的正常发酵和凝固。

8. 发酵

发酵是在发酵室里进行的。发酵室内要有升温、保温和测温设施，能满足乳酸发酵的条件。

使用保加利亚乳杆菌和嗜热链球菌的混合发酵剂时，温度应保持在42～43℃。如使用生产发酵剂，发酵所需时间 3～4 h。直投式发酵剂的发酵时间相对较长，通常需要 6～8 h。嗜热链球菌的最适生长温度稍低于保加利亚乳杆菌的最适生长温度。如果培养温度比正常培养温度低，则嗜热链球菌比保加利亚乳杆菌生长旺盛，发酵酸味不足，凝乳硬度较差，达到发酵终点的时间较长；如果培养温度比正常培养温度高，则保加利亚乳杆菌比嗜热链球菌生长旺盛，酸度较大，达到发酵终点的时间较短，香味不足，易出现刺激性较强的酸味，在冷藏过程中还会增高，导致产品口感较差，所以发酵温度一定要控制好。

发酵终点可按以下方法来判断：①滴定酸度达到 70°T 以上；②pH 达到 4.2～4.3；③酸乳变黏稠，凝固，口感酸甜适中。

发酵时应避免振动，否则会影响组织状态；发酵温度应恒定，避免温度波动；掌握好发酵时间，防止酸度不够或过度以及乳清析出。

9. 调香

酸乳经过乳酸菌的发酵以后，已经具有了其特有的风味，一般不需要再进行调香。但为了满足不同消费者口味上的需求，有时候也需要加入不同的香精来调节，其主要目的如下。

(1) 辅助作用　当由于菌种或发酵控制的问题而导致发酵乳的香气或发酵味不足时，可选用与其香气相适应的香精来增补其香气。

(2) 稳定作用　酸乳加工所产生的香气，往往受原料、季节、地区及加工工艺的影响而不稳定。而香精是按照同样的配方进行调配，香味比较稳定。加香精后可以对天然发酵乳的特有香气起到一定的稳定作用。

(3) 补充作用　一些特殊的酸乳制品（如果味酸乳、果料酸乳等），因在加工过程中损失了部分原有香气，就需要适当添加相应的香精进行加香。

10. 冷藏、后熟

刚发酵好的酸乳凝固状态不太好，硬度不够，凝块比较软，易破碎；口感也不太好，香味不足，不能出售，必须要经过一定时间的冷藏后熟之后，产品的凝块、口感和风味才能达到最佳状态。

发酵好后应立即移入 0～4℃的冷库中，迅速抑制乳酸菌的生长，终止发酵，以免继续发酵而造成酸度升高。在冷藏期间，酸度仍会有所上升，同时风味成分双乙酰含量会增加。试验表明，冷藏 24 h，双乙酰含量达到最高，超过 24 h 又会减少。因此，发酵凝固后须在 0～4℃贮藏 24 h 后再出售，通常把这个冷藏过程称为后熟。

11. 检验、成品

酸乳制品应符合其产品分类和酸牛乳国家标准。

18.2.3 常见问题与对策

凝固型酸乳的实际生产加工中，由于多种原因，常会出现一些质量问题，常见的质量问题发生的原因及解决办法如下。

18.2.3.1 凝固性差

凝固性是衡量凝固型酸乳质量的一项重要指标。一般牛乳在接种乳酸菌后，在适宜的温度下发酵一定时间便会凝固，表面光滑、质地细腻。但酸乳有时会出现凝固性差或不凝固现象，黏性也很差，出现乳清析出。造成这种现象的原因有以下几方面。

1. 原料乳质量

原料乳中含有抗生素、磺胺类药物以及防腐剂时都会抑制乳酸菌的生长。试验证明原料乳中含微量青霉素（0.01 IU/mL）时，对乳酸菌便有明显的抑制作用。使用乳腺炎乳由于其白细胞含量较高，对乳酸菌也有不同程度的噬菌作用。此外，原料乳掺假特别是掺碱，使发酵所产的酸被中和了，而不能积累达到凝乳要求的 pH，从而使乳凝固不好。

2. 发酵温度和时间

发酵温度依所采用乳酸菌种类的不同而异。若发酵温度低于最适温度，乳酸菌活力则下降，凝乳能力降低，使酸乳凝固性降低。发酵时间掌握不当，也会造成酸乳凝固性降低。此外，发酵室温度不均匀也是造成酸乳凝固性降低的原因之一。

3. 菌种

发酵剂受噬菌体污染也是造成发酵缓慢、凝固不完全的原因之一。可通过发酵活力检查来判断，也可通过定期更换发酵剂的方法加以控制。

此外，由于噬菌体对细菌的选择作用，两种以上菌种混合使用也可避免因使用单一菌种被噬菌体污染而导致发酵终止的弊端。

4. 发酵剂活力不足

发酵剂活力弱或接种量太少会造成酸乳的凝固性下降。对一些灌装容器上残留的洗涤剂和杀菌剂须清洗干净，以免影响菌种活力，确保酸乳的正常发酵和凝固。

5. 加蔗糖量

加工酸乳时，加入适当的蔗糖可使产品产生良好的风味，凝块细腻光滑，提高黏度，并有利于乳酸菌产酸。若加蔗糖量过大，会产生高渗透压，抑制乳酸菌的生长繁殖，造成乳酸菌脱水死亡，相应活力下降，使牛乳不能很好凝固。

18.2.3.2 凝块的硬度不足

有些时候酸乳也凝固了，但是凝块不结实、不光滑，稍微晃动凝块就破碎了。影响酸乳凝块硬度的因素有多种，比较重要的有牛乳的总固形物含量，特别是蛋白质含量，加热处理条件、乳清蛋白质的变性、均质处理和发酵乳的酸度等。

1. 蛋白质含量

如果增加牛乳中蛋白质的含量，牛乳中的结合水含量也不断增加，因此，凝固物的硬度也增加。在增加蛋白质含量的同时，如再增加乳糖、盐类或乳的其他成分，也会得到同样的效果。

2. 牛乳的加热处理

加热会对蛋白质的亲水性和发酵乳的硬度带来影响，一般将牛乳在 80～85℃ 加热 30 min 或 90℃加热 5 min 可对发酵乳的硬度和黏度产生良好效果。发酵乳的微细构造也受加热处理、乳清蛋白变性程度的影响。

3. 乳清蛋白的变性

乳清蛋白的变性会对蛋白质的亲水性产生良好的作用。将牛乳在 80～85℃加热 30 min 或 90℃加热 5 min，可使大部分乳清蛋白变性，用这样的牛乳制作的发酵乳，硬度很好。

4. 均质

经过机械均质处理可把大脂肪球破碎为很多小脂肪球分散在物料中，所以对发酵乳的硬度和黏度可产生良好的影响。均质处理还可使脂肪与蛋白质间发生相互作用，在酪蛋白粒子中引起变化并形成软凝乳状，这样的软凝乳可提高牛乳蛋白质的消化性。

5. 发酵的速度

如果产酸速度过快，蛋白质的水合作用不充分，乳清析出多，发酵乳硬度不够；如果发酵速度过慢，凝块也不结实。酸化的速度对发酵乳的构造、硬度和乳清分离都有影响。

6. 温度

发酵乳培养结束后的冷却、贮藏和运输时的温度对凝固物的硬度影响很显著。一般是温度低时，组织状态良好，温度越高越不好，甚至变成液体状。

7. 牛乳的盐类

牛乳的含盐量，特别是盐类平衡，可影响蛋白质的水合作用。如果盐类平衡不适当，发酵乳的硬度就变弱，易发生乳清分离。添加氯化钙可防止这种现象。

18.2.3.3 乳清析出

乳清析出是生产酸乳时常见的质量问题，其主要原因有以下几种。

1. 原料乳热处理不当

热处理温度偏低或时间不够，就不能使75%～80%的乳清蛋白变性，而变性乳清蛋白可与酪蛋白形成复合物，能容纳更多的水分，并且具有最小的脱水收缩作用。

2. 发酵时间

若发酵时间过长，乳酸菌继续生长繁殖，产酸量不断增加。酸性的增强破坏了原来已形成的胶体结构，使其容纳的水分游离出来形成乳清上浮；若发酵时间过短，乳蛋白质的胶体结构还未充分形成，不能包裹乳中原有的水分，也会形成乳清析出。

3. 发酵温度

发酵温度过高，产酸过快，蛋白质的胶体结构形成太快，水分来不及被吸收进去，乳清也容易析出。

18.2.3.4 风味异常

酸乳风味的形成主要是乳酸菌发酵过程中，乳中碳水化合物、蛋白质、脂类等物质发生变化而产生风味物质，这些物质构成了酸乳的特有风味。但在生产过程中常出现以下异常风味。

（1）无芳香味　主要是由于菌种选择及操作工艺不当所引起的。正常的酸乳生产应保证两种以上的菌混合使用并选择适宜的比例，任何一方占优势都会导致产香不足、风味变劣，高温短时发酵和固体含量不足也易造成芳香味不足。

（2）不洁味　主要是由发酵剂或发酵过程中污染杂菌引起的。污染酵母菌不仅产生不良风味，还会影响酸乳的组织状态，使酸乳产生气泡。

（3）过酸或过甜　正常的酸乳应具有适当的糖酸比，过酸、过甜均会影响产品质量。发酵过度、冷藏时温度偏高和加糖量较低等会使酸乳偏酸，而发酵不足或加糖量过高又会导致酸乳偏甜。因此，应尽量避免发酵过度现象，并应在 0～4℃条件下冷藏，防止温度过高，严格控制加糖量。

18.2.3.5 口感差、有砂状感

优质酸乳应柔嫩、滑腻、爽口不黏，但有些酸乳口感粗糙，在组织外观上有许多砂状颗粒存在，不细腻，有砂状感。这主要是由于生产酸乳时，采用了劣质奶粉；或者由于生产时温度过高，蛋白质变性；或由于乳粉贮存时吸湿潮解，有细小的颗粒存在，不能很好地复原等原因所致。

18.2.3.6 表面生长霉斑

酸乳在保质期内凝固层表面生长白色或淡黄色的斑点，也就是霉菌的菌落。原因是酸乳加工中污染有霉菌、贮藏时间过长或温度过高、冷库滋生了霉菌等，容易导致酸乳生长霉菌。因此，要严格保证加工和贮存的卫生条件，并严格控制好贮藏时间和贮藏温度。

18.3 搅拌型酸乳加工

18.3.1 工艺流程

鲜乳→验收→预热→均质→灭菌→冷却→接种→发酵→搅拌→速冷→灌装、冷藏

18.3.2 工艺要点

搅拌型酸乳的加工工艺及技术要求基本与凝固型酸乳相同，其不同点主要是搅拌型酸乳多了一道搅拌工艺，是先发酵后灌装，这也是搅拌型酸乳的特点。根据加工过程中是否添加果蔬料或果酱，搅拌型酸乳可分为天然搅拌型酸乳和加料搅拌型酸乳。下面仅对搅拌型酸乳与凝固型酸乳的不同点加以说明。

1. 发酵

搅拌型酸乳生产中的发酵通常是在专门的发酵罐中进行的。发酵罐带有保温装置，并设有温度计和 pH 计。生产中应注意，假如由于某种原因，热介质的温度过高或过低，则接近罐壁面部分的物料温度就会上升或下降，罐内产生温度梯度，不利于酸乳的正常发酵。

2. 搅拌

通过机械搅拌作用破碎凝胶体，使凝胶体的粒子直径达到 0.01～0.4 μm，并使酸乳的硬度和黏度及组织状态发生变化，呈黏稠的流动状。在搅拌型酸乳的加工中，这是一道极为关键的工序。

机械搅拌最好使用宽叶搅拌器，搅拌过程中应注意既不可过于激烈，又不可搅拌过长时间。搅拌的最适温度为 0～7℃，但在实际加工中使 42℃的发酵乳降到 0～7℃不太容易，所以搅拌时的温度以 20～25℃为宜。

3. 冷却

冷却的目的是快速抑制乳酸菌的生长和酶的活性，以防止发酵过程产酸过度及搅拌时脱水。冷却在酸乳完全凝固（pH 为 4.6）后开始，冷却过程应稳定进行，冷却过快将造成凝块收缩迅速，导致乳清分离；冷却过慢则会造成产品过酸和添加果料的脱色。通常发酵后的凝乳先冷却到 15～20℃，然后混入香味剂或果料后灌装。

4. 冷却、后熟

将灌装好的酸乳于 0～4℃冷库中冷藏 24 h 进行后熟，进一步促使芳香物质的产生和黏稠度的改善。

18.3.3 常见问题与对策

1. 组织砂状

酸乳从外观组织上看有许多砂状颗粒存在，不细腻。砂状结构的产生有多种原因，普遍认为和发酵温度过高、发酵剂活力过低、接种量过多、发酵期间的振动有关。此外，牛乳受热过度也是出现组织砂状的主要原因。

2. 乳清分离

其原因是凝乳搅拌速度过快，搅拌温度不适宜。此外，酸乳发酵过度，冷却温度不适及干物质含量不足等因素也可造成乳清分离现象。搅拌速度的快慢对成品的质量影响较大，若搅拌速度过慢，不能使凝块破碎，产品不能均匀一致。但搅拌速度过快又使酸乳的凝胶状态破坏，黏稠度下降，在贮藏过程中产生大量的乳清。可选用适当的稳定剂，以提高酸乳的黏度，防止乳清析出，常使用的稳定剂有羧甲基纤维素钠、果胶、变性淀粉等。

3. 风味不正

除了和凝固型酸乳相同的原因外，还主要因为在搅拌过程中因操作不当而混入大量空气，造成酵母和霉菌的污染。此外，添加的果蔬若处理不当，也会因果蔬料的变质、变味而引起酸乳的风味不良。

4. 分层沉淀

搅拌型酸乳在存放过程中有些时候会出现分层沉淀的现象，其原因主要是：①料液太稀，干物质含量太少。应减少加水量，添加适量的乳粉和稳定剂。②均质压力没有控制好。均质所采用的压力以 20～25 MPa 为好。③发酵不充分，没有发酵到必要的酸度。如果特殊情况下自然发酵酸度达不到要求，需要加酸味剂进行调酸，必须在强力搅拌下加酸，否则会导致料液局部酸度过大，引起沉淀。

复习思考题

1. 酸乳有哪些种类？各有何特点？
2. 加工酸乳如何选择菌种？
3. 凝固型酸乳加工包括哪些关键环节？
4. 如何加工搅拌型酸乳？
5. 酸乳加工中如何进行质量控制？

HAPTER 19

第 19 章 含乳饮料加工

目标要求：

1. 了解含乳饮料发展趋势；
2. 了解中性含乳饮料、配制型酸性含乳饮料的加工要点；
3. 掌握酸性乳饮料加工的方法与质量控制技术。

19.1 含乳饮料生产概述

《含乳饮料》国标（GB/T 21732—2008）中将含乳饮料定义为：以乳或乳制品为原料，加入水及适量辅料经配制或发酵而成的饮料制品。目前市场上除含乳饮料外还有一种产品是乳酸菌饮料，虽两者均为饮料，但根据 GB/T 21732—2008，前者乳蛋白质含量≥1 g/100 g，可在产品包装上标识“乳饮料”，而后者乳蛋白质含量≥0.7 g/100 g，则不可标识“乳饮料”。GB/T 21732—2008 规定乳蛋白质含量≥0.7 g/100 g，经乳酸菌发酵后，分杀菌（非活菌）型和未杀菌（活菌）型的饮料产品可称为乳酸菌饮料，但同样蛋白质含量的配制型饮料产品应是什么名称，目前尚未有国家标准定义。

19.1.1 分类

依据国家标准《饮料通则》（含第 1 号修改单）（GB/T 10789—2015）和国家推荐性标准《含乳饮料》（GB/T 21732—2008），含乳饮料产品分为以下几种。

1. 配制型含乳饮料

以乳或乳制品为原料，加入水，以及白砂糖和甜味剂、酸味剂、果汁、茶、咖啡、植物提取液等的一种或几种调制而成的饮料。成品中蛋白质含量不低于 1 g/100 g。

2. 发酵型含乳饮料

以乳或乳制品为原料，经乳酸菌等有益菌培养发酵制得的乳液中加入水，以及白砂糖和甜味剂、酸味剂、果汁、茶、咖啡、植物提取液等的一种或几种调制而成的饮料。成品中蛋白质含量不低于 1 g/100 g，如乳酸菌乳饮料。根据其是否经过杀菌处理而区分为杀菌型和未杀菌型。发酵未杀菌型含乳饮料出厂时的乳酸菌活菌数≥10^6 CFU/mL。发酵型含乳饮料还可称为酸乳饮料、酸乳饮品。

3. 乳酸菌饮料

以乳或乳制品为原料，经乳酸菌发酵制得的乳液中加入水，以及白砂糖和甜味剂、酸味剂、果汁、茶、咖啡、植物提取液等的一种或几种调制而成的饮料。成品中蛋白质含量不低于 0.7 g/100 g。根据其是否经过杀菌处理而区分为杀菌型和未杀菌型。发酵未杀菌型乳酸菌饮料出厂时乳酸菌活菌数≥10^6 CFU/mL。

19.1.2 现状与发展趋势

含乳饮料很早以前就出现在国外市场上，主要是保质期比较短的非杀菌型产品，20 世纪 80 年代开始出现于国内市场，当时主要采用小塑料瓶包装。但随着国内配制型含乳饮料的发展，同时因非杀菌型含乳饮料生产和销售成本较高、宣传力度和认知度不够等问题，使得发酵型含乳饮料失去竞争优势，市场逐渐缩小。

灭菌型乳酸菌饮料始于 20 世纪 70 年代末欧洲的荷兰，近年来在亚洲特别是泰国得到了飞速发展。过去几年里，灭菌型乳酸菌饮料在泰国每年的增长率平均高达 70%以上，主要原因是灭菌型乳酸菌饮料营养价值高，味道好，可在常温下存放 6 个月。泰国的冷链很不发达，保质期短的发酵活菌型含乳饮料无法长距离运输，限制了销售。

从 1998 年开始，国内也有一些厂家开始生产灭菌型乳酸菌饮料，并采用无菌包装形式，产品自投放市场以来深受消费者的欢迎。相信在今后的时间里，长货架期的灭菌型乳酸菌饮料会有很好的市场前景。

19.2 中性含乳饮料加工

19.2.1 工艺流程

原料乳的验收→均质→巴氏杀菌→冷却→配料→灭菌→无菌灌装→检验、包装、贮藏

19.2.2 工艺要点

1. 原料乳的验收

原料乳应符合相应的国家标准。如果用乳粉做原料，当乳粉刚与水混合时，乳粉颗粒在水中呈悬浊颗粒，只有当乳粉不断分散溶解，吸水膨润之后，乳粉才能成为胶体状态分布于水中。

一般首先将水加热到 50～60℃，然后通过乳粉还原设备对乳粉进行还原。待乳粉完全溶解后，停止罐内的搅拌器，让乳粉在 50～60℃下的水中

充分还原 30 min 以上。

2. 均质

均质使混合料液滴微细化，提高料液黏度，抑制粒子的沉淀，并增强稳定剂的稳定效果。较适宜的均质压力为 20～25 MPa，温度为 53℃左右。

3. 巴氏杀菌

生乳验收或乳粉还原后，进行预热杀菌，并将乳液冷却至 4℃。这样做的好处是：一旦后面的加工过程出现问题，原料乳在此温度下仍可贮存一夜后于第 2 天再加工。反过来若不进行预热杀菌和冷却，就会造成原料的巨大浪费。

4. 配料

（1）糖的处理　先将糖溶解于热水中，然后煮沸 15～20 min，再经过滤后加入原料乳中。

（2）加稳定剂、香精和色素　含乳饮料必须使用稳定剂，否则会产生分层、脂肪上浮、絮状沉淀等情况，稳定剂的溶解方法一般为：①在高速搅拌下，将稳定剂缓慢地加入冷水中溶解、分散或将稳定剂溶于 80℃左右的热水中；②将稳定剂与其质量 5～10 倍的原料糖干混均匀，然后在正常的搅拌速度下加到 80～90℃的热水中溶解；③将稳定剂在搅拌下加入饱和糖溶液中。

由于不同的香精对热的敏感程度不同，因此若采用二次灭菌，所使用的香精和色素应耐 121℃温度；若采用超高温灭菌，所使用的香精和色素应耐 137～140℃的高温。

然后将所有的原辅料加入配料缸中，低速搅拌 15～25 min，以保证所有的物料混合均匀，尤其是稳定剂能均匀地分散于乳中。

5. 灭菌

生产可可（或巧克力）风味含乳饮料的灭菌强度较一般风味含乳饮料要强，常采用 139～142℃，保持 4 s。

6. 冷却灌装

灭菌后应迅速将产品冷却至 25℃以下，进行灌装。

19.2.3　常见问题与对策

1. 脂肪上浮

用全脂乳制作饮料时，由于均质处理不当等原因可能会引起脂肪上浮。采取的措施是改进均质条件。必要时可选用酯化程度高的稳定剂或加入乳化剂。

2. 稳定剂使用不当

可通过改用黏度高、耐酸性的稳定剂，或几种稳定剂配合使用来解决。当稳定剂加入量过多时，由于乳蛋白颗粒吸收量增加而产生排斥效果，导致微粒自由流动使黏度降低也能发生沉淀。

3. 杂质引起沉淀

如果原料乳、糖液及稳定剂没有采取过滤工序而使杂质沉淀。此外，当加入固体粉末状稳定剂时，如促进剂、真菌防腐剂等，如不事先配制成水溶液，成品饮料中也会出现少量的沉淀。

19.3　配制型酸性含乳饮料加工

19.3.1　工艺流程

原料乳验收→巴氏杀菌→添加糖和稳定剂→冷却→酸化→配料→杀菌、均质→灌装→销售

19.3.2　工艺要点

1. 原料乳及乳粉的要求

对原料乳及乳粉的要求同酸乳一样。有的企业把质量较差的原料乳及乳粉用来加工饮料，质量较差是相对而言，指蛋白质和脂肪含量稍低一些，新鲜度稍差一些，但是新鲜度不能太差，否则蛋白质稳定性差，加工中蛋白质易凝集沉淀。如果是用鲜牛乳或复原乳必须符合相应的国家标准。不能使用过期的或不合格的原料来生产乳饮料。

2. 水的要求

由于生产饮料用水量比较大，水质状况对产品稳定性影响很大。一定要用水质软化设备对水进行软化处理，否则水质硬度过高会引起蛋白质凝集，导致饮料在保质期内分层沉淀，影响产品质量，最好用纯净水。

3. 甜味剂、稳定剂、乳化剂、香精的添加

一般以蔗糖为主，也可用果葡糖浆或适当添加阿斯巴甜、安赛蜜等甜味剂，果胶是配制型酸性含乳饮料最适宜的稳定剂。通常果胶对酪蛋白颗粒具有最佳的稳定性，这是因为果胶是一种聚

半乳糖醛酸，它的分子链在 pH 为中性和酸性时是带负电荷的。因此，当果胶加入酸乳中时，它会附着于酪蛋白颗粒的表面，使酪蛋白颗粒带负电荷。由于同性电荷相互排斥，因此可避免酪蛋白颗粒间相互聚合成大颗粒而产生沉淀。

但果胶成本较高，一些厂家通常采用其他稳定剂与果胶的混合物作为复合稳定剂，如耐酸的羧甲基纤维素钠（CMC）、黄原胶和海藻酸丙二醇酯（PGA）等。在实际生产中，2 种或 3 种稳定剂混合使用比单一使用效果好，使用量根据产品的酸度、蛋白质含量的增加而增加。在配制型酸性含乳饮料中，稳定剂的用量一般在 1%以下，并且要保证充分溶解。总的来说，用不含果胶的复合稳定剂生产出来的产品与用果胶为稳定剂生产出来的产品，在稳定性及口感方面均存在明显的差距。

4. 料液的混合及冷却

将稳定剂、乳化剂溶液、糖和甜味剂溶液等杀菌后加入杀菌乳中，混合均匀后，再冷却至 20℃以下。

5. 调酸

配制型酸性含乳饮料可以使用柠檬酸、乳酸和苹果酸作酸味料，且以用乳酸生产出的产品质量最佳。但一般采用柠檬酸与乳酸的混合酸溶液作酸味料。

酸化过程是配制型酸性含乳饮料生产中最关键的工序，产品的质量取决于此调酸过程。为得到最佳的调酸效果，调酸前应将牛乳的温度降至 20℃以下。

为了保证酸溶液与牛乳充分均匀地混合，混料罐应配备一只高速搅拌器。同时，酸液应缓慢地加入配料罐内的漩涡中心，以保证酸液能迅速均匀地分散于牛乳中。加酸过快会使酸化过程形成的酪蛋白颗粒凝集，产品易产生沉淀。若有条件，可将酸液薄薄地喷洒到牛乳的表面，同时进行足够的搅拌，从而得到较缓和的酸化效果。

为易于控制酸化过程，通常在使用前应先将酸液稀释成 10%或 20%的溶液，再通过检测控制最终酸度。同时为避免局部酸度偏差过大，可在酸化前在酸液中加入一些缓冲盐类如柠檬酸钠、磷酸钠等。

为保证酪蛋白颗粒的稳定性，在升温及均质前，应先将牛乳的 pH 降至 4.0 左右。

6. 调香调色

调酸过程结束后，将香精、色素等配料加入已酸化的牛乳中，同时对产品进行标准化检测，使料液各项指标达到标准要求。

7. 杀菌、均质

如果最后是无菌灌装，采取先均质后杀菌的方法比较好，可以避免均质带来的二次污染。均质压力保持在 20～25 MPa。配制型酸性含乳饮料的 pH 一般在 3.8～4.2，属于高酸食品，其杀灭的对象为霉菌和酵母菌，所以采用 105～115℃、15～30 s 的杀菌方式，也可以采用 110℃、6 s 或 137℃、4 s 的杀菌方式。如果最后不是无菌灌装，灌装后要进行二次灭菌，采取先杀菌后均质的方法比较好，这样可以避免杀菌工序造成的少量蛋白质凝集，产品状态更稳定。采用 90～95℃、30 s 的杀菌条件即可。

8. 灌装、二次灭菌

配制型酸性含乳饮料的灌装工序中对灌装间和灌装设备的要求同于酸乳灌装，如果最后是无菌灌装对灌装设备和包装材料要求更高，要选用无菌包装容器，主要有砖形和屋顶形纸盒，也有用硬质塑料瓶的。如果采用二次灭菌的生产工艺，所采用的包装形式主要有塑料瓶、塑料杯和塑料袋，不同于酸乳的包装材料，要求必须是耐高温的材料，印刷也与普通印刷不同，否则在二次灭菌中会被破坏。采用二次灭菌产品的风味较无菌包装产品要差，营养成分损失也较多。但塑料瓶包装产品也有其优点，即产品在运输时的抗机械损伤能力较强，所需要的加工设备和条件也不是太高，成本也相对较低一些。不管是哪一种容器，必须保证容器的材料是食用级的，无毒无味、化学性质稳定、密封性能好。

二次灭菌在配制型酸性含乳饮料的加工中也是很关键的工序，若是塑料瓶包装的产品，一般采用 90～95℃、20～30 min 的隧道式水浴杀菌。杀菌温度和杀菌时间必须控制好，杀菌温度过高杀菌时间过长，产品的口感、状态和色泽都不好，杀菌温度过低杀菌时间过短，杀菌就达不到要求，产品的保质期要缩短。

19.3.3　常见问题与对策

19.3.3.1　沉淀与分层

沉淀是酸性含乳饮料生产中最为常见的质量问题，主要原因有以下几点：

1. 原料乳、乳粉及水的质量不好

由于受酸的影响，酸性含乳饮料特别是配制型酸性含乳饮料对乳粉或原料乳的要求尤其高。原料乳或乳粉要新鲜，酪蛋白要有较高的稳定性，否则在加热和调酸时很容易导致酪蛋白胶粒凝集，产品易分层、沉淀。

如果用自来水，不进行水质软化处理也易造成蛋白质沉淀、分层。要使用软化水或纯净水。

2. 稳定剂选择使用不当

使用稳定剂的主要目的就是保证产品稳定性，所以稳定剂的选择和使用很重要。可通过选用黏度高、耐酸性强的稳定剂，或几种稳定剂配合使用来解决。采用稳定剂与白糖干拌并用温水浸泡溶胀，再经胶体磨处理则稳定效果最佳。值得注意的是，当稳定剂加入量过多时，由于乳蛋白颗粒吸收量增加而产生排斥效果，导致微粒自由流动使黏度降低也能发生沉淀。用果胶效果比较好，但果胶成本比较高，用果胶和其他稳定剂混合使用效果也可以，其各自具体的用量和配比必须通过试验来确定。也可以购买添加剂厂家提供的复合稳定剂。不管用什么稳定剂，投入大批生产之前必须先小批量的试生产。在实验室试制效果好，投入真正生产效果不一定好，因为实验室加工条件和生产车间加工条件不一样。

3. 均质处理效果不佳

在对混合物进行均质处理时，为获得最佳均质效果必须将均质温度调整到45℃，这是因为如果在低于20℃时，稳定剂不易融入乳液中。均质压力不当也易导致产品沉淀，均质压力保持在15～20 MPa比较好。此外，均质处理后的原液要缓慢搅拌以防胶体粒子再度结合而形成沉淀。

4. 调酸不当

(1) 酸液浓度过高　调酸时，若酸液浓度过高，就很难保证在局部牛乳与酸液能良好地混合，从而使局部酸度偏差太大，导致局部蛋白质沉淀。解决的办法是酸化前，将酸稀释为10%或20%的溶液，同时，也可在酸化前，将一些缓冲盐类如柠檬酸钠等加入酸液中。

(2) 调酸过程加酸过快　当发酵乳酸度不够时，在加入果汁的同时需加入酸味剂。加酸速度过快，搅拌不均匀，导致局部牛乳与酸液混合不均匀，从而使形成的酪蛋白颗粒过大，很难保持酪蛋白颗粒的悬浮性，易引起沉淀。因此，整个调酸过程加酸速度不宜过快。按正常工艺顺序加酸时最好采用低温、低浓度、强烈搅拌或喷淋式加入法。

(3) 搅拌器的搅拌速度过低　搅拌速度过低，就很难保证整个酸化过程中酸液与牛乳能均匀地混合，从而导致局部pH过低，产生蛋白质沉淀。因此，为生产出高品质的配制型酸性乳饮料，车间内必须配备一台带高速搅拌器的配料罐，采用高速乳化罐调酸效果比较好。

5. 杂质引起沉淀

这类沉淀的颜色较深。多因原料乳、糖液及稳定剂没有采取过滤工序而使杂质沉淀。此外，当加入固体粉末状稳定剂时，如不事先配制成水溶液，成品饮料中也会出现少量的沉淀。

6. 二次灭菌温度和时间不当

采取灌装后二次灭菌的酸性含乳饮料如果杀菌温度过高，或时间过长，或杀菌后不能及时冷却使产品过分受热，蛋白质胶粒稳定性变差，导致产品沉淀分层。一般采用85～95℃、15～20 min的隧道式水浴杀菌效果比较好，隧道式水浴杀菌配有冷却设施，能使产品快速冷却下来。

酸性含乳饮料成品稳定性的检查方法如下：

(1) 往玻璃杯里倒入少量产品，晃动玻璃杯，使产品液体挂到杯壁上，观察料液，若形成了像纯牛乳似的、均匀的薄膜，没有出现细小的颗粒状态，杯壁光滑，则证明产品质量是稳定的。这种方法比较常用。

(2) 取少量产品放在载玻片上，用显微镜观察。若视野中观察到的颗粒很小且分布均匀，表面产品是稳定的；若观察到有大的颗粒且分布不均匀，表明产品在贮藏过程中将会分层沉淀。

19.3.3.2 脂肪上浮

用全脂乳做酸性含乳饮料原料时，由于均质处理不当等原因引起脂肪上浮。采取的措施是改进均质条件，增加压力或提高温度。必要时可选用酯化程度高的稳定剂或加入乳化剂（卵磷脂、单硬脂酸甘油酯、脂肪酸蔗糖酯等）。采用含脂量较低的脱脂乳或脱脂乳粉作为酸性含乳饮料的原料，并注意进行均质处理。

19.3.3.3 滋味、气味不适口

有时酸性含乳饮料在存放过程中滋味、气味会发生变化。刚生产出来的产品滋味、气味都比较好，可是在保质期内随着时间延长，产品滋味、气味越来越差，出现甜味不足、后味苦涩、后味刺激不柔和、香味不足等，其主要原因如下。

1. 选用的甜味剂、香味剂和酸味剂质量不好，或是搭配组合不当

要选用质量好的、化学性质稳定的添加剂，要注意选用后味浓而纯正的甜味剂、香味剂和酸味剂。有的添加剂化学性质不稳定，易受产品中其他添加剂的影响，易受加工条件和存放环境条件的影响，要多次做存放试验观察。一旦选准了搭配组合比较理想的几种添加剂，就不要随便更改这种搭配组合，也不要随便更改加工条件。

2. 二次灭菌不当

对采取灌装后二次灭菌的酸性含乳饮料，如果杀菌温度过高，或时间过长，或杀菌后不能及时冷却使产品过分受热，会引起有些不耐热的添加剂发生化学变化，而这种变化是缓慢的，在存放过程中变化越来越严重，导致产品滋味、气味异常。因此，控制好二次灭菌的时间、温度和冷却速度非常重要。

3. 包装物选择不当

如果包装物的选材不对、厚度不足、耐热性和密封性能差，都会导致产品在存放过程中变味变质。要同包装物厂商协调好，把产品的主要用料、加工条件、贮存条件和保质期清楚地提供给包装厂商，让他们的技术人员协助选用包装物材料。

4. 脂肪氧化

在存放过程中如果长期温度比较高，或者阳光直接照射时间比较长，或者包装物避光性比较差，会导致脂肪氧化，出现哈喇味。

19.3.3.4 口感过稀、颜色不正

有时生产出来的酸性含乳饮料喝起来像水一样，颜色灰暗不白。其主要原因如下。

1. 所用原料组成不当

原料乳或乳粉含量不够，乳粉的热处理不当或最终产品的总固形物含量过低，要计算好原料和各种配料，保证产品非脂乳固体含量和蛋白质含量达到标准要求。

2. 果蔬料质量不好或控制不当

果蔬料质量不好或在加工中没有控制好加工条件，会使产品在保存过程中出现变色或褪色现象。因此，要选用质量好的果蔬料，并在加热杀菌时注意条件的控制，也可以适当加入一些抗氧化剂，例如维生素 C，提高果蔬料的抗氧化能力。

19.3.3.5 包装物破损、褪色

如果包装物的选材不对、厚度不足、耐热性和密封性能差、印刷不当等，都会导致产品在灌装、二次灭菌及存放过程中破损、发皱、褪色。要同包装物生产厂商沟通好，让他们的技术人员帮助选用包装物材料。相同包装物一次不能够入量太大，因为塑料包装物在存放过程中容易老化，老化的塑料包装物会出现上面的问题。

19.4 乳酸菌饮料加工

乳酸菌饮料在国内通常被称为“乳酸菌饮料”或“酸乳饮料”，是指以鲜牛乳或乳粉为主要原料经乳酸菌发酵后，加入水、稳定剂、糖或甜味剂、酸味剂、果蔬汁、香精、色素等调配后通过杀菌均质加工而成。其中活性乳酸菌饮料要求乳酸菌的活菌数≥10^6 CFU/mL，并要求产品蛋白质含量≥0.7%。

活性乳酸菌饮料具有饮料的很多优势又含有活的乳酸菌，是比较好的乳饮料。但由于不能二次灭菌，对工艺条件和设备要求比较高，要求无菌灌装。保质期也比较短，在一般的冷藏条件（0～4℃）下，一个月后活性乳酸菌的数量将会大量递减，存活下来的数量将会很少。而在常温下

这一情况将更严重，两个月后还存留的活菌数量更是非常少。

19.4.1　工艺流程

鲜乳或乳粉→验收→标准化→预热→均质→灭菌→冷却→接种→发酵→搅拌→速冷→配料混合→均质→灌装、冷藏→保持冷链贮存或销售

19.4.2　工艺要点

1. 原料乳

使用质量优良的全脂乳或全脂乳粉、脱脂乳或脱脂乳粉均可。质量要求同于酸乳，总固形物含量 15%～16%。通常将全脂乳或全脂还原乳与脱脂乳或脱脂还原乳两者混合，还可以添加酪蛋白粉、乳清粉来实现，使非脂乳固体的含量达到 15%～18%，使产品蛋白质含量≥0.7%，然后发酵成酸乳，再进行调配。

2. 乳酸菌发酵剂

生产优良的乳酸菌饮料必须选用和制备优良的乳酸菌发酵剂。一般使用保加利亚乳杆菌和嗜热链球菌的混合菌种，也有的混合以嗜酸乳杆菌、乳链球菌或双歧杆菌等。用质量好的直投式菌种更好。

3. 发酵

发酵过程的控制详见酸乳。发酵过程结束后，厂家可根据自己对最终产品的黏度要求，选用合适的泵来输送酸乳。若厂家欲生产高黏度的酸乳饮料，那么系统中发酵过程以后的所有离心泵应换为螺杆泵，同时混料时应避免搅拌过度。

4. 配料

主要是水、糖及甜味剂、稳定剂、乳化剂、香精、色素、维生素、钙盐及其他缓冲盐类的添加。

活性乳酸菌饮料的用水同配制型酸性含乳饮料。

糖一般以蔗糖为主，也可用果葡糖浆或适当添加阿斯巴甜、安赛蜜、蛋白糖等甜味剂，但要考虑其与维持活菌数所需要的渗透压。根据需要可适当添加葡萄糖、酵母膏等促进乳酸菌生长的物质。

活性乳酸菌饮料主要使用耐酸性的羧甲基纤维素钠（CMC）和藻酸丙二醇酯（PGA）作稳定剂，此外还可使用琼脂和明胶。稳定剂对乳酸菌饮料的组织状态和稳定性起着关键的作用，所以一定要认真选择。其中以耐酸性的 CMC、PGA 等为首选，使用量在 0.35%以下。但添加时要考虑稳定剂的黏度，黏度过高会产生黏口感，不清爽。

乳酸菌饮料的风味以水果香型为首选。常用柑橘系列的果汁香精或菠萝香精，因为目前这几种香精质量相对较好，口感也比较纯正。其次是香蕉、草莓、木瓜、杧果香精等。

混合时添加剂和原料乳的温度都应在 20～30℃。其他添加剂的添加可参考搅拌型酸乳。

5. 调酸

如果发酵本身的酸度不能够满足产品配料后酸度要求，可以适当加酸味剂进行调酸，因柠檬酸口感柔和，所以其为首选，也可以使用苹果酸、酒石酸等有机酸。用苹果酸调节酸度效果优于柠檬酸。此外，可以使用混合酸。调节 pH 所用的酸液浓度不应过高，一般采用 10%左右的浓度，最后产品的酸度达到 pH 3.8～4.0 为宜。

6. 均质、灌装

活菌乳酸菌饮料的均质同于配制型酸性含乳饮料。由于此类产品属于活菌型产品，其中必须保持一定数量的活菌，因此其灌装方式应选用无菌灌装，而且添加的辅料必须经过杀菌处理，冷却至适当温度后混合。

19.4.3　常见问题与对策

1. 沉淀及分层

沉淀及分层是最常遇到的质量问题，造成此问题的主要原因如下：①所用稳定剂不适合或稳定剂用量过少。一般主要用果胶为稳定剂，并复配少量其他胶类。再则稳定剂溶解不好，没有完全均匀地分散于乳酸菌饮料中。②加入的增稠剂，在保存过程中逐渐分解而失去增稠作用。③发酵过程控制不好。乳酸菌饮料 pH 一般在 4.0 左右，易引起等电点为 4.6 的酪蛋白变性沉淀，所产生的酪蛋白颗粒过大或过小，分布不均匀。④均质效果不好。可以通过检查均质机及均质温度、压力来解决此问题。

2. 产品口感过于稀薄

所用原料组成有波动，造成最终产品成分有变化，生产前应验证质量指标。发酵过程发酵剂使用不当，发酵过程使用了不正确的发酵剂导致发酵乳发酵不良，导致产品额外损失。配料计算不准确，杀菌前应检测产品的固形物含量。

3. 活菌数不够

按国家要求活性乳酸菌饮料的乳酸菌活菌数≥10^6 CFU/mL，但在保存中其活菌数很容易降低，其主要原因如下。

（1）选用的菌种不耐酸　有些乳酸菌本身不耐酸，而活菌乳酸菌饮料的酸度比较高，pH一般为3.8～4.0，不适于乳酸菌的生长与存活，所以在存贮过程中乳酸菌数就会下降。最好选用耐酸性强的菌种，如嗜酸乳杆菌、干酪乳杆菌或普通的但能耐酸的嗜热链球菌和保加利亚乳杆菌等。

（2）乳成分含量低，非脂乳固形物不足　发酵时乳固形物含量高，可以促进乳酸菌的繁殖，在固形物含量为12%～13%时，菌体数量与固形物浓度成正比，并能缩短达到发酵终点的时间，这是由于乳成分的缓冲作用抑制了pH下降的缘故。必要时添加适量的脱脂乳粉，增加非脂乳固形物含量可以促进乳酸菌的增殖。但固形物浓度过高时，由于离子强度的增大，乳酸菌的繁殖反而下降。

（3）发酵温度没有控制好　发酵温度不要高于乳酸菌的最适培养温度，要比最适生长温度稍低，才能达到最高菌数。在对数期或稳定期时结束发酵，此时乳酸菌的活力最强，贮存过程中容易失活。发酵结束后要迅速冷却，否则菌的活力会下降。此外，在成品贮存和流通过程中都要冷藏，以保持乳酸菌的活力。

（4）调酸不当　如果发酵乳的酸度不够，多通过补充柠檬酸来调整pH，但柠檬酸存在不利影响，它可以导致乳酸菌活菌数下降。所以必须减少柠檬酸的使用量，苹果酸对乳酸菌的抑制作用较小，与柠檬酸共用，不仅可以防止活菌数的下降，而且可以改善产品的口感。先把酸稀释为10%或20%的溶液，加酸时要缓慢加酸快速搅拌，以降低对活菌数的影响。

（5）杂菌污染　杂菌污染是发酵乳制品共同存在的问题，活菌乳酸菌饮料也不例外，杂菌污染而使乳酸菌发生溶菌现象，导致乳酸菌数下降。

4. 生产和贮存过程污染杂菌

乳饮料在生产或贮存中很容易受到大肠杆菌、霉菌及酵母菌的污染，几天之内就会发生“胖听”、风味变坏等现象。由于使用蔗糖等成分，混入其中的酵母在一定条件下会快速繁殖，产生碳酸气（使塑料包装膨胀），同时产生不良气味物质。霉菌的耐酸性强，在乳酸菌饮料中繁殖会严重影响产品的风味和外观。霉菌与酵母的耐热性差，通常使用60℃、5～15 min的加热处理即可将其杀死，在制品中出现的污染，主要是二次污染所致。

发酵型酸乳饮料还易被噬菌体污染，导致发酵乳发酵不正常。

如果单独使用果胶类作为稳定剂时，由于污染菌产生果胶分解酶，影响稳定效果，即使在低温下贮存时间很短也会产生分层沉淀。控制杂菌污染除了原料灭菌要彻底，生产饮料的整个生产过程中也要保证工艺卫生，同时要定期对冷库或成品库进行清洗消毒。

复习思考题

1. 含乳饮料有哪些种类？
2. 含乳饮料向哪些方向发展？
3. 中性含乳饮料主要加工环节有哪些？
4. 配制型酸性含乳饮料如何加工？
5. 乳酸菌饮料加工中如何进行质量控制？

CHAPTER 20

第 20 章 冷冻饮品加工

目标要求：

1. 了解冷冻饮品的种类与常用原辅料；
2. 掌握冷冻饮品加工的工艺技术；
3. 了解冷冻饮品加工常见的问题与对策措施。

20.1 冰激凌生产概述

冰激凌生产的历史久远，其生产可能起源于中国。在古老的文献中记载着我们的祖先喜欢食用一种将果汁和雪混合制成的冷冻制品，很像我们今天食用的雪糕。后来这项技术传播到古希腊和古埃及，在那里冷冻甜食尤其受到富人们的偏好。

在美国，大众消费冰激凌始于18世纪，但是第一家冰激凌的批发机构出现在市场上是在19世纪。19世纪50年代，牛乳生产商 Jacob Fussel 建立起第一家冰激凌加工厂，这标志着冰激凌工业化生产时期的到来。

20.1.1 分类

1. 冰激凌的定义

冰激凌是以饮用水、乳品（乳蛋白质含量为原料的2%以上）、蛋白质、甜味料、食用油脂等为主要原料，加入适量的香料、稳定剂、着色剂、乳化剂等食品添加剂，经混合、灭菌、均质、老化、凝冻等工艺或再经成形、硬化等工艺制成的体积膨胀的冷冻饮品。

冰激凌是一种冻结的乳制品，属于固体冷饮食品类。它以其轻质而细腻的组织、紧密而柔软的形体、醇厚而持久的风味，以及营养丰富、冷凉甜美等特点，享有“冷饮之王”之美称，深受广大消费者欢迎。

2. 冰激凌的种类

冰激凌的种类有很多，其分类方法各异，常见的分类方法如下。

（1）按冰激凌的组分分类　①完全用乳制品制备的冰激凌；②含有植物油脂的冰激凌；③用添加了乳脂肪和非脂乳固体的果汁制成的冰激凌；④由水、糖和浓缩果汁制成的冰激凌。

（2）按冰激凌的含脂率分类　①高级奶油冰激凌。一般脂肪含量为14%～16%，总固形物含量为38%～42%。按其成分的不同又可分为香草、巧克力、草莓、核桃、鸡蛋、夹心等品种。②奶油冰激凌。脂肪含量为10%～12%，为中脂冰激凌，总固形物含量为34%～38%。按其成分不同又可分为香草、巧克力、草莓、咖啡、夹心等品种。③牛奶冰激凌。脂肪含量为6%～8%，为低脂冰激凌，总固形物含量为32%～34%。按其成分不同又可分为香草、可可、鸡蛋、果味、夹心等品种。

（3）按冰激凌的组织结构分类　①清型冰激凌。为单一风味的冰激凌，不含颗粒或块状辅料，如香草冰激凌、奶油冰激凌等。②混合型冰激凌。在冰激凌中加入果料或草莓、葡萄干等加工制成的产品，如草莓冰激凌、葡萄冰激凌等。③组合型冰激凌。和其他种类冷饮品或巧克力、饼坯等组合而成的制品，如脆皮冰激凌、蛋卷冰激凌和三明治冰激凌等。

（4）按冰激凌的硬度分类　①软质冰激凌。现制现售，供鲜食。在－5～－3℃下制造，因此含有大量的未冻结水，其脂肪含量和膨胀率相当低。一般膨胀率为30%～60%，凝冻后不再速冻硬化。②硬质冰激凌。通常使用小包装，有时包裹巧克力外衣。在－25℃或更低的温度下，经搅拌凝冻后速冻而成。硬质冰激凌有较长的货架期，一般可达数月之久，膨胀率为100%左右。

另外，还可按照冰激凌的形态分为砖块冰激凌、杯状冰激凌、锥状冰激凌、异形冰激凌等；按照添加物的位置分为夹心冰激凌、涂层冰激凌；按照所加的特色原料分为果仁冰激凌、布丁冰激凌、水果冰激凌、糖果冰激凌、巧克力冰激凌、酸奶冰激凌、豆乳冰激凌、蔬菜冰激凌等。

20.1.2 原辅料及特性

冰激凌生产的各种原料主要包括脂肪类、非脂乳固体、蛋与蛋制品、甜味剂、乳化剂、稳定剂、香味料、着色剂等。冰激凌产品要求具有色泽鲜艳、风味独特、滋味纯正及组织细腻、柔软、光滑、润口等特点，这与原料的质量和配方有着密切的关系。

1. 水

水是乳品冷饮生产中不可缺少的一种重要原料。对于冰激凌来说，其水分主要来源于各种原料，如鲜牛奶、植物乳、炼乳、稀奶油、果汁、鸡蛋等。但生产时还需要添加大量的饮用水。乳品冷饮用水要求符合国家生活饮用水卫生标准的要求。水在冰激凌中的作用是溶解盐和糖以及形成冰晶体。冷饮中一般含有60%～90%的水。

2. 脂肪

脂肪是冰激凌最重要的成分之一，因此有重要的作用：①为乳品冷饮提供丰富的营养和热能。②由于脂肪在凝冻时形成网状结构，赋予冰激凌、雪糕特有的细腻润滑的组织和良好的质构。③由于油脂中含有许多风味物质，通过与乳品冷饮中蛋白质及其他原料作用，赋予乳品冷饮独特的芳香风味。④增加冰激凌的抗融性。在冰激凌成分中，水所占比例相当大，它的物理性质对于冰激凌的质量影响也大，一般油脂熔点在24～50℃，而冰的熔点为0℃，因此，添加适当油脂，可以增加冰激凌的抗融性，延长冰激凌的货架寿命。

冰激凌中油脂含量在6%～12%最为适宜。如果使用量低于此范围，不仅影响冰激凌风味，而且使冰激凌的发泡性降低。如果高于此范围，就会使冰激凌成品形体变得过软。乳脂肪的来源有稀奶油、奶油、鲜奶、炼乳、全脂奶粉等，但由于乳脂肪价格昂贵，目前普遍使用相当量的植物脂肪来取代乳脂肪，主要有起酥油、人造奶油、棕榈油、椰子油等，其熔点性质应类似于乳脂肪，在28～32℃。

3. 非脂乳固体

非脂乳固体是牛乳总固形物除去脂肪而剩余的蛋白质、乳糖及矿物质的总称，其中蛋白质具有水合作用性质，在均质过程中它与乳化剂一同在形成的小脂肪球表面形成稳定的薄膜，确保油脂在水中的乳化稳定性，同时在凝冻过程中促使空气很好地混入，并能防止乳品冷饮制品中冰结晶的扩大，使质地润滑。乳糖的柔和甜味及矿物质的隐约盐味，将赋予制品显著风味特征。对限制非脂乳固体的使用量，主要考虑原因在于防止其中的乳糖呈过饱和而渐渐结晶析出砂状沉淀，一般推荐其最大用量不超过制品中水分的16.7%。非脂乳固体可以由鲜牛乳、脱脂乳、乳酪、炼乳、乳粉、酸乳、乳清粉等提供，冷饮食品中的非脂乳固体以鲜牛乳及炼乳为最佳。若全部采用乳粉或其他乳制品配制，由于其蛋白质的稳定性较差，会影响组织的细致性与冰激凌的膨胀率，易导致产品收缩，特别是溶解度不良的乳粉，则更容易降低产品质量。

4. 蛋与蛋制品

冰激凌生产早期即已采用鸡蛋作为原料，主要因为这些原料含有卵磷脂，有形成永久性乳化的能力。在冰激凌中蛋黄也适合作为一种稳定剂。近年来，由于新型稳定剂、乳化剂的出现，可以不使用蛋及蛋制品。但使用蛋制品（特别是鲜蛋）的冷饮可产生一种特殊的清香味，而且膨胀率较高，所以适量的蛋品使成品具有细腻的“质”和优良的“体”。

鲜鸡蛋常用量为1%～2%，蛋黄粉常用量0.1%～0.5%。

5. 甜味剂

甜味料赋予冰激凌甜味，使冰点下降，增加混合料的黏性，增加总固形物含量，使口感圆润及组织状态良好。

冰激凌使用的甜味剂有蔗糖、葡萄糖、果糖、转化糖浆及化学合成或天然甜味剂等。从风味的观点来看最理想的甜味剂是蔗糖，一般用量为14%～16%。然而，工业上正普遍采用果葡糖浆全部或部分的代替蔗糖。果葡糖浆有助于提高冰激凌的硬度和咀嚼性，使产品口感更丰润圆滑，提供更好的抗融特性，产生和强化了水果的风味，延长了成品的货架期。

随着现在人们对低糖、无糖乳品冷饮的需求以及改进风味、增加品种或降低成本的需要，除常用的甜味料白砂糖、淀粉糖浆外，很多甜味料如蜂蜜、转化糖浆、阿斯巴甜、阿力甜、安赛蜜、甜蜜素、甜味菊糖、罗汉果糖苷、山梨糖醇、麦芽糖醇、葡聚糖等普遍被配合使用。

6. 稳定剂

1）特性与作用

稳定剂具有亲水性，其作用是与冰激凌中的水结合成为结合水，从而减少混合料里自由水的数量。加入稳定剂的目的可概括为以下几点：①提高混合料的黏度和冰激凌膨胀度；②防止或抑制冰晶的成长，提高冰激凌抗融化性和保藏稳定性；③改善冰激凌的形体和组织结构。

2）稳定剂的种类

稳定剂的种类很多，较为常用的有明胶、琼脂、果胶、CMC、瓜尔豆胶、黄原胶、卡拉胶、海藻胶、藻酸丙二醇酯、魔芋胶、变性淀粉等。稳定剂的添加量依原料的组成而变化，尤其是依总固形物含量而异，一般在0.1%～0.5%。

7. 乳化剂

1）特性与作用

乳化剂是一种分子中具有亲水基和亲油基的物质，它介于油和水的中间，使一方很好地分散于另一方的中间而形成的稳定的乳化液。冰激凌的组成复杂，其混合料中加入乳化剂的作用可归纳为：①使脂肪球呈微细乳浊状态，并使之稳定化；②分散脂肪球以外的粒子并使之稳定化；③在凝冻过程中能提高混合料的起泡力，并细化气泡并使之稳定化；④增加室温下的冰激凌的耐热性；⑤防止或控制巨大冰晶形成，使冰激凌组织细腻。

2）乳化剂的种类

乳品冷饮混合料中常用的乳化剂有甘油一酸酯、蔗糖脂肪酸酯、聚山梨酸酯、山梨糖醇脂肪酸酯、丙二醇脂肪酸酯、卵鳞酯、大豆磷脂等。乳化剂的添加量与混合料中脂肪含量有关，一般随脂肪含量的增加而增加。其范围在0.1%～0.5%。

3）复合乳化稳定剂

（1）特点　冰激凌生产中常采用复合乳化稳定剂，它具有以下优点：①复合乳化稳定剂经过高温处理，确保了该产品微生物指标符合国家标准；②避免了单体稳定剂、乳化剂的缺陷，得到整体协同效应；③充分发挥了每种亲水胶体的有效作用；④可获得良好膨胀率、抗融化性能、组织结构及口感的冰激凌。

（2）复合乳化稳定剂的复配技术　国外的复合乳化稳定剂一般由单体乳化剂和稳定剂按一定的质量比经过混合、杀菌、均质、喷雾干燥而制成，其细小的颗粒外层是复合乳化剂，内层是复合稳定剂，其内在结构不同于干拌型的复合乳化稳定剂，所以这种复合乳化稳定剂均匀一致，性能效果较好。而国内复合乳化稳定剂大多为干拌型，其加工方法简单，成本较低。干拌型复合乳化稳定剂目前已被很多冰激凌生产厂家所接受，其使用效果也较令人满意。

复合乳化稳定剂的配合类型有：CMC＋明胶＋单甘酯、CMC＋卡拉胶＋单甘酯＋蔗糖酯、CMC＋明胶＋卡拉胶＋单甘酯、CMC＋角豆荚胶＋卡拉胶＋单甘酯、海藻酸钠＋明胶＋单甘酯、明胶＋魔芋胶＋单甘酯等。

（3）复合乳化稳定剂的使用　①用量：复合乳化稳定剂的用量，取决于配料中的脂肪含量和总固形物含量，同时考虑冰激凌的形体特性、加工工艺的要求及凝冻设备的特性等因素，使用量一般为0.3%～0.6%。②使用方法：将复合乳化稳定剂与砂糖按1∶5的质量比干混，加入一定量的热水（不高于60℃），高速拌匀（高速混料泵或胶体磨）后倒入配料中。也可将与白砂糖混拌的干粉添加剂徐徐均匀地撒入配料缸中，搅匀至完全溶解。配料缸浆料的温度必须控制在75～78℃之间。温度过高，会使部分稳定剂水解，导致浆料的稠度降低，影响产品品质；温度太低，会影响复合乳化稳定剂的分散能力，使部分乳化剂从浆料中析出，凝结在混料缸壁上，导致乳化剂的用量不足，影响产品品质。在酸性冰激凌中，须选用耐酸型乳化稳定剂，且要严格控制浆料的调酸温度，一般控制在30～50℃，防止蛋白质变性沉淀、稳定剂水解、降低料液黏度而影响产品品质。复合乳化稳定剂中含有许多植物胶、微生物胶，必须将其存放在低温、干燥、通风的仓库中。开包后要尽快使用，以避免潮解降低料液黏度而影响使用效果。

8. 香味料

香味料在乳品冷饮中是不可缺少的调香剂，几乎在各种冷饮中都有添加香味料，以使产品带有醇和香味并保存该品种应有的天然风味，增进乳品冷饮的食用价值。

乳品冷饮中所用的香味料按来源不同，可分为天然香料和合成香料两大类。按其溶解性可分为油溶性香料和水溶性香料。按其风味种类可分为果蔬类、干果类、奶香类。目前，在冰激凌中使用最多的是橘子、柠檬、香蕉、菠萝、葡萄等果香型香料。

要使冷饮品得到清雅醇和的香味，除了注意香料本身的品质优劣以外，用量及调配也是极其重要的环节。香料用量过多，致使消费者饮用时有触鼻的刺激感觉，而失去清雅醇和近似天然香味的感觉；用量过少，则造成香味不足，不能达到应有的增香效果。因此，各种香料的适当用量需要通过对照试样的不断品味才能确定，同时要考虑地域、习惯、消费者爱好，为此调配时应因地制宜。在冷饮中一般食用香料的使用量为0.025%～0.15%，但实际用量尚需根据食用香料的品质及工艺条件而定。香精和香料都有一定的挥发性，在老化后的物料中添加，以减少挥发损失。

9. 着色剂

冰激凌生产调色时，应选用与产品名称和香气口味相适应的着色剂。着色剂是以使物料着色为目的的一种食品添加剂，因此，选择食用色素时，应首先考虑食品添加剂卫生标准。

(1) 食用天然色素　焦糖色、胡萝卜素、叶绿素、姜黄素、核黄素、红曲色素、虫胶色素。

(2) 食用合成色素　苋菜红、胭脂红、柠檬黄、靛蓝等，为了满足冰激凌加工生产着色的需要，可将不同的色素按不同的比例混合拼配。

(3) 其他着色剂　在冰激凌生产中，还使用其他着色剂，如熟化红豆、熟化绿豆、可可粉、速溶咖啡、血糯米等，不但体现天然植物的自然色泽，而且其制品独具风味。

20.2 冰激凌加工

20.2.1 工艺流程

设计产品→配方计算→配料混合→均质→杀菌→冷却与老化→凝冻→成型→硬化与贮藏

20.2.2 工艺要点

1. 设计产品

随着冰激凌市场竞争的加剧，冰激凌产品的换代越来越快，新产品的生命越来越短。为了使冰激凌企业保持旺盛的活力，必须对产品进行设计。设计产品的依据是：进行详细的市场调研，了解不同地域的经济、文化、消费心理、销售渠道、产品定价、宣传策略等因素，提出整体产品的方案。根据整体产品方案进行小样试验，对不同初步设计产品的小样进行评价，再调整配方，进一步做小样试验，经目标市场经销商和经营者品评，确认开发潜力，确定产品配方。经过中试，产品在局部区域投放，根据反馈信息适当调整。

2. 配方计算

根据所设计的产品，制定冰激凌的质量标准，根据标准要求来计算其中各种原料的需要量，从而保证所制成的产品质量符合技术标准。

计算前首先必须知道各种原料和冰激凌的组成，作为配方计算的依据。

(1) 混合料的标准组成　以制造冰激凌为目的所调和的各种混合原料称为冰激凌混合料或简称混料。其组成用所含脂肪、非脂乳固体、砂糖及稳定剂的比例表示。由于冰激凌的种类多，故所选用的原料亦十分复杂，但在配制混合料时务必将各种原料做适当调配。不同品种的冰激凌，有不同的配料组合。

(2) 混合料配合比例计算　冰激凌的原料选定后，即可根据原料成分计算各种原料的配合。

(3) 配方计算　由于冰激凌所用的原料很多，能提供某种成分的原料又有很多，这无疑给配方计算带来难度。通常在进行配方设计时，只能对混合料中的主要成分，如脂肪、非脂乳固体、糖类、稳定剂、乳化剂和总固形物等进行控制。

3. 配料混合

在配制冰激凌混合原料时，首先应根据配方比例将各种原料称量好，然后在配料缸内进行配制。

配料要求：①鲜乳要经 100 目筛进行过滤、除去杂质后再泵入缸内。②乳粉在配制前应先加温水溶解后，并经过滤和均质再与其他原料混合。③砂糖应先加入适量的水，加热溶解成糖浆，经 160 目筛过滤后泵入缸内。④人造黄油、硬化油等使用前应加热融化，或切成小块加入。⑤冰激凌复合乳化稳定剂可与其5倍以上的砂糖干混后，在不断搅拌的情况下加入混合缸中，使其充分溶解和分散。⑥鸡蛋应与水或牛乳以1∶4的比例混合后加入，以免蛋白质变性凝成絮状。⑦明胶、琼脂等先用水泡软，加热使其溶解后加入。⑧淀粉原料使用前要加入其量的8～10倍的水并不断搅拌制成淀粉浆，通过100目筛过滤，在搅拌的前提下徐徐加入配料缸内，加热糊化后使用。

配料顺序：①加入浓度低的牛乳或部分水；②加入与稳定剂干混以外剩余的砂糖，搅拌溶解；③加入液体糖浆等液态物料；④加入乳粉、糊精粉等粉状物料，搅拌溶解加温至50～60℃；⑤加入已配制溶解的稳定剂浆液；⑥加入奶油、棕榈油脂类物料；⑦最后以饮用水做容量调整。

4. 均质

1）均质的目的

均质的目的主要是：①冰激凌的混合料本质上是一种乳浊液，里面含有大量粒径为4～8 μm的脂肪球，这些脂肪粒与其他成分的密度相差较大，易于上浮，对冰激凌的质量十分不利，故必须加以均质使混合原料中的乳脂肪球变小。由于细小的脂肪球互相吸引使混合料的黏度增加，能防止凝冻时乳脂肪被搅成奶油粒，以保证冰激凌产品组织细腻。②通过均质作用，强化酪蛋白胶粒与钙及磷的结合，使混合料的水合作用增强。③适宜的均质条件是改善混合料起泡性，获得良好组织状态及理想膨胀率冰激凌的重要因素。④均质后制得的冰激凌，组织细腻，形体润滑松软，具有良好的稳定性和持久性。

2）均质的条件

（1）均质压力的选择　压力的选择应适当，因压力过低时，脂肪粒没有被充分粉碎，乳化不良，影响冰激凌的形体；而压力过高时，脂肪粒过于微小，使混合料黏度过高，凝冻时空气难以混入，给膨胀率带来影响。合适的压力，可以使冰激凌组织细腻、形体松软润滑。一般来说，选择压力第1段为15～20 MPa，第2段为2～5 MPa。

（2）均质温度的选择　均质温度对冰激凌的质量也有较大的影响。当均质温度低于52℃时，均质后混合料黏度高，对凝冻不利，形体不良；而均质温度高于70℃时，凝冻时膨胀率过大，亦有损于形体。一般较合适的均质温度是65～70℃。

均质和杀菌工序的顺序在不同的工厂会有不同的做法，在一些工厂里均质是放在杀菌工序的前道，但这样在老化的时候会带来一些问题，如脂肪可能上浮等。另一些工厂把杀菌放在均质的前道，这样做存在较大的卫生危险，因为一旦均质机的卫生状况不佳，会导致最终产品的卫生质量问题，但这个问题可以通过将均质机和杀菌设备组合在一起来解决，就是让混合料在最高杀菌温度前或最高杀菌温度时进行均质。

5. 杀菌

通过杀菌可以杀灭料液中的一切病原菌和绝大部分非病原菌，以保证产品的安全性和卫生指标，延长冰激凌的保质期。杀菌温度和时间的确定主要看杀菌的效果，过高的温度与过长的时间不但浪费能源，而且还会使料液中的蛋白质凝固、产生蒸煮味和焦味、维生素受到破坏而影响产品的风味及营养价值。

冰激凌混合料一般采用巴氏杀菌法，杀菌的条件一般为：间歇式巴氏杀菌的温度和时间为68℃、30 min，高温短时巴氏杀菌的温度和时间为80℃、25 s，超高温巴氏杀菌的温度和时间为100～128℃、3～40 s。近年来，适用于冰激凌配料杀菌的高温巴氏杀菌设备被广泛使用，应用最多的是80℃、25 s高温短时巴氏杀菌法。

6. 冷却与老化

（1）冷却　冷却是使物料降低温度的过程。温度的迅速降低能使混合料黏度增大，可有效防止脂肪球的聚集和上浮，避免混合料酸度的增加，阻止香味物质的逸散和延缓细菌的繁殖。这对于提高成品的膨胀率、稳定产品的质量至关重要。

混合料经过均质处理后，温度在60℃以上，应将其通过片式换热器迅速冷却至老化温度（2～4℃）。

（2）老化　是将经均质、冷却后的混合料置于老化缸中，在2～4℃的低温下使混合料在物理上成熟的过程，亦称为“成熟”或“陈化”。其实质在于脂肪、蛋白质和稳定剂的水合作用，稳定剂充分吸收水分使料液黏度增加，有利于凝冻搅拌时膨胀率的提高。

老化操作的参数主要为温度和时间。随着温度的降低，老化的时间也将缩短。如在 2～4℃时，老化时间需 4 h；而在 0～1℃时，只需 2 h。若温度过高，如高于 6℃，则时间再长也难有良好的效果。混合料的组成成分与老化时间有一定关系，干物质越多，黏度越高，老化时间越短。一般来说，老化温度控制在 2～4℃，时间以 6～12 h 为佳。

为提高老化效率，也可将老化分两步进行。首先，混合料冷却至 15～18℃，保温 2～3 h，此时混合料中的稳定剂得以充分与水化合，提高水化程度；然后，将其冷却到 2～4℃，保温 3～4 h，这可大大提高老化速度，缩短老化时间。老化时要注意避免杂菌污染，老化缸必须事先经过严格的消毒杀菌，以确保产品的卫生质量。

往老化终了的混合料中添加香精、色素，搅拌混合均匀。

7. 凝冻

在冰激凌生产中，凝冻过程是将混合料置于低温下，经强制搅拌进行冰冻，使空气以极微小的气泡状态均匀分布于混合料中，使水分呈微细的冰结晶的过程。

冰激凌混合物料在凝冻过程中，由于强烈的搅拌作用而使大量的空气以极细的气泡逐渐混入，又由于部分水分的冻结，冰激凌成品的体积比混合物料的体积要增大许多，这一现象称为增容。冰激凌体积增容的程度用膨胀率来表示。

冰激凌的膨胀率是衡量冰激凌质量的一个很重要的指标。一般要求膨胀率达到 80%～100%。过低则冰激凌风味过浓，食用时溶解不良，组织粗糙；过高则变成海绵状组织，气泡较大，可塑性和贮藏性不良，食用时溶解过快，风味较弱。

8. 成型

冰激凌成型分为浇模成型、挤压成型和灌装成型三大类。

(1) 浇模成型　浇模成型的特点是冰激凌注入特制的模具成型，随同模具进入低温盐水槽（一般低于−28℃）进行速冻硬化，制冷剂通常为氯化钙。硬化后的冰激凌产品从模具中脱模送入下道工序。

自动化的浇模机具有多种功能，如定量灌装、自动插棒、灌注果酱、夹注干果粒、表面巧克力浸渍、表面干果粒喷洒等，并可以通过各种功能的组合，生产多种多样的花色冰激凌。

(2) 挤压成型　挤压成型是一种较新的冰激凌成型技术，它必须建立在连续式凝冻的基础上，挤压成型冰激凌生产线的特点是：连续凝冻、挤压成型、速冻硬化、自动包装。

挤压成型是由 2 台（或 2 台以上）凝冻机输出不同颜色、风味的软质冰激凌，连续均匀地通过模具挤压成特定形状的条状坯料，然后用插棒机插入木棒，经切割装置切成冰激凌片后，落入输送托板时在速冻隧道进行速冻硬化。隧道中装有功率强大的风冷蒸发器，输出低于−35℃的冷空气流对冰激凌进行强制换热。冰激凌在隧道中经过约 20 min 的运行后，出隧道时的温度可达−22℃，这时冰激凌中 80%以上的水分冻结成冰结晶。由于速冻时间短，冰结晶小，冰激凌组织柔滑、口感细腻、质量稳定。

(3) 灌装成型　灌装类的冰激凌产品，典型的如蛋筒、塑杯等，经速冻后随容器一起进行销售。

9. 硬化与贮藏

(1) 硬化　将经成型灌装机灌装和包装后的冰激凌迅速置于−25℃以下，经过一定时间的速冻，温度保持在−18℃以下，使其组织状态固定、硬度增加的过程称为硬化。

硬化的目的是固定冰激凌的组织状态、完成形成细微冰晶的过程，使其组织保持适当的硬度以保证冰激凌的质量，便于销售与贮藏运输。速冻硬化可用速冻库、速冻隧道或盐水硬化设备等。一般硬化时间为：速冻库 10～12 h、速冻隧道 30～50 min、盐水硬化设备 20～30 min。影响硬化的条件有包装容器的形状与大小、速冻室的温度与空气的循环状态、室内制品的位置以及冰激凌的组成成分和膨胀率等因素。

(2) 贮藏　硬化后的冰激凌产品，在销售前应将制品保存在低温冷藏库中。冷藏库的温度为

-20℃，相对湿度为85%~90%，贮藏库温度不可忽高忽低，贮存温度及贮存中温度变化往往导致冰激凌中冰的再结晶，使冰激凌质地粗糙，影响冰激凌品质。

20.2.3 常见问题与对策

1. 冰激凌风味的缺陷及预防措施

(1) 香味不正 主要是由于加入香精过多，或其品质太差造成的。因此，对香精的品质和用量要严格控制。另外，冰激凌的吸附能力强，易于吸收外来气味，如油漆味、氨气味等。因此，贮存库应为专用冷库，尤其不能与有强烈气味的物品放在一起。

(2) 酸败味 主要是由于细菌繁殖所产生。冰激凌混合料的杀菌工序不当，杀菌工艺条件有误，或者是混合料在杀菌后放置过久，使微生物混入其中生长繁殖而引起。另外，采用高酸度的乳制品，如干酪、炼乳等也可造成酸败味。

(3) 氧化味 主要是由原料贮存时间过长或贮存条件不当，造成脂肪或类脂（如磷脂）的氧化引起的。Cu^{2+}和Fe^{2+}可以加速脂类物质的氧化，单甘酯和甘油二酸酯或聚山梨醇酯-80也能加速脂类物质的氧化。因此，在使用油脂或含油脂多的原料时必须把握原料的质量。

(4) 烧焦味 是由于对某些原料处理时因温度过高产生烧焦现象而引起的，如花生冰激凌或咖啡冰激凌中，由于加入烧焦的花生仁或咖啡而引起，这就需要严格控制原料质量。另外，对料液加热杀菌时温度过高、时间过长或使用酸度过高的牛乳也会出现烧焦味。因此，要严格执行杀菌操作规程。

(5) 甜味不足 主要原因是配料时加水过多，配料发生差错，以及在使用蔗糖代用品时没有按甜度要求计算用量，使甜度降低所致。因此，要抽样化验含糖量与总干物质含量，加强配方管理工作。

(6) 咸味 在冰激凌中含有过高的非脂乳固体或者被中和过度，均能产生咸味。另外，在冰激凌原料中采用含盐分较高的干酪或乳清粉，也能产生咸味。

(7) 油腻及油哈味 主要是因使用已经氧化、哈喇的动植物油脂或乳制品而产生。因此，在使用油脂或含油脂多的原料时必须把握原料质量。

(8) 金属味 由于装在马口铁听内的冰激凌贮存过久，或因罐头已腐蚀，或用贮藏期久的乳品罐头，如甜、淡炼乳而引起的。

(9) 煮熟味 在冰激凌中加入经高温处理的含有较高非脂乳固体的乳制品，或者混合原料经过长时间的热处理，均会产生蒸煮味。

2. 冰激凌的形体缺陷及其预防措施

(1) 形体过黏 形体过黏是由于冰激凌的黏度过大，其主要原因有：稳定剂使用量过多，均质时温度过低，料液中总干物质量过高或是膨胀率过低。

(2) 有奶油粗粒 冰激凌中有奶油粗粒，是由于混合原料中脂肪含量过高、混合原料均质不良、凝冻时温度过低、混合原料酸度较高以及老化冷却不及时或搅拌方法不当而引起的。

(3) 融化缓慢 这是由于稳定剂用量过多、混合原料过于稳定、混合原料中含脂量过高以及使用较低的均质压力等造成的。

(4) 融化后成细小凝块 一般是由于混合料使用高压均质时，酸度较高或钙盐含量过高而使冰激凌中的蛋白质凝成小块。

(5) 融化后成泡沫状 由于混合料的黏度较低或有较大的空气泡分散在混合原料中，因而当冰激凌融化时，会产生泡沫现象。还有一个原因是稳定剂用量不足或者没有完全稳定所形成。

(6) 砂砾现象 在食用冰激凌时，口腔中感觉到的不易溶解的粗糙颗粒，其有别于冰结晶。这种颗粒实质上是乳糖结晶体，因为乳糖较其他糖类难以溶解。在长期冷藏时，若混合料中黏度适宜、存在晶核、乳糖浓度和结晶温度适当时，乳糖便在冰激凌中形成晶体。防止的方法有：快速地硬化冰激凌；硬化室的温度要低；从制造到消费的过程中要尽量避免温度的波动。

3. 冰激凌的组织缺陷及其预防措施

(1) 组织粗糙 组织粗糙是指在冰激凌组织中产生较大的冰晶，其主要原因如下：冰激凌中的总干物质不足、蛋白质不足；蔗糖与非脂乳固体的比例配合不当；所用稳定剂的品质较差或用量不足；混合原料所用乳制品溶解度差；均质压力低；混合料的成熟时间不足；料液进入凝冻机时的温度过高；机内刮刀的刀刃太钝；空气循环不良；硬化时间过长；冷藏库温度不稳定以及软化冰激凌的再次冻结等。应该调整配方，提高总干物质含量，尤其是非脂乳固体与砂糖的比例，同时使用质量好的稳定剂，掌握好均质压力与温度，并经常抽样检查均质效果。

（2）组织松软　组织松软是指冰激凌组织硬度不够，过于松软，主要与冰激凌中含有大量的气泡有关。这种现象多是因使用干物质不足的混合原料，或者使用未经均质的混合料，以及膨胀率控制不良而产生的。应在配料中选择合适的总固形物含量，或者控制冰激凌的膨胀率。膨胀率过高会使冰激凌中含有过多气泡，造成组织松软；而膨胀率过低含气泡量少，又会使组织过于坚硬。膨胀率一般控制在 80%～100%。

（3）组织坚实　组织坚实是指冰激凌的组织过于坚硬。这是由于冰激凌混合料中所含总干物质过高或膨胀率较低所致。应适当降低总干物质的含量，降低料液黏性，提高膨胀率。

（4）有较大的冰晶出现　冰激凌老化冷却过度，包装过程中冰激凌有融化现象，或未及时送入速冻室，在冰激凌的表面就会出现较大的屑，因此冰激凌生产中包装要及时，包装后的产品要及时送入速冻室，老化温度应控制在 2～5℃。

（5）面团状组织　在制造冰激凌时，稳定剂用量过多，硬化过程掌握不好，均能产生这种缺陷。

20.3　雪糕加工

20.3.1　概述

雪糕是以饮用水、乳和（或）乳制品、蛋制品、水果制品、豆制品、食糖、食用植物油等的一种或多种为原辅料，添加或不添加食品添加剂和（或）食品营养强化剂，经混合、灭菌、均质、冷却、成型、冻结等工艺制成的冷冻饮品。

根据产品的组织状态，雪糕分为清型雪糕和组合型雪糕。

清型雪糕：不含颗粒或块状辅料的雪糕。

组合型雪糕：以雪糕为主体，与相关辅料（如巧克力等）组合而成的制品，其中雪糕所占质量分数大于 50%。

20.3.2　工艺流程

雪糕生产的基本工艺流程同冰激凌生产的基本工艺流程。

20.3.3　操作要点

生产使用的原辅料要符合《冷冻饮品　雪糕》（GB/T 31119—2014）的规定。雪糕生产时，原料配制、杀菌、冷却、均质、老化等操作技术与冰激凌基本相同。普通雪糕不需经过凝练工序，直接经浇模、冻结、脱模、包装而成，膨化雪糕则需要凝冻工序。

1. 凝冻

雪糕凝冻操作生产时，凝冻机的清洗与消毒及凝冻操作与冰激凌大致相同，只是料液的加入量不同，一般占凝冻机容积的 50%～60%。膨化雪糕要进行轻度凝冻，膨胀率为 30%～50%，出料温度控制在−3℃左右。

2. 浇模

浇模之前，要对模盘、模盖和扦子进行消毒。浇模时应将模盘前后左右晃动，使模型内混合料分布均匀，盖上带有扦子的模盖，将模盘轻轻放入冻结缸内进行冻结。

3. 冻结

雪糕的冻结有直接冻结法和间接冻结法。直接冻结法即直接将模盘浸入盐水槽内进行冻结，间接冻结法即速冻库与隧道式速冻。

4. 脱模

脱模时，先在烫盘槽内注入加热用的盐水至规定高度，再开启蒸汽间将蒸汽通入蛇形管控制烫盘槽温度在 50～60℃；将模盘置于烫盘槽内，轻轻晃动使其受热均匀，数秒后（以雪糕表面稍融为度），立即脱模；产品脱离模盘后，置于传送带上，便可进行包装。

5. 包装

包装时先观察雪糕的质量，如有歪扦、断扦

及沾上盐水的雪糕则不得包装，需另行处理。取雪糕时只准手拿木扦而不准接触雪糕体，包装要求紧密、整齐，不得有破裂现象。包好后的雪糕送到传送带上由装箱工人装箱。装箱时如发现有包装破碎、松散者，应将其剔除重新包装。装好后的箱面应印上生产品名、日期、批号等。

复习思考题

1. 冰激凌有哪些种类？
2. 加工冰激凌的原辅料有哪些？在加工中发挥什么作用？
3. 冰激凌的加工主要包括哪些技术环节？
4. 冰激凌加工中对于常见问题如何采取对应措施？

HAPTER 21

第 21 章 乳粉加工

目标要求：

1. 了解乳粉的概念、分类和质量标准，掌握乳粉的理化特性；
2. 掌握全脂乳粉的加工工艺，重点掌握真空浓缩和喷雾干燥的原理、方法及相关设备；
3. 掌握脱脂乳粉、速溶乳粉和配方乳粉的加工工艺；
4. 了解乳粉生产中可能出现的质量问题及产生原因，掌握对其进行质量控制的基本方法。

21.1 乳粉的概念和种类

21.1.1 乳粉的概念

乳粉是以新鲜乳为原料，或以新鲜乳为主要原料，添加一定数量的植物或动物蛋白质、脂肪、维生素、矿物质等配料，经杀菌、浓缩、干燥等加工工艺除去乳中几乎所有的水分，干燥而制成的粉末。

乳粉具有耐保藏、使用方便等特点。生产乳粉的目的在于保留牛乳营养成分的同时，除去乳中大量水分，使牛乳由含水88%左右的液体状态转变成含水2%～5%的粉末状态，既利于包装运输，又便于保藏使用。乳粉随时随地均可冲调饮用，非常便利。乳粉不仅是糖果、饼干、糕点、冷饮等食品工业的重要原料，而且是造纸、皮革、印染、化工、医药、军工、建筑机构等工业的辅助材料；另外，还是某些企业工人的保健食品，定期食用可增加工人体质，防止工业毒物（铅中毒）侵害。

21.1.2 乳粉的种类

乳粉的种类分为全脂乳粉和脱脂乳粉；加糖乳粉和不加糖乳粉，但一般只有全脂乳粉加糖，脱脂乳粉不加糖。有根据溶解速度快而确定的速溶乳粉；还有添加某些必要的维生素和氨基酸的乳粉，以及根据特定的营养成分而制造的专喂养新生婴儿和未成熟婴儿用的母乳化乳粉等。

根据所用的原料、原料处理及加工方法不同，一般将乳粉分为如下几种。

（1）全脂乳粉　用全脂鲜乳为原料，经过杀菌、浓缩、干燥而成。

（2）脱脂乳粉　所用的原料为将鲜乳中的脂肪分离出去的脱脂乳。

（3）加糖乳粉　在原料乳中加入一定量的糖或乳糖经干燥加工而成。

（4）调制乳粉　又叫强化乳粉，在原始乳中加入或补充人体需要的各种营养素加工制得。

（5）速溶乳粉　经过特殊的干燥工艺制成，溶解性非常好。

（6）乳清粉　用制造干酪或干酪素的副产品——乳清为原料，经浓缩、干燥制成。

（7）酪乳粉　利用奶油加工的副产品——酪乳为原料，经浓缩、干燥制成。

（8）乳油粉　在稀奶油中添加一部分鲜乳为原料制成。

近年来随着乳品工业的发展和技术进步，不断涌现出各种类型的乳粉，如干酪粉、嗜酸菌乳粉及双歧杆菌乳粉、加锌乳粉等。总之，凡是最终制成干燥粉末状态的乳制品，都可归于乳粉类。

21.2 乳粉的制作方法

在乳粉的生产过程中，一般都先将乳浓缩至干物质（固形物）含量达到45%～50%，然后再进行干燥制成粉末状产品。乳粉的干燥主要有2种方法，即滚筒干燥法和喷雾干燥法。

冷冻法制乳粉又可以分为离心冷冻和升华法2种。冷冻法制造乳粉，因温度很低，牛乳中的全部营养成分能保留，同时也可避免因加热对产品色泽和风味带来不良影响。冷冻法制造的乳粉溶解度极高。

目前国内乳粉生产普遍采用加热法。由于加热的方式不同，分为平锅法、滚筒法和喷雾法3种。平锅法是一种比较古老和原始的方法，这种方法的产品质量不易保证，劳动强度大，难以大量生产，目前已淘汰。滚筒法国内也很少，真空滚筒法则更少。喷雾法的产品质量较好，便于连续化和自动化大量生产，我国各地的乳品加工厂大多采用此种方法。

21.3 乳粉的理化特性

1. 色泽与风味

正常乳粉的色泽为淡黄色，具有牛乳独特的乳香及微甜风味。

2. 乳粉的密度

乳粉密度受板眼孔径、喷雾压力和浓缩乳的浓度等影响。一般浓度越高，乳粉的密度也越大。干燥温度提高时，因颗粒膨胀而中空，结果会使密度降低。乳粉密度通常有3种，它们分别说明了乳粉的品质特性。

（1）表观密度 单位容积中乳粉的重量（包括颗粒空隙中的空气）。

（2）容积密度 乳粉颗粒的密度（包括颗粒内的空气）。

（3）真密度 不包括空气的乳粉本身的密度。

3. 乳粉的成分及其状态

（1）乳粉的气泡 压力喷雾的全脂乳粉颗粒中含气量为7%～10%（容积），脱脂乳粉为13%；离心喷雾的全脂乳粉为16%～22%，脱脂乳粉约为35%。含气泡多的乳粉浮力大，下沉性差，且易氧化变质。

（2）乳粉的脂肪 喷雾干燥的乳粉的脂肪呈微细球状，存于乳粉颗粒内部，压力喷雾的乳粉脂肪球较小，为1～2 μm，离心喷雾乳粉为1～3 μm。凝聚在乳粉颗粒边缘的游离脂肪含量为3%～14%，含量高时乳粉极易氧化，不耐保藏，冲调性差。

（3）乳粉的蛋白质 乳粉颗粒中蛋白质的状态，特别是酪蛋白的状态，决定了乳粉的复原性。

（4）乳粉的乳糖 乳糖是乳粉颗粒中的主要成分，全脂淡乳粉约含38%，脱脂乳粉约含50%，乳清粉约含70%。普通新生产的乳粉中乳糖呈非结晶的玻璃状态，玻璃态的乳糖极易吸潮，变成含1分子结晶水的结晶乳糖。

（5）乳粉的水分 全脂乳粉含水量为2%，脱脂乳粉在4%以下为宜，水分含量的高低直接影响乳粉的质量及保藏性。但水分含量过低容易引起脂肪氧化，产生氧化臭。

4. 乳粉的溶解度与复原性

溶解度是表示乳粉与水按鲜乳含水比例复原时，复原性能的一个指标。影响溶解度的主要因素：原料乳的质量、加工方法、操作条件、成品含水量、成品包装及贮藏条件等。

5. 乳粉颗粒的状态与冲调性

喷雾干燥的乳粉颗粒，呈疏松球体或几个球体粘连在一起的微团粒状，颗粒外部光滑，内部疏松或有气泡。离心喷雾：Φ30～200 μm，平均100 μm；压力喷雾：Φ10～100 μm，平均45 μm；速溶乳粉：Φ100～800 μm；脱脂乳粉：Φ40～60 μm。乳粉颗粒大小及其颗粒分布对冲调性有直接影响。冲调性和溶解度都是乳粉复原性能指标，但溶解度表示乳粉的最终溶解程度，冲调性则表示乳粉的溶解速度。冲调性随乳粉颗粒平均直径的增大而提高。

21.4 乳粉的质量标准

乳粉的质量标准要严格执行国家标准及行业标准和要求。全脂乳粉、脱脂乳粉、全脂加糖乳粉和调味乳粉的质量标准见表21-1至表21-3。

表 21-1 各种乳粉的感官特性

项目	全脂乳粉 脱脂乳粉 全脂加糖乳粉	调味乳粉
色泽	呈均匀一致的乳黄色	调味乳粉应有的色泽
滋味和气味	纯正的乳香味	调味乳粉应有的滋味和气味
组织状态	干燥、均匀的粉末	
冲调性	经搅拌可迅速溶解于水中，不结块	

表 21-2 理化指标

项目	全脂乳粉	脱脂乳粉	全脂加糖乳粉	调味乳粉	
				全脂	脱脂
蛋白质/%	非脂乳固体[1] 的≥34		≥18.5	≥16.5	≥22.0
脂肪/%	≥26.0	≤2.0	≥20.0	≥ 18.0	—
蔗糖/%	—	—	≤20.0	—	—
复原乳酸度/°T	≤18.0	≤20.0	≤16.0	—	—
水分/%	≤5.0				
不溶度指数/mL	≤1.0				
杂质度/(mg/kg)	≤16				

[1] 非脂乳固体=100（%）－ 脂肪实测值（%）－ 水分实测值（%）

表 21-3 卫生指标

项目	全脂乳粉	脱脂乳粉	全脂加糖乳粉	调味乳粉
铅/（mg/kg）	≤0.5			
铜/(mg/kg)	≤10			
硝酸盐（以 $NaNO_3$ 计）/(mg/kg)	≤100			
亚硝酸盐（以 $NaNO_2$ 计）/(mg/kg)	≤2			
酵母和霉菌/(CFU/g)	≤50			
黄曲霉毒素 M_1/(μg/kg)	≤5.0			
菌落总数/(CFU/g)	≤50 000			
大肠菌群/(MPN/100 g)	≤90			
致病菌（肠道致病菌和致病性球菌）	不得检出			

21.5 全脂乳粉加工

21.5.1 工艺流程

全脂乳粉可根据原料乳中加糖与否分为全脂甜乳粉和全脂淡乳粉两种，两种乳粉的加工工艺基本一致。全脂乳粉加工是乳粉加工中最简单且最具代表性的一种方法。全脂乳粉加工工艺中应用了喷雾干燥技术，其他种类的乳粉加工都是在此基础上进行的。以全脂乳粉为例，其加工工艺如图 21-1 所示。

21.5.2 工艺要点

21.5.2.1 原料乳验收

原料乳验收必须符合国家生鲜牛乳收购的质量标准《食品安全国家标准　生乳》（GB 19301—2010）规定的各项要求，严格地进行感官检验、理化性质检验和微生物检验。如不能立即加工，需贮存一段时间，必须净化后经冷却器冷却到 4～6℃，再打入贮槽进行贮存。牛乳在贮存期间要定期搅拌和检查温度及酸度。

将乳迅速冷却是获得优质原料乳的必要条件。刚挤下的乳温度在 36℃左右，是微生物发育最适宜的温度，如果不及时冷却，则侵入乳中的微生物大量繁殖，酸度迅速增高，不仅降低乳的质量，甚至使乳凝固变质，所以挤出后的乳应迅速进行冷却，以抑制乳中微生物的繁殖，保持乳的新鲜度。

21.5.2.2 标准化

全脂乳粉的标准化主要是通过对原料乳的脂肪含量调整，使之达到成品的标准要求（即原料乳中的脂肪含量与无脂干物质含量的比值达到乳粉的标准比值），一般在离心净乳时同时进行。目前，我国全脂乳粉标准中的脂肪含量要求在 20%～25%（全脂甜乳粉）、25%～30%（全脂淡乳粉）较宽范围内，所以生产全脂乳粉时很多厂家一般不用对脂肪含量进行调整或只在冬季进行就可以（冬季乳中的含脂率往往较高）。严格来讲，这是不符合要求的。

全脂甜乳粉的原料乳标准化时除了进行脂肪含量的调整外，还要进行蔗糖的标准化，即确定蔗糖添加量，所不同的是加糖方法还可采用包装前加蔗糖细粉于干粉中，或预处理前加一部分包装前再加余下部分。

21.5.2.3 均质

加工全脂乳粉的原料一般不经均质。但如果进行了标准化，添加了稀奶油或脱脂乳，则应进行均质，使混合原料乳形成一个均匀的分散体系。即使未进行标准化，经过均质的全脂乳粉质量也优于未经均质的乳粉，制成的乳粉冲调后复原性

化糖 → 糖浆
↓
乳的收购与验收 → 预处理与标准化 → 预热与均质 → 杀菌 → 浓缩 → 喷雾干燥
↓
成品 ← 包装 ← 检验 ← 晾粉 ← 筛粉 ← 冷却 ← 出粉

图 21-1 全脂乳粉生产工艺流程

更好。在加工乳粉过程中，原料乳在离心净乳和压力喷雾干燥时，不同程度地受到离心机和高压泵的机械挤压和冲击，也有一定的均质效果。均质之前，乳温要达到 60～65℃才能达到较好的均质效果。所以标准化后的原料乳可以经冷却后暂贮于冷藏罐中，用于加工乳粉时，再将原料乳预热至 60℃左右进行均质。

21.5.2.4　杀菌

大规模生产乳粉的加工厂，为了便于加工，均质后的原料乳用片式热交换器进行杀菌后冷却到 4～6℃，返回冷藏罐贮藏，随时取用。小规模乳粉加工厂，将净化、冷却的原料乳直接预热、均质、杀菌后用于乳粉生产。

原料乳的杀菌方法须根据成品的特性进行选择。生产全脂乳粉时，杀菌温度和保持时间对乳粉的品质，特别是溶解度和保藏性有很大影响。一般认为，高温杀菌可以防止或推迟乳脂肪的氧化，但高温长时加热会严重影响乳粉的溶解度，最好是采用高温短时杀菌方法。乳粉生产中常用的杀菌方法有以下几种。

(1) 低温长时杀菌法（LTLT）　杀菌条件为 62～65℃、30 min。由于所需时间长，效果也不够理想，因此，目前生产上很少采用。

(2) 高温短时杀菌法（HTST）　杀菌条件为 72～75℃保持 15 s 或 80～85℃保持 10～15 s。一般采用板式杀菌装置连续进行。

21.5.2.5　真空浓缩

1. 真空浓缩设备

(1) 设备种类　真空浓缩设备种类繁多，按加热部分的结构可分为盘管式、直管式和板式 3 种；按其二次蒸汽利用与否，可分为单效和多效浓缩设备。

(2) 设备特点　盘管式真空浓缩罐属于落后设备，但在甜炼乳生产中还具有一定的应用价值。该设备的缺点为物料受热时间长，不能连续出料，生产效率低，耗汽（蒸发 1 kg 水耗汽 1.1 kg 以上）、耗水量大，洗刷不便。

直管外加热式单效真空蒸发器是近几年我国乳品工厂所采用的比较新型的浓缩设备。与盘管式浓缩罐比较，具有结构简单、加工方便、重量轻、省钢材、洗刷方便、能连续出料等优点，蒸发 1 kg 水需 1.1 kg 蒸汽（同盘管式浓缩罐一样）。因此，热利用效率较低，耗汽耗水量较大。图 21-2 所示为双效真空浓缩设备，其优点为：物料受热时间短，可以连续操作，设备的有效时间利用率高（每班不低于 87%）；热能消耗少，每蒸发 1 kg 水仅耗 0.41 kg 蒸汽（包括杀菌用汽）；冷却水耗量低，仅是盘管浓缩罐的 1/4；占地面积小，洗刷方便，大大降低了操作工人的劳动强度，容易自动控制，便于生产连续化。板式蒸发器是一种新型蒸发设备，其特点是循环液体量少；热接触时间短（≤1 s）；传热系数高（比上述设备高 2～3 倍）；结构紧凑，占地面积小；可用增减加热片的办法来调节生产能力；易于清洗和维修，装卸方便。其缺点是制造工艺难度较大。

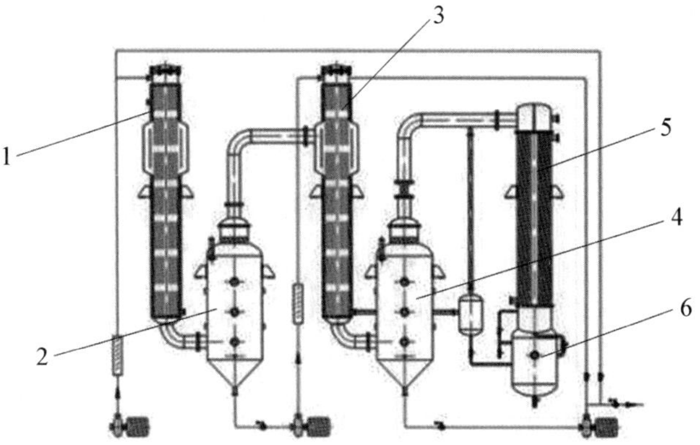

1. 一效蒸发器　2. 一效分离器　3. 二效蒸发器
4. 二效分离器　5. 冷凝器　6. 冷凝水罐

图 21-2　双效真空浓缩设备

2. 影响浓缩的因素

1) 影响乳热交换的因素

(1) 加热器总加热面积　加热器总加热面积，也就是乳受热面积。加热面积越大，在相同时间内乳所接受的热量亦越大，浓缩速度就越快。

(2) 加热蒸汽的温度与物料间的温差　温差越大，蒸发速度越快；加大浓缩设备的真空度，可以降低乳的沸点；加大蒸汽压力，可以提高加热蒸汽的温度。但是压力加大容易“焦管”，影响质量。所以，加热蒸汽的压力控制在 $(4.9 \sim 19.6) \times 10^4$ Pa 为宜。

(3) 乳的翻动速度　乳翻动速度越大，乳的对流越好，加热器传给乳的热量也越多，乳既受热均匀又不易发生“焦管”现象。另外，由于乳翻动速度大，在加热器表面不易形成液膜，而液膜能阻碍乳的热交换。乳的翻动速度还受乳与加热器之间的温差、乳的黏度等因素的影响。

2）乳的浓度与黏度

在浓缩开始时，由于乳浓度低、黏度小，对翻动速度影响不大。随着浓缩的进行，浓度提高，比重增加，乳逐渐变得黏稠，沸腾逐渐减弱，流动性变差。提高温度可以降低乳的黏度，但易导致“焦管”。

3. 浓缩质量控制

（1）连续式蒸发器　对于连续式蒸发器来说，浓缩过程必须控制各项条件的稳定，诸如：①进料流量、浓缩与温度；②蒸汽压力与流量；③冷却水的温度与流量；④空泵的正常状态等。保证了这些条件的稳定，即可实现正常的连续进料与出料。

（2）间歇式盘管真空浓缩锅　在设备清洗消毒后，即可开放冷凝水和启动真空泵。当真空度达 6.666×10^4 Pa（500 mmHg）时即可进料浓缩。待乳液面浸过各排加热盘管后，顺次开启各排盘管的蒸汽阀。开始时蒸汽压力不能过高，以免乳中空气突然形成泡沫而导致跑奶损失。待乳形成稳定的沸腾状态时，再徐徐提高蒸汽压。控制蒸汽压及进乳量，使真空度保持在 $(8.40\sim8.53)\times10^4$ Pa（630～640 mmHg），乳温保持在 51～56℃，形成稳定的沸腾状态，使乳液面略高于最上层加热盘管，不使沸腾液面过高而造成雾沫损失。随着浓缩的进行，乳的比重和黏度逐渐升高，并由于吸入糖浆，使蒸发速度逐渐减慢。一般在乳吸完后，再继续浓缩 10～20 min，即可达到要求的浓度。关于蒸汽压力的控制，一般认为可分 5 个阶段进行：第 1 段，乳进料初期，要控制较低的压力，防止跑奶；第 2 段，进料 2/3 以前，乳处于稳定的沸腾期，采用 9.8×10^4 Pa（1 kg/cm^2）左右的压力，以保持较快的蒸发速度；第 3 段，进料 2/3 以后，黏度上升，压力可降到 8×10^4 Pa（0.8 kg/cm^2）；第 4 段，进糖后，压力再降到 6×10^4 Pa（0.6 kg/cm^2）；第 5 段，浓缩后期，应采用不高于 5×10^4 Pa（0.5 kg/cm^2）的压力，并随着浓缩终点的接近而逐渐关小乃至关闭蒸汽阀。总之，压力宜采用由低到高并逐渐降低的步骤，这可适应黏度的变化。不宜采用过高的蒸汽压力，一般不宜超过 1.5×10^5 Pa（1.5 kg/cm^2）。压力过高，加热器局部过热，不仅影响乳质量，而且容易焦化结垢，影响传热，反而降低蒸发速度。

4. 浓缩终点的确定

连续式蒸发器在稳定的操作条件下可以正常连续出料，其浓度可通过检测而加以控制；间歇式浓缩锅需要逐锅测定浓缩终点。在浓缩到接近要求浓度时，浓缩乳黏度升高，沸腾状态滞缓，微细的气泡集中在中心，表面稍呈光泽。根据经验观察即可判定浓缩的终点。但为准确起见，可迅速取样，测定其比重、黏度或折射率来确定浓缩终点。一般要求原料乳浓缩至原体积的 1/4，乳干物质含量达到 45%左右。

21.5.2.6　干燥

浓缩后的乳打入保温罐内，立即进行干燥。现在国内外广泛采用喷雾干燥法（spray drying method）。喷雾干燥法包括离心喷雾法和压力喷雾法。

1. 喷雾干燥的原理

浓乳在高压或离心力的作用下，经过雾化器（atomizer）在干燥室内喷出，形成雾状。此时浓乳变成了无数微细的乳滴（直径为 10～200 μm），大大增加了浓乳表面积。微细乳滴一经与鼓入的热风接触，其水分便在 0.01～0.04 s 的瞬间内蒸发完毕，雾滴被干燥成细小的球形颗粒，单个或数个粘连漂落到干燥室底部，而水蒸气被热风带走，从干燥室的排风口抽出。整个干燥过程仅需 15～30 s。

喷雾干燥是一个较为复杂的包括浓缩乳微粒表面水分汽化以及微粒内部水分不断地向其表面扩散的过程。只有当浓缩乳的水分含量超过其平衡水分，微粒表面的蒸汽压超过干燥介质的蒸汽压时，干燥过程才能进行。

一般来说，喷雾干燥过程分为 3 个阶段。

（1）预热阶段　浓缩乳的微细乳滴与干燥介质一经接触，干燥即开始，乳滴表面水分即汽化。

若乳滴表面温度高于干燥介质的湿球温度，则由于乳滴微粒表面水分的汽化而使其表面温度下降至湿球温度；若微粒表面温度低于湿球温度，干燥介质则供给热量使其表面温度上升至湿球温度，通常称为预热阶段。直到干燥介质传给微粒的热量与用于微粒表面的水分汽化所需的热量达到平衡时为止。此时，干燥速度便迅速增至某一最大值，即进入下一个阶段。

(2) 恒速干燥阶段　当干燥速度达到最大值后，即进入恒速干燥阶段。在此阶段，乳滴中绝大部分游离水将被蒸发除去，且水分的蒸发是在乳滴表面进行。乳滴表面始终被水分所湿润，乳滴中水分扩散速度使乳滴表面水分呈饱和状态，其水分的蒸发速度由蒸汽穿过周围空气膜的扩散速度所决定，周围热空气与乳滴之间的温差则是蒸发速度的动力，而乳滴温度可以近似地等于周围热空气的湿球平均温度（一般为 50～60℃）。这个阶段乳滴内部水分的扩散速度大于或等于乳滴表面的水分蒸发速度。干燥速度主要取决于干燥介质的状态（温度、湿度和气流状况等）。当干燥介质的湿度低时，干燥介质的温度与乳滴表面的湿球温度的温差愈大，乳滴与干燥介质接触良好，则干燥速度愈快。反之，干燥速度减慢，甚至达不到预期的干燥目的。恒速干燥阶段的时间极短，一般仅需要几分之一秒或几十分之一秒。当乳滴中水分扩散速度不能使乳滴表面水分保持饱和状态时，干燥即进入降速干燥阶段。

(3) 降速干燥阶段　在恒速干燥阶段，由于乳滴微粒内部水分不断扩散至微粒表面，而表面水分不断汽化，使乳滴内部的水分迅速减少，当乳滴微粒内部向表面扩散的水分已不足以补充表面汽化的水分时，乳滴水分的蒸发将发生在乳滴微粒内部的某一界面上。当水分蒸发速度大于乳滴内部水分的扩散速度时，则水蒸气在微粒内部形成，乳中的结合水部分地被除掉。若此时颗粒呈可塑性，就会形成中空的干燥乳粉颗粒，乳粉颗粒的温度将逐步地超出周围热空气的湿球温度，并逐渐地接近于周围热空气的温度，乳粉的水分含量也接近于或等于该热空气温度下的平衡水分，即喷雾干燥的极限水分，这时便完成了干燥过程。此阶段的干燥时间较恒速干燥阶段长，一般为 15～30 s。

2. 喷雾干燥方法

喷雾干燥对产品质量影响很大，必须严格按操作规程进行。

(1) 压力喷雾干燥法　浓乳借助高压泵的压力，高速地通过压力式雾化器的锐角，连续均匀地呈扇形雾膜状（中空膜）喷射到干燥室内，并分散成微细雾滴，与同时进入的热风接触，水分被瞬间蒸发，乳滴被干燥成粉末。

(2) 离心喷雾干燥法　离心喷雾干燥是利用在水平方向作高速旋转的圆盘的离心力作用进行雾化，将浓乳喷成雾状，同时与热风接触而达到干燥的目的。雾化器一般都采用圆盘式、钟式、多盘式或多嘴式等类型。

3. 喷雾干燥工艺及设备

1) 乳粉喷雾干燥工艺流程

乳粉喷雾干燥工艺流程见图 21-3。

2) 喷雾干燥设备类型

乳粉喷雾干燥设备类型很多，主要有压力喷雾与离心喷雾两大类。这两类设备按热风与物料的流向，又可以分为顺流、逆流、混合流等各种类型。

(1) 压力式喷雾干燥设备　立式和卧式并流型平底干燥机，多数是人工出粉；立式和卧式并流型尖底干燥机，机械出粉，亦可以人工出粉。

(2) 离心式喷雾干燥设备　高速旋转的离心盘将浓乳水平喷出，所以干燥室为圆柱形。立式并流型平底干燥机，人工出粉；立式并流型尖底干燥机，机械出粉，亦可人工出粉。与压力式比较，离心喷雾干燥机有以下特点：①调整离心盘的转速，就可以增减浓缩乳的处理量；②所得到的乳粉颗粒比较均匀；③可以喷浓度和黏度高的乳，所以乳的浓度可以提高到 50%以上；④不需要高压泵，容易自动控制。

离心式喷雾干燥设备如图 21-4 所示。

空气过滤 → 加热

↓

浓缩乳 → 喷雾干燥 → 出粉 → 冷却 → 筛粉 → 晾粉 → 检验 → 包装

↓

气粉分离 → 排风

图 21-3　乳粉喷雾干燥工艺流程

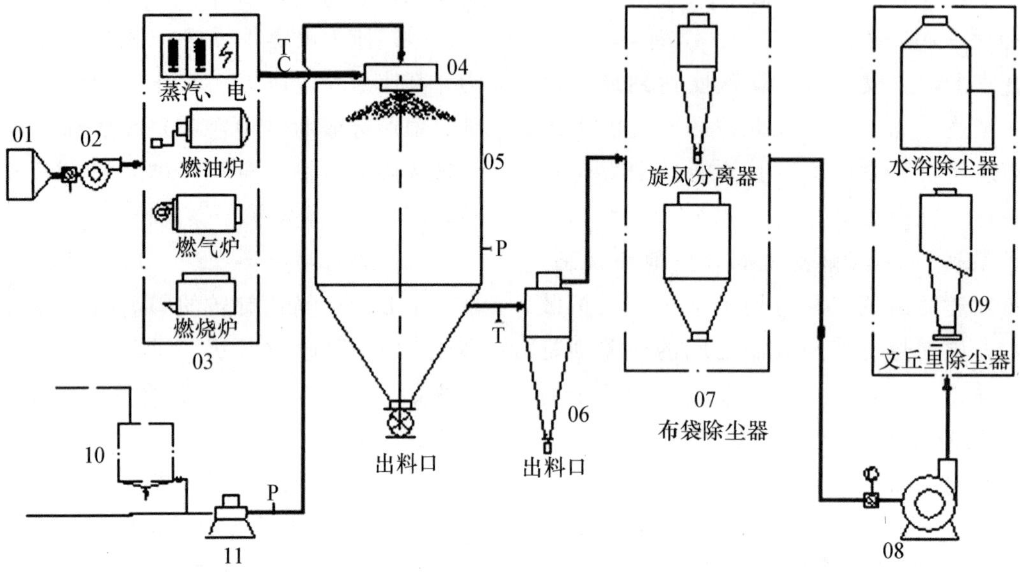

C. 风量可控　T. 温度可控　P. 压力可读　01. 空气过滤器　02. 送风机　03. 加热器
04. 雾化喷枪　05. 干燥塔　06. 一级收尘器　07. 二级收尘器(可选)
08. 引风机　09. 除尘器(可选)　10. 物料搅拌筒　11. 压力泵

图 21-4　离心式喷雾干燥设备

21.5.2.7　出粉、冷却、包装

喷雾干燥结束后，应立即将乳粉送至干燥室外并及时冷却，避免乳粉受热时间过长。特别是对全脂乳粉，受热时间过长会使乳粉的游离脂肪增加，严重影响乳粉的质量，使之在保存中容易引起脂肪氧化变质，乳粉的色泽、滋味、气味、溶解度也会受到影响。

1. 出粉与冷却

干燥的乳粉落入干燥室的底部，粉温可达60℃。出粉、冷却的方式一般有以下几种。

(1) 气流输粉、冷却　气流输粉装置可以连续出粉、冷却、筛粉、贮粉、计量包装。其优点是出粉速度快，在大约 5 s 内就可以将喷雾室内的乳粉送走，同时在输粉管内进行冷却。其缺点是易产生过多的微细粉尘。因气流以 20 m/s 的速度流动，所以，乳粉在导管内易受摩擦而产生大量的微细粉尘，致使乳粉颗粒不均匀。再经过筛粉机过筛时，则筛出的微粉量过多。另外，冷却效率不高，一般只能冷却到高于气温 9℃左右，特别是在夏天，冷却后的温度仍在乳脂肪熔点以上。如果气流输粉所用的空气预先经过冷却，则会增加成本。

(2) 流化床输粉、冷却　流化床出粉和冷却装置的优点为：①可大大减少微细粉；②乳粉不受高速气流的摩擦，故乳粉质量不受损害；③乳粉在输粉导管和旋风分离器内所占比例少，故可减轻旋风分离器的负担，同时可节省输粉中消耗的动力；④冷却床所需冷风量较少，故可使用经冷却的风来冷却乳粉，因而冷却效率高，一般乳粉可冷却到 18℃左右；⑤乳粉因经过振动的流化床筛网板，故可获得颗粒较大而均匀的乳粉。从流化床吹出的微粉还可通过导管返回到喷雾室与浓乳汇合，重新喷雾成乳粉。

(3) 其他输粉方式　可以连续出粉的几种装置还有搅龙输粉器、电磁振荡器、转鼓形阀、旋涡气封法等。这些装置既保持干燥室的连续工作状态，又使乳粉及时送出干燥室外。但是要立即进行筛粉、凉粉，使乳粉尽快冷却。

采用人工出粉时，乳粉在喷雾干燥结束前一直存放在干燥室内达数小时，待喷雾干燥结束后再一次性人工出粉。这种方式乳粉受热时间长，操作时劳动强度大，乳粉易受污染。所以，一次性的人工出粉方式目前已很少使用。

2. 筛粉与贮粉

乳粉过筛的目的是将粗粉和细粉（布袋滤粉器或旋风分离器内的粉）混合均匀，并除去乳粉团块、粉渣，并使乳粉均匀、松散，便于乳粉冷却。

(1) 筛粉　一般采用机械振动筛，筛底网眼为 40～60 目。在连续化生产线上，乳粉通过振动筛后即进入锥形积粉斗中存放。

(2) 贮粉　乳粉贮存一段时间后，表观密度可提高 15%，有利于包装。在非连续化出粉线中，筛粉后的凉粉也达到了贮粉的目的。连续化出粉线上，冷却的乳粉经过一定时间（12～24 h）的贮放后再包装为好。

3. 包装

当乳粉贮放时间达到要求后，开始包装。包装规格、容器及材质依乳粉的用途不同而异。小包装容器常用的有马口铁罐、塑料袋、塑料复合纸袋、塑料铝箔复合袋。规格以 500、454 g 最多，也有 250、150 g。大包装容器有马口铁箱或圆筒，12.5 kg 装；有塑料袋套牛皮纸袋，25 kg 装。包装要求称量准确、排气彻底、封口严密、装箱整齐、打包牢固。每天在工作之前，包装室必须经紫外线照射 30 min 灭菌后方可使用。包装室最好配置空调设施，使室温保持在 20～25℃，相对湿度在 75%。

21.6　速溶乳粉加工

速溶乳粉是指采用特殊的工艺和特殊的设备制成的，在温度较低的水中就能迅速溶解而不结块的粉末状产品。速溶乳粉制造方法有喷雾干燥法、真空薄膜干燥法和真空泡沫干燥法等。喷雾干燥法主要有二段法（即再润湿法）和一段法（即直通法）等。速溶乳粉之所以能在冷水中速溶，主要是因为乳粉经过二次附聚后，能达到以下效果：第一，其中的乳糖由非结晶状态变成了结晶状态；第二，乳粉粒子也附聚成了毛细管作用的空隙，从而使乳粉对水具有很好的分散性，加快了乳粉的溶解速度；第三，通过附聚也加大了粒子直径，使粒子本身具有可湿性和多孔性，使乳粉有易溶状态。

21.6.1　工艺流程

全脂速溶乳粉和脱脂速溶乳粉生产工艺流程如图 21-5 所示。

21.6.2　工艺要点

21.6.2.1　脱脂速溶乳粉的工艺要求

目前脱脂速溶乳粉的加工主要有两种方法，即二段法和一段法。

1. 二段法

所谓二段法，又称再湿润法，是指用一般喷雾干燥法制得的脱脂乳粉作为基粉，然后再送入再湿润干燥器，喷入湿空气或乳液雾滴与乳粉附聚成团粒（这时乳糖开始结晶），再行干燥、冷却形成速溶产品（干燥—吸湿—再干燥工艺）。

二段法生产脱脂速溶乳粉的流程如图 21-6 所示。先以喷雾干燥法所制得的普通脱脂乳粉作为基粉，再经下列工序的处理便可制造成脱脂速溶乳粉：①把基粉用螺旋输送机定量地注入加料斗，经震动筛板均匀地撒布于附聚干燥室内，与潮湿空气或低压蒸汽接触，吸潮使基粉的水分含量增高至 10%～12%。并使乳粉颗粒相互附聚而颗粒直径增大，随之乳糖便结晶。②已结晶及附聚的脱脂乳粉在流化床，或与附聚室一体的干燥室内，与温度为 100～120℃的热空气相接触，再行干燥，使脱脂乳粉的水分含量达到应有的要求（3.8%左右）。③在震动冷却床上以冷风冷却至一定的温度。④用粉碎机、筛选机进行微粉碎并过筛，使乳粉颗粒大小均匀一致。然后进行包装。

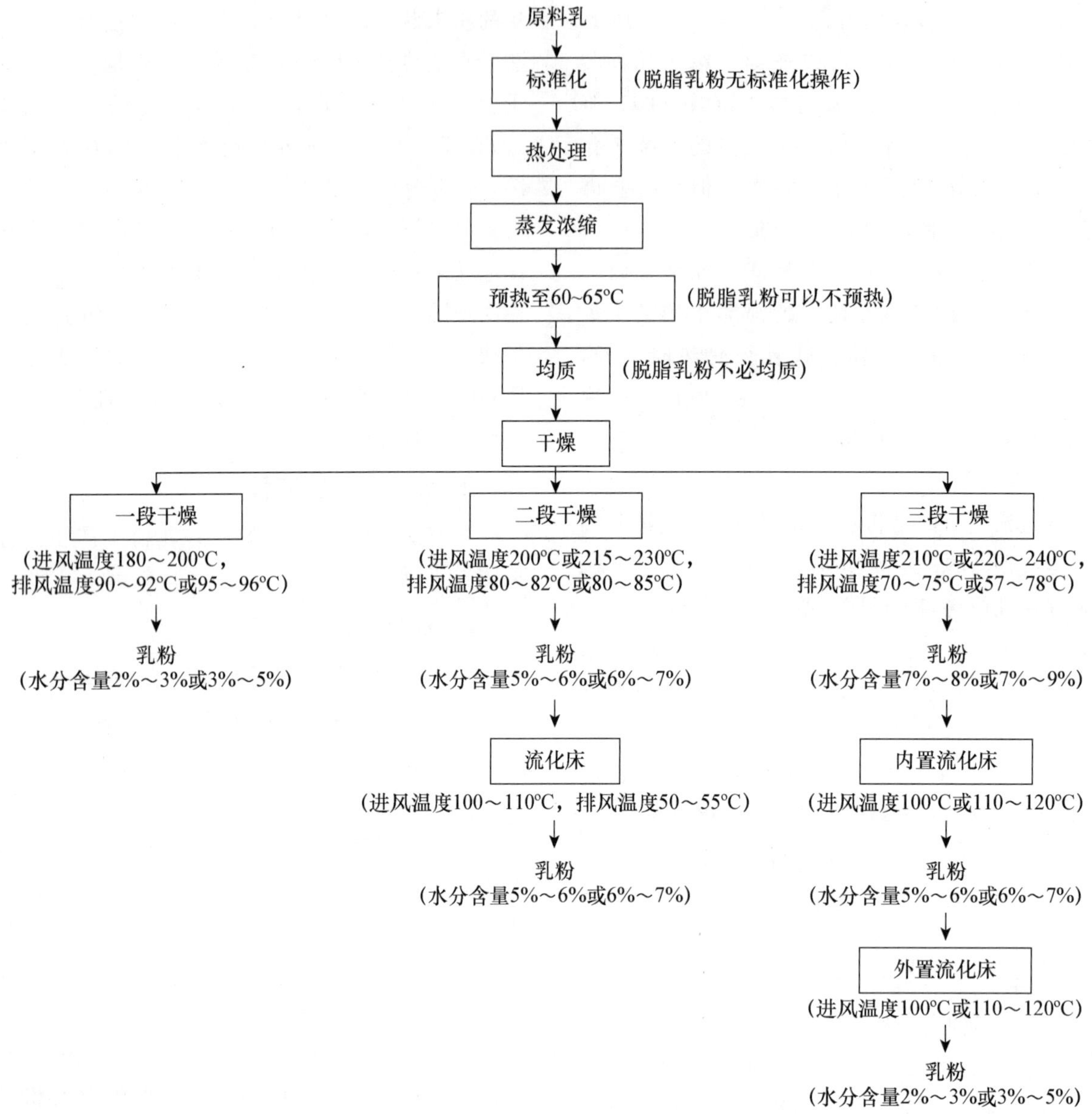

图 21-5　速溶乳粉生产工艺流程

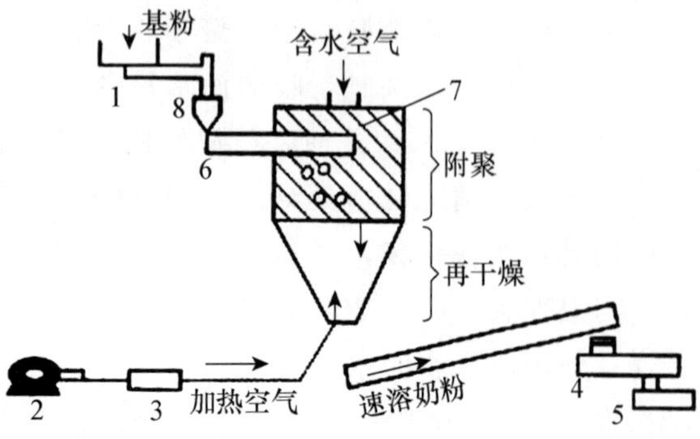

1. 螺旋输送机　2. 鼓风机　3. 加热器　4. 粉碎和筛选机
5. 包装机　6. 振动筛板　7. 干燥室　8. 加料斗

图 21-6　二段法生产脱脂速溶乳粉的流程图

二段法生产脱脂速溶乳粉工艺过程复杂，生产环节多，能源利用不经济，对设备的要求较高，生产成本高，工艺参数要严格控制，但产品质量较好。

2. 一段法

所谓一段法，又称直通法，即不需要基粉，而是在喷雾干燥室下部连接一个直通式速溶乳粉瞬间形成机，连续地进行吸潮并用流化床使其附聚造粒，再干燥而成速溶乳粉。该种方法是用鲜乳直接一次生产而成，克服了二段法的不足，目前采用的一段法生产脱脂速溶乳粉有干燥室内直接附聚法和流化床附聚法两种。

（1）干燥室内直接附聚法　是在同一干燥室

内完成雾化、干燥、附聚、再干燥等操作，使产品达到标准要求的方法。该种方法的工作原理是：浓缩乳通过上层雾化器分散成微细的液滴，与高温干燥介质接触，瞬间进行强烈的热交换和质交换，雾化的液滴形成比较干燥的乳粉颗粒流。然后另一部分浓缩乳通过下层雾化器形成相当湿的乳粉颗粒流，使湿的乳粉颗粒流与上述比较干燥的乳粉颗粒流保持良好的接触，并使湿颗粒包裹在干颗粒上。这样湿颗粒失去水分，而干颗粒获得水分而吸潮，以达到使乳粉附聚及乳糖结晶的目的。然后附聚颗粒在热介质的推动及本身的重力作用下，在干燥室内继续干燥并持续地沉降于底部卸出，最终得到水分含量为 2%～5%的大颗粒多孔状产品。

从设备角度出发，一般采用增高干燥室高度或增大其直径，延长物料的干燥时间，使物料在较低的干燥温度下等方法达到预期的干燥目的。通常喷雾器采用上下两层结构布置。

从工艺角度考虑，一般采用提高浓缩乳的浓度，大孔径喷头压力喷雾，并降低高压泵的使用压力的办法，以得到颗粒较大的脱脂速溶乳粉。

这种生产方法简单、经济，但干燥设备必须保证产品有足够的干燥时间，而且两层雾化器的相对位置要求很严，干乳粉颗粒流与湿乳粉颗粒流两者的水分含量应有一定的要求，否则有碍于附聚及乳糖结晶，将直接影响产品的质量。

（2）流化床附聚法　浓缩乳在常规干燥室内经喷雾干燥，最终获得水分含量高达 10%～12%的乳粉。乳粉在沉降过程中产生附聚，沉降于干燥室底部时仍在继续附聚，然后潮湿的部分与附聚的乳粉自干燥室卸出，进入第一级震动流化床继续附聚成为稳定的团粒，然后进入二次干燥的流化床及冷却床，最后经过筛成为均匀的附聚颗粒。

21.6.2.2　全脂速溶乳粉的工艺要求

全脂速溶乳粉的制造较为复杂，其工艺的成熟时间比脱脂速溶乳粉晚了很多年。除了考虑脱脂速溶乳粉的影响因素外，还要考虑解决脂肪对乳粉速溶性的影响。由于全脂速溶乳粉含 25%以上的脂肪，其润湿性较差，不易达到速溶的要求。所以，全脂速溶乳粉的生产除使乳粉颗粒进行附聚外，还要改善乳脂肪的可湿性问题。

全脂速溶乳粉的生产近年来取得很大的进展，目前，一般采用附聚-喷涂卵磷脂的新工艺，而且多采用一段法速溶装置的喷雾干燥设备，如图 21-7 所示。近年来一段法制造全脂速溶乳粉的生产工艺得到重视和发展，使产品质量得到极大的提高。不论采用哪一种生产方法，其工艺过程中均包括下述两个关键性的环节：①采用高浓度、低压力、大孔径喷头生产颗粒大并已附聚的全脂乳粉，以得到颗粒直径较大和颗粒分布频率在一定范围内的乳粉，用以改善乳粉的下沉性。②用喷涂卵磷脂来改善乳粉颗粒的润湿性、分散性，使乳粉的速溶性大为提高。

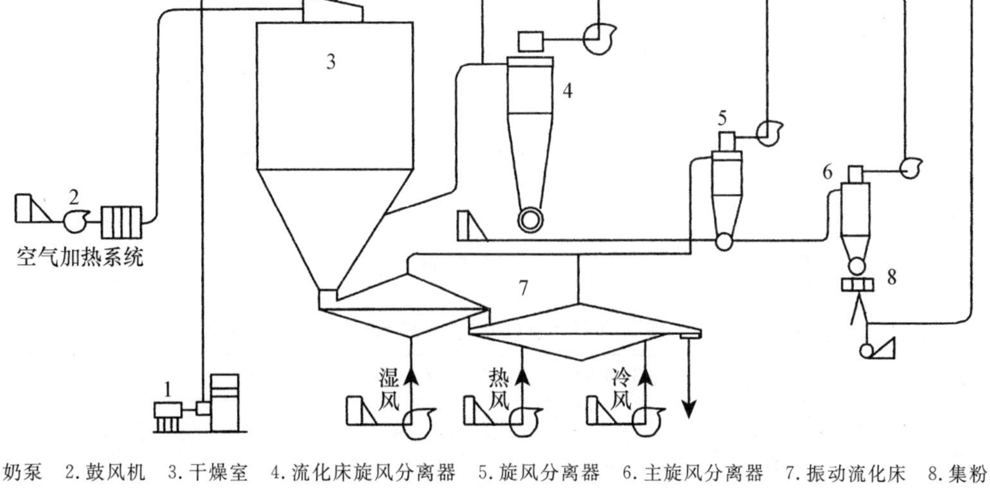

1. 奶泵　2. 鼓风机　3. 干燥室　4. 流化床旋风分离器　5. 旋风分离器　6. 主旋风分离器　7. 振动流化床　8. 集粉器

图 21-7　一段法生产速溶乳粉流程图

生产全脂速溶乳粉时，基粉对最终产品会产生很大的影响。一般对基粉生产的基本要求如下：①基粉中自由脂肪的含量越低越好。将雾化前的浓缩乳进行均质可以达到这一目的。与一段法相比，二段法或三段法干燥室内的温度要低一些，所以自由脂肪的含量也就会低一些。②基粉颗粒的密度尽可能高，以改善乳粉的下沉性。在允许的范围内，尽可能提高浓缩乳的固体含量，尽可能减少乳粉颗粒中包埋的空气量以及适当降低进风温度至170～180℃，将有助于提高乳粉颗粒的密度。③基粉应该全部由大的疏松颗粒组成，不得含有细粉。大部分粉粒直径应在25～100 μm，直径在90 μm以下的粉粒不得超过15%～20%。基粉的容积密度应该在0.45～0.50 g/cm^3。采用高浓度、低压力、低转盘转速、大孔径喷头有助于生产出符合上述要求的粉粒。

21.7 配方乳粉加工

婴幼儿配方乳粉是指以牛乳（或羊乳）及其加工制品为主要原料，加入适量的维生素、矿物质和其他辅料，经加工制成的供婴幼儿食用的产品。婴幼儿配方乳粉是以母乳为标准，对牛奶进行全面改造，使其最大限度地接近母乳，符合婴儿消化吸收和营养需要。依照美国食物药物管理中心（FDA）规定，婴幼儿配方乳粉中所有成分必须被认可为安全食物成分（generally recognized as safe, GRAS），或可作为食品添加物（food additives）。

21.7.1 工艺流程

婴幼儿配方乳粉的生产除某一特别的工序外，大致与全脂乳粉相同。图21-8为婴幼儿配方乳粉的生产工艺流程。

21.7.2 工艺要点

1. 原料乳的验收和预处理

应符合生产特级乳粉的要求。

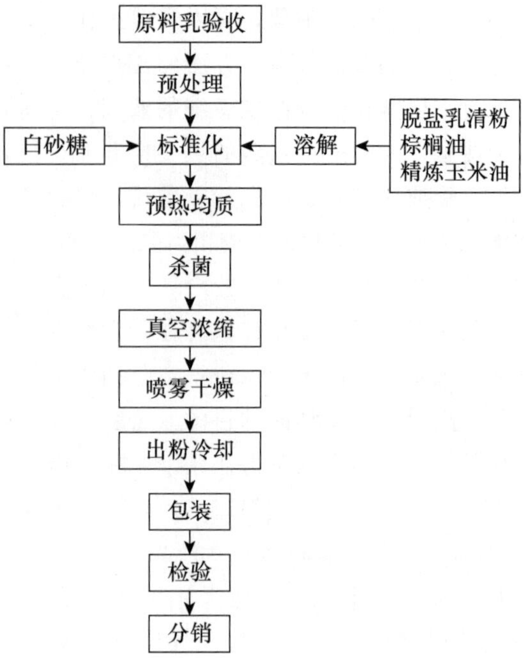

图21-8　婴幼儿配方乳粉的生产工艺流程

2. 配料

按具体配方比例要求将各种物料混合于配料缸中，开动搅拌器，使物料混匀。

3. 婴幼儿配方乳粉中主要成分的调整原理及方法

哺乳婴幼儿最好的食品是母乳，当母乳不足时，不得不依靠人工喂养。当然牛乳是最好的代乳品，但牛乳和母乳有很大区别，故需要将牛乳中的各种成分进行调整，使之近似于母乳。婴幼儿配方乳粉的调整基于婴儿生长期对各种营养素的需要量，因此必须在了解牛乳与人乳的区别的基础上进行合理调整。母乳色泽稍黄，味稍甜，由于蛋白质和盐类含量低，故酸度低于牛乳（表21-4），新鲜的牛乳如不经稀释直接喂养婴儿，蛋白质在胃中的凝块比较坚硬和粗大，容易损伤婴儿胃肠，所以应该补充一些成分使其接近人乳，这样对婴儿的生长发育有利。

表21-4　母乳和牛乳的一般成分比较（每100 g乳中的含量）

类别	热量/kJ	水分/g	总干物质/g	蛋白质/g	脂肪/g	乳糖/g	灰分/g
母乳	251	88.0	11.8	1.4	3.1	7.1	0.2
牛乳	209	88.6	11.4	2.9	3.3	4.5	0.7

1）蛋白质的调整

母乳中蛋白质含量为1.0%～1.5%，其中酪蛋白占40%，乳清蛋白占60%；牛乳中的蛋白质含量为3.0%～3.7%，其中酪蛋白占80%，乳清蛋白占20%。牛乳中酪蛋白含量高，在婴幼儿胃内形成较大的坚硬凝块，不易消化吸收。从蛋白质的消化性来看，供给婴儿饮食的蛋白质必须是容易消化吸收的，乳清蛋白和大豆球蛋白具有易消化吸收的特点，能够满足婴儿机体对蛋白质的需要。用乳清蛋白和植物蛋白取代部分酪蛋白，按照母乳中酪蛋白与乳清蛋白的比例为1∶1.5来调整牛乳中蛋白质含量。

专家认为人乳中有IgG、IgA、IgM、IgD及IgE等5种免疫球蛋白，还存在抵抗脊髓灰白质类、伤寒、副伤寒、流感等的各种抗体。免疫球蛋白可以与母乳中的其他活性物质如乳铁蛋白和溶菌酶协同作用。

由于免疫球蛋白的生物学功能，其对早产儿及初生体重低的婴儿的健康有重要的意义，可以通过向婴儿配方食品中添加乳免疫球蛋白浓缩物来完成牛奶婴儿食品的免疫生物学强化。

2）脂肪的调整

牛乳中的乳脂肪含量平均在3.3%左右，与母乳含量大致相同，但质量上有很大差别。牛乳脂肪中的饱和脂肪酸含量比较多，而不饱和脂肪酸含量少。母乳中不饱和脂肪酸含量比较多，特别是不饱和脂肪酸中的亚油酸、亚麻酸含量相当高，是人体必需脂肪酸。精炼植物油富含不饱和脂肪酸，易被婴儿机体吸收。

婴幼儿配方乳粉中的脂肪主要依靠植物油来提高不饱和脂肪酸的含量，常使用的是精炼玉米油和棕榈油。其中后者除含有可利用的油酸外还含有大量婴儿不易消化的棕榈酸，会增加婴儿血小板血栓的形成，故添加量不宜过多。

不饱和脂肪酸按其双键位可分为ω-3系列不饱和脂肪酸和ω-6系列不饱和脂肪酸。ω-3系列不饱和脂肪酸中最具代表性的是二十二碳六烯酸（DHA）、二十碳五烯酸（EPA）和α-亚麻酸（C18∶3）。近年来这些脂肪酸渐被人们所重视，在婴幼儿配方乳粉中出现，但因其为多不饱和脂肪酸，易被氧化而变质，故生产中注意有效抗氧化剂的添加。

3）碳水化合物的调整

在牛乳和母乳中的碳水化合物主要是乳糖，牛乳中乳糖含量为4.5%，母乳中为7.0%，显然牛乳中的乳糖含量远不能满足婴儿机体需要。为了提高产品中的碳水化合物，通过添加蔗糖、麦芽糊精及乳清粉来调整。其中蔗糖的添加量不能过多，因蔗糖除造成婴儿龋齿外，还易养成婴儿对甜食喜爱的不良习惯。应适量添加功能性低聚糖取代蔗糖，前者不仅能够提供能量，主要在于它不被人体内的消化液消化，可被肠道有益菌如双歧杆菌等利用，因而产生特殊的生理作用。乳清粉含有75%的乳糖，添加乳清粉使产品中的乳糖含量占总糖的69.9%，蔗糖7.5%。较高含量的乳糖有利于钙、磷的吸收，促进骨骼、牙齿生长。麦芽糊精可用于保持有利的渗透压，并可改善配方食品的性能。

4）灰分的调整

由于初生婴儿肾脏尚未发育成熟，维持体内环境恒定的功能不如较大婴儿，在婴儿配方乳粉的灰分设计上应引起充分注意。任何配方乳粉，即使在各方面能满足营养要求，但是如果其盐含量过高，仍将导致婴儿肾脏负担过大，而对婴儿生长发育不利。

由于婴儿配方乳粉中牛乳中盐的质量分数（0.7%）远高于人乳（0.2%），故所用脱盐乳清粉的脱盐率要大于90%，其盐的质量分数在0.8%以下。

5）维生素的调整

维生素在体内代谢中起着极为重要的作用，虽然需要量很少，但又不能缺少。提高产品中维生素含量，有利于促进婴儿机体细胞新陈代谢，提高对疾病的抵抗能力，同时多数维生素又是某些酶的辅酶（或辅基）的组成部分。调制乳粉中一般添加的有维生素有A、维生素B_1、维生素B_6、维生素B_{12}、维生素C、维生素D和叶酸等。在添加时一定注意维生素（也包括灰分）的可耐受最高摄入量，防止因添加过量而对婴儿产生毒副作用。

21.8 乳粉的质量控制

在乳粉的生产过程中，如果操作不当，就有可能出现各种质量问题，目前乳粉常见的质量问题主要有水分含量过高、溶解度偏低、易结块、颗粒形状和大小异常、有脂肪氧化味、色泽较差、细菌总数过高、杂质度过高等。

21.8.1 乳粉的水分含量

1. 乳粉的水分含量对乳粉质量的影响

乳粉都具有一定的水分含量，大多数乳粉的水分含量在2%～5%。乳粉中的水分含量不应过高，否则将会促进乳粉中残存的微生物生长繁殖产生乳酸，使乳粉中酪蛋白变性而变得不可溶。但同时乳粉的水分含量也不易过低，否则易引起乳粉变质而产生氧化臭味，一般喷雾干燥生产的乳粉水分含量低于1.88%时就易引起这种缺陷。

2. 乳粉水分含量过高的主要原因

乳粉水分含量过高的原因主要有：①喷雾干燥过程中，进料量、进风温度、进风量、排风温度、排风量控制不当。②乳粉包装间的空气相对湿度偏高，使乳粉吸湿而水分含量上升。包装间的空气相对湿度应该控制在50%～60%。③乳粉冷却过程中，冷风湿度太大，从而引起乳粉水分含量升高。④乳粉包装封口不严，或包装材料本身不密闭。⑤雾化器因阻塞等原因使雾化效果不好，导致雾化后的乳滴太大而不易干燥。

21.8.2 乳粉的溶解度

21.8.2.1 乳粉溶解度的定义

乳粉的溶解度是指乳粉与一定量的水混合后，能够复原成均一的新鲜牛乳状态的性能。这一概念与一般意义上的溶解度是不同的，因为牛乳是由溶液、悬浮液、乳浊液3种体系构成的一种均匀稳定的胶体性液体，而不是纯粹的溶液，所以乳粉溶解度也只是一个习惯称呼而已。乳粉溶解度的高低反映了乳粉中蛋白质的变性程度，溶解度低，说明乳粉中蛋白质变性的量大，冲调时变性的蛋白质不能溶解，或黏附于容器的内壁，或沉淀于容器的底部。

21.8.2.2 导致乳粉溶解度下降的原因

导致乳粉溶解度下降的原因主要有：①原料乳的质量差，混入了异常乳或酸度高的牛乳，蛋白质热稳定性差，受热容易变性。②喷雾干燥时雾化效果不好，使乳滴过大，干燥困难。③牛乳在杀菌、浓缩或喷雾干燥过程中温度偏高，或受热时间过长，引起牛乳蛋白质受热过度而变性。④牛乳或浓缩乳在较高的温度下长时间放置会导致蛋白质变性。⑤不同的干燥方法生产的乳粉溶解度亦有所不同。一般来讲，滚筒干燥法生产的乳粉溶解度较差，仅为70%～85%，而喷雾干燥法生产的乳粉溶解度可达99.0%以上。⑥乳粉的贮存及时间对其溶解度也有影响。当乳粉贮存于温度高、湿度大的环境中，其溶解度会有所下降。

21.8.2.3 乳粉颗粒的形状和大小

1. 乳粉颗粒的形状对乳粉质量的影响

乳粉颗粒的形状随干燥方法的不同而不同，滚筒干燥法生产的乳粉颗粒呈不规则的片状，且不含有气泡；而喷雾干燥法生产的乳粉呈球状，可单个存在或几个粘在一起呈葡萄状。

2. 乳粉颗粒的大小对乳粉质量的影响

乳粉颗粒的大小随干燥方法的不同而不同。压力喷雾法生产的乳粉直径较离心喷雾法生产的乳粉颗粒直径小。一般来说，压力喷雾干燥法生产的乳粉，其颗粒直径为10～100 μm，而离心喷雾干燥法生产的乳粉，其颗粒直径为30～200 μm，平均为100 μm。目前立式压力喷雾干燥法正在尝试高塔及大孔径喷头干燥法，以及采用二次干燥技术，这将在一定程度上增大乳粉颗粒的直径。

乳粉颗粒大小及分布率对产品质量的也会产生一定的影响。乳粉颗粒直径大，色泽好，则冲调性能及润湿性能好。如果乳粉颗粒大小不一，而且有少量黄色焦粒，则乳粉的溶解度就会较差，且杂质度高。

3. 影响乳粉颗粒形状及大小的因素

乳粉颗料形状及大小的影响因素：①雾化器如果出现故障，就有可能影响到乳粉颗粒的形状。②压力喷雾干燥中，高压泵压力的大小是影响乳粉颗粒直径大小因素之一，使用压力低，则乳粉颗粒直径大，但前提是不能影响干燥效果。③干燥方法的不同，影响着乳粉颗粒的形状和大小。即使是同一干燥方法，不同类型的干燥设备所生产的乳粉颗粒直径亦不同。干燥法中，立式干燥塔较卧式干燥塔生产的乳粉颗粒直径大。④浓缩乳的干物质含量对乳粉颗粒直径有很大的影响。在一定范围内，干物质含量越高，则乳粉颗粒直径就越大，所以，在不影响产品溶解度的前提下，应尽量提高浓缩乳的干物质含量。⑤离心喷雾干燥中，转盘的转速也会影响乳粉颗粒直径的大小。转速越低，乳粉颗粒的直径就越大。⑥喷头的孔径大小及内孔表面的光洁度状况，也影响乳粉颗粒直径的大小及分布状况。喷头孔径大，内孔光洁度高，则得到的乳粉颗粒直径大，且颗粒大小均一。

4. 乳粉中的脂肪变化

由于脂肪导致的质量缺陷主要是脂肪分解产生的酸败臭味和脂肪氧化臭味。脂肪分解臭味具有一种类似丁酸的酸性刺激臭味，是由于牛乳中的脂酶将乳粉中的脂肪水解而产生游离的挥发性脂肪酸。乳粉出现脂肪氧化味的反应历程比较复杂，而且影响因素也很多。卵磷脂、亚油酸、花生四烯酸等不饱和脂肪酸氧化后，氧进入这些酸的双键处存在的不饱和醛基上，形成氢过氧化物，这种氢过氧化物即为出现脂肪氧化臭味的主体。

1）乳粉中的脂肪状态

乳粉颗粒中脂肪的状态因干燥的方法不同而有所差异。在喷雾干燥过程中，脂肪球在机械力或离心力的作用下直径变小，压力喷雾干燥制得的乳粉脂肪球直径为1～2 μm，离心喷雾干燥制得的乳粉脂肪球直径为1～3 μm，滚筒干燥制得的乳粉脂肪球直径为1～7 μm，但大小范围幅度较大，少量脂肪球直径可达几十微米。

喷雾干燥制得的乳粉脂肪呈球状，且存在于乳粉颗粒内部。而滚筒干燥法生产的乳粉由于脂肪球受到机械力的摩擦作用，脂肪球彼此聚积成大团块，大多集中在乳粉颗粒的边缘。喷雾干燥乳粉中游离脂肪占脂肪总量的3.0%～14.0%，而滚筒干燥乳粉中游离脂肪占脂肪总量的91%～96%。

2）影响乳粉游离脂肪含量的因素

影响乳粉游离脂肪含量的因素：①喷雾干燥前浓缩乳若采用二级均质法，可使乳粉中游离脂肪含量下降。②在出粉及乳粉输送过程中，应避免高速气流的冲击和机械擦伤。干燥后的乳粉应迅速冷却，应采用真空包装或抽真空灌惰性气体的密封包装。产品应贮存于适宜的温度下，这样可防止游离脂肪的增加。否则即使是质量较好的乳粉，由于处理和贮存不当，也会使游离脂肪的含量大大增加。③当乳粉水分含量增加到8.5%～9.0%时，因乳糖的结晶促使游离脂肪增加。

3）乳粉脂肪氧化味产生的原因及防止措施

（1）乳粉脂肪氧化味产生的原因　其原因有：①乳粉的游离脂肪酸含量高，易引起乳粉的氧化变质而产生氧化味。②乳粉中的脂肪在解脂酶及过氧化物酶的作用下，产生游离的挥发性脂肪酸，使乳粉产生刺激性的臭味。③乳粉贮存环境温度高、湿度大或暴露于阳光下，易产生氧化味。

（2）乳粉脂肪氧化味的防止措施　防止措施有：①严格控制乳粉生产的各种工艺参数，尤其是牛乳的杀菌温度和保温时间，必须使解脂酶和过氧化物酶的活性丧失。②严格控制产品的水分含量在2.0%左右。③保证产品包装的密封性。④产品贮存在阴凉、干燥的环境中。

4）防止脂肪分解产生酸败味的措施

防止酸败味产生的措施：①必须将牛乳中的脂酶在预热杀菌时彻底破坏，否则在其后的浓缩、喷雾干燥时的受热程度不足以将脂酶破坏。②喷雾干燥前浓缩乳经过二级均质，可使乳粉中游离脂肪含量降低。③干燥后的乳粉应迅速冷却，以减少游离脂肪的产生。④防止乳粉水分含量大于8.5%～9.0%，否则因乳糖的结晶会促使游离脂肪增加。⑤在出粉及乳粉的输送过程中，应避免高速气流的冲击和机械擦伤。

5. 乳粉结块

（1）乳粉结块的原理　乳粉之所以极易吸潮而结块，这主要与乳粉中含有的乳糖及其结构有关。乳糖是乳粉的主要成分之一，乳粉中乳糖呈非结晶的玻璃态，其中α-乳糖与β-乳糖之比为1∶1.5，两者保持一定的平衡状态。非结晶状态的乳糖具有很强的吸湿性，吸湿后则生成含1分子结晶水的结晶乳糖。

（2）造成乳粉结块的原因　其原因主要有：①由于在整个乳粉干燥过程中操作不当使乳粉水分含量普遍偏高或部分产品水分含量过高。②在产品包装和贮存过程中，乳粉吸收水分也会导致产品结块。

6. 乳粉的色泽

正常的乳粉一般呈淡黄色，当乳粉出现异常颜色可能受以下因素影响：①原料乳酸度过高而加入碱中和后，所制得的乳粉色泽较深，呈褐色。②空气过滤器过滤效果不好，或布袋过滤器长期不更换，会导致乳粉呈暗灰色。③乳粉生产过程中，物料热处理过度或乳粉在高温下存放时间过长，会使产品色泽加深。④牛乳中脂肪含量较高，则乳粉颜色较深。⑤乳粉颗粒较大，则颜色较黄；乳粉颗粒较小，则颜色呈灰黄色。⑥乳粉水分含量过高或贮存环境的温度和湿度较高，易使乳粉色泽加深，严重的甚至产生褐色。

7. 细菌总数过高

乳粉中细菌总数过高主要与下列因素有关：①原料乳污染严重，细菌总数过高，导致杀菌后残留量太多。②杀菌温度和时间没有严格按照工艺条件的要求进行。③板式换热器垫圈老化破损，使生乳混入杀菌乳中。④生产过程中受到二次污染。

8. 杂质度过高

造成乳粉杂质度过高的可能原因如下：①原料乳净化不彻底。②生产过程中受到二次污染。③干燥室热风温度过高，导致风筒周围产生焦粉。④分风箱热风调节不当，产生涡流，使乳粉局部过度受热而产生焦粉。

复习思考题

1. 乳粉有哪些优点？
2. 乳粉中绝对不含水分吗？
3. 乳粉的种类有哪些？
4. 简述全脂乳粉的生产过程。
5. 什么叫速溶乳粉？
6. 如何制备婴儿配方乳粉？
7. 简述脱脂速溶乳粉的生产过程。
8. 简述影响乳粉速溶的因素及改善方法。
9. 如何控制乳粉的质量？

CHAPTER 22

第22章 干酪加工

目标要求：

1. 了解干酪的概念、分类，掌握干酪的营养价值；
2. 掌握天然干酪的加工工艺，掌握凝乳的原理、方法及相关设备；
3. 掌握干酪制作中可能出现的质量问题及产生原因，掌握对其进行质量控制的基本方法与措施。

22.1 干酪概述

22.1.1 干酪的概念

干酪也称奶酪、芝士，是指在乳（也可以用脱脂乳或稀奶油等）中加入适量的乳酸菌发酵剂和凝乳酶，使乳蛋白质（主要是酪蛋白）凝固后排出乳清，将凝块压成所需形状而制成的产品。制成后未经发酵成熟的产品称为新鲜干酪，经长时间发酵成熟而制成的产品称为成熟干酪。国际上将这两种干酪统称为天然干酪。

22.1.2 干酪的种类

干酪种类繁多，目前尚未有统一且被普遍接受的分类方法，一般可依据干酪的原产地、制造方法、外观、理化性质或微生物学特性来进行划分。根据美国农业部介绍，世界上干酪的种类达800种以上，其中比较著名的有20种左右。有些干酪，在原料和制造方法上基本相同，由于制造国家或地区不同，其名称也不同。如著名的法国羊乳干酪，在丹麦生产的这种干酪被称作达纳布路干酪；丹麦生产的瑞士干酪称作萨姆索干酪；荷兰圆形干酪又被称为太布干酪。

国际上通常把干酪划分为三大类：天然干酪、再制干酪和干酪食品，这三类干酪的主要规格及要求见表22-1。

国际乳品联合会（IDF，1972）还曾提出以含水量为标准，将干酪分为硬质、半硬质、软质三大类，并根据成熟的特征或固形物中的脂肪含量来分类的方案。现习惯以干酪的软硬度及与成熟有关的微生物来进行分类和区别。依此标准，世界上主要干酪的分类如表22-2所示。

表 22-1 天然干酪、再制干酪和干酪食品的主要规格

名称	规格
天然干酪	以乳、稀奶油、部分脱脂乳、酪乳或混合乳为原料，经凝固后，排出乳清而获得的新鲜或成熟的产品，允许添加天然香辛料以增加香味和滋味
再制干酪	用一种或一种以上的天然干酪，添加食品卫生标准所允许的添加剂（或不加添加剂），经粉碎、混合、加热熔化、乳化后而制成的产品，含乳固体在40%以上。此外，还有下列2条规定：①允许添加稀奶油、奶油或乳脂以调整脂肪含量；②为了增加香味和滋味，添加香料、调味料及其他食品时，必须控制在乳固体的1/6以内，但不得添加脱脂奶粉、全脂奶粉、乳糖、干酪素以及不是来自乳中的脂肪、蛋白质及碳水化合物
干酪食品	用一种或一种以上的天然干酪或再制干酪，添加食品卫生标准所规定的添加剂（或不加添加剂），经粉碎、混合、加热熔化而成的产品。产品中干酪数量须占50%以上。此外，还规定：添加香料、调味料或其他食品时，须控制在产品干物质的1/6以内；添加不是来自乳中的脂肪、蛋白质、碳水化合物时，不得超过产品的10%

表 22-2 干酪的分类

种类		与成熟有关的微生物	水分含量/%	主要产品
软质干酪	新鲜	—		农家干酪（cottage cheese） 稀奶油干酪（cream cheese） 里科塔干酪（ricotta cheese）
	成熟	细菌	40～60	比利时干酪（limburger cheese） 手工干酪（hand cheese）
		霉菌		法国浓味干酪（camembert cheese） 布里干酪（brie cheese）
半硬质干酪		细菌	36～40	砖状干酪（brick cheese）
		霉菌		法国羊乳干酪（roquefort cheese） 青纹干酪（blue cheese）

续表22-2

种类		与成熟有关的微生物	水分含量/%	主要产品
硬质干酪	实心	细菌	25～36	荷兰干酪（gouda cheese） 荷兰圆形干酪（edam cheese）
	有气孔	细菌（丙酮酸）		埃门塔尔干酪（Emmentaler cheese） 瑞士干酪（swiss cheese）
特硬干酪		细菌	＜25	帕尔门逊干酪（parmesan cheese） 罗马诺干酪（romano cheese）

22.1.3　干酪的成分及营养价值

干酪中含有丰富的蛋白质、脂肪等有机成分和钙、磷等无机盐类，并有多种维生素和微量元素。就蛋白质和脂肪而言，等于将原料乳中的蛋白质和脂肪浓缩 10 倍。所含的钙、磷等无机成分，除能满足人体的营养需求外，还具有重要的生理功能。干酪中的维生素主要是维生素 A，其次是胡萝卜素、B 族维生素和烟酸等。干酪中的蛋白质经成熟发酵后，由于发酵剂微生物产生的蛋白分解酶的作用而生成胨、肽、氨基酸等可溶性物质，极易被人体消化吸收。干酪中蛋白质的消化率为 96%～98%。

22.1.4　干酪发酵剂及凝乳酶

22.1.4.1　干酪发酵剂

1. 发酵剂的种类

干酪发酵剂是指用来使干酪发酵与成熟的特定微生物培养物。干酪发酵剂可分为细菌发酵剂与霉菌发酵剂两大类。

细菌发酵剂主要以乳酸菌为主，应用的主要目的在于产酸和产生相应的风味物质。其中主要有乳酸链球菌、乳油链球菌、干酪乳杆菌、丁二酮链球菌、嗜酸乳杆菌、保加利亚乳杆菌以及嗜柠檬酸明串珠菌等。有时为了使干酪形成特有的组织状态，还要使用丙酸菌。

霉菌发酵剂主要是用对脂肪分解强的卡门培尔干酪青霉、干酪青霉、娄地青霉等。某些酵母，如解脂假丝酵母等也在一些品种的干酪中得到应用。

2. 发酵剂的作用

发酵剂依据其菌种的组成、特性及干酪的生产工艺条件，主要有以下作用：①发酵乳糖产生乳酸，促进凝乳酶的凝乳作用。由于在原料乳中添加一定量的发酵剂，产生乳酸，使乳中可溶性钙的浓度升高，为凝乳酶创造一个良好的酸性环境，而促进凝乳酶的凝乳作用。②乳酸可促进凝块的收缩，产生良好的弹性，利于乳清的渗出，赋予制品良好的组织状态。③一定浓度的乳酸以及有的菌种产生的相应抗生素，可以较好地抑制产品中污染杂菌的繁殖，保证成品的品质。④发酵剂中的某些微生物可以产生相应的分解酶分解蛋白质、脂肪等物质，从而提高制品的营养价值、消化吸收率，并且还可形成制品特有的芳香风味。⑤由于丙酸菌的丙酸发酵，使乳酸菌所产生的乳酸还原，产生丙酸和二氧化碳气体，在某些硬质干酪中产生特殊的孔眼特征。

综上所述，在干酪的生产中使用发酵剂可以促进凝块的形成；使凝块收缩和容易排除乳清；防止在制造过程和成熟期间杂菌的污染和繁殖；改进产品的组织状态；成熟中给酶的作用创造适宜的 pH 条件。

3. 发酵剂的制备

1）乳酸菌发酵剂的制备

通常乳酸菌发酵剂的制备分 3 个阶段，即乳酸菌纯培养物的复活、母发酵剂的制备和生产发酵剂的制备。干酪乳酸菌发酵剂的制备与酸乳类似。传统乳品工厂多采用自身逐级扩大培养来制备发酵剂。目前，很多生产厂使用专门机构生产的直投式发酵剂，使用时按照说明书以无菌操作直接接种到发酵罐中进行发酵。

2）霉菌发酵剂的制备

将除去表皮后的面包切成小立方体，放入三角瓶中。加适量水并进行高压灭菌处理，此时如加少量乳酸增加酸度则更好。将霉菌悬浮于无菌水中，再喷洒于灭菌面包上。置于 21～25℃的恒温箱中经 8～12 d 培养，使霉菌孢子布满面包表面。从恒温箱中取出，约30℃条件下干燥10 d，或在室温下进行真空干燥。最后，将所得物破碎成粉末，放入容器中保存备用。

22.1.4.2 凝乳酶

能使牛乳发生凝结的蛋白酶有多种，但在干酪生产中常用的凝乳酶为皱胃酶，故皱胃酶常又被称为凝乳酶。皱胃酶来源于犊牛的第四胃（皱胃），商品凝乳酶中含有皱胃酶和胃蛋白酶，两者的比例约为4∶1，常见的形式是粉状或液状制剂。

由于干酪产量的不断上升和小牛犊供应的下降，使得小牛犊皱胃酶供应不足，价格上涨，所以开发、研制皱胃酶的代用酶越来越受到重视。目前已有很多皱胃酶代用凝乳酶被开发出来，并逐渐应用到干酪的生产中。但目前还没有达到完全代替的程度，传统工艺中还是使用小牛犊或小羊羔的皱胃酶来进行干酪的生产。

1. 凝乳酶作用原理

酪蛋白在凝乳酶的作用下，形成副酪蛋白，此过程称为酶性变化；产生的副酪蛋白在游离钙的存在下，在副酪蛋白分子间形成"钙桥"，使副酪蛋白的微粒之间发生团聚作用而产生凝胶体，此过程为非酶变化。

2. 影响凝乳酶作用的因素

（1）pH 的影响　凝乳酶等电点为4.45～4.65，最适pH为4.8左右。在pH低的条件下，凝乳酶活性增高，并使酶蛋白胶束的稳定性降低，导致凝乳酶的作用时间缩短，凝块较硬。

（2）钙离子的影响　钙离子不仅对凝乳有影响，而且也影响副酪蛋白的形成。酪蛋白所含的胶质磷酸钙是凝块形成所必需的成分。增加乳中的钙离子浓度可缩短皱胃酶的凝乳时间，并使凝块变硬。因此，在许多干酪的生产中会向杀菌乳中加入氯化钙。

（3）温度的影响　凝乳酶的最适温度为40～42℃，在15℃以下或65℃以上则不发生作用。温度不仅对副酪蛋白的形成有影响，更主要的是对副酪蛋白形成凝块过程有影响。

（4）牛乳加热的影响　牛乳若先加热至42℃以上，再冷却到凝乳所需的正常温度后添加皱胃酶，则凝乳时间延长，凝块变软，此种现象被称为滞后现象，其主要原因是乳在42℃以上加热处理时，酶蛋白胶粒中磷酸盐和钙被游离出来。

3. 皱胃酶的活力及活力测定

皱胃酶的活力单位（rennin unit，RU）指1 mL皱胃酶溶液（或1 g干粉）在一定温度下（35℃）一定时间内（通常为40 min）能凝固原料乳的毫升数。

凝乳酶活力常用的测定方法：取100 mL脱脂乳置于烧杯中，调整酸度为0.18%，水浴加热至35℃，然后加入1%的皱胃酶食盐水溶液10 mL，迅速搅拌均匀，并加入少许碳粒或纸屑为标记，准确记录开始加入酶溶液到乳凝固时所需的时间（s），此时间也称凝乳酶的绝对强度。然后按下式计算活力：

$$活力=\frac{供试乳量\ (mL)}{皱胃酶量\ (g)}\times\frac{2\,400\ (s)}{凝乳时间\ (s)}$$

式中：2 400 s为测定皱胃酶活力时所规定的时间，活力确定以后可根据活力计算皱胃酶的用量。

例如：有原料乳80 kg，用活力为100 000活力单位的皱胃酶进行凝固，需加多少皱胃酶？

解：1：100 000＝x：80 000

x＝0.8（g），即80 kg原料乳需加皱胃酶0.8 g。

4. 皱胃酶的替代品

20世纪，随着干酪加工业在世界范围内的兴起，先前以宰杀小牛而获得皱胃酶的方式已经不能满足工业生产的需要，且其成本较高。为此，人们开发了多种皱胃酶的替代品，现在使用较多的有植物来源凝乳酶和微生物来源凝乳酶。

1）植物来源的凝乳酶

无花果蛋白酶：存在于无花果的汁液中，可通过结晶分离。用无花果蛋白酶制作契达干酪时，凝乳速度快且成熟效果较好。只是由于它的蛋白质分解力较强，脂肪损失多，收率低，略带轻微的苦味。

木瓜蛋白分解酶：是从木瓜中提取的蛋白分解酶，可以使牛乳凝固，其对牛乳的凝乳作用比蛋白质分解力强。但制成的干酪带有一定的苦味。

凤梨酶：是从凤梨的果实或叶中提取出的，具有凝乳作用。

2）微生物来源的凝乳酶

微生物凝乳酶可分为霉菌、细菌、担子菌 3 种来源。在生产中得到应用的主要是霉菌性凝乳酶。其主要代表是从微小毛霉菌中分离出的凝乳酶，相对分子质量为 29 800，凝乳的最适温度为 56℃，蛋白质分解力比皱胃酶强，但比其他的蛋白分解酶弱，对牛乳凝固作用强。现在日本、美国等国将其制成粉末凝乳酶制剂而应用到干酪的生产中。另外，有其他一些霉菌性凝乳酶在美国等国被广泛开发和利用。现已制出了一系列可以代替皱胃酶的凝乳酶制剂，在干酪生产中收到良好的效果。

微生物来源的凝乳酶生产干酪时的缺陷主要是在凝乳作用强的同时蛋白质分解力比皱胃酶高，干酪的得率较皱胃酶生产的干酪低，成熟后产生苦味。另外，微生物凝乳酶的耐热性高，给乳清的利用带来不便。

由于皱胃酶的各种代用酶在干酪的实际生产中表现出某些缺陷，迫使人们利用新的技术和途径来寻求犊牛以外的皱胃酶来源。美国和日本等国利用遗传工程技术，将控制犊牛皱胃酶合成的 DNA 分离出来，导入微生物细胞内，利用微生物来合成皱胃酶获得成功，并得到美国食品医药局（FDA）的认定和批准（1990 年 3 月）。目前，一些公司生产的人工合成皱胃酶制剂在美国、瑞士、英国、澳大利亚等国家已经得到较为广泛地推广应用，效果良好。

22.2　天然干酪的一般加工技术

22.2.1　工艺流程

原料乳验收及标准化→杀菌→冷却及添加发酵剂→调整酸度→加氯化钙→加色素→加凝乳酶→凝块切割→搅拌→加温→排除乳清→成型、压榨→加盐→发酵成熟→包装→成品

22.2.2　工艺要点

1．原料要求

生乳：应符合 GB 19301—2010《生乳》的要求。

其他原料：应符合相应的安全标准和（或）有关规定。

2．预处理

（1）净乳　净乳过程对干酪加工尤为重要，因为某些形成芽孢的细菌在巴氏杀菌时不能杀灭，在干酪成熟过程中可能会造成很大的危害。如用离心净乳机进行净乳处理，不仅可以除去乳中大量杂质，而且可以将乳中 90％的细菌除去，尤其对相对密度较大的芽孢菌特别有效。

（2）标准化　生产干酪时对原料乳的标准化不同于前面所讲的标准化，这里除了对脂肪标准化外，还要对酪蛋白以及酪蛋白与脂肪的比例（C/F）进行标准化，一般要求 C/F＝0.7。所以，标准化时首先要准确测定原料乳的乳脂率和酪蛋白的含量，然后通过计算确定用于进行标准化的物质的添加量，最后调整原料乳中的脂肪和非脂乳固体之间的比例，使其比值符合产品要求。

用于生产干酪的牛乳通常不进行均质处理。原因是均质导致结合水能力的大大上升，由于游离水减少导致乳清的减少，以至于很难生产硬质和半硬质类型的干酪。

3．原料乳的杀菌

杀菌除杀灭微生物和灭酶的目的外，同时由于加热使部分蛋白质凝固，留存于干酪中，还可以增加干酪的产量。杀菌温度的高低直接影响干酪的质量。如果温度过高，时间过长，则受热变性的蛋白质增多，破坏乳中盐类离子的平衡，进而影响皱胃酶的凝乳效果，使凝块松软，收缩作用变弱，易形成水分含量过高的干酪。因此，在实际生产中多采用 63℃、30 min 的保温杀菌或 72～75℃、15 s 的高温短时杀菌。常采用的杀菌设备为保温杀菌罐或片式热交换杀菌机。

4．添加发酵剂和预酸化

经杀菌后的原料乳直接打入干酪槽中，干酪槽为水平卧式长椭圆形不锈钢槽，且有保温（加热或冷却）夹层及搅拌器（手工操作时为干酪铲和干酪耙），见图 22-1。将干酪槽中的牛乳冷却至 30～32℃，添加 1％～2％的工作发酵剂，充分搅拌 3～5 min，然后进行乳酸发酵。经 10～15 min

的预酸化后，取样测定酸度，一般要求达到20～24°T。这一过程又叫预酸化。

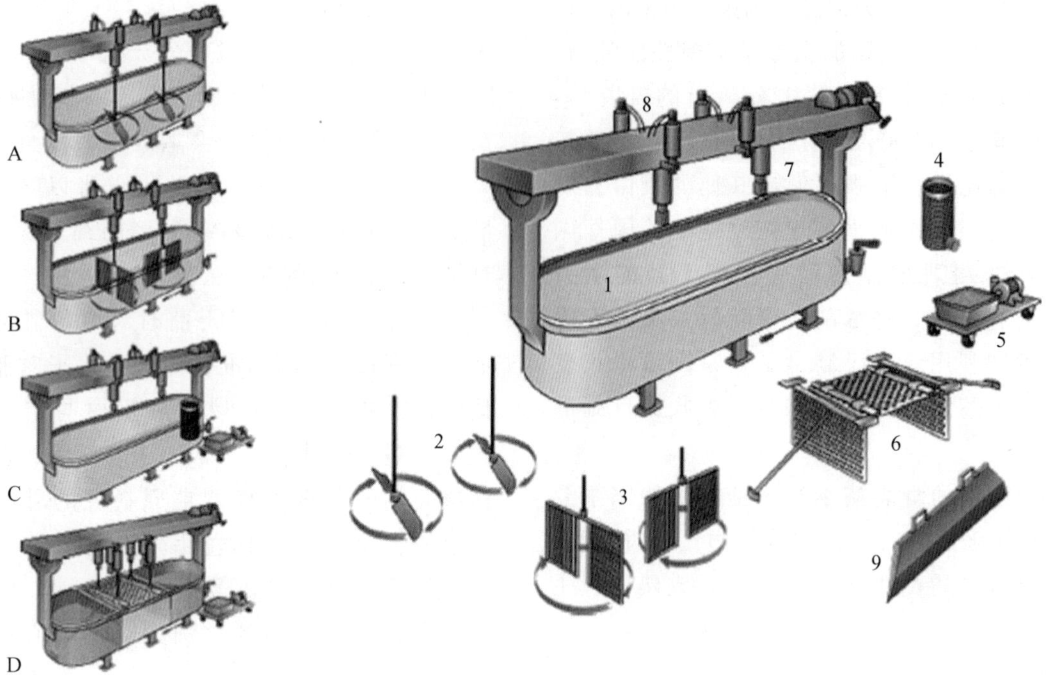

A. 槽中搅拌　B. 槽中切割　C. 乳清排放　D. 槽中压榨
1. 带有横梁和驱动电机的夹层干酪槽　2. 搅拌工具　3. 切割工具　4. 置于出口处过滤器干酪槽内侧的过滤器
5. 带有一个浅容器小车上的乳清泵　6. 用于圆孔干酪生产的预压板　7. 工具支撑架
8. 用于预压设备的液压筒　9. 干酪切刀

图 22-1　带有干酪生产用具的干酪槽

5. 调整酸度及加入添加剂

1）调整酸度

经预酸化后牛乳的酸度很难控制到绝对统一。为使干酪成品质量一致，可用1 mol/L的盐酸调整酸度至20～24°T（乳酸度为0.21%）。具体的酸度值应根据干酪的品种而定。

2）加入氯化钙（$CaCl_2$）

如果生产干酪的牛乳质量差，则凝块会很软。这会引起细小酪蛋白颗粒及脂肪的严重损失，并且在干酪加工过程中凝块收缩能力很差。为了改善凝固性能，提高干酪质量，可在100 kg原料乳中添加5～20 g的$CaCl_2$（预先配成10%的溶液），以调节盐类平衡，促进凝块的形成。

3）添加色素

干酪的颜色取决于原料乳中脂肪的色泽，但脂肪的色泽受季节及饲料的影响。故为了使产品的色泽一致，需在原料乳中加胡萝卜素等色素物质，现多使用胭脂树橙的碳酸钠抽出液，通常每1 000 kg原料乳中加30～60 g。

4）硝酸盐（$NaNO_3$或KNO_3）

如果干酪乳中含有丁酸菌或大肠菌时，会产生异常发酵，可以用硝酸盐来抑制这些细菌。但是其用量需根据牛乳的组成、生产工艺等进行精确确定。因为过量的硝酸盐也会抑制发酵剂中细菌的生长，影响干酪的成熟，甚至使成熟过程终止；硝酸盐还会使干酪脱色，引起红色条纹和不良的滋味。硝酸盐的最大允许用量为每100 kg乳中添加30 g硝石。

但由于硝酸盐的安全性一直受到质疑，在一些国家禁止使用硝酸盐。如果牛乳在预处理过程中经离心除菌或微滤处理，那么硝酸盐的需求量就可大大减少甚至不用。

6. 添加凝乳酶与凝乳的形成

加酶凝固是干酪生产中的一个重要工序，即牛乳在凝乳酶的作用下形成凝块。酶的加入方法是：先用1%的食盐水（或灭菌水）将酶配制成2%的溶液，并在28～32℃下保温30 min，然后加到原料乳中，均匀搅拌1～2 min后，使原料乳静置凝固。在大型（10 000～20 000 L）密封的干酪槽或干酪罐中，为了使凝乳酶均匀分散，可采用自动计量系统通过分散喷嘴将稀释后的凝乳酶液喷洒在牛乳表面。

在 28～33℃，牛乳约 40 min 内凝结成半固态，凝块无气孔，摸触时有软的感觉，乳清透明即表明凝固状况良好。

7. 凝块的切割

当凝块达到适当硬度时，用食指斜向插入凝块中约 3 cm，手指向上挑起，如果切面整齐平滑，指上无小片凝块残留，且渗出的乳清透明时，即可开始切割。切割时需用专用干酪刀。干酪刀分为水平式和垂直式两种，钢丝刃间距一般为 0.79～1.27 cm（图 22-2）。用干酪刀将凝乳切成 0.7～1.0 cm 的小立方体。应注意动作要轻、稳，防止将凝块切得过碎和不均匀，影响干酪的质量。

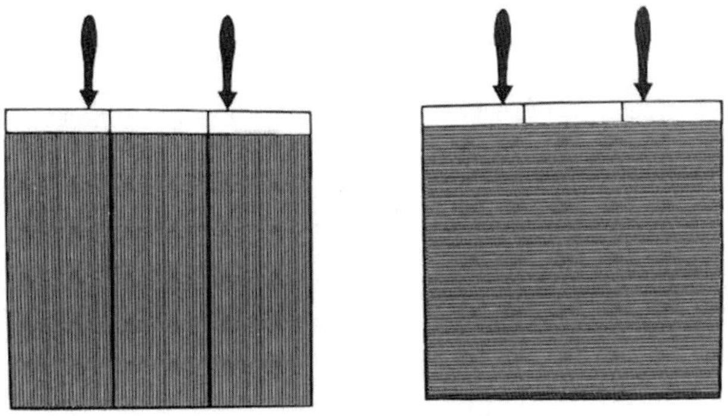

图 22-2　干酪手工切割工具

图 22-1 是一个普通开口干酪槽，它装有几个可更换的搅拌和切割工具，可在干酪槽中进行搅拌、切割、乳清排放、槽中压榨的工艺。图 22-3 为一现代化的密封干酪缸，搅拌和切割由焊在一个水平轴上的工具来完成，它可通过转动不同的方向来进行搅拌或切割。

8. 凝块的搅拌及加温

凝块切割后，用干酪耙或干酪搅拌器轻轻搅拌，以便加速乳清的排出。

刚刚切割后的凝块颗粒对机械处理非常敏感，因此，搅拌必须很缓和，使凝块能悬浮于乳清中。经过 15 min 后，搅拌速度可稍微加快。与此同时，在干酪槽的夹层中通入热水，使温度逐渐升高。

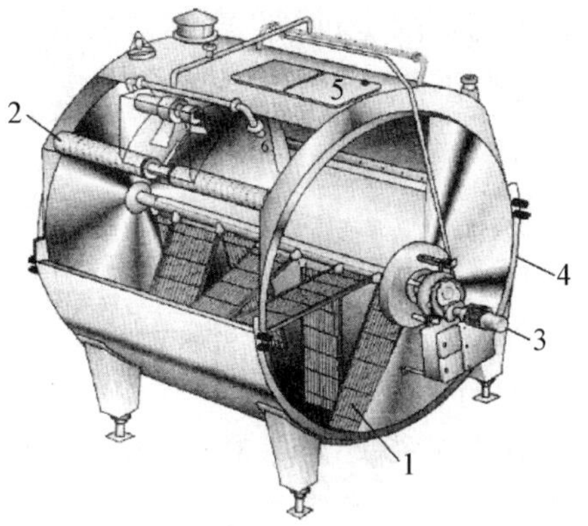

1. 切割与搅拌相结合的工具　2. 乳清排放的滤网
3. 频控驱动电机　4. 加热夹套　5. 入孔　6. CIP 喷嘴

图 22-3　带有搅拌和切割工具以及升降乳清排放系统的密闭式干酪缸

升温的速度应严格控制，初始时每 3～5 min 升高 1℃，当温度升至 35℃时，则每隔 3 min 升高 1℃。当温度达到 38～42℃（应根据干酪的品种具体确定终止温度）时，停止加热并维持此时的温度。加温时间根据乳清的酸度而定，酸度越低加温时间越长，酸度高则可缩短加温时间。在整个升温过程中应不停地搅拌，以促进凝块的收缩和乳清的渗出，防止凝块沉淀和相互粘连。升温的速度不宜过快，否则干酪凝块收缩过快，表面形成硬膜，影响乳清的渗出，使成品水分含量过高。

总之，升温和搅拌是干酪制作工艺中的重要过程，它关系到生产的成败和成品质量的好坏，因此，必须按工艺要求严格控制和操作。

9. 乳清排出

在搅拌升温后期，当乳清酸度达到 0.17%～0.18%时，凝块收缩至原来一半大小（豆粒大小），用手捏干酪粒感觉有适度弹性或用手握一把干酪粒，用力压出水分后放开，如果干酪粒富有弹性，搓开仍能分散开时即可排出全部乳清。

对于传统的干酪槽，乳清排放形式很简单。将干酪粒堆积在干酪槽的两侧，将乳清由干酪槽底部通过金属网排出。排出的乳清一般脂肪含量约为 0.3%，蛋白质含量约为 0.9%。若脂肪含量在 0.4%以上，证明操作不理想，应将乳清回收，作为副产物进行综合加工利用。

图 22-3 所示的全机械化干酪罐的乳清排放系统可自动完成乳清的排放。

10. 成型压榨

乳清排出后，将干酪颗粒堆积在干酪槽的一端，用带孔的木板或不锈钢板压 5～10 min，继续排出乳清并使其成块。

将堆积后的干酪块切成方砖形或小立方体，装入成型器中进行定型压榨。干酪成型器依干酪的品种不同，其形状和大小也不同。成型器周围设有小孔，乳清由此渗出。压榨的压力与时间依干酪的品种各异。先进行预压榨，一般压力为 0.2～0.3 MPa，时间为 20～30 min。预压榨后取下进行调整，视其情况，可以再进行一次预压榨或直接正式压榨。将干酪反转后装入成型器内，以 0.4～0.5 MPa 的压力在 15～20℃（有的品种要求在 30℃左右）条件下再压榨 12～24 h。压榨结束后，从成型器中取出的干酪称为生干酪。

11. 加盐

干酪加盐的方法，通常有下列 4 种：①将食盐撒布在干酪粒中，并在干酪槽中混合均匀；②将食盐涂布在压榨成型后的干酪表面；③将压榨成型后的干酪置于盐水池中腌渍，盐水的浓度为第 1～2 天保持在 17%～18%，以后保持在 20%～23%。为了防止干酪内部产生气体，盐水的温度保持在 8℃左右，腌渍时间一般为 4 d。④采用上述几种方法的混合法。

腌渍的目的在于抑制部分微生物的繁殖，使之具有防腐作用，同时使干酪具有良好的风味。

12. 发酵成熟

将生鲜干酪置于一定温度（10～12℃）和湿度（相对湿度 85%～90%）条件下，经一定时期（3～6 个月），在乳酸菌等有益微生物和凝乳酶的作用下，使干酪中的脂肪、蛋白质及碳水化合物等发生一系列的物理和生物化学变化，形成干酪特有的风味、质地和组织状态的过程，称为干酪的成熟。成熟的主要目的是改善干酪的组织状态和营养价值，增加干酪的特有风味。干酪的成熟时间应按成熟度进行确定，一般为 3～6 个月。

22.3 再制干酪加工

再制干酪是以天然干酪为主要原料，添加乳化剂、稳定剂、色素等辅料，经粉碎、加热融化、乳化、杀菌、浇灌包装而制成的、可长时间保存的一种干酪制品，又被称为融化干酪。这类产品形状一般为三角形、香肠形、薄片等，多以薄膜或铝箔包装。因其在融化过程中破坏了酶系统和微生物，所以其品质较一般干酪好。在 20 世纪初由瑞士首先生产。目前，这种干酪的消费量占全世界干酪产量的 60%～70%。

从质地上再制干酪可分为块状和涂布型两类。前者质地较硬，酸度高，水分含量低；后者则质地较软，酸度低，水分含量高。再制干酪的脂肪含量通常占总固形物的 30%～40%，蛋白质含量为 20%～25%，水分含量在 40%左右。

与天然干酪相比，再制干酪具有以下特点：①再制干酪的气味温和，没有天然干酪的强烈气味，更容易被消费者接受；②由于在加工过程中进行加热杀菌，食用安全、卫生，并且具有良好的保存性；③通过加热熔化、乳化等过程，再制干酪的口感柔和均一；④再制干酪产品自由度大，产品大小、质量、包装能随意选择，口味变化繁多，较好地满足了消费者的需求和嗜好。

22.3.1 再制干酪的加工技术

1. 再制干酪的工艺流程

原料配合→原料整理→切割→粉碎→加水、乳化剂、色素→加热熔化→乳化→浇灌包装→静置冷却→成品→冷藏

2. 再制干酪的工艺要点

（1）原料干酪的选择　一般选择细菌成熟的硬质干酪如荷兰干酪、契达干酪和荷兰圆形干酪等。为满足制品的风味，成熟 7～8 个月风味浓的干酪占 20%～30%。为保持组织润滑，则成熟 2～3 个月的干酪占 20%～30%，搭配中间成熟度的干酪 50%，使平均成熟度在 4～5 个月，含水量在 35%～38%，可溶性氮在 0.6%左右。过熟的干酪由于有的析出氨基酸或乳酸钙结晶，不宜做原料。有霉菌污染、气体膨胀、异味等缺陷者不能使用。

（2）原料干酪的预处理　原料干酪的预处理室要与生产车间分开。预处理包括除掉干酪的包装材料、削去表皮、清拭表面等。

（3）切碎与粉碎　用切碎机将原料干酪切成块状，用混合机混合。然后用粉碎机粉碎成 4～5 cm 面条状，最后用磨碎机处理。

（4）加热熔化　在再制干酪蒸煮锅（也叫熔融釜）中加入适量的水，通常为原料干酪量的 5%～10%（质量分数）。成品的含水量为 40%～55%，但还应防止加水过多造成脂肪含量的下降。按配料要求加入适量调味料、色素等添加物，然后加入预处理粉碎后的原料干酪，开始向熔融釜的夹层中通入蒸汽进行加热。当温度达到 50℃左右，加入 1%～3%的乳化剂，如磷酸钠、柠檬酸钠、偏磷酸钠和酒石酸钠等。这些乳化剂可以单用也可以混用。最后将温度升至 60～70℃，保温 20～30 min，使原料干酪完全熔化。加乳化剂后，如果需要调整酸度时，可以用乳酸、柠檬酸、醋酸等，也可以混合使用。成品的 pH 为 5.6～5.8，不得低于 5.3。乳化剂中，磷酸盐能提高干酪的保水性，可以形成光滑的组织状态；柠檬酸钠有保持颜色和风味的作用。在进行乳化操作时，应加快釜内的搅拌器的转数，使乳化更完全。在此过程中应保证杀菌的温度。一般为 60～70℃、20～30 min 或 80～120℃、30 s 等。乳化结束时应检测水分、pH、风味等，然后抽真空进行脱气。

（5）包装　经过乳化的干酪应趁热进行充填包装。必须选择与乳化机能力相适应的包装机。包装材料多使用玻璃纸或涂塑型蜡玻璃纸、铝箔、偏氯乙烯薄膜等。包装的量、形状和包装材料的选择，应考虑到食用、携带、运输方便。包装材料既要满足本身的保存需要，还要保证卫生安全。

（6）贮藏　包装后的成品干酪，应静置在 10℃以下的冷藏库中定型和贮藏。

22.3.2　再制干酪的缺陷及其控制

1. 过硬或过软

再制干酪过硬的主要原因是所使用的原料干酪成熟度低，酪蛋白的分解量少，补加水分少和 pH 过低，以及脂肪含量不足，熔化不完全，乳化剂的配比不相等。制品硬度不足，是由于原料干酪的成熟度不足、加水量过多、脂肪含量过高而产生的。因此，要获得适宜的硬度，配料时以原料干酪的平均成熟度在 4～5 个月为好，补加水分应按成品含水量 40%～45%的标准进行。正确选择和使用乳化剂，调整 pH 为 5.6～6.0。

2. 脂肪分离

脂肪分离表现为干酪表面有明显的油珠渗出，这与乳化时处理温度和时间不足有关。另外，原料干酪成熟过度，脂肪含量高，或者是水分不足、pH 低时脂肪也容易分离。因此，可在加工过程中提高乳化温度和时间，添加低成熟度的干酪，增加水分和提高 pH 等。

3. 砂状结晶

砂状结晶中 98%是磷酸钙为主的混合磷酸盐。这种缺陷产生的原因是添加粉末乳化剂时分布不均匀或乳化时间短等。此外，当原料干酪的成熟度过高或蛋白质分解过度时，容易产生难溶的氨基酸结晶。因此，采取将乳化剂全部溶解后再使用、充分乳化、乳化时搅拌均匀、追加成熟度低的干酪等措施可以克服这种缺陷。

4. 膨胀和产生气孔

刚加工之后产生气孔，是由于乳化不足引起的；保藏中产生的气孔及膨胀，其原因是污染了酪酸菌等产气菌。因此，应尽可能使用高质量干酪作为原料，提高乳化温度，采用可靠的灭菌方法。

5. 异味

再制干酪产生异味的主要原因是原料干酪质量差，加工工艺控制不严，保藏措施不当。因此，在加工过程中，要保证不使用质量差的原料干酪，正确掌握工艺操作，成品在冷藏条件下保藏。

复习思考题

1. 干酪通常可分为几类？各有什么特点？
2. 什么是凝乳酶？干酪生产用凝乳酶有哪些来源？各有什么特点？
3. 什么是预酸化？预酸化在干酪中起什么作用？
4. 干酪在成熟过程中会发生哪些变化？
5. 再制干酪的加工有什么意义？试述再制干酪的加工工艺。

HAPTER 23

第23章 其他乳制品加工

目标要求：

1. 了解奶油、炼乳的概念、分类和营养特点；
2. 掌握奶油的加工工艺，脂肪分离的原理、方法及相关设备；
3. 掌握奶油制作中可能出现的质量问题及产生原因，掌握对其进行质量控制的基本方法与措施。

23.1　奶油加工

23.1.1　奶油的概念及种类

将乳离心分离后得到稀奶油，将稀奶油经物理成熟、搅拌、压炼等一系列加工过程而制成的含脂肪高的乳制品称为奶油。

奶油根据脂肪含量的高低分为稀奶油、奶油、无水奶油；根据制造方法的不同，奶油还可分为甜性奶油、酸性奶油、重制奶油、连续式机制奶油等；奶油除以上种类外还有各种花色奶油，如巧克力奶油、含糖奶油、含蜜奶油、果汁奶油、发泡奶油等，还有我国少数民族地区特制的“奶皮子”“乳扇”等独特品种。

23.1.2　稀奶油加工技术

稀奶油是以鲜乳为原料，以静置或离心的方式分离出含脂率高的部分，添加或不添加其他原料、食品添加剂和营养强化剂，经加工制成的脂肪含量 10%～80%的产品。

1. 工艺流程

稀奶油的一般生产工艺流程如图 23-1 所示。

2. 工艺要点

1）原料乳的验收及质量要求

生产稀奶油的原料乳，其酸度应低于 22°T，其他指标应符合生鲜牛乳的收购标准。当乳质量略差而不适于生产乳粉、炼乳时，也可用作生产稀奶油的原料。

2）稀奶油的分离

稀奶油分离方法一般有重力法和离心法，现在工厂采用的都是离心法，即通过高速旋转的离心分离机将牛乳分离成含脂率为 35%～45%的稀奶油和含脂率非常低的脱脂乳。

从牛乳中分离出的稀奶油的量取决于分离机的种类、牛乳在分离机的流速及脂肪球的大小，当然也与进乳量的多少有直接关系。具体影响分离效率的因素有以下 3 点。

（1）分离机的性能　分离机中分离钵直径越大，分离效率越好，分离机转速越快，分离效果越好。

（2）牛乳流入量　进乳量要掌握在比分离机所规定的流量稍低些为宜，这样可将大部分乳脂肪转移至稀奶油中，提高了成品的得率。

（3）牛乳的温度　一般要将进入分离机前的牛乳预热到 35～40℃，不能过高，以防止蛋白质变性。

3）标准化

稀奶油的含脂率直接影响奶油的质量和产量。如含脂率低时，可以获得香气较浓的奶油，因为这种奶油较适合于乳酸菌的发酵；当稀奶油过浓时，则容易堵塞分离机，乳脂肪的损失量较多。

4）杀菌和真空脱臭

稀奶油杀菌的目的有以下 3 点：①杀死稀奶油中的病原菌及其他有害菌，保证食用奶油的安全；②破坏稀奶油中的脂肪酶，以防止脂肪分解产生酸败，提高奶油的保藏性；③稀奶油中存在各种挥发性物质，使奶油产生特殊的气味，而杀菌可以除去那些特异的挥发性物质，改善奶油的香味。

稀奶油杀菌的方法一般分为间歇式和连续式两种。小型工厂多采用间歇式的，其方法是将盛有稀奶油的桶放到热水槽内，水槽再用蒸汽等加热，加热过程中要注意搅拌。大型工厂则多采用板式高温或超高温瞬时杀菌器，连续进行杀菌，高压的蒸汽直接接触稀奶油，瞬时加热至 88～116℃后，再进入减压室冷却。杀菌条件有以下几种：72℃，15 min；77℃，5 min；82～85℃，30 s；116℃，3～5 s。

如果稀奶油中有明显的饲料味或其他异味时，一般使用专用的真空杀菌脱臭机来处理。

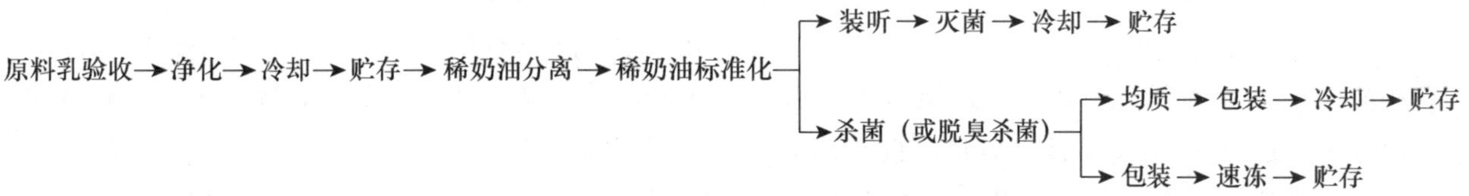

图 23-1　稀奶油生产工艺流程

5）稀奶油的均质、冷却

稀奶油在杀菌后、冷却前宜进行一次均质。均质的目的在于保持良好口感的前提下提高黏度，以改善稀奶油的热稳定性，避免奶油加入咖啡中出现絮状沉淀。一般均质温度为45～60℃，均质压力为8～18 MPa。均质泵可串联在加热设备系统中，也可在杀菌之前进行。

6）成熟

稀奶油成熟的目的是使乳脂肪中的大部分甘油酯由乳浊液状态转变为结晶固体状态，结晶成固体相越多，在搅拌和压炼过程中乳脂肪损失就少。杀菌、均质后稀奶油应迅速冷却到2～5℃，在此温度下保持12～24 h进行物理成熟，使脂肪由液态变为固态（脂肪结晶）。

7）稀奶油的冷却与包装

稀奶油物理成熟后，冷却至2～5℃后进行包装，在5℃下存24 h后再出厂。小包装容器可采用玻璃瓶或瓷器、无毒无味的塑料瓶或复合膜等，如多层复合纸制成的无菌利乐砖型或屋顶型包装；大包装容器主要采用无毒、无味的塑料桶和不锈钢桶等。

23.1.3 甜性奶油和酸性奶油加工技术

1. 工艺流程

1）甜性奶油加工工艺流程

原料乳→奶油分离→稀奶油→杀菌→冷却→物理成熟→调色→搅拌→奶油颗粒→洗涤→加盐→压炼→包装

2）酸性奶油加工工艺流程

酸性奶油与甜性奶油加工工艺的区别在于在杀菌冷却后增加了发酵工艺，其他工艺相同。

2. 工艺要点

1）原料稀奶油的制备

乳的分离原理是根据乳脂肪与乳中其他成分密度的差异，利用静置或离心的方法使密不可分的两部分分开。目前，绝大部分企业都使用专用的离心分离机来分离稀奶油。

奶油分离机种类很多，按对原料乳温度的要求，可分为普通分离机和低温分离机；按排除残渣的方式分为间歇排渣分离机和自动除渣分离机；按出料的方式分为开放式分离机、半开放式分离机和封闭式分离机。目前最先进的分离机通过电脑可以自动完成进乳、预热、分离、杀菌、冷却和排渣过程。

原料奶的温度过高或过低都会影响分离效果，低温、黏度大分离效率低；高温会导致脂肪球破裂而严重影响脂肪的分离率。脂肪要么几乎全部凝固，要么全部处于液态，这样均能减少游离脂肪的形成。此外，分离钵的转速、分离碟片的间距、乳的流量、原料乳脂肪球的大小等都会影响分离的效果。

2）稀奶油的中和

稀奶油的强度直接影响奶油的质量和保藏性。生产甜性奶油时，稀奶油水基pH应保持在近中性（6.4～6.8），滴定酸度为16～18°T；生产酸性奶油时，中和后酸度可略高（水基酸度20～22°T）。

（1）中和的目的　加工用的稀奶油必须进行中和以降低酸度，这样处理可以改变奶油的风味，防止加工过程中脂肪和酪蛋白凝胶从酪乳中排出，造成脂肪的损失；改善奶油的香味；防止奶油在贮藏期间发生水解和氧化。

（2）中和程度　酸度在0.5%以下的稀奶油可中和至0.15%。酸度在0.5%以上的稀奶油中和至0.15%～0.25%为宜，以防止产生特殊气味和稀奶油变稠。

（3）中和的方法　生产中一般使用的中和剂为熟石灰或碳酸钠。前者不仅价格低廉，同时还可增加奶油中钙的含量，提高营养价值。但石灰难溶于水，添加时须首先调成20%的乳剂，经计算后再行加入。用碳酸钠中和时，边搅拌边加入10%的碳酸钠溶液，不宜加入过多，否则会产生不良气味。

3）稀奶油的杀菌及物理成熟

（1）杀菌及冷却　稀奶油杀菌的目的有三个：①杀灭病原菌，极大地破坏其他腐败菌、杂菌和酵母等；②钝化各种酶，增加奶油的保藏性和风味；③去除原料中某些特有的异味物质，提高改善奶油的香味。杀菌的温度直接影响产品的风味，为了使酶完全破坏，采用85～90℃巴氏杀菌。当稀奶油含金属气味时，就应将温度降低到75℃、10 min，以减轻金属味在产品中的显著程度，如果有其他异味，应将温度提高到93～95℃，以减轻其缺陷。

稀奶油杀菌后应迅速进行冷却，这样既能保持无菌，又可减少芳香物质的损失。生产甜性奶油时，可以直接冷却到物理成熟要求的温度；生产酸性奶油时，则应冷却到发酵剂要求的最适温度。

（2）酸性奶油的生化成熟　在生产酸性奶油时，向杀菌并冷却好的稀奶油中加入乳酸菌发酵剂，使其适当发酵的过程叫奶油的生化成熟。发酵后可抑制腐败菌的繁殖，明显改善产品的风味。所采用的菌种有乳酸链球菌、乳油链球菌、嗜柠檬酸链球菌、丁二酮乳链球菌等多种菌，以上细菌前两种以产酸为主，后一种菌以产香为主。生产中一般选用两种菌或两种以上的混合菌发酵剂。菌种的制作方法与酸奶、干酪发酵剂的制作相似。发酵时，将经过杀菌并冷却到18～20℃的稀奶油注入发酵成熟槽内，添加相当于稀奶油量3%～5%的生产发酵剂。搅拌均匀后，在18～20℃下发酵。发酵最终酸度：对加盐的稀奶油应达到24～26°T，对不加盐的稀奶油应控制在30～33°T。

（3）稀奶油的物理成熟　经过杀菌或者发酵的稀奶油，必须进行冷却，在低温下经过一段时间的物理成熟。物理成熟必须采用比液态脂肪凝固温度（17～26℃）更低的温度。其目的是使乳脂肪中的大部分甘油酯由乳状液状态转变为结晶的固体状态，以利于下一步的加工。成熟时温度愈低，所需的时间愈短。生产上一般采用8～10℃、8～12 h。在夏季，当乳脂肪中易于溶解的甘油酯含量增加时，就要求稀奶油的物理成熟度更加深透。

4）添加色素

为了使奶油颜色全年一致，当产品颜色太淡时，需要添加色素，最常用的一种色素叫安那妥，这是一种天然的植物色素。其通常用量为稀奶油的0.01%～0.05%。

5）稀奶油的搅拌

稀奶油的搅拌是奶油制造中的一个最重要的过程。将稀奶油置于搅拌器中，利用机械的冲击力使在物理成熟过程中变性的脂肪球膜破坏而形成脂肪团粒，该过程叫作搅拌。搅拌时分离出的液体叫酪乳。搅拌时应注意以下几点：①稀奶油的脂肪含量应在30%～40%（连续法生产要求在36%以形成奶油颗粒），过高时则会影响出品率。②物理成熟的程度直接影响搅拌时间和出品率。③搅拌的最初温度，夏季为8～10℃，冬季为11～14℃。④搅拌机中稀奶油的装满程度。搅拌时，搅拌机中装的量过多或过少，均会延长搅拌时间。一般小型搅拌机装入其容积的30%～35%，大型电动搅拌机可装入50%，如果装得过多，则因形成泡沫困难而延长搅拌时间，但最少不得低于20%。⑤搅拌时的转速。间歇法生产时，一般采用40 r/min左右的转速，转速过快或过慢都会延长搅拌时间。实际操作时，先将冷却成熟的稀奶油的温度调整到要求的范围，然后装入搅拌器中，开始搅拌时，旋转搅拌机3～5圈，停止旋转排出空气，再按规定的转速搅拌到奶油颗粒形成为止。在按照要求的条件下，一般完成搅拌所需的时间为30～60 min，奶油粒的形成情况可从搅拌器的窥视孔处看到，形成大豆粒大小的奶油颗粒时，搅拌结束。

6）奶油粒的洗涤

稀奶油经搅拌形成奶油粒后，即可放出酪乳，并进行洗涤。洗涤的目的是为了除去残余的酪乳，提高奶油的保存性。酪乳中含有蛋白质及乳糖，有利益微生物的滋生，因此要尽量减少这些成分。操作时将酪乳放出后，用经过杀菌冷却的清水在搅拌机中对奶油粒进行洗涤，加水量为稀奶油量的50%左右，或者与排放的酪乳的量相当。水温应根据奶油颗粒的软硬程度而定，奶油粒软时，应使用比稀奶油温度低1～3℃的水，注入水后慢速搅拌3～5转，停止旋转，将水放出，有异味时可进行2～3次洗涤。

7）奶油的加盐及压炼

酸性奶油一般不加盐，甜性奶油有的地区喜欢加盐。加盐是为了增加风味并抑制微生物的繁殖，提高其保藏性。加盐量一般不超过奶油总量的2%，所用的盐必须符合国家特级或一级的标准。加盐时，先将原料盐在120～130℃下烘熔3～5 min，然后通过30目的筛子。待奶油洗涤完成后，在奶油表面均匀加上烘焙过的盐，加盐后静置 10 min 左右，食盐溶解，然后再用旋转搅拌机使其混合均匀，再静止 10 min 后即可进行压炼。

奶油压炼是为了调节产品中水分的含量，并使水滴及盐分分布均匀，奶油粒变为组织细腻的团块。压炼的方法有奶油机内压炼和专门压炼机压炼。大型工厂多采用前一种方法。无论如何都要求压炼完后，奶油水分含量保持在 16%以下，水滴应达到极微小的分散状态，奶油切面上不允许有流出的水滴。

8）奶油的成型与包装

奶油一般根据其用途分为餐桌用奶油、烹调用奶油和食品工业用奶油。前两者必须是优质的小包装。一般采用硫酸纸、塑料夹层纸、铝箔纸等材料包装，也有用小型马口铁罐真空包装或塑料盒、涂塑复合纸盒包装的。食品工业用奶油一般都用较大型的马口铁罐、塑料桶、木桶、复合纸箱等包装。小包装可从几十克到几百克，大包装为 25～50 kg，根据不同要求可有多种规格。奶油包装时应特别注意以下两点：①包装时应进行无菌操作，所有器具应进行严格消毒；②包装时切勿留有空隙，以防在贮藏时发生氧化或产生霉斑。

9）奶油的贮存

奶油包装好后，要尽快送入冷库贮存，当贮存期只需 2～3 周时，可以放在 0℃的冷库中；当贮存 6 个月以上时，应放在－15℃的冷库中；当贮存期超过 1 年时，应放入－25～－20℃的低温冷库中。

23.2　炼乳加工

炼乳是一种浓缩乳制品，它是将新鲜牛奶经过杀菌处理后，蒸发除去其中大部分的水分制成的乳产品。

炼乳种类很多，按成品是否加糖可以分为甜炼乳和淡炼乳；按成品是否脱脂可以分为全脂炼乳、脱脂炼乳和半脱脂炼乳；若加入可可、咖啡及其他有色食品辅料，可以加工成花色炼乳；若强化了维生素、微量元素等，可以加工成强化炼乳；若加入蛋白质、植物脂肪、饴糖或蜂蜜类的营养物质等，可以加工成调制炼乳。目前我国炼乳的主要品种有甜炼乳和淡炼乳。

23.2.1　甜炼乳加工技术

甜炼乳也称全脂加糖炼乳，是指在原料乳中加入约 16%的蔗糖，经杀菌、浓缩到原体积 40%左右的一种乳制品。其中蔗糖含量在 40%～45%，水分含量不超过 28%。由于制品加入蔗糖后增大了它的渗透压，能抑制大部分微生物，因而成品具有极好的保存性。甜炼乳主要用于饮料、糕点、糖果及其他食品的加工原料，如咖啡伴侣等。

1．工艺流程

甜炼乳的一般工艺流程如图 23-2 所示。

2．工艺要点

1）原料乳的验收

用于生产甜炼乳的原料乳除了要符合乳制品生产的一般质量要求外，还有以下两个方面的质量要求。

（1）控制芽孢和耐热细菌的数量　由于炼乳生产时的真空浓缩过程乳的实际受热温度仅为 65～70℃，这个温度对于芽孢菌和耐热细菌是较适合的生长温度，有可能导致乳的腐败，所以严格地控制原料乳中耐热微生物数量，对于保证产品质量是非常重要的。

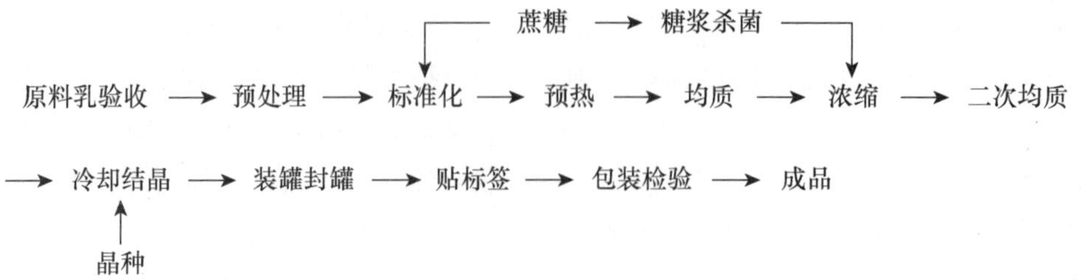

图 23-2　甜炼乳生产工艺流程

(2) 乳蛋白热稳定性好 要求原料乳能耐受强热处理，原料乳的酸度不能高于18°T，并且要求70%中性酒精试验呈阴性，盐离子平衡。

2) 预处理

验收合格的乳经称量、过滤、净乳、冷却后泵入贮乳罐内备用。

3) 乳的标准化

为了使产品的成分一致，所用的原料乳要进行标准化，目的在于调整原料乳中脂肪和非脂乳固体的比例，以满足炼乳质量要求。

4) 预热杀菌

(1) 预热杀菌的目的 ①杀灭原料乳中的致病菌、病毒，抑制或破坏对成品质量有害的其他微生物，以确保产品的安全性，提高产品的贮藏性；抑制酶的活性，以防产品产生脂肪水解、酶促褐变等不良现象。②控制适宜的预热温度，使乳蛋白质适当变性，同时一些钙盐也会沉淀下来，提高了酪蛋白的热稳定性，还可获得适宜的黏度，防止产品出现变稠和脂肪上浮等现象，这是提高产品质量的关键之一。若采用预先加糖方式时，通过预热可以使蔗糖完全溶解。③为真空浓缩进行预热，一方面可保证沸点进料，提高蒸发速度，另一方面可防止低温的原料乳进入浓缩设备后，由于与加热器温差太大，在加热面上焦化结垢，影响热传导与成品质量。

(2) 预热方法 ①低温长时间（LTLT）杀菌法；②高温短时间（HTST）杀菌法；③超高温瞬时（UHT）杀菌法。

5) 加糖

甜炼乳的原料在预热后注入糖浆，其量为乳总数的16%～18%。在夹层锅中将蔗糖溶化于水制成糖浆，其浓度65%左右，并同时将温度提高到87℃以上获得杀菌效果。糖浆使用前还需经过滤或离心净化。浓缩使用真空浓缩锅的，可在乳的浓缩末期将糖浆吸入锅中，再浓缩至终点。浓缩使用连续式真空浓缩装置，可使糖浆与乳混合之后一起进行浓缩。

6) 真空浓缩

乳的浓缩使用单效真空浓缩锅，真空度82.6 kPa，乳温50～56℃，浓缩时间10～20 min。根据检样测定浓缩终点，乳温48℃左右时，甜炼乳波美度31.71～32.56°Bé，即相对密度1.28～1.29；淡炼乳波美度7.10～8.37°Bé，即相对密度为1.051～1.061时则可认为浓缩终了。

7) 冷却与结晶

甜炼乳生产中冷却与结晶是最重要的步骤。及时冷却可以防止炼乳在贮藏期间变稠，同时控制乳糖结晶，使乳糖组织状态细腻、柔润，流动性好。所以甜炼乳生产应迅速地将温度降至常温，防止甜炼乳变稠和发生褐变，同时提高产品的稳定性。

蒸发乳迅速冷却到30～32℃，加入乳糖粉为炼乳量的0.025%，添加晶种时，其乳糖粉粒应小于4 μm，在130℃高温下杀菌1～2 s后，置于玻璃干燥器中冷却。加入后慢速搅拌40～60 min，再继续冷却到17～18℃，继续搅拌1～2 h，促使其中结晶变为极细小的粒子。

8) 装罐、封罐

在普通设备中经冷却结晶后的炼乳，其中含有大量的气泡，如此时装罐，气泡会留在罐内而影响产品质量。所以用手工操作的工厂，通常需静置12 h左右，等气泡逸出后再进行装罐。空罐需清洗、杀菌、烘干后使用。包装间需用紫外线杀菌30 min以上，并用乳酸熏蒸一次。装罐时甜炼乳温度应控制在17～18℃，但必须在搅拌后1～2 h内进行，用真空封罐机进行封罐。

23.2.2 淡炼乳加工技术

淡炼乳也称无糖炼乳，是将牛乳浓缩到1/2.5～1/2后装罐密封，然后再进行灭菌的一种炼乳。淡炼乳的生产工艺过程与甜炼乳大致相同，但因不加蔗糖，缺乏蔗糖的防腐作用，因而这种炼乳封罐后还要进行加热灭菌。淡炼乳分为全脂和脱脂两种，一般所说的淡炼乳是指前者，后者称为脱脂淡炼乳。此外，还有添加维生素D的强化淡炼乳，以及调整其化学组成使之近似于母乳，并添加各种维生素的专门喂养婴儿用的特别调制淡炼乳。

1. 淡炼乳生产工艺流程

淡炼乳的生产工艺与甜炼乳的主要区别有：①不加糖；②进行灭菌；③需要添加稳定剂。其具体工艺流程为：

原料乳验收→预处理→预热杀菌→真空浓缩→均质→冷却→再标准化→小样试验装罐、封罐→灭菌→振荡→保藏试验→包装→成品

2. 淡炼乳生产工艺要点

1）原料乳的验收

因为淡炼乳在生产过程中要经过高温灭菌，所以对原料乳的要求较为严格。首先要求热稳定性高的牛乳，酒精试验采用72%的酒精。乳脂肪大于3.2%，总固形物大于11.5%，酸度不能超过18°T。

验收合格的牛乳需经过称量、净化、冷却、贮乳、标准化等预处理。

2）添加稳定剂

添加稳定剂的目的在于增加原料乳的热稳定性，防止在灭菌时发生凝固现象。

3）预热杀菌

预热的目的不仅是为了杀菌，而是适当地加热可以使一部分乳清蛋白凝固，可提高酪蛋白的热稳定性以防止灭菌时凝固，成品组织状态良好，并赋予成品适当的黏度，使真空浓缩操作发挥较高的性能。

淡炼乳一般用95～100℃，保持10～15 min的预热条件。如果温度低于95℃时，牛乳的稳定性显著降低，如果采用超高温瞬时灭菌法，即将牛乳加热至120℃，保持25 s的条件时，牛乳的热稳定性得到明显的改善。进行超高温瞬时处理可降低稳定剂的使用量，甚至可不用稳定剂仍能获得稳定性高、褐变程度低的产品。

4）真空浓缩

淡炼乳的浓缩过程与甜炼乳基本相同，但淡炼乳因不加蔗糖其总干物质含量较低，可使用0.12 MPa的蒸汽压力进行蒸发，浓缩时牛乳温度一般保持在54～60℃。若预热温度高，浓缩时沸腾剧烈，易起泡和焦管，应注意对加热蒸汽的控制。一般2.1 kg的原料乳（乳脂肪3.8%、非脂乳固体8.55%）经浓缩可生产1 kg淡炼乳（乳脂肪8%、非脂乳固体18%）。

5）再标准化

原料乳已进行过标准化，浓缩后进行的标准化是使浓缩乳的总固形物控制在标准范围内。因为淡炼乳的浓度难以正确掌握，一般生产中都是浓缩到比标准略高的浓度，再加无菌水调整到要求浓度，所以再标准化步骤通常被称为浓度标准化，也称加水。

6）均质

均质的目的有：破碎脂肪球，防止脂肪上浮；使吸附于脂肪球表面的酪蛋白量增加，进而增加制品的黏度，缓和变稠现象；改善产品感官质量，使产品易于消化吸收。

淡炼乳大多采用二次均质，均质压力第一段为14～16 MPa，第二段为3.5 MPa左右。温度以50～60℃为宜。均质效果可通过显微镜检查确定。

7）冷却

均质后的炼乳温度一般为50℃左右，如在这样的温度下停留时间过长，可能出现耐热性细菌繁殖或酸度上升的现象，从而使灭菌效果及热稳定性降低。因此，淡炼乳均质后应及时且迅速地将物料的温度降下来，以防止产品发生变稠和褐变，同时提高产品的稳定性。淡炼乳的冷却温度与装罐时间有关，当日装罐需冷却到10℃以下，次日装罐要求温度更低。一般在4℃以下可以防止微生物繁殖。

8）小样试验

（1）目的　在淡炼乳生产中，为了延长保存期，罐装后还有一个二次灭菌过程。为提高乳蛋白质在高温灭菌时的稳定性，往往添加少量的稳定剂（磷酸盐），防止它在灭菌时凝固变性。为防止不能预计的变化而造成大量的损失，灭菌前先按不同剂量添加稳定剂，试封几罐进行灭菌，然后开罐检查，以确定批量生产时稳定剂的添加量、灭菌温度和时间。此过程即为小样试验。

通常添加的稳定剂为稳定性盐，一般是磷酸盐类。添加磷酸盐可使浓缩乳的盐类达到平衡。因为正常情况下，乳中的钙、镁离子过剩，从而降低了酪蛋白的热稳定性。添加柠檬酸钠、磷酸氢二钠或磷酸二氢钠，则生成钙、镁的磷酸盐与柠檬酸盐，使可溶性钙、镁减少，因而增加了酪蛋白的热稳定性。稳定剂的添加量，按100 kg原料乳汁，加磷酸氢二钠或柠檬酸钠15～25 g；按100 kg淡炼乳计，加12～60 g为宜。若添加过量，

产品风味不好且褐变显著。准确添加量根据小样试验确定。

(2) 样品的准备　由贮乳罐取样，通常以每 1 kg 原料乳按 0.25 g 为限加入不同剂量的稳定剂。稳定剂可配制成饱和溶液，用刻度为 0.1 和 1 mL 的吸管添加比较方便。

(3) 灭菌试验的方法　把样品装入小样用的灭菌机，采用 116.5℃、16 min 杀菌完毕后，迅速冷却，冷却后即可取出小样开罐检查。

(4) 开罐检查　先检查有无凝固物，然后检查黏度、色泽、风味。检查有无凝固物时，可将试样放入烧杯中，观察烧杯上的附着状态。烧杯壁成均匀乳白状态者为良好，如有斑纹状或有明显的附着物则不好。色泽呈稀薄的稀奶油色为良好。风味一般为略有甜味，稍有焦糖味尚可。

9) 装罐与封罐

按照小样试验结果添加稳定剂后，应立即进行装罐、封罐。封罐时顶隙要留有余量，不可装满，以免灭菌时膨胀变形。装罐后进行真空封罐，以减少气泡量及顶隙中的残留空气，并且防止"假胖听"。封罐后应及时灭菌，若不能及时灭菌应在冷库中贮藏以防变质。

10) 灭菌、冷却

灭菌的目的是彻底杀灭微生物及酶类，使成品达到长期保藏。另外，适当高温处理可提高成品黏度，有利于防止脂肪上浮，并可赋予炼乳特有的芳香味。不过淡炼乳的二次杀菌会引起美拉德反应而造成产品有轻微的棕色变化。灭菌方法分为间歇式和连续式两种。

(1) 间歇式灭菌　适用于小规模生产，一般按小试法控制温度和升温时间，要求在 15 min 内使温度升至 116～117℃，一般的灭菌程序为：15 min—20 min—15 min/116℃，即升温 15 min，至 116℃保温 20 min，然后在 15 min 内冷却到 20℃以下。

(2) 连续式灭菌　大规模生产多采用连续式灭菌机。灭菌机由预热区、灭菌区和冷却区三部分组成。封罐后的罐内温度在 18℃以下进入预热区被加热到 93～99℃，然后进入灭菌区，升温至 114～119℃，经一段时间运输进入冷却区冷至室温。

11) 振荡

如果灭菌操作不当，或使用热稳定性较差的原料乳，则生产出的淡炼乳往往出现软的凝块。振荡可使凝块分散复原成均一的流体，使用振荡机进行振荡，应在灭菌后 2～3 d 内进行，每次振荡 1～2 min。

12) 保温检验

淡炼乳出厂之前，一般还要经过保温检查，即产品在 25～30℃保温贮藏 3～4 周，观察有无胀罐，并开罐检查有无缺陷，必要时可抽取一定数量样品，于 37℃保存 6～10 d 加以观察及检查，合格者方可出厂。

复习思考题

1. 简述奶油的定义及种类。
2. 影响奶油质量的因素有哪些?
3. 简述奶油的加工工艺及工艺要求。
4. 稀奶油搅拌时需注意的问题有哪些?
5. 奶油粒洗涤的目的是什么?
6. 试述甜炼乳生产工艺流程及操作要点。
7. 试述淡炼乳生产工艺流程及操作要点。

第 3 篇

蛋品工艺学

CHAPTER 24

第 24 章 蛋品加工基础知识

目标要求：

1. 了解禽蛋的种类，掌握禽蛋的结构；
2. 了解禽蛋的化学成分与营养价值；
3. 了解禽蛋的物理特性与加工特性。

禽蛋一直以来都是优质的营养和食物资源，是最大的单细胞食物，由多种重要的化合物组成，形成生命的基础。禽蛋富含一系列营养素，如蛋白质、脂质、抑制剂、酶类和多种生物活性物质（促生长因子、抗菌剂、抗病毒因子）。从20世纪90年代中期开始，表征禽蛋生理功能和寻找新的生物活性物质的研究不断被开展，使得禽蛋营养和功能的研究不仅被应用于食品行业，在疾病治疗、保健、甚至医药和化妆品行业也有较多的推广应用。本章将从营养的角度详细介绍禽蛋的研究近况，指导禽蛋的生产、加工和食用。

24.1 禽蛋的种类、构造和化学组成

24.1.1 禽蛋种类

禽蛋包括各种可食用的鸟类和家禽的蛋的统称。

1. 禽蛋生物学意义分类

通常意义的禽蛋包括鸡蛋、鸭蛋、鹅蛋、鹌鹑蛋、鸽子蛋、火鸡蛋（turkey egg）、鸵鸟蛋等；鸡蛋、鸭蛋和鹅蛋为家禽蛋，是主要的禽蛋产品，其中鸡蛋的销售量最大；鹌鹑蛋和鸽子蛋为鸟蛋，相较于家禽蛋，鸟蛋的营养价值更高。

鸡蛋：又名鸡卵、鸡子，是母鸡所产的卵，富含卵磷脂、胆固醇，营养丰富。鸡蛋蛋重40～75 g，含10%～12%蛋壳、45%～60%蛋清和26%～33%蛋黄。

鸭蛋：又名鸭子、鸭卵、太平、鸭春、青皮等，为鸭科动物家鸭的卵，富含蛋白质、脂质、矿物质等，具有食疗价值。鸭蛋蛋重60～100 g，含11%～13%蛋壳、45%～58%蛋清和28%～35%蛋黄。

鹅蛋：为家鹅生下的卵，富含蛋白质、脂肪、矿物质和维生素等，蛋重160～245 g，含11%～13%蛋壳、45%～58%蛋清和32%～35%蛋黄。

鹌鹑蛋：为雉科鹌属鹌鹑产的卵，富含卵磷脂、矿物质和维生素D，胆固醇含量较低，蛋重10～13 g，含7.2%～7.4%蛋壳、60.4%～60.8%蛋清和31%～31.4%蛋黄。

2. 鸡蛋分类

作为主要的禽蛋产品，鸡蛋包括白壳蛋、褐壳蛋和绿壳蛋。

24.1.2 禽蛋结构

对禽蛋结构组成的研究有助于开展针对禽蛋化学组分、营养和功能特性的研究，以鸡蛋为例，对禽蛋的结构组成进行层层剖析。鸡蛋由蛋壳、蛋清和蛋黄组成，对各种组成部分进行细化，包括蛋壳、蛋壳膜、气室、系带、稀薄蛋白、浓厚蛋白、卵黄膜、胚盘、黄卵黄、白卵黄、潘氏核和卵黄心等组分（图24-1）。

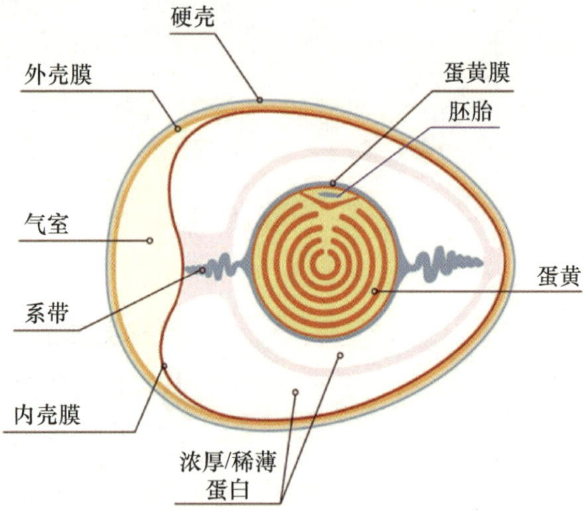

图 24-1 禽蛋的结构示意图

1. 外蛋壳膜

鸡蛋蛋壳表面覆盖着一层胶质性物质，叫外蛋壳膜，又称壳上膜、壳外膜或角质层，是由一种无定形结构、无色、透明具有光泽的胶质黏液干燥后形成的膜，平均厚度在10～30 μm，主要化学成分是糖蛋白，可溶于水，因此，较易被水洗脱，有机酸、磷酸溶液也易引起外蛋壳膜结构的分解。完整的外蛋壳膜能够防止蛋内水分的蒸发和CO_2逸出，同时还能够保护禽蛋不受细菌和霉菌的侵入，起到保护禽蛋品质的作用。

外蛋壳膜又可分为两层，包括内矿化层和外有机层。其中，外层的有机层结构致密，内层的矿物层含有较多的囊泡。

蛋壳外层经常附着有残留的羽毛、粪便等有害物体，同时寄生了大量的致病微生物，通过分级、清洁干燥、紫外线消毒等操作获得保洁蛋，

最大限度减少有害成分的残留，再根据外蛋壳膜的特性对蛋壳进行涂膜处理，延长禽蛋贮藏时间。

2. 蛋壳

蛋壳又称石灰质硬蛋壳，是包裹在蛋内容物外面的一层硬壳，由泡沫状的角质层、碳酸盐或碳酸钙层及两层薄膜组成，具有固定蛋的形状及保护蛋清和蛋黄的作用。蛋壳的超微结构包括壳膜、乳头区、钙储备区、栅栏层和角质层，角质层是外壳表面非均匀分布的漏斗状孔隙，有 7 000～17 000 个，是水和气体交换的通道。

蛋壳由无机物和有机蛋白质组合而成，约含有 93%的碳酸钙、1%的碳酸镁、3.2%的磷酸钙和磷酸镁无机物及 2.8%的有机物，其中有机物主要为糖蛋白和糖肽。蛋壳中的有机物能够影响碳酸钙晶体的成核过程，从而控制结晶形成，对蛋壳的生物功能系统起着重要作用。

鸡蛋壳密度为 1.741～2.132 g/cm^3，较其他禽蛋蛋壳密度大。蛋壳约占蛋重的 12%，厚度为 0.2～0.4 mm，具有一定的强度，能够耐受 3 MPa 的压力而不破损，其纵轴的耐压力强于横轴，因此在贮藏运输过程中将鸡蛋竖放在蛋托上，并防止鸡蛋之间相互碰撞，可减少破损率。蛋壳强度受到饲料、饲养条件和环境因素的影响；同时，碳酸钙成分含量的高低也会直接影响蛋壳的强度。而决定蛋壳强度的主要因素是壳的厚度和密度，蛋壳的厚薄与壳的色泽、产蛋季节有关，色浅的蛋壳薄、耐压强度小，色深的蛋壳厚、耐压强度大；冬季饲料中矿物质含量较高，蛋壳较厚、耐压强度大，夏季饲料多为野菜，矿物质含量少，蛋壳较薄、耐压强度小。鲜蛋的比重与蛋壳厚度有一定的相关性，通过测定蛋的比重即可间接测定蛋壳厚度，见表 24-1。

表 24-1　蛋的比重与蛋壳厚度的相关性

蛋比重	1.070	1.080	1.090
蛋壳厚度/mm	0.28～0.30	0.33～0.36	0.38～0.41

蛋壳的色泽因品种、饲料、季节的不同而改变，有白色、浅黄色、褐色、绿色等，也可能由于蛋壳上有机物分布不均匀使蛋壳带有斑点或斑纹。角质层和蛋壳中主要的色素是原卟啉色素，这种色素受紫外线照射可发出红色荧光，蛋壳颜色会随其含量的变化而变化。一般来说，具有褐色和红色壳的鸡蛋中原卟啉含量较高，但是其他禽蛋的蛋壳与原卟啉含量的关系现在还不太明确。蛋壳色泽与其强度的关系为：色素越多，蛋壳越厚，耐压强度越高；褐色蛋壳重而厚（0.32 mm）、耐压力大（23.4 N），白色蛋壳轻而薄（0.28 mm）、耐压力小（20.1 N）。

蛋壳粉碎后得到的产物称为蛋壳粉，具有重要的生物功能，在胃液中有较强的溶解性和吸收率，能够有效改善骨质疏松，也可作为磷酸盐结合剂，降低血清磷浓度。对蛋壳的研究利用还在继续，未来会有更多相关研究成果出现，为蛋壳资源的开发利用提供基础。

3. 壳内膜

在蛋壳内表面和蛋清之间有一层白色的薄膜，称为壳内膜，又叫壳下膜，包括内壳膜和外壳膜两部分，厚度为 73～114 μm。内壳膜，也称为蛋白膜，厚 15～26 μm，有 3 层纤维，与蛋壳平行并彼此垂直，形成网状结构，纤维粗细在 1～7 μm；外壳膜，也称为蛋壳膜，厚 50～70 μm，有 6 层纤维面向不同方向进行交替排列，纤维粗细在 0.1～3 μm。壳内膜的通透性较蛋壳小，进一步起到保护蛋内容物完整性和抑菌的功能。壳内膜不溶于、酸、碱及盐溶液，能透过水和空气，具有重要的应用价值。

4. 气室

鸡蛋包括钝端和尖端，在蛋的钝端，由蛋白膜和蛋壳膜分离而形成的气囊称为气室。刚产下的鸡蛋没有气室，当蛋接触到空气时，带有母鸡体温的鸡蛋内容物会遇冷收缩，使蛋的内部暂时形成一部分真空，随后，外界空气通过蛋壳气孔和蛋壳膜孔进入蛋内，最终形成了气室。气室只在蛋的钝端形成，尖端不会形成气室，主要是由于钝端部分比尖端部分与空气接触面广，且钝端蛋壳和蛋壳膜的气孔分布最多、最大，有利于外界空气进入。

有报道称，禽蛋排出体外后的 2～10 min 内就会形成气室，平均形成时间在 6～10 min。鲜蛋的气室较小，随着贮藏时间的延长，蛋清和蛋黄内的水分逐渐扩散损失，气室也会不断增大，因此，气室的大小与蛋的新鲜程度有关，可用来评价和鉴定鸡蛋的新鲜度。

气室对小鸡的孵化也起到重要作用，为发育期间的鸡胚提供氧气。

5. 系带

在蛋黄的两端各有一条白色的带状物，称为系带。系带由浓厚蛋白构成，鲜蛋的系带较粗，且富有弹性，含有大量的溶菌酶。系带的一端连接浓厚蛋白，另一段连接蛋黄膜，起到固定蛋黄的作用，保证鸡胚发育过程中的稳定。随着贮藏时间的延长，系带会逐渐变细，直至消失，造成蛋黄移位上浮，出现靠黄蛋和黏壳蛋，因此，系带的存在状况也是鉴别蛋的新鲜程度的标志之一。

在母鸡输卵管的漏斗部，首先形成细丝状的系带，与蛋黄相连，细丝的直径在 7.5 μm 左右；到达输卵管的膨大部后，这些细丝逐渐扭转成股，同时引起蛋黄的转动，此时细丝的直径在 20 μm 左右；最后，蛋黄到达膨大部的底端，形成粗的系带并与浓厚蛋白连接，将蛋黄固定在蛋清中。系带呈螺旋形，随着蛋的形成，系带的螺旋度逐渐提高，两端的系带旋转扭曲的方向不同，大头呈顺时针旋转，平均螺旋回数是 21.81，小头逆时针旋转，平均螺旋回数是 25.45。

6. 蛋清

蛋清也称蛋白，位于蛋壳膜的内部、蛋黄膜的外部，占蛋重的 50%～55%，是白色透明的半流动体，通过不同的浓度分层分布在蛋内。有学者将蛋清的结构由外到内分为 4 层：外层稀薄蛋白，占总蛋白体积的 23.3%；外层浓厚蛋白，占总蛋白体积的 57.3%；内层稀薄蛋白，占总蛋白体积的 16.8%；内层浓厚蛋白，占总蛋白体积的 2.7%。

蛋清蛋白按照存在形态可分为浓厚蛋白和稀薄蛋白，各层蛋白的含量与母鸡的品种、年龄、环境、饲料和蛋的大小有关系。浓厚蛋白中卵类黏蛋白的含量（0.24%）高于稀薄蛋白（0.16%），因此浓厚蛋白的黏度高于稀薄蛋白。稀薄蛋白为水样液体，随着鸡蛋贮藏时间的延长，蛋内稀薄蛋白含量会逐渐增加。

7. 卵黄膜

卵黄膜是一层凝胶状的薄膜，包裹在蛋黄外面，主要功能是阻止蛋黄与蛋清融合，也是防止微生物入侵的最后一道屏障。卵黄膜可分为 3 层：由内至外依次为内层、中层和外层，内层和外层由黏蛋白组成，中层则由角蛋白组成。外层卵黄膜由输卵管漏斗部的柱状分泌细胞合成，内层卵黄膜由卵泡周围的颗粒细胞层分泌合成。卵黄膜占蛋黄重量的 2%～3%，平均厚度为 12 μm，内层厚度为 1.0～3.5 μm，外层厚度为 3.0～8.5 μm。卵黄膜主要由卵黄膜蛋白-Ⅰ、卵黄膜蛋白-Ⅱ、溶菌酶蛋白、卵黏蛋白和 ZP（zona pellucide，透明带）蛋白等组成，随着贮藏时间的延长，蛋黄的体积会因蛋清中水分的渗入而逐渐增大，当超过原体积的 19%时，会导致卵黄膜破裂。新鲜蛋的卵黄膜有韧性和弹性，陈蛋的卵黄膜韧性和弹性都很差，基于此，卵黄膜的完整程度也可用于判断鸡蛋的新鲜程度。

8. 蛋黄

蛋黄是包裹在卵黄膜下的一种浓厚且不透明的半流动黄色乳状液，是蛋中最有营养的部分，位于鸡蛋的中心，呈圆球形，鲜蛋蛋黄包括白卵黄和黄卵黄两部分，由这两部分基质交替组成，可分数层：在卵黄膜下面是一层较薄的白蛋黄，接着为一层较厚的黄蛋黄，再里面又是一层较薄的白蛋黄，依次循环，使得成熟的蛋黄内出现 7～10 个同心圆。这是由于在形成蛋黄时，昼夜新陈代谢速度不同，白天比夜晚有更多的色素沉积，造成不同颜色的同心圆的产生。

卵黄心和潘德尔核由白卵黄组成，蛋黄的其他部分由黄卵黄组成；黄卵黄包括浅色的黄卵黄和深色的黄卵黄。在蛋黄的卵黄心处能观察到分层结构，但是在黄卵黄处不能够观察到这种分层结构。卵黄球有裸露的表面，但是没有明显的膜结构；卵黄心的白卵黄表面有薄层状的囊状结构，在潘德尔核的表面能观察到膜结构，然而白卵黄球的表面无膜结构。

蛋黄的颜色主要由饲料里所含的叶黄素、β-胡萝卜素、玉米黄质及核黄素决定。饲料中的色素物质含量不同，使得蛋黄颜色分别呈橘红、浅黄或淡绿，其中青饲料和黄色玉米能增加蛋黄的色泽。冬季所产鸡蛋蛋黄颜色较淡，夏季蛋黄色泽较深，可能是由于夏季鸡饲料中含有较多的青草。

9．胚珠

胚珠又称胚盘，是蛋黄表面上的一颗乳白色小点，未受精的称为胚珠，边缘不规则，呈锯齿状，且含有大量空泡，较胚盘小且致密；受精的称为胚盘（或胚胎），呈圆盘形，同心圆状（外周有一层均匀对称的白色环状结构，中部明亮透明），是胚珠大小的 1.5～2 倍，颜色偏白且透明。受精蛋不稳定，外界温度达到 25℃时，受精的胚盘就会发育。

24.1.3　禽蛋化学成分

禽蛋中化学成分复杂多样，除含有水分、蛋白质、脂肪、矿物质外，还有丰富的维生素、碳水化合物、色素、酶等。对不同种类禽蛋的基本化学组成（表 24-2）进行比较发现，鸡蛋的水分含量最高、脂肪含量最低，鸭蛋的脂肪含量最高，鹅蛋的碳水化合物含量最高，鹌鹑蛋的固形物和蛋白质含量最高。

禽蛋的化学成分受到禽的种类、品种、年龄、产蛋大小、产蛋率、产蛋季节、饲养管理条件及其他因素的影响。

1．蛋壳的化学成分

蛋壳中的主要成分是无机物，占蛋壳重量的 94%～97%，其中碳酸钙约占 93%，碳酸镁约占 1%，还有少量的磷酸钙和磷酸镁；有机物含量占蛋壳重的 3%～6%，主要为蛋白质，还有极少量的脂质和色素。蛋壳的化学组成主要受饲料中钙含量的影响，饲料中若出现钙含量长期不足的情况，就会引起禽生产软壳蛋或破损蛋。另外，蛋壳的颜色除了受禽类品种差异影响外，在很大程度上也受到饲料中色素含量及禽类生殖系统生理状态的影响。

蛋壳中的无机物以乳头核为起点呈放射状生长形成晶体，包括两种：一种是方解石晶体，主要成分是碳酸钙；另一种晶体是白云石结晶，主要成分是碳酸镁钙［$CaMg(CO_3)_2$］。蛋壳内的这两种晶体分布不均匀，造成镁离子在蛋壳内的不均匀分布，镁/钙在蛋壳内的分布趋势是由外向内逐渐减少。由于白云石结晶较方解石结晶更硬，所以含镁较多的蛋壳更硬。

早期对蛋壳组成的研究认为蛋壳内的主要的蛋白质是胶原蛋白，通过对蛋壳氨基酸组成的检测未发现胶原蛋白的特异性氨基酸（羟脯氨酸及蛋氨酸），但是检测到少量的胱氨酸与硫酸软骨素组成的复合物。

蛋壳中的色素主要是卟啉色素，其中原卟啉Ⅸ、胆绿素Ⅸ和胆绿素Ⅸ的锌离子螯合物是主要的卟啉色素，蛋壳的颜色受到卟啉色素的种类和数量影响，褐壳蛋内主要色素是原卟啉色素，蓝色或蓝绿色蛋壳中的色素则是胆绿素Ⅸ及其锌离子螯合物，鹅蛋蛋壳几乎无色，色素含量极低。蛋壳中还含有少量碳水化合物，主要是半乳糖胺、葡萄糖胺、糖醛酸和唾液酸等，其中多糖类有 35%以 4-硫酸骨素和硫酸软骨素状态存在。

2．蛋壳膜的化学成分

蛋壳膜是位于鸡蛋壳与鸡蛋清之间的纤维状薄膜，厚约 70 μm，其中外蛋壳膜厚约 50 μm，内蛋壳膜厚约 15 μm。蛋壳膜约占蛋湿重的 1.02%，

表 24-2　不同种类禽蛋的化学组成成分（可食部分）　　%

蛋别	水分	固形物	蛋白质	脂肪	灰分	碳水化合物
鸡全蛋	72.5	27.5	13.3	11.6	1.1	1.5
鸭全蛋	70.8	29.2	12.8	15.0	1.1	0.3
鹅全蛋	69.5	30.5	13.8	14.4	0.7	1.6
鸽蛋	76.8	23.2	13.4	8.7	1.1	—
火鸡蛋	73.7	25.7	13.4	11.4	0.9	—
鹌鹑蛋	67.49	32.27	16.64	14.4	1.203	—

干重的0.24%，含有约20%的水分和80%的有机物。蛋壳膜的有机成分主要为蛋白质（约占蛋壳膜干重的90%），还有少量灰分、脂质和多糖。

蛋壳膜的蛋白质成分比较多样，包括角蛋白和胶原蛋白等硬蛋白及OC-17（Ovocleidin-17）、唾液酸糖蛋白、卵清蛋白、溶解酵素、卟啉蛋白等复合蛋白，其中胶原蛋白约占蛋壳蛋白总量的10%，外蛋壳膜中主要为Ⅰ型胶原蛋白，内蛋壳膜中主要为Ⅰ、Ⅴ型胶原蛋白，而Ⅹ型胶原蛋白均存在于两层结构中。

蛋壳膜的脂质组成中含有86%的中性脂肪和14%的复合脂质，神经鞘磷脂约占复合脂质总量的63%，卵磷脂约占复合脂质总量的12%。另外，蛋壳膜中还存在一些多糖类物质，其中N-乙酰氨基葡萄糖半乳糖和溶解酵素可以分别阻止革兰氏阴性菌和革兰氏阳性菌进入鸡蛋内部。

除了大量的有机物，蛋壳膜中还有少量无机物存在，包括钙、镁、锶等，但是不含铅、铝、汞、碘等重金属元素。

3. 蛋清的化学成分

不计蛋壳重量的情况下，禽蛋蛋清约占禽蛋内容物湿重的2/3，含有约90%的水分，还含有蛋白质、脂肪物质、维生素、矿物质及糖，因此可把蛋清看作是一种以水为分散介质、以蛋白质为分散相的胶体物质。不同种类的禽蛋蛋清化学组成也不相同，以鸡蛋为例，蛋清中含有85%～88%的水分、11%～13%的蛋白质、0.6%～0.8%的灰分、0.7%～0.8%的碳水化合物和微量的脂质成分。

1）蛋清水分组成

水分是蛋清的主要组成部分，蛋清中的水分大部分以溶剂形式存在，属于自由水范畴，少部分与蛋白质结合，以结合水的形式存在。蛋清中水分含量因蛋清各层中有机物的稀稠程度不同而变化，外层稀薄蛋白约含水89.0%，中层浓厚蛋白约含水84.0%，内层稀薄蛋白约含水86%，系带膜状层约含水82%。

2）蛋清蛋白质组成

蛋清中含有11%～13%的蛋白质，随着蛋白质组学的发展，已从蛋清中检测到近百种蛋白质，多数蛋白质在蛋清中的丰度极低，归属于几个蛋白质种类：卵白蛋白、卵球蛋白、卵黏蛋白、卵类黏蛋白和伴白蛋白等。这些蛋白质可归纳为两类：简单蛋白和糖蛋白，其中卵白蛋白、卵球蛋白和伴白蛋白属于简单蛋白，卵黏蛋白和卵类黏蛋白属于糖蛋白。丰度较高的蛋白质包括卵清蛋白、卵转铁蛋白、卵类黏蛋白、溶菌酶、卵黏蛋白和卵糖蛋白等，约占蛋清蛋白总量的86%。蛋清蛋白质的基本性质和特点见表24-3。

表24-3 蛋清蛋白质的种类及基本性质

蛋白质种类	相对含量/%	等电点	相对分子质量	功能特性
卵白蛋白（ovalbumin）	54～69	4.5～4.8	45 000	降血压、免疫调节、抑制血管紧张素
卵转铁蛋白（ovotransferrin）	12～13	6.05～6.6	70 000～78 000	与铁、铜、锌等金属离子络和，抗菌、免疫调节、补血
卵黏蛋白（ovomucin）	1.5～3.5	4.5～5.1	—	抗病毒的血凝集作用
卵类黏蛋白（ovomucoid）	11	3.9～4.3	28 000	丝氨酸蛋白酶抑制剂、免疫调节
卵抑制剂（ovoinhibitor）	0.1～1.5	5.1～5.2	44 000～49 000	抑制蛋白酶，包括胰蛋白酶和糜蛋白酶
溶菌酶（lysozyme）	3.4～3.5	10.5～11.0	14 300～17 000	抗菌、消炎、免疫调节和免疫增强
卵糖蛋白（ovoglycoprotein）	0.5～1.0	3.0	24 400	属糖蛋白
黄素蛋白（flavin-binding protein）	0.8	3.9～4.1	32 000～36 000	结合核黄素
卵球蛋白 G_2（globulins G_2）	4.0	5.5	36 000～45 000	发泡剂
卵球蛋白 G_3（globulins G_3）	4.0	5.8	36 000～45 000	发泡剂
卵巨球蛋白（ovomacroglobulin）	0.05	4.5～4.7	760 000～900 000	热稳定性强、促进伤口愈合
抗生物素蛋白（avidin）	0.5	9.5	53 000	结合维生素H
无花果蛋白酶抑制剂（ficin inhibitor）	0.05	约5.1	12 700	抑制蛋白酶，包括木瓜和无花果蛋白酶

蛋清中的蛋白质体系由大量的球状水溶性糖蛋白和不溶性卵黏蛋白纤维组成，各层之间蛋白质的组成差别不大，但是各类蛋白质的含量差异较大，浓厚蛋白层的卵黏蛋白含量是稀薄蛋白层的5倍左右，因为这种黏性蛋白和溶菌酶是浓厚蛋白层形成凝胶结构的物质基础。

(1) 卵白蛋白　是蛋清中的主要蛋白质，占蛋清总蛋白的54%～69%，热稳定性差，热变形温度为60～65℃，等电点为4.5～4.8，纯的卵白蛋白相对分子质量约为45 000，含有385个氨基酸残基，既有糖基，也有磷酸基团，含有2个磷酸化位点（Ser68和Ser344）。蛋清中有3种卵白蛋白：A1、A2、A3，3种组分之间的差别在于所含磷酸基团的数量不相同，对3种卵白蛋白的结构鉴定结果显示A1含有2个磷酸基，A2含有1个磷酸基，而A3不含有磷酸基；3种蛋白组分的含量比为(81～84)：(14～16)：(2～4)，可通过等电聚焦、离子交换层析和非变性凝胶电泳等技术分离纯化得到3种卵白蛋白。在卵白蛋白中糖类物质含量约为3.2%，其中含2%*D*-甘露糖、1.2%N-乙酰葡萄糖胺，通过N-键与天门冬氨酰胺残基结合，形成磷脂糖蛋白。鲜蛋中的卵白蛋白称为*n*-卵白蛋白，贮藏过程中会发生变形反应，形成变性卵白蛋白，称为s-卵白蛋白，这个过程提高了蛋白质的热稳定性。卵白蛋白中酸性氨基酸含量较高，使得其等电点为4.5，碱性条件下62℃加热3.5 min，只有3%～5%的卵白蛋白发生热变性，pH为7时几乎不发生热变性。

(2) 卵转铁蛋白　又称副卵白蛋白或卵伴白蛋白，占蛋清蛋白质总量的12%～13%，相对分子质量为70 000～78 000，含有686个氨基酸残基，是一种单亚基的糖蛋白，等电点在6.0～6.6，热变性温度为58～67℃。卵转铁蛋白易溶于水，含有15个二硫键，无自由巯基；二硫键可维持蛋白质的构象稳定，并有助于蛋白质与金属离子结合。卵转铁蛋白是一种铁结合蛋白，具有可逆结合Fe^{3+}的能力，也可与其他离子，如Cu^{2+}、Zn^{2+}和Al^{3+}结合，分别形成红色、黄色、白色和无色的蛋白质金属离子复合物。卵转铁蛋白与Fe^{3+}结合后构象会发生改变，使原本开放、疏散的结构变得更紧密、封闭和稳定，对热和水解酶的抵御能力也增强。

(3) 卵黏蛋白　属于硫酸化糖蛋白，占蛋清蛋白质总量的2%～4%，是蛋清形成凝胶结构的基础，根据水溶性可分为可溶性卵黏蛋白和不溶性卵黏蛋白两种，浓厚蛋白和稀薄蛋白中均含有可溶性卵黏蛋白，而不溶性卵黏蛋白仅存在于浓厚蛋白中。两种卵黏蛋白均含有两个亚基：α-亚型和β-亚型，两个亚型的比例不同产生了两种溶解度不同的卵黏蛋白，α-卵黏蛋白中含有15%的糖组分，包括6.7%的N-乙酰葡萄糖胺、0.6%的N-乙酰半乳糖胺、1.8%的半乳糖、4.6%的甘露糖、1.0%的唾液酸和0.7%的硫酸酯，β-卵黏蛋白中含有60%的糖组分，包括11.0%的N-乙酰葡萄糖胺、8.7%的N-乙酰半乳糖胺、19.2%的半乳糖、4.1%的甘露糖、13.8%的唾液酸和2.7%的硫酸酯。卵黏蛋白在溶液中的黏度较高，能够维持浓厚蛋白层的凝胶状态，阻止蛋白起泡。鲜蛋的浓厚蛋白层在贮藏过程中会发生水样化，主要是卵黏蛋白发生了变化。卵黏蛋白的热稳定性较强，在pH 7.1～9.1时，90℃加热2 h，蛋白溶液不发生热变性。

(4) 卵类黏蛋白　属于糖蛋白类，是蛋清中主要的蛋白酶抑制因子，含量较高，约占蛋清蛋白质总量的11%，相对分子质量为28 000，等电点为3.9～4.3，溶解度较高，在等电点时仍能溶解。卵类黏蛋白中含有的糖分中，既包括唾液酸寡糖，又包括硫酸化寡糖。卵类黏蛋白对胰蛋白酶和细菌性蛋白酶均有抑制作用。在酸性或中等碱性条件下热变性温度较高，pH 3.9以下，100℃加热60 min，不会发生变性现象。

(5) 卵抑制剂　约占蛋清蛋白质总量的1.5%，相对分子质量为49 000，等电点为5.1～5.2，含5%～10%的糖组分，属于糖蛋白。卵抑制剂的生产由雌激素控制，可在母鸡的肝脏、输卵管和法氏囊等部位合成。卵抑制剂对多种蛋白酶具有抑制作用，对热和酸稳定。

(6) 溶菌酶　又叫胞壁质酶、N-乙酰胞壁质聚糖水解酶，相对分子质量为14 300～17 000，等电点为10.7，含有129个氨基酸残基，在系带膜状层中含量比其他蛋白层中多2～3倍，在各蛋白层中的分布情况相似，占蛋清蛋白质总量的3%～4%，除了以单体形式存在，还可与卵黏蛋白、卵蛋白蛋白、卵白蛋白结合，对维持浓厚蛋白的结构起到重要作用。溶菌酶能够通过水解细菌细胞壁中肽聚糖的N-乙酰胞壁酸和N-乙酰氨基葡萄糖残基之间的β-1,4糖苷键而起到抑菌的作用，对革兰氏阴性菌较敏感；还可以催化糖转位反应。溶菌酶的热稳定性受到多种因素的影响，pH 4.5时加热1～2 min仍稳定，但在pH>9时稍不稳定，尤其是有铜离子存在时，很不稳定。

(7) 卵糖蛋白　是一种酸性糖类蛋白质，相对分子质量为30 000，等电点为3.0，含有13.6%的己糖、3%的唾液酸和13.8%的葡萄糖胺，己糖主要包括葡萄糖和甘露糖，两者含量比例为1∶2，热稳定性强，100℃加热或三氯乙酸处理后水溶性不发生变化。

(8) 黄素蛋白　也叫核黄素结合蛋白，相对分子质量为32 000～36 000，等电点为3.9～4.1，是一种球状单亚基磷酸糖蛋白，对核黄素具有极强的亲和力，占蛋清蛋白质总量的0.8%～1.0%。黄素蛋白呈黄色，是由于结合了核黄素，除了蛋清，在蛋黄和产蛋母鸡的血浆中也存在黄素蛋白。黄素蛋白能够贮存水溶性的核黄素，并将其转运到胚胎，用以维持胚胎的生长发育，直至孵化。

(9) 卵球蛋白 G_2 和 G_3　是典型的球蛋白，相对分子质量为36 000～45 000，其中 G_2 的等电点约为5.5，G_3 的等电点约为5.8，两种球蛋白可通过淀粉胶电泳和离子交换层析进行分离。在蛋清中，卵球蛋白 G_2 和 G_3 各占蛋白质总量的4%，具有相似的性质，糖基组分的含量也相似，其中，己糖占3.2%～3.7%，氨基己糖占2.4%～2.5%。具有较强的发泡性，是食品加工中优良的发泡剂。

(10) 卵巨球蛋白　又叫卵固蛋白，含有4个亚基，是一种寡聚糖蛋白，只存在于母鸡的输卵管和蛋清中，相对分子质量为760 000～900 000，等电点为4.5～4.7，在酸性条件下不稳定，在碱性条件下相对稳定。卵巨球蛋白可抑制几种金属蛋白酶的活性，如胶原酶和嗜热菌蛋白酶，也可抑制丝氨酸蛋白酶类的活性，如胰凝乳蛋白酶等。

(11) 抗生物素蛋白　属于碱性糖蛋白，含有4个亚基，相对分子质量约为53 000，等电点约为9.5，每个亚基都含有128个氨基酸残基。未变性的抗生物素蛋白可与食物中的生物素高度特异性结合，阻止其在动物肠道中的吸收，导致生物素缺乏，引起机体病变。

(12) 无花果蛋白酶抑制剂　又叫鸡半胱氨酸蛋白酶抑制剂，不含糖基，相对分子质量约为12 700，等电点约为5.1，热稳定性较强。可按1∶1的关系抑制大多数的半胱氨酸蛋白水解酶的活性，如无花果蛋白酶、木瓜蛋白酶、中华猕猴桃蛋白酶和菠萝蛋白酶等，对组织蛋白酶B和C也有一定的抑制作用。

3) 蛋清中碳水化合物组成

蛋清中的碳水化合物主要以两种状态存在：一种是与蛋白质结合，形成O-糖苷键或N-糖苷键，占蛋清蛋白质总量的0.5%；另一种是以游离状态存在，占蛋清蛋白质总量的0.4%，葡萄糖占游离糖总量的98%，还有一些微量的单糖，如果糖、甘露糖、阿拉伯糖、木糖和核糖。采用喷雾干燥制备蛋白粉时，这些糖基组分会与蛋白质发生羰氨反应，产生褐变，影响产品品质。因此，需先通过发酵等手段除去糖类物质。

4) 蛋清中脂质组成

鲜蛋蛋清中脂质含量极少，约为0.02%，中性脂质和复合脂质的组成比例为(7～6)∶1，主要的脂肪酸包括棕榈油酸、油酸、亚油酸、花生四烯酸和硬脂酸。中性脂质主要包括脂质、游离脂肪酸和醇等，复合脂质主要包括神经鞘磷脂和脑磷脂等。在贮藏过程中，蛋黄膜的功能逐渐弱化，甘油三酯和胆甾醇酯将从蛋黄逐渐转移至蛋清。

5) 蛋清中维生素和色素组成

蛋清中的维生素含量略低于蛋黄，主要包括维生素 B_2 (240～600 mg/100 g)、维生素C (0.21 mg/100 g)、烟碱酸 (5.2 mg/100 g)、蛋清干物质中含有0.11 mg/100 g泛酸。蛋清中的色素极少，有少量的核黄素，使得干燥后的蛋清带有浅黄色。

6）蛋清中酶组成

蛋清中主要的酶类物质是溶菌酶，还有蛋白酶、磷酸酶、过氧化氢酶、糖苷酶和肽酶等。

7）蛋清中无机组分

蛋清中无机物含量较低，但是种类较多，包括镁、钙、钾、钠、氯等，其中钾、钠、氯等的含量较多，磷、钙的含量少于蛋黄。

4. 系带及蛋黄膜的化学成分

系带连接蛋清和蛋黄膜，嵌入蛋黄膜的系带纤维层称为系带膜状层。系带占鸡蛋蛋白质总量的 0.2%～0.8%，系带膜状层占 2%。系带中含有 13.3% 的氮、1.08% 的硫、4.10% 的胱氨酸和 11.4% 的葡萄糖胺，结合较多溶菌酶。

蛋黄膜包裹在蛋黄外面，介于蛋清和蛋黄之间，半透明、有韧性，可耐受蛋清和蛋黄之间的渗透压差，防止大分子在蛋清和蛋黄中间相互转移，可透过水分子和离子等小分子物质。蛋黄膜平均质量为 51 mg，其中 88% 为水分；蛋黄膜的干物质中含有约 87% 的蛋白质、3% 的脂质和 10% 的糖类，所含蛋白质属于糖蛋白类；糖基组分包括 8.5% 的己糖、8.6% 的己糖胺、2.9% 的唾液酸和少量 N-乙酰己糖胺；脂质组分包括中性脂质和复合脂质，其中中性脂质包括甘油三酯、醇、醇酯及游离脂肪酸，复合脂质主要为神经鞘磷脂。

5. 蛋黄的化学成分

1）蛋黄中蛋白质组成

蛋黄中的蛋白质主要为脂蛋白，包括低密度脂蛋白、卵黄球蛋白、卵黄高磷蛋白、高密度脂蛋白和黄素蛋白几类。将蛋黄稀释并离心处理可得到沉淀的固形物和透明的浆状溶液部分，沉淀部分称为卵黄颗粒，包括高密度脂蛋白和卵黄高磷蛋白，浆质部分包括低密度脂蛋白和卵黄球蛋白。

各种蛋白组分的基本性质和化学组成如下。

（1）低密度脂蛋白（low density lipoprotein，LDL） 是蛋黄的主要成分，约占蛋黄干重的 2/3，也是蛋黄主要的乳化成分和起到冻融保护特性的功能成分。LDL 中含有约 83% 的脂质和 17% 的蛋白质，密度为 0.892 g/mL，是纳米级的球形颗粒，粒径为 15～60 nm，分子质量约为 3 000 ku。其脂质包括 69% 的三酰甘油酯、27% 的磷脂及 4% 的胆固醇和胆固醇酯，总脂中含有约 34% 的饱和脂肪酸（SFA）、45% 的单不饱和脂肪酸（MUFA）和 21% 的多不饱和脂肪酸（PUFA），脂肪酸又包括约 25% 的棕榈酸、41% 的油酸和 16% 的亚油酸。LDL 中的蛋白质称为脱辅基蛋白，约含有 40% 疏水性氨基酸残基，通过 SDS-PAGE 可分离得到 9 个蛋白质条带，分子质量分别为 8、15、55、62、73、96、98、118 和 190 ku，含有两个糖蛋白。由于 LDL 含有较多的磷脂，自身具有较强的亲水能力，可以颗粒的形式存在于蛋黄浆质中。

（2）高密度脂蛋白（high density lipoprotein，HDL） 又称卵黄磷脂蛋白，是蛋黄中另外一种重要的脂蛋白，包括 α-HDL 和 β-HDL 两种亚型。HDL 含有 75%～80% 的蛋白质和 20%～25% 的脂质，密度约为 1.120 g/mL，脂质中约 60% 为磷脂，主要为卵磷脂，脂肪酸饱和度较高，且脂质部分多存在于 HDL 颗粒内部。HDL 在蛋黄中以二聚体的形式存在，粒径为 7～20 nm，分子质量约为 400 ku，两个单体的分子质量均为 200 ku，是结构化的球蛋白。HDL 中也含有少量的糖类物质，包括乳糖、甘露糖、唾液酸及葡萄糖胺等，其中 α-HDL 中唾液酸含量高于 β-HDL。HDL 聚合体在一定条件下会发生解离，聚合体的形成是基于疏水性互作用，与巯基和磷酰基无关，因此，随着温度、蛋白质浓度和离子强度的升高，聚合体的解离将会受到抑制。

（3）卵黄高磷蛋白（phosvitin，Pv） 是存在于蛋黄颗粒部分的高磷酸化蛋白质，含有 10% 左右的磷酸基，属于糖蛋白类，等电点约为 4.0，约占蛋黄干重的 4%。卵黄高磷蛋白中含有约 6.5% 糖基，以寡糖的形式存在，包括 3 个甘露糖残基、5 个乙酰胺葡糖残基、3 个半乳糖残基和 2 个唾液酸残基，通过糖苷键与蛋白质连接。蛋黄中存在两种卵黄高磷蛋白，α-Pv 和 β-Pv，分子质量分别为 160 ku 和 190 ku，两种卵黄高磷蛋白又包含不同的多肽，其中 α-Pv 含有 3～4 个 35 ku 的多肽，β-Pv 含有 4～5 个 45 ku 的多肽，这些多肽链中约含有 50% 丝氨酸残基，其中约 98% 的丝氨酸残基被磷酸化，卵黄高磷蛋白中的磷含量约占蛋黄总蛋白磷的80%，是蛋黄中含磷最高的一种蛋白质，几乎不含有含硫氨基酸残基。α-Pv中约含有3%的磷酰基团，而β-Pv中约含有9%的磷酰基团；α-Pv中含有6%左右的糖基，包括1%的氨基己糖、2.5%的己糖和2%的唾液酸，β-Pv中含有约2%的糖基，主要是己糖。

(4) 卵黄球蛋白（livetin） 是一类水溶性球蛋白，存在于蛋黄浆质中，约占蛋黄干重的10%，含有约0.1%的磷和丰富的硫元素，等电点为4.8～5.0，热变性温度在60～70℃，以α、β和γ三种形式存在，又分别称为血清白蛋白、α_2-糖蛋白和卵黄免疫球蛋白，分子质量分别为80、45和170 ku，在蛋黄中的比例为2∶5∶3。卵黄免疫球蛋白又称IgY，与人血清的免疫球蛋白IgG类似，具有重要的免疫学效应。

(5) 核黄素结合蛋白（yolk riboflavin-binding protein，YRBP） 又叫黄素蛋白或卵黄素蛋白，约占蛋黄中蛋白质总重的0.4%，可以结合核黄素，以1∶1的形式结合形成复合体，该复合体在pH 3.8～8.5稳定，pH<3.0时复合体解离。因为与核黄素的结合，赋予了蛋黄黄色。

2) 蛋黄中脂质组成

蛋黄几乎包含了蛋内的全部脂质，脂质含量因禽种类不同而有所差异，鸡蛋黄含有30%～33%的脂质，鸭蛋黄含有约36.2%的脂质，鹅蛋黄含有约32.9%的脂质。禽蛋黄内脂质包括甘油三酯、甘油磷脂、鞘磷脂和类固醇等，其中甘油三酯含量最高，约占总脂的62.3%，其次为甘油磷脂，约占总脂的32.8%，固醇类含量约占总脂的4.9%。

(1) 甘油三酯 由各种脂肪酸和甘油组成的脂质，蛋黄所含脂肪酸中油酸最多，棕榈酸、亚油酸、硬脂酸和棕榈油酸次之。甘油三酯1位上70%为棕榈酸，2位上多为油酸，3位上主要为油酸、硬脂酸和软脂酸，这种脂肪酸分布情况与动物脂肪相似。蛋黄中甘油三酯的脂肪酸组成易受到家禽饲料的影响。

(2) 磷脂 是蛋黄内的主要乳化成分，包括磷脂酰胆碱、磷脂酰乙醇胺、磷脂酰肌醇、磷脂酰丝氨酸、神经鞘磷脂、缩醛磷脂等，对神经发育具有重要作用。

(3) 类固醇 蛋黄内的固醇主要为胆甾醇，极少发现植物甾醇。

3) 蛋黄中的色素

蛋黄含有蛋内大部分的色素，使得蛋黄呈现出黄色或橙黄色的色泽。蛋黄内的色素多为脂溶性色素，隶属于类胡萝卜素，包括含有羟基的叶黄素类和不含羟基的胡萝卜素类。

24.2 禽蛋的特性

24.2.1 禽蛋的物理特性

1. 蛋的比重

鲜蛋的比重为1.078～1.094，且各组成部分的比重有所不同：蛋壳的比重为1.741～2.134，且蛋壳越厚比重越大；去壳全蛋的比重为1.040～1.050；蛋白的比重为1.046～1.052；蛋黄的比重为1.029～1.030。长期贮存的蛋内系带消失，蛋黄便上浮贴在蛋壳上，形成靠黄蛋或贴壳蛋。

大量实践证明，禽蛋的比重会随着贮存时间的延长而逐渐下降，因此，可在实际生产中根据蛋的比重来确定蛋的新鲜程度。

2. 蛋的黏度

蛋清中稀薄蛋白是均一溶液，浓厚蛋白具有不均匀的特殊结构，所以蛋清是完全不均匀的悬浊液；蛋黄的物质组成决定其同样为悬浊液；鲜蛋、蛋黄、蛋清的黏度不同。新鲜鸡蛋蛋清的黏度为0.003 5～0.010 5 Pa·s，蛋黄为0.11～0.25 Pa·s。

3. 蛋液的热凝固点和冰点

蛋液的热凝固点与蛋白质的种类关系密切：全蛋液的热凝固点为72～77℃；蛋清液为62～64℃；蛋黄液为68～71.5℃；而卵白蛋白、卵球蛋白和卵黄球蛋白对热不稳定，热凝固点分别为64～67℃、58～67℃和58℃；卵黏蛋白和卵类黏蛋白热稳定性最高，不发生凝固。

蛋清液的冰点一般为－0.48～－0.41℃，平均值为－0.45℃；而蛋黄液的冰点则为－0.617～－0.545℃。

4. 蛋清与蛋黄之间的渗透性

蛋清与蛋黄之间存在一层通透性蛋黄膜，蛋黄中富含钾、钠、氯离子，渗透压较高。因此，蛋在贮存过程中，蛋黄内的金属盐离子会不断向蛋清内渗透，而蛋清内的水分则会不断向蛋黄内渗透。于是，蛋黄的重量不断增加，体积也不断加大，达到一定程度后，蛋黄膜即破裂而形成散黄蛋。

5. 蛋的耐压性

对一枚完整的鸡蛋逐渐施加压力，能承受2.9～6.9 kg/cm^2 甚至高达13.5 kg/cm^2 的压力而不破损。蛋的耐压性与其形状、大小、蛋壳厚度以及壳的质量有密切关系；就形状而言，圆形蛋的耐压性大于长形蛋；就蛋壳而言，壳厚且质地致密的蛋耐压性较强，反之则小。由于有色蛋蛋壳比白壳蛋蛋壳厚，因此，有色蛋蛋壳的耐压性就高于白壳蛋；就每一枚蛋而言，其长轴的耐压性比短轴耐压性强。因此，在对鲜蛋进行包装时，应当竖起码放，这样可以减少蛋的破损率。

24.2.2 禽蛋的加工特性

1. 蛋壳遇酸的溶解作用

蛋壳的主要成分是钙盐。禽蛋在加工过程中如果遇酸，那么，经浸渍后便被溶解，蛋壳会逐渐变薄、变软，最后脱落。该特性对于糟蛋的加工具有重要意义。

2. 蛋液的热凝固变性

蛋白质受热以后发生的变性称为凝固。由于蛋清和蛋黄的性质不同，故其热凝固所需要的温度也不相同。一般来说，当蛋清的pH为9.3左右、加热使蛋液温度达到58℃时，开始出现乳浊状态；65℃呈半凝固状，80℃时才由半凝固状变成凝固体。而蛋黄在65℃时即已开始凝固，达到完全凝固的温度要比蛋清低。

蛋液加热凝固变性情况与蛋液的含水量关系密切，蛋液含水量越高，其热凝固点就越低；蛋液含水量越低，其热凝固点就越高。根据这一特性，在进行蛋制品加工时，可以利用改变蛋液中的含水量来改变蛋液的热凝固点，即可防止蛋液热凝固变性的发生。

另外，蛋液热凝固变性与蛋液的pH也有很大关系，而蛋白质的凝固变性则与蛋液本身的等电点密切相关。当鸡蛋pH等于蛋清的等电点时，其蛋白质加热最容易凝固变性。因此，生产中在对蛋液进行加工时，为了防止蛋液发生热凝固变性，可以用碱来调整蛋液的pH，使其远离等电点；如果为了增加蛋液的热凝固现象，则可用酸调整蛋液的pH，使其更接近等电点。其原理是，一定浓度的酸或碱，均能影响蛋白质分子中的盐键，酸能消除负电荷，碱能消除正电荷，因此，它们都能破坏分子中的盐键而改变蛋白质分子的空间结构。在加工松花蛋时，加入氢氧化钠而引起蛋清与蛋黄发生凝固变性，就是由于上述原理造成的。

3. 酒精的凝固变性

蛋白质遇到酒精后，能够脱去蛋白质分子表面及内部的水分。当其表面的水分脱去后，蛋白质分子就很容易发生碰撞；而当其内部的水分脱去后，蛋白质分子就会松弛，并由此使蛋白质变性、凝固。如加工糟蛋时蛋清与蛋黄之所以发生凝固，也都是这个道理。

4. 乳化性

蛋黄中的磷脂具有很强的乳化能力，它是天然乳化剂中效果最好的一种。目前，在食品加工业中主要利用蛋黄粉或是鲜蛋作为乳化剂，但是蛋清的乳化性较蛋黄差，这些乳化剂大多用于冰激凌、人造黄油以及各种糕点的加工等方面。

5. 发泡性

鸡蛋蛋清容易发泡，蛋清液在强烈搅拌的情况下，能够产生大量雪白而松软的气泡，并能维持较长时间而不消失。大量实践表明，蛋清液的发泡性以其pH在4.8时最好。因此，生产中常常利用柠檬酸或乙酸调整蛋清液的pH，以期达到提高其发泡性的目的。如果在蛋清液中添加了适量的砂糖，蛋清液泡沫的强度虽能得到提高，但对其发泡性却有一定影响。

复习思考题

1. 简述禽蛋的构造及其在加工贮藏中的意义。
2. 试述蛋壳上的气孔的分布特征及作用。
3. 什么是气室？简述气室测定方法及其在加工贮藏中的

意义。

4. 什么叫系带？简述系带的结构特点及作用。

5. 蛋清中包括哪 12 种主要的蛋白质？它们的物理化学、生理学和食品加工性质是什么？

6. 蛋黄中包括哪 4 种主要的蛋白质？它们的结构特点和食品加工性质是什么？

7. 蛋黄中包括哪 3 类主要的脂质？它们的结构特点和食品加工性质是什么？

8. 试述蛋黄中的色素、维生素、矿物质等含量和组成特点。

9. 试述禽蛋的理化性质及其在加工贮藏中的应用。

10. 试述禽蛋的功能特性及其在食品加工和贮藏中的应用。

CHAPTER 25

第 25 章 禽蛋的品质鉴定和分级

目标要求：

1. 了解禽蛋的品质指标；
2. 了解禽蛋的质量标准；
3. 掌握禽蛋的品质评定方法。

25.1 禽蛋的质量标准

禽蛋的质量指标是各企业经营鲜蛋、进行品质鉴定和分级的重要依据，直接关系到商品等级、市场竞争力和经济效益，已引起了国内外的重视。衡量禽蛋质量的指标主要包括一般质量指标和内部质量指标。

25.1.1 一般质量指标

1. 蛋壳质量指标

(1) 蛋壳状况 质量正常的鲜蛋，蛋壳表面应清洁，无禽粪、无杂草及其他污物；蛋壳完好无损、无硌窝、无裂纹及流清等现象；蛋壳的色泽应当是各种禽蛋所固有的色泽，表面无油光发亮等现象。蛋壳色泽与营养价值无关，但由于消费习惯不同而对商品价值有一定的影响，如亚洲人喜食褐壳蛋，而欧洲一些国家的人喜食白壳蛋。

(2) 蛋壳相对重 蛋壳相对重是指蛋壳重占整个蛋重的百分率，蛋壳相对重一般为蛋重的10%左右，最合适的蛋壳相对重为11%～12%。如高于10%则破损率降低，9%以下破损率升高。

(3) 蛋壳厚度 蛋壳厚度有两种：一种是蛋壳实际厚度，即去掉壳膜后蛋壳的实际厚度，平均在0.3 mm左右；另一种是蛋壳的表观厚度，即没有去掉壳膜，这种厚度是蛋壳加壳膜的总厚度，平均在0.37 mm左右。蛋壳厚度受品种、气候、饲料等影响。蛋壳厚度因家禽种类不同而不同，鹅蛋壳最厚（0.49～1.00 mm），鸭蛋壳次之（0.35～0.57 mm），鸡蛋壳（0.24～0.42 mm）和鹌鹑蛋壳（0.15～0.21 mm）最薄。蛋壳厚度越大，蛋壳强度越大，所以常以蛋壳厚度来间接表示蛋壳强度。蛋壳厚度在0.35 mm以上时，具有良好的可运性、贮藏性及耐压性。蛋壳厚度与蛋破损率的关系见表25-1。蛋壳的色泽，由家禽的种类和品种所决定，鸡蛋有白色和褐色（浅褐、褐、深褐），鸭蛋有白色和青色，鹅蛋为暗白色。

表 25-1 蛋壳厚度与蛋破损率的关系

蛋壳厚度/mm	0.28	0.31	0.33	0.36	0.38
蛋壳破损与裂纹蛋/%	45.5	21.8	12.3	6.8	4.9

(4) 蛋壳强度 蛋壳强度是指蛋壳耐压强度的大小，即耐压度或压碎力，取决于蛋的形状、壳的厚度和均匀性。禽蛋在3 MPa下不破裂，并且纵轴的耐压性大于横轴，所以运输和贮藏禽蛋时，以竖放为佳。国际上要求蛋在竖放时能承受2.7～3.6 MPa压力，破蛋壳率不超过1%。

(5) 蛋壳密度 蛋壳密度又称为单位蛋壳表面积的质量，通常以mg/cm^{2}为单位。蛋壳密度愈小，破损率愈高。如密度在45～46 mg/cm^{2}时，几乎所有的蛋都会破；密度达到100 mg/cm^{2}时，破损率只有4%左右。小蛋或刚产下不久的蛋，蛋壳密度较大，破损也少。

2. 禽蛋的形状

禽蛋的形状一般为标准的椭圆形，也有细长型或近似球形，细长型和近似球形的禽蛋耐压程度小，在运输和贮藏过程中极易破伤。标准形状鸡蛋见图25-1。

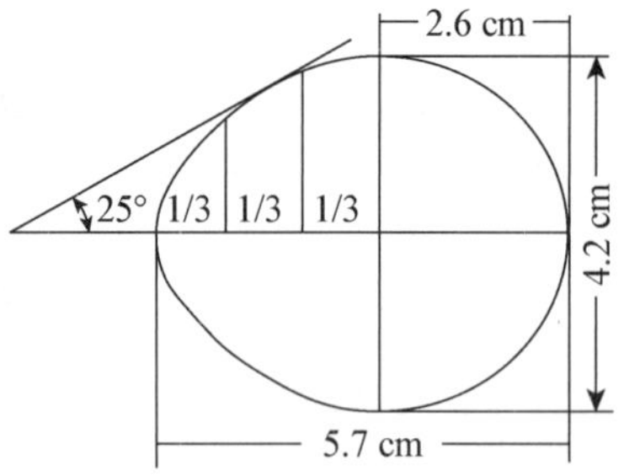

图 25-1 标准形状的鸡蛋

禽蛋形状常用蛋形指数（蛋长径与短径之比）来表示。标准鸡蛋蛋形指数在1.30～1.35，标准鸭蛋蛋形指数为1.20～1.40，标准鹅蛋蛋形指数为1.25～1.54，高于上限者为细长形，小于下限者为球形。禽蛋大小对蛋形指数也有一定的影响，禽蛋大小与蛋形指数的关系见表25-2。在包装过程中，要求每箱中禽蛋的形状尽量保持一致，禽蛋纵轴的耐压性大于横轴，在运输和贮藏时，以竖放为佳。

表 25-2 禽蛋大小与蛋形指数的关系

禽蛋种类	禽蛋大小/g	蛋形指数
鸡蛋	30～40	1.1～1.2
	40～50	1.24～1.3
	50～60	1.28～1.36

续表25-2

禽蛋种类	禽蛋大小/g	蛋形指数
鸭蛋	65～75	1.20～1.25
	75～85	1.20～1.25
	85～100	1.41～1.48
鹅蛋	150～170	1.25～1.31
	170～190	1.32～1.40
	190～210	1.37～1.54

3. 禽蛋的重量

禽蛋的重量是评定蛋的等级、新鲜度和蛋的结构的重要指标，其重量与家禽的品种及禽蛋的贮存时间有着较大的关系。一般情况下，鸡蛋重 40～75 g，鸭蛋重 70～100 g，鹅蛋重 160～245 g，鹌鹑蛋重 9～12 g。在贮存过程中，禽蛋内部水分不断向外蒸发，使禽蛋变轻，贮存时间越长，蛋越轻。所以，外形大小相同的同种禽蛋，较轻的蛋可以判断为陈蛋。由此可见，禽蛋的重量也是评定禽蛋新鲜程度的重要指标之一，我国和世界上许多国家出口的鲜蛋都是以重量作为等级的标准。不同重量的同种禽蛋，其蛋壳、蛋白和蛋黄的组成比例不同，随着蛋重的增大，蛋壳和蛋白比例相应增大，而蛋黄比例则基本稳定，在蛋制品工业中选择原料时要充分重视这一点。

4. 禽蛋的比重

蛋的比重与蛋重量大小无关，而与禽蛋的新鲜度有着密切关系，是评定禽蛋的新鲜程度的重要标准之一。禽蛋存放时间愈长，气孔愈大，蛋内水分蒸发愈多，其比重越小。

禽蛋的比重用盐水漂浮法来测定，共分九级。在 1 000 mL 水中加入 68 g 氯化钠为 0 级，加入 72 g 氯化钠为 1 级，以此类推，每增加 4 g，级别增加一级。各级盐水经比重计检测和校正后，将蛋依次从低浓度向高浓度通过，悬浮时表明蛋与盐水同比重。最适测定温度为 34.5℃。

在商业上，一般配制成 1.080、1.070、1.060、1.050 四种比重等级的盐水来测定蛋的比重。比重在 1.080 以上的蛋为新鲜蛋，比重在 1.060～1.080 的为次鲜蛋，比重在 1.050～1.060 的为陈次蛋，比重在 1.050 以下的为变质蛋，比重低于 1.025 的，则表明蛋已陈腐。需要注意的是，经比重鉴别过的禽蛋，由于盐水使蛋壳表面胶质脱落，失去保护膜，气孔暴露，细菌容易侵入，蛋内水分也易蒸发，故不宜久存。

25.1.2　内部质量指标

1. 蛋白状况

蛋白状况是评定禽蛋质量优劣的重要指标。质量正常的蛋，其蛋白状况应当是浓厚蛋白含量多，占全部蛋白的 50%～60%，无色、透明，有时略带淡黄绿色。

蛋白状况可用灯光透视和直接打开两种方法来判定。

(1) 灯光透视法　灯光透视时，若见不到蛋黄的暗影，蛋内透光均衡一致，表明浓厚蛋白较多，蛋的质量优良。

(2) 直接打开法　打开禽蛋后，经过滤分离，测定蛋白指数（浓厚蛋白与稀薄蛋白之比）来判定蛋的新鲜程度，新鲜禽蛋蛋白指数为 6∶4 或 5∶5。

2. 蛋黄状况

蛋黄状况也是评价禽蛋的质量的重要指标之一，可以通过灯光透视或直接打开的方法来判定。

(1) 灯光透视法　灯光透视时，若蛋黄位居中心，不显露，不移动，看不到蛋黄的暗影，则为新鲜禽蛋；若暗影明显且靠近蛋壳，则表明蛋的质量较差。

(2) 直接打开法　打开禽蛋后，通过测量蛋黄指数（蛋黄高度与蛋黄直径之比）来判定蛋的新鲜程度。新鲜蛋的蛋黄几乎是半球形，蛋黄指数在 0.40～0.44；存放很久的蛋，其蛋黄是扁平的，蛋黄指数下降，蛋黄指数小于 0.25 时，蛋黄膜则极易破裂，出现散黄。合格蛋的蛋黄指数在 0.30 以上。

蛋黄色泽对禽蛋的商品价值和价格也有很大的影响，饲料叶黄素是影响蛋黄色泽的主要因素。国际上通常用罗氏（Roche）比色扇的 15 种不同黄色色调等级比色，出口鲜蛋的蛋黄色泽要求达到 8 级以上。

3. 哈夫单位

哈夫单位是目前国际上对禽蛋品质进行评定的重要指标和常用方法。哈夫单位测定仪见图 25-2。

哈夫单位是根据蛋重和浓厚蛋白高度，按一定公式计算出其指标的一种方法，哈夫单位计算公式：

$$\mathrm{Ha}=100\cdot\lg(h+7.57-1.7\cdot w^{0.37})$$

式中：Ha 为哈夫单位；h 为测量浓厚蛋白的高度，mm；w 为测量蛋品的质量，g。

也可采用蛋品质测定仪检测禽蛋新鲜度，见图 25-3。

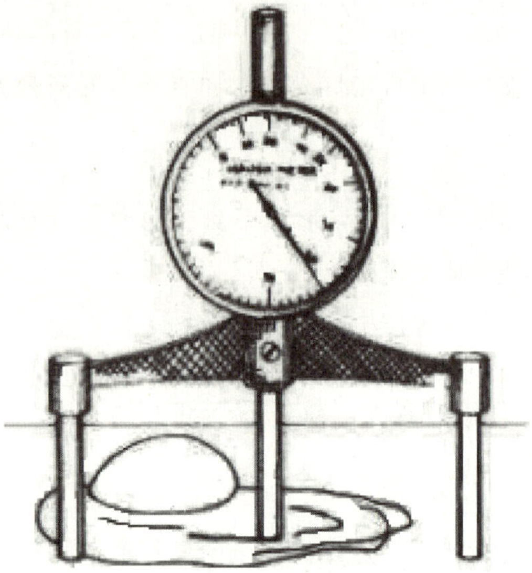

图 25-2 哈夫单位测定仪

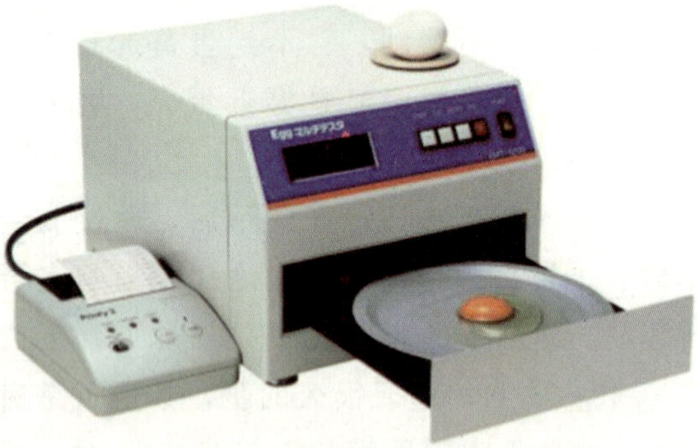

图 25-3 蛋品质测定仪

哈夫单位可以用来衡量蛋白品质和蛋的新鲜程度。新鲜蛋哈夫单位通常在 80 以上，高的可达 90 左右。随着存放时间的延长，由于蛋白质的水解，使浓厚蛋白变稀，蛋白高度下降，哈夫单位变小。通常食用蛋哈夫单位在 72 以上即可，低于 60 就会受到消费者的拒绝，当哈夫单位低于 31 时则为次蛋。禽蛋包装时应使气室向上（壳的圆头向上），防止贮存期间对蛋白造成压力，使哈夫单位降低。

4. 禽蛋内容物的气味和滋味

禽蛋内容物的气味和滋味是否正常，是判别蛋内容物成分有无变化或变化大小的质量指标。质量正常的禽蛋，打开后无异味，但稍有轻微的腥味（这与家禽的饲料有关），煮熟后，气室处无异味，蛋白色白无味，蛋黄味淡而有香气。若打开后有异臭味，则是轻微的腐败蛋。若在蛋壳外面就能闻到氨及硫化氢的臭味，表示禽蛋已经严重腐败，即所谓“臭蛋”。

5. 系带状况

质量正常的禽蛋，其系带粗白而有弹性，位居蛋黄两侧，明显可见。若系带变细，且与蛋黄脱离，甚至消失时，表明蛋的质量降低，并容易出现不同程度的粘壳蛋。

6. 胚胎状况

鲜蛋的胚胎应无受热或发育现象。未受精蛋的胚胎在受热后发生膨大现象，受精蛋的胚胎受热后发育，最初产生血环，最后出现树枝状的血管，形成血环蛋或血筋蛋。

7. 气室状况

气室状况是我国及其他许多国家评定鲜蛋等级的重要依据，也是灯光透视时观察的首要指标。新鲜禽蛋的气室很小，随着禽蛋放置时间延长，水分蒸发越多，气室越大，蛋的质量也相应地降低。气室大小有两种表示方法。一种是用气室高度表示，气室高度（mm）=（气室左边高度+气室右边高度）/2；一种是用气室宽度表示，气室宽度（mm）=气室左边宽度+气室右边宽度。气室高度测定标尺见图 25-4。

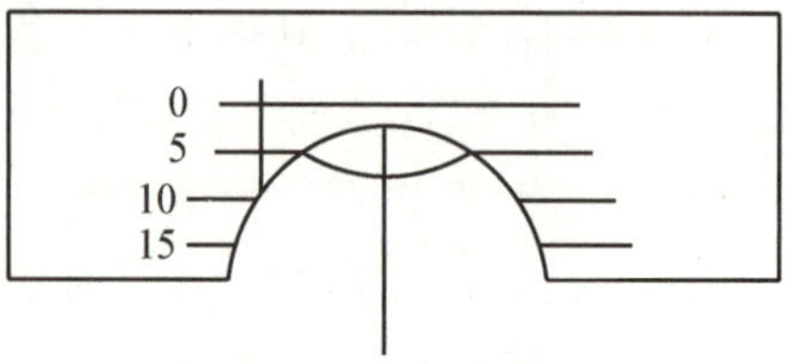

图 25-4 气室高度测定标尺

8. 微生物指标

微生物学指标是评定蛋的新鲜程度和卫生状况的重要指标。质量优良的禽蛋应当无霉菌和细菌生长现象。

上述各项指标，是评定禽蛋质量鲜陈优劣的

重要依据。在进行禽蛋质量评定和分级时，要对上述各项指标进行综合分析后，才能做出正确的判断和结论。

25.2　禽蛋的分级

禽蛋的分级一般从外观检查和光照鉴定两个方面进行综合确定。在分级时，应注意蛋壳的清洁度、完整性、色泽，外壳膜是否存在，蛋的大小、重量和形状，气室大小，蛋白、蛋黄和胚胎的能见度及位置等。

25.2.1　内销蛋质量标准

1. 国家卫生标准

参见《鲜蛋卫生标准》(GB 2748—2015)。鲜蛋感官指标见表 25-3，理化指标见表 25-4。

2. 收购等级标准

目前尚未有全国统一的收购等级标准，但有些地区制定了收购等级标准。鲜蛋收购等级标准见表 25-5。

冷藏时，一级蛋可贮存 9 个月以上；二级蛋可贮存 6 个月左右，三级蛋只可短期贮存或及时安排销售。

在加工腌制蛋时，一、二级鸭蛋宜加工彩蛋或糟蛋，三级蛋一般用于加工咸蛋。

3. 冷藏蛋分级标准

冷藏蛋分级标准见表 25-6。

一级冷藏蛋除夏季不可加工为松花蛋、咸蛋外，其他季节均可加工。二级冷藏蛋可以加工为咸蛋，但只在冬季可以加工为松花蛋。三级冷藏蛋不宜用于加工松花蛋和咸蛋。

4. 销售分级标准

目前全国没有统一的标准，但各地的标准大同小异，销售分级标准见表 25-7。

一般是：①一级蛋，鸡蛋、鸭蛋（除仔蛋外）、鹅蛋不论大小，凡是新鲜、无破损的均按一级蛋销售。成批的仔蛋、裂纹蛋、大血筋蛋、泥污蛋和雨淋蛋，按一级蛋折价销售。②二级蛋，指硌窝蛋、粘眼蛋、穿眼蛋（小口流清、头照蛋、靠黄）等。③三级蛋，指大口流清蛋、红贴皮蛋、散黄蛋、外霉蛋等。

表 25-3　鲜蛋感官指标

项目	指标
色泽	具有禽蛋固有的色泽
组织形态	蛋壳清洁、无破裂，打开后蛋黄凸起、完整、有韧性，蛋白澄清透明、稀稠分明
气味	具有产品固有气味，无异味
杂质	无杂质，内容物不得有血块及其他组织异物

表 25-4　鲜蛋理化指标

项目	指标
无机砷/(mg/kg)	0.05
铅 (Pb)/(mg/kg)	0.2
镉 (Cd)/(mg/kg)	0.05
总汞（以 Hg 计）	0.05
六六六、滴滴涕	按 GB 2763—2021 规定执行

表 25-5　鲜蛋收购等级标准

蛋的等级	特点
一级蛋	不分禽蛋品种，不论大小（除仔鸭蛋外），必须新鲜、清洁、完整、无破损
二级蛋	品质新鲜，蛋壳完整，沾有污物或受雨水淋湿的蛋
三级蛋	污染严重，污染面积超过 50%的蛋和仔鸭蛋

表 25-6 冷藏蛋分级标准

冷藏蛋等级	特点
一级冷藏蛋	蛋壳清洁、坚固完整、稍有斑痕；气室高度<1 cm，允许轻微移动；蛋白浓厚、透明；蛋黄紧密、明显发红、略偏离中央，无胚胎发育
二级冷藏蛋	蛋壳坚固完整、有少量污泥或斑迹；气室高度<1.2 cm，允许移动；蛋白稀薄、透明、允许有水泡；蛋黄稍紧密、明显发红，偏离中央，黄大扁平，转动时正常，胚胎稍膨大
三级冷藏蛋	蛋壳完整、有污迹、脆薄；气室允许移动，空头大，但不允许超过蛋的1/4；蛋白稀薄如水；蛋黄大且扁平，显著发红，明显偏离中央，胚胎明显膨大

表 25-7 销售分级标准

蛋的等级	特点
一级蛋	鸡蛋、鸭蛋（除仔蛋外）、鹅蛋不论大小，必须新鲜、无破损
二级蛋	硌窝蛋、粘眼蛋、穿眼蛋（小口流清、头照蛋、靠黄）
三级蛋	大口流清蛋、红贴皮蛋、散黄蛋、外霉蛋

不同等级的蛋，其销售差价依地区、季节不同而不同。

25.2.2 出口蛋质量标准

1. 按质量分级

我国商品检验局根据蛋的保存时间、蛋壳、气室、蛋白、蛋黄及胚胎状况而分为3级。各级蛋的质量标准见表25-8。

（1）一级蛋　刚产出不久；蛋壳坚固完整、清洁干燥；色泽自然有光泽，并带有新鲜蛋固有的腥味；透视时气室很小，深度5 mm以上者不超过全蛋的10%，不移动；蛋白浓厚、透明；蛋黄位于中央，胚胎不发育。

（2）二级蛋　存放时间略长；蛋壳坚固完整、清洁，允许稍带斑迹；透视时气室小，深度5 mm以上者不超过全蛋的10%，不移动；蛋白略稀、透明；蛋黄稍大，明显，允许偏离中央，胚胎不发育。

（3）三级蛋　存放时间较长；蛋壳脆薄，有污迹、斑迹；深度7～8 mm，不超过全蛋的1/4，允许移动；蛋白较稀、透明；蛋黄大而扁平，显著呈红色，胚胎允许稍发育。

随着我国对外贸易的发展以及国际市场的变化，出口禽蛋的质量分级标准也有所变化，对不同国家和地区的分级标准也有所不同。在出口时，要根据国际市场情况和买方的要求，经双方协商，将分级标准具体规定在合同上面。

表 25-8 各级蛋的质量标准

指标		一级蛋	二级蛋	三级蛋
蛋重	单个重	60 g以上	50 g以上	38 g以上
	十个重	不少于600 g	500 g以上	380 g以上
蛋壳		清洁、坚固、完整	清洁、坚固、完整	污蛋不超过全蛋的1/10
气室		深度5 mm以上者不超过全蛋的10%	深度5 mm以上者不超过全蛋的10%	深度7～8 mm，不超过全蛋的1/4
蛋白		色清、浓厚	色清、较浓厚	色清、较稀薄
蛋黄		不显露	略明显，但仍固定	明显，且移动
胚胎		不发育	不发育	允许稍发育

2. 按重量分级

出口禽蛋除按质量分类外，还可按重量分级，出口禽蛋重量分级标准见表25-9。

表25-9 出口禽蛋重量分级标准

指标	每箱重量（300枚）/kg	每千枚蛋重量/kg
大超级鸡蛋	＞16.75	＞55.5
一级鸡蛋	＞15.00	＞50.0
二级鸡蛋	＞14.00	＞46.5
三级鸡蛋	＞15.75	＞43.5
四级鸡蛋	＞13.75	＞38.0
指标	每箱重量（240枚）/kg	每千枚蛋重量/kg
大超级鸭蛋	＞16.75	＞70.0
一级鸭蛋	＞15.25	＞64.0
二级鸭蛋	＞13.50	＞56.5
三级鸭蛋	＞12.00	＞50.0

25.3 禽蛋的品质鉴定方法

品质鉴定是禽蛋生产、经营、加工中的重要环节之一，直接影响到商品质量、等级、市场竞争力和经济效益等。目前广泛采用的鉴定方法包括感官鉴定法、光照透视鉴定法、理化检验法和微生物学检验法，通常只需采用前两种不破壳的鉴定方法就可以反映蛋的质量了，必要时，可以进行理化检验和微生物学检验。

25.3.1 感官鉴定

感官鉴别法是检验人员凭借自身的技术经验，依靠感官，即视觉、听觉、触觉、嗅觉等感觉器官，通过看、听、嗅、摸等方法来鉴定蛋的品质，该方法基本不需要任何仪器设备、操作简便，是基层业务人员普遍使用的方法。

1. 眼看

眼看是指用肉眼观察蛋壳色泽、形状、壳上膜、蛋壳清洁度和完整情况。新鲜禽蛋蛋壳比较粗糙，表皮呈粉红色，色泽鲜明（红皮蛋红润，白皮蛋洁白），表面干净，附有一层霜状胶质薄膜；如表皮霜状胶质脱落，壳色油亮或发乌发灰，甚至有霉点，则为陈蛋。

2. 耳听

耳听鉴别鲜蛋的品质通常包括敲击法和振摇法两种方法。

（1）敲击法　即通过敲击蛋壳发出的声音来判定有无裂纹、变质和蛋壳的厚薄程度。方法是把蛋拿在手上，轻轻抖动使蛋与蛋相互碰击，细听其声，若声音坚实，似碰击石头时产生的清脆的咔咔声，则为新鲜蛋；若发音沙哑，有啪啪声，则为裂纹蛋；大头有空洞声，则为空头蛋；若发音尖细，有“叮叮”响声，则为钢壳蛋。

（2）振摇法　即将鲜蛋拿在手中振摇，没有声响的为新鲜禽蛋，若振摇内容物有动荡声响则为散黄蛋。

3. 手摸

手摸是指用手摸禽蛋的表面是否粗糙，掂量禽蛋的轻重，新鲜禽蛋蛋壳粗糙，重量适当；不新鲜禽蛋手摸有光滑感，掂量时过轻或过重。

4. 鼻嗅

鼻嗅是指用鼻子嗅其气味是否正常，有无异味。方法是用嘴向蛋壳上轻轻哈一口热气，然后用鼻子嗅其气味。一般新鲜鸡蛋、鹌鹑蛋无异味，新鲜鸭蛋有轻微腥味。若蛋白、蛋黄正常，但有异味，属于异味污染蛋；若有霉味，属于霉蛋；若有臭味，则属于臭蛋或劣质蛋。

25.3.2 光照透视鉴定

光照透视鉴定法是在灯光透视下，观察蛋壳结构的致密度、气室高度，蛋白、蛋黄、系带和胚胎状况等的特征，对禽蛋综合品质进行评价的一种方法。其鉴定原理是禽蛋蛋壳具有透光性，蛋的结构、成分发生变化形成不同质量的蛋，在灯光透视下会呈现各自不同的特征。采用灯光透视法对禽蛋逐个进行选剔称作“照蛋”，此方法准确、快速、简便，是我国和世界各国鲜蛋经营和蛋品加工时普遍采用的一种方法。各种照蛋器的图片见图25-5。

光照透视鉴定法按“照蛋”采用方式的不同，一般分为手工照蛋、机械照蛋和电子自动照蛋3种。手工照蛋是利用照蛋器进行照蛋；机械照蛋是利用自输送式的机械进行连续照蛋；电子自动照蛋是利用光学原理，采用光电元件组装装置代替人的肉眼照蛋，以机械手代替人工操作，以机器输送代替人力搬运，实现自动鉴别的科学方法。

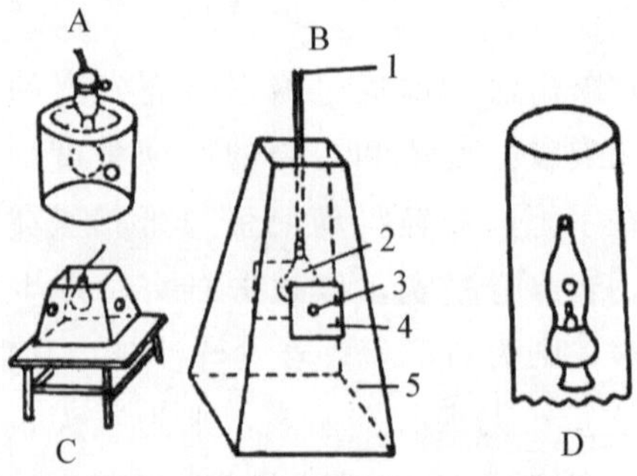

A. 圆形单孔照蛋器　B. 方形双孔照蛋器
C. 方形三孔照蛋器　D. 煤油灯照蛋器
1. 电源　2. 灯泡　3. 照蛋孔　4. 胶皮　5. 木匣

图 25-5　各种照蛋器图片

按工作程序可分为上蛋、整理、照蛋、装箱 4 个部分。

各种不同质量的蛋，在灯光透视下，会呈现出不同的形态特征。

1. 新鲜蛋

新鲜蛋光照时，蛋壳表面无任何斑点或斑块；蛋内容物透亮，呈淡橘红色；气室较小，高度不超过 5 mm，略微发暗，固定在蛋的大头，不移动；蛋白浓厚澄清，无色，无任何杂质；蛋黄居中，蛋黄膜裹得很紧，不见或略见朦胧暗影，位居中心或稍偏，蛋转动时，蛋黄也随之转动；胚胎看不见，无发育现象；系带在蛋黄两端，呈淡色条状带。鲜蛋适合长期低温贮存、日常食用及食品加工。

2. 破损蛋

破损蛋是指在收购、包装、贮运过程中受到机械损伤的蛋。常见的有以下几种。

（1）裂纹蛋　商业上称为哑子蛋或丝壳蛋，这种蛋在蛋壳上有细小裂纹，将蛋放在手中相互碰撞时，有破碎声或发出哑声。

（2）硌窝蛋　鲜蛋受到挤压，使蛋壳表面有明显的裂纹，局部破损向里凹陷，但蛋壳内膜及蛋白膜完好，内容物尚未暴露。

（3）流清蛋　又称为流蛋、汤蛋，是蛋在搬运时或贮存过程中有碰撞，使蛋壳破裂很厉害，壳下膜有裂口，蛋清向外溢流，有时蛋黄也外溢。

破损蛋由于蛋壳受损，容易受到微生物的感染和破坏，不适合贮藏，应及时处理，可以加工成冰蛋品等。

3. 陈次蛋

陈次蛋包括陈蛋、靠黄蛋、红贴皮蛋、热伤蛋等。

（1）陈蛋　存放时间过久的蛋叫陈蛋。由于存放时间过久，水分蒸发较多，所以光照时气室较大，蛋黄阴影较明显，不在蛋的中央，蛋黄膜松弛，蛋白稀薄。

（2）靠黄蛋　蛋黄离开蛋中心，靠近蛋壳，但尚未贴在蛋壳上，称为靠黄蛋。陈蛋进一步发展形成靠黄蛋。光照时，气室增大，蛋白更稀薄，能很明显地看到蛋黄暗红色的影子，系带松弛、变细，蛋黄始终向蛋白上方浮动。

（3）红贴皮蛋　又称为搭壳蛋，光照时，气室较靠黄蛋大，蛋黄有少部分贴在蛋壳的内表面上，且在贴皮处呈红色。红贴皮蛋可分为轻度红贴和重度红贴。轻度红贴是在蛋壳内粘着绿豆大小的红点，若用力转动，蛋黄会离开蛋壳，变成靠黄蛋；重度红贴是指蛋黄在内壳贴的面积较大，且牢固的贴在蛋壳上，光照时阴影很明显。

（4）热伤蛋　禽蛋因受热较久，导致胚胎虽未发育，但已膨胀者称为热伤蛋。光照时，可见胚胎增大但无血管出现，蛋白稀薄，蛋黄发暗增大。

以上 4 种陈次蛋均可供食用，但都不宜长期贮藏，宜尽快消费或加工成冰蛋品。

4. 劣质蛋

劣质蛋主要包括黑贴皮蛋、散黄蛋、霉蛋和黑腐蛋 4 种。

（1）黑贴皮蛋　红贴皮蛋进一步发展就会形成黑贴皮蛋。光照时，蛋黄大部分贴在蛋壳某处，呈现较明显的黑色影子，气室比红贴皮蛋大，蛋白极稀薄，蛋内透光度大大降低，蛋内甚至出现霉菌的斑点或小斑块，此种蛋的内容物常有异味，已不能食用。

（2）散黄蛋　蛋黄膜破裂，蛋黄内容物和蛋白相互混合在一起的蛋称为散黄蛋。按其散黄程度可分为轻度散黄蛋和重度散黄蛋。

轻度散黄蛋：光照时，气室高度、蛋白状况和蛋内透光度等均不定，有时可见蛋内呈云雾状。

重度散黄蛋：光照时，气室大且流动，蛋内

透光度差，呈均匀的暗红色，手摇时有水声。

在运输过程中受到剧烈振动，使蛋黄膜破裂而造成的散黄蛋，以及由于长期存放，蛋白质中的水分渗入卵黄，使卵黄膜破裂而造成的散黄蛋，打开时一般无异味，均可及时食用或加工成冰蛋品。但由于细菌侵入，细菌分泌的蛋白分解酶分解蛋黄膜使之破裂，形成的散黄蛋有浓臭味，不可食用。

(3) 霉蛋　鲜蛋在包装、储运过程中受潮或雨淋时，很容易滋生霉菌，产生霉蛋。根据霉菌在蛋壳内发育状况可分为壳外霉蛋、轻度霉蛋和重度霉蛋 3 种。仅壳外发霉，内部正常者称为壳外霉蛋，这种霉蛋品质无变化，可以食用；光照时，蛋白膜上有霉点或霉块，打开后蛋液中无霉点和霉味，则为轻度霉蛋，这种霉蛋品质无变化，可以食用；光照时，霉菌遍布全蛋，有较严重发霉气味，打开后蛋白膜及蛋液内均有较多霉斑或蛋白呈胶冻样霉变，则为重度霉蛋，此种霉蛋已严重变质，不可食用，但可综合利用加工成其他产品。

(4) 黑腐蛋　黑腐蛋又称为臭蛋、老黑蛋、腐败蛋、坏蛋，蛋壳乌灰色，甚至可使蛋壳因受内部硫化氢气体膨胀而破裂，透视时，蛋不透光、呈灰黑色，打开后，蛋的混合物呈灰绿色或暗黄色，并带有恶臭味，这类蛋是严重变质的蛋，不可食用。

25.3.3　理化鉴定

理化鉴定主要包括相对密度鉴定法和荧光鉴定法。

1. 相对密度鉴定法

相对密度鉴定法是利用蛋的新鲜程度降低后，蛋内水分蒸发，气室扩大，内容物质量减轻的变化，在一定相对密度的盐水溶液中观察其沉浮情况来鉴别蛋的新鲜程度。

先配制各种浓度的食盐水（表 25-10），将禽蛋置于食盐水中，以蛋放入后不漂浮的食盐水的相对密度来作为该蛋的相对密度。质量正常的新鲜蛋的相对密度在 1.080～1.090，若低于 1.050，则表明蛋已陈腐。蛋壳厚度对蛋的相对密度有一定的影响，蛋壳越薄，相对密度越小。蛋壳厚度与蛋的相对密度关系见表 25-11。

表 25-10　食盐水浓度

相对密度	食盐水浓度/%	相对密度	食盐水浓度/%
1.007 25	1	1.065 93	9
1.014 50	2	1.073 35	10
1.021 74	3	1.080 97	11
1.028 99	4	1.088 59	12
1.036 24	5	1.096 22	13
1.043 66	6	1.103 84	14
1.051 08	7	1.111 46	15
1.058 51	8		

表 25-11　蛋壳厚度与蛋的相对密度的关系

蛋的相对密度	1.070	1.080	1.090
蛋壳厚度/mm	0.28～0.30	0.33～0.36	0.38～0.41

2. 荧光鉴定法

荧光鉴定法是用紫外光照射，观察蛋壳光谱的变化来鉴别蛋新鲜程度的一种方法。其原理是用紫外光照射，蛋的鲜陈由荧光强度的强弱反映出来，质量新鲜的蛋荧光强度弱，而越陈旧的蛋荧光强度越强，即使有轻微的腐败，也会引起发光光谱的变化。据测定，最新鲜的蛋，荧光反应是深红色，渐次由深红色变为红色、淡红色、青、淡紫色、紫色等等。根据这些光谱变化可以判定蛋的品质好坏。

25.3.4　微生物学检查

在蛋品加工企业和商业经营中一般不做微生物学检查，只有在发现有严重问题，需深入研究、查找原因时，才进一步进行微生物学检查，主要是鉴定蛋内有无霉菌和细菌污染现象，特别是沙门氏菌污染状况、蛋内菌落总数是否超标等。

复习思考题

1. 禽蛋的一般质量指标是什么？禽蛋的内部质量指标是什么？
2. 内销禽蛋的收购等级标准是什么？
3. 试述禽蛋的重量与贮藏时间的关系，并说明原因。
4. 判定蛋白、蛋黄状况的方法有哪些？如何进行？
5. 简述冷藏蛋分级标准。
6. 禽蛋感官鉴定法有哪些？
7. 通过光照透视鉴定法，新鲜禽蛋的特点是什么？
8. 劣质蛋主要包括哪些蛋？其照蛋时的主要特征是什么？
9. 陈次蛋主要包括哪些蛋？其照蛋时的主要特征是什么？
10. 试述光照透视鉴定法的原理。

CHAPTER 26

第 26 章 禽蛋的贮藏保鲜

目标要求：

1. 掌握鲜蛋在贮藏过程中的变化；
2. 了解蛋贮藏保鲜的基本原则；
3. 掌握蛋的贮藏保鲜方法、主要原理及其操作方法。

26.1　鲜蛋在贮藏过程中的变化

鲜蛋在贮藏过程中，无论采取哪种保鲜方法，蛋的内容物都会发生不同程度的物理、化学和生物学的改变。

26.1.1　物理变化

1. 蛋重

鲜蛋在贮藏过程中，由于蛋壳上分布有气孔，蛋内水分不断蒸发，蛋的重量会逐渐变轻，贮藏时间越久，气室越大，减重越多。主要影响因素包括温度、湿度、贮藏期、贮藏方法及蛋壳厚薄等。

（1）温度　蛋贮藏温度的高低与蛋重有着直接的关系。温度越高，减重越多。有报道表明，鸡蛋在 9℃和 18℃条件下贮藏，每昼夜的减重是相同的，在 22℃和 37℃条件下贮藏，每昼夜的减重也相差不多，但在 9～18℃和 22～37℃两段不同的温度范围贮藏，蛋的减重相差 40～50 倍。不同温度贮藏蛋的重量变化见表 26-1。

表 26-1　不同温度贮藏蛋的重量变化（湿度相同）

温度/℃	每昼夜质量变化/g	温度/℃	每昼夜质量变化/g
9	0.001	22	0.04
18	0.001	37	0.05

（2）湿度　环境湿度越高，减重越少。不同湿度贮藏蛋的重量变化见表 26-2。

表 26-2　不同湿度贮藏蛋的重量变化（温度相同）

空气相对湿度/%	每昼夜质量变化/g
90	0.007 5
70	0.018 3
50	0.025 8

（3）贮藏期　蛋贮藏时间越长，减重越多。

（4）贮藏方法　鲜蛋可以采用不同的方法进行保鲜，获得的保鲜效果也不同。浸泡保鲜几乎不减重；涂膜保鲜在蛋壳表面形成一层均匀的薄膜，使蛋气孔闭塞，阻止了水分的外逸，所以蛋减重较少；谷物贮藏减重较多。

（5）蛋壳的厚薄　蛋壳越薄，水分蒸发越多，则减重越多。

2. 气室变化

气室是衡量蛋新鲜程度的标志之一。蛋在形成过程中没有气室，蛋产下后，内容物遇冷，收缩形成了气室，其高度小于 3 mm。蛋在贮藏过程中，随着水分的蒸发、二氧化碳的逸出及蛋的内容物的不断干缩，导致气室逐渐增大。在贮藏温度、湿度、气孔数量及大小等条件相同的情况下，贮藏时间越长，气室越大。不同贮藏时间蛋的气室高度变化见表 26-3。

表 26-3　不同贮藏时间蛋的气室高度变化

时间/d	气室高度/mm
0	1.5
25	6.0
50	9.0
75	11.5
100	13.5

3. 水分变化

在一定的温度、湿度条件下，随着蛋贮藏时间延长，蛋白中的水分不断通过蛋壳上的气孔不断向外蒸发，同时也会向蛋黄内渗透，导致内容物水分不断变化。鲜蛋的蛋白和蛋黄的含水量分别为 73.57%和 47.58%，经过一段时间贮藏后，蛋白中水分可降至 71%以下，而蛋黄中水分有所增加。

蛋白内的水分向蛋黄渗透的数量及速度与贮藏的温度、时间有直接关系，温度越高渗透速度越快，贮存时间越久，渗透到蛋黄中的水分也越多。

4. 浓厚蛋白水样化

鲜蛋随着贮藏时间的延长，蛋白结构不断发生变化，浓厚蛋白逐渐减少，稀薄蛋白含量逐渐增加。研究发现，浓厚蛋白中的卵黏蛋白含量由于贮藏而减少，而水样蛋白中的卵黏蛋白含量由于贮藏而增加。卵黏蛋白中含有使蛋白溶解的卵黏蛋白溶解酶，使蛋白结构崩溃，致使蛋白水样化。

5. 蛋黄膜的变化

鲜蛋在贮藏过程中，蛋清中水分向蛋黄逐渐渗透，使蛋黄膜弹性减小，甚至破裂，造成散黄蛋。蛋黄膜的弹性用蛋黄指数来表示，即蛋破壳后，将蛋黄放在平板上，测其高度和直径，二者之比即为蛋黄指数。

26.1.2　化学变化

1. pH 的变化

蛋在贮藏期间，pH 不断发生变化。蛋黄 pH

变化较缓，鲜蛋蛋黄的 pH 为 6.0～6.6，随着贮藏时间延长，pH 逐渐上升，至接近中性，以至达到中性。蛋白的变化比蛋黄大，最初蛋白的 pH 为 7.6～7.9，贮藏后可达 9.0 以上。但当蛋接近变质时，pH 则有下降的趋势。

其主要原因是由于蛋在贮藏过程中与空气接触，导致溶解在蛋内的 CO_2 不断通过气孔向外散逸，使 pH 不断上升，当气室内的 CO_2 与外界空气中的 CO_2 达到平衡后，就停止下降，此时蛋白 pH 达 9.0 以上。例如，蛋在 25℃贮藏时，第 1 天散逸的 CO_2 气体最多，pH 上升很快，10 d 后散逸的速度变得很慢，pH 开始下降。

当蛋黄和蛋白的 pH 均接近 7 时，说明蛋已相当陈旧，但尚可食用。当蛋腐败后，CO_2 难以排出，加上腐败后蛋内有机物分解产生酸类，pH 下降到中性或酸性，这种蛋不能食用。

2. 挥发性盐基氮（VBN）值增加

蛋在贮藏期间，由于酶和微生物的作用，使蛋中蛋白质发生分解，而使 VBN 值增加。蛋的品质与 VBN 值的关系见表 26-4。

表 26-4 蛋的品质与 VBN 值的关系

蛋的品质	VBN 值/(mg/100 g)	蛋的品质	VBN 值/(mg/100 g)
新鲜蛋	3.54	贴壳蛋	7.00～11.00
刚散黄蛋	3.95	老黑蛋	>137.00
散黄蛋	6.06		

3. 脂肪酸的变化

贮存期间，蛋黄中的脂类逐渐氧化，使游离脂肪酸逐步增加。鸡蛋贮藏期间游离脂肪酸变化情况见表 26-5。

4. 磷酸的变化

蛋在贮存期间，随着贮存时间延长，蛋黄中的卵黄磷蛋白、磷脂类及甘油磷酸等，会分解出可溶性无机态磷酸，使磷酸含量增加，尤其是腐败的蛋，可溶性磷酸增加更多。

表 26-5 鸡蛋贮藏期间游离脂肪酸变化情况

贮藏期	游离脂肪酸/%	酸价/(mg KOH/g)
鲜蛋	1.72	3.42
3 个月	3.12	6.21
12 个月	5.12	10.25
腐败蛋	17.3	34.40

26.1.3 生理学变化

禽蛋在贮藏期间，较高温度（25℃）会使其胚胎产生发育现象。使受精卵的胚胎周围产生网状血丝、血圈、甚至血筋现象，称为胚胎发育蛋；使未受精卵的胚胎有膨大现象，称为热伤蛋。

蛋的生理学变化，常常引起蛋的食用价值降低，耐贮性也随之降低，甚至引起蛋的腐败变质。所以要注意控制保藏温度，防止蛋的生理学变化。

26.1.4 微生物变化

鲜蛋具有极高的营养价值，也是微生物良好的培养基。蛋在形成、贮藏和流通过程中，很容易受到微生物的污染。健康母鸡产的鲜蛋，其内容物里是没有微生物的。然而生病的母鸡，在蛋的形成过程中可能污染上各种病原微生物。如沙门氏菌等。

禽蛋在贮藏和流通过程中，外界微生物接触蛋壳，会通过气孔或裂纹侵入蛋内，使内容物发生微生物学变化。

蛋内常发现的微生物主要有霉菌和各种细菌，如曲霉属、青霉属、毛霉属、白霉菌、葡萄球菌、大肠杆菌、产碱杆菌、大肠杆菌、变形杆菌、埃希菌属、假单胞菌等。各种微生物的侵入，不仅使蛋内容物的结构形态发生变化，而且使蛋内的主要营养成分也发生变化，造成蛋的腐败变质。各种微生物引起蛋内的变化见表 26-6。

表 26-6 各种微生物引起蛋内的变化

微生物	蛋内变化
荧光假单胞菌（*Pseudomonas fluorescens*）	蛋白质、卵磷脂分解，蛋白质发出绿色荧光
绿脓杆菌（*Pseudomonas asruginosa*）	蛋白质发出绿色荧光

续表26-6

微生物	蛋内变化
恶臭假单胞菌（*Pseudomonas petida*）	蛋白质发出蓝色荧光
嗜麦芽假单胞菌（*Pseudomonas maltophilia*）	蛋白质分解，产生 H_2S 和色素，蛋黄凝胶化，能看到黄绿色稠状的丝，有胺类臭气
变形菌属（*Proteus*）	蛋白质、卵磷脂分解，产生 H_2S，呈暗褐色，蛋黄呈褐色或黑色
液化气假单胞菌（*Aeromonas liquefacilens*）	蛋白质、卵磷脂分解，产生 H_2S，呈黑色，凝胶蛋白，呈灰色
黏质沙雷菌（*Serratia marcescens*）	蛋白质、卵磷脂分解，产生红色素，蛋白质变成粉红色
产碱杆菌（*Alcaligenes*）	蛋白质、卵磷脂分解
枝孢霉属（*Cladosporium*）	蛋壳表面、蛋壳膜产生暗绿或黑色斑点，蛋白凝胶化，蛋黄膜弹性减弱
侧孢霉属（*Sporotrichum*）	蛋壳表面、蛋壳膜产生红色或粉红色斑点，在蛋内繁殖，蛋白凝胶化，蛋黄膜弹性减弱
青霉属（*Penicillium*）	生成蓝绿色或黄绿色孢子

26.2　蛋的贮藏保鲜方法

26.2.1　蛋贮藏保鲜的基本原则

1. 保持蛋壳和壳外膜的完整性

蛋壳是蛋本身具有的一层最理想的天然包装材料和保护层，是与外界的一道天然屏障。分布在蛋壳上的壳外膜可以将蛋壳上的气孔封闭，可以阻止细菌的侵入，但这层薄膜很容易被水溶解，失去对蛋的保护作用。因此，无论采用什么样的方法贮藏鲜蛋，都应当尽量保持蛋壳和壳外膜的完整性。

2. 防止微生物的污染

微生物是导致蛋品质变坏的主要原因之一。因此，在蛋的贮藏过程中，要尽量采取各种方法，防止外界微生物侵入蛋内。如在贮藏前要把严重污染的蛋挑出，另行处理；鲜蛋入库前，贮藏库要严格杀菌消毒；用具有抑菌作用的涂料涂抹蛋壳等。

3. 抑制微生物的繁育

蛋在贮藏过程中，不可避免地会受到各种微生物的污染，因此，在鲜蛋贮藏过程中应尽量设法抑制这些微生物的繁育，达到保鲜的目的。

4. 保持蛋的新鲜状态

蛋在产出后，不断地发生着生理生化变化，如水分和能量不断消耗，二氧化碳不断散逸，氧气不断渗入，蛋液的 pH 不断升高，浓蛋液变稀，蛋黄膜弹性逐渐降低，气室逐渐增大等，导致蛋的品质逐渐下降。鲜蛋贮藏过程中要尽量减缓这些变化。

5. 抑制胚胎发育

受精蛋在贮藏过程中要防止胚胎发育，否则会降低蛋的品质，因此在蛋的贮藏过程中要避免胚胎发育。最好的方法是采用低温贮藏，尤其是在夏季，如库温超过 23℃，就可能导致胚胎的发育。

目前，我国的禽蛋，特别是有 95% 以上的鸡蛋是以鲜蛋形式消费的。由于禽蛋在贮存过程中会发生各种生理生化变化和微生物变化，促使蛋内容物的成分分解，降低蛋的品质，因此，在蛋的贮存过程中，根据贮藏量、贮藏时间和经济条件等，适宜的采用一些科学的贮藏方法，一方面可以保证禽蛋的质量，延长禽蛋的货架期，另一方面可以调节产蛋淡季禽蛋的供应。蛋的贮藏保鲜方法包括冷藏法、液浸法、涂膜法、消毒法、气调法及干藏法，其中冷藏法和液浸法应用较多。

26.2.2　冷藏法

1. 基本原理

冷藏法是利用低温来抑制微生物的生长繁殖和酶的活性，减缓蛋的生理生化变化，延缓浓蛋白水样化的速度和减少干耗率，使鲜蛋在较长时间内能较好地保持原有的品质，从而达到保鲜的目的。冷藏法是目前国内外广泛使用的一种贮藏保鲜方法。

2. 冷藏技术管理

1）入库前的准备

（1）冷库消毒　鲜蛋入库前，冷藏库应预先打扫干净、消毒、通风换气，以消灭库内残存的微生物和害虫。消毒可采用漂白粉溶液喷雾消毒或乳酸熏蒸消毒。放蛋的冷库内，严禁存放其他带有异味的物品，以免污染鲜蛋，影响品质。

（2）严格选蛋　鲜蛋必须经过严格的感官检验和灯光透视，选择符合质量要求的鲜蛋入库，剔除破损蛋、污壳蛋和劣质蛋。

（3）合理包装　为防止鲜蛋污染发霉，入库蛋的包装要求完整、结实、清洁、干燥、无异味。

（4）鲜蛋预冷　鲜蛋入冷藏库前，必须经过预冷。如果不经过预冷而直接入库，会由于蛋的温度高，使库温上升。因此，鲜蛋在放入冷藏库前，必须进行预冷。预冷方式有两种：一种是在冷藏库的穿堂、过道进行，每隔 1～2 h 降温 1℃，待蛋温降至 1～2℃时入库冷藏；另一种是在冷库附近设预冷库，预冷的温度为 2～4℃，相对湿度为 75%～85%，时间约为 24 h，使蛋温下降至 2～3℃时，便可入库贮藏。

2）入库后的管理

（1）码垛须留有间隔　鲜蛋入库后，为了使库内温度、湿度均匀，并改善库内通风，要按蛋的品种，顺着冷空气循流的方向码垛，蛋箱不要靠墙，要离墙 20～30 cm，蛋箱之间要有一定空隙，各堆垛之间要留出 10 cm 左右的间隔，地面上要有垫板或垫木。垛的高度不能超过风道的喷风口，以利于空气对流畅通。

（2）库内温、湿度的控制　冷库内的温度、湿度稳定是保证取得良好冷藏效果的关键。鲜蛋冷藏最适温度为－1.5～－1℃，也可以稍低一些，但不应低于－2.5℃，否则会使蛋内水分冻结，而导致蛋壳破裂。温度在一昼夜内变化幅度不能超过±0.5℃；库内相对湿度以 85%～88%为宜，湿度过高，霉菌易于繁殖，湿度过低，则会加速蛋内水分的蒸发，增加自然干耗。

（3）定期检查鲜蛋质量　便于了解鲜蛋在贮存期间的质量变化，更好地确定冷藏时间的长短，发现问题及时采取措施。变质的蛋要及时出库处理，对长期贮存的蛋还要翻箱，以防止出现泻黄、靠蛋等次品。

3）正确出库

冷藏蛋出库时，应先放在特设的房间内，使蛋温逐渐回升，当蛋温升到比外界温度低 3～4℃时，方可出库。如果未经过升温而直接出库，由于蛋温较低，外界温度较高，鲜蛋突然遇热，蛋壳表面就会凝结水珠（俗称“出汗”），容易造成微生物的污染而导致蛋品变质。

26.2.3　其他方法

26.2.3.1　液浸法

1. 石灰水贮藏法

1）贮藏原理

石灰水贮藏法是将鲜蛋保存在澄清后的饱和石灰水溶液中。其保藏原理是利用蛋内呼出的二氧化碳同石灰水中的氢氧化钙作用，生成不溶性的碳酸钙微粒，沉积在蛋壳表面，闭塞气孔，可减缓蛋内呼吸作用，并造成蛋内二氧化碳有所积聚，抑制浓厚蛋白变稀，使蛋白 pH 下降，不利于微生物的生长繁殖，同时，石灰水本身具有杀菌作用，达到较长时间保鲜的目的。

2）操作方法

选择洁净的生石灰块，按照生石灰∶水＝(1～1.5)∶100 的比例投入缸中，使其充分溶解，成均匀的饱和溶液，澄清、过滤、冷却后即可使用。

将经过检验合格的鲜蛋轻轻地放入盛有石灰水的缸中，使其缓慢下沉，以免破碎。每缸装蛋应低于液面约 10 cm，经 2～3 d，液面上会形成硬质薄膜，不要触动它，以免薄膜破裂而影响贮蛋质量。

3）注意事项

（1）严格选蛋　石灰水贮藏法对蛋的质量要求很严格。一定选择质量优良的鲜蛋，如有破损蛋、劣质蛋混入，随着蛋的腐败变质，微生物会借助石灰水的传播扩散，导致石灰水发浑变臭，影响蛋的品质。

（2）严格控制库温及水温　库温和水温尽量保持凉爽。炎热季节，库温要低于 25℃，水温要低于 20℃；冬季寒冷季节，库温要低于 3～5℃，水温控制在 1～2℃。

(3) 定期检查　石灰水浸泡期间，要每日早、午、晚 3 次检查库温、水温和水质情况。如发现石灰水发浑、发绿或有臭味，要及时换水；如缸中有漂浮蛋、破壳蛋、臭蛋等，要及时捞出。

(4) 小心取放　经石灰水浸泡的蛋，蛋壳松脆，须轻拿轻放。

4) 贮藏效果

用石灰水溶液贮藏鲜蛋，材料来源丰富，经济实惠，降低成本，操作简单，既可大批贮藏，也可小批量贮藏，保存效果良好。但蛋壳色泽较差，有时会有较强的碱味，由于气孔闭塞，煮蛋时，容易"放炮"，可在煮制时先在蛋的大头处刺一针眼加以避免。

2. 水玻璃贮藏法

水玻璃又名泡花碱，其化学名为硅酸钠，是硅酸钠（Na_2SiO_3）和硅酸钾（K_2SiO_3）的混合溶液，通常为白色，溶液黏稠、透明，易溶于水，呈碱性反应。

1) 贮藏原理

水玻璃遇水生成偏硅酸或多聚硅酸胶体物质，包围在蛋壳外面形成一层薄的干涸水玻璃层，使气孔闭塞，减少蛋内水分蒸发，减弱蛋内呼吸作用和生化反应，阻止微生物的进入，同时，溶液又有杀菌作用，所以能使鲜蛋能较长时间保鲜。通常贮藏于 20℃ 的室温条件下，可以保存 4～5 个月。

2) 操作方法

我国多采用 3.5～4.0 °Bé 的水玻璃溶液贮藏鲜蛋，目前市场上销售的水玻璃的浓度有 56、52、50、45、40 °Bé 五种，因此，购买了水玻璃溶液后不能直接使用，必须进行稀释。其稀释公式为：加水量=(原水玻璃溶液浓度/要求配制溶液浓度)－1。稀释时，先在容器内倒入水玻璃原溶液，然后加入少量的水，充分搅拌，使其全部溶解，再加入剩余稀释所需要的水，混匀即可。

3) 注意事项

(1) 配制水玻璃溶液加入的水，最好是软水或含矿物质少的自来水，如果是硬水，必须要经过软化，因为硬水中含有较多的钙、镁、铁等矿物质，会影响水玻璃溶液贮藏蛋的效果。

(2) 水玻璃溶液贮藏法对蛋的质量要求也很严格，一定选择质量优良的鲜蛋。

(3) 水玻璃贮藏蛋的温度，只要水不结冰，温度越低越好。

(4) 水玻璃贮蛋半个月左右，蛋的外表会粘有白色絮状物，溶液呈白灰色，略有浑浊，属正常现象，但若发现溶液呈粉红色，浓厚糨糊状与水分开，这是温度过高所致，此时应将蛋捞出洗净，剔除坏蛋，重新配制溶液再贮藏。

(5) 经水玻璃贮藏的蛋，在销售加工前，必须用 15～20℃ 温水将水玻璃洗净，并晾干，否则蛋壳黏结，容易破裂。

4) 贮藏效果

水玻璃贮藏的蛋，色泽较差，气孔闭塞，煮蛋时，容易"放炮"，可在煮制时先在蛋的大头处刺一针眼加以避免。

26.2.3.2 混合液体保鲜法

混合液体的主要组成是石灰、石膏、白矾（即"二石一白"），因此，有人称为"三合一"保鲜剂。

1) 保鲜原理

石灰、石膏和白矾均可与水发生化学反应，生成碳酸钙，碳酸钙能闭塞蛋壳气孔，同时，溶液中的氢氧化钙与液面上的二氧化碳接触，在蛋壳表面形成一层碳酸钙覆盖物，阻止了微生物的进入，使蛋与空气隔绝，处于"真空无菌"环境中，从而达到保鲜的目的。

2) 操作方法

(1) 配制"三合一"混合溶液　每 50 kg 清水加生石灰 1.5 kg、石膏 0.2 kg、白矾 0.15 kg，制成混合液体。配制时，由于白矾、石膏质地较硬，不易溶解，所以先将它们碾成粉末，过筛后称量，混合均匀备用。然后将称量好的生石灰打碎去渣后，溶入 10～15 kg 水中，经 12 h 左右溶解后，再用 35～40 kg 水将已乳化的石灰水隔筛冲滤到缸内，除去杂质，边搅拌边加入白矾与石膏的混合粉，直到粉末全部溶解时为止（至水中漩涡冒泡即止）。

（2）放蛋　将配制好的“三合一”混合溶液放置 15 min，水溶液自然澄清，即可放蛋。放蛋不宜太满，应低于水面 10～15 cm，并在缸（池）上加盖，防止灰尘、杂质进入，以保持缸（池）内清洁。配制成的 50 kg 左右混合液体可贮存鲜蛋 50 kg。

3）注意事项

（1）严格选蛋。用于混合液体贮存的蛋必须质量优良，对蛋源不明的蛋，尤其是市场上采购的鲜蛋，要通过照验后，方可贮存。

（2）蛋浸入后，要捞出漂浮在水面上的全部杂质，并剔除上浮的蛋。

（3）蛋浸入后 1～2 d，液面上会慢慢形成一层薄膜，可以隔绝外界空气和微生物侵入，具有密封的作用。若未结成薄冰状膜，要检查原因，并重新配制混合液；若液面薄膜凝结不牢或有小洞不凝结，并闻到石灰气味，说明溶液有变质可能，要及时采取措施，按每 50 kg 液体补加 2.5 kg 左右的石膏和白矾。如仍不能改变上述情况，要及时把蛋捞出，重新配制混合溶液。

（4）贮蛋的容器应放置在空气流通且凉爽的房间里，避免阳光照射。

（5）要经常检查室内温度。

（6）贮藏期间，1 个月左右要将蛋翻动一次，防止蛋贴壳。翻蛋时手要干净，轻拿轻放。

（7）蛋出缸（池等容器）时，应将蛋散开晾干。在容器底部带有沉淀石灰的蛋，可利用缸或池内混合液体清洗干净后，再取出晾干。

4）贮藏效果

混合液体贮藏保鲜法经济可行、效果较好，贮存保鲜 8～10 个月，其品质仍不会改变。

26.2.3.3　涂膜保鲜法

1. 保鲜原理

利用一种或几种涂膜剂配成一定浓度的溶液，均匀地涂覆在蛋壳的表面，使蛋壳上的气孔处于封闭状态，阻止微生物侵入，减少蛋内二氧化碳和水分向外散逸。这样就能防止蛋内容物 pH 升高，延缓浓厚蛋白的水化和气室的增大，从而达到保鲜的目的。

2. 涂膜剂的要求

（1）涂膜材料在蛋壳上形成的薄膜质地致密，附着力强，吸湿性小，可以适当地增加蛋壳的机械强度。

（2）涂膜材料价格低廉，资源充足，用量较小，以降低成本。

（3）涂膜材料无毒无害，不致癌，不致畸，不突变，对辅助杀菌剂尽量无抵抗作用。

（4）使用方法简便。一般鲜蛋涂膜剂包括水溶性涂料、乳化剂涂料和油质性涂料等，涂膜剂多采用液体石蜡，液体石蜡毒性小，酸败腐蚀作用也小，涂膜性好，成膜效果明显。除此之外，还可采用固体石蜡、植物油、藻朊酸胺、聚苯乙烯、聚乙烯醇、丁二烯苯乙烯、丙烯酸树脂、聚氯乙烯树脂、醇溶蛋白、骨胶朊、聚麦芽三糖等多种涂膜剂。

3. 操作方法

1）选蛋

选择优质新鲜禽蛋（夏季产后 1 周以内，春秋产后 10 d 以内），经光照检验，剔除劣质蛋。

2）涂膜

将少量涂膜剂放在合适容器中，涂膜方法有涂刷法、浸渍法和喷淋法 3 种，大多采用喷淋法。经检验合格的鲜蛋，涂刷、浸渍或喷淋后自然晾干，便可装箱贮藏。

（1）松脂石蜡合剂法　将石蜡 18 份、松脂 18 份、三氯乙烯 64 份，混合搅匀，然后将经检验合格的鲜蛋置于其中浸泡 30 s，取出晾干，可在常温贮存 6～8 个月。

（2）蔗糖脂肪酸酯法　将经检验合格的鲜蛋，浸入 1%蔗糖脂肪酸酯溶液中 20 s，取出晾干，在 25℃的情况下可保鲜 6 个月。如果与低温保藏手段相结合，保藏效果更优。

（3）蜂油合剂法　取蜂蜡 112 mL，水浴溶化后加入橄榄油 224 mL，边加边调和均匀，然后将经检验合格的鲜蛋浸入其中，均匀涂上一层薄膜后，取出晾干，可贮存 6 个月以上。

3）入库管理

将涂膜处理后的蛋装箱后入库，要保持通风良好。库温保持在 25℃以下，相对湿度 70%～80%，如气温过高或阴雨潮湿天气，可用塑料膜制成帐子覆盖蛋箱，蛋箱可叠放几层，但层与层间要有间隔，并留出人行通道，以便定期抽查。最上层蛋箱要放置吸潮剂。

4）定期检查

不要轻易翻动蛋箱，一般 20 d 左右检查一次。

4. 注意事项

（1）用此法贮藏鲜蛋，原料必须新鲜，蛋内未受微生物污染，否则涂膜后蛋内的微生物仍可继续繁殖，造成蛋的变质。

（2）鲜蛋涂膜前要杀菌消毒，尤其是污壳蛋必须清洗，然后晾干涂膜。

（3）蛋箱摆放要平稳，以防移位破损。

（4）若吸潮剂结块，应碾碎、烘干再用，或更换吸潮剂。

5. 贮藏效果

贮藏效果与蛋的新鲜程度有关，蛋越新鲜，则涂膜后贮藏效果越好，因此利用刚产的鲜蛋立即涂膜，其效果就更为明显。涂膜后，蛋内的水分及二氧化碳的逸出大大减少，但不可能完全停止，所以，经涂膜的蛋，在贮藏期间仍会有极低的干耗。有的涂膜剂如液体石蜡，涂膜后蛋壳表面有令人不快的油污感，而且蜡液会向蛋内渗透，使蛋内容物产生异味；动植物油脂的成膜性能差，涂在蛋壳上不易干燥，同时油脂容易酸败，其中的过氧化物渗透到蛋内，对人体健康有害。

26.2.3.4　气调贮藏法

气调贮藏法是一种贮藏时间长、贮藏效果好、既可以少量也可以大批量贮藏的方法。主要有二氧化碳气调贮藏法、化学保鲜剂气调贮藏法和臭氧气调贮藏法等。

1. 二氧化碳气调贮藏法

1）贮藏原理

将鲜蛋贮藏在一定浓度的二氧化碳气体中，使蛋内二氧化碳不易逸出，并得以补充，从而降低鲜蛋内酶的活性，减缓代谢速度，抑制微生物生长繁殖，从而达到保鲜的目的。

2）操作方法

用聚乙烯薄膜做成一定体积的塑料帐篷，底板也用塑料薄膜，将挑选消毒后的鲜蛋放在地板上预冷 2 d，使蛋温与库温基本一致，再将分装札布袋或化纤布袋的吸潮剂和漂白粉均匀地放在垛顶箱上，然后套上塑料帐篷，用塑料热合器把帐篷与底板烫牢，抽真空，使帐篷紧贴蛋箱，最后充入 20%～30%的二氧化碳气体。

3）贮藏效果

二氧化碳气调法贮藏鲜蛋，成本低，贮藏效果好。霉菌一般不会侵入蛋内，浓蛋白很少水化，蛋黄膜弹性保持较好，且不易破裂，即使贮藏 10 个月，品质也无明显下降。该法贮藏的蛋比冷藏法降低干耗 2%～7%，且温湿度要求相对宽松。

2. 化学保鲜剂气调贮藏法

化学保鲜剂气调贮藏法是利用化学保鲜剂，通过化学脱氧获得气调效果。化学保鲜剂一般由无机盐、金属粉末和有机物质组成，通过化学反应，能高效地吸收食品包装袋中的氧气，使贮藏蛋的食品袋中氧气含量在 24 h 内降到 1%，同时具有杀菌、防霉、调整二氧化碳含量等作用，从而达到保鲜的作用。如以铸铁粉为主要成分的化学保鲜剂，其成分构成是 15 g 铸铁粉＋3 g 氯化钠＋4 g 硅藻土＋2 g 活性炭＋3 mL 水，可以在 24 h 内将 10 L 空气中的氧气含量降到 1%。

26.2.3.5　消毒法

1. 巴氏杀菌贮藏法

巴氏杀菌贮藏法是一种经济、简便、适用于偏僻山区和多雨潮湿地区少量、短期的贮藏方法。

1）贮藏原理

鲜蛋经巴氏杀菌后，能杀灭蛋壳表面的大部分细菌，同时，高温使靠近蛋壳的一层蛋白凝固，可防止蛋内水分、二氧化碳散逸及微生物的入侵，达到保鲜的目的。

2）操作方法

先将鲜蛋放入特制的铁丝筐内，以每筐放蛋 100～200 枚为宜，然后将筐内的蛋沉浸在 95～100℃的热水中，浸泡 5～7 s 后立即取出，沥干表面水分，待蛋温降低，即可放入阴凉、干燥的库房进行贮存。

如果将巴氏杀菌法与其他保鲜手段配合使用，会收到更好的贮存效果。如经巴氏杀菌法处理的鸡蛋，再放在草木灰中或石灰水中贮存 3 个月，废品率仅为 1.5%。

2. 过氧乙酸贮藏法

1）贮藏原理

过氧乙酸具有很强的氧化作用，可将蛋壳表面菌体蛋白质氧化而使微生物死亡，对多种微生物，包括芽孢及病毒都有高效、快速的杀灭作用，从而达到保鲜的目的。

2）操作方法

使用过氧乙酸溶液贮藏鲜蛋，有浸泡、喷雾和熏蒸 3 种方法。

（1）浸泡法　配制 1～2 g/L 的过氧乙酸溶液，将检验合格的鲜蛋，浸泡在过氧乙酸溶液中 3～5 分钟，取出晾干，便可存放贮藏。如果将其贮存在冷库里，则保藏时间可以更长。

（2）喷雾法　适合于少量鲜蛋的处理，因为大批鲜蛋存放在容器中，喷雾法不可能使药剂均匀地喷到每个鲜蛋的全部外壳，没有喷到的蛋面上，仍能被微生物所污染，导致品质变坏。

（3）熏蒸法　是一种可取的简便办法。先配制 140～200 g/L 的过氧乙酸溶液，放在密闭库房的搪瓷盆内，任其自然挥发；也可使用 30～50 g/L 的过氧乙酸溶液，放在密闭库房的搪瓷盆里，加热挥发，室内保持 60%～80%的相对湿度。熏蒸时，过氧乙酸剂量一般可按每 1 cm^3 的空间用 1～3 g 计算，密封 1～2 h，取出，存放贮藏。

3）注意事项

气温高时过氧乙酸容易分解挥发，因此，最好现用现配，或将配好的原液贮存在冷库里。

复习思考题

1. 鲜蛋在贮藏过程中的物理变化有哪些？
2. 禽蛋在贮藏过程中气室如何变化？其主要原因是什么？
3. 禽蛋在贮藏过程中蛋重如何变化？其影响因素有哪些？
4. 判定蛋白、蛋黄状况的方法有哪些？如何进行？
5. 鲜蛋在贮藏过程中的化学变化有哪些？
6. 试述蛋贮藏保鲜的基本原则。
7. 蛋的贮藏保鲜方法有哪些？常用的是什么？
8. 冷藏法的原理是什么？使用过程中需要注意什么？
9. 试述涂膜保鲜的原理及对涂膜剂的要求。
10. 试述水玻璃贮藏法的原理及主要操作方法。

HAPTER 27

第 27 章 松花蛋加工

目标要求：

1. 了解松花蛋的类型与特点；
2. 掌握松花蛋加工的基本原理；
3. 了解松花蛋加工常用的原辅料以及特性；
4. 掌握浸泡法、包泥法加工松花蛋的基本方法。

27.1 概述

禽蛋自身的贮藏特性及母禽产蛋季节差异性决定了禽蛋供应有淡旺季之分，为解决淡旺季生产供需之间的矛盾，做到常年有蛋供应，自古以来我国民间就有加工与贮藏蛋类的习惯，形成了许多具有历史传统风味的蛋制品，松花蛋就是其中一种。

松花蛋是通过一定浓度的碱处理，促使蛋白凝胶变性后发生一系列颜色和风味变化而形成的再制蛋制品。松花蛋又叫皮蛋、变蛋、彩蛋。松花蛋成熟后，其蛋白为呈棕褐色或绿褐色的凝胶体，有弹性，凝胶体内有松针状的结晶花纹，松花蛋由此得名；其蛋黄为呈深浅不同的墨绿、草绿、茶色的凝固体（溏心松花蛋蛋黄中心呈橘黄色糨糊状），色彩多样、变化多端，因此也被称为彩蛋。

松花蛋的种类很多：按照原料种类的不同被分为鸡皮蛋、鸭皮蛋、鹌鹑皮蛋；按照蛋黄的凝固程度不同被分为溏心松花蛋和硬心松花蛋；按照加工辅料不同被分为无铅皮蛋、含铅皮蛋、含铜皮蛋、含锌皮蛋等；按照产地不同被分为京彩蛋和湖彩蛋；按照加工工艺不同被分为传统湿法腌制松花蛋、无铅松花蛋、无斑点松花蛋和清料法腌制松花蛋。

禽蛋本身的营养价值极高，加工成松花蛋以后，营养价值基本不受损失。由于松花蛋加工过程中水分损失较多，蛋白中蛋白质的含量和碳水化合物的含量相对增多，因此松花蛋的营养价值相对提高。加工过程中加入的食盐、茶叶、草木灰、黄泥等，使蛋白和蛋黄中的矿物质有所增加。另外，在松花蛋加工过程中，碱使蛋内脂肪和蛋白质分解，产生易于消化的低分子产物，不仅使松花蛋具有独特的鲜味和风味，更使人体易于消化和吸收。因此，禽蛋加工成松花蛋后，大幅度改善了其色、香、味，具有特殊滋味和气味，能够促进人的食欲，有开胃、助食、助消化的作用。根据古籍介绍和目前的研究，松花蛋具有清凉、明目、平肝的功效，是夏季清热解暑的上佳食品。加醋拌食，有治疗高血压、清热消炎、解暑止渴、温补健身等功用。

27.2 松花蛋的加工原理

27.2.1 原辅料选择

1. 原料选择

为保证松花蛋的质量，加工前对鲜蛋必须进行严格的无损检测，逐个检验和挑选，剔除破损蛋、裂纹蛋、散黄蛋、热伤蛋、贴皮蛋等各种次劣蛋，选择新鲜、干净、无水湿、无粪污的质量合格蛋。还要按蛋重或大小进行分级，以便按级进行投料加工，保证松花蛋成熟期一致。

2. 辅料选择

鲜蛋能变成松花蛋，是由各种材料的相互配合所起作用的结果。材料质量的优劣直接影响到松花蛋的质量和商品价值。因此，在材料选用时，要按松花蛋加工要求的标准进行选择，以确保加工出的松花蛋符合卫生要求，有利于人体健康。常用的加工材料有以下几种。

1）纯碱

纯碱的学名为无水碳酸钠（Na_2CO_3），俗称食碱、碱粉等，是加工松花蛋的主要辅料之一。纯碱为白色粉末，含有碳酸钠约99%，能溶解于水，但不溶于酒精，常含食盐、芒硝、碳酸钙、碳酸镁等杂质。纯碱暴露在空气中，易吸收空气中的湿气而质量增大，并结成块状同时，易与空气中的碳酸气体化合生成碳酸氢钠（小苏打），性质发生变化。其作用是与生石灰、水一起反应生成氢氧化钠，使蛋内的蛋白和蛋黄发生胶性的凝固。为保证松花蛋的加工质量，选用纯碱时，要选购质纯色白的粉末状纯碱，含碳酸钠要在96%以上，不能用吸潮后变色发黄的“老碱”。选购时，一次不要买得过多，以免变质。使用后多余的纯碱，存放时要密封防潮。购回后或配料前，最好要测定纯碱的碳酸钠含量是否合乎质量要求。这是因为碳酸钠在空气中易与碳酸气体相结合，形成碳酸氢钠，使其效率降低。

2）生石灰

生石灰的学名为氧化钙，俗称石灰、煅石灰

等。其性质为块状白色、体轻，在水中能产生强烈的气泡，生成氢氧化钙（熟石灰）。生石灰的质量要求要选购体轻、块大、无杂质，加水后能产生强烈气泡，并迅速由大块变成小块，直至成为白色粉末的生石灰。这种石灰的成分中，含有效氧化钙的数量不得低于75%。生石灰不宜多购，这是因为生石灰容易吸潮变质。对一时用不完的生石灰，要密封贮藏在干燥的地方。加工松花蛋时使用生石灰的数量要适宜。这样，才能使石灰与碳酸钠作用产生的氢氧化钠达到所要求的浓度。如果使用石灰过多，不仅浪费，还会妨碍皮蛋起缸，增加破损，甚至使皮蛋产生苦味，有的蛋壳上还会残留有石灰斑点；如果使用石灰过少，将会影响皮蛋中内容物的凝固。为此，生石灰的用量以满足与碳酸钠作用时所生成的氢氧化钠的浓度达到4%～5%为宜。

3）烧碱

烧碱化学名为氢氧化钠（NaOH），又称苛性钠、火碱等，为白色固体，有条棒、颗粒等形状。工业用烧碱为大块状。氢氧化钠含量只有40%～50%的称为液体烧碱。烧碱不仅能代替纯碱和石灰的作用，而且可免除纯碱和石灰料液产生大量碳酸钙沉淀的缺陷，同时给工艺带来了方便，降低了成本。因此，使用烧碱加工皮蛋的厂家越来越多。但在使用时要特别小心，防止其对人体的皮肤和衣服的腐蚀。

4）食盐

食盐的学名为氯化钠（NaCl）。其性质为白色结晶体，具有咸味，在空气中易吸收水分而潮解。当前市场上出售的食盐，有粗盐、细盐和精盐3种。生产松花蛋用的盐，在质量上要求含杂质少，氯化钠含量要在96%以上，通常以海盐或再制盐为好。在加工松花蛋的混合料液中，一般要加入3%～4%的食盐。如果食盐加入过多，会降低蛋白的凝固，反而使蛋黄变硬；如果食盐加入过少，不能起到改变松花蛋风味的作用。

5）茶叶

松花蛋加工使用茶叶，一是增加松花蛋的色素，二是提高松花蛋的风味，三是茶叶中的单宁能促使蛋白发生凝固作用。加工松花蛋，一般选用红茶末，因红茶中含有茶单宁8%～25%、咖啡碱1%～5%，还含有茶精、果胶、精油、糖、茶叶碱、可可碱等成分。这些成分不仅能增加松花蛋的色泽，还能提高风味、帮助蛋白凝固。而这些成分在绿茶中的含量比较少，故多使用红茶。对受潮或发生霉味的茶叶，严禁使用。

6）植物灰

以桑树、油桐树、柏树枝、豆秸、棉籽壳等烧成的灰最好。植物灰中含有多种矿物质和芳香物质，这些物质能增进松花蛋的品质和提高其风味。植物灰中含量较多的物质有碳酸钠和碳酸钾。据化学分析，油桐籽壳灰中的含碱量在10%左右。它与石灰水作用，同样可以产生氢氧化钠和氢氧化钙，使鲜蛋加快转化成松花蛋。此外，柏树枝柴灰中含有特殊的气味和芳香物质，用这种灰加工的皮蛋，别具风味。无论何种植物灰，都要求质地纯净、粉粒大小均匀，不含有泥沙和其他杂质，也不得有异味。使用前，要将灰过筛除去杂质，方可倒入料液中混合，并搅拌均匀。植物灰的使用数量，要按植物树枝的种类决定。这是因为不同的树枝或籽壳烧成的灰，含碱量是有区别的。

7）包泥

包泥的主要成分为 Na_2CO_3 和 K_2CO_3，有促进蛋白蛋黄凝固的作用，并有特殊的芳香味。使用草木灰时要求干净卫生，无较大的石块，最好用筛子过滤，以除去石块和土粒。

8）水

加工松花蛋的各种材料，按一定的比例用量称取后，需要加水调成糊状才能发生化学反应。为保证松花蛋的质量和卫生，使用的水质要符合国家卫生标准。通常要求用沸水调制，一是能杀死水中的致病菌；二是能使混合物料更快地分解，生成新的具有较强效力的料液，以加快对鲜蛋的化学作用，加快松花蛋的成熟。

27.2.2 松花蛋加工的基本原理

27.2.2.1 蛋白与蛋黄的凝固

1. 凝固过程

皮蛋的蛋白与蛋黄在凝固过程中，起主要作用的是碱性物质，如纯碱、植物灰以及氢氧化钠等。

氢氧化钠是一种强碱性物质，在混合料液中，它通过蛋壳渗入蛋内，料液中的金属盐又能促使碱液更快渗入，使蛋内的蛋白质开始变性，发生液化现象。随着渗入的进程，碱液由蛋白渗向蛋黄，从而使蛋白中碱的浓度逐渐降低，变性蛋白分子继续发生凝固现象。因有水的存在，蛋白逐渐成为凝胶状，并有一定的弹性。同时，料液中食盐含有的钠离子，以及石灰中的钙离子、植物灰中的钾离子、茶叶中的单宁物质等，都会促使蛋内蛋白质的凝固和沉淀，同时使蛋黄凝固和收缩，从而发生松花蛋内容物的离壳现象。所以加工质量比较好的松花皮蛋，一旦外壳敲裂以后，皮很容易剥落下来。

蛋白和蛋黄的凝固速度和时间，与温度的高低有关。温度高，碱性物质作用快，反之，则慢。所以，加工松花蛋需要一定的温度和时间。而适宜的碱量则是关键，如果混合料液中加入的碱量过多，作用时间过长，会使禽蛋蛋白质和胶原物质受到破坏，从而使已凝固的蛋白变为液体，这种变化称为“伤碱”。因此，在松花蛋加工中，要严格控制碱的使用量，并根据温度掌握好时间。

2. 理化变化阶段

根据松花蛋在加工中的理化变化过程，其加工共分为 5 个阶段。

1）化清阶段

这是鲜蛋泡入料液后发生明显变化的第一阶段。在这一阶段，蛋白从黏稠变成稀的透明水样溶液，蛋黄有轻度凝固（鸭、鸡蛋黄凝固约 0.5 mm，鹌鹑蛋黄还薄一些），蛋白质的变性达到完全。其中，含碱量为 4.4～5.7 mg/g（以氢氧化钠计）。这时的蛋清发生了物理和化学两方面的变化，其物理变化表现为蛋白质分子变为分子团胶束状态（无聚集发生），化学变化是卵蛋白在碱性条件及水的参与下发生了强碱变性作用。而微观变化是蛋白质分子从中性分子变成带负电荷的复杂阴离子。维持蛋白质分子特殊构象的次级键，如氢键、盐键、范德华力、偶极作用、配位键及二硫键等受到破坏，使之不能维持原来的特殊构象，坚实的刚性蛋白质分子变为结构松散的柔性分子，从卷曲状态变为伸直状态，达到了完全变性，原来的束缚水变成了自由水。但这时蛋白质分子的一、二级结构尚未受到破坏，化清的蛋白还没有失去热凝固性。

2）凝固阶段

在这一阶段，蛋白从稀的透明水样溶液凝固成具有弹性的透明胶体，蛋黄凝固厚度为 1～3 mm。蛋白胶体呈无色或微黄色（视加工温度而定），平均含碱量为 6.4 mg/g（6.1～6.8 mg/g），这个阶段蛋白含碱量最高。这时发生的理化变化是完全变性的蛋白质分子在氢氧化钠的继续作用下，二级结构开始受到破坏，氢键断开，亲水基团增加，使得蛋白质分子的亲水能力增加。蛋白质分子之间相互作用形成新的聚集体。研究发现，卵清蛋白经酸、碱、热变性后，形成 5～20 个变性蛋白质分子组成的分子聚集体。由于这些聚集体形成了新的空间结构，使得吸附水的能力逐渐增大，溶液中的自由水又变成了束缚水，溶液黏度随之逐渐增大，达到最大黏度时开始凝固，直到完全凝固成弹性极强的胶体为止。

3）转色阶段

此阶段的蛋白呈深黄色透明胶体状，蛋黄凝固 5～10 mm（鸭、鸡蛋黄）或 5～7 mm（鹌鹑蛋黄），转色层为 2 mm（鸭、鸡蛋黄）或 0.5 mm（鹌鹑蛋黄）。蛋白含碱量降低到 3.0～5.3 mg/g。如果含碱量超过这个允许值范围，就会出现凝固蛋白再次变为深红色水溶液的情况，使之成为次品。这时的物理化学变化是蛋白、蛋黄均开始产生颜色，蛋白胶体的弹性开始下降。这是因为蛋白质分子在氢氧化钠和水的作用下发生降解，蛋白质的一级结构受到破坏，使单个分子的分子质量降低，并释放出非蛋白质性物质，同时发生美拉德反应（Maillard reaction），这些反应的结果使蛋白胶体的颜色由浅变深，呈现褐色或茶色。

4）成熟阶段

蛋白全部转变为褐色的半透明凝胶体，仍具有一定的弹性，并出现大量排列成松枝状的晶体簇；蛋黄凝固层变为墨绿色或多种色层，中心是溏心状。全蛋已具备了松花蛋的特殊风味，可以作为产品出售。此时蛋内含碱量为 3.5 mg/g。这一阶段的物理化学变化同转色阶段。这阶段产生的松花是由纤维状氢氧化镁水合晶体形成的晶体簇。蛋黄的墨绿色主要是金属离子同 S^{2-} 反应的产物。模拟试验表明，生色基团可能是由 S^{2-} 和蛋氨酸形成的。

5）贮存阶段

这一阶段为产品的货架期。此时皮蛋内的化学反应仍在不断地进行，其含碱量不断下降，游离脂肪酸和氨基酸含量不断增加。为了保持产品不变质或变化较小，应将成品在相对低温条件下贮存，同时要防止环境中细菌的侵入。

27.2.2.2 凝固过程的调控

采用传统工艺加工松花蛋时，一般在泡制料液中加入一定量的 PbO。如果采用除去 PbO 的传统料液泡制松花蛋，在蛋白蛋黄凝固后，将有50%的蛋不能进入转色成熟期，而是出现蛋内再次“液化”，蛋黄成为“实心球”的现象，成为废品，即使采用提前出缸的方法处理，也存在着产品成品率低、工艺难以掌握、贮存期短等问题。但是，加入 0.2%～0.4%的 PbO 后，制得的松花蛋成熟之后，仍可在料液中长时间地泡着，而不出现已凝固蛋白再“液化”的现象，保持着松花蛋的全部特征。因此，松花蛋加工工艺的关键在于怎样由凝固阶段顺利地进入转色成熟阶段，松花蛋转色成熟时所需条件：在 20～25℃下，保持蛋内含碱量（<5.3 mg/g）和含水量（>65%）相对恒定，相对绝氧，并能使蛋内产生的 H_2S、NH_3 和 CO_2 等适量地排出蛋外。即如何控制这个阶段的蛋内含碱量适应于转色成熟的需要，而这一点正是铅的关键作用，它巧妙地调节了蛋内的含碱量，使之适应于工艺过程的需要。

下面的试验解释了铅的这种巧妙的控制作用。利用 NaOH 和 NaCl，配制好浓度适宜的水溶液，然后分成两等份，一份加适量的 PbO，另一份不加，同时泡蛋进行观察。在第 4 天时，无铅的蛋壳和蛋膜上出现了较规则的“圆孔”，“圆孔”处明显比其他部位薄，每 25 mm^2 其“圆孔”数量为 10～18 个。这种“圆孔”被称为“腐蚀孔”。而有铅的蛋壳和蛋膜上都有小黑斑，斑点处比其他部位透光性差，较厚，每 25 mm^2 斑点为 10～15 个。当泡到第 12 天时，有铅的壳和膜上的黑斑增加到 15～25 个。无铅的壳和膜上的腐蚀孔数量增加到 20～30 个，孔径增加到 300 μm，几乎“穿透”了蛋白膜。这时把无铅料液中的蛋取出一部分放入含铅料液中浸泡 24 h 后，发现原来腐蚀孔的部位全部变成不透光的黑斑。这就是从鲜蛋的匀质蛋膜变成了腐蚀孔，腐蚀孔又变为黑斑。当继续浸泡到第 25 天时，无铅者蛋白再次液化近一半，而有铅和无铅再经铅处理的蛋均无蛋白再次液化现象，之后泡成合格产品。而无铅中的大部分蛋的蛋白全变为红色液体，蛋黄为黄色实心球，成为废品。这是因为蛋内含碱量过高，超过了蛋转色成熟时所需要的碱量。经对蛋壳和蛋膜上的黑斑进行定性分析，证明是硫化铅沉淀。

铅巧妙地控制蛋内的含碱量的作用方式，是以在壳和膜上形成难溶化合物硫化铅的形式来堵塞壳和膜上的气孔与网孔，并“修补”它们在加工过程中出现的腐蚀孔，从而达到限制碱量向蛋内过量渗透的目的。无铅的情况恰恰相反，蛋进入转色成熟期后，已不再需要碱，但由于腐蚀孔现象的出现，导致过量的碱更通畅地进入蛋内，溶液中的 OH^-、Na^+、Cl^- 等通过蛋壳的气孔[气孔密度（129±1）个/cm^2]、蛋壳膜和蛋白膜的网孔渗入蛋内（蛋壳膜的网孔比蛋白膜大得多）。这些离子在经过壳和膜时，对其结构和组成成分都有一定的破坏（分解）作用。碱（NaOH）对黏蛋白、纤维蛋白和各种无机盐等产生强烈的破坏（分解）和溶解作用，同时 NaCl 和 H_2O 也对无机盐和纤维蛋白产生分解和溶解作用。其结果使得蛋白质次级结构受到破坏，二硫键断裂，进而有小“碎片”从纤维蛋白上断裂下来。这与工艺要求背道而驰，使得浸泡的蛋变为废品。

在显微镜下观察腐蚀孔的变化情况，发现它们并未形成畅通无阻的真正的孔洞，只是这些部位比其他部位薄得多。在浸泡过程中，虽整个蛋的壳和膜都受到了碱和盐等的破坏和溶解作用。但在不同层次、不同部位受到的作用程度不一样。实际上，当某一部位首先被打开缺口后（如二硫键断裂、碳酸钙溶解等），在这个部位上就会出现连锁反应，被破坏的程度大大加强，从而形成

“腐蚀孔”。蛋壳和蛋膜上出现这种腐蚀孔现象，是其特殊结构和特殊化学成分在强碱浓盐的料液中表现出的必然结果。因为蛋壳是由 $CaCO_3$ 和 $MgCO_3$ 等无机盐微粒在黏蛋白的黏合下堆积而成的，其内层为三棱形结构，外层为层状结构。所以当黏蛋白受到破坏时就有无机微粒从壳上掉下来。而构成蛋膜的纤维蛋白并不是真正的角蛋白，只是含硫量较高。另外，蛋膜上还含有大量矿物质，它们在水和稀盐溶液中都有一定的溶解度。

铅在蛋壳和蛋膜上生成 PbS 沉淀并积累成黑斑经历了下列过程：

$$PbO+2NaOH \rightarrow Na_2PbO_2+H_2O$$

当 PbO_2^{2-}、OH^- 等离子通过壳和膜进入蛋内时，大部分被吸附或沉积在壳和膜上。沉积过程可由下式表示：

$$Pb^{2+}+CO_3^{2-} \rightarrow PbCO_3\downarrow \text{（在壳上）}$$

$$Pb^{2+}+2R—COO^- \rightarrow Pb(RCOO)_2\downarrow \text{（在膜上）}$$

$$Pb^{2+}+2R_1—S^- \rightarrow Pb(R_1S)_2\downarrow \text{（在膜上）}$$

R、R_1 分别代表不同的基团。当蛋内产生大量 H_2S 后，由于受离子渗透的可逆作用和蛋内较高气压的作用，H_2S 以 S^{2-} 的形式向蛋外渗透，在经过壳和膜时就同 Pb^{2+} 形成更稳定的 PbS 沉淀，即：

$$Pb^{2+}+S^{2-} \rightarrow PbS\downarrow$$

这也就是铅在松花皮蛋加工中的作用机理。它在松花蛋加工中确实起着关键作用，即铅的沉淀物堵塞了蛋壳的气孔、蛋膜的网孔及腐蚀孔，起到了阻止碱向蛋内渗透的作用，同时还可阻止细菌侵入蛋内，保持蛋品不褪色。

综上所述，如果要取代有害于人体健康的铅的物质应具备下列条件：①对人体无害；②应像铅那样能同 S^{2-} 生成稳定的化合物，并不溶于 NaOH 溶液；③应像铅一样在 1 mol/L NaOH 溶液中溶解 300 mg/kg 以上，能满足加工的需要；④应像铅一样使用方便、经济。根据研究结果表明，只能选择一些金属离子的化合物来代替 PbO。但又必须着重考虑食品毒理学问题，现在考虑的金属离子有 Cu^{2+}、Zn^{2+}、Fe^{3+} 或 Fe^{2+}。采用不同的金属离子浸泡松花蛋的试验结果比较见表 27-1。

表 27-1 采用不同金属离子浸泡松花蛋的试验结果比较

采用的化合物	浸泡时间/d	出缸时蛋的状态	贮存时间/月
PbO	60～90	成品	≥6
$CuSO_4$ 或 CuO	60	成品	≥6
$ZnSO_4$ 或 ZnO	25～40	半成品	3～4
Fe_2O_3 或 $FeSO_4$	30～40	半成品或成品	3～4

27.2.2.3 蛋白与蛋黄的呈色

1. 蛋白呈现褐色或茶色

蛋白变成褐色或茶色是蛋内微生物和酶发酵作用的结果。蛋白的变色过程，首先，鲜蛋在浸泡前，侵入蛋内的少量微生物与蛋内蛋白酶、胰蛋白酶、解脂酶及淀粉酶等发生作用，使蛋白质发生一系列变化。其次，是蛋白中的糖类变化，它以两种形态出现，一部分糖类与蛋白质结合，直接包含在蛋白质分子里；另一部分糖类在蛋白中并不与蛋白质结合，而是处于游离状态。前者的组成情况：在卵白蛋白中有 2.7%（甘露糖），伴白蛋白中有 2.8%（甘露糖与半乳糖），卵黏蛋白中有 1.49%（甘露糖与半乳糖），卵类黏蛋白中有 9.2%（甘露糖与半乳糖）；后者主要是葡萄糖占整个蛋白的 0.41%。此外，还有部分游离的甘露糖和半乳糖。它们的羰基和氨基酸的氨基化合物及其混合物与碱性物质相遇，发生作用时就会发生褐色化学反应（即美拉德反应），生成褐色或茶色物质，使蛋白呈现褐色或茶色。

2. 蛋黄呈现草绿或墨绿色

蛋黄中的卵黄高磷蛋白和卵黄球蛋白，都是含硫较高的蛋白质。它们在强碱的作用下，加水分解会产生胱氨酸和半胱氨酸，提供活性的巯基（－SH）和二硫基（－SS－）。这些活性基与蛋黄中的色素和蛋内所含的金属离子相结合，使蛋黄变成草绿色或墨绿色，有的变成黑褐色。蛋黄中含有的色素物质在碱性情况下，受硫化氢的作用，会变成绿色；在酸性情况下，当硫化氢气体挥发后，就会褪色。溏心松花蛋在出缸后，如果未及时包上料泥，或将皮蛋剥开，暴露在空气中的时间较长时，则暴露部位或整个蛋会变成“黄蛋”。

这说明蛋黄色素是引起色变的内在因素。此外，红茶末中的色素也有着色作用，而且蛋黄本身的颜色就存在着深浅不一的状况。因此，在松花蛋色变过程中，常见的蛋黄色泽有墨绿、草绿、茶色、暗绿、橙红等，再加上外层蛋白的红褐色或黑褐色，便形成五彩缤纷的彩蛋。

27.2.2.4　松枝花纹的形成

松花的形成是松花蛋加工行业长期未曾解开的一个谜。目前，经过研究取得了突破性进展，揭示了松花的实质。

松花的分离提取：取样品松花蛋若干枚，洗净后剥去外壳，用薄刃刀将含有松花晶体的蛋白凝胶体部分取出，加入氢氧化钾溶液。然后加热到 80℃左右，蛋白质凝胶体很快溶解，松花晶体沉淀出来。如果不加热，在室温下放置 3 h 左右，蛋白质凝胶体亦可逐渐溶解，获得纯晶体。仔细地倾出碱液，用去离子水将沉淀出来的晶体洗至中性。最后将晶体在 95～100℃下干燥，得到纯白色晶体。

松花晶体的理化性质：用以上方法分离出的松花晶体经干燥后变为不透明的白色晶体（失去了结晶水），并在玻璃杯上有一定的附着力。松花晶体不溶于水、乙醇、丙醇、氯仿及氢氧化钠、氢氧化钾溶液，溶于盐酸、硫酸、硝酸、醋酸及草酸铵溶液。对晶体滴加酸时，粉末迅速溶解，但无明显气泡产生。将此混合物蒸干得到的固体可溶于水。在酒精灯上灼烧获得干燥晶体，无明显变化发生，仍为白色晶体。将干燥后的晶体在 540℃下灼烧 1.5 h，测得失重率为 30.16%。

松花晶体的成分分析：光谱半定量分析结果表明，晶体中主要含镁（Mg＞10%），其他金属的含量均属于杂质范围，不含磷和硼。检测结果表明镁的含量为 39.14%。X 射线衍射结果证明，松花晶体是氢氧化镁。红外光谱分析结果也表明，松花晶体为氢氧化镁水合晶体。

综上所述，松花蛋中的松花晶体是纤维状氢氧化镁水合晶体。所有测得的物理化学性质及光谱数据等均同标准物质吻合。无论是南方生产还是北方生产的松花蛋，无论是有铅还是无铅的松花蛋，其松花晶体都是纤维状氢氧化镁水合晶体。镁的定量分析结果是 39.14%，低于理论数值 41.86%，是因为分离出的晶体含有少量杂质。当在显微镜下观察时，发现提取出来的晶体绝大多数是很纯的单个晶体，只有少数极细小的晶体仍以晶体镁的形式存在，这是因为晶体是在蛋白质凝胶体中逐渐结晶出来的，胶体起着一定程度的载体作用。松花晶体的形成是当蛋内 Mg^{2+} 浓度达到足以同 OH^- 化合形成大量氢氧化镁时，因处于蛋白质凝胶体内的特殊环境下，它们就形成水合晶体。Mg^{2+} 的来源除蛋内含有少量外，主要来自蛋壳和蛋膜（蛋壳含 Mg^{2+} 约 0.2%，约 170 mg）。在浸泡松花蛋的过程中，壳和膜上的 Mg^{2+} 受 NaOH、NaCl 及 H_2O 等的作用，部分被溶解并随之进入蛋内。这一点可以很好地解释用烧碱生产的松花蛋，其松花大多生长在蛋白质凝胶体表层的事实。另外，蛋内松花的多少与其 Mg^{2+} 在蛋内的分布无相关性，但用传统生石灰纯碱法生产的松花蛋，其 Mg^{2+} 分布的均匀性比用烧碱法生产的好。

27.2.2.5　松花蛋风味的形成

松花蛋之所以具有特殊的风味，主要是由于蛋在加工中发生了一系列生物化学变化，产生了多种复杂的风味成分。松花蛋风味成分主要在蛋变色和成熟两阶段形成。根据气相色谱质谱联用技术对松花蛋中挥发性风味成分的研究表明，松花蛋在成熟后新产生了 40 种挥发性风味物质，加上禽蛋原有的 19 种挥发性风味成分，共有这类化合物 59 种。在碱性条件下，部分蛋白质水解成多种带有风味活性的氨基酸。部分氨基酸再经氧化脱氨基而产生 NH_3 和酮酸，含硫氨基酸还可继续变化和分解产生 H_2S。微量的 NH_3 和 H_2S 可使皮蛋别具风味；少量的酮酸具有特殊的辛辣风味。除此之外，食盐的咸味、茶叶的香味等也是构成松花蛋特有风味的重要因素。

27.3　松花蛋加工的设施和设备

27.3.1　场地要求

松花蛋加工场地包括鲜蛋检验场地、辅料贮存场地、配料间和料液贮存场地以及车间的技术要求。

1. 鲜蛋检验场地的技术要求

鲜蛋检验场地要求干燥、宽敞、地面平整、场地清洁阴凉，既能避免阳光直射，又要通风透气，不受雨淋水湿，有条件的最好设有空气调节装置。温度宜控制在10～15℃，室内相对湿度应维持在80%～85%，在这种条件下，可延缓鲜蛋的变质。

2. 辅料贮存场地的技术要求

加工松花蛋用的辅料品种多、数量大、性质各异，必须根据各种辅料的特点，有专用的贮存场所和容器，不要随便堆放在月台、通道等地方，也不要混放在一起。辅料要避免日晒雨淋，避免与二氧化碳或其他化学物质接触而发生变化。辅料贮存场地要适应各种不同辅料的性质。

3. 配料间和料液贮存场地的技术要求

配料间是各种辅料发生化学作用的场地，要求有良好的技术条件。房屋要高大宽敞，内墙壁要有较高的水泥墙裙以适应多水作业的需要。室内除供水、称量、加热、搅拌、过滤等配料系统和料液测试设备外，不要存放其他物品，以免互相影响。场地要保持清洁卫生，设备完好无损，容器严加密封，以防止料液与空气中的二氧化碳及其他酸性物质发生反应而降低料液的有效浓度。

4. 加工车间的技术要求

加工车间是鲜蛋在辅料的作用下转变成松花蛋的场所。这里的技术状态起着决定浸泡时间、成熟速度和产品质量的关键作用。因此，要求加工车间一年四季的温度控制在20～25℃，如果能控制在22℃左右则更为理想。所以，加工车间的四周要有绝缘设施和尽可能安装空气调节设备。

27.3.2 加工机械

过去，我国多数松花蛋加工企业的规模都较小，设备简陋，生产能力低，效率低下。生产松花蛋的厂家长期以来一直采用手工制作，即大缸（或池）浸泡、人工配料、手工包泥等，费时费力，破损多，损耗大，产品质量也不稳定。随着科学技术的发展和人民生活水平的不断提高，在生产中采用更加科学的加工手段和加工技术，进一步提高产品的质量，提高劳动生产率，已成为传统蛋制品现代化生产的必由之路。目前，我国在松花蛋的机械化生产方面取得了很好的进展，逐步在向机械化、自动化方向发展。

1. 拌料机

拌料机又称为打料机，结构简单，使用方便，主要由电动装置、离心搅拌机和可动支架3部分组成。在松花蛋生产中，使用这种机器代替手工搅拌料液，其效果好、效率高。

2. 吸料机

吸料机即料液泵，由料浆泵、料管和支架构成。吸料机能吸取黏稠度较大的松花蛋料液，它适合于清料法生产中无渣料液的转缸、过滤及灌料等工序。

3. 打浆机

这种机器由动力装置、搅拌器、料筒及固定支架组成。打浆机已为许多松花蛋加工厂采用，其主要用途是生产包裹松花蛋的浓稠料泥。

4. 包料机

包料机一般由料池、灰箱、糠箱、筛分装置、传动装置及成品盘等组件构成。使用这种机器每小时可包涂松花蛋1万枚以上，不仅大大提高了工作效率，而且避免了手工操作时碱、盐等对皮肤的损伤。这些年来，由于传统松花蛋生产中外裹泥糠的保存方法不符合方便、卫生等要求，皮蛋生产中的包料已经发展成为涂膜方法，出现了不同功能、型号的皮蛋涂膜机。

5. 原料鸭蛋清洗、消毒、烘干、计量、分级一体机

由于禽类的生理特点，蛋在产出后，蛋壳上会残留粪、尿和分泌物等污秽物，还时常粘有泥土、草屑、饲料残渣、羽毛等。现在出现了对原料鸭蛋的清洗、消毒、烘干、计量、分级的一体化连续处理机械。

6. 松花蛋清洗、杀菌、涂膜一体机

该类机械是为松花蛋浸泡出缸以后的清洗、涂膜保鲜而设计的，避免了清洗中的易碎现象和人工接触产生的污染，显著提高了生产速度与效率。该类设备的主要工艺流程为上蛋→清洗→烘干→喷膜→消毒。

27.3.3 简易工具

加工松花蛋所需工具包括：①陶瓷缸、各类

盛装容器、洗蛋捞蛋用具、压蛋网盖、包涂泥料等工具设施；②拌料机（打料机）；③吸料机（料液泵）；④打浆机；⑤包料机；⑥包装机。

27.4　浸泡松花蛋加工

松花蛋的种类较多，但就其加工方法而言，不外乎浸泡法和包泥法，就其质地而言有溏心蛋（京彩蛋）和硬心蛋（湖彩蛋）之分。采用浸泡法加工制得的松花蛋一般为溏心蛋，又称为京彩蛋。采用包泥法制得的松花蛋一般为硬心蛋，又称为湖彩蛋。

浸泡松花蛋，即将选好的鲜蛋用配制好的料液进行浸泡而制成的再制蛋，是当前加工松花蛋广泛使用的方法。在清朝中叶，河北省通县张辛庄有一位姓程的人改进了传统松花蛋的加工方法，在硬心松花蛋加工方法的基础上采用料汤浸制，故又称京彩蛋。这种蛋蛋黄中心有形似饴糖状的酱色软心，故称为溏心松花蛋。溏心松花蛋加工法可以提高产量，便于质量检验，保证产品质量，提高产品的合格率。

27.4.1　工艺流程与配方

1. 工艺流程

浸泡松花蛋加工工艺流程如图 27-1。

2. 配方

1）传统配方

我国主要松花蛋加工地区的传统配方使用了氧化铅。松花蛋加工中，实际配方应根据生产季节、气候等情况做出调整，以保证产品的质量。由于夏季鸭蛋的质量不及春、秋季的质量高，蛋下缸后易出现蛋黄上浮及变质发生，因此，应将生石灰与纯碱的用量适当加大，从而加速松花蛋的成熟，缩短成熟期。我国各地的松花蛋加工配方见表 27-2。

2）现代配方

所制成的料液，其氢氧化钠含量一般要求在 4%～5%。

（1）无铅传统配方　纯碱 3.5 kg，石灰 13 kg，茶叶末 1.25 kg，食盐 1.50 kg，硫酸锌 0.075 kg，硫酸铜 0.037 5 kg，植物灰 0.5 kg，清水 50 kg，鸭蛋 1 000 枚。

（2）无铅清料配方　氢氧化钠 30～40 g，硫酸锌 2～3 g，硫酸铜 0～1 g，食盐 50～60 g，红茶末 25 g，沸水 1 000 mL，鸭蛋 20 枚。

（3）含铅清料配方　氢氧化钠 2.5～2.75 kg，红茶末 2 kg，氧化铅 150 g，食盐 2 kg，水 50 kg，鸭蛋 50 kg 。

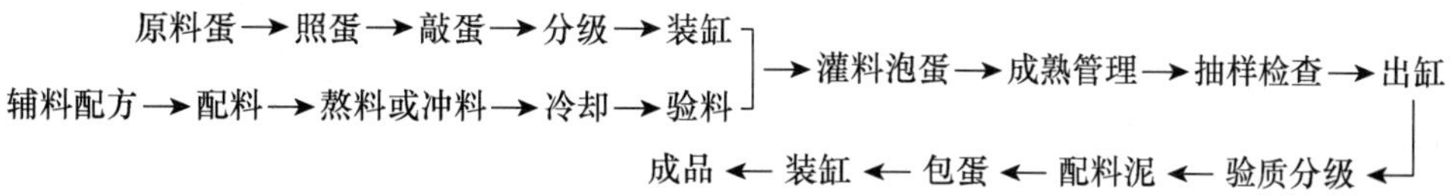

图 27-1　浸泡松花蛋加工工艺流程

表 27-2　国内加工松花蛋常用配方　　kg

材料	上海市	江苏省	浙江省	山东省	湖南省	锦州市	大连市
沸水	100	100	100	100	100	100	100
纯碱	5.45	5.3	6.25	7.8	6.5	6.0	6.5
生石灰	21	21.1	16	29	30	22	28
氧化铅	0.424	0.35	0.25	0.5	0.25	0.7	0.5
食盐	5.45	5.5	3.5	2.8	5.0	5.0	5.0
红茶末	1.3	1.27	0.625	1.13	2.5	0.8	—
松柏枝	—	—	—	0.25	—	—	—
草木灰	6.4	7.63	6.0	1.0	5.0	—	2.0
黄土	—	—	—	0.25	—	—	—

27.4.2 工艺技术要点

1. 原料蛋的准备

经感官检查、光照鉴定正常，蛋壳完整，大小一致的新鲜蛋，洗净、晾干后，再次敲蛋挑出裂纹蛋，将合格蛋装缸。

2. 配制料液

(1) 称料　根据加工蛋量确定料液需要量，计算各种辅料需要量。准确称取各种辅料。

(2) 料液的配制　将茶叶投入耐碱性容器或缸内，加入沸水。然后放入石灰（分多次放入）和纯碱，搅匀溶解。取少量料液于研钵内，放入氧化铅，研磨使溶解，而后倒入料液中。再加入食盐，溶解、充分搅匀后捞出杂质及不溶物（清除的石灰渣应用石灰补足量），晾后待用。

3. 料液的检测

(1) 盐酸溶液滴定法　取少量上清液进行氢氧化钠浓度检查，用 5 mL 吸管量取澄清料液 4 mL，注入 300 mL 三角烧瓶中，加蒸馏水 100 mL，加 10%氯化钡溶液 10 mL，摇匀静止片刻，加 0.5%酚酞指示剂 3 滴，用 1 mol/L 盐酸标准溶液滴定至溶液粉红色恰好消退为止，用掉的盐酸标准溶液的毫升数相当于 NaOH 含量的百分率。

(2) 蛋白质凝固试验法　在烧杯中加入 3～4 mL 料液上清液，再加入鲜蛋蛋清 3～4 mL，无须搅拌，静置 15 min 左右，观察蛋清状况，如果蛋清凝固并有弹性，再经 60 min 左右，蛋清再次化清，表示该料液配制的碱度合适；如果在 30 min 内即再次化清，表示料液的碱度过大，不宜使用；如果蛋清静置 15 min 左右不凝固，表示料液中的碱度过低，也不宜使用。

(3) 波美表测定法　波美表一般是用来测定单一溶质溶液浓度。料液中同时含有 NaOH、NaCl、$CaCO_3$ 和 Na_2CO_3 等，因此用波美表测定料液 NaOH 误差较大，一般用来估算料液的黏稠度。11～18°Bé（15.5℃）则料液稠度正常；≤10°Bé 则料液太稀；≥30°Bé 则料液太稠，无法利用。

4. 灌料

将冷却后的料液搅匀，灌入蛋缸中，使蛋全部淹没，盖上缸盖，注明日期，做好记录。

5. 管理

(1) 静置　浸泡成熟期间，蛋缸不许任意移动。

(2) 控温　室内温度以 20～25℃为佳，昼夜温差不能超过 10℃，切忌温度忽高忽低。①料液温度过低，成品蛋清发黄发硬，蛋黄不呈溏心，“穿心化油”不彻底；呈腥味，并伴有苦涩味。②料液温度过高，蛋清凝固不完整、绵软、粘壳；蛋黄硬结；成品多呈臭味。

(3) 密封　整个加工过程要求完全密封，要尽量避免与外界环境过多的接触，防止加工过程出现“走碱”现象。

(4) 控湿　车间内要保持较高的湿度，相对湿度在 80%～95%。

(5) 控时　成熟期 30～40 d。应定时抽样检查，以便确定具体出缸时间。

6. 抽样检查

第一次检查：下缸后，春、秋季（15～20℃）经 7～10 d，夏季（25～30℃）经 5～6 d 即可检查。蛋清已经基本凝固，色透明，有固定形状；蛋黄呈黄色偏向一侧，蛋黄外围呈胶状，内呈半流体；如果像鲜蛋一样，说明料液中碱度过小，如果颜色呈深黑色，说明碱度过高。

第二次检查：春、秋季经 15～20 d，夏季经 10～13 d 进行。将蛋样剥壳检查，如果蛋清凝固成青褐色或茶褐色，表面光洁，透明或不透明，蛋白不粘手或略粘手，蛋黄部分凝固，呈绿色或墨绿色，从外到内有明显的不同的 3 圈分层，蛋黄中心为橙黄色胶状溏心，有时还有生蛋样生心，为转色期，时间较长，料液是正常的。

第三次检查：春、秋季经 25～30 d，夏季经 18～20 d 进行。剥壳后，如果发现蛋清粘壳、烂头、发红，灯光透视时尖端呈深红色，说明料液碱性过强，需要提前出缸。如果蛋清弱化，不坚实，蛋黄溏心较大，灯光透视时，尖端呈淡黄色，碱度小，要延迟出缸时间。

第四次检查：春、秋季经 30～45 d，夏季经 25～35 d 进行。取几枚蛋，用手抛起，回落手中，如果有轻微弹颤感，用灯光透视检查，蛋内呈灰黑色，小头微红或橙黄，剥壳检查，蛋清凝固有光洁，不粘壳，呈墨绿色或棕褐色，蛋黄大部分凝固呈绿褐色，轮状色彩明显，蛋黄中心呈淡黄色溏心，表明松花蛋成熟，可以出缸。

7. 出缸

将成熟的松花蛋捞出，用残余上清液洗去壳面污物，沥干并经质量检查即可出售。如需存放或运输必须进行包泥或涂膜包装。

8. 品质检验（一看、二掂、三摇、四弹、五照、六剥检）

一看：观看蛋壳是否完整，壳色是否正常，将破壳蛋、裂纹蛋、黑壳蛋、较大的黑色斑块蛋剔除。

二掂：取一枚蛋放在手中向上抛起 10～15 cm 高，连抛数次，鉴定其内容物有无弹性，若有轻微弹颤性，并较沉重感者为优质松花蛋，若弹性过大，则为大溏心松花蛋。若无弹性为烂头或响水松花蛋。

三摇：用手摇晃蛋，此法是对无弹性松花蛋的补充检查，方法是用拇指、食指和中指捏住松花蛋的两端，在耳边上下、左右摇动 2～3 次听其有无响声，听不出声音的为优质蛋，若有水响声为响水松花蛋，一端有水荡声的为烂头松花蛋。

四弹：即用手弹，将松花蛋放在左手掌中，以右手食指轻轻弹打蛋的两端，弹声为柔软之特特声即为优质蛋，如发出比较生硬的嘚嘚声即为次劣蛋（包括响水蛋和烂头蛋）。

五照：即用灯光透视，此法作为感官检验缺乏经验者的重要方法，照蛋时若松花蛋大部分呈黑色，蛋的尖端为黄棕色或微红色即为优质松花蛋，若蛋内大部或全部呈黄褐色并有轻微的移动，即为未成熟蛋。若蛋内呈黑色暗影并有水泡阴影来回转动，即为响水蛋，蛋清过红为碱伤蛋，松花蛋一头为深红色，即为烂头蛋。

六剥检：抽取有代表性的样品松花蛋剥壳检验，先观察外形、色泽、硬度等情况。再用刀纵向切开，观察内部蛋清、蛋黄色泽状况，最后品尝其滋味和气味。若蛋清光洁，不粘壳，有弹性，呈棕褐色或茶青色的半透明体，蛋黄为墨绿色或草绿色的不同色层，蛋黄心为橘红色的小溏心，不流不淌，气味芳香，余味绵长即为优质松花蛋。如蛋清粘壳、烂头，甚至水样液化，更严重者，蛋黄呈黄红色且变硬，有辛辣碱味即为碱伤蛋，若蛋清凝固较软，蛋黄溏心较大，有蛋腥味即为未完全成熟松花蛋。若蛋清呈灰白色，不透明，有不良气味者为感染细菌而变质的蛋。若蛋清凝固良好，蛋黄为黄色者为接触空气而变黄的松花蛋，失去松花蛋特有的风味。

9. 包泥保藏

用废料液拌黄土搅拌呈糊状进行包制。也可用聚乙烯醇或火棉胶等成膜剂涂膜后包装出售。其作用：①保护蛋壳，以防破损；②延长保存期，防止松花蛋接触空气而变黄或接触细菌而变质；③促进松花蛋成熟，增加蛋清硬度，尤其是高温需要提前出缸、蛋清较软、溏心较大的松花蛋。

27.5 包泥松花蛋加工

湖彩蛋是用新鲜的辅料包在蛋壳上，又叫生包蛋、鲜制蛋。此法历史悠久，相传是由太湖一代的劳动人民创造，又有老松花蛋之称。由于蛋黄全部凝固而稍硬，故称为硬心松花蛋。

27.5.1 工艺流程与配方

1. 工艺流程

包泥松花蛋加工工艺流程如图 27-2 所示。

2. 配方

传统硬心松花蛋加工时常采用植物灰为主要辅助材料，不加氧化铅。加工硬心松花蛋的辅料用量多少取决于辅料和蛋的质量、腌制时的质量、蛋壳的致密度、厚度以及禽蛋种类等，其配方见表 27-3。

配料→制料→起料→冷却→打料→检验
照蛋→靠蛋→分级
→搓蛋→钳蛋→装缸→质检→出缸→选蛋→包装

图 27-2　包泥松花蛋加工工艺流程

表 27-3 包泥松花蛋配料标准

配方	水/kg	纯碱/kg	生石灰/kg	食盐/kg	茶/kg	植物灰/kg	鸭蛋/枚
配方 1	17.5～19	1.4～1.6	6	1.5～1.75	0.5～1.5	15	1 000
配方 2	23.5	1.55	6	1.55	0.75	15	1 000
配方 3	25	1.9	6	1.5	0.75	17.5	1 000
配方 4	21～24	1.5～2.4	5.5～6	1.5～1.75	0.75～1	15	1 000
配方 5	17.5～20	1.2～1.6	6	1.5～1.75	0.5～1.5	15	1 000

27.5.2 工艺技术要点

1. 制料

将茶叶投入锅中加水煮透，过滤后加石灰，待全溶后加碱、加盐。经充分搅拌后捞出不溶物。然后向此碱液中加草木灰，再经搅匀翻匀。待泥料开始发硬时，用铁铲将料取于地上使其冷却。为了防止散热过慢影响质量，地上泥块以小块为佳。

2. 打料

用打料机或人工打料。次日，取冷却的料泥投入打料机内，开动机器，数分钟后即可达到料泥发黏成熟状态。如人工打料，也要打至发黏成熟状态。料泥要求调制细腻、均匀、起黏和无块，使含碱量均匀，即可使用。

3. 验料

简易验料法，即取灰料的小块于培养皿或烧杯内抹平，将蛋清少量滴于泥料上，10 min 后进行观察。碱度正常的泥料，用手摸有蛋白质凝固呈粒状或片状，有黏性感。无以上感觉为碱性过大。如果摸着有粉末感，为碱性不足。碱性过大或不足均应调整后使用。

4. 包料、装缸

戴上胶皮手套，右手用泥刀取 50～100 g 泥压平，左手取一个蛋放在泥上，双手团圆搓几下，使料泥厚度均匀，松紧适宜。应以两手搓蛋，使泥包得均匀而牢固，包好后放入稻壳内滚动，使泥面均匀粘上稻壳，防止蛋与蛋粘在一起。蛋放入缸内应放平放稳，并以横放为佳。装至距缸口 6～10 cm 时，停止装缸，进行封口。

5. 封缸、成熟

可用塑料薄膜盖缸口，再用细麻绳捆扎好，上面再盖上缸盖；也可用软皮纸封口，再用猪血料涂布密封。封缸后不再移动，特别在初期，以防泥料脱落。成熟室温度以 15～25℃为宜，防止日光暴晒和室内风流过大。春季 60～70 d，秋季 70～80 d 即可出缸。

6. 贮存

成品用以敲为主、摇为辅的方法检出次蛋，如烂头蛋、响水蛋、泥料干燥蛋、脱料蛋及破蛋等。优质蛋即可装箱或装筐出售或贮存。成品贮存室应干燥阴凉、无异味、有通风设备。库温 15～25℃，可保存半年之久。

27.6 其他松花蛋加工

27.6.1 滚粉松花蛋加工

滚粉松花蛋加工与其他松花蛋加工方法相同，所不同的是辅料先配成粉，再以滚粉方式粘于表面。此法加工松花蛋简单易行，但要严格掌握滚粉层厚薄，否则影响松花蛋的质量。

1. 粉料配制

4∶5∶6 配料法：食盐细粉 4 份，纯碱粉 5 份，生石灰粉 6 份，鸭蛋 100 枚。

百分比配料法：食盐细粉 27%，纯碱粉 33%，生石灰粉 40%，鸭蛋 100 枚。

质量比配料法：食盐细粉 67.5 g，纯碱粉 82.5 g，生石灰粉 100 g，鸭蛋 100 枚。

根据经验，每枚鸭蛋需混合粉料 2.5 g 左右。

2. 加工工艺

石灰稍喷水待开裂成细粉，过筛后待用。食盐最好为细盐，如为粗盐，需炒干碾细。将上述粉料按需要量混合，在铁锅中翻炒，使其保持灼热状态。另备黄泥浆（黄泥充分吸水后再搅拌）于另一容器中，泥浆稠度以放蛋于泥浆中，半个蛋身在泥浆中为准。把蛋放泥浆中沾泥后，随即放入锅内灼热的混合料中轻轻地滚动，使蛋壳黏附一层粉。滚粉后即可放入缸或坛中，用塑料布密封。夏季 20 d 左右，冬季 30～40 d，春、秋季 25～30 d 即可出缸。出缸前要抽样检查松花蛋品质，检查方法与溏心松花蛋相同，如发现烂头，出缸后要把蛋面的粉料晾干，以阻止粉料中的氢氧化钠继续渗入蛋内。

27.6.2　浸泡包泥松花蛋加工

27.6.2.1　工艺流程

配料→熬料→冲料→装缸与灌汤→技术管理→出缸→包泥、滚稻→入缸、封口→贮存

27.6.2.2　操作要点

1. 配料

鲜鸭蛋 50 kg，生石灰 14～15 kg，纯碱 3.5～3.75 kg，黄丹粉 0.15 kg，食盐 2.2 kg，茶叶 1.5 kg，木炭灰 1 kg，松柏枝 0.15 kg，黄泥 0.5 kg，清水 50 kg。各地根据气候季节变化，配料标准也随之有所变动，其主要材料生石灰和纯碱的用量有所不同。由于夏季鸭蛋的质量不及春、秋季的质量高，蛋下缸后不久便有蛋黄上浮及变质发生。为此，应将生石灰与纯碱的用量标准适当加大，从而加速松花蛋的成熟度，缩短成熟期。生石灰需选用纯度高、杂质含量少的白色块灰为佳；黄丹粉以选用淡黄色为佳，其品质较纯，效果较好。配料时，必须碾细过筛，越细越好，以免出现“猪眼”（即颗粒状的黄丹粉腐蚀蛋白使蛋白呈现黑色的斑点），影响成品质量。

2. 熬料

按配料标准，把事先称量准确的纯碱、食盐、茶叶、松柏枝、清水倒入锅中加热煮沸。

3. 冲料

先将生石灰称好放入缸（或桶）中，后将黄丹粉、草木灰放在生石灰上面。再将上述煮沸的料水（或汁液）趁沸倒入缸中，此时生石灰遇到汁液即自行化开，同时放出热量，产生高温，待缸中蒸发力渐弱后，不断翻动搅拌均匀。

4. 装缸与灌汤

将挑选出来的鲜鸭蛋分级或分大小放入清洁的缸内。下缸前，在缸底要铺一层洁净的麦秸，以免最下层的鸭蛋直接与硬缸底相碰、受到上面许多层次的鸭蛋的压力而破损。蛋入缸时，要轻拿轻放，层层平放，装至距缸口 6～10 cm 处，加上花眼竹篦盖压住，以免灌汤以后，鸭蛋飘浮起来。装缸后，将冷却的料液（或料汤）加以搅动，使其浓度均匀，按需要量徐徐由缸的一边灌入缸内，直到鸭蛋全部被料汤淹没为止。料汤的温度要随季节不同而异：春、秋季应控制在 15℃左右为宜；冬季最低 20℃为宜；夏季料汤的温度应掌握在 20～22℃，保持在 25℃以下为好。

5. 技术管理

灌汤后即进入腌制过程。技术管理工作主要是严格掌握室内（缸房）的温度：初期一般要求在 21～25℃。春、秋季经过 7～10 d，夏季经过 3～4 d，冬季经过 5～7 d 的浸渍，蛋的内容物即开始发生变化，蛋白首先变稀，称为“化清时期”，随后约经 3 d，蛋白逐渐凝固。此时室内温度可提高到 25～27℃，以便加速碱液和其他配料向蛋内渗透，待浸渍 15 d 左右，可将室温降至 16～18℃范围内，以便使配料缓缓地进入蛋内。在腌制过程中，必须有专人负责，每天检查蛋的变化、温度高低、料汤多少等，并随时记录，以便发现问题及时解决。

6. 出缸

鸭蛋入缸后 45 d 左右即可成熟（夏季约需 40 d，冬季需 50～60 d）出缸。

7. 包泥、滚稻

对验质分级选出的合格蛋进行包泥。所用包泥是用 60%～70%的黄黏土与 30%～40%的已腌渍过松花蛋的料汤调合成糊状。包泥时将蛋逐只用泥料包裹，每枚蛋包泥厚 2 mm 左右。为防止包泥后的松花蛋互相粘连，包泥后即应将蛋放在稻壳上来回滚动，稻壳便均匀地粘到包泥上，并适当喷一点食盐水，使糠壳颜色美观。大约每 100 枚蛋需稻壳 500 g 左右。

8. 入缸、封口

把包好的蛋装入缸或坛内，装满后用泥密封妥缸或坛口，即可入库贮存。

9. 贮存

松花蛋的贮存方法一般有下列 3 种：①原缸贮存；②包料后装缸贮存；③包料后装箱或装篓贮存。

松花蛋的贮存期与季节有关，一般春季贮存

期较长，而夏季贮存期较短。库内的温度控制在10～20℃为宜，并应将盛有松花蛋的缸（坛）或篓（箱）置于凉爽通风处，切勿受日晒、雨淋或受潮，造成松花蛋发霉变质。

27.6.3 五香松花蛋加工

五香松花蛋的辅料是在溏心或硬心松花蛋辅料配方的基础上加传统香辛料配制而成。五香松花蛋成品，除具有其他方法加工松花蛋的品质标准外，还有滋气味特殊、成熟快的特点。其加工方法可用浸泡法或生包法。

1. 浸泡法

(1) 原料配方（鲜鸭蛋 150 枚） 纯碱 5 kg，桂松花 100 g，小茴香 100 g，石灰 15 kg，山楂 100 g，丁香 100 g，黄土 0.75 kg，茶叶 0.5 kg，玉果 50 g，广丹 250 g，食盐 4 kg，荜茇 100 g，花椒 300 g，草木灰 0.75 kg，良姜 100 g，陈丹 100 g，柏枝 250 g，清水 78 kg，砂仁 50 g，八角 0.5 kg。

(2) 制作方法 把碱面、食盐、石灰、黄土、广丹置于缸内，其他原料放入锅里熬煮，待各种原料下齐后退火，将煮好的料水转入碱面、石灰缸内，搅拌均匀，过滤后冷却泡蛋。浸泡期夏季需 5～6 d，冬季需要 7～10 d，比一般松花蛋成熟期快 30 d 左右。

(3) 残料利用 配一次料可使用 4 次，第二次制作时把第一次用过的料水加上碱面 2 kg，盐 1 kg，方法同上，泡制时间 11～12 d。第三次利用时，把第二次用过的料水加碱面 2.5 kg，盐 1 kg，方法同上，浸泡时间 16～17 d。第四次制作时，把第三次用过的残料加入和第三次等量的碱面和盐，浸泡时间为 18～20 d。

2. 生包法（灰包法）

(1) 原料配方（鲜鸭蛋 1 000 枚） 碱面 3.5～4 kg，草木灰 0.5 kg，桂松花 50 g，石灰 10 kg，丁香 50 g，山楂 50 g，食盐 2 kg，豆蔻 50 g，良姜 50 g，茶叶 2 kg，桂子 50 g，八角 0.5 kg，荜茇 50 g，花椒 0.5 kg，砂仁 50 g，水适量。

(2) 制作方法 除石灰以外，全部原料放入锅里熬煮，取出料汁，再慢慢加入石灰，搅拌成糊状。若糊稀可以加草木灰调整，以能适应鲜鸭蛋滚涂为止。将经过检验合格的鲜鸭蛋，在冷却好的料糊中滚粘后捞出，放入稻壳或锯末中滚干后装缸，密封 6～7 d，即可开缸检查。

27.6.4 鸡蛋松花蛋加工

加工方法、原理与鸭蛋相同，但鸡蛋中水分含量较鸭蛋多，因此加工鸡松花蛋的配料中，用碱量要稍多些。另外，鸡蛋比鸭蛋小，故鸡蛋松花蛋的成熟期较短。

1. 浸泡工艺

料液配方：沸水 50 kg，纯碱 4～4.5 kg，生石灰 14～16 kg，红茶末 1～2 kg，食盐 1.5～2 kg，硫酸锌 75 g，硫酸铜 35 g，鸡蛋 50 kg。鸡蛋松花蛋的料液制作和浸泡方法与溏心松花蛋相同，成熟期较短，在 20～25℃ 条件下 20 d 左右即可成熟。

2. 涂包工艺

料泥配方（以 1 000 枚鸡蛋计）：生石灰 6.5 kg，纯碱粉 1.9～2.5 kg，食盐 250 g，植物灰 2.5～3 kg，红茶末 200 g，水适量。

料泥的制作：先把茶叶加适量的水煮沸，再分次投入生石灰于茶汁内，待石灰作用后投入纯碱和食盐，搅拌均匀，捞出石灰渣，然后加植物灰搅成糊状。涂包时，把蛋放入糊状泥中粘一层，再放在锯末或谷壳中滚一下后装缸，加盖封口，10 d 左右成熟，出缸后晾干即可食用。

27.6.5 鹌鹑松花蛋加工

鹌鹑松花蛋是以鹌鹑蛋为原料加工的松花蛋。鹌鹑松花蛋晶莹如玉，有弹性和松花，蛋黄呈黄、橙、褐、绿、蓝色，溏心适中，带有清香的滋味。

它是自 20 世纪 80 年代以来，我国鹌鹑养殖业大发展后而发展起来的一类新品种松花蛋。其加工原理和方法与其他松花蛋相似，但由于其个小（重约 10 g）蛋壳薄（仅 0.2 mm），因此在某些技术要求上与其他松花蛋加工有所不同。

1. 原料蛋的选择

加工用的原料鹌鹑蛋，应通过灯光透视严格挑选，要求在产后 5 d 内的新鲜蛋，蛋壳为灰白色，上面有红褐色或紫色斑点，色泽鲜艳，蛋壳结构致密、均匀，光洁平滑，蛋形正常，蛋重在

10～15 g。剔除白色蛋、软壳蛋、畸形蛋、破损蛋等。

2. 料液配制

水 10 kg，氢氧化钠（纯度为 96%）0.42 kg，红茶末 0.3 kg，食盐 0.25 kg，五香料 160 g（桂皮、豆蔻、白芷和八角各 40 g）。

按配方要求先将五香料、红茶末和水放在锅中煮沸 15～20 min，然后用纱布将茶叶过滤，茶汁趁热加入氢氧化钠、食盐和氧化铅，充分搅拌，使其完全溶解，静置 1 d，冷却到室温，测定 NaOH 浓度。

3. 装缸

将检验后新鲜的鹌鹑蛋小心放入陶瓷缸内，尽量减少人为的损失。每缸装蛋 10～20 kg 为宜，以防挤压破损。

4. 出缸

温度 20℃时，经 18～20 d 便可成熟，经检验合格后出缸。

5. 涂膜

由于鹌鹑蛋体积小，用传统的包泥滚糠法包装比较困难，食用不便。可将晾干的松花蛋用医用石蜡或 4% 聚乙烯醇进行涂膜保质，使其进一步后熟。

复习思考题

1. 简述松花蛋的种类和特点。
2. 试述松花蛋加工的基本原理，松花蛋形成过程中为什么会出现化清和凝固现象？
3. 纯碱、生石灰、烧碱、硫酸锌、硫酸铜在松花蛋加工上分别起什么作用？
4. 京彩蛋加工工艺及操作要点是什么？
5. 湖彩蛋加工工艺及操作要点是什么？
6. 京彩蛋与湖彩蛋生产工艺的主要区别是什么？
7. 京彩蛋与湖彩蛋生产中常见的质量问题是什么？怎样解决？
8. 采用浸泡法加工松花蛋为什么要验料？怎样进行验料？
9. 采用浸泡法加工松花蛋如何进行成熟期的管理？
10. 即使用新鲜禽蛋加工松花蛋，其成品中蛋黄总不在中央，为什么？
11. 试述松花蛋品质检验的主要方面。

CHAPTER 28

第 28 章 咸蛋加工

目标要求：

1. 了解咸蛋加工原辅料的选择方法；
2. 掌握传统加工咸蛋的方法。

28.1　咸蛋的加工原理

咸蛋是我国传统加工蛋制品，历史悠久，主要是用鸭蛋或鸡蛋经食盐腌制而成。咸蛋煮熟后蛋白细嫩、蛋黄鲜红、油润松沙、清爽可口，深受消费者欢迎。

28.1.1　腌制的作用

咸蛋的研制过程就是食盐依次通过蛋壳、蛋壳膜和蛋黄膜，不断向蛋内扩散，同时蛋黄和蛋清的水分不断向蛋外渗透的过程，这种腌制技术主要包括 3 个方面的作用。

(1) 防腐保鲜　鲜蛋内营养丰富，且含水量较高，蛋的自我保护体系被破坏后极易被微生物入侵，有利于微生物的生长繁殖。腌制过程可快速提高蛋内的渗透压，降低水分活度，抑制微生物的生长，同时，高渗透压可抑制蛋内蛋白酶的活性，延长保质期。

(2) 形成咸蛋特有的风味　蛋黄中的脂肪与蛋白质、糖类、卵磷脂、水分等成分结合，呈现出均质的胶体状态；腌制过程中，盐分的渗入可破坏蛋黄的胶质体系；同时，水分的渗出可破坏原有的乳状液滴，使其变成油液和油滴，赋予咸蛋独特的鲜美风味。

(3) 促进蛋清和蛋黄理化性质的改变　腌制过程可使蛋清的黏度逐渐降低，变得稀薄，而蛋黄的黏度逐渐增加，变稠变硬。

28.1.2　原料蛋和辅料的选择

原料蛋的挑选：加工咸蛋多用鲜鸭蛋，鸭蛋在各种禽蛋中脂肪含量最高、蛋黄中色素最多、制成咸蛋的品质最佳。鲜蛋应壳体完整、蛋质新鲜，依照个体大小和重量对鲜蛋进行分级处理，以便分级腌制，获得成熟均匀和规格统一的咸蛋产品。

辅料的选择：腌制咸蛋的辅料主要为食盐，根据不同的腌制方法可选择使用草灰和黄泥。食盐以海盐为佳，要求晶粒均匀洁白、咸味正常，不带苦涩味或其他异味，无可见的杂物，不潮解，氯化钠含量应在 96%以上。

草灰最好用稻草灰或麦秸灰，质地干燥洁净、无异味、无受潮霉变，使用之前过筛除杂。黄泥需色黄纯净、无异味、有机质含量少，使用前须晒干、捣碎、过筛，做成粉末状。河道、池塘或水坑中的黑泥及农耕地、林地及杂草地的表层泥土均含较多腐殖质，易使蛋变质发臭，应禁止使用。

加工调配腌制液所用水应符合饮用水标准，最好使用冷开水，确保产品质量。

28.2　传统咸蛋加工

传统的咸蛋腌制加工工艺比较简单，多以自然渗透为主，主要包括饱和盐水浸渍法、盐泥涂布法和草木灰法。传统的腌制技术得到的咸蛋蛋黄熟化后具有出油、颗粒化和沙质感等特点，形成独特的咸蛋风味。

28.2.1　饱和盐水腌制法

饱和盐水腌制法属于浸泡法，根据 1 kg 鲜蛋用 1 kg 盐水的原则，配制浓度为 20%的食盐水冷却待用。将挑选好的鲜鸭蛋用冷开水洗净晾干，放入容器内，再用稀眼竹盖压住，然后灌入盐溶液，以能浸没蛋为止，其中竹盖起到防止蛋上浮的作用。夏季一般腌制 15～20 d，冬季 30 d 左右可腌制成功。这种方法腌制的咸蛋不宜久存，特别是夏季，极易腐败变质，应妥善保存。其加工工艺如下。

(1) 盐液配制　盐液配料主要是盐和水，也可加入少量的花椒、辣酱、白酒等，一般情况下，盐水浓度以 20%为宜。配制时把食盐及其他配料倒入开水中溶解即可，加工用过的盐液，只需再添补部分食盐即可重复使用。

(2) 加工方法　待盐液冷却至 20℃左右时，将蛋放入其中腌制，用竹篾将蛋压住，不使其上浮，经过 20 d 左右就可以食用。此法生产的咸蛋不宜久贮。若蛋壳上出现黑斑，蛋白变浑，蛋黄发黑，腐败变臭时，不能食用。

盐水浸泡腌蛋方法简单，成熟快，且用过的盐水可追加部分食盐后继续使用，成本低，适合城乡居民和厂矿企业的食堂使用。

28.2.2 盐泥涂布法

盐泥涂布法是用食盐和黄泥加水调成泥浆，然后涂布在蛋壳表面，通过盐泥包裹鲜蛋达到腌制的目的。

根据配方准备原辅料，将食盐溶解，再加入搅碎的干黄土，调成糊状泥料，然后将挑选好的鲜蛋放入调好的泥浆中，使蛋壳上粘满盐泥，点数装入腌制容器。夏季一般腌制 25～30 d，冬季腌制 30～40 d。其加工工艺如下。

（1）盐泥配制　每 1 000 枚蛋用食盐 6～7.5 kg，干燥黄泥 6.5 kg，冷开水 4～4.5 L（或水：盐：黄土＝1：1.5：1.5）。先待食盐放在容器内，加水使其溶解。再加入搅碎的黄土，调成糊状即可。将蛋放入泥浆中，蛋若一半浮在泥浆上面，但滚动蛋体表面均匀粘上一层泥浆，表明泥浆浓稠程度适宜。

（2）加工方法　将经过检验的鲜鸭蛋放在调好的泥浆中，使蛋壳上全部粘满盐泥后，入缸，加盖待熟。成熟期：夏季为 20～25 d，春、秋季为 35～40 d，冬季为 45～55 d。

（3）包装　成熟的咸蛋即可点数入缸或篓，最后用棉纸将缸盖密封好。如使用竹篓，装蛋前应在篓底及四周垫铺包装纸，一般装蛋 300 枚左右，再盖上一层纸，而后将木盖盖于竹篓上。出口咸蛋一般都使用尼龙袋，用纸箱包装，每箱装蛋 160 枚。

使用黄泥腌制的咸蛋一般咸味较重，蛋黄松沙、油珠较多，蛋黄色泽比较鲜艳。为了使泥浆咸蛋不粘连，外形美观，也可在泥浆外再滚上一层草木灰，制成泥浆滚灰咸蛋。

28.2.3 草木灰法

草木灰法分为提浆裹灰法和灰料包蛋法 2 种。

1. 提浆裹灰法

提浆裹灰法是我国出口咸蛋采用较多的加工方法，工艺流程一般为：配料打浆、原料蛋挑选、提浆裹灰、捏灰、包装、腌制和成品。咸蛋配料因内外销、加工季节和南北方口味不同而有所变化。其加工工艺如下。

（1）配料　每加工 1 000 枚咸蛋需要草木灰 15～20 kg，食盐 3.5～6 kg，清水 12.5～17.5 L。用料以既能达到防腐作用，又可以增加蛋的风味为标准。草木灰以纯干稻草灰为好，食盐以再制盐为宜。

（2）打浆　先将食盐溶解于水中，草木灰逐步加入打浆机内，灰浆打成不稀不稠，搅拌均匀。其标准是将手放入灰浆内，取出后皮肤呈黑色、发亮、灰浆不流、不起水、不成块、不成团下坠、放入盆内不起泡。打好的灰浆需放置到次日方可使用。

（3）粘浆、裹灰　把挑选好的蛋放到搅拌好的灰浆内翻转一下，使其均匀地粘上 2 mm 厚的灰浆；再在干草灰中滚一下，使裹上的灰厚也达 2 mm。裹灰不能太厚，否则会降低蛋壳外面灰料中的水分，影响咸蛋腌制成熟期；过薄则使蛋外面灰料发湿，并造成蛋与蛋之间粘连。裹灰后再把蛋包紧搓匀，使厚度一致，无凹凸现象。

（4）入缸贮存　裹灰后的蛋随即放入缸或塑料袋内，用水玻璃（泡花碱）糨糊封缸，放入阴凉通风的室内。一般经 20～30 d（夏季）或 40～50 d（春、秋季）成熟。成熟的蛋应在温度为 25℃ 以下，相对湿度 85%～90% 处贮存。春、秋季以贮存 2～3 个月为宜，夏季不宜久贮。

2. 灰料包蛋法

灰料包蛋法是将食盐和选好的稻草灰放于腌制容器中搅拌均匀，加入适量水并充分混合好，再将蛋投放于灰料泥中，使蛋的表面粘满灰料。将包裹好灰料的蛋放于腌制缸中密封腌制，需 20～45 d。

28.3 咸蛋其他加工方法

传统的咸蛋腌制工艺技术落后，不仅缺乏现代化的经营体系，生产效率也较低，质量不稳定，限制了我国蛋品工业的机械化、集约化和专业化发展，随着我国蛋品加工科技水平的整体提升，越来越多的新技术、新方法被应用于咸蛋加工，主要目的是降低钠浓度和缩短腌制时间。

1. 低钠配方开发

传统工艺中主要的腌制剂为食盐，得到的产

品中蛋清含盐量极高，采用氯化钾部分替代氯化钠可显著降低蛋清的食盐含量，同时对蛋黄的品质无影响；采用不同的腌制剂复合腌制咸蛋也可达到降低蛋清含盐量的效果。

在腌制液中添加不同的香辛料，如花椒、小茴香、桂皮等可得到风味咸蛋，改善咸蛋的色泽和风味。

2. 腌制时间缩短

传统腌制咸蛋的方法周期较长，平均需要 30 d，生产效率低。为解决传统腌制方法生产周期长的问题，不同的食品加工技术被引进到咸蛋腌制过程中。

在咸蛋腌制过程中采用压力腌制辅助技术，即将要腌制的鸭蛋放入压力容器中，再倒进配制好的饱和食盐水，然后对容器进行加压处理 24～48 h，加快食盐渗透到蛋壳与壳内的速度，可实现快速腌制咸蛋的目的，同时，该方法也可以适当降低腌制剂的浓度。

采用注射腌制剂的方法也可大大缩短腌制时间，这种方法会对蛋壳造成破坏，不符合常规的咸蛋加工标准。或采用酸将蛋壳软化，然后将腌制剂注射到蛋壳内，降低对蛋壳的破坏程度。

超声波技术已被广泛应用于食品加工中，超声波是一种弹性机械振动波，可产生强烈的振动，并伴随着空化作用和热效应还有乳化、凝聚、击碎、杀菌等作用，采用超声波技术腌制咸蛋既可以降低蛋清的黏度，促进食盐在蛋内的渗透速度，也可增加蛋壳膜和蛋黄膜的通透性，缩短腌制时间。

传统的腌制技术为静态腌制过程，容易造成蛋清盐浓度分布不均匀的现象。采用循环水工艺可加快食盐的渗透速度，同时改善蛋清的盐分布情况，解决浸泡法腌制过程中存在的盐溶液浓度上下不一致的问题，延长产品货架期。

3. 咸蛋黄的加工

咸蛋产品中蛋黄的经济价值最高，获得咸蛋黄的方法除了采用传统的腌制方法，将鲜鸭蛋腌制成咸蛋，取出蛋黄使用外，还可先将蛋黄破壳取出，用蛋黄模在湿盐上压制蛋黄窝，并在蛋黄窝内腌制咸蛋黄，腌制时间在 50～100 h，大大缩短了腌制时间。咸蛋黄主要有 4 种腌制方法：半透膜湿法，半透膜干法，冷、热变性法和模具干腌法。

1）半透膜湿法

半透膜可允许一些小分子物质通过，大分子不能通过，根据这一特性可将其应用于咸蛋黄的加工。常见的半透膜包括两类：①天然的半透膜，如动物的膀胱膜、肠衣、蛋壳膜等；②人工制成的半透膜，如人造纤维肠衣、玻璃纸、胶面膜等。

将肠衣用温水浸泡 4 h 后，切成 30 cm 小段，将一端打结，装入完整的蛋黄，一般 7 个为上限，再将肠衣的另一端打结，制成装有蛋黄的“蛋黄肠”。然后将蛋黄肠放入含有食盐、酒精等腌制剂的水溶液中，腌制 24～72 h，60℃热风干燥，肠衣内水分含量降到一定值以后可适当提高热风温度，促进肠衣内蛋黄凝固，冷却后切开肠衣即可。

2）半透膜干法

参照上述方法制作蛋黄肠，干腌法是将蛋黄肠在含有食盐及其他腌制剂配料的细粉中滚动，利用肠衣表面的水分粘一层腌制剂，放在一个下面由铁网的密闭容器内干腌，腌制一定时间后，用 60℃热风干燥，再加热使蛋黄凝固，冷却后切开肠衣即可。

3）冷、热变性法

冷变性法是将完整的鸡蛋放入－8℃条件下进行冷冻 4 h，取出冻蛋，放入自来水中解冻 30 min 后，分离得到蛋黄，将蛋黄埋入腌制剂中，腌制一定时间后热风烘熟。

热变性法首先须获得完整的蛋黄，热水浴加热使其变性凝固，然后将熟蛋黄放入腌制剂中，腌制一定时间后取出。

4）模具干腌法

首先制作塑料模具，模具上有 36（6×6）个直径为 3.6 cm 的半球形容器，每个容器容纳一个蛋黄，将腌制剂均匀分布在球形容器内，然后将模具放入一个密闭的容器内，腌制一定时间后蒸汽蒸熟咸蛋黄。

28.4　咸蛋的化学组成和质量要求

鲜蛋腌制成咸蛋后，在食盐的作用下，蛋内

的营养成分发生较大变化。由于食盐的渗透作用，咸蛋内含水量较鲜蛋显著下降，脂肪、碳水化合物等营养成分的相对含量有所提高，蛋白质在腌制期间存在部分外渗现象，因此咸蛋内蛋白质含量有所降低，无机盐的含量显著上升。

品质优良的咸鸭蛋应具有“鲜、沙、松、细、油”五大特色，熟制后切开，横断面黄白分明，蛋清质地细嫩，蛋黄细沙，呈朱红或橙黄色起油，周围有露水状油珠，中间无硬心，味道鲜美，如果采用双黄蛋加工咸蛋，产品的色彩更美，风味别具一格。

用灯光透视咸蛋，蛋黄呈现出鲜红色，形状为圆球形，蛋黄靠一边，蛋清清凉透明，这是优质咸蛋的标准。若蛋清、蛋黄都发黑或全部溶解成水，这是严重的黑黄蛋，禁止食用。若咸蛋散蛋，但无臭味，或咸蛋水样，未腐败变质的，可煮熟后食用。

复习思考题

1. 简述我国传统咸蛋的品质特点。
2. 试述腌制咸蛋的机理，在用食盐腌制咸蛋的过程中蛋发生了哪些变化？
3. 裹灰咸蛋的加工工艺及操作要点是什么？
4. 盐泥咸蛋的加工工艺及操作要点是什么？
5. 浸泡咸蛋的加工工艺及操作要点是什么？
6. 试比较咸蛋不同加工方法的优缺点。
7. 简述咸蛋的质量标准及质量鉴定方法。

CHAPTER 29

第 29 章 糟蛋加工

目标要求：

1. 了解糟蛋的特点；
2. 了解糟蛋加工的基本原理；
3. 了解糟蛋加工的基本技术。

利用酒糟泡制的蛋称为糟蛋，它具有醇香可口的风味，是我国江南一带别具一格的特色传统美食。糟蛋是采用糯米饭作培养基，用酒曲作菌种而酿制成糟，再用此糟来糟制鲜鸭蛋而制成，以浙江平湖糟蛋、陕州糟蛋和四川宜宾糟蛋最为著名。

糟蛋根据成品外形可分为软壳糟蛋和硬壳糟蛋。软壳糟蛋可用生蛋直接加工，也可将蛋加热处理后加工，成品的石灰质蛋壳已脱落或消失，仅有壳下膜包住，似软壳蛋。硬壳糟蛋常用生蛋直接糟制，成品仍有蛋壳包住，平湖糟蛋和叙府糟蛋是用生蛋为原料糟制而成的软壳糟蛋。糟蛋成品蛋白呈乳白色、胶冻状，蛋黄呈橘红色、半凝固状，有酒香味，是一种冷食佳品。

29.1 原辅料选择及糟蛋的加工原理

29.1.1 原辅料的选择

1. 原料蛋

糟蛋加工所用原料蛋应是经感观鉴定和光照检查而挑出的蛋形正常、大小均匀、蛋壳完整的新鲜鸭蛋。

2. 糯米

糯米是加工糟蛋的主要材料。加工 100 枚蛋需糯米 8～10 kg。要求糯米应颗粒大小均匀、洁白，含淀粉多，含脂肪及蛋白质少，无异味。

3. 酒药

酒药又名酒曲，是酿酒用的菌种。它是多种菌种培养在特殊培养基（用辣蓼草粉、芦黍草粉、一丈红粉等制作成的培养基）上而制成的一种菌种。它是酿酒用的发酵剂和糖化剂。这种菌种是经多年纯化培养而成的。主要菌种有毛霉、根霉、酵母及其他菌种。

（1）绍药　绍药是酿制著名的绍兴酒所用的菌种，是用糯米粉配合辣蓼粉及芦黍粉，再用辣蓼汁调制而成一种发酵剂，用此酒药酿制成的酒糟，香味较浓，但酒性过强，生产糟蛋单一使用可缩短成熟时间，但产品辣味浓、滋味差。

（2）甜药　系面粉或米粉、一丈红粉等混合制成的发酵剂。此物制成的糟酒性弱，含醇量低，单独使用成熟时间长，但味甜，所以不能单独使用。

（3）糠药　系芦黍粉、辣蓼草粉、一丈红粉混合制成，糠药制成的糟味略甜，酒性温和，性能处于绍药和甜药之间。

目前加工糟蛋大多是绍药和甜药混合使用，其用量应预先进行小型试验，酒药采用的种类及用量是否适当，应看制出的糟是否有适当的发酵力和糖化力，是否能使蛋白质很好地凝固；糟应能防止蛋在糟制过程中杂菌的繁殖；糟应有一定的醇香味，又必须有一定的甜味。一般每 100 kg 糯米用绍药 165～215 g，甜药 60～100 g，酒药用量除与质量有关外，还与发酵时的温度有关。温度高，酒药用量相对少，但在任何温度条件下，甜药应少于绍药，否则糖化力强，甜味大，制出的糟易酸败。

4. 食盐

应采用符合卫生标准的洁白、纯净海盐。

5. 水

应采用无色、无味、透明的洁净水，pH 近于中性，未检出硝酸盐、氨氮及大肠杆菌等。有机物含量每升不多于 5 mg，固形物含量每升不超过 100 mg。

29.1.2 糟蛋加工的基本原理

糟蛋是将鸭蛋与酒糟和盐封入缸内糟渍后，酒糟中的醇和盐通过渗透和扩散作用进入蛋内，使蛋白和蛋黄发生变化，这种变化非常缓慢，需要较长时间（4～6 个月）才可以成熟食用。

在酿制过程中，由于糖化菌的作用，糯米中的淀粉被分解成糖类，糖再经酒精发酵而产生醇类（其中主要是乙醇），优质糯米含淀粉多，产生醇的量大，一部分醇氧化成乙酸。因此，糯米糟实际上就是糖、盐、醇、酸以及大量风味物质所组成的复合物。其中，盐、醇渗入蛋内，能使蛋白和蛋黄发生变性和凝固，从而使蛋白变为乳白色的胶冻状，蛋黄呈半凝固的橘红色，且产品呈现一定的咸味。糯米糟中的醇与酸互相发生作用可产生酯，使产品具有独特的芳香味。糯米糟中的醇和糖由壳下膜渗入蛋内，故成品有酒香味及微甜味。

由于鸭蛋在糟制过程中受到乙酸的作用，乙酸有侵蚀蛋壳的作用，与蛋壳中的碳酸钙和磷酸钙发生化学反应，生成醋酸钙。化学反应如下：

$$CaCO_3 + 2CH_3COOH \rightarrow Ca(CH_3COO)_2 + H_2CO_3$$

$$H_2CO_3 \rightarrow H_2O + CO_2 \uparrow$$

由于醋酸钙易于溶解，使蛋壳软化变薄，故成品糟蛋似软壳蛋，而且其他成分更易渗入蛋内。

鲜蛋由于长时间的糟渍，糟中有机物渗入蛋内，因而成品变得膨大而饱满，重量增加。

在糟制过程中，尽管糯米糟中乙醇含量不是很大，仅可达到 15%，但蛋在糟中糟制时间很长，蛋中微生物，特别是沙门氏菌等致病菌均被杀死，因此，生食糟蛋不会使人体致病。

29.2　几种糟蛋的加工

29.2.1　平湖糟蛋

29.2.1.1　工艺流程

糟蛋加工的季节性很强，主要在 3—4 月至端午节前进行。平湖糟蛋的加工可分为制糟、选蛋击壳、装坛糟制、品质鉴定和分装 4 个环节。其具体加工工艺流程如图 29-1。

29.2.1.2　操作要点

1. 酿酒制糟

(1) 糯米浸泡　将符合要求的糯米洗净，用清洁食用水浸泡，使糯米中淀粉吸水膨胀，便于蒸制成饭。因此，浸泡时间可因米质和气温不同而有异，一般浸泡 20～24 h。

(2) 蒸米成饭　将米蒸成熟饭，使米中淀粉糊化，有利于发酵。要求蒸成熟透而不烂、无白心、熟而不黏的粒状饭，这样既利于糖化，好发酵，又不烂糟。

蒸饭时，将泡好的米洗净，放入装好假底和蒸饭垫的木桶内，米面铺平，开始加热蒸煮。当蒸气透过糯米面时，盖上木盖继续蒸 10 min。然后打开木盖，并向米饭表面均匀地洒上热水，使上层米水分均匀，米粒充分膨胀，再盖上盖蒸 10 min 左右。然后打开盖用木棒搅拌米饭后再蒸 5 min 左右，均匀地熟透为止。

(3) 加酒药　为了使饭温迅速降至菌种需要的发酵温度，蒸好的饭用凉开水冲数分钟，冲淋次数和时间决定于气温，气温高可多淋凉开水。米饭温度达 30℃左右时，即可拌酒药。

绍药和甜药按需要量称好，研成粉状，将米饭倒入缸内，均匀地拌入混合酒药粉。然后铺平拍紧，并使中心部形成一圆窝，再于饭表面撒上一薄层酒药粉即可。

(4) 发酵成糟　将装有拌药饭的缸盖上盖（清洁、干燥的草盖），缸外有 6 cm 厚的保温层，以便促使淀粉糖化和酒精发酵。

随着糖化和发酵的进行，饭温逐渐升高，经 22～30 h 可达 35℃。此时便有酒露出现，并流集于缸中央的凹形圆窝内。当酒露达到 3～4 cm 深时，为了防止饭温过高，成糟发红而有苦味，必须将盖稍打开使其降温，为了防止醋酸菌浸入影响糟的质量，可定时用凹窝内的酒露泼洒糟面及四周缸内壁，使酒糟充分酿制成熟，以供糟蛋使用。

优质酒糟应色白，味略甜，香气浓，有酒香味，酒精含量在 15%左右。如果糟呈红色，有酸味或辣味或苦味均为坏糟，不能使用。

2. 选蛋击壳

(1) 选蛋　经感观鉴定和照蛋，除去陈蛋、次蛋、小蛋及畸形蛋。

(2) 洗蛋　糟制前的蛋逐个清洗，除去污物，通风处阴干或擦干。

(3) 击蛋破壳　击蛋破壳是平湖糟蛋的特殊工艺。目的在于在糟制过程中，使糟中的醇、酸、糖等物质迅速渗入蛋内，缩短成熟时间，又便于蛋壳软化和脱壳。

击蛋方法，左手心内放一枚蛋，右手拿竹片，对准蛋的长轴（纵侧），轻轻一击，使蛋壳产生一

新鲜鸭蛋→检验→洗蛋→晾蛋→击蛋壳→装坛糟制→封坛→成熟→成品

↑　↑

糯米→清洗→蒸米成饭→淋饭→拌酒药→发酵成糟 蒸坛

图 29-1　平湖糟蛋加工工艺流程

条纵向裂纹。然后将蛋转半周，并以同样方法击一下，使两条纵向裂纹延伸相连成一线，击蛋用力要适当。要求破壳不破壳下膜，否则不能做原料蛋。

3. 装坛糟制

(1) 蒸坛消毒　坛子用清水洗净，然后进行蒸汽消毒，消毒时，如果发现坛底漏气，不能使用。

(2) 装坛糟制　消毒后的坛内铺上一层糟，4 kg。将蛋大头向上，一一插入糟内，其密度以蛋间有糟，蛋在糟中旋转自如为合适。当第一层蛋放妥后，再铺糟 4 kg，如上法再放蛋一层。这样一层糟，一层蛋，直至满坛为止。最上一层铺上 9 kg 糟，并在糟上洒一层盐，但要防止盐下沉直接与蛋接触。平湖糟蛋每坛装 120 个，用糟 14.5～17 kg，用盐 1.7～1.85 kg。

(3) 封坛、成熟　坛口用纸刷上猪血，将坛口密封，扎紧。

封闭好的坛，每 4 个为一叠，坛间垫上 2 张三丁纸以起吸潮作用。这样即可入仓进行成熟。成熟过程中严禁任意搬动而使食盐下沉。

糟蛋成熟时间为 4.5～5 个月。每月定期抽样检查，成熟过程中的变化：

第 1 个月，基本与鲜蛋相同，仅击破裂纹已较为明显。

第 2 个月，蛋壳裂缝加大，蛋壳与壳下膜逐渐分离，蛋白仍为液体状态，蛋黄开始凝结。

第 3 个月，蛋壳和壳下膜全部分离，蛋白开始凝结，蛋黄全部凝结。

第 4 个月，蛋壳与壳下膜脱开 1/3，蛋白成乳白状，蛋黄带微红色。

第 5 个月，蛋已糟制成熟，蛋壳大部分脱落，蛋白已凝成乳白色胶冻状，蛋黄柔软带橘红色。

4. 品质鉴定、分装

(1) 质量要求　蛋壳与壳下膜完全分离，蛋壳全部或大部分脱落。个大而丰满，色泽乳白光亮，洁净。蛋白似乳白胶冻状，蛋黄呈半凝固状的橘红色，蛋黄与蛋白界限分明。具有浓郁的酒香和酯香味，略有甜味及咸味，无异味。不带酸辣味。

在符合上述质量要求的条件下，还可以按质量（重量）进行分级，分级标准见表 29-1。

表 29-1　糟蛋质量分级标准

级别	千枚质量/kg
特级	77～85
一级	70～77
二级	65～70

(2) 废品蛋　常见的废品蛋有矾蛋、水浸蛋、嫩蛋。

矾蛋：矾蛋即蛋壳变厚似燃烧后的矾一样，故得此名称。这类蛋的产生是由于蛋壳变质，坛内同一层蛋膨胀挤成一团，蛋不成形，糟成糊状，形成“凝坛”，不能取出蛋。矾蛋产生的过程一般是自上而下，如果即早发现，可将上层废蛋除去，将下层好蛋取出后另换坛换糟，以减少损失。

分析矾蛋产生的原因，一般为上层糟面过薄，盐粒未溶而落，致使蛋壳变质；坛有漏裂处，使糟液减少，蛋与蛋相互接触、挤压，这时醋酸与蛋壳发生作用，而使蛋与糟粘结成块，形成凝坛。另外，坛消毒不彻底或糟质不良以及原料蛋不新鲜也是矾蛋产生的原因。

水浸蛋：主要是糟质量差，含醇量过少，使蛋白凝固不良或仍呈液体状，色砖红，蛋黄硬实而有异味，不能食用。

嫩蛋：嫩蛋即蛋黄已凝固，蛋白仍为液体。这种蛋产生的原因是，加工时间过晚，蛋还未糟制成熟，气温已下降，补救方法是用沸水泡蛋或煮制，使蛋白凝固，可食用，但失去了糟蛋固有的香味。

29.2.2　四川叙府（今宜宾）糟蛋

29.2.2.1　工艺流程

选蛋→配料→装坛→翻坛去壳→白酒浸泡→加料装坛→再翻坛→成品

29.2.2.2　操作要点

1. 选蛋

选蛋、洗蛋和击破蛋壳操作同平湖糟蛋处理法。

2. 制糟及糟制

每 150 枚蛋需 5 kg 糯米制成糟，制糟方法基本上与平湖糟蛋相同。不同之处在于，制成的糟需加入红糖 1.5 kg，白酒（68°）4 kg，食盐 1.5 kg，搅拌后，用全量的 1/4 铺平坛底，将事先破壳的鸭蛋 40 枚，大头向上放入，再加入甜糟约 1/4，铺平后再以上述方式放入鸭蛋 70 枚左右；再加甜糟 1/4，放入其余的鸭蛋 40 枚，每坛共 150 枚；最后加入剩下的甜糟，并铺在蛋面，用塑料布密封坛口，使不漏气。

3. 翻坛去壳

在室温下糟渍 3 个月左右，将蛋翻出，逐枚去蛋壳，切勿将内蛋壳膜剥破。

4. 白酒浸泡

蛋糟制到蛋壳极易脱落时，取出，剥皮（勿碰破壳下膜）后，逐枚放入缸内，倒入高度白酒（4 kg 左右），浸泡 1～2 d，使蛋白和蛋黄全部凝固，整个蛋膨胀而饱满。

5. 加料装坛

将白酒浸泡过的蛋逐枚取出，装入坛内，用原有的酒糟和配料，再加入红糖 1 kg，食盐 500 g，花椒 10 g，陈皮 50 g，熬糖 2 kg（红糖 2 kg 加适量的水煎成拉丝状，冷却后加入坛内），充分搅拌均匀，按以上装坛方法，一层糟一层蛋，最后加盖密封，保存于干燥而阴凉的仓库内，再糟制 3～4 个月。

6. 再翻坛

贮存 3～4 个月后，必须再次翻坛，即将上层的蛋翻到下层，下层的蛋翻到上层，使整坛的糟蛋达到均匀糟渍，同时做一次质量检查，剔除次劣糟蛋。翻坛后的糟蛋仍应浸渍在糟料内，加盖密封，贮存库内。从加工开始直至糟蛋成熟，约需 12 个月。

此法加工糟蛋，蛋质软嫩，蛋膜不破，色泽红黄，气味芳香，可保存 3～5 年。

29.2.3　硬壳糟蛋

1. 原料

经挑选、洗净、晾干的鸭蛋 100 枚，绍兴酒酒糟 22.5 kg，食盐 1.8 kg，生黄酒 4.5 kg（13～15°），植物油 0.1 kg。

2. 加工方法

将酒糟放在缸内，用手压使松紧适当，然后用油纸封好，盖上保温发酵 20～30 d，至糟松软，加入食盐及黄酒，并搅匀搅烂酒糟，即可用来糟蛋。一层糟一层蛋，蛋间距 3 cm 左右，不宜过挤，最上面一层糟面撒盐再滴上植物油。成熟至蛋摇动不发出响声为好，需 5～6 个月。

29.2.4　熟蛋糟蛋加工

1. 原料

鸭蛋 100 个，绍兴酒酒糟 100 kg，食盐 3 kg，醋 0.2 kg。

2. 加工方法

将酒糟于缸中，加食盐和醋，充分搅拌，使混合均匀，以备糟蛋之用。将蛋煮沸 5 min，剥去蛋壳，留下壳下膜，一层糟一层蛋进行糟制，坛口密封好。40 d 即可糟透食用。

复习思考题

1. 制作糟蛋时，常见的废品蛋种类有哪些？试分析产生原因。
2. 简述平湖糟蛋的制备工艺及质量控制要点。

HAPTER 30

第 30 章 现代蛋制品加工

目标要求：

1. 了解液态蛋、湿蛋黄、冰蛋、干蛋白、蛋粉、蛋黄酱等蛋制品的加工方法；
2. 了解禽蛋功能性成分提取与副产物综合利用技术。

30.1　概述

现代蛋制品加工技术起源于西方工业发达国家，产品主要包括湿蛋制品类和干燥蛋制品类。

30.1.1　湿蛋制品类

湿蛋制品是指将新鲜鸡蛋清洗、消毒、去壳后，将蛋清与蛋黄分离（或不分离），搅匀过滤后经杀菌或添加防腐剂（有些制品还经浓缩）后制成的一类蛋制品。这类蛋制品易于运输，贮藏期长，一般用作食品原料，主要包括全液蛋、冰蛋、湿蛋黄、浓缩液蛋等蛋制品。

30.1.2　干燥蛋制品类

禽蛋中含有大量的水分，将禽蛋进行冷藏或运输，既不经济，又易变质，干燥是贮藏蛋的首选方法。早在1900年，我国即有了干燥蛋白片，其起泡性好并且耐贮藏，令各国为之惊奇，加工特点是干燥前先用细菌发酵，除去其中的葡萄糖。近年干燥蛋制品工业有了很大发展，已成为蛋制品加工业中的重要组成部分。我国现代化蛋品加工业起步较晚，20世纪80年代引进了很多成套加工设备，但由于加工成本过高和销售不畅，其作用没有完全得到发挥。

目前，国内外生产的干燥蛋制品种类很多，但根据原料的不同，干燥蛋制品主要包括干蛋白、干全蛋、干蛋黄和特殊类型干蛋品。

1. 干蛋白

干蛋白是通过浅盘干燥而制成的片状或粒状的制品。将蛋白片在水中浸泡一夜即可还原，使用方便，常用于以下行业。

（1）食品工业　干蛋白在食品工业上应用很广泛。如可用作冰糖及糖精加工时的澄清剂；加工点心时可作为起泡剂；加工冰激凌、巧克力粉、清凉饮料、饼干等均有使用。

（2）纺织工业　在染料及颜料浆中加入35％～50％的干蛋白水溶液，可以增加印染的劲着性；若加以蒸热，即可使染料或颜料固着于纺织物上，所以，印染棉、绢、毛等纺织品时，常用干蛋白作固着剂。

（3）皮革工业　干蛋白可用作皮革鞣制中的光泽剂。

（4）造纸、印制工业　制造高级纸张可用干蛋白作施胶剂，提高纸张的硬度、强度，增强其韧性和耐湿性；印刷制版时，需用干蛋白作为感光剂和胶着剂；陶器、瓷器以及玻璃器皿上的彩画和图案是用印画纸印上的，而印画纸是用干蛋白和颜料配制成的25％浓度的涂料液和配合料，在纸上印刷而成的。

（5）医药工业　主要用干蛋白制造蛋白银来治疗结膜性眼炎；用鞣酸蛋白治疗慢性肠炎；制造蛋白铁盐作为小儿营养剂；干蛋白也常用于制造细菌培养基。

2. 干燥全蛋和蛋粉

喷雾干燥蛋粉是通过喷雾干燥而制成的粉状制品，包括普通干燥全蛋粉、干蛋黄粉、脱葡萄糖干全蛋粉和干蛋黄粉。此类全蛋和蛋黄制品发泡力很差，但具有良好的黏着性、乳化性和凝固性，故常用于制造夹心蛋糕、油炸圈饼和酥饼等。

3. 加糖干燥全蛋和蛋黄

此类包括加糖干全蛋和干蛋黄，是在干燥前的杀菌阶段加一定量的糖，使制品具有良好的起泡性及其他特性，适用于制造任何糕饼、冰激凌、鸡蛋面条等。蛋黄粉还可提炼出卵磷脂供医药用，提炼出蛋黄油用于油画、化妆品等。

4. 其他干蛋品

其他干蛋品包括炒蛋用的蛋粉等。这些是将蛋与其他食物（如脱脂乳、酥烤油等）混合，或加入碳酸钠粉调pH后喷雾干燥而成的制品。

我国目前仅生产普通全蛋粉、普通蛋黄粉和蛋白片。

30.2　液态蛋加工

液态蛋（liquid eggs）是指禽蛋打蛋去壳后，将蛋液经一定处理后包装，代替鲜蛋消费的产品。液态蛋可分为蛋白液、蛋黄液、全蛋液3类，供家庭、餐馆直接使用或作为食品加工厂的生产配料。随着食品工业的发展，从20世纪起产生了液态蛋行业，历经百余年，取得了卓越的成效。液态蛋可加工生产很多国外市场流行的新型食品，如蛋黄保健油、蛋黄酱、蛋黄酒、蛋奶饮料、卵黄脂、蛋黄提取物、蛋清提取物等。

液态蛋具有显著的优点：能有效地解决鲜蛋易碎、难运输、难贮藏的问题；能有效避免蛋壳的污染问题，有利于集中处理利用蛋壳和蛋残液；符合食品安全性要求，能有效解决鲜蛋的沙门氏菌等致病菌隐患。

在发达国家，将液态蛋作为配料的食品生产商不直接生产液态蛋产品。20 世纪 90 年代起，欧盟国家、美国和日本都制定了严禁“壳蛋”进入食品工厂应用的法规，在餐饮场所也有相应的禁令，其法规严格规定食品企业不许采购生蛋，必须要用杀菌过的蛋制品，这一措施极大地促进了液态蛋行业的发展。除了液态鲜蛋外，国外已经有经过不同配料调制的液态蛋产品，专门供烹调菜肴和焙烤使用，使得液态蛋作为食品的重要配料形成了专门的行业。

1938 年在欧洲就完全具备商品化生产液态蛋的能力。巴氏杀菌液体蛋制品在澳大利亚、欧洲、日本和美国已经占鸡蛋产量的 30%～40%；而早在 1976 年美国生产的去壳蛋中约 42%制成冷冻蛋，约 8%制成干燥蛋，约 47%制成液态蛋，其余约 3%为不可食用蛋。我国的液态蛋生产刚刚起步，近年已有液态蛋专业厂家，液态蛋的生产正日益引起重视。

30.2.1 工艺流程

蛋的选择→整理→照蛋→洗蛋→消毒→晒蛋→打蛋→混合过滤→冷却→蛋液（全蛋液、蛋白液、蛋黄液）

30.2.2 加工技术要点

30.2.2.1 蛋壳的清洗、消毒

蛋壳上含有大量微生物，为防止微生物进入蛋液内，需在打蛋前将蛋壳洗净并杀菌。洗蛋通常在洗蛋室中进行。选择好的蛋装入箱或蛋盘内运至洗蛋室（现代化蛋品加工厂使用真空吸蛋器取蛋后放入洗蛋槽）洗蛋。槽内水温应较蛋温高 7℃以上，避免洗蛋水被吸入蛋内。同时，蛋温升高，在打蛋时蛋白与蛋黄容易分离，减少蛋壳内蛋白残留量，提高蛋液的出品率。

洗蛋用水中多加入洗洁剂或含有效氯的杀菌剂。洗涤过的蛋壳上还有很多细菌，因此须进行消毒。常用的蛋壳消毒方法有 3 种。

1. 漂白粉液消毒法

用于蛋壳消毒的漂白粉溶液浓度对洁壳蛋有效氯含量为 100～200 mg/L，对污壳蛋为 800～1 000 mg/L。使用时将该溶液加热至 32℃左右，至少要高于蛋温 20℃，可将洗涤后的蛋在该溶液中浸泡 5 min，或采用喷淋方式进行消毒。消毒可使蛋壳上的细菌减少 99%以上，其中肠道致病菌完全被杀灭。经漂白粉溶液消毒的蛋再用清水洗涤，除去蛋壳表面的余氯。

2. 氢氧化钠消毒法

在 pH 为 9 的水溶液中，蛋壳上的沙门氏菌随着时间的延长而逐渐减少，pH>11 时，则细菌数量减少更快。因此，通常用 0.4% NaOH 溶液浸泡洗涤后的蛋 5 min 进行消毒。

3. 热水消毒法

热水消毒法是将清洗后的蛋在 78～80℃热水中浸泡 6～8 s，杀菌效果良好。但此法水温和杀菌时间若稍有不当，易发生蛋白凝固。

经消毒后的蛋用温水清洗，然后迅速晾干。这是因为经消毒后的蛋，其蛋壳上附着的水滴中仍有少量细菌和污物，若不迅速晾干，这些细菌和污物很容易进入蛋液中，增加蛋液内细菌数。另外，空气中的微生物也易污染蛋壳，增加蛋的污染程度。打蛋前若不晾干，蛋壳上残留的溶液会滴到蛋液中去。晾干蛋是在吹干室内进行，室内通风良好，清洁卫生，温度可控制在 45～50℃，蛋在 5 min 内被吹干。

还有一种蛋壳消毒方法是不将蛋移入水槽，而是蛋在输送带上前进时用消毒剂喷洗，同时经由两侧的刷子刷洗除去污物后，再用清水喷洗、风干。

洗蛋前后蛋壳表面细菌变化如表 30-1 所示，蛋用水或杀菌剂洗净后，其蛋壳表面细菌会显著减少。但若洗净水中有铁离子存在时，易使假单胞杆菌属（*Pseudomonas*）细菌侵入蛋内增殖，而导致蛋的腐败。在欧美各国常认为打蛋前洗蛋无实际意义，故多不进行洗蛋。

表 30-1 不同洗蛋方法蛋壳表面细菌数量变化

洗蛋条件	活菌数/(CFU/g)	大肠菌群/(MPN/100 g)
鸡蛋专用杀菌剂 A 0.25%，5 min	450	0
鸡蛋专用杀菌剂 B 0.05%，5 min	1 050	5
水洗 5 min 后，次氯酸钠 200 mg/kg，10 s	4 800	0
水洗 5 min	11 000	0
未洗蛋	250 000	300

30.2.2.2 打蛋

打蛋就是把蛋壳击破、取出蛋液的过程，分为打全蛋和打分蛋两种。打全蛋就是将蛋壳打开后，把蛋白和蛋黄混装在一个容器里。打分蛋就是将蛋白、蛋黄分开，分别放在两个容器里。打蛋的方法包括人工打蛋和机械打蛋。

1. 人工打蛋

人工打蛋指人工使用打蛋台和打蛋器将蛋逐个破壳，并取出蛋液的过程。

（1）打蛋的设备及工具

①打蛋台。打蛋台是打蛋的主要设备。为了消毒方便，台架可用铁管焊成，台面铺有白瓷砖或磨光水泥面或不锈钢面。台高 75 cm，宽为 80 cm（两人对面操作）。打蛋台的长度可根据生产量的多少和打蛋车间的大小而定。打蛋台面上，每隔 39～40 cm 设一个投蛋壳孔。孔上装有方形漏斗，便于投蛋壳。台下装有带槽的蛋壳输送带，将蛋壳及时带走。打蛋台上还装有压缩空气吹风嘴及吹风漏斗，用来吹出蛋壳中剩余的蛋清。吹气孔嘴的孔径为 1～2 mm，嘴间距为 38～40 cm，每个吹风嘴前坐一名打蛋工打蛋。每排打蛋台的两端设有蛋液质量检查点和蛋液汇集桶。打蛋台的中央设有两层输送带，下层距台面高 45～50 cm，上下层间距为 30～35 cm。

②打蛋器。打蛋器由打蛋盘、打蛋刀、分蛋器及蛋液流向器等组成。打蛋盘是用铜制镀镍材料制成，见图 30-1。盘底设有带无数小孔的假底，有过滤碎蛋壳的作用。盘的两端槽头中部各竖有支柱，支柱的上端横设一根宽 2.5 cm 镀镍铜片。靠一端有约 2 cm 的锐利刀口，即为打蛋刀。打分蛋的工具有分蛋器和分蛋杯两种。分蛋器（图 30-2）是一种形如蛋黄大小的半圆形镀镍铜球，球的边缘有铜环。打分蛋时，蛋黄留于球内，铜环下压，可分离出蛋清。分蛋杯是一种由铝片压制而成，形似杯状的工具。杯直径为 10 cm，有一把柄。杯的中央有一凹入的半球形，大小如蛋黄，直径为 3 cm、深为 2.5 cm，是存蛋黄处。在存蛋黄处的四周留有 0.3 cm 宽的空隙，蛋白即由此隙流下。蛋液流向器用铜（镀镍）或不锈钢制成，形似蝌蚪，前大呈椭圆形，后端为弯曲状，这样可减缓蛋液流速，观察蛋液色、味、异物等。打全蛋液时，可直接打入流向器中，经感官鉴定后，流入蛋桶。

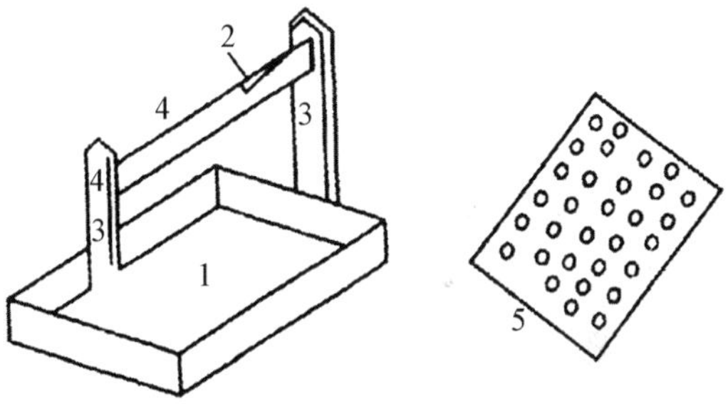

1. 打蛋盘 2. 刀口 3. 蛋盘支柱 4. 打蛋刀 5. 假底

图 30-1 打蛋盘及打蛋刀

图 30-2 分蛋器

③存蛋杯及蛋液小桶。存蛋杯和蛋液小桶均由铝或铜制成（镀镍）。存蛋杯为有柄的小杯子，能存 1～2 个蛋的蛋液。打开的蛋倾入杯内，进行色泽、气味、异物等鉴定。不合格蛋不能与其他蛋液混合，杯和蛋液一起单独存放，根据异常特点分别处理。蛋液桶的大小与机械化水平相关。

如用输送带运输，蛋液桶容积以 2～3 kg 有柄小桶为宜；人工输送蛋液的桶，容积为 8～10 kg。

（2）打蛋方法

①打全蛋。打蛋人员坐在打蛋台前，取一枚蛋，于打蛋刀上用适当的力量在蛋的中间一次将蛋打碎，成大裂缝，而不要使蛋壳细碎。再用双手的拇指、食指、中指将蛋壳从割破处分开。但勿使手指伸入蛋液内，以防止污染。蛋壳分开后，蛋液流入蛋液流向器内，随即将蛋壳向蛋液流向器内甩一下，再将壳放在吹风嘴上吹风，以达到取尽壳内蛋白的目的。蛋壳即可投入蛋壳收集孔内，同时进行蛋液色、气味和异物等的感官鉴定。正常蛋液沿流向器流入蛋液小桶。如遇次蛋、劣蛋，及时拿出流向器，倒出蛋液或连同蛋液一起更换。若不用流向器时，蛋打开后将蛋液倒入存蛋杯内，蛋壳按以上步骤处理，蛋液则举杯进行质量鉴定，合格蛋液倒入合格桶内，不合格蛋连同存蛋杯一起放在下层输送带上，送到台端的质量检查点，由专人检查后处理。

②打分蛋。打分蛋时除增加分蛋器使蛋白和蛋黄分开外，其他工序同打全蛋。操作时，将蛋打破后，剥开蛋壳使蛋液流入分蛋器或分蛋杯内（分蛋器位于打蛋器上）。蛋黄在分蛋器的铜球内或分蛋杯的存蛋黄处，蛋白在球的四周流下。人工打蛋的工作效率一般是每人每小时可打 540～1 260 枚蛋；若需将蛋白、蛋黄分开，则每小时可打 400～700 枚蛋。但人工打蛋的生产效率低，不适于大规模打蛋。目前只有小规模工厂用人工打蛋。人工打蛋的优点是可减少蛋白混入蛋黄中或蛋黄混入蛋白中的现象。

2. 机械打蛋

机械打蛋主要是在打蛋机（图 30-3）上完成。打蛋机是于 20 世纪 50 年代发展起来的蛋品生产设备，它可实现蛋清洗、杀菌过程连续化，生产效率大为提高。目前打蛋机在发达国家已被广泛地应用于蛋液加工。我国一些蛋品加工厂已经从丹麦及荷兰引进了打蛋机，蛋的清洗、消毒、晾蛋及打蛋几道工序同时在打蛋机上完成。

图 30-3 打蛋机

打蛋机上有许多分蛋杯、打蛋刀。当分蛋杯被不合格蛋污染或散黄时，可很方便地单独取下清洗、消毒。打蛋刀由两片组成，它设在蛋下，同时起着托举蛋或蛋壳的作用。在一定位置，打蛋刀切入蛋内，同时向两侧劈开，蛋内容物由劈开的两刀片的空间落入分蛋杯，在机器传动过程中完成蛋清和蛋黄的分离过程。机械打蛋能减轻劳动强度，提高生产效率，但要求蛋新鲜度高、大小适当。而我国目前蛋源分散，蛋鸡的品种杂，所产的蛋大小不一，给机械打蛋带来一定困难，因此，采用机械打蛋的同时配合手工打蛋是比较合理的，这样可以保证蛋液的质量。

30.2.2.3 液蛋的混合与过滤

搅拌过滤的方法因搅拌过滤的设备不同而有差异。目前蛋液的过滤多使用压送式过滤机，但是在欧洲也有使用离心分离机以除去系带、碎蛋壳。由于蛋液在混合、过滤前后均须冷却，而冷却会使蛋清与蛋黄因比重差呈不均匀分布，故须通过均质机或胶体磨，或添加食用乳化剂使其能均匀混合。

30.2.2.4 蛋液的预冷

经搅拌过滤的蛋液应及时进行预冷，以防止蛋液中微生物生长繁殖。预冷是在预冷罐中进行。预冷罐内装有蛇形管，管内有冷媒（−8℃的氯化钙溶液），蛋液在罐内冷却至 4℃左右即可。如不进行巴氏杀菌时，可直接包装。

30.2.2.5 杀菌

原料蛋在洗蛋、打蛋去壳以及蛋液混合、过滤处理过程中，均可能受微生物的污染，而且蛋经打蛋去壳后即失去了部分防御体系，因此生液蛋须经杀菌。

最初，蛋液巴氏杀菌法使用冷却缸。随后发现蛋液也可像牛乳那样用板式热交换器高温短时连续杀菌，因此各国纷纷采用高温短时杀菌。但是，蛋液中的蛋白质极易受热变性，并发生凝固，因此各国学者一直在探讨比较适宜的蛋液巴氏杀菌条件。

蛋液巴氏杀菌时，美国农业部要求全蛋液至少应加热到 60℃，保持 3.5 min；英国采用 64.4℃，2.5 min 杀菌；我国对全蛋液巴氏杀菌要求为 64.5℃，3 min。各国对蛋液的巴氏杀菌条件各不一致，详见表 30-2。对蛋清的杀菌至今仍没有令人满意的方法。

表 30-2　部分国家的蛋液巴氏杀菌条件

国家	全蛋液	蛋白液	蛋黄液
波兰	64℃，3 min	56℃，3min	60.5℃，3 min
德国	65.5℃，5 min	56℃，8 min	58℃，3.5 min
法国	58℃，4min	55～56℃，3.5 min	62.5℃，4 min
瑞典	58℃，4 min	55～56℃，3.5 min	62～63℃，4 min
英国	64.4℃，2.5 min	57.2℃，2.5 min	62.8℃，2.5 min
澳大利亚	64.4℃，2.5 min	55.6℃，1.0 min	60.6℃，3.5min
美国	60℃，3.5 min	56.7℃，1.75 min	60℃，3.1 min

蛋中的 α-淀粉酶在 64.4℃下 2.5 min 后即完全失去活性，因此在英国以测定该酶的活性来判定蛋液是否实施低温杀菌。在美国因为杀菌温度较低，故不用 α-淀粉酶法，而用测定 60℃加热即失去活性的 β-N-乙酸葡萄糖胺酶来作为判定的依据。杀菌条件虽各国不同，但大多国家以杂菌数 5 000～10 000 个/g 以下，大肠菌群阴性/0.1 g，沙门氏菌阴性/20～50 g 作为标准。

用于巴氏杀菌的蛋液分为全蛋液、蛋清和蛋黄及添加糖、盐的蛋液，其化学组成不同，干物质含量不一样，对热的抵抗力也有差异，因此，采用的巴氏杀菌条件各异。

1. 全蛋的巴氏杀菌

巴氏杀菌的全蛋液有经搅拌均匀的和不经搅拌的普通全蛋液，也有加糖、盐等添加剂的特殊用途的全蛋液，其巴氏杀菌条件各不相同。我国一般采用全蛋液杀菌温度为 64.5℃，保持 3 min 的低温巴氏杀菌法。

2. 蛋黄的巴氏杀菌

蛋液中主要的病原菌是沙门氏菌，该菌在蛋黄中的热抗性比在蛋清、全蛋液中高，这是由于蛋黄 pH 较低，沙门氏菌在低 pH 环境中对热不敏感，并且蛋黄中干物质含量高，且相比较热敏性较低，因此，蛋黄的巴氏杀菌温度要比蛋清稍高。例如，美国蛋清杀菌温度 56.7℃，时间 1.75 min，而蛋黄杀菌温度 60℃，时间 3.1 min，德国相应参数为 56℃，8 min 和 58℃，3.5 min。

添加糖或盐于蛋黄中能增加蛋黄中微生物的耐热性，且盐之增加高于糖，但这种耐热性受盐存在时间的影响。在蛋黄中添加乙酸可以降低微生物对热的抵抗能力。

热处理对蛋黄制品的乳化力影响很小。加盐蛋黄在 65.6～68.9℃下加热后，用来制造的蛋黄酱及糕点其乳化力受影响很小。但将加盐蛋黄 pH 从 6.2 调到 5.0 时，在 60℃下杀菌，则乳化力会损失。

3. 蛋清的巴氏杀菌

(1) 蛋清的热处理　蛋清中的蛋白质更容易受热变性。因此，对蛋清的巴氏杀菌是很困难的。有报道指出蛋清在 57.2℃瞬间加热，其发泡力也会下降。用小型商业板式加热器加热蛋清，流速固定，发现加热温度在 60℃以上时，蛋清黏度和浑浊度增加，甚至黏附到加热片上。但在 56.1～56.7℃加热 2 min，蛋清没有发生机械变化和物理变化，而在 57.2～57.8℃加热 2 min，则蛋清黏度和浑浊度增加。另外，蛋清 pH 越高，蛋白质热变性越大。当蛋清 pH 为 9 时，加热到 56.7～57.2℃则黏度增加，加热到 60℃时迅速凝固变性。对蛋清加热灭菌时要考虑流速、蛋清黏度、加热温度和时间及添加剂的影响。

(2) 添加乳酸和硫酸铝 (pH 7) 使用这种方法可以大大提高蛋清的热稳定性，从而可以对蛋清采用与全蛋液一致的巴氏杀菌条件 (60～61.7℃，3.5～4.0 min)，从而提高巴氏杀菌效果。蛋清中伴白蛋白在 pH 7 以下会发生变性，但如果金属铁或铝等与伴白蛋白结合形成复合物后，能提高伴白蛋白的热稳定性。因此，可通过加乳酸降低 pH，使铁或铝盐与伴白蛋白结合而提高热稳定性。

加工时首先制备乳酸-硫酸铝溶液。将 14 g 硫酸铝溶解在 16 kg 的 25%的乳酸中。巴氏杀菌前，在 1 000 kg 蛋清液中加约 6.54 g 该溶液。添加时要缓慢但需迅速搅拌，以避免局部高浓度酸或铝离子使蛋白质沉淀。添加后蛋清 pH 应在 6.0～7.0，然后进入巴氏杀菌器杀菌。

如果可能，可以在乳酸-硫酸铝溶液中加适当的助发泡剂，这种助发泡剂先制成的浓度为 7%，最终在蛋清中的浓度为 0.05%。

(3) 添加过氧化氢 过氧化氢很早就应用到了蛋液杀菌中。但因过氧化氢在热处理过程中分解出氧气而产生大量的泡沫；同时，过氧化氢在蛋中有残留。因此，该方法长期未应用于生产，近年的研究结果使该方法成为生产中可接受的蛋清巴氏杀菌方法。

(4) 真空加热 在加热前对蛋清进行真空处理，一般真空度为 5.1～6.0 kPa (38～45 mmHg)，然后加热蛋清至 56.7℃，保持 3.5 min。真空处理可以除去蛋清中的空气，增加蛋液内微生物对热处理的敏感性，使之在较低温下加热可以得到同样的杀菌效果。

4. 巴氏杀菌蛋液杀菌效果的测定

经巴氏杀菌后的蛋液应进行杀菌效果的检查，一般是直接检查蛋液中的微生物。但这需要很长时间，因此，常通过检测其中固有的磷酸酶、α-淀粉酶及过氧化氢酶活性来反映巴氏杀菌效果。但磷酸酶活性在 60℃加热 20 min，70℃加热 5 min 仍能保持活性，因此不适合蛋液巴氏杀菌检查。全蛋液中的 α-淀粉酶失活的临界热处理条件是 64.5℃，2.5 min，因此，在英国用该酶活性存在状况检查全蛋液巴氏杀菌效果。我国全蛋液的巴氏杀菌条件是 64.56℃，3 min，也可用此法检测。蛋清或全蛋液中的过氧化氢酶在加热到 54.5℃时活力大幅度下降。因这种酶的活力随着加热温度升高而下降，因此可以通过检查该酶活力来反映全蛋液或蛋清加热情况。但因蛋清或全蛋液中过氧化氢酶活力因原料蛋不同而有差异，故需在蛋液杀菌前后都检查，以便能反映酶活力变化的情况。

30.2.2.6 液蛋的冷却

杀菌之后的蛋液必须迅速冷却。如果本厂使用，可冷却至 15℃左右；若以冷却蛋 (chill egg) 或冷冻蛋 (frozen egg) 出售，则须迅速冷却至 2℃左右，然后再充填至适当容器中。根据 FAO/WHO 的建议，蛋液在杀菌后急速冷却至 5℃时，可以贮藏 24 h；若迅速冷却至 7℃，则仅能贮藏 8 h。

如生产加盐或加糖蛋液，则在充填前先将蛋液移入搅拌器中，再加入一定量食盐（一般 10%左右）或砂糖（10%～50%）。

蛋液容易起泡，加入食盐或砂糖后搅拌时，使用真空搅拌器为宜。欧美各国有的在蛋液中加甘油或丙二醇以维持其乳化力，并加入安息香酸、苯甲酸等防腐剂。加盐或糖尽可能在杀菌前，以避免制品再次污染，但加盐、糖会使蛋液黏度升高，使杀菌操作困难。

30.2.2.7 蛋液的充填、包装及输送

包装蛋液通常用 12.5～20.0 kg 装的方形或圆形马口铁罐，其内壁镀锌或衬聚乙烯袋。

空罐在充填前必须水洗、干燥。如衬聚乙烯袋，则充入蛋液后应封口后再加罐盖。为了方便零用，目前出现了塑料袋包装或纸板包装，一般为 2～4 kg。

欧美的蛋液工厂多使用蛋液车或大型货柜运送蛋液。蛋液车备有冷却或保温槽，其内可以隔成小槽以便能同时运送蛋清、蛋黄及全蛋液。蛋液车槽可以保持蛋液最低温度为 0～2℃，一般运送蛋液温度应在 12.2℃以下，长途运送则应在 4℃以下。使用的蛋液冷却或保温槽每日均需清洗、

杀菌一次，以防止微生物污染。

30.3 湿蛋黄加工

湿蛋黄（liquid yolk）是以蛋黄为原料加入防腐剂后制成的液蛋制品。根据所用防腐剂的不同，湿蛋黄制品分为新粉盐黄、老粉盐黄和蜜黄 3 种。新粉盐黄以苯甲酸钠为防腐剂，老粉盐黄以硼酸为防腐剂，蜜黄的防腐剂为甘油。

30.3.1 工艺流程

蛋黄液→搅拌过滤→加防腐剂→静置沉淀→装桶→成品

30.3.2 加工技术要点

1. 蛋黄的搅拌过滤

搅拌过滤的目的是割破蛋黄膜，使蛋黄液均匀，色泽一致，并除去系带、蛋黄膜、碎蛋壳等杂质。搅拌可用搅拌器，过滤可用离心过滤器，也可用 18、24、32 目铜丝筛分 3 次过滤，以达到搅拌过滤的目的。过滤后的纯净蛋黄液存于贮糟内。

2. 加防腐剂

（1）湿蛋黄制品中常用的防腐剂　常用混合防腐剂，其防腐效果比单一防腐剂好，持续时间长。加蛋黄液量 0.5%～1.0%的苯甲酸钠和 8%～10%的精盐，称为新粉盐黄；加蛋黄液量 1%～2%的硼酸及 10%～12%的精盐，称为老粉盐黄；加蛋液量 10%的上等甘油，称为蜜黄；还有加 0.75%苯甲酸钠和 10%～12%精盐的湿蛋制品。

生产老粉盐黄所用的硼酸防腐性较强，但多食或少量而常食均可引起肾脏疾病。因此，老粉盐黄主要供工业用。目前，国家标准中规定只有苯甲酸、苯甲酸钠、山梨酸钾、二氧化硫可作防腐剂。

（2）添加防腐剂的方法　根据蛋黄液量计算加防腐剂量，同时可根据蛋液质量加入 1%～4%的水后进行搅拌，以使防腐剂充分混合溶于蛋液内。搅拌速度以 120 r/min 为宜。过快会产生大量泡沫，延长沉淀时间。

3. 静置沉淀

加防腐剂后的蛋黄液应静置 3～5 d，使泡沫消失、精盐溶解、杂质沉淀。

4. 装桶

湿蛋黄制品用木桶包装。木桶应用榆木、柞木制作。桶外加有 5～6 道铁箍，桶侧面中部有一个小孔为装蛋黄液孔。木桶使用前必须洗净、消毒，然后将 60～65℃的石蜡涂于桶内壁。

蛋液静置、沉淀后，将上面泡沫除去，经 28 目筛过滤于木桶内，每桶装 100 kg，用木塞塞住桶口封闭，送于仓库贮藏，库温不高于 25℃，每半月翻桶 1 次。

30.4 冰蛋加工

冰蛋（frozen eggs）指鲜鸡蛋经打蛋、过滤、冷冻制成的蛋制品。我国冰蛋生产始于清光绪末年。20 世纪 50～60 年代，冰蛋生产有了很大发展，产量和质量特别是卫生质量显著提高，畅销国际市场。1972 年以来，国外对我国冰蛋提出有机氯农药残留量问题，使我国蛋品出口受到影响，现仅有少数厂家生产出口产品。冰蛋分冰全蛋、冰蛋黄和冰蛋白 3 种。冰蛋保持了鲜鸡蛋原有成分，可在－18℃冷库内长期贮存，用前需要融冻，融冻时间不宜过长，融冻后要及时使用。工业用途：①冰全蛋。融冻后与去壳鲜蛋液相同，食用方法同鲜蛋。②冰蛋黄。食品工业用于制作蛋黄调味汁、蛋乳精、蛋黄酱、饼干等含蛋食品；医药工业用于制作卵磷脂、蛋黄素和蛋黄油等。③冰蛋白。除用于食品工业外，纺织印染工业用作各种纺织品的固着剂；皮革工业用作上光剂或光泽剂；印刷制版作为感光剂及胶着剂；造纸工业作为施胶剂；医药工业用于制作蛋白银、鞣酸蛋白、蛋白铁液和细菌培养基；此外，还可做人造象牙、发光漆、化妆品等。

30.4.1 工艺流程

蛋液→搅拌过滤→巴氏消毒→预冷→装听→急冻→包装→冷藏→成品

30.4.2 加工技术要点

冰蛋的加工工艺过程，其前部分加工过程如原料蛋检查至杀菌结束完全与蛋液加工相同，后期加工过程包括包装、冻结。

1. 搅拌与过滤

搅拌与过滤系冰蛋加工过程中的首要环节，目的是将蛋黄和蛋白混匀，以保证冰蛋的组织状态达到均匀。蛋液经过过滤，可以清除碎蛋壳、蛋壳膜、系带等杂物，以保证冰蛋的质量达到纯净。

(1) 设备及用具　①蛋液注入器：将蛋液注入过滤槽内。②过滤槽：第一次过滤用。③搅拌器：内有螺旋桨，以电动机带动，第二次过滤用。④蛋液过滤箱：第三次过滤用。⑤莲蓬头：最后一次过滤用。⑥离心泵：将过滤箱内的蛋液抽出。⑦离心机：过滤蛋黄液、蛋液及检查蛋壳内蛋白液的含量用。

(2) 操作过程　搅拌与过滤要经过4次自动连续不断的操作过程。由输送带运来合乎工艺要求的蛋液，先经注入器注入蛋液过滤槽进行第一次过滤，可初步清除蛋壳、蛋液中的杂质并割破蛋黄，随即蛋液自动流入搅拌器内进行第二次过滤。蛋液经螺旋桨搅拌后，加工冰全蛋，使蛋黄、蛋白混合均匀（加工冰蛋黄，蛋黄得以混匀），而其中的蛋黄膜、系带、蛋壳膜等杂质进行第三次过滤。最后由离心泵将蛋液抽至莲蓬头过滤装置中进行最后一次过滤，除去蛋液内所有杂质，纯净的蛋液经漏斗流入预冷罐内进行冷却。

2. 预冷

经过搅拌与过滤已达到均匀纯净的蛋液，由蛋液泵打入预冷罐，在罐中降低温度，这称为预冷。预冷的目的在于防止蛋液中微生物繁殖，加速冻结速度，缩短急冻时间。预冷方法是蛋液由泵打入预冷罐后，由于罐内装有盘旋管（或蛇形管），管内有−8℃氯化钙水不断循环，使管冷却，随之蛋液温度下降得以冷却。一般蛋液的温度达到4～10℃便为预冷结束，即可由罐的开关处放出蛋液，进行装听。

3. 装听

装听又称为装桶或灌桶，装听的目的是便于速冻与冷藏。装听时，将经过消毒和称过重的马口铁听（或内衬无毒塑料袋的纸板盒）放在秤上，听口（或盒口）对准盛有蛋液的预冷罐的输出管，打开开关，蛋液即流入听内，达到规定的质量时，关闭开关，蛋听由秤上取下，随后加盖，用封盖机将听口封固，再送至急冻间进行急冻。内销冰蛋品装听，按我国原商业部颁布标准规定，优级冰蛋品必须装入全新马口铁听内，净重分为5、10、20 kg三种规格，听口加盖；一、二级冰蛋品必须用涂蜡纸、塑料袋（无毒）或纸板盒包装，每块净重分为0.5、1、2、5、10、20 kg等规格，包装应严密。

4. 急冻

蛋液装听后，运送到急冻间，顺次排列在氨气排管上进行急冻。放置蛋听时，听的一角应面向风扇（风扇直径为1.52 m），听与听之间要留有间隙，以利于冷气流通。冷冻间的前、中、后各部位需挂温度表一支，一般配有专人每2 h检查记录一次，以便及时调节温度。冷冻间温度应保持在−20℃以下，使听内四角蛋液冻结均匀结实，以便缩短急冻时间和防止听身膨胀。在急冻间温度为−23℃的条件下，经过72 h的急冻，蛋液温度可以降到−13℃以下，这时即可视为达到急冻要求，并将冰蛋经过包装转入冷藏库内冷藏。

5. 包装

急冻好的冰蛋在送入冷藏库前需进行包装，即在马口铁听外面加套涂有标志的纸箱，以便于运输和保管。

6. 蛋液的巴氏消毒

国内外生产冰蛋制品的实践已证明，蛋液经过巴氏低温消毒，杀菌效果良好。近年来，我国的大型蛋品加工厂生产的冰鸡蛋全蛋已应用巴氏消毒法。巴氏消毒一般采用自动控制的巴氏消毒机。该设备由片式热交换器、贮存罐、蛋液泵、温度自动控制器等部分组成。该消毒机由不锈钢制成，其中主要部分为片式热交换器，这是由许多受热片组成的平板式热量交换器。受热片的夹层通入所需温度的热水，蛋液通过受热片受热后转入导管保持3 min，再移入另一同样的受热片夹层中，但这一夹层中改灌入冷的流动水，蛋液通过后便可冷却，流入贮存罐以便装听。冷流体与热流体在受热片的两边表面上形成薄膜流动，通过受热片进行换热，以使蛋液达到预定的杀菌效果。一般蛋液在受热片的加热温度为 64.5℃，经过 3 min 即可达到标准规定的杀菌效果，可杀灭全部致病菌，并使蛋液的大肠菌群和细菌总数大大降低。

30.5　蛋白片加工

蛋白片（albumen flakes）是指鲜鸡蛋的蛋白液经发酵、干燥等加工处理制成的薄片状制品。

30.5.1　工艺流程

蛋白液→搅拌过滤→发酵→中和→烘制→晾干→贮藏→包装

30.5.2　加工技术要点

30.5.2.1　搅拌过滤

打分蛋而得的蛋白液，在发酵前必须进行搅拌过滤，使浓蛋白与稀蛋白均匀混合，这样有利于发酵，缩短发酵时间。搅拌过滤还可除去碎蛋壳、蛋壳膜等杂质，使成品更加纯净。

搅拌过滤的方法根据设备不同而有两种。

1. 搅拌混匀器混匀法

蛋白液于搅拌混匀器内，搅拌轴以 30 r/min 的速度进行搅拌。搅拌速度不能过快，过快产生泡沫多，影响出品率。搅拌时间决定蛋白液的质量。春、冬季蛋质好，浓蛋白多，需搅拌 8～10 min，而夏、秋季节稀蛋白多，搅拌 3～5 min 即可。搅拌后的蛋白液可用铜丝筛过滤。筛孔的选择依蛋质而定，春、冬季用 12～16 目，夏、秋季用 8～10 目的筛过滤。

2. 离心泵过滤器混匀法

鲜蛋液用离心泵抽至过滤器，施加压力，使蛋白液通过过滤器上的过滤孔，孔径为 2 mm，使浓蛋白和稀蛋白均匀混合，同时还能除去杂质，压力的大小与蛋质有关。浓蛋白多的蛋白液所需压力要大，夏、秋季的蛋白液稀蛋白多，压力相对要小些。

30.5.2.2　发酵

发酵的目的是为了除去蛋白中的糖分，俗称蛋白脱糖，防止干燥及贮藏过程中发生美拉德反应，使产品呈褐色。发酵可降低蛋白液的黏度，提高成品的打擦度、光泽度和透明度。通过发酵，一部分高分子质量的蛋白质被分解，增加了成品的水溶物含量。蛋白液的发酵是通过发酵细菌、酵母菌及酶制剂等的作用，使蛋白液中的糖分解。蛋白发酵的过程是复杂的生物化学变化过程，是蛋白片加工的关键工序。

1. 发酵设备

用来发酵蛋白的传统设备是木桶或陶制缸，发酵室内设有蒸汽排放管、蒸汽开关以调节发酵温度，桶的下端边缘处装一开关龙头。

2. 操作方法

发酵前将发酵桶彻底洗净，防止产生腐败细菌。特别注意桶缝中的污物必须除尽，洗净后的桶用蒸汽消毒 15 min 或煮沸消毒 10 min，然后将桶排列在木架上备用。将搅拌过滤后的蛋白液倒入桶内，其量为桶容量的 75%，过满会因发酵而产生的泡沫溢出桶外，造成损失。发酵室温度的高低与发酵时间、蛋白液的浓厚度和蛋白液的初菌数多少有关。一般发酵室温度保持在 26～30℃为适。温度高，发酵期短，但温度过高会使蛋白液发生腐败现象。

3. 蛋白液发酵成熟度的鉴定

蛋白液发酵的好坏直接影响成品的质量，因此，成熟度的鉴定至关重要。蛋白液成熟度的鉴定应采用综合鉴定法。

（1）观察桶头泡沫　当蛋白液开始发酵时，会产生大量泡沫于蛋白液面。泡沫不再上升，反而开始下榻，表面裂开，裂开处有一层白色小泡沫出现时，此为发酵成熟的特征之一。

（2）观察蛋白液的澄清度　用烧杯取蛋白液，倒置于玻璃试管约 30 mL，将试管口塞紧后反复倒置几次，经 5～6 s 后，观察有无气泡上升，若无气泡上升，蛋白液呈澄清的半透明淡黄色，可认为发酵成熟好了。

（3）嗅其气味，尝其滋味　取少量蛋白液，用已消毒的拇指和食指蘸蛋白液对摸，如果无黏滑性，嗅其气味有轻微的甘蔗汁味，口尝有酸甜味，无生蛋白味为成熟好的标志。

（4）测定 pH　蛋白液在发酵过程中 pH 随蛋白液中糖的分解、乳酸的增加而变化。发酵 24 h，蛋白液的 pH 变化不明显，称为发酵缓慢期。发酵 48 h，由于蛋液的 pH 和温度适宜细菌的发育和繁殖，所以蛋液 pH 变化较大，能达 5.6 左右，称为对数期。在发酵 49～96 h 内，由于酸度上升的影响，抑制了某些细菌的繁殖，所以 pH 变化不大，称为稳定期或衰亡期。一般蛋白液 pH 达 5.2～5.4 时即为发酵成熟。

(5) 测定打擦度　用霍勃脱氏打擦度机测定打擦度。其方法是：取蛋白液 284 mL，加水 146 mL，放入该机的紫铜锅内，以 2 号及 3 号转速各搅拌 1.5 min，削平泡沫，用厘米尺从中心插入测量泡沫高度，高度在 16 cm 以上为成熟结束的标志，但要同时参考其他指标确定。

4. 放浆

放浆即打开发酵桶下部边缘的开关，放出发酵好的蛋白液。放浆分 3 次进行。第一次放出蛋白液全量的 75%，余下再澄清 3～6 h 放第二次、第三次，每次放出 10%，最后剩下的 5% 为杂质及发酵产物，不能使用。第一次放出的浆为透明的淡黄色，质量最好。为了避免余下的蛋白液发酵时间长而颜色变暗赤色和有臭味，可在第一次放浆后将发酵室温度降低至 12℃ 以下，抑制杂菌生长繁殖，达到保证蛋白液继续澄清而无臭味的目的，并可降低次品率。

30.5.2.3　过滤和中和

发酵后的蛋白液，在放浆的同时进行过滤，然后及时进行中和。蛋白发酵后，由于葡萄糖发酵产酸，使蛋白液呈酸性，如果直接烘干则会产生大量气泡，有损成品的外观和透明度。酸性成品在保存过程中颜色会逐渐变深，水溶物的含量逐渐减少，会降低成品的质量。因此，为了避免出现以上现象，蛋白液在烘干前必须进行中和。常用相对密度为 0.98 的纯净氨水进行中和，使发酵后的蛋白液呈中性或微碱性。

蛋白中和时，先将蛋白液表面的泡沫用圆铝盘除去，然后加适量氨水。加氨水时应边加边搅拌，速度不能过快，以防产生大量泡沫。氨水的添加量与蛋白液的酸度和所需要的 pH 有关。因此，在批量生产时中和前需进行小样试验，也可参考表 30-3 所列数字加氨水中和。

表 30-3　蛋白液不同 pH 所需氨水量（相对密度为 0.98）

发酵成熟蛋白液 pH	每 500 g 需加氨水/mL
5.2	3.7～4.02
5.3	2.488～3.24
5.4	2.085～2.65
5.5	1.84～2.46

30.5.2.4　烘干

烘干又称烘制，是在不致使蛋白液凝固的前提下，利用适当的温度，使蛋白液在水浴中逐渐地除去所含的水分，烘制成透明的薄晶片。

1. 烘干设备

(1) 水流烘架　水流烘架是放置蛋白液烘盘用的。烘架全长约 4 m，共 6～7 层，每层水流架上设有水槽供放烘盘用。水槽是用白铁板制成，槽深约 20 cm。一端或中间处装有进水管，另一端装有出水管。热水由水泵送入进水管而注入水槽内循环流动，再由出水管流出，经水泵送回再次加热使用，蛋白液放在槽上的烘盘内使水分逐渐蒸发。水流架装置如图 30-4、图 30-5 所示。

(2) 烘盘　铝制方形盘，每边长 30 cm，深 5 cm，置于水流架上，作蛋白液蒸发水分用。

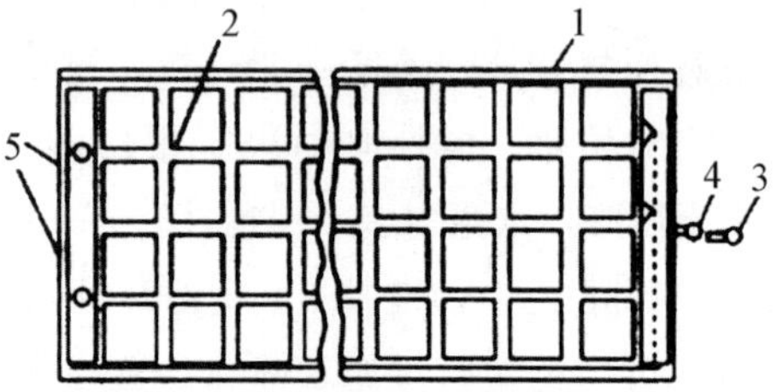

1. 水槽　2. 烘盘　3. 进水管　4. 出水管　5. 水溢流口

图 30-4　水槽与烘盘的排列平面

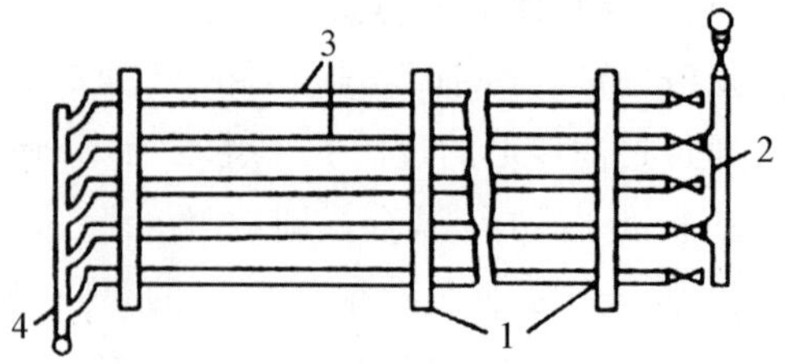

1. 水槽架　2. 进水管　3. 水槽　4. 回水管

图 30-5　水流架装置

(3) 打泡沫板　一种木制薄板，板宽与烘盘内径相同，用来除去烘制过程所产生的泡沫。

(4) 其他用具　除了上述设备以外，还有浇浆铝制勺、洁白凡士林、藤架等。

2. 烘干方法

蛋白片的烘干一般采用热流水浇盘烘干法。

（1）浇浆前的准备工作　浇浆前提高水流温度至70℃，以达到烘烤灭菌的目的。然后降温，使水温控制在54～56℃。再用消毒过的白布擦净烘盘。然后用白布蘸纯洁的白凡士林涂盘，称擦盘上油。涂油必须均匀，油量要适宜。油量过多，烘制时油上浮，产生油麻片的次品；油量过少，产生揭片困难的现象，形成产品碎屑过多和最后的片面一面无光，影响质量。

（2）浇浆　即用铝勺将中和后的蛋白液浇于烘干盘中，浇浆量根据水流温度及不同层次而有差异。按照烘干盘的大小，每盘浇浆大约2 kg。由于烘盘位置和层次不同，水温不同，又为了清盘时间一致，位于出水处的烘盘、通风不良处的烘盘应当适量少浇浆，进水口附近的烘盘可多浇浆。但各盘浇浆量相差不多于45～50 g，浆液深度为2.5 cm左右。

（3）除去水沫和油沫　蛋白液在烘制过程中由于加热而产生泡沫，使盘底的凡士林受热上浮于液面形成沫状油污。如果这些水沫和油沫不除去，则制得的蛋白片无论是光泽还是透明度均不好，因此必须用水沫板刮去泡沫。打水沫在浇浆后2 h即可进行，打油沫在浇浆后7～9 h进行。刮出的水沫或油沫分别存放，另行处理。

（4）揭蛋白片　要求准确掌握片的厚度和烘干时间，而烘干时间又取决于烘干时热水的温度。

揭片一般分为3～4次揭完。在正常的情况下，浇浆后11～13 h（打油沫后2～4 h），蛋白液表面开始逐渐地凝结成一层薄片，再过1～2 h，薄片加厚约为1 mm时，揭第一张蛋白片。揭片时，双手各持竹镊子，镊住蛋白片一端的两角，向上揭起，然后干面向上、湿面向下放在藤架上，使湿面黏附着的蛋白液流入烘盘内，待湿面稍干后，湿面向外移到布棚上，搭成人字形进行晾白。第一次揭片后经45～60 min即可进行第二次揭片。再经20～40 min，进行第三次揭片，一般可揭2次大片，余下揭得的为不完整的小片。

当成片状的蛋白片揭完后，盘内剩下的蛋白液继续干燥，取出放于镀锌铁盘内，送往晾白车间进行晾干，再用竹刮板刮去盘内和烘架上的碎屑，送往成品车间。最后，用鬃刷刷净烘盘内及烘架上剩余的碎屑粉末，这部分产品质量差，可集中存放，另行处理。

（5）烘干时的水温　由上可见，烘干的关键是水温。水温的高低直接影响成品的颜色、透明度，甚至会出现蛋白质凝固现象，降低水溶性物质的含量。烘制时水温过低，不仅会延长烘干时间，而且不能消灭肠致病菌，致使产品受到损失。

因此，烘干过程中，一般按下列方法严格控制水流温度和蛋白液的温度。出水口处浆液温度为50～51℃。浆液为浅豆绿色澄清状。

浇浆后2～4 h内，出水口处浆液温度上升到52℃。浆液色泽同上。

浇浆后4～6 h内，应使出水口处的浆液温度提高到53～54℃，这样的温度保持到第一次揭片为止。这样的温度和时间亦可达到杀菌的目的。

第一次揭片后，水温逐渐降低，先将进水口水温降到55℃，第二次揭片时，再下降1℃，第三次揭片时，水温可降到53℃。

3. 烘干工艺中注意事项

烘干过程中应注意以下几点：①水槽内的水面应高于蛋白液面。②烘制过程不应超过22 h，烘干全程应在24 h内结束。③烘制车间的一切用具，使用前必须进行消毒。所用温度计必须经过校正，准确无误才能使用。④烘干过程应有专人负责，每半小时进行一次记录。

7.5.2.5　晾白

烘干揭出的蛋白片仍含有24%的水分，需要继续晾干，俗称晾白。晾白车间的四周装有蒸汽排管，保持车间所需要温度。车间内有晾白架，每个架有6～7层，每层间距33 cm，放置布棚用。

晾白方法是将晾白室温度调至40～50℃，然后将大张蛋白片湿面向外搭成人字形，或湿面向上，平铺在布棚上进行晾干；4～5 h后，用手在布棚下面轻轻敲动，若见蛋白片有瓦裂现象，即为晾干，此时含水量大约为15%，取出后放于盘内送至拣选车间。晾干时，根据蛋白片的干湿不同分别放置在距热源远或近的架上晾白。烘干时的碎屑用10×20孔的竹筛进行过筛。筛上面的碎片放于布棚上晾干，筛下粉末可送包装车间。

7.5.2.6 拣选及焐藏

晾白后的蛋白片，送入拣选车间，按不同规格、不同质量分别处理。

1. 拣大片

将大片的蛋白片捏成20 mm大小的小片，同时将厚片、潮块、含浆块、无光片等拣出返回晾白车间，继续晾干，再次拣选。优质小片送入贮藏车间进行贮藏。挑出的杂质分别存放。

2. 拣大屑

清盘所得的碎片用孔径2.5 mm的竹筛筛去碎屑，与筛上晶粒分开存放。

3. 拣碎屑

烘干和清盘时的碎屑用孔径1 mm的铜筛筛去粉末，拣出杂质，分别存放。

4. 再处理

将所拣出的杂质、粉末等用水溶解，过滤，再次烘干成片作次品处理。

5. 焐藏

将不同规格的产品分别放在铝箱内，上面盖上白布，再将铝箱置于木架上48～72 h，使成品水分蒸发或吸收，以达水分平衡、均匀一致的目的，称为焐藏。焐藏的时间与气温和空气干湿情况有关，要随时抽样检查含水量、打擦度和水溶物含量等，达标准后进行包装。

7.5.2.7 包装及贮藏

蛋白片的包装是将不同规格的产品按一定的比例搭配包装的，其比例是蛋白片85%，晶粒1%～1.5%，碎屑13.5%～14%。包装用品是马口铁箱，铁箱容积为50 kg。消毒后的铁箱晾干后衬上硫酸纸，按上述比例装入产品，盖上纸和箱盖，即可焊封。然后再装入木箱，用钉固定，贴上商标、品名、规格、净重、工厂代号、批号、生产日期等。

贮藏蛋白片用的仓库应清洁干燥、无异味、通风良好、库温在24℃以下。

30.6 蛋粉加工

蛋粉（eggs powder）是指用喷雾干燥法除去蛋液中的水分而加工出的粉末状产品，我国主要生产全蛋粉、蛋白粉（片）和蛋黄粉。蛋粉贮藏性良好，主要供食用和食品工业用，如在食品工业上生产糖果、饼干、面包、冰激凌、蛋黄酱等。蛋黄粉可提炼出卵磷脂用于医药工业，提炼出的蛋黄油可用于油画及化妆用品等。蛋粉的加工方法与奶粉的加工方法类似。

30.6.1 工艺流程

蛋液→搅拌过滤→巴氏消毒→喷雾干燥→筛粉→晾粉→包装

30.6.2 加工技术要点

1. 搅拌过滤

搅拌是使蛋液均匀一致，过滤是为了除去蛋液中的各种杂质。若搅拌过滤不充分，其中的杂质很容易堵塞雾化器，从而严重影响喷雾干燥的进行。

2. 巴氏消毒

与冰蛋加工时的消毒方法相同。

3. 喷雾干燥

通常采用压力喷雾干燥法或离心喷雾干燥法，其中离心喷雾干燥方法较好。喷雾干燥的优点是干燥速度快，对产品的色、香、味、营养成分影响小，成品的冲调性好。但喷雾干燥室体积较大，设备热利用率低，粉尘回收装置比较复杂。

（1）压力喷雾干燥　经加热杀菌后的蛋液由压力泵喷射入干燥室，形成雾状微粒，另有鼓风机将加热空气送入干燥室，蛋液微粒中的水分便在瞬间（0.3 s左右）受热蒸发而干燥成为蛋粉。

（2）离心喷雾干燥　蛋液由压力泵送入高速旋转的离心盘内（5 000～12 000 r/min），使蛋液成为旋涡式环流雾状，同时加热空气送入干燥室使雾状蛋液脱水、干燥。

4. 过筛

干燥后的蛋粉送至筛粉室过筛，除去粗大颗粒，经称量后包装。筛粉一般采用机械振动筛。

5. 包装

蛋粉通常采用马口铁箱罐装，也可采用塑料袋包装后再装入纸箱包装。在包装前，包装室及室内用具必须无菌，马口铁箱及衬纸也必须经过严格的消毒处理。

30.6.3　蛋粉的功能特性标准

虽然蛋液在干燥过程中受到了各种物理和化学因素的影响，但蛋粉制品须满足以下几大功能特性。

1. 打擦度

起泡性是蛋清的重要功能特性，这种特性用打擦度来表示。当搅拌蛋白液时，会产生泡沫，并且具有稳定性。经研究认为，泡沫内表面是由折叠并延展的蛋白质构成，形成气体和液体的分界面，在干燥过程中，各种蛋白质受到不同程度的破坏，因而打擦度往往会降低。为了改进干蛋白制品的打擦度，可在干燥前加入一定量的化学添加剂，如盐类、糖类（蔗糖、玉米糖浆）、助打擦剂等。常用的助打擦剂有十二烷基硫酸钠、三醋酸甘油酯、多聚磷酸钠等，使用量为 0.1%。

蛋白液中如果混入蛋黄液，所得干燥成品的打擦度会受到很大影响，因此可以通过加入脂肪分解酶分解蛋黄中的脂肪，从而改进产品的打擦度。

2. 乳化力

蛋黄液、全蛋液和蛋白液都是良好的乳化剂，其中蛋黄液乳化效果是蛋白液的 4 倍，这主要是由卵磷脂决定的。

3. 凝固性

正常干燥应不使成品失去凝固特性，但如果干燥温度过高或贮藏条件不良，全蛋粉、蛋黄粉等则会失去溶解性，有葡萄糖存在时，这种损失更严重。加糖、盐可对蛋的凝固性起保护作用。

4. 风味

葡萄糖存在是蛋粉风味变化的重要原因。另外，加工过程中也可能因其他原因引起异味，如用酵母发酵可能会带来酵母味。全蛋粉或蛋黄粉的风味稳定性可以通过加蔗糖、玉米糖浆来改善。贮藏期间可采用充气（如氮气、二氧化碳）或除氧包装保持其风味。

5. 营养

蛋粉在正常干燥条件下营养损失变化很小，风味正常，即保有应有的全部营养价值。

6. 色泽

正常干燥或贮藏条件下，全蛋粉或蛋黄粉的色泽保持不变，但干燥时如过热，色素易氧化而使产品色泽变浅。另外，没脱葡萄糖的蛋粉，过热加工还会发生褐变。

30.6.4　蛋粉的贮藏和运输

贮藏蛋粉的仓库应保持干燥，温度不宜超过 24℃，最好在 0℃的冷库中贮存。蛋粉中含有维生素 A，尤其蛋黄中含量更多，维生素在空气中易于氧化，日光照射易被破坏。因此，蛋粉应贮藏在暗处，否则会造成蛋粉维生素损失、颜色劣变，成品质量下降。同时，应严格控制仓库的相对湿度，一般不应超过 70%；湿度大，蛋粉易吸潮，贮藏期会大大缩短。贮藏蛋粉的仓库不得同时存放其他有异味的产品，贮藏前库内应预先进行清洁、消毒。贮藏蛋粉的垛下应加垫枕木，木箱之间以及木箱与墙壁之间应留有一定距离，垛与垛之间应留通风通道，使空气流通良好。

与新鲜的鸡蛋相比，蛋粉运输成本和要求低得多，但在运输的过程中需要注意以下几点：①运输车内保持低温和干燥环境。②避免和其他产生异味的化学品一起运输。③防止包装材料的破损。

30.7　蛋黄酱加工

蛋黄酱，又称美乃滋，是以蛋黄及食用植物油为主要原料，添加若干种调味物质加工而成的一种乳化状半固体蛋制品。其中含有人体必需的亚油酸、维生素 A、B 族维生素、蛋白质及卵磷脂等成分，是一种营养价值较高的调味品。优质的蛋黄酱色泽淡黄，柔软适度，呈黏稠态，有一定韧性，清香爽口，回味浓厚。蛋黄酱中的油脂以 2～4 μm 的微细粒子状分散于醋中，食用时水相部分先与舌头接触，给人以滑润、爽快的酸味感。蛋黄酱的用途十分广泛，是制作西餐菜肴和面点的基本用料之一，可以用来涂抹面包、糕点等食品，也可用作调味料。以蛋黄酱为基本原料，可调制出炸鱼、牛扒以及虾、蛋、牡蛎等冷菜的调味汁。添加番茄汁、青椒、腌胡瓜、洋葱等，可调制出用于新鲜蔬菜色拉或通心粉色拉的调味汁。

1912 年，蛋黄酱在美国率先生产上市，以后逐步流行到世界各地，目前各国都有生产销售。近年来，随着消费者需求的不断增加，蛋黄酱品种逐渐增多，衍生出半固体的调味酱、色拉调味汁、乳化状调味汁、分离液状调味汁等多种产品。同时，各种类型的蛋黄酱产量也大幅度提高。

蛋黄酱是一种乳状液，其稳定性的好坏是决定产品质量的关键。蛋黄酱的稳定性与其所用原辅料的种类、质量、用量、使用方法等有关，还与生产工艺流程及操作方法和参数等有关。蛋黄酱的稳定性可通过黏度的大小来反映，黏度越大，其稳定性越好。

乳状液有水包油（O/W）型和油包水（W/O）型两种。蛋黄酱属于 O/W 型乳化体系，但在一定的条件下会转变为 W/O 型，此时，蛋黄酱的原有状态被破坏，流变性改变，黏度大幅度下降，在外观上，蛋黄酱由原来的黏稠均一的体系变成稀薄的“蛋花汤”状。

蛋黄酱生产所用原辅料种类很多，且不同配方所用的原辅料的种类也有较大的差异，主要有植物油、鸡蛋、食醋、香料、食盐、糖等。各种原辅料的特性、用量、质量及使用方法等对蛋黄酱的品质、性状等有着重要影响。

30.7.1 蛋黄酱的原辅料

1. 蛋黄

蛋黄酱是一种天然的完全乳状液，其乳化是围绕蛋黄所产生的。蛋黄（全蛋）是一种天然乳化剂，在蛋黄酱中起乳化作用。使蛋黄具有乳化剂特性的物质主要是卵磷脂和胆甾醇，卵磷脂属 O/W 型乳化剂，而胆甾醇则属于 W/O 型乳化剂。试验证明，当卵磷脂：胆甾醇＜8：1 时，形成的是 W/O 型乳化体系，或使 O/W 型乳化体系转变为 W/O 型乳化体系。卵磷脂易被氧化，因此，如蛋黄酱生产所用原料蛋的新鲜程度较低，则不易形成稳定的 O/W 型乳化体系。此外，蛋黄中的类脂物成分对产品的稳定性、风味、颜色也起着关键作用。蛋清是一种很复杂的蛋白质胶体，它在蛋黄酱制作中有助于同酸组分凝结产生胶状的结构。

2. 植物油

一般应选用无色或浅色的植物油，且硬脂酸含量不高于 0.125%。应优先选用橄榄油、精制豆油、生菜油、玉米油、米糠油、茶籽油、红花籽油等，并要求其颜色清淡、气味正常、稳定性好，浊度尽可能低。橄榄油最好，常用的是精制豆油。有些油品如棕榈油、花生油等，因富含饱和脂肪酸结构的甘油酯，低温时易固化，导致乳状液的不连续性，故不宜用于制作蛋黄酱。

3. 食醋

食醋在蛋黄酱中有多重作用，主要作用是在添加量适当时，可作为风味剂改善制品的风味；此外，作为防腐剂可以防止因微生物引起的腐败。蛋黄酱制作要求所用的食醋无色，醋酸含量在 3.5%～4.5%。由于食醋中往往含有丰富的微量金属元素，而这些金属元素有助于氧化作用，对产品的贮藏不利。因此，可考虑用苹果酸、柠檬酸等替代，也可选用复合酸味剂。

蛋黄酱生产中，在蛋黄和植物油用量一定的情况下，添加食醋会使产品的黏度及稳定性大幅度降低，这与食醋的主要成分是水有关，但考虑到醋酸具有防腐及改善风味的作用，可适当多用食醋（或用其他有机酸及含酸较多的果汁）。食醋的用量以使水相中醋酸浓度为 2% 为宜，即食醋（4.5%醋酸）用量在 9.4%～10.8%。

4. 芥末

芥末是一种粉末乳化剂。一般认为蛋黄酱的乳化是依靠卵磷脂和胆甾醇的作用，而其稳定性则主要取决于芥末。在蛋黄、植物油和食醋用量一定的情况下，添加芥末粉可使产品的稳定性提高。当加入 1%～2% 的白芥末粉时，即可维持体系的稳定，且芥末粉越细，乳化稳定效率越高。考虑芥末对产品风味的影响，一般用量控制在 0.6%～1.2%。

5. 其他

生产蛋黄酱用水最好是软水，硬水对产品的稳定性不利。在配料中适当添加明胶、果胶、琼脂等稳定剂，可使产品稳定性提高。糖和盐不仅是调味品，还能在一定程度上起到防腐、稳定产品性质的作用。但配料中食盐用量偏高会使产品稳定性下降，宜将产品水相中食盐浓度控制在10%以下。

30.7.2　工艺流程

蛋黄酱的加工工艺流程见图 30-6。

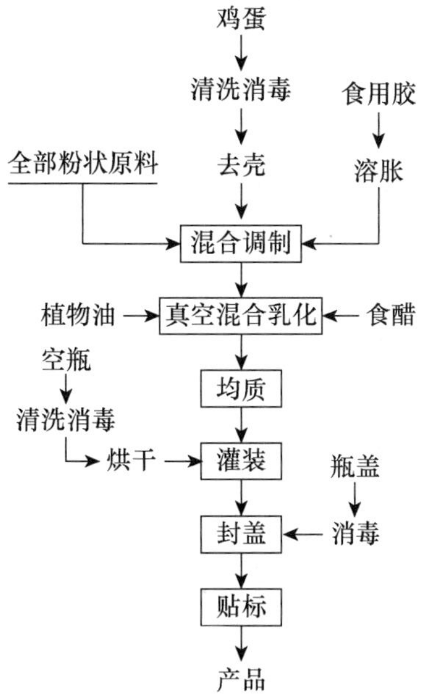

图 30-6　蛋黄酱的加工工艺流程

30.7.3　加工技术要点

1. 蛋液制备

用清水将鲜鸡蛋洗涤干净，过氧乙酸消毒灭菌，打蛋后将蛋液打入预先消毒的搅拌锅内。若只用蛋黄，可用打分蛋器打分蛋，将分出的蛋黄投入搅拌锅内并搅拌均匀。

蛋液需进行杀菌处理，目前主要采用加热杀菌。应注意蛋黄是一种热敏性物料，受热易变性凝固。试验表明，当搅拌均匀后的蛋黄液加热至65℃以上时，其黏度逐渐上升，而当温度超过70℃时，则出现蛋白质变性凝固现象。为了能有效地杀灭致病菌，一般要求蛋黄液在60℃温度下保持3～5 min，杀菌后的蛋液冷却备用。

2. 辅料处理

将食盐、糖等水溶性辅料溶于食醋中，在60℃下保持3～5 min，然后过滤，冷却备用。将芥末等香辛料磨成细末，进行微波杀菌。

3. 混合乳化

先将除植物油以外的辅料投入蛋液中，搅拌均匀。在不断搅拌下，缓慢加入植物油，随着植物油的加入，混合液的黏度增大，这时应调整搅拌速度，使加入的油尽快分散。搅拌时间对产品黏度的影响见表 30-4。

表 30-4　搅拌时间对产品黏度的影响

搅拌时间/min	黏度（以峰面积表示）
0	28
5	43
10	62
15	157
16.5	12

注：黏度用流变仪测定。

在搅拌混合时，搅拌速度要均匀，且向一个方向搅拌。植物油添加速度特别是初期不能太快，否则不能形成 O/W 型蛋黄酱。适当加强搅拌可提高产品的稳定性，但搅拌过度则会使产品的黏度大幅度下降。这是因为，对一个确定的乳化体系，机械搅拌作用的强度越大，分散油相的程度越高，内相的分散度越大。而内相的分散度越大，油珠的半径越小，这时分散相与分散介质的密度差也越小，体系的稳定性提高。但油珠半径越小，也意味着油珠的表面积越大，表面能很高，也是一种不稳定性因素。因此，当过度搅拌时，乳化体系的稳定性就被破坏，出现破乳现象。

乳化操作温度应控制在 15～20℃，既不能太低，也不能太高。若操作温度过高，会使物料变得稀薄，不利于乳化；而当温度较低时，又会使产品出现轻度固体化现象。

卵磷脂易被氧化，使 O/W 型乳化体系被破坏。因此，如果能在缺氧或充氮条件下操作，能使产品的有效贮藏期大为延长。

4. 均质

蛋黄酱是一种多成分的复杂体系。为了使产品组织均匀一致，质地细腻，外观及滋味均一，以及进一步增强乳化效果，可用胶体磨进行均质处理。

5．包装

蛋黄酱属于一种多脂食品，为了防止其在贮藏期间氧化变质，宜采用不透光材料真空包装。

30.8 禽蛋功能性成分提取与副产物综合利用

30.8.1 禽蛋功能性成分提取

30.8.1.1 蛋清溶菌酶

溶菌酶（lysozyme，EC3.2.1.17）又称为胞壁质酶（muramidase）或N-乙酰胞壁质聚糖水解酶（N-acetylmuramide glycanohydrlase），是一种能水解细菌中黏多糖的碱性酶，易溶于水，不溶于普通有机溶剂，略有甜味。

目前，溶菌酶的提取、分离、纯化方法在世界范围内有了广泛研究，多年来发明了多种有效的、工业上可行的方法。工业上生产溶菌酶，主要是从蛋清中提取，蛋壳也是溶菌酶的来源。溶菌酶的提取主要依靠直接结晶法，分离纯化方法主要有离子交换法、亲和层析法、反胶束萃取法、超滤法等。

1．溶菌酶的提取

结晶法是提取溶菌酶的一种传统方法，又称为等电点盐析法。溶菌酶是一种盐溶性蛋白质，而蛋清中其他蛋白质的等电点都为酸性条件。利用这一特点，在蛋清中加入一定量的氯化物、碘化物或碳酸盐等盐类，并调节pH至9.5～10.0，降低温度，溶菌酶会以结晶形式慢慢析出，而大多数蛋白质仍存留于溶液中。结晶体经过滤后再溶于酸性水溶液中，许多杂质蛋白质形成沉淀析出，而溶菌酶则存留于溶液之中；过滤后将滤液pH调节至溶菌酶的等电点，静置结晶，便得到溶菌酶晶体。可利用结晶法将此结晶体反复精制，直至达到所需要的纯度为止。此方法的缺点是蛋清中含盐量高，蛋清的功能特性受到破坏，不能再利用，造成浪费。

2．溶菌酶的分离、纯化

（1）离子交换法　离子交换法是利用离子交换剂与溶液中的离子之间发生的交换反应进行分离的，分离效果较好，广泛应用于微量组分的富集。蛋清中的溶菌酶是一种碱性蛋白质，最适宜的pH为6.5，因此可选择弱酸型阳离子交换树脂进行分离，然后用氯化钠或硫酸钠溶液洗脱，达到分离目的。该法具有快速、简单、经济，并能实现大规模自动化连续生产。目前国内外用于溶菌酶分离纯化的离子交换剂主要有724、732弱酸型阳离子交换树脂，D_{903}、D_{201}大孔离子交换树脂，CM纤维素，磷酸纤维素，DEAE-纤维素，羧甲基琼脂糖，大孔隙苯乙烯强碱型阴离子交换吸附树脂，CM-Sephadex阳离子交换树脂，Duolite C-464树脂等。

（2）亲和色谱法　亲和色谱法是利用蛋白质和酶的生物学特异性，即蛋白质或酶与其配体之间所具有的专一性亲和力而设计的色谱技术。酶-底物复合物形成之后，在一定的条件下分离复合物便得到纯净的酶，因为是特异性的结合，所以得到的酶纯度好、活力高。制备溶菌酶所用的吸附剂主要有几丁质及其衍生物（如几丁质包埋纤维素、羧甲基几丁质等）、壳聚糖等。将这些吸附剂固定在一定载体上或直接作为柱材，利用溶菌酶和底物之间的专一性结合，将溶菌酶从蛋清中分离，再进行洗脱得到溶菌酶。该法生产的溶菌酶纯度高，但是所用的亲和吸附剂的成本也高。

（3）反胶束萃取法　反胶束是指分散于连续有机溶剂介质中的包含有水分子内核（“水池”）的表面活性剂的聚集体，与正常胶束有明显区别。反胶束中表面活性剂的极性部分在胶束内形成极性内核，而非极性链处于有机溶剂中，胶束中央为“水池”。反胶束溶液包括两相，一相为含有极少量表面活性剂和有机溶剂的水相，另一相为以有机溶剂为连续相的反胶束体。萃取时待萃取的蛋白液以水相形式与反胶束体接触，使蛋白质以最大限度地转入反胶束体（萃取），而后含有蛋白质的反胶束与另一个水相接触，通过调节pH、离子强度等回收蛋白质（反萃取）。反胶束萃取法提取溶菌酶即利用溶菌酶分子质量小和等电点高于蛋清中其他蛋白质的特点，调节蛋清溶液的pH至微碱性，使溶菌酶带正电荷，这样溶菌酶就可以选择性地进入阴离子表面活性剂形成的反胶束中，与其他蛋白质分离。该法萃取率高，但需加入有机溶剂和表面活性剂，易造成剩余蛋白质的污染。

（4）超滤法　超滤是以压力为推动力，利用超滤膜不同孔径对液体进行分离的物理分离过程。蛋清溶菌酶是小分子物质，并与蛋清中其他相对分子质量高的蛋白质存在着静电作用力，以结合态存在，采用不同的前处理工艺，降低溶菌酶与其他蛋清蛋白质之间的作用力，使溶菌酶处于解离状态后，采用超滤的方法对蛋清溶菌酶进行分离提取。

单一的溶菌酶分离纯化方法一般无法满足对溶菌酶纯度和回收率的要求，因此可以将两种或者几种方法结合起来，或者建立连续式的分离体系，应用于获得高纯度溶菌酶的规模化生产中。

30.8.1.2　蛋黄免疫球蛋白

1. 免疫球蛋白概述

免疫球蛋白（immunoglobulin，Ig），是指具有抗体活性，能与相应的抗原发生特异性结合的球蛋白。鸡蛋蛋黄中特异性存在着IgG，由于其蛋白质的物理化学性质、免疫学性质等方面与哺乳动物IgG存在一定差异，且是蛋黄中唯一的免疫球蛋白类，所以在比较免疫学领域把从鸡蛋蛋黄中获得的抗体称为Immunoglobulin yolk（IgY）。IgY在分类上仍属于IgG型，它是一种7S免疫球蛋白，该蛋白质分子质量约为180 ku，由2条轻链和2条重链组成（2L+2H），其中轻链（L）相对分子质量约为22 000，重链（H）相对分子质量约为67 000，含氮量为14.8%。

2. IgY的性质

（1）IgY的稳定性　IgY的酸碱稳定性较好，在pH<4时，有部分IgY失活；在pH为4～12时，活性几乎不受影响；在pH>12时，迅速失活。有研究表明，在室温条件下，IgY的活性可保持6个月；4℃贮存6～7年，活性下降仅在5%以内；在65℃时，IgY活性仍可保持24 h以上；70℃加热90 min后活性下降；高于80℃，大部分IgY丧失结合活性。而且，IgY溶液在400 MPa高压下和温度低于60℃时处理30 min，仍保持有活性，这表明IgY有较大的抗高压性能。冷冻及冷冻干燥对其活性也无影响。IgY具有很好的耐反复冻融的特性，即使经过5次反复冻融，其抗原结合活性也几乎未受损失。以铝塑复合袋真空包装后室温下存放2年后，其活性下降不到10%。

IgY对胃蛋白酶具有良好的抵抗能力（pH>4）；对胰蛋白酶非常敏感，经1 h酶解处理，IgY的结合活性完全丧失。

（2）IgY的抗体活性　IgY结构虽然和IgG不同，但它仍具有免疫活性，且抗体活性很高，含量为50 ng/mL时即有特异性活性。

（3）IgY不同于IgG的一些自身特点　IgY在与抗原结合之外的其他功能上，具有一些不同于哺乳类动物IgG的生物学特性：①IgY不会活化标本中的补体系统，不能与哺乳类动物的补体结合或者结合能力很弱；②类风湿因子可与哺乳类IgG的Fc段结合，但不能与IgY结合；③金黄色葡萄球菌蛋白A或G可与哺乳类IgG结合，但不能与IgY结合，因而特异性强。

（4）IgY的主要功能活性　IgY具有较高的抗菌免疫活性，较高的抵抗细菌感染的能力，可抑制致病性大肠杆菌、沙门氏菌、金黄色葡萄球菌等常见肠道致病菌的生长。

3. IgY的制备

免疫球蛋白资源的开发一直备受关注，近几十年来，各国学者开始研究从蛋黄中提取IgY。蛋黄作为免疫球蛋白提取材料的优点：①鸡蛋收集方便，无须采集动物血液，也不需要宰杀动物，成本低，易规模化生产；②产生有效免疫反应所需抗原量小，尤其是高度保守的哺乳动物蛋白质对种系发生学上距离较远的禽类通常有较强的免疫原性，且安全性高。这使得鸡蛋成为提取免疫球蛋白的最佳资源，鸡蛋蛋黄IgY的开发日益受到重视。

IgY的制备需先对母鸡进行免疫，使蛋黄中的免疫球蛋白含量提高，然后经提取、分离纯化及冷冻干燥而成。

鸡蛋蛋黄含有水分48.0%、蛋白质17.8%和脂肪30.5%，其中大部分脂肪都与蛋白质相结合而以脂蛋白的形式存在，不溶于水，只有蛋黄球蛋白（α-蛋黄球蛋白、β-蛋黄球蛋白、γ-蛋黄球蛋白）是水溶性的，IgY以活性蛋白的形式存在。分离纯化 IgY 的关键在于如何有效除去蛋黄中高含量的脂类，从水溶性的蛋白质中分离 IgY。

至今已建立了很多较为高效而经济的 IgY 分离提纯方法。这些方法大多采用聚乙烯乙二醇法、葡聚糖硫酸钠盐法、聚乙二醇/冷乙醇法、水稀释法、硫酸铵或硫酸钠法进行初步纯化。进一步分离纯化可用提纯蛋白质的其他方法，常见的有凝胶过滤、DEAE 纤维素阴离子交换柱色谱、亲和色谱等方法。通常将其中几种方法结合使用，也有用同一种方法而使用不同分离条件进行分离的。

1）水稀释法

简单的水稀释法可用于蛋黄液中亲水性部分和疏水性部分的分离。即将蛋黄液稀释一定倍数，调节溶液 pH，混匀静置后离心分离或长时间静置分离。该法易操作，几乎不使用化学试剂，生产成本低，适于规模化生产，但由于 IgY 被稀释，给后期提纯增加了一定困难。

（1）工艺流程

鸡蛋→去壳→去蛋清→稀释蛋黄→离心→盐析→浓缩→干燥→粗品 IgY

（2）工艺要点　①获取蛋黄：鲜鸡蛋外壳用清水清洗干净后，控干，用蛋黄分离器获取蛋黄，并量出蛋黄体积。②稀释蛋黄：将蛋黄搅碎后，用一定体积的水稀释，并调酸度。③离心：10 000 r/min、20 min，取上清液。④盐析：加入硫酸铵至一定饱和度，调 pH 后离心，取上清液。⑤浓缩：用超滤方法将上清液浓缩。⑥干燥：将浓缩液冷冻干燥，干燥后的产品即为粗品 IgY。

2）脂蛋白凝聚剂法

脂蛋白凝聚剂包括聚乙烯乙二醇、葡聚糖硫酸钠盐、酪蛋白钠盐、聚丙烯树脂和一些食品增稠剂，如卡拉胶、黄原胶等。这类物质能有效沉积蛋黄脂质与脂蛋白，但通常需要超速离心分离。有研究表明，在聚乙烯乙二醇分步沉淀法基础上提出的冷乙醇沉淀分级分离法更适合于大规模制备 IgY。

3）乙醇-CO_2 超临界脱脂法

先用乙醇将蛋黄粉中大部分磷脂质除去，然后用超临界 CO_2 将中性脂肪和残留的乙醇等同时除去。该法 IgY 活性没有损失，制得的含抗体的蛋白质混合物是干燥状态的，易保存，而且可将蛋黄中与色、香、味有关的蛋黄脂类完全去除，适于批量制备 IgY 浓缩蛋白粉末（IgY 纯度约为 10%）。

4）重复冻融脱脂法

利用蛋黄脂质在低离子强度和中性 pH 条件下的凝集作用，将蛋黄水溶液反复进行冷冻和解冻，以加速脂质的凝聚，之后进行离心分离。此法回收率不高（50%以上），但较经济。

5）有机溶剂脱脂法

用事先预冷至－20℃的有机溶剂，如乙醇等，与蛋黄液混匀，反复多次浸提其中脂类物质。该法所制 IgY 的纯度高，回收率高，但有机溶剂用量大，成本高，不适于规模化生产。另外，如果预冷不够，有机溶剂会使 IgY 部分变性。

6）海藻酸钠提取法

该法较氯仿法与聚乙烯乙二醇法试剂用量少，且试剂基本无毒性。采用低浓度海藻酸钠，将蛋黄原液中的卵黄脂类除去，所以这些卵黄脂类中不含有毒物质，它可以用来提取卵磷脂等生化药品或试剂。

30.8.1.3　蛋黄胆固醇

胆固醇是人体正常生理机能需要的，也是维护人体健康和防止一些疾患发生所需要的。由于人体合成量不能满足机体需要，可以通过膳食补充一些胆固醇。

1. 有机溶剂抽提法

有机溶剂抽提法是根据蛋黄中脂质（包括胆固醇在内）与其他组分在有机溶剂中溶解度的不同而进行分离的一种方法。关键是溶剂的选择，通常采用的溶剂有正已烷、异丙酮、丙酮、石油醚、甲醇等。无论采用哪种溶剂来萃取蛋黄胆固醇，必须以蛋黄功能特性不受影响为前提，否则就没有实用性。既可以用单一溶剂，也可以用混合溶剂，从彻底去除胆固醇的角度来看，混合溶剂比较优越，但混合溶剂回收复杂。

有机溶剂抽提法能在一定程度上提取蛋黄中的胆固醇。但有其缺点：①消费者不希望在产品中残留任何有机溶剂，而提取有机溶剂的工艺复杂；②在低温下提取效果不好；③有机溶剂不能选择性地提取胆固醇，会混有一定量的卵磷脂，严重影响剩余蛋黄的功能特性。

2. 超临界 CO_2 萃取法

超临界 CO_2 萃取分离的原理是利用超临界 CO_2 的溶解能力与其密度的关系，即利用压力和温度对超临界 CO_2 溶解能力的影响而进行的。在超临界状态下，将超临界 CO_2 与待分离的物质接触，使其有选择性地把极性大小、沸点高低和分子质量大小不同的成分依次萃取出来。当然，对应各压力范围所得到的萃取物不可能是单一的，但可以控制条件得到最佳比例的混合成分，然后借助减压、升温的方法使超临界流体变成普通气体，被萃取物质则完全或基本析出，从而达到分离提纯的目的。超临界 CO_2 萃取过程是由萃取和分离组合而成的。

随着萃取温度、压力的升高，蛋黄中的蛋黄总脂质含量下降，胆固醇含量也明显降低。选用30.6 MPa、45℃的条件萃取，既可以脱去胆固醇，又基本上不破坏蛋黄液的乳化稳定性。萃取时间也是影响蛋黄粉中脂肪和胆固醇脱除的主要因素。随着萃取时间的延长，胆固醇的脱除率会大大增加。

超临界流体技术在低胆固醇、低脂肪蛋黄粉的生产上有良好的前景。美国已于1996年开发出了具有低脂、低胆固醇特点的蛋黄基料。就是在鲜蛋液状蛋黄中加少量山梨糖醇，干燥脱水，经超临界 CO_2 萃取除去脂肪与胆固醇，卵磷脂留在产品中。1份该蛋黄基料加3份水，得到的液状蛋黄与相当量的蛋清混合还原成的再制蛋液与鲜蛋液相比，其乳化性有所提高。

3. 微胶囊脱除技术

食品中胆固醇的微胶囊脱除技术是建立在天然高分子壁材物质对胆固醇分子有特殊选择性的基础上，经过最优化条件下的试验探索，形成相对稳定的包埋复合物，然后利用高分离手段，使复合物脱离原承载体系，从而形成其他方法难以达到的高脱除效率。

用微胶囊法脱除蛋黄中的胆固醇成分，其壁材物质可选用β-环状糊精。它是由7个葡萄糖残基以α-1，4-糖苷键连接构成的环状化合物。β-环状糊精中心有一个空穴，在亲和力的作用下，可以与分子规格相匹配的疏水性客体分子或客体分子的疏水基团形成稳定的超分子包结化合物。此包结化合物既不溶于水，也不溶于油脂。由于胆固醇属于这样的非极性疏水化合物，并且分子结构与β-环状糊精的疏水空腔相适应，因此作为壁材物质的β-环状糊精对具有芯材特性的胆固醇分子具有一定的亲和作用，从而产生最佳包埋效果，形成紧密的复合物，在低温下形成沉淀。

4. 生物方法

人们很早就发现许多微生物具有转化胆固醇的能力，已知具有转化胆固醇能力的微生物有芽孢杆菌、节杆菌、短杆菌、棒状杆菌、分枝杆菌、诺卡菌、假单胞菌、沙雷菌、链霉菌等，这些微生物中存在胆固醇氧化酶，具有能够氧化降解胆固醇的能力。有人对含有胆固醇降解酶的菌株进行筛选和培育，选育出了胆固醇降解酶活性较高的微生物菌株，培养该微生物并进行发酵，将其发酵液的上清液用于蛋黄胆固醇降解，取得很好的降解效果。还有研究者发现从奶油中分离得到的红球菌也可降低蛋黄中的胆固醇，该研究者将蛋黄添加到红球菌的培养基中一起进行培养，结果显示，该菌可降低70%的蛋黄胆固醇。

在直接利用微生物降低蛋黄中的胆固醇时，由于微生物发酵液中胆固醇氧化酶浓度、纯度的不确定性以及发酵液中多酶体系的复杂性，可能会使胆固醇氧化降解的时间延长，更有可能会产生许多复杂的转化产物。因此，最好是将微生物发酵液中的胆固醇氧化酶分离纯化后再对蛋黄胆固醇进行转化应用，分离纯化的胆固醇氧化酶可以迅速降低蛋黄中的胆固醇。另外，磷脂酶有助于促进胆固醇氧化酶转化胆固醇。酶法降低蛋黄中的胆固醇可大大提高胆固醇的转化效率，且转化产物相对单一。胆固醇的主要转化产物为胆甾4-烯-3-酮，该产物具有辅助降血脂、辅助减肥的功效，是名贵中药蛤蟆油的主要成分之一。因此，该方法不仅能经济有效地降低胆固醇含量，还会产生具有特殊功用的功能性成分，其应用前景十分广阔。

另外，也可用胆固醇还原酶将胆固醇还原为

不被人体肠道吸收的代谢物粪甾醇。

30.8.1.4 蛋黄卵磷脂

卵磷脂（lecithin）是一种广泛分布在动植物中的含磷类脂类生理活性物质，化学名称为磷脂酰胆碱。其主要成分有磷脂酰胆碱（PC）、脑磷脂（PE）、肌醇磷脂（PI）和磷脂酸（PA）。通常情况下，它呈淡黄色透明或半透明的蜡状或黏稠状态。卵磷脂是人体生物膜的基础构成物质，有极高的营养和医学价值，具有延缓衰老、提高大脑活力、防治动脉硬化、预防心脑血管疾病、预防脂肪肝、滋润皮肤等多种生理功能，同时还具有很好的乳化作用和抗氧化性能。因此，卵磷脂在医药、食品、化妆品等行业的应用十分广泛。

1. 有机溶剂法

有机溶剂分离技术是一种传统的分离提纯卵磷脂的方法，它是根据蛋黄中各组分在不同溶剂中的溶解度差异进行分离的。

卵磷脂在低级醇中溶解度较大，但卵磷脂不溶解于丙酮。通过调整溶剂的 pH、浓度、温度等条件，使蛋白质发生变性和沉淀。利用此性质将蛋黄粉或鲜蛋黄与一定量的有机溶剂一起搅拌，然后调整 pH、静置、离心，沉淀部分为蛋白质，上清液则为中性脂肪和卵磷脂的混合物。再将此溶液减压浓缩，除去溶剂。因为卵磷脂不溶于丙酮而中性脂肪易溶，再用丙酮对混合溶液进行萃取，即可分离出卵磷脂。这种方法是先去除蛋白质，然后分离卵磷脂和中性脂肪，也可以先去除蛋黄油，再分离卵磷脂和蛋白质。此方法的缺点在于卵磷脂和水一同回收，因此需要脱水和干燥，但是卵磷脂只能用冷冻干燥法进行干燥，产品的成本较高。

2. 层析法

层析法是一种高灵敏度、高效的分离技术，它在分离纯化卵磷脂方面得到了广泛应用。在层析柱内装有层析剂，它是分离中的固定相或分离介质，由基质和表面活性官能团组成。基质是化学惰性物质，它不会与目的产物和杂质结合，吸附柱层析和离子交换柱层析常被采用。活性官能团会有选择地与目的产物或杂质产生或强或弱的结合性，当移动相中的溶质通过固定相时，各溶质成分与活性基团的吸附力和解吸力不同，由此它们在柱内的移动速度产生差异，将目的产物分离出来。

3. 金属离子沉淀法

卵磷脂可与金属离子发生配合反应形成配合物，生成沉淀。利用此性质可以把卵磷脂从有机溶剂中分离出来，由此除去蛋白质、脂肪等杂质，再用适当溶剂分离出无机盐和磷脂杂质（主要是脑磷脂、鞘磷脂），这样可以大大提高卵磷脂的纯度。$CaCl_2$、$MgCl_2$、$ZnCl_2$ 均可与卵磷脂发生配合反应形成复盐，但 $CaCl_2$ 和 $MgCl_2$ 提取卵磷脂效率较低，且毒性较大，所以 $ZnCl_2$ 是较理想的沉淀剂。

4. 膜分离法

膜分离法提取蛋黄卵磷脂主要是利用膜对组分的选择性透过而将特定组分分离出来。半透膜上分布着一定孔径的大量微孔，孔径的大小决定了分离物质的分子质量或粒度大小。通过膜的组分以膜两侧的浓度梯度为推动力进入膜的另一侧，利用膜的这种被动传递形式将组分分离。粗卵磷脂中含有一定量的蛋白质、中性脂肪、脑磷脂、鞘磷脂等杂质，它们的粒度大小、分子质量与卵磷脂有较大区别，所以它们通过半透膜的难易程度不同，由此卵磷脂得到分离。

用己烷-异丙醇混合溶剂溶解的粗卵磷脂通过聚丙烯半透膜，收集流过膜的溶液，蒸发溶剂，可使粗卵磷脂得到纯化。日本也在试验应用膜分离技术制备高纯度卵磷脂，将磷脂溶于溶剂中，形成微胶囊，根据不同分子质量进行膜分离，得到不同分子质量的磷脂组分，从而制得高纯度卵磷脂产品。

5. 超临界 CO_2 萃取法

超临界流体萃取通常用于天然化合物或药物的功效成分萃取、分离。凡极性较小的脂溶性物质都可以被某一条件下的超临界 CO_2 流体萃取出来。此技术应用超临界流体 CO_2 替代有机溶剂作为萃取剂，由于 CO_2 处于临界压力、临界温度时，其物理性质介于液体与气体之间，同时具有液体的高密度和气体的低密度双重特性，溶质在这种超临界流体 CO_2 中的扩散速度为普通溶剂的 100

倍，萃取效率大大提高。在高于临界压力、临界温度条件下，若改变压力、温度，则可改变萃取能力，能选择性萃取、分离不同有效成分；当压力与温度恢复到常压、常温时，溶解在 CO_2 中的溶质可与气态 CO_2 分离，达到萃取或分离的目的。

超临界流体萃取与常规的有机溶剂萃取相比具有下述特点：①可在低温下提取，防止有效成分的氧化及逸散，适合于对热稳定性差的物料的提取；②产品无溶剂残留，不污染产品和环境；③萃取剂 CO_2 可长期循环使用，萃取和蒸馏合为一体，可大大提高生产效率，节约能源。

用超临界 CO_2 萃取蛋黄卵磷脂的过程：首先将蛋黄粉装入萃取器，将液态 CO_2 经泵送入汽化器，形成所需要的超临界状态，处于超临界状态的 CO_2 经过蛋黄粉床时，胆固醇和甘油三酯便溶解在其中，进入分离器后，通过降低压力破坏它的溶解条件，胆固醇和甘油三酯便与 CO_2 分别聚集在分离器中，而 CO_2 经过冷凝器变为液体进入液态贮罐，这样密闭循环数小时后，蛋黄粉中的胆固醇和甘油三酯便被萃取掉，所余物质即为含有卵黄蛋白和磷脂的粗蛋黄卵磷脂。

6. 有机溶剂结合高压脉冲电场法

自 20 世纪 90 年代初期，国外对非热杀菌技术（冷杀菌）在食品工业中的应用研究进入高潮，其中包括对超高（静）压杀菌、高压脉冲电场杀菌、脉冲强光杀菌等冷杀菌技术的研究。高压脉冲电场杀菌是研究的热点之一，它是通过高强度脉冲电场瞬时破坏微生物的细胞膜使细菌致死。由于利用高电位而非电流杀菌，因此杀菌过程中的温度低（最高温度小于 50℃），从而可以避免热杀菌的缺陷。目前，高压脉冲电场杀菌技术的应用研究主要集中在对液态食品（如饮料、牛奶等）的杀菌。经高压脉冲电场杀菌加工处理的饮料具有安全、风味和口感近似新鲜饮料、营养好的特点，故此技术对食品生产厂家有极大的吸引力，具有良好的市场前景。

30.8.1.5 蛋清寡肽

通过酶解蛋清中的多种蛋白质，生产出具有 2～9 个氨基酸残基的小肽，这种肽就称为蛋清寡肽。由于蛋清寡肽具有较多的功能特性，同时机体对于寡肽的吸收速率比游离的氨基酸快，吸收效率高，并且具有操作简单、生产成本低等特点，因而备受广大蛋品科学工作者的青睐。国外对于蛋清寡肽的研究起步较早，有许多国家已经将蛋清寡肽的研究应用于实际生产中，并获得了较高的收益。

目前对于蛋清寡肽混合物的制备主要采用的是酶法水解蛋清蛋白。

1. 工艺流程

原料鸡蛋→洗蛋、消毒→打分蛋→搅匀→稀释至底物浓度 4%→变性水解→离心取上清液→水解液

2. 操作要点

1）水解条件的确定

（1）水解温度和时间的确定　将加热变性后的一定浓度的蛋清 10 kg 作为底物，按照试验设计调节至所需温度，加入一定量的酶进行水解，水解时间为所设计时间。水解过程中不断搅拌，并不断加入适当浓度的氢氧化钠溶液以维持 pH 在规定的范围内（±0.05）。

（2）蛋清蛋白质水解底物浓度的确定　将原蛋清进行稀释，在水解反应器中以 700 r/min 搅拌均匀，变性处理后观察搅拌效果，然后在温度 68.5℃、pH 8.21 条件下进行水解，测氮回收率，比较各浓度的差异。

（3）蛋清蛋白质水解变性条件的确定　扩大试验为模拟连续操作，即稀释、变性、水解在同一容器中进行，因此变性过程是一个连续的升温过程，当容器内稀释蛋清温度达到 60℃时开始出现变性现象，此时开始计时，选择 15、20、25 min 这 3 个时间进行变性试验，然后将变性后蛋清调至水解温度进行水解，测定氮回收率，选出适宜的变性条件。

2）水解终止

水解完成后，加入 6 mol/L 的盐酸调节 pH 至 4.5，枯草芽孢杆菌碱性蛋白酶在 pH 为 4 时，50℃以上 30 min 便可使其失活。为防止蛋白质对酶的保护作用，将灭活温度提高至 60℃，然后迅速冷却至室温，置于离心机中，4 000 r/min 离心 30 min，取上清液，记录总体积（mL）。

3）脱盐

蛋清蛋白质在酶水解过程中，需要不断加入氢氧化钠溶液来维持反应所需 pH，在反应终止时，加入盐酸调节水解液 pH 至蛋清蛋白质的等电点（4.5），此时水解物中粗盐分含量（主要为 NaCl）占固形物的 20%左右。

盐分的脱除有多种方法，如离子交换、超滤、电渗析等物理和化学方法。超滤和电渗析可以有效脱除大分子化合物中的盐分，但对蛋白质水解物来说，采用超滤或渗析技术处理会造成一些低肽分子的损失，影响氮回收率。通常采用离子交换法脱除蛋白质水解液中的盐分，在经过 H^+ 型阳离子交换树脂和 OH^- 型阴离子交换树脂后，大部分盐分被交换除去，水解液中残留盐分与蛋白质含量之比不超过生理需要量。营养学要求每人每日进食 50 g 优质蛋白质、5 g NaCl，依此计算，食品中盐分与蛋白质含量之比不应超过 1∶10。因水解液通过树脂时的流速是离子交换树脂脱盐的一个重要指标，故要在满足残留盐分不超过生理需要量的同时，要尽可能高的氮回收率。

4）脱异味

水解过程中由于肽键的断裂，一些巯基化合物释放出来，使水解物具有异味，影响产品品质。异味的浓淡程度与温度相关，温度越高，异味越大，当温度高于 50℃时，异味明显；当温度低于 20℃时，异味不明显。

去除异味有多种方法，如使用活性炭选择性分离，苹果酸等有机酸及果胶、麦芽糊精包埋等，考虑到活性炭处理会造成蛋白质的损失，通常选用 β-环状糊精对异味物质进行包埋。

30.8.2 禽蛋副产物综合利用

随着科学技术的快速发展及人民生活水平的迅速提高，我国禽蛋生产水平也有了很大发展，鸡蛋的消耗量大幅度增加。在禽蛋的加工和利用中，食品加工厂消耗的大量鸡蛋也仅利用其常规的食用部分（禽蛋的可食部分为 87%～88%），大量的蛋壳被扔弃（以蛋壳为主的副产物占全蛋的 12%～13%），特别是蛋粉厂和蛋类制品加工厂，每月都要产生堆积如山的蛋壳，中国每年扔掉的蛋壳约 400 万 t，这不仅导致巨大的资源浪费，而且造成一定的环境污染。蛋壳有很高的利用价值，既可作为绿色钙质的钙源，又可作为理疗的新元素等，其利用价值不可小视。

禽蛋副产物的利用主要是残留蛋清、蛋壳和蛋壳内膜的利用。如能将所有的蛋壳充分利用，不仅可变废为宝，为社会增加财富，还可解决蛋壳对环境所造成的污染。另外，从禽蛋中提取某些生理活性物质如免疫球蛋白、溶菌酶及开发食疗鸡蛋、鸡胚蛋等产品具有潜在的价值。因此，用现代科技手段对鸡蛋进行系统、深入的开发利用，不仅能促进家禽饲养业、食品加工业和医药生产行业的发展，而且对环境保护具有重要意义。

30.8.2.1 蛋清残液的利用

食品厂丢弃的鲜蛋壳中，残留的蛋清占蛋壳质量的 27.6%～30.8%。蛋壳经蒸馏水多次洗涤，可得洁净蛋壳和浓度高达 50%的蛋清液，将其分别进行处理，可制得许多有用物质。

1. 从蛋清残液中提取溶菌酶

蛋清中的溶菌酶可用离子交换法提取，控制蛋清液浓度在 30%～50%，用阳离子交换树脂吸附后，经分离、多次洗脱、超滤浓缩、脱盐及冷冻真空干燥等工艺从废弃蛋壳的残留蛋清中提取溶菌酶。

溶菌酶是一种国内外很紧俏的生化物质，作为一种有抗菌作用的黏多糖酶，是制造抗菌消炎药物的重要原料之一，可制成片剂，用于治疗慢性咽喉炎；可制成滴眼剂，用于治疗眼科炎症；可制成滴鼻剂，用于治疗鼻炎；还可制成外用药膏，用于消炎止痛。

在食品加工领域，溶菌酶可加入鲜牛奶中，增强饮奶婴儿的抗病能力；溶菌酶也是优良的天然防腐剂，可用于食品的防腐保鲜，加入肉制品、干酪、奶油糕点等食品及部分饮料中，可延长食品的保存期；还可用作食品包装膜的防腐剂。尤其重要的是，溶菌酶还可作为基因工程中的工具酶。

2. 提取溶菌酶后的蛋清液的处理及应用

将提取溶菌酶后的蛋清液调整到一定的浓度，

用酸或碱法水解，或用酶法水解制成水解蛋白。水解蛋白具有直接营养人体的皮肤、毛发和加速新陈代谢的功能，有抗衰老、防皱的特效，在国外广泛用于洗发香波、染发剂和冷烫液中。此外，利用蛋壳内的残留蛋清，还可生产糅酸蛋白。糅酸蛋白在碱性溶液和碳酸液中分解，在胃中不会分解，儿童内服可治疗急性胃肠炎和非细菌性腹泻，外用可治疗湿疹和溃疡等。

可用酶法经过滤、调 pH、搅拌预热、葡萄糖氧化酶处理、间断加过氧化氢、升温调 pH、胰酶处理、过滤、中和、烘干制成干蛋白片。干蛋白片是糕点和糖果生产中常用的发泡剂。若过滤后经喷雾干燥可制成蛋白粉末，蛋白粉末是食品加工业中的原料，也可制成蛋白质饮料，还可用作山枣酒生产中的澄清剂。

30.8.2.2　蛋壳的利用

随着养禽业及蛋品加工的不断发展，不仅鲜蛋和蛋制品的产量在不断增长，作为废弃物丢弃的蛋壳的数量也在同步增长。据资料介绍，我国每年蛋壳的产量达到 400 万 t，若将蛋壳进行综合利用，每千克蛋壳可获得 75 元以上的收益。

对鸡蛋壳组成成分的分析证明，蛋壳主要由无机物组成，占整个蛋壳的 94%～97%，有机物占蛋壳的 3%～6%。无机物主要是 93% 的 $CaCO_3$，有机物中主要是蛋白质，属于非胶原态蛋白质，还有多糖类及原卟啉色素等。由蛋壳的组成成分可见，蛋壳是一种理想的天然钙源，可利用价值很高，有必要加大蛋壳综合利用，采用高新技术、现代化设备，综合开发系列蛋壳产品，把“废品”蛋壳变成新产品。

20 世纪 90 年代以来，人们利用蛋壳中碳酸钙以及从蛋壳上获得蛋壳膜，对蛋壳进行深加工，并逐渐应用到各个行业。蛋壳和蛋壳膜均是实用价值很高的医药和食品等方面的原料。

1. 蛋壳膜提取溶菌酶技术

利用蛋壳可以提取生物制剂溶菌酶。以蛋壳、氯化钠、盐酸、聚丙烯酸、磷酸钙、氯化钙为原料，将蛋壳洗净、晾干，粉碎成粉末备用。取备用蛋壳粉加入等量的氯化钠，调节 pH 为弱碱性，用水溶解，加热到 40℃，保温搅拌 1 h，趁热过滤，滤渣加入氯化钠，按上述方法再抽提两次。合并 3 次滤液，边搅拌边调节 pH 为弱碱性，用水溶解，加热至 80℃。保温搅拌 1 h，冷却至室温，离心分离，取出清液，用氢氧化钠调节 pH 为弱碱性，搅拌下加入总液量 10% 的聚丙烯酸，用碳酸钠调节 pH 为弱碱性，静置后搅拌下用盐酸和氯化钠调节 pH 为弱酸性，离心分离，清液用于回收聚丙烯酸沉淀。用氢氧化钠调节 pH 为弱碱性，离心分离，收集沉淀，加入等量的氯化钠溶液，静置 12 h，滤取晶体，抽干，再用氢氧化钠重结晶一次，过滤，抽干，于 60℃ 真空干燥，即得溶菌酶成品。

2. 蛋壳制备有机钙技术

钙制剂是药食同源的制剂。作为药物，可以治疗因钙缺乏引起的多种疾病，疗效显著；作为保健食品，在预防各种钙缺乏疾病发生、保证人体健康方面也有良好的效果。

化学上一般将补钙强化剂分为有机钙和无机钙。乳类、豆类和动物骨骼中的钙、乳酸钙、柠檬酸钙、苹果酸钙、醋酸钙、抗坏血酸钙、泛酸钙、甘油磷酸钙、葡萄糖酸钙、葡醛内酯钙、天门冬氨酸钙、氨基酸钙、*L*-苏氨酸钙等为有机酸钙；碳酸钙、磷酸钙、磷酸氢钙、磷酸二氢钙、硫酸钙、氢氧化钙、氧化钙（活性钙）、氯化钙等为无机钙。一般情况下有机钙大多可溶于水，人体吸收率较高，无机钙大多难溶于水，以微粒悬浮于水溶液中。

随着科学技术的进步，人们对钙制剂功效的认识不断提高。国内外资料报道及多年临床实践进一步说明，生物活性的小分子有机酸钙，有优越的生物相容性，吸收率和生物利用度均高。因此，近年来国内外的钙制剂研制者集中精力进行有机钙的研制，并进行了深层次的理论研究及大量的科学试验。

30.8.2.3　蛋壳膜粉的加工与利用

蛋壳膜是指蛋壳与蛋白间的纤维状薄膜，含蛋白质 90% 左右、脂质体 3% 左右、糖类 2% 左右、灰分及 20 种氨基酸，最大特点是含胱氨酸多，还含人体皮肤弹性素中的特有成分及胶原蛋白中特有的羟脯氨酸。

1. 蛋壳膜粉的加工

1）加工原理

蛋壳膜粉的加工是利用蛋壳膜不溶于稀酸，而硬壳在酸性溶液中可溶这一特性，使蛋壳膜与硬壳分离，然后对所得的蛋壳膜进行干燥粉碎。常用的稀酸是浓度为5%～10%的醋酸溶液。

2）操作要点

（1）蛋壳预处理　将收集的蛋壳用清水冲洗干净、晒干，然后粉碎成蛋壳粉。

（2）分离提取　将蛋壳粉与醋酸溶液按10∶1的比例混合，并浸泡24～48 h，再进行加热，使蛋壳膜浮于液面，而其他成分沉淀或溶解，然后进行过滤，分离出蛋壳膜。

（3）干燥粉碎　将获得的蛋壳膜在烘房烘干或自然晒干，然后粉碎，即得蛋壳膜粉。

2. 蛋壳膜粉的利用

（1）医药卫生方面　提取“凤凰衣”（蛋壳上附着的蛋壳膜）。蛋壳洗净控干、趁湿粉碎、振荡分离、取出蛋壳内膜、晒晾干透。由于蛋壳膜含有角质蛋白及少量黏蛋白纤维，有润肺、止咳、止喘、开音等功能，制成内服药可治疗慢性气管炎、咽痛失音、结核等疾病；若再经过化学处理，可以用作医药外用药的基剂，制成的特效水、火烫伤外用药等，可促进消炎，可加速上皮生成、肌肤生长，对烫伤、创伤有明显疗效。但目前对蛋壳膜的治病机理及有效成分的研究较少。另外，利用蛋壳膜也可提取溶菌酶。

（2）日用化工方面　蛋壳膜可作为高级化妆品中的营养添加剂，具有防止及减轻皮肤粗糙，促进老化表皮脱离，加速新生表皮的形成，防止及消除皱纹、雀斑、粉刺等作用。目前使用蛋壳膜及其水解产物来配制护肤霜、洗发香波等在国外已大量生产。掺入蛋壳膜后制成的护肤化妆品功效胜于珍珠粉，可降低造价85%；配制成滋养毛发的化妆品润丝定型膏，具有防止脱发、减少头屑、增加光泽等作用。

（3）轻工方面　1993年，日本的Oyamaa Toshio用胶黏剂与纤维材料与小片蛋壳膜通过高压制得蛋膜纸。该法可以减少森林伐木或用于水质除放射性元素。1997年，日本的Kawaguchi Yoshihiro将蛋膜粉用于敛油剂、除皮脂剂等的制备取得成功。

（4）水处理方面　在工业上，蛋壳膜对金属有良好的吸附性，可利用其回收金属。日本Tohoku大学应用生物化学系的Kyozo Suyama等用蛋壳膜吸附放射性污染水体中的铀、钍和钚放射性元素，分别在pH为5.0、3.0、2.0条件下吸附效果良好。由此可见，蛋壳膜在选择性消除污染方面有广阔的应用前景。

复习思考题

1. 现代蛋制品有哪些种类？各自有何特点？
2. 在加工液蛋时，为什么要对原料蛋进行清洗、消毒？加工液蛋时，如何提高产品的卫生质量？
3. 简述全蛋液的杀菌方法及其质量控制要点。
4. 简述湿蛋品的加工工艺流程及其质量控制要点。
5. 简述冰蛋品的加工工艺流程及其操作要点。
6. 简述蛋白片的加工工艺流程及其操作要点。
7. 简述干蛋品加工时脱糖的方法、原理及其特点。
8. 发酵对于干蛋白加工有什么重要作用？
9. 简述干蛋粉的加工原理、加工工艺流程及质量控制途径。
10. 干蛋品类功能特性包括哪几个方面？
11. 蛋黄酱的加工工艺流程及其操作要点是什么？
12. 影响蛋黄酱产品稳定性的因素有哪些？
13. 化学上将补钙强化剂分为几种？简述有机钙和无机钙种类及特征。

参考文献

1. 卜宁霞，魏超昆，赵宇慧，等. 姜汁嫩化鸡肉干研制及其挥发性风味成分分析. 中国调味品，2017，42（11）：11-17，23.

2. 陈伯祥. 肉与肉制品工艺学. 南京：江苏科学技术出版社，1993.

3. 陈历俊. 乳品科学与技术. 北京：中国轻工业出版社，2007.

4. 陈琳，徐幸莲，周光宏. 应用于肉品嫩化的组织蛋白酶的研究进展. 食品科学. 2009，30（01）：271-274.

5. 迟玉杰. 蛋制品加工技术. 北京：中国轻工业出版社，2009.

6. 迟玉杰，胥伟，刘振宇. 咸蛋与咸蛋黄的腌制技术. 第五届（2011）中国蛋鸡行业发展大会会刊，2011.

7. 高真. 蛋制品工艺学. 北京：中国商业出版社，1992.

8. 葛长荣，马美湖. 肉与肉制品工艺学. 北京：中国轻工业出版社，2005.

9. 郭本恒. 现代乳品加工学. 北京：中国轻工业出版社，2001.

10. 韩剑众. 肉品品质及其控制. 北京：中国农业科学技术出版社，2005.

11. 韩爽，夏光辉，郭聪颖，等. 猴头菇素肉干的制作工艺研究. 肉类工业，2018，43（3）：94-97.

12. 郝修振. 申晓琳. 畜产品工艺学. 北京：中国农业大学出版社，2015.

13. 胡国华. 功能性食品胶. 北京：化学工业出版社，2004.

14. 胡家应，赵改名，田玮，等. 不同木薯变性淀粉对熏煮香肠品质的影响. 食品添加剂，2015，36（18）：305-309.

15. 黄德智. 肉制品添加物的性能与应用. 北京：中国轻工业出版社，2001.

16. 黄来发. 食品增稠剂. 北京：中国轻工业出版社，2000.

17. 江建军. 罐头生产技术. 北京：中国轻工业出版社，2006.

18. 蒋爱民，南庆贤. 畜产食品工艺学. 北京：中国农业出版社，2008.

19. 孔保华. 韩建春. 肉品科学与技术. 北京：中国轻工业出版社，2011.

20. 孔保华. 畜产品加工贮藏新技术. 北京：科学出版社，2007.

21. 孔保华，于海龙. 畜产品加工. 北京：中国农业科学技术出版社，2008.

22. 李灿鹏，吴子健. 蛋品科学与技术. 北京：中国质检出版社，中国标准出版社，2013.

23. 李怀林. 食品安全控制体系（HACCP）通用教程. 北京：中国标准出版社，2002.

24. 李晓东. 乳品工艺学. 北京：科学出版社，2011.

25. 梁文珍. 罐头生产. 北京：化学工业出版社，2011.

26. 林春艳. 李威娜. 肉制品加工技术. 武汉：武汉理工大学出版社，2011.

27. 刘建学. 食品保藏学. 北京：中国轻工业出版社，2014.

28. 刘骞. 食品中蛋白质的功能（九）肉制品中蛋白质的功能特性. 肉类研究，2009（12）：58-65.

29. 刘清化，胡光华，龙成树，等. 广式腊味批量生产现状及展望. 现代农业装备，2017，09：

53-57.

30. 鲁云风，张晓娜，张湘军，等. 南阳黑猪肉脯的制作工艺优化. 肉类工业，2016，426（10）：1-3.

31. 陆程，陆利霞，林丽军，等. 添加葡萄糖氧化酶对熏煮香肠品质的影响. 食品工业科技，2018，39（15）：1-4.

32. 骆承庠. 乳与乳制品工艺学. 2版. 北京：中国农业出版社，2003.

33. 马美湖. 蛋与蛋制品加工学. 2版. 北京：中国农业出版社，2019.

34. 南庆贤. 肉类工业手册. 北京：中国轻工业出版社，2003.

35. 彭增起. 水产品加工学. 北京：中国轻工业出版社，2014.

36. 彭增起. 畜产品加工学. 北京：中国农业出版社，2002.

37. 秦风贤，李哲. 发酵鹿肉松加工工艺研究. 江苏调味副食品，2017，149（2）：22-24.

38. 王艳，李淑慧，汲臣明. 果蔬复合重组肉脯的加工工艺研究. 食品工业，2015，36（9）：92-95.

39. 吴强，陈韬，杨汝男，等. 脂肪颗粒大小及添加量对中式香肠品质的影响. 肉类研究，2017，31（10）：12-17.

40. 吴永宁. 现代食品安全科学. 北京：化学工业出版社，2003.

41. 吴祖兴. 乳制品加工技术. 北京：化学工业出版社，2007.

42. 夏文水. 肉制品加工原理与技术. 北京：化学工业出版社，2003.

43. 徐巍. 广式腊肠质构调控研究进展. 轻工科技，2017，227（10）：10-11.

44. 雅昊. 肉类加工中常用的人造肠衣. 肉类工业，2005，295（11）：12-14.

45. 杨宁. 家禽生产学. 北京：中国农业出版社. 2002.

46. 姚芳，刘靖，张静，等. 热风-远红外联合干燥肉脯的工艺优化及其品质研究. 食品工业科技，2018，39（20）：165-172.

47. 袁玉超. 胡二坤. 肉品加工技术. 北京：中国轻工业出版社，2015.

48. 岳喜庆. 畜产食品加工学. 北京：中国轻工业出版社，2014.

49. 张柏林，裴家伟，于宏伟. 畜产品加工学. 北京：化学工业出版社，2007.

50. 张和平，张佳程. 乳品工艺学. 北京：中国轻工业出版社，2015.

51. 张立峰，宁海凤，刘玉，等. 复配防腐剂在熏煮香肠中的应用. 肉类工业，2017，437（09）：43-45.

52. 赵百忠，董晓波，姜旭德，等. 卫生质量控制问题在低温熏煮香肠加工过程中的分析. 中国食品安全，2015，07：69.

53. 赵岩，姚光明，刘佳彤，等. 干燥方法对果蔬复合发酵鹿肉脯品质特性的影响. 肉类研究，2014，28（11）：7-11.

54. 郑永华. 食品保藏学. 北京：中国农业出版社，2010.

55. 周光宏. 肉品加工学. 北京：中国农业出版社，2008.

56. 周光宏. 畜产品加工学. 北京：中国农业出版社，2011.

57. 周光宏，张兰威，李洪军，等. 畜产食品加工学. 北京：中国农业大学出版社，2002.

58. 朱英，何俭，肖琼芳. 出口冻猪分割肉加工与检验. 成都：四川科学技术出版社，1992.

59. 邹琪，马宇媛，张晶，等. 驴肉干产品的开发. 农产品加工，2018，456（5）：11-13，17.

60. Anton M. Composition and structure of hen egg yolk//Rainer H，Rosina L-F，Marc A，et al.

Bioactive egg compounds. New York：Springer. 2007：1-6.

61. Elkin R G. Cholesterol in Chicken Eggs：Still a Dietary Concern for Some A2-Hester//Patricia Y. Egg Innovations and Strategies for Improvements. San Diego：Academic Press. 2017：189-198.

62. Hatta H，Kapoor M P，Juneja L R. Bioactive components in egg yolk//Mine Y. Egg bioscience and biotechnology. Hoboken，New Jersey：John Wiley & Sons，Inc. 2008：185-237.

63. Joseph Kerry，John Kerry，David Ledward. 现代肉品加工与质量控制. 任发政，李兴民，张原飞，等主译. 北京：中国农业大学出版社，2006.

64. Kerry J P，Ledward D. Improving the Sensory and Nutritional Quality of Fresh Meat. Ablington：Woodhead Publishied Limited，2009.

65. Lawrie R A. Meat. Second Edition，Rober Maxwell M. C. Publisher，1987.

66. Leistner L，Gorris L G M. Food preservation by hurdle technology. Trends in Food Science & Technology，1995，6：41-46.

67. R A Lawrie and D A Ledward. 2006. Lawrie's Meat Science. Seventh Edition. Abington：Woodhead Publishing Limited.

68. Sim J S. Extraction of fresh liquid egg yolk. Consumer and Corporate Affairs Canada，Patent Office，1995.